ŒUVRES

DE LAGRANGE.

PARIS. — IMPRIMERIE DE GAUTHIER-VILLARS, SUCCESSEUR DE MALLET-BACHELIER,
Rue de Seine-Saint-Germain, 10, près l'Institut.

ŒUVRES
DE LAGRANGE,

PUBLIÉES PAR LES SOINS

DE M. J.-A. SERRET,

SOUS LES AUSPICES

DE SON EXCELLENCE
LE MINISTRE DE L'INSTRUCTION PUBLIQUE.

TOME QUATRIÈME.

PARIS,

GAUTHIER-VILLARS, IMPRIMEUR-LIBRAIRE
DE L'ÉCOLE IMPÉRIALE POLYTECHNIQUE, DU BUREAU DES LONGITUDES,
SUCCESSEUR DE MALLET-BACHELIER,
Quai des Augustins, 55.

M DCCC LXIX

DEUXIÈME SECTION.

(suite.)

MÉMOIRES

extraits des

RECUEILS DE L'ACADÉMIE ROYALE

des sciences et belles-lettres

DE BERLIN.

SUR LES

INTÉGRALES PARTICULIÈRES

DES

ÉQUATIONS DIFFÉRENTIELLES.

SUR LES

INTÉGRALES PARTICULIÈRES

DES

ÉQUATIONS DIFFÉRENTIELLES (*).

(*Nouveaux Mémoires de l'Académie royale des Sciences et Belles-Lettres de Berlin*, année 1774.)

Dans un Mémoire de feu M. Clairaut, imprimé parmi ceux de l'Académie des Sciences de Paris pour l'année 1734, on trouve cette remarque singulière, qu'il y a des équations différentielles qu'on peut intégrer par la différentiation, et que les intégrales trouvées de la sorte ne sont jamais comprises dans les intégrales complètes que donnent les règles ordinaires de l'intégration, quoique d'ailleurs ces mêmes intégrales satisfassent aux équations différentielles proposées et résolvent très-bien les Problèmes géométriques qui conduisent à ces équations (*voyez* les *Mémoires* de 1734, pages 209 et suivantes).

M. Euler a mis ensuite ces deux espèces de paradoxes dans un plus grand jour, et il les a confirmés par différents Exemples tirés de la Géométrie; c'est le sujet d'un Mémoire donné à cette Académie et imprimé dans le volume de 1756 sous le titre d'*Exposition de quelques paradoxes dans le Calcul intégral*. Ce grand Géomètre avait aussi déjà remarqué,

---

(*) Ce Mémoire a été lu dans les Assemblées du 12 octobre et du 9 novembre 1775.

dans sa *Mécanique,* qu'il y a souvent des solutions particulières qui échappent à la solution générale, et il avait même donné une formule pour trouver ces solutions particulières dans un grand nombre de cas (*voyez Mechanica,* tome II, Articles 268, 303, 335); mais ni M. Clairaut ni M. Euler n'avaient encore cherché les moyens de reconnaître *à priori* si une équation finie qui satisfait à une équation différentielle donnée est comprise ou non dans l'intégrale complète de cette équation différentielle, sans connaître cette intégrale.

Ce Problème, qui est d'une grande importance dans la Théorie du Calcul intégral, a depuis été résolu par M. Euler dans le premier volume de son *Calcul intégral.* M. d'Alembert s'en est occupé aussi et en a rendu la solution plus rigoureuse et plus générale dans les *Mémoires de l'Académie des Sciences de Paris,* année 1769 (*voyez* pages 84 et suivantes). On trouve de plus quelques principes généraux sur le même sujet dans les Ouvrages de M. le Marquis de Condorcet (*voyez* son *Calcul intégral,* page 67, les *Mémoires de Turin,* tome IV, pages 7 et suivantes). Enfin je viens de lire un *Mémoire sur les solutions particulières des équations différentielles,* que M. de Laplace a donné depuis peu à l'Académie des Sciences, et qui doit paraître dans le volume de 1772, mais dont l'Auteur a bien voulu m'envoyer d'avance un exemplaire imprimé. Dans ce Mémoire, M. de Laplace perfectionne et étend plus loin la théorie déjà connue des solutions particulières, et, ce que personne n'avait encore fait, il donne des méthodes pour trouver directement toutes les solutions particulières qui peuvent satisfaire à une équation différentielle donnée, et qui ne seraient point comprises dans la solution générale de cette équation.

Cette lecture a réveillé d'anciennes idées que j'avais sur la même matière et a occasionné les recherches suivantes, dans lesquelles je me flatte de pouvoir présenter aux Géomètres une Théorie nouvelle et complète sur le point d'Analyse dont il s'agit.

ARTICLE Ier. — *Des intégrales particulières des équations différentielles du premier ordre à deux variables, et de la manière de les déduire des intégrales complètes.*

1. J'entends, en général, par intégrale complète d'une équation différentielle du premier ordre, une équation finie qui satisfait à cette équation différentielle et qui renferme une constante arbitraire; si l'on donne à cette constante une valeur déterminée, l'intégrale devient alors incomplète, parce qu'elle ne renferme plus de constante arbitraire; mais elle sera toujours comprise dans l'intégrale complète. Les intégrales particulières dont nous allons traiter ici sont celles qui, ne renfermant point de constante arbitraire, ne sont pas non plus comprises dans l'intégrale complète, et par conséquent échappent à la méthode ordinaire d'intégration. Par exemple, l'intégrale complète de l'équation

$$x\,dx + y\,dy = dy\sqrt{x^2 + y^2 - b^2}$$

est

$$\sqrt{x^2 + y^2 - b^2} = y + a,$$

ou bien

$$x^2 - 2ay - a^2 - b^2 = 0,$$

a étant une constante arbitraire. Si l'on donnait à a une valeur déterminée quelconque, comme si l'on faisait $a = 3b$, on aurait

$$x^2 - 6by - 10b^2 = 0,$$

qui serait une intégrale incomplète; mais l'équation précédente, malgré la constante arbitraire a, n'est pas la seule équation finie qui satisfasse à l'équation différentielle proposée; car il est aisé de voir que l'équation

$$x^2 + y^2 - b^2 = 0$$

y satisfait aussi, équation qu'on voit bien n'être pas comprise dans celle-là, puisque l'une est à un cercle dont le rayon est b, et l'autre est à une parabole ayant $2a$ pour paramètre.

L'équation
$$x^2 + y^2 - b^2 = 0$$
sera donc une intégrale particulière de l'équation différentielle
$$x\,dx + y\,dy = dy\sqrt{x^2 + y^2 - b^2};$$
on trouvera de même que l'équation
$$x^2 + y^2 - b^2 = 0$$
est l'intégrale particulière de l'équation différentielle
$$y\,dx - x\,dy = b\sqrt{dx^2 + dy^2},$$
dont l'intégrale complète est
$$y - ax - b\sqrt{1 + a^2},$$
a étant la constante arbitraire. Il en est de même d'une infinité d'autres équations différentielles qui admettent des intégrales particulières, lesquelles ne sauraient être comprises dans les intégrales complètes de ces équations.

2. Après nous être assurés *à posteriori* de l'existence des intégrales particulières, cherchons maintenant *à priori*, et d'après les seuls principes du Calcul intégral, quelle est l'origine de ces sortes d'intégrales.

Pour considérer les choses d'une manière générale, soit
$$Z = 0$$
une équation différentielle quelconque, Z étant une fonction de x, y et de $\frac{dy}{dx}$; supposons que l'intégrale complète de cette équation soit
$$V = 0,$$
V étant une fonction de x, y et d'une constante arbitraire a qui n'entre point dans la fonction Z, et voyons comment cette équation $V = 0$ satisfait à l'équation différentielle $Z = 0$.

L'équation V = 0, étant différentiée, donne celle-ci

$$dy = p\,dx, \quad \text{ou bien} \quad \frac{dy}{dx} = p,$$

où p est une fonction finie de x, y et a; puis donc que ces deux équations

$$V = 0 \quad \text{et} \quad \frac{dy}{dx} - p = 0$$

ont lieu en même temps, on peut en éliminer la quantité a, et l'on aura une équation entre x, y et $\frac{dy}{dx}$ où a n'entrera plus, et qui aura donc lieu en même temps que l'équation finie V = 0; ce sera donc nécessairement l'équation Z = 0.

D'où l'on peut conclure que, si V = 0 est l'intégrale complète d'une équation différentielle du premier ordre Z = 0, celle-ci ne peut être autre chose que le résultat de l'élimination de la constante arbitraire a, à l'aide des deux équations V = 0 et $dy = p\,dx$.

Ainsi, l'équation finie

$$x^2 - 2ay - a^2 - b^2 = 0$$

donne par la différentiation

$$\frac{dy}{dx} = \frac{x}{a};$$

éliminant a, on aura

$$\frac{dy}{dx} = \frac{x}{-y + \sqrt{x^2 + y^2 - b^2}};$$

ce qui se réduit à

$$x\,dx + y\,dy = dy\,\sqrt{x^2 + y^2 - b^2};$$

par conséquent, l'équation ci-dessus sera l'intégrale complète de cette équation différentielle, a étant la constante arbitraire (1).

3. Maintenant, puisque l'équation différentielle Z = 0 résulte des deux équations V = 0 et $\frac{dy}{dx} = p$, en éliminant la constante a, il est vi-

sible que l'on aura toujours la même équation $Z = 0$, quelle que soit la valeur de la quantité a qu'on doit éliminer; ainsi, quand même cette quantité ne serait pas constante, comme on l'a supposé jusqu'ici, il est clair que l'équation finie $V = 0$ satisfera toujours à l'équation différentielle $Z = 0$, pourvu que, par la différentiation de l'équation $V = 0$, on ait également, dans le cas de a variable, $dy = p\,dx$. Or, en faisant varier dans l'équation $V = 0$ les quantités x, y et a à la fois, il est clair qu'on aura cette équation différentielle

$$dy = p\,dx + q\,da,$$

p et q étant des fonctions de x, y et a; et l'on voit que, pour que cette équation se réduise à $ay = p\,dx$, comme dans le cas de a constante, il n'y a qu'à supposer la quantité q égale à zéro. Faisant donc

$$q = 0,$$

on aura une équation par laquelle on pourra déterminer la valeur de a en x et y, et cette valeur de a étant ensuite substituée dans l'équation finie $V = 0$, cette équation satisfera encore à l'équation différentielle $Z = 0$, et en sera une intégrale particulière.

4. Comme en faisant varier à la fois les quantités x, y et a dans l'équation $V = 0$ on a
$$dy = p\,dx + q\,da,$$
on aura, en faisant varier seulement y et a,
$$dy = q\,da,$$
et par conséquent
$$q = \frac{dy}{da};$$

donc si $V = 0$ est l'intégrale complète d'une équation différentielle du premier ordre $Z = 0$, et que a soit la constante arbitraire introduite par l'intégration; qu'on fasse varier dans l'équation $V = 0$, y et a, et qu'on suppose ensuite $\frac{dy}{da} = 0$; qu'on détermine a par le moyen de cette équation, et qu'on substitue sa valeur dans l'intégrale complète $V = 0$, ou bien, ce qui revient au même, qu'on élimine a par le moyen des deux équations $\frac{dy}{da} = 0$ et $V = 0$, on aura une intégrale particulière de la même équation différentielle $Z = 0$. Si l'équation $\frac{dy}{da} = 0$ renferme la quantité a mêlée avec les variables x et y, alors la valeur de a tirée de cette équation sera une fonction des mêmes variables; par conséquent l'intégrale particulière, qui résultera de la substitution de cette valeur de a dans l'équation $V = 0$, sera nécessairement différente de l'intégrale complète $V = 0$, dans laquelle a est supposée constante.

Mais il peut arriver, ou que l'équation $\frac{dy}{da} = 0$ ne renferme que la quantité a avec des constantes, mais sans x ni y; ou que cette équation ne renferme que x et y sans a. Dans le premier cas, la valeur de a sera nécessairement constante; ainsi il n'y aura point alors d'intégrale particulière proprement dite.

Dans le second cas, l'équation $\frac{dy}{da} = 0$ sera elle-même une intégrale de la proposée; mais, pour pouvoir juger si c'est une intégrale particulière ou non, il faudra combiner cette équation avec l'équation $V = 0$ en éliminant x ou y, et voir si la résultante donne a variable ou constante. S'il arrivait que la valeur de a demeurât indéterminée ou $= \frac{0}{0}$, ce serait une marque que l'équation $\frac{dy}{da} = 0$ est un facteur de l'équation $V = 0$, indépendant de la constante arbitraire a, et par conséquent étranger à l'équation différentielle $Z = 0$.

Au reste, si l'équation $\frac{dy}{da} = 0$ avait des facteurs, il faudrait appliquer à chacune des équations qui en résulteraient ce que nous venons de dire en général sur l'équation $\frac{dy}{da} = 0$.

5. Si, au lieu de faire varier y et a dans l'équation $V = 0$, on y fait varier x et a, et qu'on suppose $\frac{dx}{da} = 0$, cette équation, traitée comme

l'équation $\frac{dy}{da} = 0$, servira aussi à déterminer les intégrales particulières de la même équation différentielle $Z = 0$; ce qui est aisé à démontrer par les mêmes principes que nous avons établis ci-dessus. L'équation $\frac{dx}{da} = 0$ donnera le plus souvent les mêmes résultats que l'équation $\frac{dy}{da} = 0$; mais il y a des cas où ces équations donnent des résultats différents; il faudra donc avoir égard à ces deux équations, pour pouvoir trouver toutes les intégrales particulières de l'équation $Z = 0$, et il est facile de démontrer qu'il n'y a pas d'autres combinaisons possibles qui puissent fournir des intégrales de cette espèce non comprises dans l'intégrale complète $V = 0$.

6. Pour éclaircir la théorie précédente par quelques exemples, je prends d'abord l'équation différentielle

$$x\,dx + y\,dy = dy\,\sqrt{x^2 + y^2 - b^2},$$

dont nous avons déjà vu que l'intégrale complète est

$$x^2 - 2ay - a^2 - b^2 = 0,$$

où a est la constante arbitraire. Faisant donc varier d'abord y et a, on aura

$$\frac{dy}{da} = -\frac{a+y}{a};$$

et faisant varier x et a, on a

$$\frac{dx}{da} = \frac{a+y}{x};$$

les deux équations

$$\frac{dy}{da} = 0, \quad \frac{dx}{da} = 0$$

donnent également

$$a + y = 0, \quad \text{d'où} \quad a = -y;$$

ce qui étant substitué dans l'intégrale complète, on a

$$x^2 + y^2 - b^2 = 0,$$

intégrale particulière de l'équation différentielle proposée, et la seule qui ait lieu.

Soit ensuite l'équation différentielle

$$y\,dx - x\,dy = b\sqrt{dx^2 + dy^2},$$

dont l'intégrale complète est

$$y - ax - b\sqrt{1 + a^2} = 0.$$

En faisant varier y et a, on en tire

$$\frac{dy}{da} = x + \frac{ba}{\sqrt{1 + a^2}};$$

donc

$$x + \frac{ba}{\sqrt{1 + a^2}} = 0, \quad \text{ou bien} \quad x = -\frac{ba}{\sqrt{1 + a^2}};$$

et combinant cette équation avec la précédente, on aura

$$y = \frac{b}{\sqrt{1 + a^2}};$$

donc

$$x^2 + y^2 = b^2,$$

intégrale particulière de la proposée. Si l'on faisait varier x et a, on aurait

$$\frac{dx}{da} = -\frac{x}{a} - \frac{b}{\sqrt{1 + a^2}};$$

de sorte que l'équation $\frac{dx}{da} = 0$ donnera le même résultat que l'équation $\frac{dy}{da} = 0$; et qu'ainsi il n'y aura d'autre intégrale particulière possible que celle qu'on a trouvée.

Soit de plus l'équation différentielle

$$y\,dx - x\,dy + b\,dy = \sqrt{c^2(dx^2 + dy^2) - b^2 dx^2},$$

dont on trouve que l'intégrale complète est

$$y - a(x-b) = \sqrt{c^2(1+a^2) - b^2},$$

a étant la constante arbitraire.

Faisant donc varier y et a, on aura

$$\frac{dy}{da} = x - b + \frac{c^2 a}{\sqrt{c^2(1+a^2) - b^2}}.$$

donc

$$x - b + \frac{c^2 a}{\sqrt{c^2(1+a^2) - b^2}} = 0,$$

par conséquent

$$x - b = -\frac{c^2 a}{\sqrt{c^2(1+a^2) - b^2}},$$

et combinant cette équation avec la précédente, on aura

$$y = \frac{c^2 - b^2}{\sqrt{c^2(1+a^2) - b^2}},$$

de sorte qu'on aura, en éliminant a,

$$\frac{(x-b)^2}{c^2} + \frac{y^2}{c^2 - b^2} = 1,$$

intégrale particulière de la proposée, et qui n'est point comprise dans l'intégrale complète.

Si l'on fait varier x et a, on aura

$$\frac{dx}{da} = -\frac{x-b}{a} - \frac{c^2}{\sqrt{c^2(1+a^2) - b^2}},$$

et l'équation $\frac{dx}{da}$ redonnera le même résultat que nous venons de trouver d'après l'équation $\frac{dy}{da} = 0$. Ainsi la proposée n'admet point d'autre intégrale particulière que la précédente. *Voyez* au reste, sur l'intégration de ces deux équations, les n°s 17 et 19 ci-après.

Considérons enfin l'équation différentielle séparée

$$\frac{dx}{\sqrt{X}} = \frac{dy}{\sqrt{Y}},$$

dans laquelle

$$X = A + Bx + Cx^2 + Dx^3 + Ex^4,$$
$$Y = A + By + Cy^2 + Dy^3 + Ey^4;$$

l'intégrale complète de cette équation est, comme j'ai fait voir ailleurs (*),

$$\sqrt{X} + \sqrt{Y} = (x - y)\sqrt{a + U},$$

où a est la constante arbitraire, et

$$U = D(x + y) + E(x + y)^2.$$

Faisant d'abord varier y et a, et ensuite x et a à la fois, et supposant, pour plus de simplicité,

$$\frac{dX}{dx} = X', \quad \frac{dY}{dy} = Y', \quad \frac{dU}{dx} = \frac{dU}{dy} = U',$$

on aura

$$\frac{dy}{da} = \frac{(x-y)\sqrt{Y}}{Y'\sqrt{a+U} - [U'(x-y) + 2(a+U)]\sqrt{Y}},$$

$$\frac{dx}{da} = \frac{(x-y)\sqrt{X}}{X'\sqrt{a+U} - [U'(x-y) + 2(a+U)]\sqrt{X}}.$$

Les équations $\frac{dy}{da} = 0$ et $\frac{dx}{da} = 0$ donnent d'abord la même équation

$$x - y = 0,$$

laquelle, ne contenant point la quantité a, peut être ou n'être pas une intégrale particulière. Pour pouvoir en juger, je reprends l'intégrale complète, et j'en tire

$$a = \frac{(\sqrt{X} + \sqrt{Y})^2}{(x-y)^2} - U,$$

(*) *OEuvres de Lagrange*, t. II, p. 17.

où l'on voit qu'en faisant $x=y$, a devient $=\infty$; par conséquent, l'équation $x-y=0$ n'est point une intégrale particulière, mais un cas de l'intégrale complète.

Rejetant donc le facteur $x-y$, l'équation $\frac{dy}{da}=0$ donne encore $Y=0$; mais, comme le dénominateur de la fraction se réduit alors à $Y'\sqrt{a+U}$, qui devient aussi nul lorsque Y' est en même temps égal à zéro, il s'ensuit que l'équation $Y=0$ peut être une intégrale particulière, pourvu que Y' ne soit pas à la fois égal à zéro. De même, l'équation $\frac{dx}{da}=0$ donnera $X=0$, pourvu que X' ne soit pas en même temps égal à zéro. Or il est clair, par l'expression de a trouvée ci-dessus, que la valeur de a ne devient point constante par la supposition de $Y=0$, ni par celle de $X=0$. Donc on peut conclure que les équations $Y=0$ et $X=0$ seront deux intégrales particulières de la proposée, pourvu que l'on n'ait pas en même temps $Y'=0$ et $X'=0$; ainsi donc les intégrales particulières de l'équation dont il s'agit seront toutes comprises sous cette forme

$$x=u \quad \text{ou} \quad y=u,$$

en prenant pour u une des racines simples quelconques de l'équation

$$A+Bu+Cu^2+Du^3+Eu^4=0.$$

Si l'équation proposée était

$$\frac{dx}{\sqrt{X}}+\frac{dy}{\sqrt{Y}}=0,$$

l'intégrale complète serait

$$\sqrt{X}-\sqrt{Y}=(x-y)\sqrt{a+U};$$

d'où l'on tirerait les mêmes valeurs de $\frac{dy}{da}$ et $\frac{dx}{da}$ que ci-dessus, à l'exception que dans la première le radical $\sqrt{Y}$ y serait avec un signe différent.

On aurait donc d'abord l'équation

$$x - y = 0;$$

mais comme la valeur de a, qui dans ce cas est

$$\left(\frac{\sqrt{X} - \sqrt{Y}}{x - y}\right)^2 - U,$$

devient, par la supposition de $x = y$, égale à $\frac{0}{0}$, il s'ensuit que l'équation $x - y = 0$ doit être rejetée comme étrangère à l'équation différentielle

$$\frac{dx}{\sqrt{X}} + \frac{dy}{\sqrt{Y}} = 0,$$

quoiqu'elle soit contenue (4) dans l'intégrale

$$\sqrt{X} - \sqrt{Y} = (x - y)\sqrt{a + U}.$$

Ensuite on trouvera, comme plus haut, les intégrales particulières

$$x = u \quad \text{ou} \quad y = u,$$

u étant une des racines simples de l'équation

$$A + Bu + Cu^2 + Du^3 + Eu^4 = 0.$$

7. On voit donc par ce que nous venons de démontrer comment, lorsqu'on a trouvé l'intégrale complète d'une équation différentielle du premier ordre, on en peut aisément déduire les intégrales particulières qui satisfont à la même équation; on voit aussi que si ces intégrales particulières ne sont pas comprises dans l'intégrale complète, ce n'est nullement une imperfection du Calcul intégral, comme on pourrait le croire, faute de donner à ce Calcul toute la généralité dont il est susceptible. Ainsi l'on doit regarder la théorie que nous venons de donner, moins comme une exception que comme un supplément nécessaire à la règle générale du Calcul intégral.

IV.

ARTICLE II. — *De l'étendue des intégrales particulières des équations différentielles du premier ordre, et de la manière de trouver ces intégrales sans connaître les intégrales complètes.*

8. L'équation finie
$$V = 0,$$
dans laquelle V est une fonction des variables x, y et d'une arbitraire a, donne par la différentiation, et en faisant varier à la fois x, y et a,
$$dy = p\,dx + q\,da,$$
p, q étant des fonctions finies de x, y et a; différentiant p et substituant pour dy sa valeur, on aura
$$dp = p'\,dx + q'\,da,$$
et différentiant de même p', on aura
$$dp' = p''\,dx + q''\,da,$$
et ainsi de suite. Maintenant si l'on regarde a comme constante, on a pour le premier ordre
$$dy = p\,dx;$$
et toute équation différentielle du premier ordre, telle que
$$Z = 0,$$
à laquelle satisfera l'équation finie $V = 0$, la constante a demeurant arbitraire, sera nécessairement produite par la combinaison des deux équations
$$V = 0, \quad \frac{dy}{dx} = p,$$
de manière que a s'évanouisse.

En regardant toujours a comme constante, on a

$$\frac{dy}{dx} = p \quad \text{et} \quad dp = p'dx;$$

donc (en prenant dx pour constante)

$$\frac{d^2y}{dx^2} = p';$$

et toute équation différentielle du second ordre, telle que

$$Z' = 0,$$

à laquelle satisfera l'équation finie

$$V = 0,$$

la constante a demeurant arbitraire, sera nécessairement formée par la combinaison des équations

$$V = 0, \quad \frac{dy}{dx} = p, \quad \frac{d^2y}{dx^2} = p',$$

en sorte que a disparaisse.

En continuant ainsi, dans l'hypothèse de a constante, on aura

$$dp' = p''dx,$$

par conséquent

$$\frac{d^3y}{dx^3} = p'';$$

et toute équation différentielle du troisième ordre, telle que

$$Z'' = 0,$$

à laquelle satisfera l'équation finie

$$V = 0,$$

3.

a demeurant arbitraire, sera formée par la combinaison des équations

$$V = 0, \quad \frac{dy}{dx} = p, \quad \frac{d^2y}{dx^2} = p', \quad \frac{d^3y}{dx^3} = p'',$$

de manière que a disparaisse; et ainsi de suite.

9. Voyons maintenant dans quels cas l'équation $V = 0$ pourra satisfaire aux mêmes équations

$$Z = 0, \quad Z' = 0, \quad Z'' = 0, \ldots,$$

en supposant que a soit une quantité variable.

Et d'abord il est clair que cela aura lieu pour l'équation du premier ordre $Z = 0$, si $q = 0$; parce qu'alors on aura également $\frac{dy}{dx} = p$, comme dans le cas de a constante. De là naissent les intégrales particulières, ainsi que nous l'avons vu dans l'Article précédent.

Pour l'équation du second ordre $Z' = 0$, il faudra que l'on ait de plus $q' = 0$, afin que l'on ait aussi $\frac{d^2y}{dx^2} = p'$, comme dans l'hypothèse de a constante.

De même pour l'équation du troisième ordre $Z'' = 0$, il faudra que l'on ait encore $q'' = 0$ pour que la valeur de $\frac{d^3y}{dx^3}$ soit également $= p''$; et ainsi de suite.

Donc, en général, l'équation finie $V = 0$ sera une intégrale particulière de l'équation du premier ordre $Z = 0$, si a est une quantité telle, que l'on ait $q = 0$. Elle sera une intégrale particulière de l'équation du second ordre $Z' = 0$, si l'on a à la fois $q = 0$ et $q' = 0$. Elle sera une intégrale particulière de l'équation du troisième ordre $Z'' = 0$, si l'on a en même temps $q = 0$, $q' = 0$, $q'' = 0$; et ainsi de suite.

10. En regardant y comme une fonction de x et a donnée par l'équation $V = 0$, on a, suivant la notation reçue (8),

$$p = \frac{dy}{dx}, \quad q = \frac{dy}{da},$$

ensuite
$$p' = \frac{dp}{dx}, \quad q' = \frac{dp}{da}, \quad p'' = \frac{dp'}{dx}, \quad q'' = \frac{dp'}{da}, \ldots,$$

donc
$$q = \frac{dy}{da}, \quad q' = \frac{d^2y}{dx\,da}, \quad q'' = \frac{d^3y}{dx^2\,da}, \ldots$$

Ainsi l'on aura pour les équations différentielles du premier ordre la condition
$$\frac{dy}{da} = 0,$$

pour celles du second ordre les deux conditions
$$\frac{dy}{da} = 0, \quad \frac{d^2y}{dx\,da} = 0,$$

pour celles du troisième ordre les trois conditions
$$\frac{dy}{da} = 0, \quad \frac{d^2y}{dx\,da} = 0, \quad \frac{d^3y}{dx^2\,da} = 0;$$

et ainsi de suite.

Et comme on peut échanger y en x, en regardant x comme une fonction de y et a, on aura de même (dy étant pris pour constante)
$$\frac{dx}{da} = 0$$

pour le premier ordre,
$$\frac{dx}{da} = 0, \quad \frac{d^2x}{dy\,da} = 0$$

pour le second ordre,
$$\frac{dx}{da} = 0, \quad \frac{d^2x}{dy\,da} = 0, \quad \frac{d^3x}{dy^2\,da} = 0$$

pour le troisième ordre; et ainsi de suite.

11. De là il s'ensuit que si $Z' = 0$ est une équation différentielle du second ordre dont l'intégrale aux premières différences soit l'équation différentielle $Z = 0$, l'intégrale particulière de cette dernière, trouvée d'après la condition de

$$\frac{dy}{da} = 0 \quad \text{ou} \quad \frac{dx}{da} = 0,$$

ne satisfera pas, en général, à l'équation proposée $Z' = 0$, à moins que l'on n'ait à la fois

$$\frac{dy}{da} = 0, \quad \frac{d^2y}{dx\,da} = 0, \quad \text{ou} \quad \frac{dx}{da} = 0, \quad \frac{d^2x}{dy\,da} = 0.$$

De même, si $Z'' = 0$ est une équation différentielle du troisième ordre, dont l'intégrale aux premières différences soit l'équation $Z = 0$, l'intégrale particulière de cette dernière équation, déduite de la condition

$$\frac{dy}{da} = 0 \quad \text{ou} \quad \frac{dx}{da} = 0,$$

ne satisfera pas à la proposée $Z'' = 0$, à moins que l'on n'ait à la fois

$$\frac{dy}{da} = 0, \quad \frac{d^2y}{dx\,da} = 0, \quad \frac{d^3y}{dx^2\,da} = 0,$$

ou bien

$$\frac{dx}{da} = 0, \quad \frac{d^2x}{dy\,da} = 0, \quad \frac{d^3x}{dy^2\,da} = 0;$$

et ainsi de suite.

Donc, en général, si dans la solution d'un Problème on a été conduit directement à une équation différentielle d'un ordre supérieur au premier, et qu'on ait déjà ramené cette équation au premier ordre à l'aide d'une ou de plusieurs intégrations, l'intégrale particulière de cette équation du premier ordre ne résoudra pas le Problème, à moins que toutes les conditions relatives à l'ordre de l'équation différentielle primitive ne se trouvent remplies.

Mais, si l'équation primitive du Problème n'est que du premier ordre, l'intégrale particulière de cette équation résoudra la question tout aussi bien que l'intégrale complète.

12. L'équation
$$x\,d^2y - dy\,dx = 0$$
a pour intégrale complète du premier ordre
$$x\,dx + y\,dy - dy\sqrt{x^2 + y^2 - b^2} = 0;$$
et celle-ci a pour intégrale complète finie
$$x^2 - 2ay - a^2 - b^2 = 0,$$
d'où l'on tire
$$\frac{dy}{da} = -\frac{a+y}{a},$$
ce qui, étant fait égal à zéro, donne, pour l'intégrale particulière,
$$a + y = 0, \quad \text{d'où} \quad a = -y,$$
et par conséquent
$$x^2 + y^2 - b^2 = 0,$$
comme on l'a déjà vu (6).

Maintenant, pour que cette intégrale particulière satisfasse aussi à l'équation différentio-différentielle, il faudra que l'on ait en même temps
$$\frac{dy}{da} = 0, \quad \text{et} \quad \frac{d^2y}{dx\,da} = 0;$$
différentiant donc la valeur trouvée de $\frac{dy}{da}$, on aura
$$\frac{d^2y}{dx\,da} = -\frac{1}{a} \cdot \frac{dy}{dx};$$
mais de l'équation
$$x^2 - 2ay - a^2 - b^2 = 0$$
on tire
$$\frac{dy}{dx} = \frac{x}{a}; \quad \text{donc} \quad \frac{d^2y}{dx\,da} = -\frac{x}{a^2},$$

ce qui ne peut pas être égal à zéro, en général. D'où il faut conclure que, quoique l'équation

$$x^2 + y^2 - b^2 = 0$$

satisfasse à l'équation différentielle du premier ordre

$$x\,dx + y\,dy - dy\sqrt{x^2 + y^2 - b^2} = 0,$$

elle ne satisfera cependant pas à l'équation différentio-différentielle

$$x\,d^2y - dy\,dx = 0,$$

qui en est dérivée. En effet, on trouve

$$\frac{dy}{dx} = \frac{-x}{\sqrt{b^2 - x^2}}, \quad \frac{d^2y}{dx^2} = \frac{-b^2}{(b^2 - x^2)^{\frac{3}{2}}},$$

ce qui, comme l'on voit, ne satisfait pas à l'équation dont il s'agit.

Prenons maintenant l'équation différentio-différentielle

$$(d^2y)^2 + 4x\,d^2y\,dx^2 - 4\,dy\,dx^3 = 0,$$

dont l'intégrale du premier ordre est

$$x^2\,dx + dy = (b^3 - x^3 - 3y)^{\frac{2}{3}}\,dx,$$

laquelle a pour intégrale complète

$$y - a^2 x + ax^2 + \frac{a^3 - b^3}{3} = 0.$$

On aura donc

$$\frac{dy}{da} = 2ax - x^2 - a^2 = -(a - x)^2;$$

ce qui, étant fait égal à zéro, donne $a - x = 0$, par conséquent $a = x$, et

$$y + \frac{x^3 - b^3}{3} = 0$$

pour l'intégrale particulière. Pour que cette intégrale satisfasse donc aussi à l'équation différentio-différentielle, il faudra que $\dfrac{d^2y}{dx\,da} = 2(a - x)$ soit nul en même temps; ce qui est en effet; donc, etc. On peut s'assurer *à posteriori* que l'équation

$$y = \frac{b^3 - x^3}{3}$$

satisfait à la proposée; car on a

$$\frac{dy}{dx} = -x^2 \quad \text{et} \quad \frac{d^2y}{dx^2} = -2x;$$

ce qui étant substitué dans les termes

$$(d^2y)^2 + 4x\,d^2y\,dx^2 - 4\,dy\,dx^3,$$

tout se détruit de soi-même.

13. S'il arrivait que l'on eût en même temps

$$\frac{dy}{da} = 0, \quad \frac{d^2y}{dx\,da} = 0, \quad \frac{d^3y}{dx^2\,da} = 0,\ldots,$$

ou bien

$$\frac{dx}{da} = 0, \quad \frac{d^2x}{dy\,da} = 0, \quad \frac{d^3x}{dy^2\,da} = 0,\ldots,$$

et ainsi de suite à l'infini; alors l'intégrale particulière satisferait non-seulement à l'équation différentielle du premier ordre, mais aussi à toutes les équations différentielles des ordres ultérieurs qui en seraient dérivées. Cette intégrale aurait donc les mêmes propriétés que l'intégrale complète; et nous allons prouver qu'elle sera alors effectivement comprise dans celle-ci; de sorte qu'elle cessera d'être une intégrale particulière, et devra être rangée dans la classe des intégrales incomplètes. En effet, puisqu'en regardant la quantité y comme une fonction de x et de a donnée par l'équation $V = 0$, on a

$$\frac{dy}{da} = 0, \quad \frac{d^2y}{da\,dx} = 0, \quad \frac{d^3y}{da\,dx^2} = 0,\ldots \text{ à l'infini,}$$

il est visible que la quantité $\dfrac{dy}{da}$ ne doit pas contenir x, et ne peut être, par conséquent, qu'une fonction de a mêlée avec des constantes. Ainsi, l'équation $\frac{dy}{da} = 0$ donnera a égal à une constante; donc, etc. Ce sera la même chose si, en regardant x comme une fonction de y et de a, on a en même temps

$$\frac{dx}{da} = 0, \quad \frac{d^2x}{da\,dy} = 0, \quad \frac{d^3x}{da\,dy^2} = 0, \ldots \text{ à l'infini.}$$

14. Cette considération nous conduit à une méthode directe pour trouver l'intégrale particulière d'une équation différentielle du premier ordre sans en connaître l'intégrale complète. Soit $Z = 0$ l'équation différentielle du premier ordre dont on cherche l'intégrale particulière, et dont l'intégrale complète est $V = 0$, Z étant une fonction de x, y, $\frac{dy}{dx}$, et V une fonction de x, y et de l'arbitraire a. Puisque l'équation $Z = 0$ est indépendante de la quantité a, il s'ensuit qu'on aura également $\frac{dZ}{da} = 0$, en regardant y comme une fonction de x et a, ou x comme une fonction de y et a, donnée par l'équation $V = 0$; et pour avoir la valeur de $\frac{dZ}{da}$ il faudra différentier Z en faisant varier y seul dans le premier cas, ou x seul dans le second.

Supposons, pour plus de simplicité, que l'équation $Z = 0$ ne renferme point de fonctions transcendantes, et imaginons, ce qui est toujours possible et ne change point la nature de l'équation, qu'elle soit délivrée des fractions et des radicaux, en sorte que Z soit une fonction entière et rationnelle de x, y et $\frac{dy}{dx}$; on aura, en général, par la différentiation,

$$dZ = A\,d\frac{dy}{dx} + B\,dy + C\,dx,$$

A, B et C étant aussi des fonctions rationnelles et entières des mêmes quantités; donc, en regardant y comme une fonction de x et a, on aura

$$\frac{dZ}{da} = A\frac{d^2y}{dx\,da} + B\frac{dy}{da} = 0;$$

or dans le cas de l'intégrale particulière on a $\frac{dy}{da} = 0$; donc, puisque B ne peut devenir infini étant une fonction sans dénominateur, le terme $B\frac{dy}{da}$ deviendra nul, et il faudra qu'on ait

$$A\frac{d^2y}{dx\,da} = 0;$$

donc, si $\frac{d^2y}{dx\,da}$ n'est pas nul, il faudra que $A = 0$.

Si $\frac{d^2y}{dx\,da} = 0$ en même temps que $\frac{dy}{da} = 0$, l'équation

$$A\frac{d^2y}{dx\,da} + B\frac{dy}{da} = 0$$

aura lieu d'elle-même; mais en prenant la différentielle de cette équation, x et y variant à la fois et a demeurant constante, j'aurai

$$A\frac{d^3y}{dx^2\,da} + \left(\frac{dA}{dx} + B\right)\frac{d^2y}{dx\,da} + \frac{dB}{dx}\frac{dy}{da} = 0;$$

or on a $\frac{dy}{da}$ et $\frac{d^2y}{dx\,da}$ nuls à la fois par l'hypothèse; donc, puisque les coefficients de ces quantités ne sauraient devenir infinis, étant des fonctions sans dénominateur, l'équation précédente se réduira à

$$A\frac{d^3y}{dx^2\,da} = 0,$$

laquelle, si $\frac{d^3y}{dx^2\,da}$ n'est pas nul, donne de nouveau $A = 0$.

Si $\frac{d^3y}{dx^2\,da}$ est nul aussi, on trouvera, par une nouvelle différentiation, que l'on aura nécessairement $A = 0$, à moins que $\frac{d^4y}{dx^3\,da}$ ne soit nul; et ainsi de suite à l'infini.

Mais nous avons vu ci-dessus que pour que l'équation $\frac{dy}{da} = 0$ donne une intégrale particulière, il faut que les quantités

$$\frac{d^2y}{dx\,da},\ \frac{d^3y}{dx^2\,da},\ \ldots \text{à l'infini}$$

ne soient pas toutes nulles à la fois; donc il faudra que quelqu'une de ces quantités ne soit pas nulle; par conséquent il faudra nécessairement qu'on ait

$$A = 0.$$

Or l'équation différentielle proposée $Z = 0$ donne par la différentiation

$$dZ = A\, d\frac{dy}{dx} + B\, dy + C\, dx = 0;$$

donc, puisque dans le cas de l'intégrale particulière A doit être nul, cette équation se réduira à

$$B\, dy + C\, dx = 0, \quad \text{ou bien} \quad B\frac{dy}{dx} + C = 0,$$

laquelle devra s'accorder avec l'équation $A = 0$, après avoir chassé la valeur de $\frac{dy}{dx}$, au moyen de l'équation proposée $Z = 0$.

15. Donc, puisque la valeur de $\frac{d^2y}{dx^2}$ tirée de l'équation différentielle $Z = 0$ au moyen de la différentiation est exprimée, en général, par

$$-\frac{B\frac{dy}{dx} + C}{A},$$

il s'ensuit de ce que nous venons de démontrer que cette valeur deviendra égale à $\frac{0}{0}$ dans le cas de l'intégrale particulière tirée de la condition $\frac{dy}{da} = 0$; et l'on prouvera de même que la condition $\frac{dx}{da} = 0$ rendra la valeur de $\frac{d^2x}{dy^2}$ égale à $\frac{0}{0}$, en prenant ici dy pour constante au lieu de dx.

Et quoique la démonstration précédente soit fondée sur l'hypothèse que l'équation proposée ne renferme aucune fonction transcendante, il n'est cependant pas difficile de se convaincre que la même conclusion aura lieu quelles que soient la nature et la forme de cette équation.

16. En supposant que l'équation différentielle proposée $Z = 0$ donne par la différentiation

$$dZ = A d\frac{dy}{dx} + B dy + C dx = 0,$$

s'il arrive que les deux termes $B dy + C dx$ se détruisent d'eux-mêmes, on aura

$$A d\frac{dy}{dx} = 0, \quad \text{et par conséquent} \quad d\frac{dy}{dx} = \frac{0}{A};$$

de sorte que dans ce cas l'une et l'autre condition $\frac{d^2y}{dx^2} = \frac{0}{0}$ et $\frac{d^2x}{dy^2} = \frac{0}{0}$ sera remplie par la condition unique $A = 0$; ainsi il n'y aura qu'à éliminer la quantité $\frac{dy}{dx}$ au moyen des deux équations $A = 0$ et $Z = 0$, et l'équation résultante entre x et y sera l'intégrale particulière de la proposée. Quant à l'intégrale complète, elle est facile à déduire de l'équation

$$A d\frac{dy}{dx} = 0;$$

car cette équation, lorsque A n'est point nul, donne

$$d\frac{dy}{dx} = 0, \quad \text{et par conséquent} \quad \frac{dy}{dx} = a,$$

a étant une constante arbitraire; il n'y aura donc qu'à substituer cette valeur de $\frac{dy}{dx}$ dans l'équation donnée $Z = 0$, et l'on aura l'intégrale complète où a sera la constante arbitraire.

Voyons maintenant quels sont les cas où l'on aura

$$B dy + C dx = 0.$$

Pour plus de simplicité, je fais $\frac{dy}{dx} = p$, en sorte que Z soit une fonction de x, y, p, dont la différentielle $dZ = A dp + B dy + C dx$; puis donc que $Bdy + Cdx = 0$, on aura

$$C = -B\frac{dy}{dx} = -Bp;$$

donc

$$dZ = A\,dp + B(dy - p\,dx) = 0;$$

donc

$$dy - p\,dx + \frac{A\,dp}{B} = 0,$$

et intégrant

$$y - px + \int\left(\frac{A}{B} + x\right) dp = 0;$$

de sorte qu'il faudra que la quantité $\frac{A}{B} + x$ soit une fonction de p sans x ni y; et alors l'équation sera

$$y - px + f(p) = 0,$$

$f(p)$ dénotant une fonction quelconque de p seul.

17. Toute équation donc de la forme

$$y - px + f(p) = 0,$$

p étant $\frac{dy}{dx}$, donnera par la différentiation $\left[\text{en supposant } f'(p) = \frac{df(p)}{dp}\right]$ celle-ci

$$[f'(p) - x]\,dp = 0;$$

en faisant $dp = 0$, on aura

$$p = a,$$

et

$$y - ax + f(a) = 0$$

sera l'intégrale complète où a est arbitraire; en faisant

$$f'(p) - x = 0,$$

et éliminant p au moyen de cette équation et de la proposée

$$y - px + f(p) = 0,$$

on aura l'intégrale particulière de cette dernière équation. On voit par là que l'intégrale complète ne donnera jamais autre chose qu'une ligne droite, tandis que l'intégrale particulière donnera toujours une courbe; nous en donnerons la raison *à priori* dans l'Article suivant.

Ces sortes d'équations sont celles qui donnent lieu aux paradoxes dont il est question dans les Mémoires de MM. Clairaut et Euler que nous avons cités au commencement de ce Mémoire; et l'on doit voir maintenant que le vrai dénouement de ces paradoxes tient à la théorie des intégrales particulières que nous venons d'exposer.

18. Reprenons les Exemples que nous avons apportés dans le n° 6, et voyons si la règle ci-dessus donnera les mêmes intégrales particulières que nous avons trouvées d'après les intégrales complètes.

L'équation

$$\frac{dy}{dx} = \frac{x}{\sqrt{x^2+y^2-b^2}-y}$$

donne par la différentiation

$$\frac{d^2y}{dx^2} = \frac{y^2 - b^2 - xy\frac{dy}{dx} + \left(x\frac{dy}{dx} - y\right)\sqrt{x^2+y^2-b^2}}{(\sqrt{x^2+y^2-b^2}-y)^2 \sqrt{x^2+y^2-b^2}};$$

faisant cette quantité égale à $\frac{0}{0}$, on a les deux équations

$$y^2 - b^2 - xy\frac{dy}{dx} + \left(x\frac{dy}{dx} - y\right)\sqrt{x^2+y^2-b^2} = 0,$$

$$(\sqrt{x^2+y^2-b^2}-y)^2 \sqrt{x^2+y^2-b^2} = 0;$$

la seconde donne d'abord,

ou $\sqrt{x^2+y^2-b^2} - y = 0$, ou $\sqrt{x^2+y^2-b^2} = 0$.

Dans le premier cas, on aura donc

$$\sqrt{x^2+y^2-b^2}=y,$$

et la première équation deviendra par là

$$-b^2=0,$$

ce qui ne donne rien. Dans le second cas, la première équation deviendra

$$y^2-b^2-xy\frac{dy}{dx}=0;$$

mais la proposée donne, en supposant $\sqrt{x^2+y^2-b^2}=0$,

$$\frac{dy}{dx}=-\frac{x}{y};$$

donc l'équation précédente deviendra

$$y^2+x^2-b^2=0,$$

laquelle s'accorde avec

$$\sqrt{x^2+y^2-b^2}=0;$$

ainsi cette équation est une intégrale particulière de la proposée.

Si l'on cherche la valeur de $\dfrac{d^2x}{dy^2}$ en prenant dy pour constante, on aura

$$\frac{d^2x}{dy^2}=\frac{yx-(y^2-b^2)\dfrac{dx}{dy}+\left(y\dfrac{dx}{dy}-x\right)\sqrt{x^2+y^2-b^2}}{x^2\sqrt{x^2+y^2-b^2}},$$

d'où l'on tire ces deux équations, en égalant le numérateur et le dénominateur chacun à zéro,

$$yx-(y^2-b^2)\frac{dx}{dy}+\left(y\frac{dx}{dy}-x\right)\sqrt{x^2+y^2-b^2}=0,$$

$$x^2\sqrt{x^2+y^2-b^2}=0;$$

la dernière de ces équations donne

$$\text{ou} \quad x = 0, \quad \text{ou} \quad \sqrt{x^2 + y^2 - b^2} = 0;$$

dans le premier cas, la première équation deviendra

$$(y\sqrt{y^2 - b^2} - y^2 + b^2)\frac{dx}{dy} = 0;$$

mais

$$\frac{dx}{dy} = \frac{\sqrt{x^2 + y^2 - b^2} - y}{x} = \infty \quad \text{lorsque} \quad x = 0;$$

donc $x = 0$ n'est pas une intégrale particulière ; reste donc le cas de

$$\sqrt{x^2 + y^2 - b^2} = 0,$$

dans lequel la première équation devient

$$yx - (y^2 - b^2)\frac{dx}{dy} = 0;$$

mais on a, dans ce même cas,

$$\frac{dx}{dy} = -\frac{y}{x};$$

donc substituant cette valeur et multipliant par $\frac{x}{y}$, l'équation précédente deviendra

$$x^2 + y^2 - b^2 = 0,$$

qui s'accorde avec

$$\sqrt{x^2 + y^2 - b^2} = 0,$$

en sorte que cette équation sera une intégrale particulière.

Ainsi les deux conditions $\frac{d^2y}{dx^2} = \frac{0}{0}$ et $\frac{d^2x}{dy^2} = \frac{0}{0}$ donnent, dans le cas présent, la même intégrale particulière

$$x^2 + y^2 - b^2 = 0;$$

ce qui s'accorde avec ce que nous avons trouvé (6), d'où il s'ensuit que

IV.

cette équation est l'unique intégrale particulière dont l'équation différentielle proposée soit susceptible.

19. Les deux autres Exemples du n° 6 appartiennent à la formule

$$y - px + f(p) = 0$$

que nous avons considérée, en général, dans le n° **17** ci-dessus. En effet, en faisant $\frac{dy}{dx} = p$, les équations différentielles des deux Exemples dont nous parlons se réduisent à ces formes

$$y - px - b\sqrt{1+p^2} = 0$$

et

$$y - px + bp - \sqrt{c^2(1+p^2) - b^2} = 0,$$

qui sont évidemment des cas particuliers de la forme générale

$$y - px + f(p) = 0;$$

or nous avons déjà vu (numéro cité) que cette équation admet toujours une intégrale particulière, laquelle est le résultat de l'élimination de p des deux équations

$$y - px + f(p) = 0, \quad f'(p) - x = 0;$$

ainsi il ne s'agit que d'examiner si cette intégrale est la même qu'on tirerait de l'intégrale complète par la règle de l'Article I (n°s **4, 5**).

L'intégrale dont il s'agit est (**17**)

$$y - ax + f(a) = 0,$$

d'où l'on tire

$$\frac{dy}{da} = x - f'(a), \quad \frac{dx}{da} = \frac{f'(a) - x}{a};$$

ainsi les deux conditions $\frac{dy}{da} = 0$ et $\frac{dx}{da} = 0$ donnent également

$$f'(a) - x = 0;$$

et l'intégrale particulière sera le résultat de l'élimination de a au moyen de cette équation
$$f'(a) - x = 0,$$
et de l'équation
$$y - ax + f(a) = 0;$$
or il est visible que ce résultat sera le même que celui de l'élimination de p au moyen des équations
$$f'(p) - x = 0, \quad y - px + f(p) = 0;$$
donc, etc.

20. Le dernier Exemple du n° 6 est tiré de l'équation différentielle
$$\frac{dx}{\sqrt{X}} = \frac{dy}{\sqrt{Y}},$$
dans laquelle X est un quinôme en x, et Y un quinôme semblable en y; mais nous supposerons ici que X soit, en général, un polynôme quelconque en x, et Y un polynôme quelconque en y, et nous désignerons par X' et Y' les valeurs de $\frac{dX}{dx}$ et de $\frac{dY}{dy}$, lesquelles seront par conséquent aussi des polynômes en x et y, mais d'un degré inférieur d'une unité.

Puis donc que
$$\frac{dy}{dx} = \frac{\sqrt{Y}}{\sqrt{X}},$$
on trouvera par la différentiation, après avoir réduit au dénominateur commun,
$$\frac{d^2 y}{dx^2} = \frac{XY'\frac{dy}{dx} - YX'}{2X\sqrt{XY}}, \quad \frac{d^2 x}{dy^2} = \frac{YX'\frac{dx}{dy} - XY'}{2Y\sqrt{XY}},$$
en prenant dans la première formule dx constant et dans la seconde dy constant.

Supposons d'abord que les quantités X et X' n'aient aucun diviseur commun, non plus que les quantités Y et Y', ce qui arrive lorsque les équations $X=0$ et $Y=0$ n'ont point de racines égales; dans ce cas le numérateur et le dénominateur de l'une et de l'autre quantité $\frac{d^2y}{dx^2}$ et $\frac{d^2x}{dy^2}$ n'auront non plus de diviseur commun.

Donc :

1° En faisant $\frac{d^2y}{dx^2} = \frac{0}{0}$ on aura les deux équations

$$XY'\frac{dy}{dx} - YX' = 0, \quad X\sqrt{XY} = 0,$$

dont la seconde donne ou $X=0$ ou $Y=0$; mais la première donne, par la substitution de la valeur de $\frac{dy}{dx}$,

$$Y'\sqrt{XY} - YX' = 0;$$

faisant $X=0$, cette équation se réduit à $YX'=0$, laquelle donnerait $X'=0$, ce qui est contre l'hypothèse; faisant $Y=0$, l'équation précédente se trouve remplie d'elle-même; ainsi $Y=0$ est une intégrale particulière.

2° Si l'on fait $\frac{d^2x}{dy^2} = \frac{0}{0}$ on trouvera, par un raisonnement semblable, l'intégrale particulière $X=0$; de sorte que ces deux intégrales particulières auront lieu en même temps.

Si l'on suppose que Y et Y' aient un diviseur commun, alors il est aisé de voir que ce diviseur disparaîtra entièrement par la division du dénominateur de la quantité $\frac{d^2y}{dx^2}$; par conséquent il ne pourra servir à rendre cette quantité égale à $\frac{0}{0}$; il en sera de même relativement à la quantité $\frac{d^2x}{dy^2}$, si X et X' ont un diviseur commun.

D'où il faut conclure, en général, que l'équation proposée

$$\frac{dx}{\sqrt{X}} = \frac{dy}{\sqrt{Y}}$$

aura pour intégrales particulières tous les facteurs simples des deux équations $X = 0$ et $Y = 0$; ce qui s'accorde avec ce que nous avons trouvé dans le n° 6 pour le cas particulier où X et Y étaient des quinômes semblables.

Article III. — *Dans lequel on déduit la théorie des intégrales particulières de la considération des courbes.*

21. Soit $V = 0$ l'intégrale complète d'une équation différentielle du premier ordre $Z = 0$, Z étant une fonction de x, y et $\frac{dy}{dx}$; on sait que V sera une fonction finie de x, y et d'une constante arbitraire a; donc si l'on considère la courbe exprimée par l'équation $V = 0$, en prenant x et y pour les deux coordonnées, cette courbe exprimera aussi l'équation différentielle $Z = 0$, quelque valeur qu'on donne à la constante a; de sorte qu'en donnant successivement à a toutes les valeurs possibles depuis zéro jusqu'à l'infini positif et négatif, on aura un assemblage d'une infinité de courbes toutes de la même famille, et infiniment peu différentes l'une de l'autre, dont chacune représentera également l'équation différentielle $Z = 0$.

Je dis maintenant que la courbe, qui touchera toutes les courbes dont il s'agit, satisfera aussi à la même équation différentielle $Z = 0$. Car cette équation détermine la valeur de $\frac{dy}{dx}$ par une fonction de x et y; par conséquent elle détermine la position de la tangente à chaque point par la position de ce point dans le plan des coordonnées x et y; donc toute courbe, qui dans un point quelconque aura la même tangente qu'une des courbes dont nous venons de parler, satisfera aussi nécessairement à l'équation $Z = 0$; or il est visible que la courbe, qui touche toutes les courbes données par l'équation $V = 0$, en faisant varier le paramètre a, a cette propriété; donc, etc.

22. Si l'on considère deux points infiniment proches de la courbe touchante, il est facile de concevoir que les deux courbes touchées dans

ces points doivent nécessairement se couper dans un point intermédiaire; par conséquent, en faisant coïncider les deux points d'attouchement, le point d'intersection des deux courbes touchées se confondra avec eux; d'où il suit que la courbe touchante est formée par l'intersection mutuelle et successive des courbes données par l'équation $V = o$, en faisant varier le paramètre a; donc cette courbe satisfera à l'équation $Z = o$; ce qui est d'ailleurs évident, puisque suivant ce point de vue la courbe dont nous parlons n'est composée que de portions infiniment petites des courbes représentées par l'équation $V = o$, et dont chacune satisfait à la même équation $Z = o$.

23. Maintenant, si l'on regarde y comme une fonction de x et de a donnée par l'équation $V = o$, il est clair que, pour la même abscisse x, les coordonnées qui répondent à deux courbes infiniment proches seront, en général, y et $y + \frac{dy}{da} da$; donc, au point d'intersection de ces deux courbes, on aura $\frac{dy}{da} = o$; par conséquent, si l'on élimine a au moyen des deux équations $V = o$ et $\frac{dy}{da} = o$, on aura l'équation de la courbe formée par les intersections continuelles de toutes les courbes contenues dans l'équation $V = o$, laquelle sera aussi la courbe qui touchera toutes ces mêmes courbes.

On prouvera de même, en regardant x comme fonction de y et de a, que la condition $\frac{dx}{da} = o$, combinée avec l'équation $V = o$ en sorte que a disparaisse, donnera aussi la courbe touchante des mêmes courbes.

D'où et de ce que nous avons démontré plus haut (4 et 5) on doit conclure que l'intégrale particulière d'une équation différentielle du premier ordre est représentée par la courbe qui touche toutes les différentes courbes représentées par l'intégrale complète de cette équation, en faisant varier la constante arbitraire, c'est-à-dire toutes les différentes courbes qui peuvent être représentées à la fois par la même équation différentielle.

Ainsi les caustiques par réflexion et par réfraction ne sont autre chose que les courbes représentées par l'intégrale particulière de l'équation différentielle qui exprime à la fois toutes les lignes droites suivant lesquelles les rayons sont réfléchis ou réfractés.

Et les développées ne sont que les courbes représentées par l'intégrale particulière de l'équation différentielle qui exprime toutes les lignes droites qui coupent la développante à angles droits; et ainsi du reste.

24. Toute équation différentielle du premier ordre représente donc premièrement une infinité de courbes de la même famille, qui ne diffèrent entre elles que par la valeur de la constante arbitraire, laquelle tient lieu de paramètre; en second lieu, cette équation représente aussi la courbe qui touche toutes ces mêmes courbes; en sorte qu'on peut regarder en quelque façon tant les courbes touchées que la courbe touchante comme une seule courbe ayant une infinité de branches liées entre elles par la même équation. Ainsi, à chaque point de la courbe touchante il y aura deux branches qui se rencontrent dans ce point et qui ont une tangente commune; l'une c'est la courbe touchante même, et l'autre c'est la courbe qu'elle touche dans ce même point; donc à chaque valeur de $\frac{dy}{dx}$ il devra répondre une valeur double de $\frac{d^2y}{dx^2}$; par conséquent l'expression de la quantité $\frac{d^2y}{dx^2}$, tirée de l'équation différentielle proposée au moyen de la différentiation, devra devenir égale à $\frac{0}{0}$ pour tous les points de la courbe touchante, par une raison semblable à celle par laquelle on prouve que la valeur de $\frac{dy}{dx}$ devient égale à $\frac{0}{0}$ dans les points doubles des courbes; et l'on dira la même chose à l'égard de la quantité $\frac{d^2x}{dy^2}$, en supposant dy constant au lieu de dx. De cette manière on pourra donc déduire de l'équation différentielle même celle de la courbe qui toucherait toutes les différentes courbes représentées par cette équation différentielle; et comme l'équation de la courbe touchante n'est autre chose que l'intégrale particulière de l'équation différentielle dont nous parlons, ainsi qu'on l'a démontré ci-dessus, il résulte de là la même règle pour trouver ces sortes d'intégrales, que nous avons donnée dans le n° 15, d'après d'autres principes.

25. Pour jeter un plus grand jour sur la théorie précédente et rendre bien sensible la liaison qu'il y a entre les intégrales complètes et les intégrales particulières, nous allons apporter quelques Exemples tirés de la Géométrie dans lesquels l'application de cette théorie se présente naturellement.

Supposons qu'on demande une courbe telle, que toutes les perpendiculaires menées d'un point donné sur les tangentes de cette courbe soient d'une grandeur donnée.

Il est visible que le cercle résout d'abord la question, pourvu qu'on place le centre dans le point donné et qu'on fasse le rayon égal à la grandeur donnée; mais comme le Problème conduit naturellement à une équation différentielle du premier ordre, il s'ensuit que la solution complète doit renfermer une constante arbitraire; par conséquent, puisque le cercle qui résout le Problème est nécessairement donné de grandeur et de position, on ne peut pas avoir par son moyen une solution complète, mais seulement une solution particulière.

Or si l'on considère que la ligne droite satisfait aussi au même Problème, et que pour cela il suffit que la perpendiculaire menée du point donné sur cette ligne soit donnée, on verra qu'il y a une infinité de droites qui résolvent le Problème; de sorte que ces droites en donnent la véritable solution complète, puisque dans l'équation qui les représente toutes il entre nécessairement une constante arbitraire; et l'on verra de plus que toutes ces droites sont nécessairement les tangentes du cercle qui donne la solution particulière.

Pour confirmer par le calcul ce que nous venons de trouver synthétiquement, soient x, y les coordonnées de la courbe cherchée, et t, u les coordonnées d'une quelconque de ses tangentes considérée comme une ligne droite; on aura donc, en général, entre t et u l'équation

$$u = mt + n,$$

m et n étant constantes pour la même tangente, mais variables d'une tangente à l'autre. Or, comme la droite et la courbe doivent d'abord se rencontrer dans un point, on aura dans ce point $u = y$, $t = x$; donc

$$y = mx + n;$$

ensuite, comme elles doivent de plus se toucher dans le même point, on aura encore $\frac{du}{dt} = \frac{dy}{dx}$; mais $\frac{du}{dt} = m$; donc $m = \frac{dy}{dx}$; et par conséquent $n = y - x \frac{dy}{dx}$; donc l'équation à la tangente sera

$$u = t \frac{dy}{dx} + y - x \frac{dy}{dx}.$$

Prenons l'origine des coordonnées pour le point donné, et nommant ρ une ligne menée de ce point à la tangente, on aura

$$\rho^2 = t^2 + u^2;$$

donc, pour que cette ligne soit perpendiculaire, il faudra que $d\rho = 0$, ce qui donne

$$t\,dt + u\,du = 0 \quad \text{et} \quad \frac{du}{dt} = -\frac{t}{u};$$

donc

$$\frac{t}{u} = -\frac{dy}{dx}, \quad t = -u \frac{dy}{dx};$$

donc, substituant cette valeur de t dans l'équation ci-dessus, on en tire

$$u = \frac{(y\,dx - x\,dy)\,dx}{dx^2 + dy^2};$$

donc

$$\rho^2 = u^2 \left(1 + \frac{dy^2}{dx^2}\right) = \frac{(y\,dx - x\,dy)^2}{dx^2 + dy^2};$$

c'est le carré de la perpendiculaire menée du point donné sur la tangente; nommant donc cette perpendiculaire b, on aura l'équation

$$y\,dx - x\,dy = b\sqrt{dx^2 + dy^2},$$

qui servira à résoudre le Problème. Or cette équation a déjà été examinée dans le n° 6, et nous avons vu qu'elle donne l'intégrale complète

$$y - ax - b\sqrt{1 + a^2} = 0,$$

et ensuite l'intégrale particulière

$$x^2 + y^2 = b^2;$$

ce qui s'accorde avec les résultats trouvés plus haut.

26. *Ayant tiré d'un point donné une perpendiculaire à la tangente d'une courbe, et menant du point où cette perpendiculaire rencontre la tangente à un autre point donné une droite, on demande quelle doit être la nature de la courbe pour que cette droite comprise entre les deux points dont il s'agit soit d'une grandeur donnée.*

Par les propriétés connues des sections coniques il est facile de voir que si l'on décrit une section conique qui ait le premier des deux points donnés pour l'un des foyers, l'autre point pour centre, et la grandeur donnée pour demi-axe, cette section conique résoudra le Problème; mais la section étant entièrement déterminée par ces données, elle ne pourra pas fournir une solution complète du Problème, lequel conduit naturellement à une équation différentielle du premier ordre, et par conséquent indéterminée.

Outre la section conique, on voit aisément qu'il y a une infinité de droites qui peuvent aussi résoudre la question; car si l'on décrit autour du second point donné un cercle dont le rayon soit égal à la grandeur donnée, toute ligne droite qui coupera ce cercle en un point quelconque, de manière qu'elle fasse un angle droit avec la droite menée de ce point d'intersection au premier point donné, aura évidemment les propriétés requises.

L'équation générale de toutes ces lignes droites renfermant donc une constante arbitraire, elle donnera nécessairement la solution complète du Problème; et il est facile de prouver, par les propriétés connues des sections coniques, que toutes ces droites seront tangentes à la section conique que nous avons vu résoudre aussi le Problème; de sorte que la solution par une section conique ne sera qu'une solution particulière.

En effet, pour réduire le Problème en équation, on remarquera que, si de l'origine des coordonnées on mène une perpendiculaire à une tangente quelconque d'une courbe dont les coordonnées soient x et y, et qu'on nomme t et u les coordonnées qui se rapportent au point de la tangente sur laquelle tombe la perpendiculaire, on remarquera, dis-je, que les formules trouvées dans le n° **25** ci-dessus donneront

$$u = \frac{(y\,dx - x\,dy)\,dx}{dx^2 + dy^2}, \quad t = -u\frac{dy}{dx} = -\frac{(y\,dx - x\,dy)\,dy}{dx^2 + dy^2};$$

maintenant si l'on fait passer l'axe des abscisses par les deux points donnés, qu'on prenne le premier de ces deux points pour l'origine, et qu'on nomme b la distance entre les deux points et c la grandeur donnée, il est aisé de concevoir qu'on aura

$$c^2 = (b - t)^2 + u^2;$$

donc

$$t^2 + u^2 - 2bt = c^2 - b^2,$$

et substituant pour t et u les valeurs ci-dessus,

$$\frac{(y\,dx - x\,dy)^2 + 2b(y\,dx - x\,dy)\,dy}{dx^2 + dy^2} = c^2 - b^2;$$

d'où, en multipliant par $dx^2 + dy^2$, et extrayant la racine carrée après avoir ajouté de part et d'autre $b^2\,dy^2$, on aura l'équation du Problème

$$y\,dx - x\,dy + b\,dy = \sqrt{c^2(dx^2 + dy^2) - b^2\,dx^2}.$$

Nous avons déjà traité cette équation dans le n° **6**, et nous avons vu que son intégrale complète est

$$y - a(x - b) = \sqrt{c^2(1 + a^2) - b^2},$$

ce qui donne différentes lignes droites suivant la valeur de la constante arbitraire a; nous avons vu ensuite que cette même équation est susceptible d'une intégrale particulière, laquelle est

$$\frac{(x-b)^2}{c^2} + \frac{y^2}{c^2 - b^2} = 1,$$

et représente par conséquent une ellipse dans laquelle les abscisses x sont prises depuis l'un des foyers, et où b est l'excentricité et c le demi grand axe; de sorte que cette ellipse est la même que celle dont nous avons parlé ci-dessus.

ARTICLE IV. — *Des intégrales particulières des équations différentielles du second ordre et des ordres plus élevés.*

27. Soit

$$Z' = 0$$

une équation différentielle du second ordre, Z' étant une fonction de x, y, $\frac{dy}{dx}$, $d\frac{dy}{dx}$; et soit

$$V = 0$$

l'intégrale finie et complète de cette équation; V sera, dans ce cas, une fonction de x, y et de deux constantes arbitraires a et b. Or, puisque a et b sont arbitraires, on peut supposer, en général, que b soit une fonction quelconque de a; alors V sera une fonction de x, y et a; et, de ce que nous avons démontré dans l'Article II, il s'ensuit que l'équation $V = 0$ satisfera également à l'équation $Z' = 0$, en supposant a variable, pourvu que l'on ait

$$\frac{dy}{da} = 0, \quad \frac{d^2 y}{da\, dx} = 0,$$

ou
$$\frac{dx}{da} = 0, \quad \frac{d^2x}{da\,dy} = 0;$$

et dans ce cas l'équation $V = 0$ deviendra une intégrale particulière (10).

28. Considérons les deux conditions
$$\frac{dy}{da} = 0, \quad \frac{d^2y}{dx\,da} = 0;$$

et supposant
$$b = f(a), \quad db = f'(a)\,da,$$

il est clair que si l'on regarde y comme une fonction de a et de b, la valeur complète de $\frac{dy}{da}$ sera représentée par $\frac{dy}{da} + \frac{dy}{db} f'(a)$, de sorte que les deux conditions dont il s'agit seront exprimées ainsi

$$\frac{dy}{da} + \frac{dy}{db} f'(a) = 0, \quad \frac{d^2y}{dx\,da} + \frac{d^2y}{dx\,db} f'(a) = 0.$$

Au moyen de ces deux équations on déterminera les valeurs de a et de $f(a)$ ou b en x et y, et on les substituera ensuite dans l'équation $V = 0$, ou, ce qui revient au même, on éliminera a et $f(a)$ au moyen des trois équations dont il s'agit; et l'équation résultante sera l'intégrale particulière de l'équation différentio-différentielle $Z' = 0$.

Si l'on remet db à la place de $f'(a)\,da$, on aura les deux équations de condition

$$\frac{dy}{da} + \frac{dy}{db} \frac{db}{da} = 0, \quad \frac{d^2y}{dx\,da} + \frac{d^2y}{dx\,db} \frac{db}{da} = 0,$$

au moyen desquelles et de l'équation $V = 0$ il faudra éliminer a et b.

En éliminant d'abord les différentiels $\frac{db}{da}$, on aura l'équation

$$\frac{dy}{da} \frac{d^2y}{dx\,db} - \frac{dy}{db} \frac{d^2y}{dx\,da} = 0,$$

laquelle, étant combinée avec l'équation $V = 0$, servira à déterminer a

et b en x et y; et il n'y aura plus qu'à substituer ces valeurs de a et b dans l'équation

$$\frac{dy}{da} da + \frac{dy}{db} db = 0;$$

ce qui donnera une équation différentielle du premier ordre en x et y, laquelle sera par conséquent l'intégrale particulière cherchée de l'équation du second ordre

$$Z' = 0.$$

Mais puisque l'équation $V = 0$ donne par la différentiation, en faisant varier à la fois x, y, a, b,

$$dy = p\, dx + \frac{dy}{da} da + \frac{dy}{db} db,$$

on aura

$$\frac{dy}{da} da + \frac{dy}{db} db = dy - p\, dx;$$

par conséquent l'équation

$$\frac{dy}{da} da + \frac{dy}{db} db = 0$$

sera équivalente à celle-ci

$$dy - p\, dx = 0;$$

ainsi il n'y aura qu'à substituer les valeurs de a et de b dans cette dernière équation, ou, ce qui revient au même, éliminer les valeurs de a et de b au moyen des équations

$$V = 0, \quad \frac{dy}{da} \frac{d^2 y}{dx\, db} - \frac{dy}{db} \frac{d^2 y}{dx\, da} = 0, \quad dy - p\, dx = 0;$$

l'équation du premier ordre qui en résultera sera l'intégrale particulière dont il s'agit.

29. De là je conclus, en général, que pour trouver l'intégrale particulière de l'équation différentio-différentielle $Z' = 0$, dont l'intégrale

finie et complète est $V = 0$, il n'y a qu'à éliminer les quantités a, b et $\dfrac{db}{da}$ au moyen des équations

$$V = 0, \quad \frac{dy}{dx} - p = 0, \quad \frac{dy}{da} + \frac{dy}{db}\frac{db}{da} = 0, \quad \frac{d^2 y}{dx\,da} + \frac{d^2 y}{dx\,db}\frac{db}{da} = 0;$$

et comme au lieu de regarder y comme une fonction de x, a, b, on peut *vice versâ* regarder x comme une fonction de y, a, b, on pourra aussi, à la place des deux dernières équations, substituer ces deux-ci

$$\frac{dx}{da} + \frac{dx}{db}\frac{db}{da} = 0, \quad \frac{d^2 x}{dy\,da} + \frac{d^2 x}{dy\,db}\frac{db}{da} = 0.$$

30. Soit l'équation du second ordre

$$y - x\frac{dy}{dx} + \frac{x^2}{2}\frac{d^2 y}{dx^2} = \left(\frac{dy}{dx} - x\frac{d^2 y}{dx^2}\right)^2 + \left(\frac{d^2 y}{dx^2}\right)^2,$$

dont l'intégrale finie et complète est

$$y = \frac{ax^2}{2} + bx + a^2 + b^2,$$

a et b étant les deux constantes arbitraires. On tire par la différentiation

$$\frac{dy}{dx} = ax + b, \quad \frac{dy}{da} = \frac{x^2}{2} + 2a, \quad \frac{dy}{db} = x + 2b, \quad \frac{d^2 y}{dx\,da} = x, \quad \frac{d^2 y}{dx\,db} = 1;$$

on aura donc ces quatre équations

$$y = \frac{ax^2}{2} + bx + a^2 + b^2, \qquad \frac{dy}{dx} = ax + b,$$

$$\frac{x^2}{2} + 2a + (x + 2b)\frac{db}{da} = 0, \quad x + \frac{db}{da} = 0;$$

au moyen desquelles, éliminant les quantités a, b, $\dfrac{db}{da}$, on aura pour résultante l'intégrale particulière de la proposée.

Les trois dernières donnent

$$a = \frac{\dfrac{x^2}{4} + x\dfrac{dy}{dx}}{1+x^2}, \quad b = \frac{\dfrac{dy}{dx} - \dfrac{x^3}{4}}{1+x^2},$$

et ces valeurs étant substituées dans la première, on aura

$$y = \frac{-x^4 + (8x^3 + 16x)\dfrac{dy}{dx} + 16\dfrac{dy^2}{dx^2}}{16(1+x^2)};$$

c'est l'intégrale particulière aux premières différences de l'équation différentio-différentielle dont il s'agit.

Si l'on intègre cette équation, on aura alors l'intégrale particulière finie de la proposée. Pour cela, je tire par l'extraction de la racine carrée la valeur de $\dfrac{dy}{dx}$, j'ai

$$4\frac{dy}{dx} + 2x + x^3 = \sqrt{1+x^2}\sqrt{16y + 4x^2 + x^4};$$

donc, divisant par $\sqrt{16y + 4x^2 + x^4}$ et multipliant par 2, on aura

$$\frac{8dy + 4x\,dx + 2x^3\,dx}{\sqrt{16y + 4x^2 + x^4}} = 2\,dx\sqrt{1+x^2},$$

équation intégrable, et dont l'intégrale est, en ajoutant une constante arbitraire α,

$$\sqrt{16y + 4x^2 + x^4} = x\sqrt{1+x^2} - \log\left(\sqrt{1+x^2} - x\right) + \alpha.$$

Il est remarquable que tandis que l'intégrale complète de la proposée est algébrique, l'intégrale particulière en est transcendante.

31. L'intégrale particulière aux différences premières que nous avons trouvée ci-dessus admet, outre l'intégrale complète précédente, encore une intégrale particulière finie, qu'on peut trouver par les méthodes des

Articles I et II. Déduisons-la de l'intégrale complète au moyen de la condition $\frac{dy}{d\alpha} = 0$; la différentiation de la dernière équation donne

$$\frac{dy}{d\alpha} = \frac{\sqrt{16y + 4x^2 + x^4}}{8};$$

ainsi l'on aura

$$\sqrt{16y + 4x^2 + x^4} = 0;$$

comme cette équation ne renferme point la quantité α, il faut la combiner avec l'intégrale complète en éliminant l'une des variables x ou y, pour voir si la valeur résultante de α est constante ou variable (4); or l'équation que nous venons de trouver donne

$$y = -\frac{x^4}{4} - \frac{x^4}{16};$$

et cette valeur étant substituée dans l'intégrale complète (numéro précédent), on a

$$x\sqrt{1+x^2} - \log\left(\sqrt{1+x^2} - x\right) + \alpha = 0;$$

d'où l'on voit que α est déterminée par une fonction de x; par conséquent l'équation dont il s'agit est une intégrale particulière.

Mais cette intégrale particulière, quoiqu'elle satisfasse à l'intégrale particulière aux premières différences de l'équation proposée, il ne s'ensuit pas qu'elle doive aussi satisfaire à cette dernière équation; au contraire, elle n'y satisfera pas à moins que l'on n'ait en même temps

$$\frac{dy}{d\alpha} = 0, \quad \frac{d^2y}{dx\,d\alpha} = 0,$$

à cause qu'il s'agit d'une équation différentielle du second ordre (11); or ayant

$$\frac{dy}{d\alpha} = \frac{\sqrt{16y + 4x^2 + x^4}}{8},$$

on aura

$$\frac{d^2y}{dx\,d\alpha} = \frac{8\frac{dy}{dx} + 4x + 2x^3}{8\sqrt{16y + 4x^2 + x^4}},$$

et mettant pour $\frac{dy}{dx}$ sa valeur

$$-\frac{x}{2} - \frac{x^3}{4} - \frac{1}{4}\sqrt{1+x^2}\sqrt{16y+4x^2+x^4},$$

il viendra

$$\frac{d^2y}{dx\,d\alpha} = \frac{\sqrt{1+x^2}}{4},$$

ce qui n'est pas nul; d'où il s'ensuit que l'équation dont il s'agit, savoir

$$y = -\frac{x^2}{4} - \frac{x^4}{16},$$

ne satisfait pas à la proposée du second ordre, comme on peut aisément s'en assurer. Cet Exemple peut servir de confirmation à la théorie donnée dans l'Article II.

Au reste, il est bon de remarquer que cette intégrale particulière

$$y = -\frac{x^2}{4} - \frac{x^4}{16}$$

peut aussi se déduire immédiatement de l'intégrale finie et complète

$$y = \frac{ax^2}{2} + bx + a^2 + b^2,$$

en faisant en même temps

$$\frac{dy}{da} = 0 \quad \text{et} \quad \frac{dy}{db} = 0;$$

ce qui donne les deux équations

$$\frac{x^2}{2} + 2a = 0, \quad x + 2b = 0,$$

d'où l'on tire

$$a = -\frac{x^2}{4}, \quad b = -\frac{x}{2},$$

ce qui, étant substitué dans l'intégrale complète, donne

$$y = -\frac{x^4}{16} - \frac{x^2}{4}.$$

Et cette règle est générale pour toutes les équations différentio-différentielles dont on connait l'intégrale finie et complète.

32. Si, au moyen de l'équation finie $V=0$ et de l'équation aux premières différences $\frac{dy}{dx} - p = 0$ qui en est dérivée par la différentiation, on élimine l'une des deux constantes a, b, on a une équation différentielle du premier ordre $Z=0$, qui sera l'intégrale complète aux différences premières de l'équation différentio-différentielle $Z'=0$; et, comme on peut éliminer à volonté l'une ou l'autre des deux constantes arbitraires a, b, on aura ainsi deux intégrales aux premières différences; ce qui est connu des Géomètres.

Supposons maintenant qu'on ait éliminé b, en sorte que dans l'équation $Z=0$ la quantité Z soit une fonction de x, y, $\frac{dy}{dx}$ et a; si l'on différentie cette équation en faisant varier x, y et a, et qu'on suppose, en général,

$$dZ = A\, d\frac{dy}{dx} + B\, dy + C\, dx + E\, da,$$

on aura

$$d\frac{dy}{dx} = -\frac{B\, dy + C\, dx + E\, da}{A};$$

donc, en faisant varier a seul, on aura

$$\frac{d^2 y}{dx\, da} = -\frac{B}{A}\frac{dy}{da} - \frac{E}{A},$$

et, faisant varier b seul,

$$\frac{d^2 y}{dx\, db} = -\frac{B}{A}\frac{dy}{db};$$

ces valeurs étant substituées dans l'équation de condition

$$\frac{d^2y}{dx\,da} + \frac{d^2y}{dx\,db}\frac{db}{da} = 0,$$

du n° 29, on aura

$$-\frac{B}{A}\left(\frac{dy}{da} + \frac{dy}{db}\frac{db}{da}\right) - \frac{E}{A} = 0;$$

mais on doit avoir aussi (numéro cité)

$$\frac{dy}{da} + \frac{dy}{db}\frac{db}{da} = 0;$$

donc on aura

$$-\frac{E}{A} = 0;$$

or si dans l'équation $Z = 0$ on fait varier uniquement $\frac{dy}{dx}$ et a, en regardant y et x comme constantes, on a

$$A\,d\frac{dy}{dx} + E\,da = 0,$$

d'où

$$\frac{E}{A} = -\frac{d\frac{dy}{dx}}{da} = -\frac{d^2y}{dx\,da};$$

ainsi l'équation de condition se réduira à

$$\frac{d^2y}{dx\,da} = 0;$$

laquelle, étant combinée avec l'équation $Z = 0$, donnera par l'élimination de a la même équation qu'on eût obtenue d'après les quatre équations du n° 29.

Et si au lieu d'éliminer b on eût éliminé a, en sorte que Z fût une fonction de x, y, $\frac{dy}{dx}$ et b, alors on aurait l'équation de condition

$$\frac{d^2y}{dx\,db} = 0,$$

laquelle donnerait encore le même résultat en éliminant b au moyen de l'équation $Z = o$.

33. Il s'ensuit de là que si l'on ne connait pas l'intégrale finie et complète $V = o$ de l'équation différentio-différentielle $Z' = o$, mais seulement une des deux intégrales aux premières différences de cette équation, telle que $Z = o$, Z étant une fonction de x, y, $\frac{dy}{dx}$ et d'une constante arbitraire a, on pourra également trouver l'intégrale particulière de la même équation $Z' = o$; pour cela il n'y aura qu'à faire varier dans l'équation $Z = o$ les deux quantités $\frac{dy}{dx}$ et a, et à supposer ensuite

$$\frac{d^2 y}{dx\,da} = o;$$

cette équation, étant combinée avec l'équation $Z = o$, en éliminant la quantité a, donnera l'intégrale cherchée.

Cette règle peut aussi se démontrer directement, et indépendamment de la considération de l'intégrale finie et complète $V = o$. En effet, puisque l'équation du premier ordre $Z = o$ satisfait à l'équation du second ordre $Z' = o$, quelle que soit la valeur de la constante a contenue dans Z, il s'ensuit que cette équation $Z' = o$ ne peut être que le résultat de l'élimination de a au moyen de l'équation $Z = o$ et de l'équation $d\frac{dy}{dx} = p'dx$ déduite de celle-là au moyen d'une différentiation. Or il est clair que ce résultat sera toujours le même, quelle que soit la quantité à éliminer a, constante ou non, pourvu que les deux équations

$$Z = o, \quad d\frac{dy}{dx} = p'dx$$

soient les mêmes; mais en regardant a comme variable, on a

$$d\frac{dy}{dx} = p'dx + q'da;$$

équation qui se réduira à la forme précédente en faisant $q' = 0$; donc si l'on détermine a en sorte que q', ou ce qui est la même chose $\dfrac{d\frac{dy}{dx}}{da}$, ou bien $\dfrac{d^2y}{dx\,da}$, soit nul, l'équation $Z = 0$ satisfera encore à l'équation $Z' = 0$; et, comme a devient dans ce cas égal à une quantité variable, l'équation $Z = 0$ ne sera plus qu'une intégrale particulière de la même équation.

34. Pour confirmer cette règle par un Exemple, reprenons l'équation différentio-différentielle du n° 30, et nous trouverons aisément, d'après l'intégrale finie et complète qu'on connaît déjà, ces deux intégrales aux premières différences

$$y = \left(-\frac{a}{2} + a^2\right) x^2 + (1 - 2a) x \frac{dy}{dx} + a^2 + \frac{dy^2}{dx^2},$$

$$y = \frac{\left(b + \frac{dy}{dx}\right) x}{2} + \frac{\left(b - \frac{dy}{dx}\right)^2}{x^2} + b^2,$$

a et b étant les constantes arbitraires.

Faisant varier dans la première les quantités $\dfrac{dy}{dx}$ et a, on en tire

$$\frac{d^2y}{dx\,da} = \frac{\left(\frac{1}{2} - 2a\right) x^2 + 2x \frac{dy}{dx} - 2a}{(1 - 2a)x + 2\frac{dy}{dx}},$$

et supposant cette quantité égale à zéro, on aura l'équation

$$\left(\frac{1}{2} - 2a\right) x^2 + 2x \frac{dy}{dx} - 2a = 0,$$

d'où résulte

$$a = \frac{\frac{x^2}{2} + 2x \frac{dy}{dx}}{2(1 + x^2)};$$

et cette valeur étant substituée dans l'équation ci-dessus, il viendra,

après les réductions,
$$y = x\frac{dy}{dx} + \frac{dy^2}{dx^2} - \frac{\left(4x\frac{dy}{dx} + x^2\right)^2}{16(1+x^2)},$$

ou bien
$$y = \frac{-x^4 + (8x^3 + 16x)\frac{dy}{dx} + 16\frac{dy^2}{dx^2}}{16(1+x^2)};$$

c'est, comme l'on voit, la même équation qu'on a trouvée dans le n° 30.

On trouvera encore le même résultat si, dans la seconde équation ci-dessus, on fait varier les quantités $\frac{dy}{dx}$ et b, et qu'on suppose ensuite $\frac{d^2y}{dx\,db} = 0$; on aura en effet, par la différentiation de cette équation,

$$\frac{d^2y}{dx\,db} = \frac{\frac{x^3}{2} + 2bx^2 + 2\left(b - \frac{dy}{dx}\right)}{2\left(b - \frac{dy}{dx}\right) - \frac{x^3}{2}},$$

ce qui étant supposé égal à zéro donne

$$b = \frac{2\frac{dy}{dx} - \frac{x^3}{2}}{2(1+x^2)},$$

et cette valeur étant substituée à la place de b, on aura, après les réductions,

$$y = \frac{x}{2}\frac{dy}{dx} + \frac{1}{x^2}\frac{dy^2}{dx^2} - \frac{\left(4\frac{dy}{dx} - x^3\right)^2}{16x^2(1+x^2)},$$

ou bien
$$y = \frac{16x\frac{dy}{dx} + 8x^3\frac{dy}{dx} + 16\frac{dy^2}{dx^2} - x^4}{16(1+x^2)}.$$

Ainsi les deux intégrales aux premières différences, quoique très-différentes entre elles, donnent cependant la même intégrale particulière; la raison en est claire par l'analyse du n° 32.

35. La méthode du n° 33 pour trouver l'intégrale particulière d'une équation différentio-différentielle lorsqu'on connaît seulement une de ses intégrales complètes aux premières différences est, comme l'on voit, absolument analogue à celle du n° 4 pour trouver l'intégrale particulière d'une équation différentielle du premier ordre au moyen de son intégrale finie et complète; l'une et l'autre sont fondées sur les mêmes principes, et doivent par conséquent donner lieu à des conséquences semblables. Ainsi tout ce qu'on a dit dans l'Article II, relativement à l'étendue des intégrales particulières des équations différentielles du premier ordre, pourra s'appliquer aussi aux intégrales particulières des équations différentio-différentielles.

Donc, si l'équation différentio-différentielle $Z'=0$ est elle-même l'intégrale d'une équation différentielle du troisième ordre $Z''=0$, l'intégrale particulière de l'équation $Z'=0$, déduite de la condition $\dfrac{d^2y}{dx\,da}=0$, ne satisfera pas à l'équation $Z''=0$, à moins que l'on n'ait en même temps $\dfrac{d^2y}{dx\,da}=0$ et $\dfrac{d^3y}{dx^2\,da}=0$; et ainsi de suite.

Si l'on a

$$\frac{d^2y}{dx\,da}=0, \quad \frac{d^3y}{dx^2\,da}=0,\ldots \quad \text{à l'infini,}$$

on prouvera, comme dans le n° 13, que la condition $\dfrac{d^2y}{dx\,da}=0$ ne donnera plus une intégrale particulière; et de là, par un raisonnement semblable à celui du n° 14, on déduira une règle pour trouver immédiatement l'intégrale particulière d'une équation différentio-différentielle $Z'=0$ sans connaître aucune de ses intégrales complètes.

Cette règle consiste à supposer égale à $\dfrac{0}{0}$ la valeur de $\dfrac{d^3y}{dx^3}$ tirée de l'équation proposée $Z'=0$ au moyen de la différentiation; on aura ainsi deux équations en x, y, $\dfrac{dy}{dx}$, $\dfrac{d^2y}{dx^2}$, d'où éliminant $\dfrac{d^2y}{dx^2}$ à l'aide de la même équation $Z'=0$, on aura deux équations en x, y, $\dfrac{dy}{dx}$ qui devront s'accorder entre elles et se réduire à une même équation, si la proposée est susceptible d'une intégrale particulière; et alors cette équation sera l'intégrale particulière cherchée.

36. Si l'équation différentio-différentielle $Z' = 0$ était telle, que l'on eût
$$dZ' = A' d\frac{d^2y}{dx^2},$$
alors la condition de $\frac{d^3y}{dx^3} = \frac{0}{0}$ donnerait cette équation unique $A' = 0$; par conséquent, en chassant la quantité $\frac{d^2y}{dx^2}$ au moyen des deux équations
$$A' = 0, \quad Z' = 0,$$
la résultante sera toujours une intégrale particulière de la proposée $Z' = 0$.

Or dans ce cas on peut aussi trouver aisément l'intégrale finie et complète de la même équation. En effet, puisque $Z' = 0$, on aura aussi, en différentiant,
$$dZ' = A' d\frac{d^2y}{dx^2} = 0;$$
donc ou $A' = 0$, ce qui, comme nous venons de le voir, donne l'intégrale particulière, ou $d\frac{d^2y}{dx^2} = 0$, et par conséquent
$$\frac{d^2y}{dx^2} = a, \quad \frac{dy}{dx} = ax + b, \quad y = \frac{ax^2}{2} + bx + c,$$
a, b, c étant trois constantes arbitraires; or comme l'équation $Z' = 0$ n'est (hypothèse) que du second ordre, il s'ensuit que son intégrale finie et complète ne peut renfermer que deux constantes arbitraires; ainsi, si l'on y substitue les valeurs précédentes de y, $\frac{dy}{dx}$ et $\frac{d^2y}{dx^2}$, il viendra nécessairement une équation entre les constantes a, b, c, sans x ni y, par laquelle il faudra déterminer l'une de ces constantes par les deux autres, qui resteront par conséquent arbitraires.

De là on peut déduire la forme générale de ces sortes d'équations; car soit, en général, c une fonction de a et b représentée par $f(a, b)$, et puisqu'on a

$$a = \frac{d^2y}{dx^2}, \quad b = \frac{dy}{dx} - ax = \frac{dy}{dx} - x\frac{d^2y}{dx^2},$$

on aura

$$c = f\left(\frac{d^2y}{dx^2}, \frac{dy}{dx} - x\frac{d^2y}{dx^2}\right);$$

donc, substituant ces valeurs dans l'équation

$$y = \frac{ax^2}{2} + bx + c,$$

on aura celle-ci

$$y = x\frac{dy}{dx} - \frac{x^2}{2}\frac{d^2y}{dx^2} + f\left(\frac{d^2y}{dx^2}, \frac{dy}{dx} - x\frac{d^2y}{dx^2}\right),$$

ou bien, si l'on fait pour plus de simplicité $\frac{dy}{dx} = p$, $\frac{dp}{dx} = p'$,

$$y = px - \frac{p'x^2}{2} + f(p', p - xp');$$

toute équation donc qui sera réductible à cette forme aura, comme celle du n° 17, la propriété de pouvoir être facilement intégrée au moyen d'une nouvelle différentiation, et son intégrale finie et complète sera

$$y = \frac{ax^2}{2} + bx + f(a, b),$$

laquelle représente toujours une parabole.

De plus, l'équation précédente aura la propriété d'admettre toujours une intégrale particulière, qu'on trouvera en éliminant p' au moyen de l'équation

$$-\frac{x^2}{2} + \frac{df(p', p - p'x)}{dp'} = 0,$$

et qui pourra représenter différentes courbes.

L'équation qui a servi d'exemple dans le n° 30 est comprise sous la forme précédente.

37. La théorie que nous venons de donner sur les intégrales particulières des équations différentielles du premier et du second ordre peut s'appliquer aisément aux équations d'un ordre quelconque plus élevé.

Soit par exemple $Z'' = 0$ une équation différentielle du troisième ordre, Z'' étant une fonction de x, y, $\frac{dy}{dx}$, $\frac{d^2y}{dx^2}$, $\frac{d^3y}{dx^3}$, si l'on connait son intégrale finie et complète $V = 0$, V étant une fonction de x, y et de trois constantes arbitraires a, b, c, on déterminera l'intégrale particulière de l'équation $Z'' = 0$ en éliminant les trois quantités a, b, c et les deux $\frac{db}{da}$, $\frac{dc}{da}$ de ces six équations

$$V = 0, \quad \frac{dy}{dx} - p = 0, \quad \frac{d^2y}{dx^2} - p' = 0,$$

$$\frac{dy}{da} + \frac{dy}{db}\frac{db}{da} + \frac{dy}{dc}\frac{dc}{da} = 0,$$

$$\frac{d^2y}{da\,dx} + \frac{d^2y}{db\,dx}\frac{db}{da} + \frac{d^2y}{dc\,dx}\frac{dc}{da} = 0,$$

$$\frac{d^3y}{da\,dx^2} + \frac{d^3y}{db\,dx^2}\frac{db}{da} + \frac{d^3y}{dc\,dx^2}\frac{dc}{da} = 0.$$

Si l'on connait seulement une des intégrales complètes aux premières différences telle que $Z = 0$, Z étant une fonction de x, y, $\frac{dy}{dx}$ et de deux constantes arbitraires a et b, on déterminera l'intégrale particulière en éliminant les quantités a, b, $\frac{db}{da}$, au moyen de ces quatre équations

$$Z = 0, \quad \frac{d^2y}{dx^2} - p' = 0,$$

$$\frac{d^2y}{dx\,da} + \frac{d^2y}{dx\,db}\frac{db}{da} = 0,$$

$$\frac{d^3y}{dx^2\,da} + \frac{d^3y}{dx^2\,db}\frac{db}{da} = 0.$$

Si l'on ne connait qu'une intégrale complète aux secondes différences, telle que $Z' = 0$, Z' étant une fonction de x, y, $\frac{dy}{dx}$, $\frac{d^2y}{dx^2}$ et d'une constante arbitraire a, on pourra déterminer l'intégrale particulière en éliminant a au moyen des deux équations

$$Z' = 0, \quad \frac{d^3 y}{dx^2 da} = 0.$$

Enfin on pourra aussi déterminer cette intégrale d'après la seule équation différentielle $Z'' = 0$; pour cela il n'y aura qu'à chercher par la différentiation la valeur de $\frac{d^4 y}{dx^4}$ et la supposer égale à $\frac{0}{0}$; les deux équations qu'on aura de cette manière devront revenir à la même, après l'élimination de $\frac{d^3 y}{dx^3}$ faite par le moyen de la proposée $Z'' = 0$, si celle-ci est susceptible d'une intégrale particulière, et alors l'équation résultante de l'élimination dont il s'agit sera l'intégrale particulière en question.

On pourra faire au reste sur les intégrales particulières des équations différentielles du troisième ordre des remarques analogues à celles qu'on a faites plus haut sur les intégrales particulières des équations du second ordre; c'est sur quoi nous ne croyons pas qu'il soit nécessaire de nous étendre davantage.

38. Nous terminerons cet Article par faire remarquer qu'il y a, dans chaque ordre, des équations différentielles qui ont des propriétés analogues à celles des équations des n°s 17 et 36.

Soit $Z'' = 0$ la forme générale de ces sortes d'équations pour le troisième ordre, on aura par la différentiation

$$dZ'' = A'' d \frac{d^3 y}{dx^3} = 0;$$

d'où l'on tire ou $A'' = 0$, ce qui donnera une intégrale particulière après l'élimination de la quantité $\frac{d^3 y}{dx^3}$, parce qu'alors $\frac{d^4 y}{dx^4} = \frac{0}{0}$; ou bien $d \frac{d^3 y}{dx^3} = 0$, ce qui donnera l'intégrale complète

$$\frac{d^3 y}{dx^3} = a,$$

d'où
$$\frac{d^2y}{dx^2} = ax+b, \quad \frac{dy}{dx} = \frac{ax^2}{2}+bx+c, \quad y = \frac{ax^3}{2.3}+\frac{bx^2}{2}+cx+e;$$

or comme l'équation $Z'' = 0$ n'est que du troisième ordre, son intégrale finie et complète ne peut renfermer que trois constantes arbitraires; par conséquent, si l'on substitue dans cette équation les valeurs précédentes de y, $\frac{dy}{dx}$, $\frac{d^2y}{dx^2}$, $\frac{d^3y}{dx^3}$, il arrivera nécessairement qu'on aura une équation entre les constantes a, b, c, e sans x ni y, par laquelle il faudra déterminer une de ces constantes par les trois autres.

Supposons donc, en général, que l'on ait
$$e = f(a, b, c),$$

et si l'on fait pour plus de simplicité
$$\frac{dy}{dx} = p, \quad \frac{dp}{dx} = p', \quad \frac{dp'}{dx} = p'',$$

on aura
$$a = p'', \quad b = p' - xp'', \quad c = p - xp' + \frac{x^2 p''}{2};$$

donc substituant ces valeurs dans l'équation
$$y = \frac{ax^3}{2.3}+\frac{bx^2}{2}+cx+e,$$

on aura pour la forme générale des équations dont il s'agit
$$y = \frac{x^3 p''}{2.3} - \frac{x^2 p'}{2} + xp + f\left(p'', p' - xp'', p - xp' + \frac{x^2 p''}{2}\right).$$

L'intégrale finie et complète sera
$$y = \frac{ax^3}{2.3}+\frac{bx^2}{2}+cx+f(a, b, c);$$

et l'intégrale particulière se trouvera en éliminant p'' au moyen de l'équation
$$\frac{x^3}{2.3} + \frac{df\left(p'', p' - xp'', p - xp' + \frac{x^2 p''}{2}\right)}{dp''} = 0.$$

Article V. — *Des intégrales particulières des équations aux différences partielles, avec des remarques nouvelles sur la nature et sur l'intégration de ces sortes d'équations.*

39. Soit
$$V = 0$$
une équation entre trois variables x, y, z et deux constantes a, b; je dis qu'on en peut déduire une équation à différences partielles du premier ordre dans laquelle les constantes a et b ne se trouvent plus. En effet, supposons qu'en faisant varier à la fois x, y et z on ait
$$dz = p\,dx + q\,dy,$$
p et q étant des fonctions connues de x, y, z, a et b; donc en regardant z comme une fonction de x et y, on aura, suivant la notation ordinaire des différences partielles,
$$\frac{dz}{dx} = p, \quad \frac{dz}{dy} = q;$$
qu'on élimine les deux quantités a et b dans les trois équations
$$V = 0, \quad \frac{dz}{dx} - p = 0, \quad \frac{dz}{dy} - q = 0,$$
et l'on aura pour résultante une équation entre x, y, z et $\frac{dz}{dx}$, $\frac{dz}{dy}$, où les constantes a et b ne se trouveront plus, et que nous représenterons, en général, par
$$Z = 0.$$

On peut donc regarder l'équation finie $V = 0$ comme l'intégrale complète de l'équation aux différences partielles du premier ordre $Z = 0$; et comme les deux constantes a et b demeurent arbitraires dans l'équation $V = 0$, il s'ensuit que l'intégrale complète de toute équation aux différences partielles du premier ordre entre trois variables doit nécessairement renfermer deux constantes arbitraires.

Soit par exemple l'équation finie

$$z = a + bx + mby;$$

on a par la différentiation

$$dz = b\,dx + mb\,dy;$$

donc

$$\frac{dz}{dx} = b, \quad \frac{dz}{dy} = mb,$$

et éliminant a et b, on aura

$$m\frac{dz}{dx} = \frac{dz}{dy},$$

équation dont l'intégrale complète sera donc

$$z = a + b(x + my),$$

a et b étant arbitraires.

Soit l'équation

$$z = a + bx + cy,$$

dans laquelle c soit une fonction quelconque de a et b, que nous désignerons par $f(a, b)$; on aura par la différentiation

$$\frac{dz}{dx} = b, \quad \frac{dz}{dy} = c = f(a, b);$$

donc

$$z = a + x\frac{dz}{dx} + y\frac{dz}{dy},$$

d'où

$$a = z - x\frac{dz}{dx} - y\frac{dz}{dy};$$

par conséquent l'équation différentielle sera

$$\frac{dz}{dy} = f\left(z - x\frac{dz}{dx} - y\frac{dz}{dy},\ \frac{dz}{dx}\right),$$

laquelle aura pour intégrale complète

$$z = a + bx + f(a, b)y.$$

Soit encore l'équation

$$z = c + ax + by \quad \text{et} \quad c = f(a, b),$$

on aura par la différentiation

$$\frac{dz}{dx} = a, \quad \frac{dz}{dy} = b;$$

donc l'équation différentielle sera

$$z = x\frac{dz}{dx} + y\frac{dz}{dy} + f\left(\frac{dz}{dx}, \frac{dz}{dy}\right),$$

et son intégrale complète sera

$$z = f(a, b) + ax + by.$$

40. Nous avons supposé les quantités a et b constantes; mais si elles étaient variables on parviendrait toujours à la même équation différentielle $Z = 0$, pourvu que l'on eût également

$$dz = p\,dx + q\,dy,$$

comme dans le cas où ces quantités seraient constantes; car il est clair que le résultat de l'élimination de a et b, dans les équations

$$V = 0, \quad \frac{dz}{dx} - p = 0, \quad \frac{dz}{dy} - q = 0,$$

sera toujours le même, quelles que soient les valeurs de a et b. Or en faisant varier à la fois les quantités x, y, z, a et b, on aura

$$dz = p\,dx + q\,dy + r\,da + s\,db;$$

donc la condition dont il s'agit aura lieu si $r\,da + s\,db = 0$, par conséquent si l'on détermine les quantités a et b en sorte que l'on ait

$$r\,da + s\,db = 0,$$

et qu'on substitue ensuite leurs valeurs dans l'équation finie $V = 0$, on aura une nouvelle intégrale de l'équation proposée $Z = 0$.

41. La manière la plus simple de satisfaire à l'équation

$$r\,da + s\,db = 0$$

est de supposer séparément

$$r = 0, \quad s = 0,$$

ce qui donne deux équations qui serviront à déterminer a et b. Or, en regardant z comme fonction de a et b, il est visible que

$$r = \frac{dz}{da}, \quad s = \frac{dz}{db};$$

donc les deux conditions dont il s'agit seront représentées par

$$\frac{dz}{da} = 0, \quad \frac{dz}{db} = 0;$$

lesquelles étant analogues à la condition $\frac{dy}{da} = 0$ que nous avons trouvée dans l'Article I pour la détermination des intégrales particulières des équations à deux variables, on pourra regarder aussi les intégrales provenantes de ces conditions comme des intégrales particulières des équations à différences partielles entre trois variables.

42. Prenons par exemple l'équation

$$z = x\frac{dz}{dx} + y\frac{dz}{dy} + f\left(\frac{dz}{dx}, \frac{dz}{dy}\right),$$

dont nous avons déjà vu que l'intégrale complète est (39)

$$z = f(a, b) + ax + by.$$

En faisant varier successivement a et b, on aura

$$\frac{dz}{da} = \frac{df(a,b)}{da} + x, \quad \frac{dz}{db} = \frac{df(a,b)}{db} + y;$$

ainsi on aura, pour la détermination de l'intégrale particulière, les deux équations

$$x + \frac{df(a,b)}{da} = 0, \quad y + \frac{df(a,b)}{db} = 0,$$

au moyen desquelles on éliminera a et b de l'équation

$$z = f(a,b) + ax + by;$$

et la résultante sera l'intégrale particulière qu'on cherche.

Supposons que l'équation proposée soit

$$z = y \frac{dz}{dy} + x \frac{dz}{dx} + h \sqrt{1 + \left(\frac{dz}{dx}\right)^2 + \left(\frac{dz}{dy}\right)^2},$$

on aura dans ce cas

$$f\left(\frac{dz}{dx}, \frac{dz}{dy}\right) = h \sqrt{1 + \left(\frac{dz}{dx}\right)^2 + \left(\frac{dz}{dy}\right)^2};$$

donc

$$f(a,b) = h\sqrt{1 + a^2 + b^2},$$

$$\frac{df(a,b)}{da} = \frac{ha}{\sqrt{1 + a^2 + b^2}}, \quad \frac{df(a,b)}{db} = \frac{hb}{\sqrt{1 + a^2 + b^2}};$$

ainsi on aura d'abord cette intégrale complète

$$z = h\sqrt{1 + a^2 + b^2} + ax + by;$$

ensuite, pour avoir l'intégrale particulière, il n'y aura qu'à éliminer dans cette équation les quantités a et b au moyen de ces deux-ci

$$x + \frac{ha}{\sqrt{1 + a^2 + b^2}} = 0, \quad y + \frac{hb}{\sqrt{1 + a^2 + b^2}} = 0,$$

lesquelles donnent

$$a = -\frac{x}{\sqrt{h^2-x^2-y^2}}, \quad b = -\frac{y}{\sqrt{h^2-x^2-y^2}}, \quad \sqrt{1+a^2+b^2} = \frac{h}{\sqrt{h^2-x^2-y^2}};$$

de sorte que l'intégrale particulière sera

$$z = \sqrt{h^2-x^2-y^2}.$$

43. Pour rendre plus sensible l'analogie qu'il y a entre les intégrales particulières des équations aux différences partielles et celles des équations différentielles à deux variables, on remarquera que, si l'on exprime les variables x, y, z par les coordonnées rectangles d'une surface courbe, l'équation $V = 0$ pourra représenter une infinité de surfaces courbes, en donnant aux arbitraires a et b toutes les valeurs possibles, et chacune de ces différentes surfaces satisfera également à l'équation du premier ordre $Z = 0$; ensuite on prouvera, par un raisonnement semblable à celui des n°s 21 et suivants, que la surface qui touchera toutes celles-ci satisfera aussi à la même équation différentielle $Z = 0$; enfin on démontrera aisément que, pour avoir l'équation de la surface touchante dont il s'agit, il n'y aura qu'à éliminer a et b de l'équation $V = 0$ au moyen des deux équations

$$\frac{dz}{da} = 0, \quad \frac{dz}{db} = 0;$$

d'où il s'ensuit que cette surface touchante exprimera l'intégrale particulière de l'équation $Z = 0$; ce qui est conforme à la théorie donnée dans l'Article III relativement aux lignes courbes.

44. Pour confirmer cette théorie par un exemple, supposons qu'on demande la surface courbe qui aura cette propriété, qu'en menant d'un point donné sur un quelconque des plans touchants de cette surface une perpendiculaire, elle soit toujours d'une même grandeur donnée.

Il est d'abord visible qu'une sphère décrite autour du point donné avec un rayon égal à la grandeur donnée satisfera à la question; mais comme dans cette solution tout est déterminé et que le Problème conduit naturellement à une équation aux différences partielles du premier ordre, comme on le verra ci-après, il s'ensuit qu'on ne peut avoir de cette manière qu'une solution particulière du Problème.

De plus, il est clair qu'il y a une infinité de plans qui résolvent ce Problème; car il suffit pour cela que la position du plan soit telle, que la perpendiculaire qu'on y abaisserait du point donné soit égale à la grandeur donnée; et si l'on cherche l'équation générale de tous les plans qui ont cette propriété, on verra sans peine que cette équation renfermera deux constantes arbitraires; de sorte qu'on pourra la regarder comme l'intégrale complète de l'équation différentielle du Problème.

Enfin il est aisé de se convaincre que tous les différents plans dont il s'agit toucheront une surface sphérique décrite autour du point donné avec un rayon égal à la valeur donnée de la perpendiculaire; c'est-à-dire la même surface qui nous a déjà donné une solution particulière du Problème.

Appliquons maintenant le calcul à cette question, et nommons s, t, u les trois coordonnées rectangles qui répondent à un point quelconque d'un des plans touchants de la surface cherchée dont les coordonnées rectangles et parallèles à celles-là sont x, y, z; on aura, par la nature du plan, l'équation

$$u = l + ms + nt,$$

l, m, n étant des constantes. Or, puisque le plan et la surface passent par un même point, on aura dans ce point $s = x$, $t = y$, $u = z$, donc

$$z = l + mx + ny, \quad \text{d'où} \quad l = z - mx - ny;$$

ensuite, puisque dans le même point le plan et la surface se touchent, on aura aussi

$$\frac{du}{ds} = \frac{dz}{dx} \quad \text{et} \quad \frac{du}{dt} = \frac{dz}{dy};$$

mais

$$\frac{du}{ds} = m, \quad \frac{du}{dt} = n;$$

donc
$$m = \frac{dz}{dx}, \quad n = \frac{dz}{dy},$$

et par conséquent
$$l = z - x\frac{dz}{dx} - y\frac{dz}{dy};$$

donc, substituant ces valeurs dans l'équation du plan touchant, elle deviendra
$$u = s\frac{dz}{dx} + t\frac{dz}{dy} + z - x\frac{dz}{dx} - y\frac{dz}{dy}.$$

Supposons, pour plus de simplicité, que le point donné soit l'origine des coordonnées, et cherchons l'expression générale de la perpendiculaire menée de ce point sur le plan dont l'équation est
$$u = l + ms + nt;$$

soit ρ la valeur d'une ligne menée du point dont il s'agit à un point quelconque de ce plan, on aura, en général,
$$\rho^2 = s^2 + t^2 + u^2,$$

et, dans le cas où cette ligne devient perpendiculaire, on aura $d\rho = 0$ et par conséquent
$$s\,ds + t\,dt + u\,du = 0;$$

mais l'équation au plan donne
$$du = m\,ds + n\,dt,$$

donc
$$(s + mu)\,ds + (t + nu)\,dt = 0,$$

et par conséquent
$$s + mu = 0, \quad t + nu = 0,$$

d'où l'on tire
$$s = -mu, \quad t = -nu;$$

donc
$$u = l - m^2 u - n^2 u;$$

donc

$$u = \frac{l}{1+m^2+n^2}, \quad \rho^2 = s^2+t^2+u^2 = (1+m^2+n^2)u^2 = \frac{l^2}{1+m^2+n^2};$$

donc

$$\rho = \frac{l}{\sqrt{1+m^2+n^2}};$$

donc, substituant pour l, m, n les valeurs trouvées ci-dessus, on aura enfin pour l'expression générale de la perpendiculaire ρ

$$\rho = \frac{z - x\dfrac{dz}{dx} - y\dfrac{dz}{dy}}{\sqrt{1+\left(\dfrac{dz}{dx}\right)^2+\left(\dfrac{dz}{dy}\right)^2}}.$$

Supposant donc cette perpendiculaire égale à une constante donnée h, on aura enfin

$$z = x\frac{dz}{dx} + y\frac{dz}{dy} + h\sqrt{1+\left(\frac{dz}{dx}\right)^2+\left(\frac{dz}{dy}\right)^2}$$

pour l'équation du Problème.

Cette équation est la même que nous avons déjà traitée plus haut (42), et dont nous avons trouvé que l'intégrale complète est

$$z = ax + by + h\sqrt{1+a^2+b^2},$$

et que l'intégrale particulière est

$$z = \sqrt{h^2-x^2-y^2};$$

ce qui s'accorde avec les conclusions trouvées ci-dessus.

45. Si l'on rapproche la théorie que nous venons de donner sur les intégrales particulières des équations aux différences partielles de celle que nous avons donnée plus haut sur les intégrales particulières des équations différentielles à deux variables, on en pourra déduire une règle analogue à celle des n°s 15 et 24 pour trouver les intégrales particulières

sans connaitre les intégrales complètes; car on prouvera aisément, par des principes analogues à ceux qu'on a employés dans les endroits cités, que, dans le cas de l'intégrale particulière, les différences des quantités $\frac{dz}{dy}$, $\frac{dz}{dx}$ déduites de l'équation différentielle proposée $Z = 0$, au moyen d'une nouvelle différentiation, devront rester indéterminées.

Ainsi, si après avoir différentié l'équation $Z = 0$, et avoir fait disparaitre les fractions on a une équation de la forme

$$M d\frac{dz}{dx} + N d\frac{dz}{dy} + P dx + Q dy = 0,$$

M, N, P, Q, R étant des fonctions connues et entières de $x, y, z, \frac{dz}{dx}, \frac{dz}{dy}$, il faudra, pour obtenir l'intégrale particulière de l'équation dont il s'agit, faire séparément les quantités M, N, P, Q chacune égale à zéro; ce qui donnera, comme l'on voit, quatre équations, lesquelles étant combinées avec l'équation $Z = 0$ donneront, par l'élimination des deux quantités $\frac{dz}{dx}, \frac{dz}{dy}$, trois équations finales en x, y, z, qui devront avoir lieu en même temps. Par conséquent, si ces équations ont un facteur commun, ce facteur sera l'intégrale particulière cherchée; sinon la proposée n'admettra point d'intégrale particulière.

46. Si l'équation $Z = 0$ était telle, que l'on eût par la différentiation

$$dZ = A d\frac{dz}{dx} + B d\frac{dz}{dy},$$

alors on aurait l'équation différentielle

$$A d\frac{dz}{dx} + B d\frac{dz}{dy} = 0,$$

et les conditions de l'intégrale particulière seraient remplies en faisant $A = 0$ et $B = 0$; on n'aurait donc, dans ce cas, que deux équations de condition, lesquelles serviraient à éliminer les deux quantités $\frac{dz}{dx}, \frac{dz}{dy}$

dans l'équation $Z = 0$; et l'équation résultante serait toujours l'intégrale particulière de cette même équation $Z = 0$.

Au reste on peut aussi trouver son intégrale complète en remarquant que l'équation
$$dZ = A\,d\frac{dz}{dx} + B\,d\frac{dz}{dy} = 0$$
donne aussi
$$d\frac{dz}{dx} = 0, \quad d\frac{dz}{dy} = 0,$$
d'où
$$\frac{dz}{dx} = a \quad \text{et} \quad z = ax + Y,$$

a étant une constante et Y une fonction de y sans x; mais, puisqu'on doit avoir en même temps $d\frac{dz}{dy} = 0$, il faudra que $d\frac{dY}{dy} = 0$, donc
$$\frac{dY}{dy} = b, \quad \text{et} \quad Y = by + c,$$

b et c étant des constantes; donc
$$z = ax + by + c;$$
si l'on substitue cette valeur de z dans l'équation différentielle $Z = 0$, il arrivera nécessairement que les quantités x et y s'en iront et que l'on aura une équation entre les constantes a, b, c, par laquelle il faudra en déterminer une par les deux autres.

Soit donc, en général, $c = f(a, b)$, l'intégrale complète sera alors
$$z = ax + by + f(a, b),$$
et l'équation différentielle sera, comme on l'a déjà vu (39),
$$z = x\frac{dz}{dx} + y\frac{dz}{dy} + f\left(\frac{dz}{dx}, \frac{dz}{dy}\right):$$
c'est la forme générale des équations différentielles qui peuvent avoir la propriété dont il s'agit.

En effet, si l'on différentie cette équation, on aura, à cause de

$$dz = \frac{dz}{dx} dx + \frac{dz}{dy} dy,$$

celle-ci, où je mets, pour plus de simplicité, p et q à la place de $\frac{dz}{dx}$ et $\frac{dz}{dy}$,

$$\left[x + \frac{df(p,q)}{dp}\right] dp + \left[y + \frac{df(p,q)}{dq}\right] dq = 0;$$

ainsi l'on aura pour l'intégrale particulière les deux équations

$$x + \frac{df(p,q)}{dp} = 0, \quad y + \frac{df(p,q)}{dq} = 0,$$

à l'aide desquelles il faudra éliminer les quantités p et q dans la proposée

$$z = px + qy + f(p,q).$$

Et il est visible qu'on aura de cette manière le même résultat que par la méthode du n° 42.

Les équations à différences partielles de la forme dont il s'agit répondent, comme l'on voit, à celles qu'on a considérées plus haut (17).

47. Nous avons vu ci-dessus (40) que, pour que l'équation finie $V = 0$ satisfasse à l'équation aux différences partielles du premier ordre $Z = 0$, sans supposer que les arbitraires a et b soient constantes, il suffit que ces quantités soient telles, que l'on ait la condition

$$r\,da + s\,db = 0,$$

c'est-à-dire, à cause de

$$r = \frac{dz}{da}, \quad s = \frac{dz}{db}$$

suivant la notation ordinaire,

$$\frac{dz}{da} da + \frac{dz}{db} db = 0.$$

Dans les n°^{s} 41 et suivants nous avons satisfait à cette condition en faisant séparément $\frac{dz}{da} = 0$ et $\frac{dz}{db} = 0$, ce qui nous a donné l'intégrale particulière de l'équation $Z = 0$; mais il est clair que cette supposition est trop limitée et qu'on peut remplir la condition dont il s'agit d'une manière plus générale. En effet, comme il y a deux indéterminées a et b, on peut supposer que l'une soit une fonction quelconque de l'autre, par exemple,

$$b = \varphi(a)$$

(en prenant la caractéristique φ pour dénoter une fonction indéterminée); substituant cette valeur de b en a et faisant

$$d\varphi(a) = \varphi'(a) \, da,$$

on aura l'équation de condition

$$\frac{dz}{da} + \frac{dz}{db} \varphi'(a) = 0,$$

au moyen de laquelle on pourra éliminer a dans l'équation $V = 0$. L'équation résultante de cette élimination satisfera également à l'équation différentielle $Z = 0$, et comme elle renferme une fonction arbitraire, elle sera beaucoup plus générale que l'intégrale complète $V = 0$; c'est pourquoi, et pour la distinguer de celle-ci, nous la nommerons l'intégrale générale de l'équation $Z = 0$.

48. Ainsi donc, connaissant l'intégrale complète d'une équation à différences partielles du premier ordre, on pourra toujours, par la méthode précédente, en déduire l'intégrale générale, laquelle résoudra la même équation dans toute son étendue. Il n'y aura pour cela qu'à supposer que dans l'intégrale complète l'une des deux arbitraires soit une fonction quelconque de l'autre, différentier ensuite cette intégrale en faisant varier uniquement l'arbitraire restante, et éliminer cette arbitraire. Appliquons cette méthode à quelques Exemples.

DES ÉQUATIONS DIFFÉRENTIELLES.

Soit proposée d'abord l'équation

$$\frac{dz}{dy} = m\frac{dz}{dx},$$

dont nous avons vu ci-dessus que l'intégrale complète est

$$z = a + b(x + my).$$

Je fais $a = \varphi(b)$, j'ai

$$z = \varphi(b) + b(x + my);$$

je différentie en faisant varier b seul et divisant par db, j'ai

$$\varphi'(b) + x + my = 0;$$

au moyen de ces deux équations on éliminera b et l'on aura l'intégrale générale. Or comme

$$-\varphi'(b) = x + my,$$

on aura b égale à une fonction de $x + my$; par conséquent

$$\varphi(b) + b(x + my)$$

sera aussi nécessairement une fonction de $x + my$, fonction qui restera indéterminée, à cause que $\varphi(b)$ est une fonction indéterminée de b. Ainsi l'on aura pour l'intégrale générale de la proposée

$$z = \Phi(x + my),$$

la caractéristique Φ dénotant une fonction quelconque.

49. Soit l'équation

$$z = x\frac{dz}{dx} + y\frac{dz}{dy} + f\left(\frac{dz}{dx}, \frac{dz}{dy}\right),$$

dont l'intégrale complète est (39)

$$z = f(a, b) + ax + by;$$

faisons $b = \varphi(a)$, on aura

$$z = f[a, \varphi(a)] + ax + \varphi(a)y,$$

et faisant varier a seul, on aura, après avoir divisé par da,

$$f'[a, \varphi(a)] + x + \varphi'(a)y = 0;$$

et il n'y aura plus qu'à éliminer a au moyen de ces deux équations.

Si l'équation était par exemple

$$z = x\frac{dz}{dx} + y\frac{dz}{dy} + h\sqrt{1 + \left(\frac{dz}{dx}\right)^2 + \left(\frac{dz}{dy}\right)^2},$$

comme dans le Problème du n° 44, on aurait

$$f(a, b) = h\sqrt{1 + a^2 + b^2};$$

faisant donc $b = \varphi(a)$, on aurait ces deux équations

$$z = ax + \varphi(a)y + h\sqrt{1 + a^2 + [\varphi(a)]^2},$$

$$x + \varphi'(a)y + h\frac{a + \varphi(a)\varphi'(a)}{\sqrt{1 + a^2 + [\varphi(a)]^2}} = 0,$$

d'où il faudrait éliminer a; on aurait ainsi la solution générale du Problème dont il s'agit.

Cette élimination est impossible, en général, c'est-à-dire tant que la fonction $\varphi(a)$ est indéterminée; ainsi nous nous contenterons d'examiner quelques cas particuliers.

Supposons, ce qui est le cas le plus simple,

$$\varphi(a) = m + na,$$

m et n étant des coefficients constants quelconques, on aura

$$\varphi'(a) = n,$$

et les deux équations précédentes deviendront

$$z = a(x + ny) + my + h\sqrt{1 + a^2 + (m + na)^2},$$

$$x + ny + h\frac{(1 + n^2)a + mn}{\sqrt{1 + a^2 + (m + na)^2}} = 0.$$

Pour chasser a de ces deux équations, je commence par tirer de la seconde la valeur du radical, j'ai

$$\sqrt{1 + a^2 + (m + na)^2} = -h\frac{(1 + n^2)a + mn}{x + ny},$$

ce qui, étant substitué dans la première, donne

$$z = a\left[x + ny - \frac{(1 + n^2)h^2}{x + ny}\right] + my - \frac{mn h^2}{x + ny}.$$

Maintenant je carre l'équation précédente et je la réduis à celle-ci

$$(1 + n^2)a^2 + 2mna + \frac{m^2 n^2 h^2 - (1 + m^2)(x + ny)^2}{(1 + n^2)h^2 - (x + ny)^2} = 0,$$

d'où je tire

$$a = -\frac{mn}{1 + n^2} + \frac{\sqrt{1 + m^2 + n^2}}{1 + n^2} \frac{x + ny}{\sqrt{(1 + n^2)h^2 - (x + ny)^2}};$$

cette valeur étant enfin substituée dans l'équation ci-dessus, on aura celle-ci

$$z = \frac{m(y - nx)}{1 + n^2} \pm \frac{\sqrt{1 + m^2 + n^2}}{1 + n^2}\sqrt{(1 + n^2)h^2 - (x + ny)^2}.$$

Cette équation est celle d'un cylindre droit qui a le rayon de la base égal à h; en effet, si l'on change les deux coordonnées rectangles x, y en deux autres aussi rectangles x', y', telles, que

$$\frac{x + ny}{\sqrt{1 + n^2}} = x', \quad \frac{y - nx}{\sqrt{1 + n^2}} = y',$$

on aura

$$z = \frac{my'}{\sqrt{1 + n^2}} \pm \frac{\sqrt{1 + m^2 + n^2}}{\sqrt{1 + n^2}}\sqrt{h^2 - x'^2},$$

et si l'on change encore les deux coordonnées z, y' en deux autres z', y'' telles, que

$$\frac{z\sqrt{1+n^2}-my'}{\sqrt{1+m^2+n^2}}=z', \quad \frac{y'\sqrt{1+n^2}+mz}{\sqrt{1+m^2+n^2}}=y'',$$

on aura cette équation-ci

$$z'=\sqrt{h^2-x'^2},$$

laquelle est évidemment celle d'un cylindre droit dont l'axe coïncide avec l'axe des coordonnées y'', et dont la base a le rayon égal à h.

Or, comme en changeant les coordonnées nous n'avons fait que changer la position du cylindre relativement aux coordonnées primitives x, y, z, il s'ensuit que tout cylindre droit dont l'axe passera par le point donné qui a été pris pour l'origine des coordonnées et dont la base aura la quantité h pour rayon, satisfera au Problème du n° 44; ce qui est évident par soi-même.

Supposons

$$\sqrt{1+a^2+[\varphi(a)]^2}=k,$$

ce qui donne

$$\varphi(a)=\sqrt{k^2-1-a^2},$$

on aura alors ces deux équations

$$z=ax+y\sqrt{k^2-1-a^2}+hk,$$

$$x-\frac{ay}{\sqrt{k^2-1-a^2}}=0,$$

d'où, éliminant a, il viendra

$$z=hk+\sqrt{k^2-1^2}\sqrt{x^2+y^2},$$

équation à un cône droit dont l'axe coïncide avec l'axe des ordonnées z, le sommet est distant du plan des ordonnées x, y de la quantité hk, et la base prise dans ce plan est un cercle dont le rayon est $\dfrac{hk}{\sqrt{k^2-1^2}}$; de sorte que si du centre de la base on mène une perpendiculaire à la surface du cône, cette perpendiculaire sera égale à h; ce qui est la condition du Problème.

On trouverait un cône semblable, mais dans une situation oblique à l'axe des ordonnées z, si l'on prenait la quantité $\varphi(a)$ telle, que

$$\sqrt{1 + a^2 + [\varphi(a)]^2} = k + ma + n\varphi(a);$$

le calcul en étant un peu long, nous ne nous y arrêterons pas.

Comme la forme de la fonction $\varphi(a)$ est arbitraire, on pourra trouver une infinité de solutions différentes du Problème proposé; mais il est remarquable que la solution qui donne une sphère, et qui est en quelque façon la plus simple, n'est point comprise dans cette infinité de solutions qui résultent de l'hypothèse que b est une fonction quelconque de a.

En effet, si l'on reprend les équations générales et qu'on cherche à déterminer $\varphi(a)$ en sorte qu'il en résulte l'équation à la sphère

$$h^2 = z^2 + y^2 + x^2,$$

il faudra qu'en substituant pour z sa valeur $\sqrt{h^2 - x^2 - y^2}$ et éliminant ensuite l'une des deux variables x ou y l'autre disparaisse aussi, de manière que l'équation résultante soit uniquement entre les quantités a et $\varphi(a)$; or en éliminant par exemple x, on aura une équation où y montera au second degré, en sorte qu'il faudrait faire évanouir séparément les coefficients des trois termes de cette équation ordonnée par rapport à y; ce qui donnerait trois équations au lieu d'une; et l'on se convaincra aisément par le calcul qu'il est impossible de satisfaire à ces trois équations à la fois.

Au reste ce résultat ne doit pas paraître surprenant quand on considère que la sphère est donnée par une intégrale particulière (44); et nous n'avons fait cette remarque, qui peut d'ailleurs être appliquée à toutes les intégrales particulières des équations à différences partielles, que pour montrer la nécessité d'avoir égard à ces sortes d'intégrales pour avoir toutes les solutions possibles des équations de l'espèce dont il s'agit.

Une autre chose digne d'être remarquée, c'est que les surfaces, qui représentent l'intégrale particulière et l'intégrale générale d'une même équation à différences partielles du premier ordre, touchent dans chaque point une des surfaces exprimées par l'intégrale complète de la même équation, mais avec cette différence que la surface représentée par l'intégrale particulière touche absolument toutes les surfaces possibles que donne l'intégrale complète (43), au lieu que la surface représentée par l'intégrale générale ne touche que celles de ces surfaces qui se rapportent à une certaine espèce dépendante du rapport qu'on établit entre les deux quantités a et b, qui sont les constantes arbitraires de l'intégrale complète; c'est de quoi on peut se convaincre, en général, par les principes de la méthode du n° 48, et dont l'Exemple précédent fournit des preuves particulières, puisqu'il est visible que les cylindres et les cônes, que nous avons déduits de l'intégrale générale, sont touchés partout par des plans exprimés par l'intégrale complète.

50. Soit l'équation

$$f\left(\frac{dz}{dx},\ x\right) = F\left(\frac{dz}{dy},\ y\right),$$

les caractéristiques f et F dénotant des fonctions quelconques données de deux quantités.

Je suppose

$$f\left(\frac{dz}{dx},\ x\right) = a,$$

a étant une constante; je tire de cette équation la valeur de $\frac{dz}{dx}$, qui sera exprimée en x et a; et après avoir multiplié par dx j'intègre en faisant varier x seul; j'aurai

$$z = X + \Psi,$$

X étant une fonction connue de x où entrera aussi la constante a, et Ψ une fonction quelconque indéterminée de y; j'aurai ensuite

$$F\left(\frac{dz}{dy},\ y\right) = a,$$

et j'en tirerai de même
$$z = Y + \Xi,$$

Y étant une fonction connue de y où entrera aussi a comme constante, et Ξ une fonction quelconque de x; donc, puisque ces deux valeurs de z doivent être identiques, il faudra que

$$\Psi = Y \quad \text{et} \quad \Xi = X;$$

par conséquent la valeur de z sera $X + Y$, et il est visible qu'on peut ajouter à cette valeur une constante quelconque, puisque dans l'équation différentielle la quantité finie z ne se trouve pas.

On aura donc
$$z = X + Y + b,$$

intégrale complète de la proposée, puisqu'elle renferme deux constantes arbitraires a et b.

Pour en tirer l'intégrale générale, on fera $b = \varphi(a)$, ensuite on différentiera en faisant varier a seul; on aura ainsi les deux équations

$$z = X + Y + \varphi(a), \quad \frac{dX}{da} + \frac{dY}{da} + \varphi'(a) = 0,$$

au moyen desquelles on éliminera a, et la résultante sera l'intégrale cherchée.

51. Soit l'équation
$$f\left(\frac{dz}{dx}, \frac{dz}{dy}, z\right) = 0.$$

Je fais
$$\frac{dz}{dx} = Z, \quad \frac{dz}{dy} = aZ;$$

substituant ces valeurs, j'aurai une équation en z et Z, d'où je tirerai Z exprimé par une fonction de z seul dans laquelle a entrera aussi comme constante; or l'équation

$$\frac{dz}{dx} = Z$$

donnera, en intégrant,
$$x = \int \frac{dz}{Z} + Y,$$
Y étant une fonction de y seul; de même l'équation
$$\frac{dz}{dy} = aZ$$
donnera
$$ay = \int \frac{dz}{Z} + X,$$
X étant une fonction de x seul; donc, pour que ces deux équations deviennent la même chose, il faudra que l'on ait
$$X = -x, \quad Y = -ay,$$
et alors on aura, en ajoutant une constante b à l'intégrale $\int \frac{dz}{Z}$, cette intégrale complète
$$x + ay = \int \frac{dz}{Z} + b.$$

Je fais maintenant $b = \varphi(a)$, et je différentie en faisant varier a seul; j'aurai les deux équations
$$x + ay = \int \frac{dz}{Z} + \varphi(a), \quad y = \frac{d \int \frac{dz}{Z}}{da} + \varphi'(a),$$
au moyen desquelles il faudra éliminer a pour avoir l'intégrale générale de la proposée.

52. Soit l'équation
$$\frac{dz}{dx} = V \frac{dz}{dy} + Z,$$
V étant une fonction quelconque de x et y, et Z une fonction quelconque de x, y, z.

Je multiplie l'équation par dx, et j'ajoute ensuite à l'un et à l'autre membre la quantité $\frac{dz}{dy} dy$, j'ai, à cause de

$$dz = \frac{dz}{dx} dx + \frac{dz}{dy} dy,$$

cette équation-ci

$$dz = (V dx + dy) \frac{dz}{dy} + Z dx;$$

je suppose pour un moment

$$V dx + dy = 0,$$

j'ai une équation entre deux variables x et y, que j'intègre en y ajoutant la constante arbitraire α; je regarde maintenant α comme une fonction de x et y déterminée par cette même équation; j'aurai par la différentiation

$$V dx + dy = A d\alpha,$$

A étant une fonction connue de x, y et α; ainsi substituant cette valeur dans l'équation précédente, elle deviendra

$$dz = A \frac{dz}{dy} d\alpha + Z dx.$$

Or, si l'on substitue partout dans cette équation à la place de y sa valeur en x et α, on aura une équation entre les trois variables x, z, α; et, supposant α constante, on aura l'équation

$$dz = Z dx$$

entre les deux variables x et z, laquelle étant intégrée en y ajoutant une constante arbitraire, qui pourra être une fonction quelconque indéterminée de α, donnera sur-le-champ l'intégrale générale de la proposée; car il n'y aura plus qu'à y remettre à la place de α sa valeur en x et y.

53. Soit encore l'équation

$$x = Vy + Z,$$

11.

V étant une fonction quelconque de $\frac{dz}{dx}$ et $\frac{dz}{dy}$, et Z une fonction quelconque de $\frac{dz}{dx}$, $\frac{dz}{dy}$, $z - x\frac{dz}{dx} - y\frac{dz}{dy}$.

Je fais pour plus de simplicité

$$\frac{dz}{dx} = p, \quad \frac{dz}{dy} = q, \quad z - x\frac{dz}{dx} - y\frac{dz}{dy} = r,$$

en sorte que V soit une fonction quelconque de p et q, et Z une fonction quelconque de p, q, r; je multiplie toute l'équation par dp et j'ajoute aux deux membres la quantité $y\,dq$, j'ai

$$x\,dp + y\,dq = y(V\,dp + dq) + Z\,dp;$$

or, puisque

$$r = z - xp - yq,$$

et que

$$dz = \frac{dz}{dx}dx + \frac{dz}{dy}dy = p\,dx + q\,dy,$$

on aura

$$dr = -x\,dp - y\,dq;$$

donc l'équation précédente deviendra

$$-dr = y(V\,dp + dq) + Z\,dp.$$

Je suppose
$$V\,dp + dq = 0,$$

ce qui fait une équation entre p et q que j'intègre en y ajoutant une constante arbitraire α; de sorte que j'ai une équation finie entre p, q et α, dans laquelle je puis regarder α comme une fonction de p et q, et qui donnera par la différentiation

$$V\,dp + dq = A\,d\alpha,$$

A étant une fonction connue de p, q et α; ainsi l'équation précédente deviendra

$$-dr = yA\,d\alpha + Z\,dp.$$

Qu'on substitue partout dans cette équation à la place de q sa valeur en p et α, on aura une équation entre les trois variables r, p, α, laquelle, en supposant α constante, sera

$$- dr = Z dp;$$

qu'on intègre donc cette équation entre les deux variables r et p, et soit $R = 0$ l'intégrale, dans laquelle on pourra supposer que la constante arbitraire soit une fonction quelconque indéterminée de α; faisant ensuite varier dans l'équation $R = 0$ les trois quantités r, p et α à la fois, il viendra

$$dr = -Z dp + Q d\alpha,$$

Q étant une fonction connue de r, p, α; donc, substituant cette valeur dans l'équation ci-dessus, on aura

$$-Q d\alpha = y A d\alpha, \quad \text{d'où} \quad Ay + Q = 0.$$

On a donc ainsi deux équations finies

$$R = 0, \quad Ay + Q = 0$$

entre les quantités p, q, α, y; et, comme α est donnée par une fonction connue de p et q, substituant cette valeur de α, on aura deux équations entre les trois quantités p, q et y, à l'aide desquelles on pourra éliminer p et q, c'est-à-dire $\frac{dz}{dx}$ et $\frac{dz}{dy}$, dans l'équation proposée

$$x = Vy + Z;$$

et l'équation résultante sera l'intégrale générale de cette même équation, puisqu'elle contient déjà une fonction indéterminée.

54. Soit enfin l'équation

$$\frac{dz}{dx} = Vy + Z,$$

V étant une fonction quelconque de x et $\frac{dz}{dy}$, et Z une fonction quelconque de x, $\frac{dz}{dy}$, $z - y\frac{dz}{dy}$.

Je fais
$$\frac{dz}{dx} = p, \quad \frac{dz}{dy} = q, \quad z - yq = r,$$

j'aurai l'équation
$$p = Vy + Z,$$

dans laquelle V sera une fonction quelconque de x, q, et où Z sera une fonction quelconque de x, q, r. Je multiplie cette équation par dx, et j'ajoute aux deux membres la quantité $-y\,dq$, j'aurai, à cause de
$$dr = dz - d(yq) = p\,dx + q\,dy - d(yq) = p\,dx - y\,dq,$$

j'aurai, dis-je, l'équation
$$dr = y(V\,dx - dq) + Z\,dx.$$

Je suppose $V\,dx - dq = 0$, j'ai une équation entre x et q que j'intègre en y ajoutant une constante arbitraire α; ensuite, regardant α comme variable, je différentie de nouveau, j'ai
$$V\,dx - dq = A\,d\alpha,$$

A étant une fonction connue de x, q, α; cette substitution ainsi que celle de la valeur de q en x et α étant faites dans l'équation ci-dessus, elle deviendra
$$dr = yA\,d\alpha + Z\,dx,$$

où A et Z seront maintenant des fonctions connues de r, x et α. Regardant donc α comme constante, on aura l'équation
$$dr = Z\,dx$$

entre les variables r et x, dont l'intégrale pourra contenir comme constante une fonction quelconque indéterminée de α. Soit
$$R = 0$$

cette intégrale; en y faisant varier à la fois r, x et α, on en tirera

$$dr = Z\,dx + Q\,d\alpha;$$

mais on a

$$dr = y\,A\,d\alpha + Z\,dx;$$

donc

$$Q = y\,A.$$

Cette équation étant combinée avec l'équation

$$R = 0,$$

on pourra éliminer q, après avoir remis pour r sa valeur $z - yq$, et pour α sa valeur en x et q; l'équation résultante ne contiendra que x, y, z, et sera l'intégrale générale de la proposée à cause de la fonction indéterminée qui s'y trouvera

On pourra, par un procédé semblable, trouver l'intégrale générale de toute équation de la forme

$$\frac{dz}{dy} = V\,x + Z,$$

V étant une fonction de y, $\frac{dz}{dx}$, et Z une fonction de y, $\frac{dz}{dx}$, $z - x\frac{dz}{dx}$.

Il n'y aura pour cela qu'à changer dans l'analyse précédente x en y et *vice versâ*.

On voit par là que les équations de la forme

$$z = y\frac{dz}{dy} + f\left(x, \frac{dz}{dx}, \frac{dz}{dy}\right),$$

ou

$$z = x\frac{dz}{dx} + f\left(y, \frac{dz}{dy}, \frac{dz}{dx}\right)$$

(la caractéristique f dénotant une fonction quelconque donnée de trois quantités), sont intégrables en général; car si l'on tire de la première la valeur de $\frac{dz}{dx}$, ou de la seconde celle de $\frac{dz}{dy}$, on aura des équations de la forme

$$\frac{dz}{dx} = Z, \quad \text{ou} \quad \frac{dz}{dy} = Z,$$

et par conséquent intégrables par la méthode ci-dessus.

55. Les Exemples précédents renferment d'une manière générale tous les cas connus d'intégration des équations de différences partielles du premier ordre entre trois variables; et c'est pour cette raison que nous avons ajouté les trois derniers Exemples, quoique la méthode qu'on y a suivie n'ait pas un rapport immédiat avec la méthode générale du n° 48; nous avions déjà donné ailleurs l'intégration de l'équation du n° 52 [*voyez* les *Mémoires* pour 1772 (*)]; mais celle des équations des n°s 53 et 54 est, si je ne me trompe, entièrement nouvelle.

56. On a vu ci-dessus que l'intégrale particulière n'est renfermée ni dans l'intégrale complète ni dans l'intégrale générale; mais il n'en est pas de même de l'intégrale complète par rapport à l'intégrale générale; car il est facile de se convaincre, soit d'après notre théorie de la formation des intégrales générales, soit d'après la seule considération de la nature de ces intégrales, laquelle consiste en ce qu'elles doivent renfermer une fonction arbitraire, il est aisé, dis-je, de se convaincre que ces sortes d'intégrales doivent toujours renfermer les intégrales complètes comme des cas particuliers. En effet, si dans l'intégrale générale on donne à la fonction indéterminée une valeur particulière dans laquelle il y ait des coefficients arbitraires, en sorte qu'il se trouve deux de ces coefficients dans l'intégrale, cette intégrale sera alors une intégrale complète, et conduira nécessairement par la différentiation à la même équation aux différences partielles du premier ordre que l'intégrale générale dont elle est dérivée. On voit par là qu'on peut donner différentes formes aux intégrales complètes, mais que ces formes différentes sont néanmoins

---

(*) *OEuvres de Lagrange*, t. III, p. 549.

liées entre elles, en sorte que dès qu'on en connaît une on peut en déduire toutes les autres, puisqu'il n'y a qu'à chercher d'abord, par notre méthode, l'intégrale générale, et ensuite donner à la fonction indéterminée des valeurs particulières.

57. Nous allons maintenant considérer les équations à différences partielles du second ordre; et nous remarquerons d'abord que si $V = 0$ est une équation finie entre les trois variables x, y, z et cinq constantes a, b, c, h, g, on pourra en déduire une équation aux différences partielles du second ordre dans laquelle ces constantes ne se trouveront plus. Car, en regardant z comme une fonction de x et y et faisant varier successivement ces deux quantités dans l'équation donnée, on en tirera par une double différentiation ces cinq équations-ci

$$\frac{dz}{dx} - p = 0, \quad \frac{dz}{dy} - q = 0,$$

$$\frac{d^2z}{dx^2} - r = 0, \quad \frac{d^2z}{dx\,dy} - s = 0, \quad \frac{d^2z}{dy^2} - t = 0,$$

p, q étant des fonctions connues de x, y, z, et r, s, t des fonctions aussi connues de $x, y, z, \dfrac{dz}{dx}, \dfrac{dz}{dy}$. Si donc au moyen de ces cinq équations différentielles et de l'équation finie $V = 0$ on élimine les cinq constantes a, b, c, h, g, on aura une équation finale entre les quantités

$$x, y, z, \frac{dz}{dx}, \frac{dz}{dy}, \frac{d^2z}{dx^2}, \frac{d^2z}{dx\,dy}, \frac{d^2z}{dy^2},$$

dans laquelle les constantes dont il s'agit ne se trouveront plus, et que nous représenterons, en général, par $Z' = 0$.

On pourra donc regarder l'équation $V = 0$ comme l'intégrale finie et complète de l'équation aux différences partielles du second ordre $Z' = 0$, et comme les cinq constantes a, b, c, g, h demeurent arbitraires, il s'ensuit que l'intégrale finie et complète de toute équation aux différences partielles du second ordre doit renfermer cinq constantes arbitraires.

IV.

Soit par exemple l'équation finie
$$z = a + bx + cy + hx^2 + gxy + mh y^2;$$
on aura par la différentiation
$$\frac{dz}{dx} = b + 2hx + gy, \quad \frac{dz}{dy} = c + gx + 2mhy,$$
$$\frac{d^2z}{dx^2} = 2h, \quad \frac{d^2z}{dx\,dy} = g, \quad \frac{d^2z}{dy^2} = 2mh;$$
donc, éliminant les constantes a, b, c, h, g, on aura cette équation finale
$$\frac{d^2z}{dy^2} = m \frac{d^2z}{dx^2},$$
dont l'équation précédente sera par conséquent l'intégrale complète.

58. Soit encore l'équation
$$z = k + ax + by + cx^2 + gxy + hy^2,$$
dans laquelle k soit une fonction donnée de a, b, c, g, h; on aura par la différentiation
$$\frac{dz}{dx} = a + 2cx + gy, \quad \frac{dz}{dy} = b + 2hy + gx,$$
$$\frac{d^2z}{dx^2} = 2c, \quad \frac{d^2z}{dx\,dy} = g, \quad \frac{d^2z}{dy^2} = 2h;$$
donc
$$h = \frac{1}{2} \frac{d^2z}{dy^2}, \quad g = \frac{d^2z}{dx\,dy}, \quad c = \frac{1}{2} \frac{d^2z}{dx^2},$$
$$a = \frac{dz}{dx} - x \frac{d^2z}{dx^2} - y \frac{d^2z}{dx\,dy}, \quad b = \frac{dz}{dy} - y \frac{d^2z}{dy^2} - x \frac{d^2z}{dx\,dy};$$
donc, substituant ces valeurs, on aura l'équation différentielle du second ordre
$$z = x \frac{dz}{dx} + y \frac{dz}{dy} - \frac{x^2}{2} \frac{d^2z}{dx^2} - xy \frac{d^2z}{dx\,dy} - \frac{y^2}{2} \frac{d^2z}{dy^2}$$
$$+ f\left(\frac{dz}{dx} - x \frac{d^2z}{dx^2} - y \frac{d^2z}{dx\,dy}, \; \frac{dz}{dy} - y \frac{d^2z}{dy^2} - x \frac{d^2z}{dx\,dy}, \; \frac{1}{2} \frac{d^2z}{dx^2}, \; \frac{d^2z}{dx\,dy}, \; \frac{1}{2} \frac{d^2z}{dy^2} \right),$$

dont l'intégrale complète sera

$$z = ax + by + cx^2 + gxy + hy^2 + f(a, b, c, g, h),$$

la caractéristique f dénotant une fonction quelconque de cinq quantités.

59. En suivant les principes établis dans ce Mémoire, il est facile de démontrer que pour avoir l'intégrale particulière d'une équation à différences partielles du second ordre $Z' = 0$, dont on connaît l'intégrale finie complète $V = 0$, il n'y aura qu'à faire varier, tant dans la quantité V que dans les deux quantités p et q des équations

$$\frac{dz}{dx} - p = 0, \quad \frac{dz}{dy} - q = 0,$$

les cinq constantes arbitraires a, b, c, g, h, et supposer les différences de ces trois quantités V, p, q nulles; ce qui donnera trois équations qui contiendront les cinq différentielles da, db, dc, dg, dh sous une forme linéaire; on éliminera deux de ces différentielles, et l'on fera ensuite évanouir séparément dans l'équation résultante les coefficients des trois différentielles restantes; on aura ainsi trois équations de condition qui étant combinées avec les trois équations

$$V = 0, \quad \frac{dz}{dx} - p = 0, \quad \frac{dz}{dy} - q = 0$$

donneront, par l'élimination des cinq quantités a, b, c, g, h, une équation à différences partielles du premier ordre, laquelle sera l'intégrale particulière aux premières différences de la proposée $Z' = 0$ du second ordre.

Par exemple, l'équation différentio-différentielle du numéro précédent donne

$$V = -z + ax + by + cx^2 + gxy + hy^2 + f(a, b, c, g, h),$$
$$p = a + 2cx + gy, \quad q = b + 2hy + gx;$$

donc les équations de condition de l'intégrale particulière seront, en faisant, pour abréger, $f(a, b, c, g, h) =$ F,

$$\left(x + \frac{dF}{da}\right)da + \left(y + \frac{dF}{db}\right)db + \left(x^2 + \frac{dF}{dc}\right)dc + \left(xy + \frac{dF}{dg}\right)dg + \left(y^2 + \frac{dF}{dh}\right)dh = 0,$$

$$da + 2x\,dc + y\,dg = 0, \quad db + 2y\,dh + x\,dg = 0.$$

Mettant dans la première équation les valeurs de da et db tirées de ces deux dernières, et égalant ensuite à zéro les coefficients des différences dc, dh, dg, on aura ces trois équations

$$\frac{dF}{dc} - 2x\frac{dF}{da} - x^2 = 0, \quad \frac{dF}{dh} - 2y\frac{dF}{db} - y^2 = 0,$$

$$\frac{dF}{dg} - x\frac{dF}{db} - y\frac{dF}{da} - xy = 0,$$

à l'aide desquelles et des équations

$$V = 0, \quad \frac{dz}{dx} - p = 0, \quad \frac{dz}{dy} - q = 0$$

on éliminera les cinq quantités a, b, c, g, h; et la résultante sera l'intégrale particulière aux premières différences de l'équation dont il s'agit.

60. Soit à présent $Z = 0$ une équation entre les variables finies x, y, z et les différences partielles du premier ordre $\frac{dz}{dx}$, $\frac{dz}{dy}$ dans laquelle entrent deux constantes arbitraires a et b; on pourra en déduire par la différentiation une équation aux différences partielles du second ordre dans laquelle les deux constantes a et b ne se trouveront plus. Car, si l'on fait varier successivement x et y, on aura les deux équations

$$\frac{dZ}{dx} = 0, \quad \frac{dZ}{dy} = 0,$$

à l'aide desquelles on pourra éliminer dans la proposée $Z = 0$ les deux constantes a et b; et l'équation résultante sera entre les variables x, y, z et leurs différences partielles $\frac{dz}{dx}, \frac{dz}{dy}, \frac{d^2z}{dx^2}, \frac{d^2z}{dx\,dy}, \frac{d^2z}{dy^2}$; nous la désignerons, en général, par $Z' = 0$.

Ainsi l'on pourra regarder l'équation $Z = 0$ comme l'intégrale complète du premier ordre de l'équation du second ordre $Z' = 0$, et, comme les deux constantes a et b restent arbitraires, on peut conclure, en général, que toute intégrale complète du premier ordre d'une équation aux différences partielles du second ordre doit contenir deux constantes arbitraires.

Soit par exemple l'équation aux différences premières

$$\frac{dz}{dy} - m\frac{dz}{dx} = a + bx + nby,$$

a et b étant deux constantes qui doivent rester indéterminées, et m, n deux coefficients donnés.

Faisant varier successivement x et y, on aura les deux équations

$$\frac{d^2z}{dy^2} - m\frac{d^2z}{dx\,dy} = nb, \quad \frac{d^2z}{dx\,dy} - m\frac{d^2z}{dx^2} = b;$$

d'où chassant b, il viendra l'équation

$$\frac{d^2z}{dy^2} - (m+n)\frac{d^2z}{dx\,dy} + mn\frac{d^2z}{dx^2} = 0,$$

dont l'équation ci-dessus sera par conséquent l'intégrale complète du premier ordre.

Ainsi, ayant une équation du second ordre de la forme

$$\frac{d^2z}{dy^2} - A\frac{d^2z}{dx\,dy} + B\frac{d^2z}{dx^2} = 0,$$

il n'y aura qu'à chercher les racines de l'équation

$$s^2 - As + B = 0,$$

et nommant ces racines m, n, on aura l'intégrale complète du premier ordre

$$\frac{dz}{dy} - m\frac{dz}{dx} = a + b(x + ny);$$

et, comme on peut échanger entre elles les racines m et n, on aura aussi cette autre intégrale du premier ordre

$$\frac{dz}{dy} - n\frac{dz}{dx} = h + g(x + my),$$

h et g étant d'autres constantes arbitraires.

Au moyen de ces deux intégrales du premier ordre on pourra, si l'on veut, trouver l'intégrale complète finie; car en chassant par exemple $\frac{dz}{dy}$, on aura l'équation

$$(n-m)\frac{dz}{dx} = a - h + (b-g)x + (nb - mg)y,$$

qui peut être intégrée en faisant varier x seul; et l'on aura

$$(n-m)z = Y + (a-h)x + (b-g)\frac{x^2}{2} + (nb - mg)xy,$$

Y étant une fonction quelconque de y.

Or, si des mêmes équations on chasse $\frac{dz}{dx}$, on a

$$(n-m)\frac{dz}{dy} = na - mh + (nb - mg)x + (n^2 b - m^2 g)y,$$

et, intégrant par rapport à y seul, on aura

$$(n-m)z = X + (na - mh)y + (nb - mg)xy + (n^2 b - m^2 g)\frac{y^2}{2},$$

et, comme ces deux équations doivent être la même chose, il faudra faire

$$Y = c + (na - mh)y + (n^2 b - m^2 g)\frac{y^2}{2},$$

$$X = c + (a - h)x + (b - g)\frac{x^2}{2};$$

c étant une constante arbitraire.

Ainsi l'intégrale complète finie de la proposée sera

$$(n-m)z = c + (a-h)x + (na-mh)y + (b-g)\frac{x^2}{2}$$
$$+ (nb-mg)xy + (n^2 b - m^2 g)\frac{y^2}{2},$$

où a, b, c, g, h sont les cinq arbitraires.

Au reste il est facile de voir que cette méthode de trouver l'intégrale complète finie d'une équation du second ordre, lorsqu'on connaît deux différentes intégrales complètes du premier ordre de la même équation, est générale et réussira toujours, quelle que soit la forme de ces intégrales complètes; car en éliminant $\frac{dz}{dx}$ on aura toujours une équation où y pourra être traitée comme constante, et en éliminant $\frac{dz}{dy}$ on en aura une où x pourra être regardée elle-même comme constante; et, l'intégration introduisant nécessairement une nouvelle constante arbitraire, on aura dans l'intégrale finie le nombre de cinq arbitraires; ce qui est le caractère des intégrales complètes (57).

61. Lorsqu'on connaît l'intégrale complète du premier ordre $Z = 0$ d'une équation du second ordre $Z' = 0$, on en peut déduire sans peine son intégrale particulière.

Car il ne faudra que faire varier dans l'équation $Z = 0$ les deux constantes arbitraires a et b, et supposer ensuite les coefficients des deux différentielles da et db chacun égal à zéro; on aura ainsi deux équations qui serviront à éliminer les quantités a et b dans l'équation $Z = 0$, et la résultante sera l'intégrale particulière aux premières différences de la proposée $Z' = 0$.

62. Enfin, si l'on ne connaît aucune des intégrales complètes de l'équation $Z' = 0$ du second ordre, on pourra néanmoins trouver son intégrale particulière aux premières différences.

Il n'y aura pour cela qu'à différentier l'équation proposée, et, ayant fait disparaitre les fractions pour avoir une équation de la forme

$$M d \frac{d^2 z}{dx^2} + N d \frac{d^2 z}{dy^2} + P d \frac{d^2 z}{dx\,dy} + Q\,dx + R\,dy = 0,$$

M, N, P, Q, R étant des fonctions connues et entières de

$$x,\ y,\ z,\ \frac{dz}{dx},\ \frac{dz}{dy},\ \frac{d^2 z}{dx^2},\ \frac{d^2 z}{dx\,dy},\ \frac{d^2 z}{dy^2},$$

on supposera séparément égale à zéro chacune des cinq quantités M, N, P, Q, R, ce qui donnera cinq équations, lesquelles étant combinées avec l'équation $Z' = 0$, en sorte que les trois quantités $\frac{d^2 z}{dx^2}$, $\frac{d^2 z}{dy^2}$, $\frac{d^2 z}{dx\,dy}$ disparaissent, il résultera trois équations finales en x, y, z, $\frac{dz}{dx}$, $\frac{dz}{dy}$; il faudra donc que ces trois équations puissent avoir lieu en même temps, c'est-à-dire qu'elles aient un facteur commun, pour que la proposée soit susceptible d'une intégrale particulière; et ce facteur, s'il y en a un, sera l'intégrale cherchée.

La démonstration de cette méthode et de celle du numéro précédent est facile à déduire des principes exposés dans ce Mémoire, et nous ne croyons pas devoir nous y arrêter.

63. Si l'équation $Z' = 0$ est telle, que

$$dZ' = A\,d \frac{d^2 z}{dx^2} + B\,d \frac{d^2 z}{dx\,dy} + C\,d \frac{d^2 z}{dy^2},$$

alors on n'aura pour la détermination de l'intégrale particulière que les trois équations de condition

$$A = 0,\quad B = 0,\quad C = 0,$$

lesquelles serviront à éliminer les trois quantités $\frac{d^2 z}{dx^2}$, $\frac{d^2 z}{dx\,dy}$, $\frac{d^2 z}{dy^2}$ dans l'équation $Z' = 0$; et la résultante sera l'intégrale particulière de cette même équation

64. Pour trouver la forme générale des équations qui ont cette propriété, il n'y a qu'à remarquer qu'on peut satisfaire à l'équation $dZ' = 0$ en faisant séparément

$$d\frac{d^2z}{dx^2} = 0, \quad d\frac{d^2z}{dx\,dy} = 0, \quad d\frac{d^2z}{dy^2} = 0,$$

ce qui donne, en prenant des constantes arbitraires,

$$\frac{d^2z}{dx^2} = 2c, \quad \frac{d^2z}{dx\,dy} = g, \quad \frac{d^2z}{dy^2} = 2h,$$

et intégrant de nouveau

$$\frac{dz}{dx} = a + 2cx + gy, \quad \frac{dz}{dy} = b + 2hy + gx,$$

et enfin

$$z = k + ax + by + cx^2 + gxy + hy^2;$$

où il se trouve, comme l'on voit, six constantes indéterminées. Or, si l'on substitue ces valeurs dans l'équation $Z' = 0$, il arrivera nécessairement que les quantités x et y s'en iront d'elles-mêmes, en sorte qu'il ne restera qu'une équation entre les constantes $k, a, b, \ldots$, par laquelle il faudra en déterminer une par les autres.

Supposons donc qu'on ait déterminé k, en sorte que l'on ait, en général,

$$k = f(a, b, c, g, h),$$

alors on aura l'équation finie

$$z = ax + by + cx^2 + gxy + hy^2 + f(a, b, c, g, h)$$

qui, contenant cinq constantes arbitraires, sera l'intégrale complète de la proposée $Z' = 0$; et d'où l'on pourra par conséquent déduire la forme générale de cette même équation, ainsi que nous l'avons déjà fait plus haut (58).

L'équation différentio-différentielle, que nous avons trouvée dans le n° 58, sera donc la formule générale de toutes les équations qui peuvent avoir la propriété en question ; et si l'on différentie cette équation, qu'ensuite on suppose égal à zéro chacun des coefficients des trois différences $d\dfrac{d^2z}{dx^2}$, $d\dfrac{d^2z}{dx\,dy}$, $d\dfrac{d^2z}{dy^2}$, on aura trois équations, qui étant combinées avec l'équation proposée donneront, par l'élimination des quantités $\dfrac{d^2z}{dx^2}$, $\dfrac{d^2z}{dy^2}$, $\dfrac{d^2z}{dx\,dy}$, le même résultat que l'on aura par la méthode du n° 62.

65. Après avoir vu comment on peut déduire les intégrales particulières des intégrales complètes, voyons comment on peut en déduire aussi les intégrales générales. Et d'abord il est facile de prouver d'après les principes exposés ci-dessus (57) que pour que l'équation $V = 0$, qu'on suppose être l'intégrale complète finie de l'équation du second ordre $Z' = 0$, satisfasse à cette même équation, en y regardant les cinq arbitraires a, b, c, g, h comme variables, il suffira que ces quantités soient telles, qu'elles satisfassent aux trois équations différentielles qu'on aura en égalant à zéro les différences des quantités V, p, q, dans lesquelles on n'aura fait varier que les quantités a, b, c, g, h.

Or, comme de cette manière on n'a que trois équations pour la détermination des cinq variables a, b, c, g, h, il est clair qu'il y en aura deux à volonté qu'on pourra supposer être des fonctions quelconques indéterminées des trois autres ; il s'agira seulement de faire en sorte qu'on puisse déterminer ensuite les valeurs des cinq variables dont il s'agit d'une manière finie, en fonctions de x, y, z ; alors il n'y aura plus qu'à substituer ces valeurs dans l'équation $V = 0$, et l'on aura l'intégrale générale de la proposée $Z' = 0$ du second ordre, laquelle intégrale contiendra deux fonctions indéterminées.

Nous avons vu ci-dessus (57) que l'équation du second ordre

$$\dfrac{d^2z}{dy^2} = m\dfrac{d^2z}{dx^2}$$

a pour intégrale finie complète

$$z = a + bx + cy + hx^2 + gxy + mhy^2.$$

De là on a
$$V = -z + a + bx + cy + hx^2 + gxy + mhy^2,$$
$$p = \frac{dz}{dx} = b + 2hx + gy, \quad q = \frac{dz}{dy} = c + gx + 2mhy;$$

donc, faisant varier les quantités a, b, c, g, h, on a les équations de condition
$$da + x\,db + y\,dc + x^2\,dh + xy\,dg + my^2\,dh = 0,$$
$$db + 2x\,dh + y\,dg = 0,$$
$$dc + x\,dg + 2my\,dh = 0.$$

J'ajoute ces deux dernières équations ensemble après en avoir multiplié une par un coefficient constant arbitraire μ, ce qui donne
$$\mu\,db + dc + x(dg + 2\mu\,dh) + \mu y\left(dg + \frac{2m\,dh}{\mu}\right) = 0,$$

où l'on voit que, si l'on fait $\mu = \frac{m}{\mu}$, ce qui donne $\mu = \sqrt{m}$, on aura
$$dc + db\sqrt{m} + (x + y\sqrt{m})(dg + 2dh\sqrt{m}) = 0;$$

cette équation ne contenant plus que deux variables $c + b\sqrt{m}$ et $g + 2h\sqrt{m}$, il n'y aura qu'à supposer, à l'imitation de ce que nous avons pratiqué plus haut (47),
$$c + b\sqrt{m} = \varphi(g + 2h\sqrt{m}),$$

ce qui donnera
$$dc + db\sqrt{m} = \varphi'(g + 2h\sqrt{m})(dg + 2dh\sqrt{m}),$$

et l'on aura, après la substitution et la division par $dg + 2dh\sqrt{m}$,
$$\varphi'(g + 2h\sqrt{m}) + x + y\sqrt{m} = 0;$$

d'où l'on tirera la valeur de $g + 2h\sqrt{m}$, en fonction de $x + y\sqrt{m}$; or, comme le radical $\sqrt{m}$ peut être pris également en moins, on aura de même l'équation

$$dc - db\sqrt{m} + (x - y\sqrt{m})(dg - 2dh\sqrt{m}) = 0,$$

laquelle, en faisant

$$c - b\sqrt{m} = \psi(g - 2h\sqrt{m}),$$

donnera

$$\psi'(g - 2h\sqrt{m}) + x - y\sqrt{m} = 0;$$

moyennant quoi on connaîtra séparément g et h en x et y.

Soit, pour plus de simplicité,

$$x + y\sqrt{m} = t, \quad x - y\sqrt{m} = u,$$

et soient T, U deux fonctions de t et de u; il est clair qu'on aura

$$g + 2h\sqrt{m} = T, \quad g - 2h\sqrt{m} = U;$$

donc

$$dc + db\sqrt{m} + t\,dT = 0, \quad dc - db\sqrt{m} + u\,dU = 0,$$

par conséquent

$$c + b\sqrt{m} = -\int t\,dT, \quad c - b\sqrt{m} = -\int u\,dU.$$

On aura donc ainsi

$$c = -\frac{\int t\,dT + \int u\,dU}{2}, \quad b = -\frac{\int t\,dT + \int u\,dU}{2\sqrt{m}},$$

$$g = \frac{T + U}{2}, \quad h = \frac{T - U}{4\sqrt{m}},$$

et, substituant ces valeurs dans la première des trois équations de condition, on aura, après les réductions,

$$da - \frac{t^2\,dT - u^2\,dU}{4\sqrt{m}} = 0,$$

d'où l'on tire

$$a = \frac{\int t^2 dT - \int u^2 dU}{4\sqrt{m}}.$$

Connaissant ainsi les valeurs des cinq quantités a, b, c, g, h, il n'y aura plus qu'à les substituer dans l'équation $V = 0$, et l'on aura

$$z = \frac{\int t^2 dT - 2t\int t dT + t^2 T}{4\sqrt{m}} - \frac{\int u^2 dU - 2u\int u dU + u^2 U}{4\sqrt{m}},$$

ce qui se réduit à cette forme plus simple

$$z = \frac{\int dt \int T dt - \int du \int U du}{2\sqrt{m}};$$

or, T étant une fonction quelconque de t ou $x + y\sqrt{m}$, et U une fonction quelconque de u ou $x - y\sqrt{m}$, il est visible que $\int dt \int T dt$ et $\int du \int U du$ seront aussi des fonctions quelconques des mêmes quantités. De sorte qu'on aura, en général,

$$z = \Phi(x + y\sqrt{m}) + \Psi(x - y\sqrt{m}),$$

ce qui s'accorde avec ce que l'on sait depuis longtemps.

Au reste on voit par cet Exemple, qui est d'ailleurs un des plus simples, que la méthode dont il s'agit, quoique directe et générale, est en quelque façon plus curieuse qu'utile, à cause des difficultés qui peuvent se rencontrer dans l'intégration des équations de condition; c'est pourquoi nous ne nous arrêterons pas davantage sur ce sujet.

66. Il est beaucoup plus aisé de tirer l'intégrale générale aux premières différences de l'intégrale complète du premier ordre. Car nous avons vu (**60**) que, si $Z = 0$ est l'intégrale complète du premier ordre de l'équation du second ordre $Z' = 0$, il suffit qu'il y ait dans l'équation $Z = 0$ deux constantes arbitraires a et b; et il est facile de prouver que cette équation satisfera également à l'équation $Z' = 0$ en y regardant a

et b comme des variables, pourvu que l'on ait

$$\frac{dZ}{da} da + \frac{dZ}{db} db = 0;$$

de sorte qu'en faisant, en général,

$$b = \varphi(a),$$

on n'aura que cette seule équation de condition

$$\frac{dZ}{da} + \frac{dZ}{db} \varphi'(a) = 0,$$

laquelle servira à éliminer a dans l'équation $Z = 0$; et la résultante contenant une fonction arbitraire sera nécessairement l'intégrale générale aux différences premières de la proposée $Z' = 0$; il n'y a, comme l'on voit, aucune difficulté dans l'application de cette méthode.

L'équation

$$\frac{d^2z}{dy^2} - A \frac{d^2z}{dx\,dy} + B \frac{d^2z}{dx^2} = 0$$

a pour intégrale complète du premier ordre

$$\frac{dz}{dy} - m \frac{dz}{dx} = a + b(x + ny),$$

comme on l'a vu plus haut (60). Pour en déduire l'intégrale générale on fera donc varier a et b, ce qui donnera

$$da + (x + ny)\,db = 0;$$

et faisant $b = \varphi(a)$ on aura

$$1 + (x + ny)\varphi'(a) = 0,$$

d'où l'on voit que

$$\varphi'(a) = -\frac{1}{x + ny},$$

donc a est égale à une fonction de $x + ny$, et par conséquent b est aussi égal à une fonction de $x + ny$; donc aussi $a + (x + ny)b$ est égal à une fonction de $x + ny$, que je dénoterai par $\Phi(x + ny)$; et il est visible que cette fonction pourra être quelconque. Ainsi l'intégrale générale du premier ordre sera

$$\frac{dz}{dy} - m\frac{dz}{dx} = \Phi(x + ny).$$

De plus on a vu que la même équation a aussi pour intégrale complète du premier ordre

$$\frac{dz}{dy} - n\frac{dz}{dx} = h + g(x + my);$$

d'où l'on tirera, par un procédé semblable au précédent, la nouvelle intégrale générale

$$\frac{dz}{dy} - n\frac{dz}{dx} = \Psi(x + my),$$

la caractéristique Ψ dénotant aussi une fonction quelconque.

Maintenant de même que dans l'endroit cité on a tiré l'intégrale finie complète des deux intégrales complètes du premier ordre, de même aussi pourra-t-on déduire des deux intégrales générales du premier ordre qu'on vient de trouver l'intégrale générale finie de l'équation proposée du second ordre.

En effet on a d'abord, en éliminant $\frac{dz}{dy}$,

$$(n - m)\frac{dz}{dx} = \Phi(x + ny) - \Psi(x + my);$$

multipliant par dx et intégrant relativement à x, on aura

$$(n - m)z = {}^{\iota}\Phi(x + ny) - {}^{\iota}\Psi(x + my) + Y.$$

Y dénote une fonction quelconque de y, et les caractéristiques ${}^{\iota}\Phi, {}^{\iota}\Psi$ dénotent les intégrales des fonctions exprimées par les Φ, Ψ. En éliminant de même la quantité $\frac{dz}{dx}$, on a

$$(n - m)\frac{dz}{dy} = n\Phi(x + ny) - m\Psi(x + my),$$

et intégrant relativement à y seul, on aura

$$(n-m)z = {}^{\iota}\Phi(x+ny) - {}^{\iota}\Psi(x+my) + \mathrm{X},$$

X étant une fonction quelconque de x ; or, comme ces deux valeurs de z doivent être identiques, il faudra que

$$\mathrm{X} = \mathrm{Y},$$

ce qui ne peut avoir lieu, à moins que les deux quantités X et Y ne soient constantes; mais, comme les caractéristiques ${}^{\iota}\Phi$ et ${}^{\iota}\Psi$ expriment des fonctions quelconques, il serait superflu d'ajouter à ces fonctions une constante quelconque. Ainsi l'intégrale générale finie de la proposée sera

$$(n-m)z = {}^{\iota}\Phi(x+ny) - {}^{\iota}\Psi(x+my).$$

Cette méthode est générale, et l'on pourra toujours par son moyen trouver l'intégrale générale finie de toute équation à différences partielles du second ordre, dont on connaîtra deux intégrales complètes du premier ordre.

67. On pourrait croire qu'il suffit de connaître l'intégrale complète finie d'une équation à différences partielles du second ordre pour pouvoir trouver deux intégrales complètes du premier ordre de la même équation, comme cela a lieu pour les équations différentielles à deux variables (32); mais il n'en est pas ainsi des équations à différences partielles. En effet, dans ces sortes d'équations, lorsqu'il n'y a que trois variables, toute différentiation simple fournit deux équations, mais une différentiation double en fournit cinq, et une différentiation triple en fournira neuf, et ainsi de suite. De là vient que toute intégrale complète simple ou du premier ordre doit contenir deux constantes arbitraires, toute intégrale double ou du second ordre doit contenir cinq arbitraires, et ainsi du reste. Ainsi, pour pouvoir déduire une intégrale complète du premier ordre d'une intégrale complète du second, il faudrait pouvoir éliminer, par une simple différentiation de celle-ci, trois constantes arbitraires à la fois; ou bien, si l'on n'en élimine que deux, il faudrait que

DES ÉQUATIONS DIFFÉRENTIELLES.

la résultante fût telle, que les trois arbitraires restantes pussent être éliminées à la fois par une nouvelle différentiation simple; or c'est ce qui est impossible, en général, et ne peut guère avoir lieu que dans des cas particuliers.

A plus forte raison sera-t-il impossible de déduire, en général, d'une intégrale complète du troisième ordre une intégrale complète du second ou du premier, et ainsi du reste.

Nous allons rendre tout cela sensible par quelques Exemples.

68. Soit prise d'abord l'équation du n° 58 ci-dessus, dont l'intégrale complète finie est

$$z = k + ax + by + cx^2 + gxy + hy^2,$$

k étant $= f(a, b, c, g, h)$.

Une différentiation simple donne les deux équations

$$\frac{dz}{dx} = a + 2cx + gy, \quad \frac{dz}{dy} = b + gx + 2hy;$$

il faut donc voir si en combinant ces deux équations avec la précédente on peut chasser à la fois trois des cinq arbitraires a, b, c, g, h. Je fais d'abord cette combinaison

$$x \frac{dz}{dx} + y \frac{dz}{dy} = ax + by + 2(cx^2 + gxy + hy^2),$$

et je remarque que si je retranche cette équation de celle ci-dessus multipliée par 2, j'en aurai une du premier ordre qui ne contiendra plus que les deux arbitraires a et b, pourvu qu'on suppose que k soit une fonction de a et b seulement.

J'aurai donc dans ce cas l'équation

$$2z - x \frac{dz}{dx} - y \frac{dz}{dy} = 2f(a, b) + ax + by,$$

qui sera l'intégrale complète du premier ordre de l'équation du second ordre

$$z = x\frac{dz}{dx} + y\frac{dz}{dy} - \frac{x^2}{2}\frac{d^2z}{dx^2} - xy\frac{d^2z}{dx\,dy} - \frac{y^2}{2}\frac{d^2z}{dy^2}$$
$$+ f\left(\frac{dz}{dx} - x\frac{d^2z}{dx^2} - y\frac{d^2z}{dx\,dy},\ \frac{dz}{dy} - y\frac{d^2z}{dy^2} - x\frac{d^2z}{dx\,dy}\right).$$

De là on pourra donc trouver, si l'on veut, l'intégrale générale du premier ordre de cette même équation (66).

Car en faisant varier a et b, et supposant

$$b = \varphi(a), \quad db = \varphi'(a)\,da,$$

on aura l'équation

$$x + 2\frac{df(a,b)}{da} + \left[y + 2\frac{df(a,b)}{db}\right]\varphi'(a) = 0,$$

par laquelle on éliminera a dans l'intégrale complète après avoir mis partout $\varphi(a)$ à la place de b; la résultante sera l'intégrale générale cherchée.

Dans cet Exemple nous avons pu éliminer à la fois les trois arbitraires c, g, h, ce qui nous a donné une intégrale complète du premier ordre; mais pour avoir une autre intégrale complète il faudrait pouvoir éliminer à la fois trois autres des cinq arbitraires a, b, c, g, h, ce qui n'est guère possible, comme on peut s'en assurer aisément par le calcul.

Au reste on voit aussi par l'Exemple précédent que, si la quantité k était une fonction qui contînt les arbitraires c, g, h, il ne serait plus possible de parvenir à une intégrale complète du premier ordre, par l'élimination simultanée de trois arbitraires.

69. Soit maintenant l'équation

$$\frac{d^2z}{dx^2} + \frac{2y}{x}\frac{d^2z}{dx\,dy} + \frac{y^2}{x^2}\frac{d^2z}{dy^2} = 0,$$

dont l'intégrale complète est

$$z = a + bx + cy + g\frac{y}{x} + h\frac{y^2}{x},$$

comme il est facile de s'en assurer par la substitution de cette valeur de z.

J'aurai par la différentiation

$$\frac{dz}{dx} = b - g\frac{y}{x^2} - h\frac{y^2}{x^2}, \quad \frac{dz}{dy} = c + \frac{g}{x} + \frac{2hy}{x},$$

d'où l'on tire cette combinaison

$$x\frac{dz}{dx} + y\frac{dz}{dy} = bx + cy + h\frac{y^2}{x},$$

et, retranchant cette équation de la précédente, j'aurai celle-ci

$$z - x\frac{dz}{dx} - y\frac{dz}{dy} = a + g\frac{y}{x},$$

laquelle ne contenant plus que deux arbitraires sera par conséquent l'intégrale complète du premier ordre de la proposée.

On pourra donc tirer de celle-ci l'intégrale générale du premier ordre, laquelle sera

$$z - x\frac{dz}{dx} - y\frac{dz}{dy} = \varphi\left(\frac{y}{x}\right).$$

Je remarque de plus que l'on a

$$\frac{dz}{dx} + \frac{y}{x}\frac{dz}{dy} = b + c\frac{y}{x} + h\frac{y^2}{x^2},$$

et que cette équation est telle, que les trois arbitraires qu'elle renferme peuvent être éliminées à la fois au moyen de ses deux différentielles

$$\frac{d^2z}{dx^2} + \frac{y}{x}\frac{d^2z}{dx\,dy} - \frac{y}{x^2}\frac{dz}{dy} = -\frac{cy}{x^2} - \frac{2hy^2}{x^3},$$

$$\frac{d^2z}{dx\,dy} + \frac{y}{x}\frac{d^2z}{dy^2} + \frac{1}{x}\frac{dz}{dy} = \frac{c}{x} + \frac{2hy}{x^2};$$

car, en ajoutant ces deux équations-ci ensemble après avoir multiplié la seconde par $\frac{y}{x}$, on a

$$\frac{d^2z}{dx^2} + \frac{2y}{x}\frac{d^2z}{dx\,dy} + \frac{y^2}{x^2}\frac{d^2z}{dy^2} = 0,$$

qui est l'équation même proposée.

De là il s'ensuit donc que l'équation dont il s'agit sera aussi une intégrale complète du premier ordre, et même on y pourra pour plus de simplicité supposer égale à zéro une quelconque des trois arbitraires qu'elle renferme.

On aura donc de cette manière cette nouvelle intégrale complète

$$\frac{dz}{dx} + \frac{y}{x}\frac{dz}{dy} = b + c\frac{y}{x},$$

d'où l'on tirera aussi une nouvelle intégrale générale du premier ordre, laquelle sera

$$\frac{dz}{dx} + \frac{y}{x}\frac{dz}{dy} = \psi\left(\frac{y}{x}\right).$$

Au moyen de cette intégrale et de la précédente on pourra avoir sur-le-champ l'intégrale générale finie; car multipliant la dernière par x et l'ajoutant à la première on aura

$$z = \varphi\left(\frac{y}{x}\right) + x\,\psi\left(\frac{y}{x}\right),$$

$\varphi\left(\frac{y}{x}\right)$ et $\psi\left(\frac{y}{x}\right)$ étant deux fonctions arbitraires de $\frac{y}{x}$.

70. Nous nous dispenserons d'examiner les équations à différences partielles des ordres plus élevés, comme aussi celles où il y aurait plus de trois variables; l'application des principes que nous venons d'établir à ces sortes d'équations ne doit pas être difficile à présent, et d'ailleurs ce Mémoire n'est déjà que trop long.

SUR LE

MOUVEMENT DES NŒUDS

DES

ORBITES PLANÉTAIRES.

SUR LE

MOUVEMENT DES NŒUDS

DES

ORBITES PLANÉTAIRES (*).

(*Nouveaux Mémoires de l'Académie royale des Sciences et Belles-Lettres
de Berlin*, année 1774.)

Un des principaux effets de l'attraction mutuelle des planètes est le changement de situation de leurs orbites. La théorie fait voir que si un corps qui se meut autour d'un centre, en vertu d'une force quelconque tendante à ce centre, est attiré par un autre corps mû autour du même centre et dans le même sens, mais dans un plan différent, le nœud, c'est-à-dire l'intersection de l'orbite du corps attiré sur celle du corps attirant regardée comme fixe, a nécessairement un mouvement rétrograde et contraire à celui des deux corps, sans compter les inégalités périodiques qui auront lieu tant dans ce mouvement du nœud que dans l'inclinaison des orbites. C'est ainsi que les nœuds de la Lune rétrogradent sur l'écliptique d'environ 19 degrés par an, par l'action du Soleil. La même chose doit donc avoir lieu aussi à l'égard des orbites des planètes principales, dont l'attraction mutuelle est un fait qu'on ne saurait plus révoquer en

---

(*) Lu le 9 juin 1774.

doute; chaque orbite doit rétrograder continuellement sur chacune des autres orbites; ce qui doit nécessairement produire à la longue un déplacement général de toutes les orbites planétaires. Il en est de même des orbites des satellites de Jupiter, ainsi que de celles des satellites de Saturne.

M. Euler est le premier qui ait entrepris de déterminer le changement que le plan de l'orbite de la Terre doit souffrir par sa rétrogradation continuelle sur les plans des orbites des autres planètes.

M. de Lalande a étendu ensuite cette théorie à toutes les planètes, et, après avoir déterminé séparément le mouvement des nœuds de chaque planète sur l'orbite de chacune des cinq autres, a examiné quel changement il devrait en résulter dans la position de chaque orbite relativement à un plan fixe.

Enfin M. Bailly a appliqué cette même théorie aux satellites de Jupiter et a tâché d'expliquer par là les variations observées dans les inclinaisons des orbites du second et du troisième satellite.

Mais comme les formules que ces Auteurs ont employées n'expriment à proprement parler que les variations instantanées ou différentielles des lieux des nœuds et des inclinaisons des orbites, il s'ensuit qu'elles ne peuvent servir que pour un temps limité, et qu'elles sont absolument insuffisantes pour faire connaître les véritables lois des variations de ces éléments. D'où l'on voit que le Problème dont il s'agit n'a pas encore été résolu avec toute la généralité et la précision nécessaires pour qu'on en puisse tirer des conclusions exactes sur les phénomènes que l'action mutuelle des planètes doit produire à la longue relativement à la position de leurs orbites.

L'importance de ce Problème m'ayant engagé à m'en occuper, je vais communiquer ici aux Géomètres les recherches que j'ai faites depuis quelque temps pour en trouver la solution. Elles m'ont conduit à des résultats qui me paraissent mériter leur attention, tant par l'utilité dont ils peuvent être dans l'Astronomie physique, que par l'analyse même sur laquelle ils sont fondés.

Je considère d'abord deux seules orbites mobiles l'une sur l'autre, et je donne dans ce cas une solution générale complète de la question; je fais voir ensuite que le cas de trois orbites mobiles à la fois l'une sur l'autre dépend de la rectification des sections coniques, et par conséquent ne peut être résolu par les méthodes connues; d'où je conclus qu'à plus forte raison on ne saurait se flatter de pouvoir résoudre le Problème lorsque le nombre des orbites mobiles est plus grand. Cependant comme les orbites des planètes ainsi que celles des satellites sont peu inclinées les unes aux autres, j'examine si cette circonstance ne pourrait pas apporter quelque simplification aux calculs, et je parviens enfin à une méthode très-simple et très-générale par laquelle, quel que soit le nombre des orbites mobiles, le Problème se réduit toujours à des équations différentielles linéaires du premier ordre, dont l'intégration est facile par les méthodes connues; de sorte qu'on peut par ce moyen avoir une théorie complète des principaux changements que l'attraction mutuelle des planètes doit produire dans les lieux des nœuds et dans les inclinaisons de leurs orbites. Je me contente ici de poser les fondements de cette théorie, et je me propose d'en donner dans une autre occasion tout le détail, et l'application même au système du monde (*).

1. Considérons d'abord deux seules planètes P et Q qui se meuvent dans les plans des grands cercles AP, BQ (*fig.* 1, page 114) faisant entre eux l'angle PLQ; et supposons que par l'attraction de la planète P sur la planète Q, le nœud L soit forcé de rétrograder sur l'arc AP, regardé comme fixe, de la quantité constante $p\,dt$ pendant chaque instant dt, et que par l'attraction de la planète Q sur la planète P, le même nœud L soit obligé de rétrograder sur l'arc BQ, regardé maintenant comme fixe, de la quantité constante $q\,dt$ à chaque instant dt, l'angle QLP demeurant d'ailleurs

---

(*) J'ai rempli depuis cet engagement dans un Mémoire que j'ai envoyé à l'Académie Royale des Sciences de Paris au mois d'octobre 1774, et dont on trouvera les résultats dans les *Tables astronomiques* que l'Académie va publier.

Le Mémoire dont il est ici question a été inséré parmi ceux de l'Académie des Sciences de Paris, pour l'année 1774; il appartient à la troisième Section des *OEuvres de Lagrange*.
(*Note de l'Éditeur.*)

toujours le même; on demande le changement qui en résultera au bout d'un temps quelconque t dans la position des arcs AP, BQ.

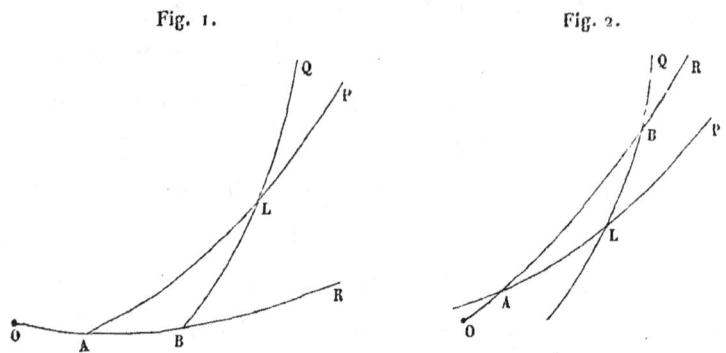

Fig. 1.   Fig. 2.

2. Pour cela il faut tirer un troisième arc de grand cercle OABR qu'on supposera toujours fixe, et auquel on rapportera la position des arcs mobiles AP, BQ; et, ayant pris dans cet arc un point fixe O, on fera

$$OA = x, \quad OB = y, \quad AL = s, \quad BL = z, \quad BAL = \xi, \quad RBL = \psi, \quad ALB = \omega.$$

On considérera maintenant que de ces sept quantités il suffira d'en connaître quatre, parce que les trois autres dépendront de celles-ci par les propriétés connues des triangles sphériques, et il est clair que celles qu'il est le plus naturel de chercher sont x, y, ξ et ψ, parce qu'elles déterminent immédiatement la position des arcs mobiles AP, BQ; il faut donc trouver quatre équations entre ces quatre quantités d'après les conditions données du Problème; or il est visible que ces conditions se réduisent à celles-ci :

1° Qu'en supposant x, ξ et ω constants et faisant varier toutes les autres quantités de leurs différentielles respectives on ait

$$ds = -p\,dt;$$

2° Qu'en supposant y, ψ et ω constants et faisant varier les autres quantités on ait

$$dz = -q\,dt.$$

Il n'y aura donc qu'à employer les analogies différentielles connues

DES ORBITES PLANÉTAIRES.

pour les triangles sphériques; mais il sera encore plus simple et plus direct de s'y prendre de la manière suivante.

3. Dans le triangle sphérique ALB on a, comme on sait,

$$\cos\psi = -\sin\omega\sin\xi\cos s + \cos\omega\cos\xi,$$

et de même

$$\cos\xi = \sin\omega\sin\psi\cos z + \cos\omega\cos\psi;$$

donc, différentiant la première de ces deux équations en y supposant ξ et ω constants et faisant

$$ds = -p\,dt,$$

on aura

$$d\cos\psi = -\sin\omega\sin\xi\sin s \times p\,dt;$$

différentiant ensuite la seconde équation en y supposant ψ et ω constants et faisant

$$dz = -q\,dt,$$

on aura

$$d\cos\xi = \sin\omega\sin\psi\sin z \times q\,dt.$$

On a de plus dans le même triangle

$$\cos(y-x) = \frac{\cos\omega - \cos\xi\cos\psi}{\sin\xi\sin\psi}.$$

Donc, supposant en premier lieu x, ξ et ω constants et faisant varier ψ et y, on aura

$$-\sin(y-x)\,dy = \frac{\cos\xi - \cos\omega\cos\psi}{\sin\xi\sin^2\psi}\,d\psi,$$

et supposant en second lieu y, ψ et ω constants et faisant varier ξ et x,

$$\sin(y-x)\,dx = \frac{\cos\psi - \cos\omega\cos\xi}{\sin\psi\sin^2\xi}\,d\xi.$$

Or on a par la propriété connue des sinus

$$\sin(y-x) = \frac{\sin\omega\sin s}{\sin\psi} = \frac{\sin\omega\sin z}{\sin\xi};$$

de plus les équations ci-dessus donnent

$$\cos\xi - \cos\omega\cos\psi = \sin\omega\sin\psi\cos z,$$
$$\cos\psi - \cos\omega\cos\xi = -\sin\omega\sin\xi\cos s;$$

donc, substituant ces valeurs, on aura

$$dy = -\frac{\cos z\, d\psi}{\sin\xi\sin s}, \quad dx = -\frac{\cos s\, d\xi}{\sin\psi\sin z}.$$

Et, si l'on met pour $d\xi$ et $d\psi$ leurs valeurs tirées des équations précédentes, on aura

$$dy = -\frac{\sin\omega\cos z}{\sin\psi}p\,dt, \quad dx = \frac{\sin\omega\cos s}{\sin\xi}q\,dt.$$

Ainsi la solution du Problème ne dépend plus que de l'intégration de ces quatre équations

$$\frac{d\cos\xi}{dt} = q\sin\omega\sin\psi\sin z, \quad \frac{d\cos\psi}{dt} = -p\sin\omega\sin\xi\sin s,$$

$$\frac{dx}{dt} = \frac{q\sin\omega\cos s}{\sin\xi}, \quad \frac{dy}{dt} = -\frac{p\sin\omega\cos z}{\sin\psi},$$

où l'on remarquera que ω est une quantité constante, et que z et s sont données en ξ, ψ et ω.

4. Si l'on ajoute ensemble la première multipliée par p et la seconde multipliée par q, on aura, à cause de $\sin\psi\sin z = \sin\xi\sin s$,

$$\frac{p\,d\cos\xi + q\,d\cos\psi}{dt} = 0,$$

dont l'intégrale est, comme l'on voit,

$$p\cos\xi + q\cos\psi = \mu,$$

μ étant une constante dépendante de la position initiale des plans AP, BQ par rapport au plan fixe OAB.

5. Ayant maintenant une équation finie entre les cosinus des angles ξ et ψ, et connaissant d'ailleurs le troisième angle ω qui est supposé donné, on pourra réduire toutes les autres variables du Problème à une seule.

En effet on aura (3)
$$\cos s = \frac{\cos\omega \cos\xi - \cos\psi}{\sin\omega \sin\xi},$$

mais (4)
$$\cos\psi = \frac{\mu - p\cos\xi}{q};$$

donc
$$\cos s = \frac{(p + q\cos\omega)\cos\xi - \mu}{q\sin\omega \sin\xi};$$

de là, en faisant, pour abréger,
$$q^2\sin^2\omega - \mu^2 = a, \quad \mu(p + q\cos\omega) = b, \quad p^2 + 2pq\cos\omega + q^2 = n^2,$$

on aura
$$\sin s = \frac{\sqrt{a + 2b\cos\xi - n^2\cos^2\xi}}{q\sin\omega \sin\xi};$$

substituant donc cette valeur, on aura, par les équations du n° 3,
$$-\frac{d\xi}{dt} = \frac{\sqrt{a + 2b\cos\xi - n^2\cos^2\xi}}{\sin\xi},$$

et faisant $\cos\xi = u$,
$$dt = \frac{du}{\sqrt{a + 2bu - n^2 u^2}};$$

d'où l'on tire par l'intégration
$$nt + \alpha = \arccos \frac{n\left(u - \frac{b}{n^2}\right)}{\sqrt{a + \frac{b^2}{n^2}}},$$

α étant une constante arbitraire.

Mais on a
$$an^2 + b^2 = q^2\sin^2\omega(n^2 - \mu^2);$$

donc
$$nt + \alpha = \arccos \frac{n^2 \cos\xi - \mu(p + q\cos\omega)}{q\sin\omega \sqrt{n^2 - \mu^2}};$$
par conséquent
$$\cos\xi = \frac{\mu(p + q\cos\omega) + q\sin\omega \sqrt{n^2 - \mu^2} \cos(nt + \alpha)}{n^2},$$
où
$$n^2 = p^2 + 2pq\cos\omega + q^2.$$

6. On trouvera de même la valeur de $\cos\psi$ à l'aide des équations du n° 3; mais sans faire pour cela un nouveau calcul, il suffira de changer dans les formules précédentes p en q, ξ en $180° - \psi$ et μ en $-\mu$, et *vice versâ*, et l'on aura

$$\cos\psi = \frac{\mu(q + p\cos\omega) - p\sin\omega \sqrt{n^2 - \mu^2} \cos(nt + \beta)}{n^2},$$

β étant une nouvelle constante arbitraire qu'on déterminera par la condition que les valeurs de $\cos\xi$ et de $\cos\psi$ doivent satisfaire à l'équation du n° 4. Substituant donc ces valeurs dans l'équation dont nous venons de parler, elle deviendra, après la destruction de quelques termes,

$$\frac{pq\sin\omega \sqrt{n^2 - \mu^2}}{n^2} [\cos(nt + \alpha) - \cos(nt + \beta)] = 0,$$

donc
$$\cos(nt + \alpha) = \cos(nt + \beta),$$

et par conséquent $\alpha = \beta$.

On aura donc
$$\cos\psi = \frac{\mu(q + p\cos\omega) - p\sin\omega \sqrt{n^2 - \mu^2} \cos(nt + \alpha)}{n^2},$$

et les quantités α et μ seront les deux constantes arbitraires introduites par l'intégration des deux équations différentielles en ξ et ψ.

7. Pour déterminer ces deux arbitraires, on supposera que lorsque $t = 0$ on ait $\xi = \Xi$ et $\psi = \Psi$, et l'on aura d'abord

$$\mu = p\cos\Xi + q\cos\Psi,$$

DES ORBITES PLANÉTAIRES.

et ensuite
$$\cos\alpha = \frac{(q + p\cos\omega)\cos\Xi - (p + q\cos\omega)\cos\Psi}{\sin\omega\sqrt{n^2 - \mu^2}}.$$

8. Ayant trouvé les valeurs de $\cos\psi$ et $\cos\xi$ en t, il sera facile d'en déduire celles de x et y, au moyen des deux dernières équations différentielles du n° 3.

On aura donc
$$\frac{dx}{dt} = \frac{q\sin\omega \times \cos s}{\sin\xi},$$

et, substituant pour $\cos s$ sa valeur trouvée dans le n° 5, on aura
$$\frac{dx}{dt} = \frac{(p + q\cos\omega)\cos\xi - \mu}{\sin^2\xi}.$$

Or à cause de
$$\sin^2\xi = 1 - \cos^2\xi = (1 - \cos\xi)(1 + \cos\xi),$$

il est clair qu'on peut mettre le second membre de l'équation précédente sous cette forme
$$\frac{p + q\cos\omega - \mu}{2(1 - \cos\xi)} - \frac{p + q\cos\omega + \mu}{2(1 + \cos\xi)},$$

donc, substituant pour $\cos\xi$ sa valeur trouvée ci-dessus et multipliant toute l'équation par dt, on aura
$$dx = \frac{1}{2}\frac{(p + q\cos\omega - \mu)\,n^2 dt}{n^2 - \mu(p + q\cos\omega) - q\sin\omega\sqrt{n^2 - \mu^2}\cos(nt + \alpha)}$$
$$- \frac{1}{2}\frac{(p + q\cos\omega + \mu)\,n^2 dt}{n^2 + \mu(p + q\cos\omega) + q\sin\omega\sqrt{n^2 - \mu^2}\cos(nt + \alpha)},$$

équation dont chaque terme est intégrable par les méthodes connues.

9. Pour parvenir plus aisément à intégrer cette équation, nous remarquerons que l'intégrale de
$$\frac{d\varphi}{A + B\cos\varphi},$$

prise de manière qu'elle soit nulle lorsque $\varphi = 0$, est

$$\frac{2}{\sqrt{A^2-B^2}} \text{ arc tang} \left(\frac{A-B}{\sqrt{A^2-B^2}} \text{ tang} \frac{\varphi}{2} \right),$$

comme il est facile de s'en assurer par la différentiation ; or faisant

$$A = n^2 \pm \mu(p + q\cos\omega), \quad B = \pm q\sin\omega\sqrt{n^2-\mu^2},$$

on trouve après les réductions

$$\sqrt{A^2-B^2} = n(p + q\cos\omega \pm \mu);$$

d'où il est facile de conclure que l'intégrale de l'équation précédente, prise en sorte que x soit $= X$ lorsque $nt + \alpha = 0$, sera

$$x - X = \text{arc tang} \left[\frac{n^2 - \mu(p + q\cos\omega) + q\sin\omega\sqrt{n^2-\mu^2}}{n(p + q\cos\omega - \mu)} \text{ tang} \frac{nt+\alpha}{2} \right]$$
$$- \text{arc tang} \left[\frac{n^2 + \mu(p + q\cos\omega) - q\sin\omega\sqrt{n^2-\mu^2}}{n(p + q\cos\omega + \mu)} \text{ tang} \frac{nt+\alpha}{2} \right]..$$

10. Or on sait que la différence de deux arcs a pour tangente la différence des tangentes divisée par la somme de l'unité et du produit des deux tangentes ; ainsi la tangente de $x - X$ sera égale à la quantité

$$\frac{2n\left[\mu.n^2 - (p + q\cos\omega)\left[\mu(p + q\cos\omega) - q\sin\omega\sqrt{n^2-\mu^2}\right]\right] \text{tang} \frac{nt+\alpha}{2}}{n^2[(p+q\cos\omega)^2 - \mu^2] + \left[n^2 - [\mu(p + q\cos\omega) - q\sin\omega\sqrt{n^2-\mu^2}]^2\right] \text{tang}^2 \frac{nt+\alpha}{2}};$$

le numérateur de cette quantité se réduit à

$$2nq\sin\omega \left[\mu q\sin\omega + (p + q\cos\omega)\sqrt{n^2-\mu^2}\right] \text{tang} \frac{nt+\alpha}{2},$$

et le dénominateur se réduit à

$$n^2[(p + q\cos\omega)^2 - \mu^2] + \left[\mu q\sin\omega + (p + q\cos\omega)\sqrt{n^2-\mu^2}\right]^2 \text{tang}^2 \frac{nt+\alpha}{2};$$

de sorte qu'en faisant, pour abréger,

$$m = \mu q\sin\omega + (p + q\cos\omega)\sqrt{n^2-\mu^2},$$

on aura
$$\tang(x - X) = \frac{2nmq \sin\omega \tang\frac{nt+\alpha}{2}}{n^2[(p+q\cos\omega)^2 - \mu^2] + m^2 \tang^2\frac{nt+\alpha}{2}}.$$

11. On trouvera de la même manière la valeur de y par l'intégration de la dernière équation du n° 3, et il suffira même pour cela de changer dans l'expression précédente p en q, μ en $-\mu$ et x en $-y$; de cette manière, si l'on nomme Y la valeur de y lorsque $nt + \alpha = 0$ et qu'on suppose
$$m' = \mu.p \sin\omega - (q + p\cos\omega)\sqrt{n^2 - \mu^2},$$
on aura
$$\tang(y - Y) = \frac{2nm'p \sin\omega \tang\frac{nt+\alpha}{2}}{n^2[(q+p\cos\omega)^2 - \mu^2] + m'^2 \tang^2\frac{nt+\alpha}{2}}.$$

12. Il ne reste plus qu'à déterminer les arcs s et z; or on a trouvé dans le n° 5
$$\cos s = \frac{(p + q\cos\omega)\cos\xi - \mu}{q \sin\omega \sin\xi},$$
et de là
$$\sin s = \frac{\sqrt{a + 2b\cos\xi - n^2\cos^2\xi}}{q \sin\omega \sin\xi};$$
donc
$$\tang s = \frac{\sqrt{a + 2b\cos\xi - n^2\cos^2\xi}}{(p + q\cos\omega)\cos\xi - \mu}.$$

Mais on a aussi trouvé dans le même endroit
$$\sqrt{a + 2b\cos\xi - n^2\cos^2\xi} = -\frac{\sin\xi\, d\xi}{dt} = \frac{d\cos\xi}{dt};$$
donc
$$\tang s = \frac{d\cos\xi}{dt[(p + q\cos\omega)\cos\xi - \mu]}.$$

Substituons ici la valeur de $\cos\xi$ du n° 5, on aura après les réductions
$$\tang s = \frac{n\sqrt{n^2 - \mu^2}\sin(nt+\alpha)}{\mu.q \sin\omega - \sqrt{n^2 - \mu^2}(p + q\cos\omega)\cos(nt+\alpha)}.$$

13. Et changeant dans cette expression p en q et μ en $-\mu$, on aura la valeur de $\tang z$, laquelle sera donc

$$\tang z = \frac{-n\sqrt{n^2-\mu^2}\sin(nt+\alpha)}{\mu p \sin\omega + \sqrt{n^2-\mu^2}(q+p\cos\omega)\cos(nt+\alpha)}.$$

14. On peut simplifier beaucoup les formules précédentes en supposant, ce qui est toujours permis,

$$\frac{\sqrt{n^2-\mu^2}}{\mu} = \tang M, \quad \frac{p\sin\omega}{q+p\cos\omega} = \tang P, \quad \frac{q\sin\omega}{p+q\cos\omega} = \tang Q;$$

car, à cause de

$$n^2 = p^2 + 2pq\cos\omega + q^2 = (p+q\cos\omega)^2 + q^2\sin^2\omega = (q+p\cos\omega)^2 + p^2\sin^2\omega,$$

on aura

$$\sqrt{n^2-\mu^2} = n\sin M, \quad \mu = n\cos M,$$
$$p\sin\omega = n\sin P, \quad q+p\cos\omega = n\cos P,$$
$$q\sin\omega = n\sin Q, \quad p+q\cos\omega = n\cos Q.$$

Faisant donc ces substitutions, on aura d'abord (**5** et **6**)

$$\cos\xi = \cos M \cos Q + \sin M \sin Q \cos(nt+\alpha),$$
$$\cos\psi = \cos M \cos P - \sin M \sin P \cos(nt+\alpha);$$

ensuite on aura (**10** et **11**)

$$m = n^2 \sin(Q+M), \quad m' = n^2 \sin(P-M),$$

et de là

$$\tang(x-X) = \frac{2\sin Q \tang\frac{nt+\alpha}{2}}{\sin(M-Q) + \sin(M+Q)\tang^2\frac{nt+\alpha}{2}},$$

$$\tang(y-Y) = \frac{-2\sin P \tang\frac{nt+\alpha}{2}}{\sin(M+P) + \sin(M-P)\tang^2\frac{nt+\alpha}{2}},$$

ou bien
$$\tan(x-X) = \frac{\sin Q \sin(nt+\alpha)}{\sin M \cos Q - \cos M \sin Q \cos(nt+\alpha)},$$
$$\tan(y-Y) = \frac{-\sin P \sin(nt+\alpha)}{\sin M \cos P + \cos M \sin P \cos(nt+\alpha)};$$

enfin on aura (**12** et **13**)
$$\tan s = \frac{\sin M \sin(nt+\alpha)}{\cos M \sin Q - \sin M \cos Q \cos(nt+\alpha)},$$
$$\tan z = \frac{-\sin M \sin(nt+\alpha)}{\cos M \sin P + \sin M \cos P \cos(nt+\alpha)}.$$

15. A l'égard des constantes μ et α, on a (**7**)
$$\mu = p \cos \Xi + q \cos \Psi,$$

mais
$$p = \frac{n \sin P}{\sin \omega}, \quad q = \frac{n \sin Q}{\sin \omega};$$

donc
$$\mu = \frac{n(\sin P \cos \Xi + \sin Q \cos \Psi)}{\sin \omega};$$

donc
$$\cos M = \frac{\sin P \cos \Xi + \sin Q \cos \Psi}{\sin \omega};$$

ensuite on trouvera
$$\cos \alpha = \frac{\cos P \cos \Xi - \cos Q \cos \Psi}{\sin \omega \sin M},$$

où Ξ et Ψ sont les valeurs de ξ et ψ lorsque $t = 0$.

Et il est bon de remarquer, touchant les angles P et Q, qu'on aura après les réductions
$$\tan(P+Q) = \tan \omega,$$

et par conséquent
$$P + Q = \omega.$$

Pour ce qui concerne les constantes X et Y, comme elles se rapportent à l'instant où $nt + \alpha = 0$, savoir, où $t = -\frac{\alpha}{n}$, il vaudra mieux introduire à leur place les valeurs de x et y lorsque $t = 0$.

Désignant donc ces valeurs par A et B, on aura

$$\operatorname{tang}(A - X) = \frac{\sin Q \sin \alpha}{\sin M \cos Q - \cos M \sin Q \cos \alpha},$$

$$\operatorname{tang}(B - Y) = \frac{-\sin P \sin \alpha}{\sin M \cos P + \cos M \sin P \cos \alpha};$$

d'où l'on pourra tirer les valeurs de X et Y qu'on substituera ensuite dans les formules du numéro précédent.

On pourrait aussi faire ces substitutions immédiatement et trouver directement les valeurs de $\operatorname{tang}(x - A)$ et $\operatorname{tang}(y - B)$, en remarquant que l'on a par les propriétés connues des tangentes

$$\operatorname{tang}(x - A) = \frac{\operatorname{tang}(x - X) - \operatorname{tang}(A - X)}{1 + \operatorname{tang}(x - X) \operatorname{tang}(A - X)};$$

mais comme les expressions qui en résulteraient seraient un peu trop compliquées, il vaudra mieux s'en tenir à celles que nous venons de donner.

16. Voilà donc le Problème entièrement résolu; il ne nous reste plus qu'à faire quelques remarques sur les formules que nous avons trouvées.

Et d'abord les expressions de $\cos \xi$ et $\cos \psi$ font voir que les angles d'inclinaisons ξ et ψ sont nécessairement renfermés dans de certaines limites, lesquelles sont $M + Q$ et $M - Q$ pour l'angle ξ, $M + P$ et $M - P$ pour l'angle ψ.

En second lieu il est facile de prouver que si $\operatorname{tang} M > \operatorname{tang} Q$, abstraction faite des signes, l'angle x sera aussi renfermé dans des limites déterminées par l'équation

$$\operatorname{tang}(x - X) = \pm \frac{\sin Q}{\sqrt{\sin(M + Q) \sin(M - Q)}},$$

qui détermine le maximum et le minimum de $\operatorname{tang}(x - X)$.

Au contraire l'angle s croîtra dans ce même cas à l'infini, parce que la valeur de $\tang s$ peut devenir infinie.

En troisième lieu on prouvera de même que si $\tang M < \tang Q$, abstraction faite des signes, l'arc x croîtra à l'infini, et l'arc s sera renfermé dans les limites déterminées par l'équation

$$\tang s = \pm \frac{\sin M}{\sqrt{\sin(Q+M)\sin(Q-M)}}.$$

En quatrième lieu on trouvera des conclusions semblables par rapport aux arcs y et z, suivant que l'on aura $\tang M >$ ou $< \tang P$, abstraction faite des signes; il n'y aura pour cela qu'à changer Q en P, x en y et s en z.

17. Mais il y a deux cas qui méritent une attention particulière : ce sont ceux où $\tang M = \pm \tang Q$ ou $= \pm \tang P$.

1° Soit $\tang M = \tang Q$, donc $M = Q$, on aura

$$\tang(x-X) = \frac{\sin(nt+\alpha)}{\cos M[1-\cos(nt+\alpha)]}, \quad \tang s = \frac{\sin(nt+\alpha)}{\cos M[1-\cos(nt+\alpha)]},$$

donc

$$\tang(x-X) = \tang s = \frac{1}{\cos M \tang \frac{nt+\alpha}{2}} = \frac{\cot \frac{nt+\alpha}{2}}{\cos M};$$

2° Soit $\tang M = -\tang Q$, on aura $Q = 180° - M$, donc

$$\tang(x-X) = \frac{-\sin(nt+\alpha)}{\cos M[1+\cos(nt+\alpha)]}, \quad \tang s = \frac{\sin(nt+\alpha)}{\cos M[1+\cos(nt+\alpha)]},$$

par conséquent

$$\tang(x-X) = -\tang s = -\frac{\tang \frac{nt+\alpha}{2}}{\cos M}.$$

Et il est visible que dans ces deux cas les arcs x et s croîtront à l'infini avec le temps t.

Ce sera la même chose à l'égard des arcs y et z, en changeant seulement x en y, s en z et Q en P.

18. Je remarque maintenant que le cas de $M = Q$ aura lieu lorsqu'on prendra pour le plan de projection celui de l'orbite de la planète P dans l'instant où $t = 0$; car alors l'arc de grand cercle AR coïncidera avec l'arc ALP (*fig.* 1, page 114), par conséquent l'angle LAR $= \Xi$ au commencement du temps t sera $= 0$, et l'angle LBR $= \Psi$ deviendra l'angle même QLP $= \omega$; ainsi l'on aura dans ce cas $\Xi = 0$ et $\Psi = \omega$, par conséquent (15)

$$\cos M = \frac{\sin P + \sin Q \cos \omega}{\sin \omega};$$

mais $P = \omega - Q$, donc

$$\cos M = \cos Q \quad \text{et} \quad M = Q.$$

En général, puisqu'on a

$$\cos M = \frac{\sin P \cos \Xi + \sin Q \cos \Psi}{\sin \omega},$$

où Ξ et Ψ sont les angles LAB, LAR au commencement du temps t, et que $P = \omega - Q$ (15), on aura

$$\cos M = \cos Q \cos \Xi + \frac{\sin Q}{\sin \omega}(\cos \Psi - \cos \omega \cos \Xi);$$

mais dans le triangle sphérique ALB on a, en nommant H le côté AL,

$$\cos \Psi = \cos \Xi \cos \omega - \sin \Xi \sin \omega \cos H,$$

donc

$$\cos M = \cos Q \cos \Xi - \sin Q \sin \Xi \cos H,$$

ou bien

$$\cos M = \cos Q - 2 \sin \frac{\Xi}{2} \left(\cos Q \sin \frac{\Xi}{2} + \sin Q \cos \frac{\Xi}{2} \cos H \right),$$

à cause de

$$\cos \Xi = 1 - 2 \sin^2 \frac{\Xi}{2} \quad \text{et} \quad \sin \Xi = 2 \sin \frac{\Xi}{2} \cos \frac{\Xi}{2},$$

d'où il est facile de conclure :

1° Que tant que l'angle LAB $= \Xi$ sera positif, comme on le suppose dans la *fig.* 1, page 114, on aura $\cos M < \cos Q$, et par conséquent $M > Q$ et $\tang M > \tang Q$; de sorte que dans ce cas l'angle x sera renfermé dans de certaines limites et l'angle s ira à l'infini (16);

2° Que, si l'angle $LAB = \Xi$ devient négatif, ce qui est le cas de la *fig.* 2, page 114, où le plan de projection OABR tombe au-dessus du nœud L des deux orbites, on aura $\cos M > \cos Q$, et par conséquent $M < Q$ et $\tang M < \tang Q$, du moins tant que $\tang \frac{\Xi}{2}$ sera $< \tang Q \cos M$; par conséquent dans ce cas l'angle x croîtra à l'infini et l'angle s sera renfermé dans des limites (numéro cité).

19. Nous avons déterminé ci-dessus les valeurs des arcs x et y par l'intégration des deux équations différentielles trouvées pour cet effet dans le n° 3; mais il est bon de remarquer que, dès qu'on a trouvé les valeurs des angles ξ et ψ, on peut en déduire immédiatement et sans aucune nouvelle intégration celles des arcs x et y.

Et d'abord il est clair que, puisque l'on a (3)

$$\cos(y-x) = \frac{\cos\omega - \cos\xi \cos\psi}{\sin\xi \sin\psi},$$

il n'y aura qu'à mettre dans cette formule les valeurs de $\cos\xi$ et $\cos\psi$, et l'on connaîtra sur-le-champ le cosinus de la différence des arcs x et y, où il est remarquable qu'il n'entrera dans cette valeur de $\cos(y-x)$ aucune autre constante arbitraire que celles qui entrent dans les valeurs de $\cos\xi$ et $\cos\psi$, c'est-à-dire les quantités $\cos\Xi$ et $\cos\Psi$.

Mais on ne pourra connaître de cette manière que la différence des arcs y, x, et non les arcs mêmes; voici donc comment on pourra s'y prendre pour parvenir à cette dernière connaissance.

20. Pour cet effet il n'y a qu'à considérer que, si par le point O (*fig.* 3, page 128) on tire un autre arc de grand cercle SOD perpendiculaire à l'arc OR, et qu'on prolonge les arcs AL, BL jusqu'à ce qu'ils rencontrent en C et D ce dernier arc SOCD, on pourra prendre ce même arc à la place de l'arc OR dont la position est arbitraire; alors le triangle ALB deviendra

CLD, et les angles LAB $= \xi$, LBR $= \psi$ deviendront LCD $= \xi'$, BDT $= \psi'$, l'angle L $= \omega$ demeurant le même pour les deux triangles.

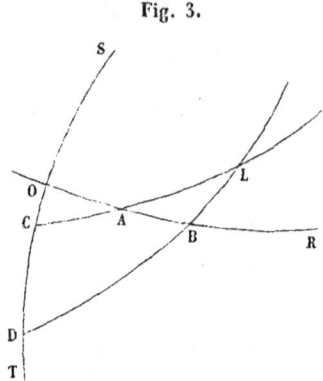

Fig. 3.

De là il est facile de conclure que, si l'on nomme Ξ' et Ψ' les valeurs des angles ξ' et ψ' lorsque $t = 0$, il n'y aura qu'à changer, dans les expressions de $\cos\xi$ et $\cos\psi$, Ξ et Ψ en Ξ' et Ψ' pour avoir celles de $\cos\xi'$ et $\cos\psi'$. Donc si l'on fait (15)

$$\cos N = \frac{\sin P \cos \Xi' + \sin Q \cos \Psi'}{\sin \omega}, \quad \cos \beta = \frac{\cos P \cos \Xi' - \cos Q \cos \Psi'}{\sin \omega \sin N},$$

on aura sur-le-champ (14)

$$\cos \xi' = \cos N \cos Q + \sin N \sin Q \cos(nt + \beta),$$
$$\cos \psi' = \cos N \cos P - \sin N \sin P \cos(nt + \beta).$$

Connaissant maintenant dans les triangles COA, DOB rectangles en O les angles A, C et B, D, on trouvera les arcs OA $= x$ et OB $= y$ par les formules connues; ainsi l'on aura

$$\cos x = -\frac{\cos \xi'}{\sin \xi}, \quad \cos y = -\frac{\cos \psi'}{\sin \psi},$$

ou bien

$$\tang x = -\frac{\sqrt{1 - \cos^2 \xi - \cos^2 \xi'}}{\cos \xi'}, \quad \tang y = -\frac{\sqrt{1 - \cos^2 \psi - \cos^2 \psi'}}{\cos \psi'},$$

où il n'y aura plus qu'à substituer les valeurs de $\cos \xi$, $\cos \psi$, $\cos \xi'$, $\cos \psi'$.

21. Puis donc que de cette manière la solution du Problème est réduite uniquement à la recherche des angles ξ et ψ, il est bon de considérer plus particulièrement les équations différentielles d'où ces angles dépendent; ces équations sont (3)

$$\frac{d\cos\xi}{dt} = q\sin\omega\sin\psi\sin z, \quad \frac{d\cos\psi}{dt} = -p\sin\omega\sin\xi\sin s;$$

or on a (5)

$$\cos s = \frac{\cos\omega\cos\xi - \cos\psi}{\sin\omega\sin\xi},$$

et l'on aura pareillement

$$\cos z = \frac{-\cos\omega\cos\psi + \cos\xi}{\sin\omega\sin\psi};$$

d'où

$$\sin s = \frac{\sqrt{1 - \cos^2\omega - \cos^2\xi - \cos^2\psi + 2\cos\omega\cos\xi\cos\psi}}{\sin\omega\sin\xi},$$

$$\sin z = \frac{\sqrt{1 - \cos^2\omega - \cos^2\xi - \cos^2\psi + 2\cos\omega\cos\xi\cos\psi}}{\sin\omega\sin\psi}.$$

Donc, si l'on substitue ces valeurs dans les équations précédentes, et qu'on fasse, pour abréger,

$$\cos\xi = x, \quad -\cos\psi = y, \quad \cos\omega = a,$$

on aura ces deux-ci

$$\frac{dx}{dt} = q\sqrt{1 - a^2 - x^2 - y^2 - 2axy}, \quad \frac{dy}{dt} = p\sqrt{1 - a^2 - x^2 - y^2 - 2axy}.$$

Soit encore

$$\sqrt{1 - a^2 - x^2 - y^2 - 2axy} = u,$$

on aura

$$dx = qu\,dt, \quad dy = pu\,dt,$$
$$u\,du = -x\,dx - y\,dy - a(x\,dy + y\,dx);$$

substituant dans cette dernière équation les valeurs précédentes de dx et dy, et divisant ensuite par u, elle deviendra

$$du = -(q+ap)x\,dt - (p+aq)y\,dt;$$

cette équation, étant différentiée de nouveau en prenant dt pour constant, deviendra, après la substitution des valeurs de dx et dy,

$$\frac{d^2u}{dt^2} + n^2 u = 0$$

où

$$n^2 = p^2 + 2apq + q^2.$$

De là on aura sur-le-champ

$$u = A\sin(nt + \alpha);$$

ensuite on trouvera

$$x = B - \frac{qA}{n}\cos(nt+\alpha), \quad y = C - \frac{pA}{n}\cos(nt+\alpha),$$

et il n'y aura plus qu'à déterminer convenablement les constantes α, A, B, C.

22. En général si l'on a un triangle sphérique ABC (*fig.* 4) dont les

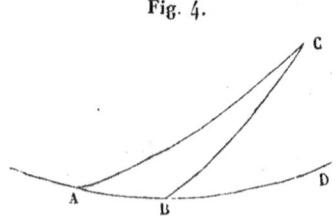

Fig. 4.

angles A, B, C soient nommés α, β, γ, et que le côté BC opposé à l'angle α soit A, on aura

$$\cos\alpha = \sin\beta \sin\gamma \cos A - \cos\beta \cos\gamma;$$

donc, si l'on imagine que le côté BC croisse de la quantité $a\,dt$, les angles

β et γ demeurant invariables, on aura par la différentiation

$$d\cos\alpha = \sin\beta \sin\gamma \sin A \times a\,dt;$$

mais

$$\cos A = \frac{\cos\alpha + \cos\beta \cos\gamma}{\sin\beta \sin\gamma},$$

d'où l'on tire

$$\sin A = \frac{\sqrt{1 - \cos^2\alpha - \cos^2\beta - \cos^2\gamma - 2\cos\alpha \cos\beta \cos\gamma}}{\sin\beta \sin\gamma};$$

donc on aura l'équation différentielle

$$d\cos\alpha = a\,dt \sqrt{1 - \cos^2\alpha - \cos^2\beta - \cos^2\gamma - 2\cos\alpha \cos\beta \cos\gamma}.$$

23. Si l'on imagine de même que le côté AC opposé à l'angle B croisse de la quantité $b\,dt$, les deux autres angles demeurant constants, il n'y aura qu'à changer dans la formule précédente α en β et a en b; et si l'on imagine enfin que l'arc AB opposé au troisième angle C croisse de la quantité $c\,dt$, les deux autres angles demeurant constants, il est clair qu'il n'y aura qu'à mettre dans la formule précédente γ et c à la place de α et a.

Or il est clair que la quantité qui est sous le signe radical ne change point, quelque permutation qu'on fasse entre les trois quantités α, β, γ; d'où il s'ensuit que, si l'on fait pour plus de simplicité

$$u = \sqrt{1 - \cos^2\alpha - \cos^2\beta - \cos^2\gamma - 2\cos\alpha \cos\beta \cos\gamma},$$

on aura ces trois équations différentielles

$$d\cos\alpha = au\,dt, \quad d\cos\beta = bu\,dt, \quad d\cos\gamma = cu\,dt,$$

par lesquelles on pourra connaître les valeurs des angles α, β, γ du triangle ABC au bout d'un temps quelconque t.

24. Ainsi, si l'on considère trois planètes P, Q, R qui se meuvent dans les plans des grands cercles AB, BC, AC, faisant entre eux les angles α,

β, γ, et qu'on suppose que chacune de ces planètes fasse mouvoir, sur le plan de son orbite regardé comme fixe, les nœuds des deux autres planètes sans en affecter les inclinaisons, on aura le cas dont nous venons de parler.

En effet, si l'on désigne par $(P, Q)\,dt$ la rétrogradation instantanée de l'orbite de P sur celle de Q, par $(P, R)\,dt$ celle de l'orbite de P sur l'orbite de R, par $(Q, P)\,dt$ la rétrogradation instantanée de l'orbite de Q sur celle de P et ainsi des autres, il est facile de voir qu'on aura

$$a = (P, Q) - (R, Q), \quad b = (P, R) - (Q, R), \quad c = (R, P) - (Q, P).$$

25. Faisons, pour abréger,

$$x = \cos\alpha, \quad y = \cos\beta, \quad z = \cos\gamma,$$

et l'on aura ces trois équations

$$dx = au\,dt, \quad dy = bu\,dt, \quad dz = cu\,dt$$

où

$$u = \sqrt{1 - x^2 - y^2 - z^2 - 2xyz}.$$

On tire d'abord ces deux-ci

$$b\,dx - a\,dy = 0, \quad c\,dx - a\,dz = 0,$$

dont l'intégrale est

$$bx - ay = \mu, \quad cx - az = \nu,$$

μ et ν étant des constantes dépendantes de la position initiale des orbites.
On aura donc ainsi

$$y = \frac{bx - \mu}{a}, \quad z = \frac{cx - \nu}{a};$$

donc, substituant ces valeurs dans celle de u, on aura

$$au = \sqrt{A + 2Bx - Cx^2 - 2bc\,x^3},$$

en supposant, pour abréger,

$$A = a^2 - \mu^2 - \nu^2, \quad B = b\mu + c\nu - \mu\nu, \quad C = a^2 + b^2 - 2(b\nu + c\mu);$$

substituant donc cette valeur dans la première équation, on aura

$$dt = \frac{dx}{\sqrt{A + 2Bx - Cx^2 - 2bcx^3}},$$

équation qui étant intégrée donnera t en x, et par conséquent x en t; ensuite de quoi on aura aussi y et z en t; de sorte que les trois angles α, β, γ du triangle ABC seront connus pour chaque instant, et par conséquent tout le triangle ABC, qui détermine la position mutuelle des trois orbites.

Mais comme l'équation précédente dépend, en général, de la rectification des sections coniques, on voit que le Problème n'est pas susceptible d'une solution exacte et rigoureuse.

26. L'analyse précédente sert, comme l'on voit, à faire connaître la situation respective des plans des orbites à chaque instant; mais leur situation absolue restera encore inconnue. Pour la déterminer il faut la rapporter à un plan fixe pris à volonté et que nous supposerons être celui du grand cercle OLMNR (*fig.* 5), qui coupe en L, M, N les arcs AB, AC, BC prolongés.

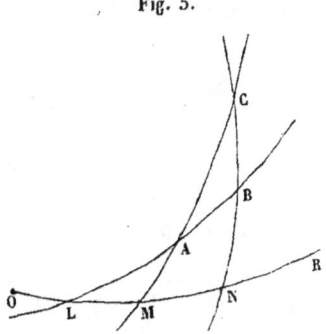

Fig. 5.

Nommons donc ε, ζ, η les angles ALM, AMN, BNR, et considérant d'abord le triangle ALM, il est clair qu'il n'y a que le changement de position de l'orbite LAB qui puisse faire varier l'angle ALM que nous avons désigné par ε. Or l'arc LAB change de position de deux manières: premièrement en rétrogradant sur l'arc CAM regardé comme immobile, de la quantité $(P, R) dt$, et en second lieu en rétrogradant sur l'arc CBN regardé aussi comme immobile, de la quantité $(P, Q) dt$ (24); d'où il s'ensuit que dans le triangle LAM, l'arc AM diminuera de $(P, R) dt$, les angles A et M demeurant constants, et que dans le triangle BLN l'arc BN diminuera de $(P, Q) dt$, les angles B et N étant regardés comme constants. Donc :

1° On aura en vertu de la variation $-(P, R) dt$ du côté AM (22)

$$d\cos\varepsilon = -(P, R) dt \sqrt{1 - \cos^2\varepsilon - \cos^2\zeta - \cos^2\alpha + 2\cos\varepsilon\cos\zeta\cos\alpha};$$

2° On aura en vertu de la variation $-(P, Q) dt$ du côté BN

$$d\cos\varepsilon = -(P, Q) dt \sqrt{1 - \cos^2\varepsilon - \cos^2\eta - \cos^2\beta - 2\cos\varepsilon\cos\eta\cos\beta}.$$

Donc, réunissant ensemble ces deux variations de $\cos\varepsilon$, on aura cette équation différentielle

$$\frac{d\cos\varepsilon}{dt} = -(P, R) \sqrt{1 - \cos^2\varepsilon - \cos^2\zeta - \cos^2\alpha + 2\cos\varepsilon\cos\zeta\cos\alpha}$$
$$-(P, Q) \sqrt{1 - \cos^2\varepsilon - \cos^2\eta - \cos^2\beta - 2\cos\varepsilon\cos\eta\cos\beta}.$$

Et l'on trouvera par des raisonnements semblables ces deux autres-ci

$$\frac{d\cos\zeta}{dt} = -(R, Q) \sqrt{1 - \cos^2\zeta - \cos^2\eta - \cos^2\gamma + 2\cos\zeta\cos\eta\cos\gamma}$$
$$+ (R, P) \sqrt{1 - \cos^2\zeta - \cos^2\varepsilon - \cos^2\alpha + 2\cos\zeta\cos\varepsilon\cos\alpha},$$
$$\frac{d\cos\eta}{dt} = +(Q, P) \sqrt{1 - \cos^2\eta - \cos^2\varepsilon - \cos^2\beta - 2\cos\eta\cos\varepsilon\cos\beta}$$
$$+ (Q, R) \sqrt{1 - \cos^2\eta - \cos^2\zeta - \cos^2\gamma + 2\cos\eta\cos\zeta\cos\gamma}.$$

Ainsi, comme les quantités $\cos\alpha$, $\cos\beta$, $\cos\gamma$ sont déjà supposées connues en t (25), on pourra au moyen de ces trois équations déterminer les trois autres quantités $\cos\varepsilon$, $\cos\zeta$, $\cos\eta$.

27. Comme dans les équations que nous venons de trouver les variables sont fort compliquées entre elles, il serait difficile et peut-être impossible d'intégrer ces équations d'une manière directe; mais nous remarquerons qu'on peut d'abord trouver une intégrale par les considérations suivantes :

1º Dans le triangle LMA (*fig.* 5, page 133), dont les trois angles L, M, A sont ε, $180° - \zeta$, α, on aura

$$\cos LM = \frac{\cos\alpha - \cos\varepsilon \cos\zeta}{\sin\varepsilon \sin\zeta};$$

2º Dans le triangle LNB, dont les trois angles L, N, B sont ε, $180° - \eta$, $180° - \beta$, on aura

$$\cos LN = -\frac{\cos\beta + \cos\varepsilon \cos\eta}{\sin\varepsilon \sin\eta};$$

3º Dans le triangle MNC, dont les trois angles M, N, C sont ζ, $180° - \eta$, γ, on aura

$$\cos MN = \frac{\cos\gamma - \cos\zeta \cos\eta}{\sin\zeta \sin\eta}.$$

Or il est visible que

$$LN = LM + MN;$$

et par conséquent

$$\cos LN = \cos(LM + MN) = \cos LM \cos MN - \sin LM \sin MN;$$

donc transposant et carrant les termes, on aura

$$(1 - \cos^2 LM)(1 - \cos^2 MN) = (\cos LN - \cos LM \cos MN)^2,$$

ce qui se réduit à

$$1 - \cos^2 LM - \cos^2 MN - \cos^2 LN + 2\cos LM \cos MN \cos LN = 0.$$

Substituant donc dans cette équation les valeurs précédentes et multipliant ensuite par

$$\sin^2\varepsilon \sin^2\zeta \sin^2\eta, \quad \text{ou bien par} \quad (1-\cos^2\varepsilon)(1-\cos^2\zeta)(1-\cos^2\eta),$$

on aura

$$\left\{\begin{array}{l}(1-\cos^2\varepsilon)(1-\cos^2\zeta)(1-\cos^2\eta) - (1-\cos^2\eta)(\cos\alpha - \cos\varepsilon\cos\zeta)^2 \\ -(1-\cos^2\varepsilon)(\cos\gamma - \cos\zeta\cos\eta)^2 - (1-\cos^2\zeta)(\cos\beta + \cos\varepsilon\cos\eta)^2 \\ -2(\cos\alpha - \cos\varepsilon\cos\zeta)(\cos\gamma - \cos\zeta\cos\eta)(\cos\beta + \cos\varepsilon\cos\eta)\end{array}\right\} = 0;$$

développant les termes et effaçant ce qui se détruit, on aura cette équation

$$\left\{\begin{array}{l} 1 - \cos^2\alpha - \cos^2\beta - \cos^2\gamma - \cos^2\varepsilon - \cos^2\zeta - \cos^2\eta \\ + \cos^2\alpha \cos^2\eta + \cos^2\beta \cos^2\zeta + \cos^2\gamma \cos^2\varepsilon \\ + 2\cos\alpha \cos\varepsilon \cos\zeta - 2\cos\beta \cos\varepsilon \cos\eta \\ + 2\cos\gamma \cos\zeta \cos\eta - 2\cos\alpha \cos\beta \cos\gamma \\ + 2\cos\alpha \cos\beta \cos\zeta \cos\eta - 2\cos\alpha \cos\gamma \cos\varepsilon \cos\eta \\ + 2\cos\beta \cos\gamma \cos\varepsilon \cos\zeta \end{array}\right\} = 0.$$

28. Puisque les quantités $\cos\alpha$, $\cos\beta$, $\cos\gamma$ sont supposées connues, on pourra donc par l'équation précédente déterminer une des trois inconnues $\cos\varepsilon$, $\cos\zeta$, $\cos\eta$ par les deux autres, et réduire par ce moyen la solution du Problème à la recherche de ces deux dernières inconnues.

Pour cela on mettra l'équation dont il s'agit sous cette forme

$$\left\{\begin{array}{l} 1 - \cos^2\alpha - \cos^2\beta - \cos^2\gamma - 2\cos\alpha\cos\beta\cos\gamma \\ -(1-\cos^2\gamma)\cos^2\varepsilon - (1-\cos^2\beta)\cos^2\zeta - (1-\cos^2\alpha)\cos^2\eta \\ + 2(\cos\alpha + \cos\beta\cos\gamma)\cos\varepsilon\cos\zeta - 2(\cos\beta + \cos\alpha\cos\gamma)\cos\varepsilon\cos\eta \\ + 2(\cos\gamma + \cos\alpha\cos\beta)\cos\zeta\cos\eta \end{array}\right\} = 0,$$

d'où il est facile de tirer la valeur de $\cos\varepsilon$, par exemple, en $\cos\zeta$ et $\cos\eta$; et, substituant ensuite cette valeur dans les deux dernières équations du n° 26, on aura deux équations différentielles du premier ordre entre les trois indéterminées $\cos\zeta$, $\cos\eta$ et t; mais l'intégration de ces équations demeurera toujours très-difficile.

29. Cependant si l'on considère que les trois équations différentielles du n° **26** ne renferment que trois radicaux différents, on verra qu'il est possible de les combiner de manière qu'il en résulte une équation différentielle intégrable, pourvu qu'il y ait une certaine relation entre les coefficients $(P, Q), (P, R), (R, Q), \ldots$.

En effet, si l'on suppose que ces coefficients soient tels, que l'on ait

$$(P, Q)(Q, R)(R, P) = (Q, P)(P, R)(R, Q),$$

et qu'on ajoute ensemble les trois équations différentielles dont nous venons de parler, après avoir multiplié la première par $(Q, P)(R, P)$, la seconde par $(Q, P)(P, R)$, et la troisième par $(R, P)(P, Q)$, on verra que les radicaux disparaîtront d'eux-mêmes, et qu'il ne restera que l'équation

$$\frac{(Q, P)(R, P)\, d\cos\varepsilon + (Q, P)(P, R)\, d\cos\zeta + (R, P)(P, Q)\, d\cos\eta}{dt} = 0,$$

dont l'intégrale est évidemment

$$(Q, P)(R, P) \cos\varepsilon + (Q, P)(P, R) \cos\zeta + (R, P)(P, Q) \cos\eta = \Pi,$$

Π étant une constante arbitraire dépendante de la situation initiale des orbites.

Combinant donc cette équation avec celle du numéro précédent, on pourra déterminer, par exemple, les inconnues $\cos\zeta$ et $\cos\eta$ en $\cos\varepsilon$, et substituant ensuite ces valeurs dans la première des trois dernières équations du n° 26, on aura une équation unique entre les deux variables t et $\cos\varepsilon$, de l'intégration de laquelle dépendra la solution du Problème.

30. Mais comme cette solution n'est que particulière, étant assujettie à la condition trouvée ci-dessus, il faut examiner si elle peut avoir lieu lorsqu'il s'agit du mouvement des nœuds des orbites planétaires.

Pour cela nous remarquerons, d'après les solutions connues du Problème des trois corps, que si deux planètes P et Q décrivent autour du Soleil S des orbites à peu près circulaires et fort peu inclinées entre elles, nommant p, q les distances de ces planètes au Soleil, et supposant que l'on ait développé la quantité

$$(p^2 - 2pq\cos\varphi + q^2)^{-\frac{3}{2}}$$

en une série de la forme

$$A + B\cos\varphi + C\cos 2\varphi + \ldots,$$

le mouvement moyen du nœud de l'orbite de Q sur celle de P, en vertu de l'action de cette dernière planète, sera au mouvement moyen de la planète Q comme $\dfrac{Ppq^2}{S} \times \dfrac{B}{4}$ à 1; or prenant t pour le mouvement moyen de la Terre et l'unité pour la distance de la Terre au Soleil, on a $\dfrac{t}{q^{\frac{3}{2}}}$ pour le mouvement moyen de la planète Q; donc prenant aussi la masse du Soleil pour l'unité, on aura pour le mouvement moyen du nœud de la planète Q sur l'orbite de la planète P, la quantité $\dfrac{Pp\sqrt{q}\,B}{4}\,t$. Or il est clair que B est une fonction des deux distances p et q dans laquelle ces deux quantités entrent également; désignant donc cette fonction par (p, q) on aura, pour le mouvement élémentaire du nœud de la planète Q sur l'orbite de la planète P, $\dfrac{Pp\sqrt{q}}{4}(p, q)\,dt$; mais nous avons désigné plus haut (24) cette quantité par (Q, P) dt, donc on aura, en général,

$$(Q, P) = \frac{Pp\sqrt{q}}{4}(p, q).$$

De là on trouvera donc, en observant que par la nature de la fonction (p, q) elle ne change point de valeur en y échangeant p en q, en sorte qu'on a également $(q, p) = (p, q)$, on trouvera, dis-je, les valeurs suivantes

$$(P, Q) = \frac{Qq\sqrt{p}}{4}(p, q), \quad (Q, P) = \frac{Pp\sqrt{q}}{4}(p, q),$$

$$(P, R) = \frac{Rr\sqrt{p}}{4}(p, r), \quad (R, P) = \frac{Pp\sqrt{r}}{4}(p, r),$$

$$(Q, R) = \frac{Rr\sqrt{q}}{4}(q, r), \quad (R, Q) = \frac{Qq\sqrt{r}}{4}(q, r).$$

Et substituant ces valeurs dans l'équation de condition

$$(P, Q)(Q, R)(R, P) = (Q, P)(P, R)(R, Q),$$

DES ORBITES PLANÉTAIRES.

on aura une équation identique; de sorte qu'on sera assuré que la condition dont il s'agit a réellement lieu dans le cas des planètes.

31. Il y a au reste une circonstance qui peut servir à faciliter la solution du Problème précédent lorsqu'on veut l'appliquer aux orbites planétaires: c'est la petitesse des angles d'inclinaison de ces orbites les unes à l'égard des autres; d'où il s'ensuit que les angles CAB, DBC, ACB (*fig.* 4, page 130) seront très-petits; et qu'ainsi en supposant

$$x = 2\sin^2\frac{\alpha}{2}, \quad y = 2\cos^2\frac{\beta}{2}, \quad z = 2\sin^2\frac{\gamma}{2},$$

on aura

$$\cos\alpha = 1 - x, \quad \cos\beta = -1 + y, \quad \cos\gamma = 1 - z,$$

où les quantités x, y, z pourront être regardées et traitées comme des quantités très-petites; on aura donc (**23**), en négligeant les produits de trois dimensions vis-à-vis de ceux de deux, on aura, dis-je,

$$u = \sqrt{2(xy + xz + yz) - x^2 - y^2 - z^2},$$

et ensuite

$$-\frac{dx}{dt} = au, \quad \frac{dy}{dt} = bu, \quad -\frac{dz}{dt} = cu.$$

La première équation étant carrée et ensuite différentiée donne

$$u\,du = (y + z - x)\,dx + (x + z - y)\,dy + (x + y - z)\,dz,$$

et substituant les valeurs précédentes de dx, dy, dz on aura, après avoir divisé par u,

$$\frac{du}{dt} = a(x - y - z) - b(y - x - z) + c(z - x - y);$$

différentiant de nouveau et substituant encore les valeurs de dx, dy, dz, en supposant dt constant, on aura enfin cette équation en u et t

$$\frac{d^2u}{dt^2} + (a^2 + b^2 + c^2 + 2ab + 2bc - 2ac)u = 0,$$

dont l'intégration est comme l'on sait très-facile.

Faisons, pour abréger,
$$m^2 = a^2 + b^2 + c^2 + 2ab + 2bc - 2ac,$$
et l'on aura
$$u = M \sin(mt + \mu),$$

M et μ étant deux constantes arbitraires; de là on trouvera

$$x = A + \frac{aM}{m} \cos(mt + \mu),$$

$$y = B - \frac{bM}{m} \cos(mt + \mu),$$

$$z = C + \frac{cM}{m} \cos(mt + \mu),$$

A, B, C étant de nouvelles constantes arbitraires.

Or puisque
$$u^2 = 2(xy + xz + yz) - x^2 - y^2 - z^2,$$

il faudra que ces constantes soient telles, qu'elles satisfassent à cette équation; ainsi l'on devra avoir l'équation identique

$$M^2 \sin^2(mt + \mu) = 2(AB + AC + BC) - A^2 - B^2 - C^2$$
$$- \frac{2M}{m}(Ab - Ba - Ac - Ca - Bc + Cb + Aa - Bb + Cc) \cos(mt + \mu)$$
$$- \frac{M^2}{m^2}(2ab + 2bc - 2ac + a^2 + b^2 + c^2) \cos^2(mt + \mu);$$

donc, puisque
$$\sin^2(mt + \mu) = 1 - \cos^2(mt + \mu),$$

on aura, en comparant les termes homologues,

$$M^2 = 2(AB + AC + BC) - A^2 - B^2 - C^2,$$
$$A(a + b - c) - B(a + b + c) + C(-a + b + c) = 0;$$

par la dernière de ces équations on déterminera C en A et B, et par l'avant-dernière on déterminera M en A et B; en sorte qu'il ne restera plus que les trois indéterminées A, B et μ qui dépendront des valeurs initiales de x, y, z.

32. Il est bon de remarquer que si ces quantités x, y, z sont une fois très-petites, elles le seront toujours, pourvu que m soit une quantité réelle, et que par conséquent m^2 soit une quantité positive; ce qui est évident par les valeurs de x, y, z trouvées ci-dessus; mais si m^2 est une quantité négative, alors m sera une quantité imaginaire, et le sinus de $mt + \mu$ contiendra des exponentielles réelles qui croîtront avec le temps t; de sorte que la solution cessera d'être exacte lorsque les valeurs de x, y, z ne seront plus très-petites.

Or il est visible que la valeur de m^2 sera toujours positive tant que les quantités a, b, c le seront, parce que l'on a

$$m^2 = a^2 + b^2 + c^2 + 2ab + 2bc - 2ac = (a-c)^2 + b^2 + 2ab + 2bc;$$

et il en sera de même tant que a et c ne seront pas de signes différents de b, parce que parmi les trois produits ab, bc, $-ac$ il y en aura toujours deux positifs et un négatif; mais si a et c sont à la fois de signes différents de b, alors ces trois produits seront tous négatifs, et la quantité m^2 sera nécessairement négative; en effet, supposant a et c positifs et b négatif, on aura

$$m^2 = a^2 + b^2 + c^2 - 2ab - 2bc - 2ac;$$

or on sait que cette quantité est nécessairement négative, puisqu'elle est égale à moins seize fois le carré de l'aire du triangle dont les côtés seraient $\sqrt{a}, \sqrt{b}, \sqrt{c}$; ce sera la même chose lorsque b sera positif et a, c négatifs.

33. Quant à la recherche des quantités $\cos\varepsilon$, $\cos\zeta$, $\cos\eta$, je ne vois aucun moyen de la simplifier, et l'on ne gagnerait rien en supposant même que les angles ε, ζ, η fussent très-petits; en effet, supposant

$$2\sin^2\frac{\varepsilon}{2} = \varpi, \quad 2\sin^2\frac{\zeta}{2} = \rho, \quad 2\sin^2\frac{\eta}{2} = \sigma,$$

ce qui donnera

$$\cos\varepsilon = 1 - \varpi, \quad \cos\zeta = 1 - \rho, \quad \cos\eta = 1 - \sigma,$$

on aura (**27**), en regardant les quantités $x, y, z, \varpi, \rho, \sigma$ comme très-petites, l'équation

$$\varpi\rho\sigma + \sigma(x - \varpi - \rho)^2 + \varpi(z - \rho - \sigma)^2 - \rho(y - \varpi - \sigma)^2$$
$$+ (x - \varpi - \rho)(z - \rho - \sigma)(y - \varpi - \sigma) = 0;$$

ensuite l'équation du n° **29** deviendra dans la même hypothèse

$$(Q, P)(R, P)\varpi + (Q, P)(P, R)\rho + (R, P)(P, Q)\sigma = \Delta,$$

Δ étant une constante arbitraire; enfin la première des trois équations du n° **26** deviendra

$$\frac{d\varpi}{dt} = (P, R)\sqrt{2(x\varpi + x\rho + \varpi\rho) - x^2 - \varpi^2 - \rho^2}$$
$$+ (P, Q)\sqrt{2(y\varpi + y\sigma + \varpi\sigma) - y^2 - \varpi^2 - \sigma^2}.$$

Or il est clair qu'en substituant dans cette dernière équation les valeurs de ρ et σ tirées des deux premières, on en aura une entre ϖ et t qui ne sera guère plus simple que celle qu'on aurait eue entre $\cos\varepsilon$ et t (**29**).

34. Lorsqu'on aura trouvé les valeurs de $\cos\varepsilon, \cos\zeta, \cos\eta$ en t, on connaîtra (*fig.* 5, page 133) les inclinaisons des orbites LB, MC, NC sur le plan fixe OLR; mais la position des nœuds L, M, N ne sera pas encore connue; cependant on pourra la déterminer, sans aucun nouveau calcul, par la méthode du n° **20**. En effet, prenant dans l'arc OR un point fixe O, et menant par ce point un autre arc de grand cercle OR' perpendiculaire à l'arc OR, et qui coupe en L', M', N' les arcs AB, AC, BC prolongés (*fig.* 6); il est clair que les angles L', M', N' seront donnés par des formules semblables à celles par lesquelles sont déterminés les angles L, M, N; car, la position de l'arc OR étant arbitraire, il n'y a qu'à imaginer que cet arc tourne autour du point O et vienne en OR'; il n'y aura de différence que dans les constantes qu'il faudra déterminer dans chaque cas convenablement aux valeurs initiales de $\cos\varepsilon$, $\cos\zeta$, $\cos\eta$, ainsi qu'on en a usé dans le numéro cité.

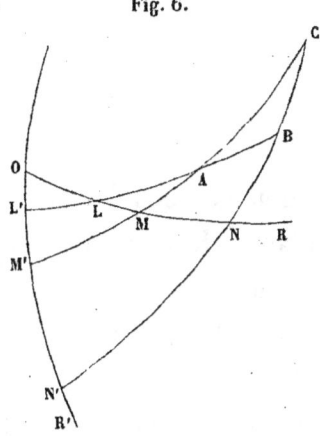

Fig. 6.

Maintenant l'angle O étant supposé droit, et les angles L, L', M, M', N, N' étant connus, on pourra trouver dans les triangles OLL', OMM', ONN' les côtés OL, OM, ON qui déterminent la position cherchée des nœuds L, M, N.

35. Puisque la méthode précédente conduit à des formules trop compliquées, même dans le cas des inclinaisons très-petites, il est bon de chercher d'autres moyens de simplifier le calcul, au moins dans ce cas qui est celui des orbites planétaires. Pour cela je reprends les formules primitives du n° 3, et je dénote, pour plus de simplicité, comme dans le n° 24, par (P, Q) la vitesse de rétrogradation de l'orbite de P sur celle de Q, par (Q, P) la vitesse de rétrogradation de l'orbite de Q sur celle de P, quantités que j'avais dénotées dans le n° 3 par q, p; j'ai, pour la détermination du changement de l'orbite de P en vertu du mouvement (P, Q), les deux équations

$$\sin\xi\, d\xi = -\sin\omega \sin\psi \sin z\, (P, Q)\, dt,$$

$$\sin(y-x)\, dx = \frac{\cos\psi - \cos\omega \cos\xi}{\sin\psi \sin^2\xi}\, d\xi;$$

mais on a, par le même numéro,

$$\sin\omega \sin z = \sin\xi \sin(y-x), \quad \cos\omega = \cos\xi \cos\psi + \cos(y-x) \sin\xi \sin\psi;$$

donc, substituant ces valeurs et mettant ensuite dans la seconde équation la valeur de $d\xi$ tirée de la première, on aura après les réductions

$$d\xi = -\sin\psi \sin(y-x)(P, Q)\,dt,$$

$$dx = \left[-\cos\psi + \frac{\cos\xi \sin\psi \cos(y-x)}{\sin\xi}\right](P, Q)\,dt.$$

Dans ces formules, x est le lieu du nœud de l'orbite de P sur un plan fixe, ξ son inclinaison sur ce plan, y le lieu du nœud de l'orbite de Q, et ψ son inclinaison par rapport au même plan.

On aura des formules semblables pour le changement de position de cette dernière orbite en vertu du mouvement (Q, P); il n'y aura qu'à changer dans les précédentes x, ξ, P en y, ψ, Q et *vice versâ*.

36. Je multiplie maintenant la première équation par $\cos\xi \sin x$, et je l'ajoute à la seconde multipliée par $\sin\xi \cos x$; j'ai

$$d(\sin\xi \sin x) = (-\sin\xi \cos x \cos\psi + \sin\psi \cos y \cos\xi)(P, Q)\,dt;$$

je multiplie ensuite la première par $\cos\xi \cos x$ et la seconde par $\sin\xi \sin x$, et je retranche l'une de l'autre, j'ai

$$d(\sin\xi \cos x) = (\sin\xi \sin x \cos\psi - \sin\psi \sin y \cos\xi)(P, Q)\,dt.$$

De sorte que si l'on fait

$$p = \sin\xi \sin x, \quad p' = \sin\xi \cos x,$$
$$q = \sin\psi \sin y, \quad q' = \sin\psi \cos y,$$

on aura, pour l'orbite de P, les deux équations

$$dp = (-p'\sqrt{1-q^2-q'^2} + q'\sqrt{1-p^2-p'^2})(P, Q)\,dt,$$
$$dp' = (+p\sqrt{1-q^2-q'^2} - q\sqrt{1-p^2-p'^2})(P, Q)\,dt.$$

Et l'on aura de même pour l'orbite de Q

$$dq = (-q'\sqrt{1-p^2-p'^2} + p'\sqrt{1-q^2-q'^2})(Q, P)\,dt,$$
$$dq' = (+q\sqrt{1-p^2-p'^2} - p\sqrt{1-q^2-q'^2})(Q, P)\,dt.$$

37. S'il y avait une troisième orbite appartenant à un autre corps R, sur laquelle les orbites P et Q dussent rétrograder avec les vitesses (P, R), (Q, R), tandis que cette même orbite rétrograderait sur chacune d'elles avec les vitesses (R, P), (R, Q), comme dans le n° 24; alors il est facile de prouver qu'en nommant z la longitude du nœud de l'orbite dont il s'agit et ζ son inclinaison sur le plan fixe, et supposant ensuite

$$r = \sin\zeta \sin z, \quad r' = \sin\zeta \cos z,$$

on aurait les formules suivantes

$$dp = (-p'\sqrt{1-q^2-q'^2} + q'\sqrt{1-p^2-p'^2})(P, Q)dt$$
$$+ (-p'\sqrt{1-r^2-r'^2} + r'\sqrt{1-p^2-p'^2})(P, R)dt,$$
$$dp' = (+p\sqrt{1-q^2-q'^2} - q\sqrt{1-p^2-p'^2})(P, Q)dt$$
$$+ (+p\sqrt{1-r^2-r'^2} - r\sqrt{1-p^2-p'^2})(P, R)dt,$$
$$dq = (-q'\sqrt{1-p^2-p'^2} + p'\sqrt{1-q^2-q'^2})(Q, P)dt$$
$$+ (-q'\sqrt{1-r^2-r'^2} + r'\sqrt{1-q^2-q'^2})(Q, R)dt,$$
$$dq' = (+q\sqrt{1-p^2-p'^2} - p\sqrt{1-q^2-q'^2})(Q, P)dt$$
$$+ (+q\sqrt{1-r^2-r'^2} - r\sqrt{1-q^2-q'^2})(Q, R)dt,$$
$$dr = (-r'\sqrt{1-q^2-q'^2} + q'\sqrt{1-r^2-r'^2})(R, Q)dt$$
$$+ (-r'\sqrt{1-p^2-p'^2} + p'\sqrt{1-r^2-r'^2})(R, P)dt,$$
$$dr' = (+r\sqrt{1-q^2-q'^2} - q\sqrt{1-r^2-r'^2})(R, Q)dt$$
$$+ (+r\sqrt{1-p^2-p'^2} - p\sqrt{1-r^2-r'^2})(R, P)dt.$$

Et ainsi de suite, quel que soit le nombre des orbites mobiles les unes sur les autres.

38. Quoique les équations que nous venons de trouver soient encore trop compliquées pour pouvoir être intégrées en général, elles ont cependant cet avantage qu'elles se simplifient beaucoup dans le cas où l'on suppose les inclinaisons très-petites, et qu'elles peuvent être traitées alors par les méthodes connues.

En effet, si l'on suppose que les angles ξ, ψ, ζ soient tous très-petits, il est clair que leurs sinus le seront aussi; donc les quantités p, p', q, q', r, r' seront aussi nécessairement très-petites, en sorte que l'on pourra mettre l'unité à la place des radicaux qui entrent dans les équations dont il s'agit, moyennant quoi on aura, pour le cas de trois orbites mobiles,

$$dp = (q'-p')(\mathrm{P, Q})\,dt + (r'-p')(\mathrm{P, R})\,dt,$$
$$dp' = (p-q)(\mathrm{P, Q})\,dt + (p-r)(\mathrm{P, R})\,dt,$$
$$dq = (p'-q')(\mathrm{Q, P})\,dt + (r'-q')(\mathrm{Q, R})\,dt,$$
$$dq' = (q-p)(\mathrm{Q, P})\,dt + (q-r)(\mathrm{Q, R})\,dt,$$
$$dr = (p'-r')(\mathrm{R, P})\,dt + (q'-r')(\mathrm{R, Q})\,dt,$$
$$dr' = (r-p)(\mathrm{R, P})\,dt + (r-q)(\mathrm{R, Q})\,dt,$$

équations qui étant, comme l'on voit, sous une forme linéaire, sont faciles à intégrer par les méthodes connues pour ces sortes d'équations; et comme, quel que soit le nombre des orbites mobiles, on parvient toujours par la méthode précédente à de pareilles équations, il s'ensuit qu'on pourra donc, en général, résoudre le Problème proposé pour autant d'orbites mobiles qu'on voudra, pourvu qu'on suppose seulement que ces orbites soient très-peu inclinées à un plan fixe quelconque.

39. Si les inclinaisons n'étaient pas très-petites, on pourrait alors résoudre le Problème par approximation aussi exactement qu'on voudrait; car, comme les quantités $p, p', q, q',\ldots$ sont toujours naturellement moindres que l'unité, on pourra toujours réduire les radicaux $\sqrt{1-p^2-p'^2}$, $\sqrt{1-q^2-q'^2},\ldots$ en des séries convergentes dont le premier terme sera l'unité, et les autres procéderont suivant les puissances paires de ces quantités; de sorte qu'en faisant ces substitutions dans les formules du n° 37, et négligeant d'abord tous les termes où les variables montent à des dimensions plus hautes que la première, on aura, pour premières équations approchées, des équations telles que celles du n° 38; ainsi l'on aura par l'intégration de ces équations les premières valeurs approchées des quantités p, p', $q,\ldots$, et substituant ensuite ces valeurs dans les

termes négligés, on aura de nouvelles équations différentielles plus exactes que les précédentes, et dont les premiers termes seront les mêmes que ceux des équations du n° 38, et les autres termes seront des fonctions connues de t; en sorte que ces équations seront également intégrables par les méthodes connues; et ainsi de suite.

40. Au reste, quand on voudra appliquer cette théorie aux orbites des planètes, on pourra s'en tenir aux équations du n° 38, d'autant plus que ces équations sont exactes aux quantités très-petites du troisième ordre près; de sorte qu'on pourra résoudre par ce moyen, avec une précision suffisante, le Problème du déplacement des orbites planétaires en vertu des mouvements de leurs nœuds mutuels, produits par les attractions réciproques des planètes. Il n'y aura pour cela qu'à substituer, à la place des quantités (P, Q), (P, R),... leurs valeurs données par la théorie, et que nous avons déjà déterminées dans le n° 30; et déterminer ensuite les constantes arbitraires que l'intégration introduira dans les expressions des quantités p, p', q,... d'après les valeurs de ces quantités qui répondent, suivant les tables, aux éléments des planètes pour une époque quelconque donnée.

RECHERCHES

SUR

LES SUITES RÉCURRENTES

DONT LES TERMES VARIENT DE PLUSIEURS MANIÈRES DIFFÉRENTES,
OU SUR L'INTÉGRATION DES ÉQUATIONS LINÉAIRES AUX DIFFÉRENCES FINIES ET PARTIELLES;
ET SUR L'USAGE DE CES ÉQUATIONS DANS LA THÉORIE DES HASARDS.

RECHERCHES

SUR

LES SUITES RÉCURRENTES

DONT LES TERMES VARIENT DE PLUSIEURS MANIÈRES DIFFÉRENTES,
OU SUR L'INTÉGRATION DES ÉQUATIONS LINÉAIRES AUX DIFFÉRENCES FINIES ET PARTIELLES;
ET SUR L'USAGE DE CES ÉQUATIONS DANS LA THÉORIE DES HASARDS (*).

(*Nouveaux Mémoires de l'Académie royale des Sciences et Belles-Lettres de Berlin*, année 1775.)

J'ai donné, dans le premier volume des *Mémoires de la Société des Sciences de Turin*, une méthode nouvelle pour traiter la théorie des suites récurrentes, en la faisant dépendre de l'intégration des équations linéaires aux différences finies (**). Je me proposais alors de pousser ces Recherches plus loin, et de les appliquer principalement à la solution de plusieurs Problèmes de la théorie des hasards; mais d'autres objets m'ayant depuis fait perdre celui-là de vue, M. de Laplace m'a prévenu, en grande partie, dans deux excellents Mémoires *sur les suites récurro-récurrentes*, et *sur l'intégration des équations différentielles finies et leur usage dans la théorie des hasards*, imprimés dans les volumes VI et VII des *Mémoires* présentés à l'Académie des Sciences de Paris. Je crois ce-

---

(*) Lu le 29 avril et le 9 mai 1776.
(**) *OEuvres de Lagrange*, t. I, p. 23.

pendant qu'on peut encore ajouter quelque chose au travail de cet illustre Géomètre, et traiter le même sujet d'une manière plus directe, plus simple et surtout plus générale ; c'est l'objet des Recherches que je vais donner dans ce Mémoire ; on y trouvera des méthodes nouvelles pour l'intégration des équations linéaires aux différences finies et partielles, et l'application de ces méthodes à plusieurs Problèmes intéressants du Calcul des probabilités ; mais il n'est question ici que des équations dont les coefficients sont constants, et je réserve pour un autre Mémoire l'examen de celles qui ont des coefficients variables.

ARTICLE Ier. — *Des suites récurrentes simples, ou de l'intégration des équations linéaires aux différences finies entre deux variables.*

Quoique la théorie des suites récurrentes ordinaires soit assez connue, je crois devoir commencer par la traiter en peu de mots pour servir comme d'introduction à celle des suites récurro-récurrentes qui fait le principal objet de ce Mémoire. D'ailleurs j'aurai soin de n'employer, autant qu'il sera possible, que des méthodes nouvelles et plus simples que celles qu'on a déjà.

1. Soit la série

$$y_0, y_1, y_2, y_3, \ldots, y_x, y_{x+1}, y_{x+2}, \ldots,$$

dans laquelle on ait constamment cette équation linéaire entre n termes successifs

(A) $\qquad A y_x + B y_{x+1} + C y_{x+2} + \ldots + N y_{x+n} = 0,$

A, B, C,..., N étant des coefficients constants quelconques ; ce sera une série récurrente simple de l'ordre n, et l'équation (A) sera l'équation différentielle finie qu'il s'agit d'intégrer pour avoir l'expression du terme général y_x de la série proposée.

Pour cela je suppose
$$y_x = a\alpha^x,$$
a et α étant des constantes indéterminées; j'aurai donc
$$y_{x+1} = a\alpha^{x+1}, \quad y_{x+2} = a\alpha^{x+2}, \ldots,$$
et les substitutions étant faites dans l'équation (A), elle deviendra divisible par $a\alpha^x$; et l'on aura après cette division

(B) $\qquad A + B\alpha + C\alpha^2 + \ldots + N\alpha^n = 0.$

On voit par cette équation : 1° que, puisque le coefficient a ne s'y trouve pas, ce coefficient demeure arbitraire; 2° que l'équation étant par rapport à α du degré n, elle fournira, en général, n valeurs différentes de α, que je dénoterai par α, β, γ, ... On aura donc ainsi, en prenant aussi différents coefficients a, b, c, ..., n valeurs différentes de y_x, savoir $a\alpha^x$, $b\beta^x$, $c\gamma^x$, ...; et, comme l'équation (A) est linéaire, il est facile de voir que la somme de ces différentes valeurs de y_x y satisfera aussi. De sorte qu'on aura, en général,
$$y_x = a\alpha^x + b\beta^x + c\gamma^x + \ldots;$$
et comme cette valeur de y_x contient n constantes arbitraires a, b, c, ..., elle sera l'intégrale complète de l'équation (A) du $n^{ième}$ ordre.

2. Si l'on suppose que les n premiers termes de la suite proposée soient donnés, on pourra par leur moyen déterminer les n constantes arbitraires a, b, c, ...; il n'y aura pour cela qu'à résoudre les n équations
$$y_0 = a + b + c + \ldots,$$
$$y_1 = a\alpha + b\beta + c\gamma + \ldots,$$
$$y_2 = a\alpha^2 + b\beta^2 + c\gamma^2 + \ldots,$$
$$\ldots\ldots\ldots\ldots\ldots\ldots\ldots\ldots,$$
$$y_{n-1} = a\alpha^{n-1} + b\beta^{n-1} + c\gamma^{n-1} + \ldots.$$

Dans le cas de $n=1$, on a
$$a = y_0;$$
dans le cas de $n=2$, on aura
$$a = \frac{y_1 - \beta y_0}{\alpha - \beta}, \quad b = \frac{y_1 - \alpha y_0}{\beta - \alpha};$$
dans le cas de $n=3$, on aura
$$a = \frac{y_2 - (\beta+\gamma)y_1 + \beta\gamma y_0}{(\alpha-\beta)(\alpha-\gamma)}, \quad b = \frac{y_2 - (\alpha+\gamma)y_1 + \alpha\gamma y_0}{(\beta-\alpha)(\beta-\gamma)}, \quad c = \frac{y_2 - (\alpha+\beta)y_1 + \alpha\beta y_0}{(\gamma-\alpha)(\gamma-\beta)};$$
et ainsi de suite.

De là et de la théorie connue des équations il est facile de conclure que si l'on fait, pour abréger,
$$A + B\alpha + C\alpha^2 + D\alpha^3 + \ldots + N\alpha^n = P,$$
$$B + C\alpha + D\alpha^2 + \ldots = Q,$$
$$C + D\alpha^2 + \ldots = R,$$
$$D + \ldots = S,$$
$$\ldots\ldots\ldots,$$

on aura, en général,
$$a = \frac{Qy_0 + Ry_1 + Sy_2 + \ldots}{\dfrac{dP}{d\alpha}},$$

et changeant dans cette expression de a la quantité α en $\beta, \gamma, \ldots$, on aura les valeurs des autres coefficients $b, c, \ldots$

S'il arrive que deux ou plusieurs racines soient égales, il n'y aura qu'à supposer leurs différences infiniment petites, et l'on trouvera, dans le cas de $\beta = \alpha$, que les deux termes
$$a\alpha^x + b\beta^x$$
de l'expression de y_x deviendront de cette forme
$$a'\alpha^x + b'x\alpha^{x-1},$$

SUR LES SUITES RÉCURRENTES.

où l'on aura

$$a' = \frac{\dfrac{dQ}{d\alpha} y_0 + \dfrac{dR}{d\alpha} y_1 + \dfrac{dS}{d\alpha} y_2 + \ldots}{\dfrac{1}{2} \dfrac{d^2 P}{d\alpha^2}},$$

$$b' = \frac{Q y_0 + R y_1 + S y_2 + \ldots}{\dfrac{1}{2} \dfrac{d^2 P}{d\alpha^2}};$$

et si l'on a $\gamma = \beta = \alpha$, alors les trois termes

$$a \alpha^x + b \beta^x + c \gamma^x$$

deviendront

$$a'' \alpha^x + b'' x \alpha^{x-1} + c'' \frac{x(x-1)}{2} \alpha^{x-2},$$

où l'on aura

$$a'' = \frac{\dfrac{1}{2}\dfrac{d^2 Q}{d\alpha^2} y_0 + \dfrac{1}{2}\dfrac{d^2 R}{d\alpha^2} y_1 + \dfrac{1}{2}\dfrac{d^2 S}{d\alpha^2} y_2 + \ldots}{\dfrac{1}{2 \cdot 3} \dfrac{d^3 P}{d\alpha^3}},$$

$$b'' = \frac{\dfrac{dQ}{d\alpha} y_0 + \dfrac{dR}{d\alpha} y_1 + \dfrac{dS}{d\alpha} y_2 + \ldots}{\dfrac{1}{2 \cdot 3} \dfrac{d^3 P}{d\alpha^3}},$$

$$c'' = \frac{Q y_0 + R y_1 + S y_2 + \ldots}{\dfrac{1}{2 \cdot 3} \dfrac{d^3 P}{d\alpha^3}};$$

et ainsi du reste.

3. Si dans l'équation proposée (A) les coefficients A, B, C,..., N, au lieu d'être constants, sont des fonctions données de x, que nous désignerons par A_x, B_x, C_x,..., N_x, en sorte que l'on ait l'équation

$$(C) \qquad A_x y_x + B_x y_{x+1} + C_x y_{x+2} + \ldots + N_x y_{x+n} = 0,$$

on ne pourra, par la méthode précédente ni par aucune autre méthode connue, l'intégrer en général, à moins qu'elle ne soit que du premier ordre; mais si l'on suppose qu'on connaisse *à posteriori* n valeurs particulières de y_x, que nous désignerons par $\alpha_x, \beta_x, \gamma_x, \ldots$, il est visible que l'on aura, en général,

$$y_x = a\alpha_x + b\beta_x + c\gamma_x + \ldots,$$

et que cette expression de y_x sera complète, puisqu'elle renferme n constantes arbitraires $a, b, c, \ldots$.

4. De plus on pourra dans ce même cas trouver l'intégrale complète de l'équation

(D) $$A_x y_x + B_x y_{x+1} + C_x y_{x+2} + \ldots + N_x y_{x+n} = X_x,$$

X_x étant une fonction quelconque de x.

Car puisque, dans le cas de $X_x = 0$, on a

$$y_x = a\alpha_x + b\beta_x + c\gamma_x + \ldots$$

pour l'intégrale complète, $a, b, c, \ldots$ étant des constantes, supposons maintenant que les quantités $a, b, c, \ldots$ soient, en général, des fonctions de x que nous désignerons par $a_x, b_x, c_x, \ldots$, en sorte que l'intégrale de l'équation (D) soit

(E) $$y_x = a_x \alpha_x + b_x \beta_x + c_x \gamma_x + \ldots;$$

faisant varier x, on aura

$$y_{x+1} = a_{x+1}\alpha_{x+1} + b_{x+1}\beta_{x+1} + c_{x+1}\gamma_{x+1} + \ldots,$$

ou bien, en désignant par la caractéristique Δ les différences finies, en sorte que

$$\Delta a_x = a_{x+1} - a_x,$$

et ainsi des autres,

$$y_{x+1} = a_x \alpha_{x+1} + b_x \beta_{x+1} + c_x \gamma_{x+1} + \ldots$$
$$+ \alpha_{x+1}\Delta a_x + \beta_{x+1}\Delta b_x + \gamma_{x+1}\Delta c_x + \ldots.$$

Donc, si je fais

(1) $$\alpha_{x+1}\Delta a_x + \beta_{x+1}\Delta b_x + \gamma_{x+1}\Delta c_x + \ldots = 0,$$

j'aurai
$$y_{x+1} = a_x \alpha_{x+1} + b_x \beta_{x+1} + c_x \gamma_{x+1} + \ldots,$$

comme si les quantités a_x, b_x, c_x,... n'avaient point varié.

Faisant varier de nouveau x, j'aurai donc
$$y_{x+2} = a_{x+1} \alpha_{x+2} + b_{x+1} \beta_{x+2} + c_{x+1} \gamma_{x+2} + \ldots$$
$$= a_x \alpha_{x+2} + b_x \beta_{x+2} + c_x \gamma_{x+2} + \ldots$$
$$+ \alpha_{x+2} \Delta a_x + \beta_{x+2} \Delta b_x + \gamma_{x+2} \Delta c_x + \ldots,$$

et, faisant pareillement

(2) $\qquad \alpha_{x+2} \Delta a_x + \beta_{x+2} \Delta b_x + \gamma_{x+2} \Delta c_x + \ldots = 0,$

j'aurai
$$y_{x+2} = a_x \alpha_{x+2} + b_x \beta_{x+2} + c_x \gamma_{x+2} + \ldots.$$

De même, en faisant varier x et supposant

(3) $\qquad \alpha_{x+3} \Delta a_x + \beta_{x+3} \Delta b_x + \gamma_{x+3} \Delta c_x + \ldots = 0,$

on aura
$$y_{x+3} = a_x \alpha_{x+3} + b_x \beta_{x+3} + c_x \gamma_{x+3} + \ldots.$$

Je continue ainsi à faire varier x et à supposer nulle la partie de y dépendante des variations de a_x, b_x, c_x,... jusqu'aux équations suivantes inclusivement

($n-1$) $\qquad \alpha_{x+n-1} \Delta a_x + \beta_{x+n-1} \Delta b_x + \gamma_{x+n-1} \Delta c_x + \ldots = 0,$
$$y_{x+n-1} = a_x \alpha_{x+n-1} + b_x \beta_{x+n-1} + c_x \gamma_{x+n-1} + \ldots;$$

et, faisant encore varier x dans cette dernière équation, j'aurai
$$y_{x+n} = a_x \alpha_{x+n} + b_x \beta_{x+n} + c_x \gamma_{x+n} + \ldots$$
$$+ \alpha_{x+n} \Delta a_x + \beta_{x+n} \Delta b_x + \gamma_{x+n} \Delta c_x + \ldots.$$

Qu'on substitue maintenant ces valeurs de $y_x, y_{x+1}, \ldots, y_{x+n}$ dans l'équation (D); et comme toutes ces valeurs, excepté la dernière, sont les mêmes que si a_x, b_x, c_x,... n'avaient pas varié, et que la dernière ne diffère de ce qu'elle serait dans cette hypothèse que par les termes

$$\alpha_{x+n}\Delta a_x + \beta_{x+n}\Delta b_x + \gamma_{x+n}\Delta c_x + \ldots$$

qui y sont ajoutés; que d'ailleurs les valeurs de $y_x, y_{x+1},\ldots$, dans le cas de $\alpha_x, \beta_x, \gamma_x,\ldots$ constantes, satisfont par l'hypothèse à l'équation (C), quelles que soient les valeurs de ces constantes; il s'ensuit que le premier membre de l'équation (D) se réduira à

$$N_x(\alpha_{x+n}\Delta a_x + \beta_{x+n}\Delta b_x + \gamma_{x+n}\Delta c_x + \ldots),$$

en sorte qu'on aura l'équation

$$(n) \qquad \alpha_{x+n}\Delta a_x + \beta_{x+n}\Delta b_x + \gamma_{x+n}\Delta c_x + \ldots = \frac{X_x}{N_x}.$$

On a donc ainsi n équations linéaires (1), (2), (3),..., $(n-1)$, (n) entre les n quantités $\Delta a_x, \Delta b_x, \Delta c_x,\ldots$, d'où l'on tirera les valeurs de ces quantités en fonctions de x, que je désignerai par $P_x, Q_x, R_x,\ldots$. Donc, passant des différences aux sommes et désignant celles-ci par la caractéristique $\sum$, on aura

$$a_x = \sum P_x, \quad b_x = \sum Q_x, \quad c_x = \sum R_x,\ldots,$$

ce qui étant substitué dans la formule (E), il viendra

$$y_x = \alpha_x \sum P_x + \beta_x \sum Q_x + \gamma_x \sum R_x + \ldots$$

pour l'intégrale complète de l'équation (D).

Il s'ensuit de là que l'équation

$$A_x y_x + B_x y_{x+1} + C_x y_{x+2} + \ldots + N_x y_{x+n} = X_x$$

est généralement intégrable toutes les fois que l'on connait n valeurs particulières de y_x dans le cas de $X_x = 0$; Théorème analogue à celui que j'ai donné pour les équations différentielles linéaires dans le tome III des

Mémoires de Turin (*). M. le Marquis de Condorcet et M. de Laplace avaient déjà remarqué que ce Théorème sur les équations aux différences infiniment petites était aussi applicable aux cas des différences finies; et ce dernier en a donné une démonstration générale et ingénieuse, mais un peu compliquée (*voyez* le tome IV des *Mémoires de Turin* et les *Mémoires* présentés à l'Académie des Sciences de Paris en 1773). C'est ce qui m'a engagé à traiter ici cette matière par une méthode nouvelle et aussi simple qu'on puisse le désirer.

5. REMARQUE. — Les principes de la méthode précédente peuvent s'appliquer aussi aux équations différentielles ordinaires, et sont, en général, d'un très-grand usage dans tout le Calcul intégral. Quoique ce ne soit pas ici le lieu de nous occuper de cette matière, je vais néanmoins en traiter en peu de mots, me réservant de le faire ailleurs avec plus d'étendue.

Et d'abord, si l'on a une équation linéaire de l'ordre n telle que

$$P y + Q \frac{dy}{dx} + R \frac{d^2 y}{dx^2} + \ldots + V \frac{d^n y}{dx^n} = X,$$

où $P, Q, R, \ldots, V$ et X soient des fonctions données de x, et qu'on connaisse l'intégrale complète de cette équation dans le cas de $X = 0$, laquelle sera nécessairement de la forme

$$y = ap + bq + cr + \ldots,$$

$a, b, c, \ldots$ étant des constantes arbitraires au nombre de n, et $p, q, r, \ldots$ des fonctions de x où les constantes $a, b, c, \ldots$ n'entrent pas, et qui sont autant de valeurs particulières de y dans l'hypothèse de $X = 0$, on en pourra déduire aisément l'intégrale complète de la proposée. Car en regardant les arbitraires $a, b, c, \ldots$ comme des variables indéterminées, et supposant nulles dans les valeurs de $dy, d^2 y, d^3 y, \ldots, d^{n-1} y$ les parties

(*) *OEuvres de Lagrange*, t. I, p. 471.

qui dépendent de la variabilité de ces quantités a, b, c,..., on aura

$$dy = a\,dp + b\,dq + c\,dr + \ldots, \qquad 0 = p\,da + q\,db + r\,dc + \ldots,$$
$$d^2y = a\,d^2p + b\,d^2q + c\,d^2r + \ldots, \qquad 0 = dp\,da + dq\,db + dr\,dc + \ldots,$$
$$d^3y = a\,d^3p + b\,d^3q + c\,d^3r + \ldots, \qquad 0 = d^2p\,da + d^2q\,db + d^2r\,dc + \ldots,$$
$$\ldots\ldots\ldots\ldots\ldots\ldots\ldots\ldots\ldots\ldots, \qquad \ldots\ldots\ldots\ldots\ldots\ldots\ldots\ldots\ldots\ldots,$$
$$d^{n-1}y = a\,d^{n-1}p + b\,d^{n-1}q + c\,d^{n-1}r + \ldots, \quad 0 = d^{n-2}p\,da + d^{n-2}q\,db + d^{n-2}r\,dc + \ldots,$$

ensuite

$$d^n y = a\,d^n p + b\,d^n q + c\,d^n r + \ldots + d^{n-1}p\,da + d^{n-1}q\,db + d^{n-1}r\,dc + \ldots.$$

De cette manière on voit que les expressions de y, dy, d^2y,..., $d^{n-1}y$ ont la même forme que si a, b, c,... étaient constantes, et que celle de $d^n y$ ne diffère de ce qu'elle serait dans ce cas que par les termes

$$d^{n-1}p\,da + d^{n-1}q\,db + d^{n-1}r\,dc + \ldots$$

qui y sont ajoutés; or comme dans le cas de a, b, c,... constantes, les valeurs de y, dy, d^2y,..., $d^n y$ satisfont par l'hypothèse à l'équation proposée lorsqu'on y suppose $X = 0$, quelles que soient d'ailleurs les valeurs de ces constantes, il est aisé de conclure que si l'on substitue dans cette équation les valeurs ci-dessus de y, dy, d^2y,..., $d^n y$, tous les termes s'y détruiront, à l'exception des termes de la valeur de $d^n y$ qui dépendent de la variation des quantités a, b, c,..., et du terme X, qui avait été supposé auparavant nul. De sorte qu'on aura, en divisant par V, l'équation

$$d^{n-1}p\,da + d^{n-1}q\,db + d^{n-1}r\,dc + \ldots = \frac{X}{V}\,dx^n;$$

et cette équation étant combinée avec les $n-1$ équations de condition

$$p\,da + q\,db + r\,dc + \ldots = 0,$$
$$dp\,da + dq\,db + dr\,dc + \ldots = 0,$$
$$\ldots\ldots\ldots\ldots\ldots\ldots\ldots\ldots\ldots\ldots,$$
$$d^{n-2}p\,da + d^{n-2}q\,db + d^{n-2}r\,dc + \ldots = 0,$$

on en tirera par les règles ordinaires de l'élimination les valeurs des

SUR LES SUITES RÉCURRENTES.

n différentielles da, db, dc,...; et de là on aura par l'intégration celles de a, b, c,... qu'on substituera dans l'expression de y. Ce qui est beaucoup plus simple que tout ce que l'on trouve dans les tomes III et IV des *Mémoires de Turin* sur cette matière.

En général, si l'on connaît l'intégrale complète d'une équation quelconque de l'ordre n telle que

$$\frac{d^n y}{dx^n} + P = 0,$$

P étant une fonction de x, y, $\frac{dy}{dx}$,..., $\frac{d^{n-1} y}{dx^{n-1}}$, on pourra faire servir cette intégrale à trouver celle de l'équation

$$\frac{d^n y}{dx^n} + P = \Pi,$$

Π étant aussi une fonction donnée de x, y, $\frac{dy}{dx}$,..., $\frac{d^{n-1} y}{dx^{n-1}}$.

Car soit $M = 0$ l'intégrale complète dont il s'agit, M sera une fonction de x, y et de n constantes arbitraires a, b, c,...; en sorte que y sera réciproquement une fonction de x et des mêmes constantes, laquelle satisfera par conséquent à l'équation

$$\frac{d^n y}{dx^n} + P = 0,$$

quelles que soient les valeurs de ces constantes.

Supposons maintenant que $M = 0$ soit également l'intégrale de l'équation

$$\frac{d^n y}{dx^n} + P = \Pi,$$

mais en y regardant les quantités a, b, c,... comme variables; dans cette hypothèse, l'expression de y en x, a, b, c,... sera la même que dans le cas de a, b, c,... constantes, mais celles de dy, $d^2 y$,... seront différentes; cependant, si dans les différentiations successives on suppose nulles les parties des différentielles dy, $d^2 y$,..., $d^{n-1} y$ qui résultent de

IV. 21

la variabilité des quantités $a, b, c,\ldots$, on aura ces $n-1$ équations de condition

$$\frac{dy}{da}\,da + \frac{dy}{db}\,db + \frac{dy}{dc}\,dc + \ldots = 0,$$

$$\frac{d^2y}{dx\,da}\,da + \frac{d^2y}{dx\,db}\,db + \frac{d^2y}{dx\,dc}\,dc + \ldots = 0,$$

$$\ldots\ldots\ldots\ldots\ldots\ldots\ldots\ldots\ldots\ldots\ldots\ldots\ldots\ldots\ldots,$$

$$\frac{d^{n-1}y}{dx^{n-2}da}\,da + \frac{d^{n-1}y}{dx^{n-2}db}\,db + \frac{d^{n-1}y}{dx^{n-2}dc}\,dc + \ldots = 0,$$

au moyen desquelles les valeurs de ces différentielles seront encore les mêmes que si $a, b, c,\ldots$ étaient constantes; de sorte qu'en substituant ces valeurs ainsi que celle de y dans la quantité P, on aura encore la même fonction de $x, a, b, c,\ldots$ que dans le cas où les quantités $a, b, c,\ldots$ seraient constantes. Or comme la valeur de $\frac{d^{n-1}y}{dx^{n-1}}$ est la même que dans le cas de $a, b, c,\ldots$ constantes, il est clair que celle de $d\,\frac{d^{n-1}y}{dx^{n-1}}$ sera égale à ce qu'elle serait dans le même cas, plus à la variation de $\frac{d^{n-1}y}{dx^{n-1}}$ due aux quantités $a, b, c,\ldots$, laquelle est

$$\frac{d^n y}{dx^{n-1}da}\,da + \frac{d^n y}{dx^{n-1}db}\,db + \frac{d^n y}{dx^{n-1}dc}\,dc + \ldots;$$

par conséquent, si l'on dénote par $Y\,dx$ la première partie de cette valeur, on aura pour la valeur complète de $d\,\frac{d^{n-1}y}{dx^{n-1}}$ la quantité

$$Y\,dx + \frac{d^n y}{dx^{n-1}da}\,da + \frac{d^n y}{dx^{n-1}db}\,db + \frac{d^n y}{dx^{n-1}dc}\,dc + \ldots,$$

où Y sera, après les substitutions, la même fonction de $x, a, b, c,\ldots$ que dans le cas de $a, b, c,\ldots$ constantes; mais dans ce cas on a, par l'hypothèse,

$$Y + P = 0,$$

quelles que soient les valeurs de ces constantes; donc la même équation aura encore lieu dans le cas où les quantités $a, b, c,\ldots$ ne sont pas constantes; par conséquent dans ce dernier cas l'équation

$$\frac{d^n y}{dx^n} + P = \Pi$$

deviendra, étant multipliée par dx,

$$\frac{d^n y}{dx^{n-1} da} da + \frac{d^n y}{dx^{n-1} db} db + \frac{d^n y}{dx^{n-1} dc} dc + \ldots = \Pi\, dx.$$

Cette équation étant combinée avec les $n-1$ équations de condition trouvées ci-dessus, on aura, après avoir substitué partout les valeurs de y et de ses différentielles en x, a, b, c,... tirées de l'équation finie $M = 0$, valeurs qui sont les mêmes que dans le cas de a, b, c,...constantes, on aura, dis-je, n équations différentielles du premier ordre entre les n variables a, b, c,... et la variable x; si donc on intègre ces équations, on aura les valeurs de a, b, c,... en x, qui étant ensuite substituées dans l'équation $M = 0$ donneront l'intégrale de l'équation proposée.

J'avoue que l'intégration des équations en a, b, c,... et x sera le plus souvent très-difficile, du moins aussi difficile que celle de l'équation proposée

$$\frac{d^n y}{dx^n} + P = \Pi\,;$$

et il n'y a peut-être que le seul cas des équations linéaires que nous avons traitées plus haut, où l'intégration des équations dont il s'agit réussisse, en général, à cause que les constantes a, b, c,... sont aussi nécessairement linéaires dans l'intégrale complète $M = 0$; mais le grand usage de la méthode précédente est pour intégrer par approximation les équations dont on connaît déjà l'intégrale complète à peu près, c'est-à-dire en négligeant des quantités qu'on regarde comme très-petites.

Par exemple, si dans l'équation

$$\frac{d^n y}{dx^n} + P = \Pi,$$

on suppose que la fonction Π soit très-petite vis-à-vis de P, et qu'on connaisse déjà l'intégrale complète $M = 0$, dans le cas de $\Pi = 0$, en employant la méthode précédente, et tirant des n équations différentielles en $a, b, c,\ldots$ et x, les valeurs de $da, db, dc,\ldots$, on aura des équations de cette forme

$$da = A\Pi\, dx, \quad db = B\Pi\, dx, \quad dc = C\Pi\, dx, \ldots,$$

A, B, C,... étant des fonctions finies de $x, a, b, c,\ldots$, et Π étant aussi une fonction des mêmes quantités, mais très-petite par l'hypothèse; d'où l'on voit que les valeurs de $\dfrac{da}{dx}, \dfrac{db}{dx}, \dfrac{dc}{dx},\ldots$ sont aussi très-petites du même ordre; ainsi, en regardant d'abord les quantités $a, b, c,\ldots$ comme constantes, on pourra par les méthodes connues approcher de plus en plus des vraies valeurs de ces quantités.

Il n'est pas à craindre que les fonctions A, B, C,... deviennent infinies; car cette supposition renferme les conditions nécessaires pour que l'intégrale complète $M = 0$ de l'équation

$$\frac{d^n y}{dx^n} + P = 0$$

en devienne une intégrale particulière; sur quoi on peut voir mon Mémoire *sur les intégrales particulières des équations différentielles* (*).

Il est visible au reste que cette méthode, que je ne fais qu'exposer ici en passant, peut s'appliquer également au cas où l'on aurait plusieurs équations différentielles entre plusieurs variables dont on connaîtrait les intégrales complètes approchées, c'est-à-dire en y négligeant des quantités supposées très-petites. Elle sera par conséquent fort utile pour calculer les mouvements des planètes en tant qu'ils sont altérés par leur action mutuelle, puisqu'en faisant abstraction de cette action la solution complète du Problème est connue; et il est bon de remarquer que, comme dans ce cas les constantes $a, b, c,\ldots$ représentent ce qu'on nomme les *éléments des planètes*, notre méthode donnera immédiatement les variations de ces éléments provenantes de l'action que les pla-

---

(*) *OEuvres de Lagrange*, t. IV, p. 5.

SUR LES SUITES RÉCURRENTES.

nètes exercent les unes sur les autres. J'avais déjà donné un essai de cette méthode dans mes Recherches sur la théorie de Jupiter et de Saturne [*Mémoires de Turin*, tome III (*)]. Elle est présentée ici d'une manière plus directe et plus générale; mais je me propose de la développer ailleurs avec plus d'étendue, et de l'appliquer à la solution de quelques Problèmes importants sur le Système du monde.

ARTICLE II. — *Des suites récurrentes doubles, ou de l'intégration des équations linéaires aux différences finies et partielles entre trois variables.*

6. Supposons que l'on ait une série dont les termes varient de deux manières différentes et forment une espèce de Table à double entrée de cette forme

$$y_{0,0},\ y_{1,0},\ y_{2,0},\ y_{3,0},\ldots,\ y_{x,0},\ y_{x+1,0},\ldots,$$
$$y_{0,1},\ y_{1,1},\ y_{2,1},\ y_{3,1},\ldots,\ y_{x,1},\ y_{x+1,1},\ldots,$$
$$y_{0,2},\ y_{1,2},\ y_{2,2},\ y_{3,2},\ldots,\ y_{x,2},\ y_{x+1,2},\ldots,$$
$$y_{0,3},\ y_{1,3},\ y_{2,3},\ y_{3,3},\ldots,\ y_{x,3},\ y_{x+1,3},\ldots,$$
$$\ldots,\ \ldots,\ \ldots,\ \ldots,\ \ldots,\ \ldots,$$
$$y_{0,t},\ y_{1,t},\ y_{2,t},\ y_{3,t},\ldots,\ y_{x,t},\ y_{x+1,t},\ldots,$$
$$y_{0,t+1},\ y_{1,t+1},\ y_{2,t+1},\ y_{3,t+1},\ldots,\ y_{x,t+1},\ y_{x+1,t+1},\ldots,$$
$$\ldots,\ \ldots,\ \ldots,\ \ldots,\ \ldots,\ \ldots,$$

et que l'on ait constamment entre les termes de cette série une équation linéaire de cette forme

$$\left.\begin{array}{l}A y_{x,t} + B y_{x+1,t} + C y_{x+2,t} + \ldots + N y_{x+n,t} \\ \quad + B' y_{x,t+1} + C' y_{x+1,t+1} + \ldots + N' y_{x+n-1,t+1} \\ \quad\quad + C'' y_{x,t+2} + \ldots + N'' y_{x+n-2,t+2} \\ \quad\quad\quad + \ldots \ldots \ldots \ldots \\ \quad\quad\quad\quad + N^{(n)} y_{x,t+n}\end{array}\right\} = 0,$$

(*) *OEuvres de Lagrange*, t. I, p. 609.

dans laquelle A, B, B', C, C', C'',..., N, N',... soient des coefficients constants quelconques; la série dont il s'agit sera une série récurrente double de l'ordre n, et l'équation précédente sera une équation linéaire aux différences finies et partielles entre trois variables, de l'intégration de laquelle dépendra la recherche du terme général $y_{x,t}$ de la série.

7. Supposons d'abord que l'équation différentielle proposée n'ait que quatre termes et qu'elle soit de la forme

(F) $$A y_{x,t} + B y_{x+1,t} + B' y_{x,t+1} + C' y_{x+1,t+1} = 0.$$

Je fais
$$y_{x,t} = a \alpha^x \beta^t,$$

a, α, β étant des constantes indéterminées; j'aurai ainsi

$$y_{x+1,t} = a \alpha^{x+1} \beta^t, \quad y_{x,t+1} = a \alpha^x \beta^{t+1}, \quad y_{x+1,t+1} = a \alpha^{x+1} \beta^{t+1};$$

substituant ces valeurs et divisant ensuite toute l'équation par $a \alpha^x \beta^t$, il viendra celle-ci

$$A + B \alpha + B' \beta + C' \alpha \beta = 0,$$

par laquelle on pourra déterminer l'une des deux constantes α, β par l'autre.

Je tire β de cette équation, j'ai

$$\beta = - \frac{A + B \alpha}{B' + C' \alpha};$$

donc, substituant cette valeur de β, j'aurai

$$y_{x,t} = a \alpha^x \left(- \frac{A + B \alpha}{B' + C' \alpha} \right)^t,$$

où a et α demeurent indéterminées.

Qu'on réduise maintenant la quantité $\left(- \frac{A + B \alpha}{B' + C' \alpha} \right)^t$ en une série qui procède suivant les puissances de α, mais en sorte que ces puissances aillent en diminuant, et si l'on suppose, en général,

$$\left(-\frac{A+B\alpha}{B'+C'\alpha}\right)^t = T\alpha^{\mu t} + T'\alpha^{\mu t-1} + T''\alpha^{\mu t-2} + T'''\alpha^{\mu t-3} + \ldots,$$

on aura

$$y_{x,t} = Ta\alpha^{x+\mu t} + T'a\alpha^{x+\mu t-1} + T''a\alpha^{x+\mu t-2} + \ldots.$$

Or, comme a et α sont arbitraires, on aura une infinité de valeurs différentes de $y_{x,t}$, et il s'ensuit de ce que l'équation différentielle (F) est linéaire, qu'on pourra également prendre pour $y_{x,t}$ la somme d'autant de ces différentes valeurs qu'on voudra.

Donc, si l'on prend un nombre quelconque de constantes différentes a, b, c,..., α, β, γ,..., on aura, en général,

$$\begin{aligned}y_{x,t} = &\ T\,(a\alpha^{x+\mu t} + b\beta^{x+\mu t} + c\gamma^{x+\mu t} + \ldots)\\ &+ T'\,(a\alpha^{x+\mu t-1} + b\beta^{x+\mu t-1} + c\gamma^{x+\mu t-1} + \ldots)\\ &+ T''(a\alpha^{x+\mu t-2} + b\beta^{x+\mu t-2} + c\gamma^{x+\mu t-2} + \ldots)\\ &+ T'''(a\alpha^{x+\mu t-3} + b\beta^{x+\mu t-3} + c\gamma^{x+\mu t-3} + \ldots)\\ &\ldots\ldots\ldots\ldots\ldots\ldots\ldots\ldots\ldots\ldots\ldots\end{aligned}$$

Je remarque maintenant qu'à cause du nombre indéfini des constantes arbitraires a, b, c,..., α, β, γ,..., la quantité

$$a\alpha^{x+\mu t} + b\beta^{x+\mu t} + c\gamma^{x+\mu t} + \ldots$$

doit pouvoir représenter une fonction quelconque de $x+\mu t$ que je désignerai par la caractéristique f ainsi, $f(x+\mu t)$; et alors il est visible que les quantités semblables

$$a\alpha^{x+\mu t-1} + b\beta^{x+\mu t-1} + c\gamma^{x+\mu t-1} + \ldots,\quad a\alpha^{x+\mu t-2} + b\beta^{x+\mu t-2} + c\gamma^{x+\mu t-2} + \ldots,\ldots$$

deviendront

$$f(x+\mu t-1),\quad f(x+\mu t-2),\ldots;$$

donc faisant ces substitutions on aura, en général,

$$y_{x,t} = \mathrm{T}f(x + \mu t) + \mathrm{T}'f(x + \mu t - 1) + \mathrm{T}''f(x + \mu t - 2) + \ldots$$

8. La détermination de la forme de la fonction $f(x + \mu t)$ dépend des valeurs de $y_{x,t}$ lorsque $t = 0$; en effet, si l'on fait $t = 0$, on a

$$\mathrm{T} = 1, \quad \mathrm{T}' = 0, \quad \mathrm{T}'' = 0, \ldots;$$

donc

$$y_{x,0} = f(x).$$

D'où il s'ensuit que l'on aura, en général,

$$y_{x,t} = \mathrm{T} y_{x+\mu t,0} + \mathrm{T}' y_{x+\mu t-1,0} + \mathrm{T}'' y_{x+\mu t-2,0} + \ldots,$$

où l'on voit que les quantités $y_{x+\mu t,0}$, $y_{x+\mu t-1,0}$,... sont contenues parmi les termes qui forment le premier rang horizontal de la Table du n° 6, pourvu qu'on suppose que la série de ce rang soit aussi continuée à gauche de cette manière

$$\ldots, \; y_{-(x+1),0}, \; y_{-x,0}, \; \ldots, \; y_{-3,0}, \; y_{-2,0}, \; y_{-1,0}, \; y_{0,0}.$$

Si donc on regarde tous ces termes comme donnés, on aura par la formule précédente la valeur d'un terme quelconque $y_{x,t}$ de la Table dont il s'agit, dans le cas où elle est supposée formée par une loi telle, que l'on ait constamment, entre quatre termes contigus ou disposés en carré, une équation de la forme (F) du n° **7**.

9. Si l'on suppose que tous les termes du premier rang horizontal, qui précèdent $y_{0,0}$, c'est-à-dire les termes de ce rang continué en arrière, soient nuls, ce qui peut avoir lieu dans un grand nombre de Problèmes, alors l'expression de $y_{x,t}$ sera toujours composée d'un nombre fini de termes, parce qu'il faudra en rejeter tous ceux où se trouvera $y_{s,0}$, s étant un nombre négatif quelconque. On aura donc dans ce cas

$$y_{x,t} = \mathrm{T} y_{x+\mu t,0} + \mathrm{T}' y_{x+\mu t-1,0} + \mathrm{T}'' y_{x+\mu t-2,0} + \ldots + \mathrm{T}^{(x+\mu t)} y_{0,0}.$$

Dans tous les autres cas la série ira à l'infini, à moins que l'on n'ait $B' = 0$ ou $C' = 0$; parce qu'alors, à cause de t égal à un nombre entier positif, la série des quantités T, T',... sera finie et n'aura que $t+1$ termes.

10. Pour montrer, par un exemple connu, l'application de la formule précédente, je prends celui de la Table de Pascal pour les combinaisons, dans laquelle on sait que chaque terme est égal à la somme de celui qui le précède dans le même rang horizontal et de celui qui est au-dessus de ce dernier dans le même rang vertical; de plus le premier rang horizontal est tout formé d'unités et le premier rang vertical est tout zéro. D'où il s'ensuit qu'on a d'abord, en général, cette équation

$$y_{x+1,t+1} = y_{x,t+1} + y_{x,t},$$

et qu'ensuite on a

$$y_{x,0} = 1, \text{ tant que } x = 0, 1, 2, \ldots,$$
$$y_{0,t} = 0, \text{ tant que } t = 1, 2, 3, \ldots.$$

Cette équation étant comparée à celle du n° 7, on a

$$A = 1, \quad B = 0, \quad B' = 1, \quad C' = -1;$$

donc

$$-\frac{A + B\alpha}{B' + C'\alpha} = \frac{1}{\alpha - 1};$$

ce qui étant élevé à la puissance t donne la série

$$\alpha^{-t} + t\alpha^{-t-1} + \frac{t(t+1)}{2}\alpha^{-t-2} + \frac{t(t+1)(t+2)}{2.3}\alpha^{-t-3} + \ldots,$$

de sorte qu'on aura dans la formule générale du numéro cité $\mu = -1$ et

$$T = 1, \quad T' = t, \quad T'' = \frac{t(t+1)}{2}, \ldots.$$

IV.

Donc, par la formule du n° 8, on aura, en général,

$$y_{x,t} = y_{x-t,0} + t y_{x-t-1,0} + \frac{t(t+1)}{2} y_{x-t-2,0} + \ldots.$$

Mais en faisant $x = 0$ on doit avoir, par l'hypothèse, $y_{0,t} = 0$, en supposant $t = 1, 2, 3,\ldots$; donc il faudra que l'on ait, en général,

$$y_{-t,0} = t y_{-t-1,0} + \frac{t(t+1)}{2} y_{-t-2,0} + \ldots,$$

quel que soit t, pourvu que ce soit un nombre entier positif; d'où il est facile de conclure que l'on doit avoir

$$y_{-1,0} = 0, \quad y_{-2,0} = 0, \ldots,$$

et, en général,

$$y_{s,0} = 0,$$

tant que s sera entier négatif, ce qui est le cas du n° 9, dans lequel nous avons vu que la série devient finie.

On aura donc, d'après la formule de ce numéro,

$$y_{x,t} = y_{x-t,0} + t y_{x-t-1,0} + \frac{t(t+1)}{2} y_{x-t-2,0} + \ldots + \frac{t(t+1)\ldots(x-1)}{1.2\ldots(x-t)} y_{0,0}.$$

Telle est l'expression générale d'un terme quelconque de la Table de Pascal, en supposant que les termes qui forment le premier rang horizontal, et qui sont représentés par $y_{0,0}, y_{1,0}, y_{2,0},\ldots$, soient quelconques. Mais dans le cas de la Table de Pascal ces termes sont tous égaux à l'unité; substituant donc l'unité à la place de ces quantités dans la formule ci-dessus, on aura

$$y_{x,t} = 1 + t + \frac{t(t+1)}{2} + \frac{t(t+1)(t+2)}{2.3} + \ldots + \frac{t(t+1)\ldots(x-1)}{1.2\ldots(x-t)},$$

ce qui se réduit, comme l'on sait, à cette expression plus simple

$$y_{x,t} = \frac{(t+1)(t+2)(t+3)\ldots x}{1.2.3\ldots(x-t)}.$$

11. Nous avons remarqué ci-dessus que la solution précédente donne, en général, une expression finie de $y_{x,t}$, lorsque $C' = 0$ ou $B' = 0$; examinons donc d'abord ces deux cas.

1° Soit $C' = 0$; alors l'équation différentielle (F) n'aura que trois termes et sera du premier ordre. Et si l'on fait, pour abréger,

$$-\frac{B}{B'} = p, \quad \frac{A}{B} = q,$$

on aura

$$-\frac{A + B\alpha}{B'} = p\alpha\left(1 + \frac{q}{\alpha}\right),$$

ce qui étant élevé à la puissance t et ensuite comparé à la formule générale $T\alpha^{\mu t} + T'\alpha^{\mu t - 1} + \ldots$, donnera

$$\mu = 1, \quad T = p^t, \quad T' = t p^t q, \quad T'' = \frac{t(t-1)}{2} p^t q^2, \ldots$$

Donc (8)

$$y_{x,t} = p^t\left[y_{x+t,0} + tq\, y_{x+t-1,0} + \frac{t(t-1)}{2} q^2 y_{x+t-2,0} + \ldots\right].$$

On voit ici non-seulement que la série est toujours finie lorsque t est un nombre entier positif, mais encore qu'elle ne contient que des quantités de la forme $y_{s,0}$, s étant positif; d'où il s'ensuit que dans ce cas il suffit que le premier rang horizontal de la Table du n° 6 soit donné, pour qu'on puisse déterminer la valeur de quelque terme que ce soit de la même Table.

2° Supposons que l'on ait $B' = 0$; l'équation différentielle n'aura aussi que trois termes, mais elle sera du second ordre. Faisant dans ce cas

$$-\frac{B}{C'} = p, \quad \frac{A}{B} = q,$$

on aura

$$-\frac{A + B\alpha}{C'\alpha} = p\left(1 + \frac{q}{\alpha}\right);$$

élevant cette quantité à la puissance t, et comparant avec la formule générale, on aura $\mu = 0$, et les valeurs de T, T′, T″,... seront les mêmes que dans le cas précédent.

Ainsi on aura

$$y_{x,t} = p^t \left[y_{x,0} + tq\, y_{x-1,0} + \frac{t(t-1)}{2} q^2 y_{x-2,0} + \cdots \right].$$

Cette expression est toujours finie tant que t est un nombre entier positif; mais, lorsque t est $> x$, elle contient nécessairement des quantités telles que $y_{s,0}$, s étant négatif. Ainsi il ne suffira pas, dans ce cas, que le premier rang horizontal de la Table du n° 6 soit donné, il faudra encore supposer donnés les termes précédents $y_{-1,0}$, $y_{-2,0}$,.... Si l'on ne connait pas ces termes, mais que l'on connaisse ceux qui forment le premier rang vertical de la Table, on pourra alors déduire ceux-là de ceux-ci de la manière suivante.

Je fais $x = 0$ et t successivement $= 1, 2, 3,\ldots$; j'aurai

$$y_{0,1} = p(y_{0,0} + q y_{-1,0}),$$
$$y_{0,2} = p^2(y_{0,0} + 2q y_{-1,0} + q^2 y_{-2,0}),$$
$$y_{0,3} = p^3(y_{0,0} + 3q y_{-1,0} + 3q^2 y_{-2,0} + q^3 y_{-3,0}),$$
$$\ldots\ldots\ldots\ldots\ldots\ldots\ldots\ldots\ldots\ldots\ldots\ldots,$$

d'où il est facile de tirer

$$q y_{-1,0} = \frac{1}{p} y_{0,1} - y_{0,0},$$
$$q^2 y_{-2,0} = \frac{1}{p^2} y_{0,2} - \frac{2}{p} y_{0,1} + y_{0,0},$$
$$q^3 y_{-3,0} = \frac{1}{p^3} y_{0,3} - \frac{3}{p^2} y_{0,2} + \frac{3}{p} y_{0,1} - y_{0,0},$$
$$\ldots\ldots\ldots\ldots\ldots\ldots\ldots\ldots\ldots\ldots,$$

et, en général,

$$q^s y_{-s,0} = \frac{1}{p^s} y_{0,s} - \frac{s}{p^{s-1}} y_{0,s-1} + \frac{s(s-1)}{2 p^{s-2}} y_{0,s-2} - \cdots.$$

Je conclus de là que, si l'on considère ces deux séries

$$y_{0,0}, \quad \frac{1}{q} y_{1,0}, \quad \frac{1}{q^2} y_{2,0}, \quad \frac{1}{q^3} y_{3,0}, \ldots,$$

$$y_{0,0}, \quad \frac{1}{p} y_{0,1}, \quad \frac{1}{p^2} y_{0,2}, \quad \frac{1}{p^3} y_{0,3}, \ldots,$$

qui sont supposées données, et qu'on dénote pour plus de simplicité les termes de la première par

$$Y, Y_1, Y_2, Y_3, \ldots,$$

et ceux de la seconde par

$$Y, Y', Y'', Y''', \ldots;$$

qu'ensuite on prenne les différences successives des termes de cette dernière, lesquelles soient dénotées par la caractéristique Δ, en sorte que l'on ait, comme on sait,

$$\Delta Y = Y' - Y,$$
$$\Delta^2 Y = Y'' - 2Y' + Y,$$
$$\Delta^3 Y = Y''' - 3Y'' + 3Y' - Y,$$
$$\ldots\ldots\ldots\ldots\ldots\ldots\ldots;$$

qu'on suppose enfin que la première suite soit continuée en arrière par les termes

$$Y_{-1}, Y_{-2}, Y_{-3}, \ldots,$$

lesquels soient respectivement égaux à

$$\Delta Y, \Delta^2 Y, \Delta^3 Y, \ldots,$$

en sorte que l'on ait, en général,

$$Y_{-s} = \Delta^s Y :$$

on aura la formule

$$y_{x,t} = (pq)^t \left[Y_x + t Y_{x-1} + \frac{t(t-1)}{2} Y_{x-2} + \frac{t(t-1)(t-2)}{2 \cdot 3} Y_{x-3} + \ldots \right],$$

dans laquelle toutes les quantités $Y_x, Y_{x-1}, \ldots$ seront connues.

12. Mais, si ni C′ ni B′ n'est égal à zéro, alors il est impossible d'avoir, en général, une expression finie pour $y_{x,t}$ par la méthode du n° 7; cependant on y peut parvenir par une autre méthode que nous allons exposer.

Je reprends l'expression de β en α (7), laquelle est

$$\beta = -\frac{A + B\alpha}{B' + C'\alpha};$$

je fais

$$B' + C'\alpha = -\omega,$$

d'où je tire

$$\alpha = -\frac{\omega + B'}{C'},$$

et substituant dans la valeur de β, il me vient

$$\beta = -\frac{B}{C'} + \left(A - \frac{BB'}{C'}\right)\frac{1}{\omega}.$$

J'aurai donc ainsi

$$\alpha = -\frac{\omega}{C'}\left(1 + \frac{B'}{\omega}\right), \quad \beta = -\frac{B}{C'}\left[1 + \left(B' - \frac{AC'}{B}\right)\frac{1}{\omega}\right].$$

Ces valeurs étant substituées dans la quantité $\alpha^x \beta^t$, réduisant ensuite cette quantité en série suivant les puissances de $\frac{1}{\omega}$, on aura une expression de la forme

$$\alpha^x \beta^t = V\omega^x + V'\omega^{x-1} + V''\omega^{x-2} + V'''\omega^{x-3} + \ldots,$$

laquelle sera toujours composée d'un nombre fini de termes, x et t étant des nombres entiers positifs.

Or, puisque ω est une constante indéterminée, il est facile de prouver, par un raisonnement semblable à celui qu'on a fait dans le n° 7 relativement à l'indéterminée α, que l'on aura, en général,

$$y_{x,t} = Vf(x) + V'f(x-1) + V''f(x-2) + V'''f(x-3) + \ldots,$$

la caractéristique f dénotant une fonction quelconque.

Telle est donc l'expression générale de $y_{x,t}$, et cette expression a sur celle du numéro cité l'avantage d'être toujours finie.

13. Supposons maintenant que les valeurs données de y soient celles qui forment le premier rang horizontal, et le premier rang vertical de la Table du n° 6, c'est-à-dire qui répondent à $t=0$ et à $x=0$; et voyons comment on doit déterminer par leur moyen les différentes valeurs de la fonction $f(x)$, $f(x-1)$,....

1° Soit donc $t=0$, et faisant pour plus de simplicité

$$-\frac{1'}{C'}=m, \quad B'=n,$$

en sorte que

$$\alpha = m\omega\left(1+\frac{n}{\omega}\right) \quad \text{et} \quad \alpha^x = m^x\left[\omega^x + xn\omega^{x-1} + \frac{x(x-1)}{2}n^2\omega^{x-2}+\cdots\right],$$

on aura

$$V=m^x, \quad V'=xnm^x, \quad V''=\frac{x(x-1)}{2}n^2m^x,\ldots;$$

donc

$$y_{x,0}=m^x\left[f(x)+xnf(x-1)+\frac{x(x-1)}{2}n^2f(x-2)+\cdots\right].$$

Supposons successivement

$$x=0, 1, 2, 3,\ldots;$$

on aura

$$y_{0,0}=f(0),$$
$$y_{1,0}=m[f(1)+nf(0)],$$
$$y_{2,0}=m^2[f(2)+2nf(1)+n^2f(0)],$$
$$y_{3,0}=m^3[f(3)+3nf(2)+3n^2f(1)+n^3f(0)],$$
$$\ldots\ldots\ldots\ldots\ldots\ldots\ldots\ldots\ldots\ldots\ldots\ldots\ldots,$$

d'où l'on tire

$$f(0) = y_{0,0},$$

$$\frac{1}{n} f(1) = \frac{1}{mn} y_{1,0} - y_{0,0},$$

$$\frac{1}{n^2} f(2) = \frac{1}{m^2 n^2} y_{2,0} - \frac{2}{mn} y_{1,0} + y_{0,0},$$

$$\frac{1}{n^3} f(3) = \frac{1}{m^3 n^3} y_{3,0} - \frac{3}{m^2 n^2} y_{2,0} + \frac{3}{mn} y_{1,0} - y_{0,0},$$

. . . .

D'où l'on peut conclure que, si l'on considère la série des termes

$$y_{0,0}, \quad \frac{1}{mn} y_{1,0}, \quad \frac{1}{m^2 n^2} y_{2,0}, \quad \frac{1}{m^3 n^3} y_{3,0}, \ldots,$$

et qu'on les désigne par Y, Y′, Y″, Y‴,…, qu'ensuite on prenne les différences successives de ces termes et qu'on les désigne à la manière ordinaire par la caractéristique Δ, on aura

$$f(0) = Y, \quad f(1) = n\,\Delta Y, \quad f(2) = n^2\,\Delta^2 Y, \quad f(3) = n^3\,\Delta^3 Y, \ldots, \quad f(s) = n^s\,\Delta^s Y.$$

2° Soit $x = 0$, et faisant, pour abréger,

$$-\frac{B}{C'} = p, \quad B' - \frac{AC'}{B} = q,$$

en sorte que

$$\beta = p\left(1 + \frac{q}{\omega}\right),$$

et par conséquent

$$\beta^t = p^t \left[1 + \frac{tq}{\omega} + \frac{t(t-1)q^2}{2\omega^2} + \frac{t(t-1)(t-2)q^3}{2.3.\omega^3} + \ldots \right],$$

on aura

$$V = p^t, \quad V' = tq\,p^t, \quad V'' = \frac{t(t-1)}{2} q^2 p^t, \ldots;$$

donc

$$y_{0,t} = p^t \left[f(0) + tq\,f(-1) + \frac{t(t-1)}{2} q^2 f(-2) + \ldots \right].$$

SUR LES SUITES RÉCURRENTES.

Faisons successivement

$$t = 0, 1, 2, 3, \ldots,$$

on aura

$$y_{0,0} = f(0)$$
$$y_{0,1} = p[f(0) + qf(-1)],$$
$$y_{0,2} = p^2[f(0) + 2qf(-1) + q^2f(-2)],$$
$$y_{0,3} = p^3[f(0) + 3qf(-1) + 3q^2f(-2) + q^3f(-3)],$$
$$\ldots\ldots\ldots\ldots\ldots\ldots\ldots\ldots\ldots\ldots\ldots\ldots\ldots,$$

d'où l'on tire

$$f(0) = y_{0,0},$$
$$qf(-1) = \frac{1}{p} y_{0,1} - y_{0,0},$$
$$q^2 f(-2) = \frac{1}{p^2} y_{0,2} - \frac{2}{p} y_{0,1} + y_{0,0},$$
$$q^3 f(-3) = \frac{1}{p^3} y_{0,3} - \frac{3}{p^2} y_{0,2} + \frac{3}{p} y_{0,1} - y_{0,0},$$
$$\ldots\ldots\ldots\ldots\ldots\ldots\ldots\ldots\ldots\ldots;$$

donc si l'on considère la série

$$y_{0,0}, \quad \frac{1}{p} y_{0,1}, \quad \frac{1}{p^2} y_{0,2}, \quad \frac{1}{p^3} y_{0,3}, \ldots,$$

et qu'on désigne les termes de cette série par $Y, {}'Y, {}''Y, {}'''Y, \ldots$, qu'ensuite on prenne les différences successives de ces termes et qu'on les désigne par la caractéristique δ, on aura

$$f(0) = Y, \quad f(-1) = \frac{\delta Y}{q}, \quad f(-2) = \frac{\delta^2 Y}{q^2}, \quad f(-3) = \frac{\delta^3 Y}{q^3}, \ldots, \quad f(-s) = \frac{\delta^s Y}{q^s}.$$

Ainsi l'on connaîtra les valeurs de $f(s)$, soit que s soit positif ou négatif; et l'on aura, en général, comme ci-dessus,

$$y_{x,t} = Vf(x) + V'f(x-1) + V''f(x-2) + \ldots$$

IV.

A l'égard des valeurs de V, V', V'',..., il est clair que pour les trouver il n'y aura qu'à multiplier ensemble les séries ci-dessus qui donnent les valeurs de α^x et de β^t; on aura par ce moyen

$$V = m^x p^t,$$
$$V' = m^x p^t (xn + tq),$$
$$V'' = m^x p^t \left[\frac{x(x-1)}{2} n^2 + xn \cdot tq + \frac{t(t-1)}{2} q^2 \right],$$
$$V''' = m^x p^t \left[\frac{x(x-1)(x-2)}{2 \cdot 3} n^3 + \frac{x(x-1)}{2} n^2 \cdot tq \right.$$
$$\left. + xn \cdot \frac{t(t-1)}{2} q^2 + \frac{t(t-1)(t-2)}{2 \cdot 3} q^3 \right],$$

$$\dots\dots\dots\dots\dots\dots\dots\dots\dots\dots$$

Et si $q = n$, ce qui a lieu lorsque A = o, on aura plus simplement

$$V = m^x p^t,$$
$$V' = m^x p^t (x + t) n,$$
$$V'' = m^x p^t \frac{(x+t)(x+t-1)}{2} n^2,$$
$$V''' = m^x p^t \frac{(x+t)(x+t-1)(x+t-2)}{2 \cdot 3} n^3,$$

$$\dots\dots\dots\dots\dots\dots\dots\dots\dots\dots$$

Le Problème est donc résolu avec toute la simplicité et la généralité qu'on peut désirer.

14. Dans l'Exemple du n° 10 on a

$$A = 1, \quad B = 0, \quad B' = 1, \quad C' = -1;$$

donc

$$m = 1, \quad n = 1, \quad p = 0, \quad q = \infty \quad \text{et} \quad pq = 1.$$

Donc on trouvera (à cause de $p = 0$, $q = \infty$ et $pq = 1$)

$$V = 0, \quad V' = 0, \quad V'' = 0, \dots, \quad V^{(t-1)} = 0,$$

$$V^{(t)} = m^x, \quad V^{(t+1)} = m^x xn, \quad V^{(t+2)} = m^x \frac{x(x-1)}{2} n^2, \quad V^{(t+3)} = m^x \frac{x(x-1)(x-2)}{2 \cdot 3} n^3, \dots$$

SUR LES SUITES RÉCURRENTES. 179

Ensuite la série Y, Y', Y",... deviendra $y_{0,0}$, $y_{1,0}$, $y_{2,0}$,..., de sorte qu'on aura, en général,
$$f(s) = \Delta^s y_{0,0},$$
s étant un nombre positif. Enfin, à cause de $p = 0$, $q = \infty$ et $pq = 1$, on trouvera
$$f(0) = y_{0,0}, \quad f(-1) = -y_{0,1}, \quad f(-2) = y_{0,2}, \ldots, \quad f(-s) = \pm y_{0,s};$$
le signe supérieur étant pour le cas de s pair, et l'inférieur pour celui de s impair.

Substituant donc ces valeurs dans l'expression générale de $y_{x,t}$, on aura

$$= m^x \left\{ \begin{array}{l} \Delta^{x-t} y_{0,0} + x \Delta^{x-t-1} y_{0,0} + \dfrac{x(x-1)}{2} \Delta^{x-t-2} y_{0,0} + \ldots + \dfrac{x(x-1)(x-2)\ldots(t+1)}{1.2.3\ldots(x-t)} y_{0,0} \\ - \dfrac{x(x-1)(x-2)\ldots t}{1.2.3\ldots(x-t+1)} y_{0,1} + \dfrac{x(x-1)\ldots(t-1)}{1.2\ldots(x-t+2)} y_{0,2} - \dfrac{x(x-1)\ldots(t-2)}{1.2\ldots(x-t+3)} y_{0,3} + \ldots \end{array} \right\},$$

où les différences $\Delta y_{0,0}$, $\Delta^2 y_{0,0}$,... se rapportent uniquement aux termes du premier rang horizontal $y_{0,0}$, $y_{1,0}$, $y_{2,0}$,..., en sorte que
$$\Delta y_{0,0} = y_{1,0} - y_{0,0}, \quad \Delta^2 y_{0,0} = y_{2,0} - 2y_{1,0} + y_{0,0}, \ldots.$$

Par le moyen de cette formule on peut donc avoir la valeur d'un terme quelconque de la Table de Pascal, en supposant que dans cette Table le premier rang horizontal et le premier rang vertical soient quelconques.

Dans la Table même de Pascal, le premier rang horizontal est tout formé d'unités, et le premier rang vertical est tout zéro à l'exception du premier terme, en sorte que l'on a
$$y_{0,0} = 1, \quad y_{1,0} = 1, \quad y_{2,0} = 1 \ldots,$$
$$y_{0,1} = 0, \quad y_{0,2} = 0, \ldots;$$
donc
$$\Delta y_{0,0} = 0, \quad \Delta^2 y_{0,0} = 0, \ldots.$$

Ainsi la formule précédente deviendra dans ce cas

$$y_{x,t} = \frac{x(x-1)(x-2)\ldots(t+1)}{1.2.3\ldots(x-t)};$$

ce qui s'accorde avec ce que l'on a trouvé à la fin du n° 10.

15. Soit proposée maintenant l'équation générale du second ordre

(G) $\quad\left\{\begin{array}{l} A y_{x,t} + B y_{x+1,t} + C y_{x+2,t} \\ \quad + B' y_{x,t+1} + C' y_{x+1,t+1} \\ \quad\quad + C'' y_{x,t+2} \end{array}\right\} = 0.$

Je fais, comme ci-dessus,

$$y_{x,t} = a \alpha^x \beta^t;$$

substituant et divisant ensuite tous les termes par $a\alpha^x\beta^t$, il me vient cette équation en α et β

(H) $\quad A + B\alpha + B'\beta + C\alpha^2 + C'\alpha\beta + C''\beta^2 = 0,$

par laquelle on pourra déterminer β en α.

Je cherche donc par la méthode connue de Newton la valeur de β en α exprimée par une série descendante, c'est-à-dire dans laquelle les exposants de α aillent en diminuant. J'élève ensuite cette série à la puissance t au moyen des formules connues pour cet objet; j'obtiens par là une valeur de β^t en α de la forme suivante

$$\beta^t = T\alpha^{\mu t} + T'\alpha^{\mu t - \mu'} + T''\alpha^{\mu t - \mu''} + T'''\alpha^{\mu t - \mu'''} + \ldots,$$

où les nombres μ', μ'', μ''', ... seront nécessairement tous positifs et croissants.

Donc, substituant cette valeur de β^t, on aura cette expression particulière de $y_{x,t}$, savoir

$$y_{x,t} = T a \alpha^{x+\mu t} + T' a \alpha^{x+\mu t - \mu'} + T'' a \alpha^{x+\mu t - \mu''} + \ldots,$$

dans laquelle a et α seront des constantes indéterminées.

De là, par un raisonnement semblable à celui du n° 7, on tirera immédiatement l'expression générale

$$y_{x,t} = \mathrm{T} f(x + \mu t) + \mathrm{T}' f(x + \mu t - \mu') + \mathrm{T}'' f(x + \mu t - \mu'') + \ldots,$$

la caractéristique f dénotant une fonction quelconque indéterminée.

Or, tant que C'' ne sera pas nul, l'équation en β montera au second degré et aura par conséquent deux racines; on aura donc pour β, et par conséquent aussi pour β^t, deux séries différentes; donc, si l'autre valeur de β^t est représentée par la série

$$\beta^t = \mathrm{U} \alpha^{\nu t} + \mathrm{U}' \alpha^{\nu t - \nu'} + \mathrm{U}'' \alpha^{\nu t - \nu''} + \mathrm{U}''' \alpha^{\nu t - \nu'''} + \ldots,$$

les nombres ν', ν'', ν''',... étant aussi positifs et croissants, on en tirera pareillement une valeur de $y_{x,t}$, qui sera

$$y_{x,t} = \mathrm{U} \varphi(x + \nu t) + \mathrm{U}' \varphi(x + \nu t - \nu') + \mathrm{U}'' \varphi(x + \nu t - \nu'') + \ldots,$$

la caractéristique φ désignant aussi une fonction quelconque indéterminée.

Réunissant maintenant ces deux valeurs de $y_{x,t}$, on aura, en général,

$$\begin{aligned}y_{x,t} = &\,\mathrm{T} f(x + \mu t) + \mathrm{T}' f(x + \mu t - \mu') + \mathrm{T}'' f(x + \mu t - \mu'') + \ldots \\ &+ \mathrm{U} \varphi(x + \nu t) + \mathrm{U}' \varphi(x + \nu t - \nu') + \mathrm{U}'' \varphi(x + \nu t - \nu'') + \ldots,\end{aligned}$$

expression qui est nécessairement l'intégrale complète de la proposée, puisqu'elle contient deux fonctions indéterminées.

16. Il est clair que cette expression de $y_{x,t}$ sera toujours composée d'un nombre infini de termes, à moins que les deux valeurs de β en α ne soient finies; ce qui n'a lieu que lorsque l'équation (H) peut se décomposer en deux équations du premier degré. Dans ce cas on aura pour $y_{x,t}$ une expression finie, et par conséquent on aura l'intégrale finie de l'équation différentielle proposée. Mais il peut arriver dans ce même cas que les deux valeurs de β en α soient égales; ce qui donnera

$$\mathrm{U} = \mathrm{T}, \quad \mathrm{U}' = \mathrm{T}', \ldots,$$
$$\nu = \mu, \quad \nu' = \mu', \ldots,$$

en sorte que les deux fonctions arbitraires se fondront en une seule; ce qui rendra la valeur de $y_{x,t}$ incomplète.

Pour remédier à cet inconvénient on supposera, suivant la méthode usitée dans ces sortes de cas, que les deux valeurs de β diffèrent entre elles d'une quantité très-petite, c'est-à-dire qu'on prendra pour la seconde valeur de β, $\beta + d\beta$; ce qui donnera pour la seconde valeur de β^t, $\beta^t + t\beta^{t-1}d\beta$, où il faut remarquer que la différentielle $d\beta$ demeure indéterminée, parce qu'en différentiant l'équation (H) il arrivera nécessairement que les quantités par lesquelles les deux différentielles $d\alpha$ et $d\beta$ se trouveront multipliées, seront nulles à la fois. De là il est aisé de conclure que si l'on dénote par $,T, ,T', ,T'', ,T''',\ldots$ les valeurs de $T, T', T'', T''',\ldots$ qui répondent à $t-1$, c'est-à-dire qui résultent de la substitution de $t-1$ à la place de t, on aura pour $y_{x,t}$ cette autre expression

$$y_{x,t} = T f(x + \mu t) + T' f(x + \mu t - \mu') + T'' f(x + \mu t - \mu'') + \ldots$$
$$+ t\, ,T\, F[x + \mu(t-1)] + t\, ,T'\, F[x + \mu(t-1) - \mu'] + t\, ,T''\, F[x + \mu(t-1) - \mu''] + \ldots,$$

dans laquelle les caractéristiques f et F dénotent des fonctions quelconques.

17. Pour déterminer maintenant les fonctions arbitraires, on supposera que les deux premiers rangs horizontaux de la Table du n° 6 soient donnés, c'est-à-dire qu'on connaisse toutes les valeurs de $y_{x,0}$ et de $y_{x,1}$; on fera donc 1° $t = 0$, et, comme dans ce cas on a

$$T = 1, \quad T' = 0, \quad T'' = 0, \ldots,$$

et de même

$$U = 1, \quad U' = 0, \quad U'' = 0, \ldots,$$

la formule du n° 15 donnera

$$y_{x,0} = f(x) + \varphi(x);$$

on fera 2° $t = 1$, et, dénotant par $\vartheta, \vartheta', \vartheta'', \ldots, \upsilon, \upsilon', \upsilon'', \ldots$ les valeurs

SUR LES SUITES RÉCURRENTES.

de T, T', T'',..., U, U', U'',... qui répondent à $t=1$, la même formule donnera

$$y_{x,1} = \theta f(x+\mu) + \theta' f(x+\mu-\mu') + \theta'' f(x+\mu-\mu'') + \ldots$$
$$+ \upsilon \varphi(x+\nu) + \upsilon' \varphi(x+\nu-\nu') + \upsilon'' \varphi(x+\nu-\nu'') + \ldots;$$

ainsi l'on aura deux équations, à l'aide desquelles, en donnant successivement à x toutes les valeurs 0, 1, 2, 3,..., on pourra déterminer celles des fonctions $f(x)$ et $\varphi(x)$; mais il est clair que cette détermination sera très-difficile, en général, à moins que l'expression de $y_{x,1}$ ne soit finie, ce qui n'arrivera que lorsque la valeur de β en α est finie.

Si les deux valeurs de β sont égales, la détermination des fonctions $f(x)$ et $F(x)$ de la formule du n° 16 sera très-facile; car en faisant $t=0$ on aura d'abord

$$y_{x,0} = f(x);$$

et faisant ensuite $t=1$, on aura

$$_{,}T = 1, \quad _{,}T' = 0, \quad _{,}T'' = 0, \ldots,$$

donc

$$y_{x,1} = \theta f(x+\mu-\mu') + \theta' f(x+\mu-\mu') + \ldots + F(x);$$

de sorte qu'on connaitra immédiatement par là les valeurs générales des deux fonctions.

18. Au reste, quoique l'expression de $y_{x,t}$ trouvée par la méthode précédente soit, en général, composée d'un nombre infini de termes, il y a cependant un cas très-étendu, et qui a lieu dans la plupart des questions qui conduisent à ces sortes d'équations différentielles, dans lequel cette expression devient finie; en sorte que la détermination des fonctions arbitraires n'a plus de difficulté. Ce cas est celui où l'on suppose que si l'on continue en arrière les deux premiers rangs horizontaux de la Table du n° 6, tous les termes qui formeraient ces rangs ainsi continués soient nuls; c'est-à-dire lorsque l'on aura, en général,

$$y_{x,0} = 0, \quad y_{x,1} = 0,$$

tant que x sera négatif.

En effet, il est aisé de voir qu'on aura alors

$$f(-s) = 0 \quad \text{et} \quad \varphi(-s) = 0,$$

tant que s sera plus grand que μ et ν; de sorte que comme les nombres qui sont après les caractéristiques f et φ dans l'expression générale de $y_{x,t}$ vont continuellement en diminuant, les fonctions de ces nombres deviendront enfin nulles, ce qui rendra l'expression dont il s'agit finie.

Il est facile maintenant d'appliquer aux équations différentielles de tous les ordres, comprises sous la formule générale du n° 6, la méthode que nous venons d'exposer pour les équations du second ordre, et d'en tirer des conclusions semblables; ainsi nous ne nous étendrons pas davantage sur cette méthode.

19. Dans le cas des équations du second ordre à trois termes nous avons trouvé moyen de remédier à l'inconvénient de la méthode générale, et d'obtenir une expression finie de $y_{x,t}$ (12); en considérant l'artifice qu'on a employé dans l'endroit cité, et qui consiste à exprimer les deux quantités α et β par une troisième indéterminée ω, d'une manière finie, on se convaincra aisément qu'il peut aussi servir pour toutes les équations du second ordre, comme on va le voir.

Je reprends donc l'équation (H) du n° **15**, et je fais d'abord évanouir les termes où les indéterminées sont à la première dimension, en supposant

$$\alpha = m + \varepsilon, \quad \beta = n + \theta,$$

et prenant m et n tels que l'on ait

$$B + 2Cm + C'n = 0, \quad B' + 2C''n + C'm = 0,$$

ce qui donne

$$m = \frac{2BC'' - B'C'}{C'^2 - 4CC''}, \quad n = \frac{2B'C - BC'}{C'^2 - 4CC''};$$

moyennant quoi si l'on fait, pour abréger,

$$K = A + Bm + B'n + Cm^2 + C'mn + C''n^2,$$

on a cette transformée en ε et θ

$$C\varepsilon^2 + C'\varepsilon\theta + C''\theta^2 + K = 0,$$

laquelle étant multipliée par C peut se mettre sous cette forme

$$(C\varepsilon + h\theta)(C\varepsilon + l\theta) + CK = 0,$$

en supposant

$$h = \frac{C'}{2} + \sqrt{\frac{C'^2}{4} - CC''}, \quad l = \frac{C'}{2} - \sqrt{\frac{C'^2}{4} - CC''}.$$

Je fais maintenant
$$C\varepsilon + h\theta = \omega,$$

j'aurai
$$C\varepsilon + l\theta = -\frac{CK}{\omega} \; (*),$$

d'où je tire sur-le-champ

$$\varepsilon = \frac{l\omega + \dfrac{hCK}{\omega}}{C(l-h)}, \quad \theta = \frac{\omega + \dfrac{CK}{\omega}}{h-l};$$

donc enfin

$$\alpha = m + \frac{l\omega + \dfrac{hCK}{\omega}}{C(l-h)}, \quad \beta = n + \frac{\omega + \dfrac{CK}{\omega}}{h-l}.$$

Ainsi les deux indéterminées α et β sont exprimées par une troisième indéterminée ω d'une manière finie et sans fraction complexe, de sorte que la valeur de $\alpha^x \beta^t$ sera toujours finie tant que x et t seront entiers positifs.

Et il est à remarquer à l'égard des expressions précédentes que l'ambiguïté du radical qui entre dans les valeurs de h et de l n'influe point sur la forme de ces expressions; car en changeant le signe de ce radical on ne fait que changer h en l et *vice versâ*; or en faisant ce changement et mettant en même temps $-\dfrac{CK}{\eta}$ à la place de ω, et par conséquent η à

(*) Dans le texte primitif le second membre de cette formule a le signe $+$, ce qui a pour effet de changer K en $-$K dans les expressions de α et de β. Nous avons cru devoir rétablir l'exactitude des formules. (*Note de l'Éditeur.*)

la place de $-\dfrac{CK}{\omega}$, on verra que les nouvelles expressions de α et β en η seront les mêmes que les premières en ω.

Cela posé, si l'on fait, pour abréger davantage,

$$p = \frac{l}{C(l-h)}, \quad q = \frac{hK}{l-h}, \quad r = \frac{1}{h-l}, \quad s = \frac{CK}{h-l},$$

on aura

$$\alpha = m + p\omega + \frac{q}{\omega}, \quad \beta = n + r\omega + \frac{s}{\omega},$$

par conséquent

$$\alpha^x \beta^t = \left(m + p\omega + \frac{q}{\omega}\right)^x \left(n + r\omega + \frac{s}{\omega}\right)^t.$$

Cette expression de $\alpha^x \beta^t$, étant développée et ordonnée suivant les puissances de ω, se réduira à une série finie de la forme

$$V + V'\omega + V''\omega^2 + V'''\omega^3 + \ldots + V^{(x+t)} \omega^{x+t}$$
$$+ \frac{'V}{\omega} + \frac{''V}{\omega^2} + \frac{'''V}{\omega^3} + \ldots + \frac{^{(x+t)}V}{\omega^{x+t}},$$

où les coefficients $V, V', V'', \ldots, {'V}, {''V}, {'''V}, \ldots$ seront des fonctions de x et t, qu'on peut déterminer par différents moyens d'après les méthodes connues.

Donc comme ω est une quantité absolument arbitraire, on en pourra conclure immédiatement par des raisonnements analogues à ceux que nous avons faits plus haut (7) l'expression générale de $y_{x,t}$, laquelle sera

$$y_{x,t} = Vf(0) + V'f(1) + V''f(2) + V'''f(3) + \ldots + V^{(x+t)}f(x+t)$$
$$+ {'V}f(-1) + {''V}f(-2) + {'''V}f(-3) + \ldots + {^{(x+t)}V}f(-x-t),$$

la caractéristique f dénotant une fonction arbitraire.

20. Pour déterminer cette fonction, ou du moins ses différentes valeurs particulières qui entrent dans l'expression précédente, nous supposerons que dans la Table du n° 6 le premier rang horizontal et le

SUR LES SUITES RÉCURRENTES.

premier rang vertical soient donnés, en sorte qu'on connaisse toutes les valeurs de $y_{x,0}$ et de $y_{0,t}$. On supposera donc d'abord $t=0$ et x successivement $0, 1, 2, 3,\ldots$; ensuite $x=0$ et t successivement $0, 1, 2, 3,\ldots$; on aura par ce moyen les équations nécessaires pour déterminer les valeurs de $f(0), f(1), f(-1), \ldots$. Mais comme en s'y prenant ainsi l'on tombe dans des formules assez compliquées, je vais donner une autre manière de parvenir plus aisément au but.

21. Pour cela je remarque d'abord que comme

$$p\omega + \frac{q}{\omega} = \varepsilon, \quad r\omega + \frac{s}{\omega} = \theta,$$

on aura, par les formules connues,

$$p\omega + \frac{q}{\omega} = \varepsilon, \quad p^2\omega^2 + \frac{q^2}{\omega^2} = \varepsilon^2 - 2pq, \quad p^3\omega^3 + \frac{q^3}{\omega^3} = \varepsilon^3 - 3pq\varepsilon, \ldots,$$

et, en général,

$$p^\lambda \omega^\lambda + \frac{q^\lambda}{\omega^\lambda} = \varepsilon^\lambda - \lambda pq\varepsilon^{\lambda-2} + \frac{\lambda(\lambda-3)}{2} p^2 q^2 \varepsilon^{\lambda-4} - \frac{\lambda(\lambda-4)(\lambda-5)}{2.3} p^3 q^3 \varepsilon^{\lambda-6} + \ldots,$$

et de même l'on aura

$$r^\lambda \omega^\lambda + \frac{s^\lambda}{\omega^\lambda} = \theta^\lambda - \lambda rs\theta^{\lambda-2} + \frac{\lambda(\lambda-3)}{2} r^2 s^2 \theta^{\lambda-4} - \frac{\lambda(\lambda-4)(\lambda-5)}{2.3} r^3 s^3 \theta^{\lambda-6} + \ldots,$$

d'où l'on tire

$$\omega^\lambda = \frac{(s^\lambda \varepsilon^\lambda - q^\lambda \theta^\lambda) - \lambda(pq\, s^\lambda \varepsilon^{\lambda-2} - rs\, q^\lambda \theta^{\lambda-2}) + \ldots}{p^\lambda s^\lambda - q^\lambda r^\lambda},$$

$$\frac{1}{\omega^\lambda} = \frac{(r^\lambda \varepsilon^\lambda - p^\lambda \theta^\lambda) - \lambda(pq\, r^\lambda \varepsilon^{\lambda-2} - rs\, p^\lambda \theta^{\lambda-2}) + \ldots}{q^\lambda r^\lambda - p^\lambda s^\lambda}.$$

Si l'on substitue ces valeurs dans la série

$$V + V'\omega + \frac{{}^{\prime}V}{\omega} + V''\omega^2 + \frac{{}^{\prime\prime}V}{\omega^2} + \ldots,$$

il est visible qu'on aura une transformée de cette forme

$$Z + Z'\varepsilon + Z''\varepsilon^2 + Z'''\varepsilon^3 + \ldots + Z^{(x+t)}\varepsilon^{x+t}$$
$$+ {}'Z\theta + {}''Z\theta^2 + {}'''Z\theta^3 + \ldots + {}^{(x+t)}Z\theta^{x+t},$$

laquelle sera par conséquent égale et identique à la quantité

$$\alpha^x \beta^t = (m+\varepsilon)^x (n+\theta)^t,$$

en supposant qu'il y ait entre ε et θ (**19**) l'équation

$$C\varepsilon^2 + C'\varepsilon\theta + C''\theta^2 + K = 0.$$

Maintenant comme ε et θ sont deux différentes fonctions de l'indéterminée ω, on en peut conclure sur-le-champ, par un raisonnement analogue à celui du n° 7, cette expression générale de $y_{x,t}$, savoir

$$y_{x,t} = ZF(0) + Z'F(1) + Z''F(2) + \ldots + Z^{(x+t)} F(x+t)$$
$$+ {}'Z\varphi(1) + {}''Z\varphi(2) + \ldots + {}^{(x+t)}Z\varphi(x+t),$$

où les caractéristiques F et φ dénotent des fonctions quelconques.

22. Qu'on suppose maintenant, pour déterminer ces fonctions, $t = 0$ et ensuite $x = 0$, on aura :

1° Lorsque $t = 0$,

$$(m+\varepsilon)^x (n+\theta)^t = (m+\varepsilon)^x = m^x + x m^{x-1}\varepsilon + \frac{x(x-1)}{2} m^{x-2} \varepsilon^2 + \ldots;$$

donc

$$Z = m^x, \quad Z' = x m^{x-1}, \quad Z'' = \frac{x(x-1)}{2} m^{x-2}, \ldots,$$

$$'Z = 0, \quad ''Z = 0, \ldots,$$

donc

$$y_{x,0} = m^x \left[F(0) + x \frac{F(1)}{m} + \frac{x(x-1)}{2} \frac{F(2)}{m^2} + \ldots \right],$$

d'où en faisant successivement $x = 0, 1, 2, \ldots$, on tirera aisément les valeurs de $F(0), F(1), F(2), \ldots$. Et par la méthode du n° 13 on trouvera

SUR LES SUITES RÉCURRENTES.

que si l'on désigne la série des quantités

$$y_{0,0}, \quad \frac{1}{m} y_{1,0}, \quad \frac{1}{m^2} y_{2,0}, \quad \frac{1}{m^3} y_{3,0}, \ldots$$

par $Y, Y', Y'', \ldots$, et qu'on dénote par $\Delta, \Delta^2, \ldots$ les différences successives des termes de cette série, on aura, en général,

$$F(\mu) = m^\mu \Delta^\mu Y.$$

2° Lorsque $x = 0$,

$$(m+\varepsilon)^x (n+\theta)^t = (n+\theta)^t = n^t + t n^{t-1} \theta + \frac{t(t-1)}{2} n^{t-2} \theta^2 + \ldots;$$

donc

$$Z = n^t, \quad 'Z = t n^{t-1}, \quad ''Z = \frac{t(t-1)}{2} n^{t-2}, \ldots,$$

$$Z' = 0, \quad Z'' = 0, \ldots,$$

donc

$$y_{0,t} = n^t \left[\varphi(0) + t \frac{\varphi(1)}{n} + \frac{t(t-1)}{2} \frac{\varphi(2)}{n^2} + \ldots \right],$$

en supposant $\varphi(0) = F(0)$.

De là on trouvera, comme ci-devant, que si l'on considère la série

$$y_{0,0}, \quad \frac{1}{n} y_{0,1}, \quad \frac{1}{n^2} y_{0,2}, \quad \frac{1}{n^3} y_{0,3}, \ldots,$$

et qu'on en désigne les termes par $Y, 'Y, ''Y, '''Y, \ldots$, qu'on dénote ensuite par $\delta, \delta^2, \ldots$ les différences successives de ces termes, on trouvera, dis-je, en général,

$$\varphi(\nu) = n^\nu \delta^\nu Y.$$

Or en faisant $\mu = 0$, $\nu = 0$, on a

$$F(0) = Y = \varphi(0),$$

comme cela doit être par l'hypothèse.

Donc si l'on substitue ces valeurs dans l'expression de $y_{x,t}$ du numéro précédent, on aura

$$y_{x,t} = ZY + mZ'\Delta Y + m^2 Z''\Delta^2 Y + \ldots + m^{x+t} Z^{(x+t)} \Delta^{x+t} Y$$
$$+ n\,'Z\,\partial Y + n^2\,''Z\,\partial^2 Y + \ldots + n^{x+t}\,{}^{(x+t)}Z\,\partial^{x+t}Y,$$

formule par laquelle on pourra connaître un terme quelconque de la Table du n° 6, dès qu'on connaîtra ceux des deux premiers rangs, l'un horizontal, l'autre vertical.

23. Si maintenant on compare ensemble les deux expressions de $y_{x,t}$ des n°s 19 et 21, il sera facile d'en conclure les valeurs de la fonction f par celles des fonctions F et φ; et il n'est pas difficile de voir qu'on aura, en général, entre

$$f(\lambda),\ f(-\lambda),\ F(\lambda),\ F(\lambda-2),\ldots,\ \varphi(\lambda),\ \varphi(\lambda-2),\ldots$$

les mêmes relations qu'entre

$$\omega^\lambda,\ \frac{1}{\omega^\lambda},\ \varepsilon^\lambda,\ \varepsilon^{\lambda-2},\ldots,\ \theta^\lambda,\ \theta^{\lambda-2},\ldots$$

De sorte que si l'on substitue les valeurs des fonctions F et φ trouvées ci-dessus, et qu'on fasse, pour abréger,

$$p^\lambda s^\lambda - q^\lambda r^\lambda = \frac{1}{\Lambda},$$

on aura, λ étant positif,

$$f(\lambda) = \Lambda s^\lambda m^\lambda \left[\Delta^\lambda Y - \lambda \frac{pq}{m^2}\Delta^{\lambda-2}Y + \frac{\lambda(\lambda-3)}{2}\frac{p^2 q^2}{m^4}\Delta^{\lambda-4}Y - \ldots\right]$$
$$+ \Lambda q^\lambda n^\lambda \left[\partial^\lambda Y - \lambda \frac{rs}{n^2}\partial^{\lambda-2}Y + \frac{\lambda(\lambda-3)}{2}\frac{r^2 s^2}{n^4}\partial^{\lambda-4}Y - \ldots\right],$$

$$f(-\lambda) = \Lambda p^\lambda n^\lambda \left[\partial^\lambda Y - \lambda \frac{rs}{n^2}\partial^{\lambda-2}Y + \frac{\lambda(\lambda-3)}{2}\frac{r^2 s^2}{n^4}\partial^{\lambda-4}Y - \ldots\right]$$
$$- \Lambda r^\lambda m^\lambda \left[\Delta^\lambda Y - \lambda \frac{pq}{m^2}\Delta^{\lambda-2}Y + \frac{\lambda(\lambda-3)}{2}\frac{p^2 q^2}{m^4}\Delta^{\lambda-4}Y - \ldots\right];$$

ce sont les valeurs de la fonction f qui résulteraient des équations du n° 20, comme il est facile de s'en convaincre par le calcul; ainsi il n'y aura qu'à substituer ces valeurs dans la formule du n° 19.

24. La méthode par laquelle nous venons d'intégrer d'une manière finie et complète toutes les équations différentielles du second ordre entre trois variables pourrait s'étendre aussi aux équations des ordres supérieurs si, dans une équation quelconque à deux indéterminées, il était toujours possible d'exprimer chacune de ces indéterminées par une fonction rationnelle finie et sans fraction complexe d'une troisième indéterminée; mais comme cela n'a lieu, pour les équations qui passent le second degré, que dans des cas particuliers, on doit regarder la méthode précédente comme bornée aux équations différentielles du premier et du second ordre.

Pour suppléer à ce défaut, nous allons donner dans l'Article suivant une autre méthode qui s'étendra aux équations de tous les ordres, et qui joindra à l'avantage de donner toujours des intégrales finies, celui de rendre la détermination des fonctions arbitraires très-facile dans tous les cas.

ARTICLE III. — *Où l'on donne une méthode générale pour l'intégration des équations linéaires aux différences finies entre trois variables.*

25. Considérons l'équation différentielle du $n^{ième}$ degré du n° 6, et faisons, en général,
$$y_{x,t} = a\alpha^x \beta^t;$$
il est facile de voir qu'après les substitutions et la division par $a\alpha^x\beta^t$, il viendra cette équation du $n^{ième}$ degré en α et β

(1)
$$\left\{ \begin{array}{l} A + B\alpha + C\alpha^2 + \ldots + N\alpha^n \\ + B'\beta + C'\alpha\beta + \ldots + N'\alpha^{n-1}\beta \\ + C''\beta^2 + \ldots + N''\alpha^{n-2}\beta^2 \\ \ldots\ldots\ldots\ldots\ldots\ldots\ldots\ldots \\ + N^{(n)}\beta^n \end{array} \right\} = 0,$$

par laquelle il faudra déterminer β en α ou *vice versâ*.

Je remarque maintenant qu'on ne peut exprimer, en général, β en puissances de α que par une série infinie, ce qui donnera, comme on l'a vu dans l'Article II, une expression de $y_{x,t}$ en série infinie; mais comme on n'a pas besoin de la valeur de β, mais seulement de celle de β^t, où t est censé plus grand que n, j'observe qu'on peut réduire cette valeur à une série rationnelle et finie de termes ordonnés suivant les puissances de α, pourvu qu'on y admette aussi les puissances de β inférieures à β^n; car il est visible que si l'on prend la valeur de β^n donnée par l'équation précédente, et qu'on la substitue autant qu'il est possible dans la valeur de β^t, qu'ensuite dans les termes résultant de cette première substitution, on substitue de nouveau autant qu'il est possible la même valeur de β^n, et ainsi de suite jusqu'à ce qu'on ait rabaissé les puissances de β au-dessous de β^n; il est visible, dis-je, qu'on parviendra à une formule de cette forme

$$(K) \begin{cases} \beta^t = T + T'\alpha + T''\alpha^2 + T'''\alpha^3 + \ldots + T^{(t)}\alpha^t \\ + {}_,T\beta + {}_,T'\alpha\beta + {}_,T''\alpha^2\beta + \ldots + {}_,T^{(t-1)}\alpha^{t-1}\beta \\ + {}_,T\beta^2 + {}_,T'\alpha\beta^2 + \ldots + {}_,T^{(t-2)}\alpha^{t-2}\beta^2 \\ \cdots\cdots\cdots\cdots\cdots\cdots\cdots\cdots\cdots\cdots \\ + {}_{(n-1)}T\beta^{n-1} + \ldots + {}_{(n-1)}T^{(t-n+1)}\alpha^{t-n+1}\beta^{n-1}, \end{cases}$$

où les coefficients $T, T', T'', \ldots, {}_,T, {}_,T', \ldots$ seront des fonctions rationnelles données de t et des coefficients $A, B, B', \ldots$ de l'équation en α et β.

26. Multipliant donc cette expression de β^t par $a\alpha^x$, on aura une valeur particulière de $y_{x,t}$ dans laquelle les deux constantes a et α seront à volonté; et comme l'équation différentielle proposée est linéaire et ne contient aucun terme sans y, il est visible qu'on pourra aussi prendre pour $y_{x,t}$ la somme d'autant de pareilles valeurs particulières qu'on voudra, en supposant que les quantités a et α soient différentes dans chacune de ces valeurs.

De là et de ce que les quantités $\beta, \beta^2, \beta^3, \ldots$ jusqu'à β^{n-1} sont nécessairement des fonctions irrationnelles de α, irréductibles entre elles, il est aisé de conclure par un raisonnement analogue à celui qu'on a employé dans le n° 7 que l'on aura, en général,

$$y_{x,t} = \mathrm{T} f(x) + \mathrm{T}' f(x+1) + \mathrm{T}'' f(x+2) + \mathrm{T}''' f(x+3) + \ldots + \mathrm{T}^{(t)} f(x+t)$$
$$+ {}_{,}\mathrm{T}\, {}^{1}f(x) + {}_{,}\mathrm{T}'\, {}^{1}f(x+1) + {}_{,}\mathrm{T}''\, {}^{1}f(x+2) + \ldots + {}_{,}\mathrm{T}^{(t-1)}\, {}^{1}f(x+t-1)$$
$$+ {}_{,,}\mathrm{T}\, {}^{2}f(x) + {}_{,,}\mathrm{T}'\, {}^{2}f(x+1) + \ldots + {}_{,,}\mathrm{T}^{(t-2)}\, {}^{2}f(x+t-2)$$
$$\ldots\ldots\ldots\ldots\ldots\ldots\ldots\ldots\ldots\ldots\ldots\ldots\ldots\ldots\ldots\ldots\ldots$$
$$+ {}_{(n-1)}\mathrm{T}\, {}^{n-1}f(x) + \ldots + {}_{(n-1)}\mathrm{T}^{(t-n+1)}\, {}^{n-1}f(x+t-n+1),$$

où les caractéristiques f, ${}^{1}f$, ${}^{2}f, \ldots, {}^{n-1}f$ dénotent des fonctions arbitraires quelconques indépendantes entre elles; de sorte que comme le nombre de ces différentes fonctions est n, et par conséquent égal à l'exposant de l'ordre de l'équation différentielle proposée, on doit regarder l'expression précédente comme l'intégrale complète de cette même équation.

27. Pour déterminer maintenant les valeurs de ces différentes fonctions, je suppose que les n premiers rangs horizontaux de la Table du n° 6 soient donnés, en sorte qu'on connaisse toutes les différentes valeurs de $y_{x,0}, y_{x,1}, y_{x,2}, \ldots, y_{x,n-1}$, c'est-à-dire toutes les valeurs de $y_{x,t}$ qui répondent à $t = 0, 1, 2, \ldots, n-1$.

Or faisant $t = 0$ on a $\beta^t = 1$; donc dans la formule (K) du n° **25** on aura
$$\mathrm{T} = 1, \quad \mathrm{T}' = 0, \ldots, \quad {}_{,}\mathrm{T} = 0, \ldots, \ldots;$$

faisant $t = 1$ on a $\beta^t = \beta$; donc
$$ {}_{,}\mathrm{T} = 1, \quad \text{et tous les autres coefficients nuls};$$

faisant $t = 2$ on a $\beta^t = \beta^2$; donc
$$ {}_{,,}\mathrm{T} = 2, \quad \text{et les autres coefficients nuls};$$

et ainsi de suite.

Donc : si l'on fait $t = 0$, on aura dans la formule du n° 26
$$y_{x,0} = f(x);$$

si l'on fait $t = 1$, on aura
$$y_{x,1} = {}^{1}f(x);$$

si l'on fait $t = 2$, on aura
$$y_{x,2} = {}^{2}f(x),$$

et ainsi de suite jusqu'à
$$y_{x,n-1} = {}^{n-1}f(x).$$

On connaît donc par ce moyen toutes les fonctions arbitraires; et substituant leurs valeurs dans la formule générale, on aura

$$\begin{aligned}
y_{x,t} = {}&\mathrm{T}y_{x,0} + \mathrm{T}'y_{x+1,0} + \mathrm{T}''y_{x+2,0} + \mathrm{T}'''y_{x+3,0} + \ldots + \mathrm{T}^{(t)}y_{x+t,0} \\
&+ {}_{,}\mathrm{T}y_{x,1} + {}_{,}\mathrm{T}'y_{x+1,1} + {}_{,}\mathrm{T}''y_{x+2,1} + \ldots + {}_{,}\mathrm{T}^{(t-1)}y_{x+t-1,1} \\
&+ {}_{,,}\mathrm{T}y_{x,2} + {}_{,,}\mathrm{T}'y_{x+1,2} + \ldots + {}_{,,}\mathrm{T}^{(t-2)}y_{x+t-2,2} \\
&\ldots\ldots\ldots\ldots\ldots\ldots\ldots\ldots\ldots\ldots\ldots\ldots\ldots \\
&+ {}_{(n-1)}\mathrm{T}y_{x,n-1} + \ldots + {}_{(n-1)}\mathrm{T}^{(t-n+1)}y_{x+t-n+1,n-1}.
\end{aligned}$$

28. Pour déterminer les coefficients $\mathrm{T}, \mathrm{T}', \mathrm{T}'', \ldots, {}_{,}\mathrm{T}, {}_{,}\mathrm{T}', {}_{,}\mathrm{T}'', \ldots, \ldots$ de la formule (K) du n° 25, on peut employer différentes méthodes.

Et d'abord il est clair que si l'on tire de l'équation (I) la valeur de β en α, qu'on la substitue ensuite dans l'équation (K), et qu'après avoir ordonné les termes suivant les puissances de α, on fasse chaque terme égal à zéro, on aura une suite d'équations par lesquelles on pourra déterminer les coefficients cherchés.

Cette méthode peut être rendue plus simple par la considération des différentes racines de l'équation (I). En effet, si l'on représente l'équation (K) ainsi

$$\beta^t = \mathrm{A} + {}_{,}\mathrm{A}\beta + {}_{,,}\mathrm{A}\beta^2 + \ldots + {}_{(n-1)}\mathrm{A}\beta^{n-1},$$

A étant un polynôme en α du degré t, ${}_{,}\mathrm{A}$ un autre polynôme en α du degré $t-1$ et ainsi de suite; et que d'un autre côté on désigne par β', β'', … les n racines de l'équation (I) ordonnée par rapport à β, on aura ces n équations différentes

$$\beta'^t = \mathrm{A} + {}_{,}\mathrm{A}\beta' + {}_{,,}\mathrm{A}\beta'^2 + \ldots + {}_{(n-1)}\mathrm{A}\beta'^{n-1},$$
$$\beta''^t = \mathrm{A} + {}_{,}\mathrm{A}\beta'' + {}_{,,}\mathrm{A}\beta''^2 + \ldots + {}_{(n-1)}\mathrm{A}\beta''^{n-1},$$
$$\ldots\ldots\ldots\ldots\ldots\ldots\ldots\ldots\ldots\ldots\ldots$$

au moyen desquelles on déterminera séparément les n quantités $\mathrm{A}, {}_{,}\mathrm{A}, {}_{,,}\mathrm{A}, \ldots$ en $\beta', \beta'', \ldots$. Alors il n'y aura plus qu'à substituer à la place de β', β'', … leurs valeurs en α réduites en série ascendante, et poussées seulement jusqu'à la $t^{ième}$ puissance pour la quantité A, jusqu'à la $(t-1)^{ième}$ puissance pour la quantité $,A,$ et ainsi de suite.

29. Mais dès qu'on aura déterminé par cette méthode ou par une autre quelconque les premiers termes des polynômes A, $,A$, $_{,,}A,\ldots$, on pourra trouver tous les suivants d'une manière plus simple en cherchant à l'aide du Calcul différentiel la loi qui doit régner entre eux. Pour cela on différentiera logarithmiquement l'équation

$$\beta^t = A + {}_,A\beta + {}_{,,}A\beta^2 + \ldots + {}_{(n-1)}A\beta^{n-1},$$

en faisant varier à la fois les quantités α et β, ce qui donnera

$$\frac{t\,d\beta}{\beta} = \frac{dA + \beta\,d_,A + \beta^2 d_{,,}A + \ldots + ({}_,A + 2\,{}_{,,}A\beta + \ldots)\,d\beta}{A + {}_,A\beta + {}_{,,}A\beta^2 + \ldots};$$

on substituera à la place de $d\beta$ sa valeur en α et β et $d\alpha$ tirée de l'équation (I) par la différentiation, et faisant évanouir les fractions on ordonnera tous les termes par rapport aux puissances de β; il est facile de comprendre que dans cette nouvelle équation la plus haute puissance de β ne pourra être que β^{2n-1}; ainsi il n'y aura qu'à rabaisser les $n-1$ puissances β^n, β^{n+1}, ..., β^{2n-1} au-dessous du degré $n^{ième}$ au moyen de l'équation (I); après quoi on ordonnera l'équation par rapport aux n puissances restantes de β et l'on fera séparément égales à zéro toutes les quantités multipliées par chacune de ces différentes puissances de β; on aura n équations différentielles du premier ordre entre α et les n quantités A, $,A$, $_{,,}A,\ldots$. On substituera maintenant dans chacune de ces équations les expressions de A, $,A$, $_{,,}A,\ldots$ en α, et par la comparaison des termes on obtiendra des équations entre les coefficients T, T', T'', ..., $,T$, $,T'$, $,T''$, ...,... par lesquelles on pourra déterminer les coefficients.

30. Si au lieu de supposer donnés les n premiers rangs horizontaux de la Table du n° 6, ainsi qu'on l'a fait dans la solution précédente, on voulait regarder comme donnés les n premiers rangs verticaux de la même Table, c'est-à-dire les valeurs de $y_{0,t}$, $y_{1,t}$, $y_{2,t}$, ..., $y_{n-1,t}$; il est

visible qu'on pourrait résoudre ce cas par la même méthode en changeant seulement t en x, c'est-à-dire β en α, ou, ce qui revient au même, en opérant à l'égard de β et de α comme on l'a fait à l'égard de α et de β ; il n'y aura à cela aucune difficulté nouvelle.

Il n'en serait pas de même si les rangs donnés étaient en partie horizontaux et en partie verticaux ; cependant, comme ce cas peut avoir lieu dans bien des questions, nous allons donner la méthode de le résoudre.

31. Supposons donc qu'on connaisse les m premiers rangs horizontaux de la Table du n° 6 et les $n-m$ premiers rangs verticaux de la même Table, c'est-à-dire qu'on connaisse les valeurs de $y_{x,0}, y_{x,1}, y_{x,2}, \ldots, y_{x,m}$, ainsi que celles de $y_{0,t}, y_{1,t}, y_{2,t}, \ldots, y_{n-m,t}$, et qu'on demande la valeur d'un terme quelconque $y_{x,t}$.

Ayant fait $y_{x,t} = a\alpha^x\beta^t$, on aura (**25**) l'équation (I) entre α et β ; je considère dans cette équation le terme $N^{(m)}\alpha^{n-m}\beta^m$, lequel est donné par tous les autres termes de la même équation, et j'observe qu'en substituant la valeur de $\alpha^{n-m}\beta^m$ qui vient de ce terme dans la quantité $\alpha^x\beta^t$, et ensuite dans les termes provenant de cette substitution, autant que cela sera possible, on parviendra nécessairement à une expression de $\alpha^x\beta^t$ par les puissances de α et de β, dans laquelle la plus haute de ces puissances sera la $(x+t)^{\text{ième}}$, et où les deux puissances α^{n-m} et β^m ne se trouveront jamais ensemble, puisqu'on suppose qu'on les ait fait disparaître par la substitution de la valeur de $\alpha^{n-m}\beta^m$.

Cette équation de $\alpha^x\beta^t$ sera donc de la forme suivante

$$\begin{aligned}
\alpha^x\beta^t =\ & V + V'\alpha + V''\alpha^2 + V'''\alpha^3 + \ldots + V^{(x+t)}\alpha^{x+t} \\
& +\ _{,}V\beta + _{,}V'\alpha\beta + _{,}V''\alpha^2\beta + _{,}V'''\alpha^3\beta + \ldots + _{,}V^{(x+t-1)}\alpha^{x+t-1}\beta \\
& +\ _{,,}V\beta^2 + _{,,}V'\alpha\beta^2 + _{,,}V''\alpha^2\beta^2 + _{,,}V'''\alpha^3\beta^2 + \ldots + _{,,}V^{(x+t-2)}\alpha^{x+t-2}\beta^2 \\
& \cdots\cdots\cdots\cdots\cdots\cdots\cdots\cdots\cdots\cdots\cdots\cdots\cdots\cdots\cdots\cdots \\
& +\ _{(m)}V\beta^m + _{(m)}V'\alpha\beta^m + _{(m)}V''\alpha^2\beta^m + \ldots + _{(m)}V^{(n-m-1)}\alpha^{n-m-1}\beta^m \\
& +\ _{(m+1)}V\beta^{m+1} + _{(m+1)}V'\alpha\beta^{m+1} + _{(m+1)}V''\alpha^2\beta^{m+1} + \ldots + _{(m+1)}V^{(n-m-1)}\alpha^{n-m-1}\beta^{m+1} \\
& +\ _{(m+2)}V\beta^{m+2} + _{(m+2)}V'\alpha\beta^{m+2} + _{(m+2)}V''\alpha^2\beta^{m+2} + \ldots + _{(m+2)}V^{(n-m-1)}\alpha^{n-m-1}\beta^{m+2} \\
& \cdots\cdots\cdots\cdots\cdots\cdots\cdots\cdots\cdots\cdots\cdots\cdots\cdots\cdots\cdots\cdots \\
& +\ _{(x+t)}V\beta^{x+t} + _{(x+t)}V'\alpha\beta^{x+t} + _{(x+t)}V''\alpha^2\beta^{x+t} + \ldots + _{(x+t)}V^{(n-m-1)}\alpha^{n-m-1}\beta^{x+t},
\end{aligned}$$

où les coefficients V, V',..., ,V ,V',... seront des fonctions connues de x et de t, et des coefficients de l'équation (I).

32. Je remarque maintenant que les valeurs des puissances et des produits de α et de β qui composent l'expression précédente de $\alpha^x \beta^t$ sont nécessairement différentes et irréductibles entre elles, puisque l'équation (I), d'où dépend la relation entre α et β, contient de plus le produit $\alpha^{n-m}\beta^m$, lequel ne se trouve point dans cette expression. De cette considération et des principes posés plus haut, il est aisé de conclure immédiatement l'expression générale de $y_{x,t}$ en ne faisant que substituer dans celle de $\alpha^x \beta^t$, à la place de chaque produit tel que $\alpha^r \beta^s$, une fonction quelconque de r et de s, qu'on pourra désigner par $f(r, s)$; on aura donc ainsi

$$
\begin{aligned}
&= V f(0,0) + V' f(1,0) + V'' f(2,0) + V''' f(3,0) + \ldots + V^{(x+t)} f(x+t, 0) \\
&+ {}_,V f(0,1) + {}_,V' f(1,1) + {}_,V'' f(2,1) + {}_,V''' f(3,1) + \ldots + {}_,V^{(x+t-1)} f(x+t-1, 1) \\
&+ {}_{,,}V f(0,2) + {}_{,,}V' f(1,2) + {}_{,,}V'' f(2,2) + {}_{,,}V''' f(3,2) + \ldots + {}_{,,}V^{(x+t-2)} f(x+t-2, 2) \\
&\ldots\ldots\ldots\ldots\ldots\ldots\ldots\ldots\ldots\ldots\ldots\ldots\ldots\ldots\ldots\ldots\ldots\ldots\ldots\ldots\ldots\ldots\ldots\ldots\ldots\\
&+ {}_{(m)}V f(0,m) + {}_{(m)}V' f(1,m) + {}_{(m)}V'' f(2,m) + \ldots + {}_{(m)}V^{(n-m-1)} f(n-m-1, m) \\
&+ {}_{(m+1)}V f(0,m+1) + {}_{(m+1)}V' f(1,m+1) + {}_{(m+1)}V'' f(2,m+1) + \ldots + {}_{(m+1)}V^{(n-m-1)} f(n-m-1, m+1) \\
&+ {}_{(m+2)}V f(0,m+2) + {}_{(m+2)}V' f(1,m+2) + {}_{(m+2)}V'' f(2,m+2) + \ldots + {}_{(m+2)}V^{(n-m-1)} f(n-m-1, m+2) \\
&\ldots\ldots\ldots\ldots\ldots\ldots\ldots\ldots\ldots\ldots\ldots\ldots\ldots\ldots\ldots\ldots\ldots\ldots\ldots\ldots\ldots\ldots\ldots\ldots\ldots\\
&+ {}_{(x+t)}V f(0, x+t) + {}_{(x+t)}V' f(1, x+t) + {}_{(x+t)}V'' f(2, x+t) + \ldots + {}_{(x+t)}V^{(n-m-1)} f(n-m-1, x+t).
\end{aligned}
$$

33. Pour déterminer les valeurs de la fonction f, on supposera successivement $t = 0, 1, 2, \ldots, m-1$, et ensuite $x = 0, 1, 2, \ldots, n-m-1$, puisque par l'hypothèse les valeurs correspondantes de $y_{x,t}$ sont données.

Or, en faisant $t = 0$, la quantité $\alpha^x \beta^t$ devient α^x; donc dans la formule du n° 31, on aura pour lors

$$V^{(x)} = 1, \quad \text{et les autres coefficients nuls};$$

en faisant $t = 1$, on a $\alpha^x \beta$; donc

$${}_,V^{(x)} = 1, \quad \text{et les autres coefficients nuls};$$

en faisant $t=2$, on a $\alpha^x\beta^2$; donc

$$_{_2}\mathrm{V}^{(x)}=1, \quad \text{et les autres coefficients nuls;}$$

et ainsi de suite jusqu'à

$$_{(m-1)}\mathrm{V}^{(x)}=1,$$

lorsque $t=m-1$.

De même, en faisant $x=0$, $\alpha^x\beta^t$ devient β^t; donc on aura, dans la même formule,

$$_{(t)}\mathrm{V}=1, \quad \text{et les autres coefficients nuls;}$$

en faisant $x=1$, on aura $\alpha\beta^t$; donc

$$_{(t)}\mathrm{V}'=1, \quad \text{et les autres coefficients nuls;}$$

on aura pareillement, lorsque $x=2$,

$$_{(t)}\mathrm{V}''=1, \quad \text{et les autres coefficients nuls;}$$

et ainsi de suite jusqu'à

$$_{(t)}\mathrm{V}^{(n-m-1)}=1,$$

lorsque $x=n-m-1$.

Si l'on fait donc dans l'expression de $y_{x,t}$ du numéro précédent successivement $t=0, 1, 2,\ldots, m-1$, on aura

$$y_{x,0}=f(x,0), \quad y_{x,1}=f(x,1), \quad y_{x,2}=f(x,2),\ldots, \quad y_{x,m-1}=f(x,m-1),$$

quel que soit x. Et si l'on fait successivement $x=0, 1, 2,\ldots, n-m-1$, on aura

$$y_{0,t}=f(0,t), \quad y_{1,t}=f(1,t), \quad y_{2,t}=f(2,t),\ldots, \quad y_{n-m-1,t}=f(n-m-1,t),$$

quel que soit t. On connaîtra donc de cette manière les valeurs des fonctions qui entrent dans l'expression dont il s'agit, et substituant ces valeurs, on aura la formule suivante, qui ne contient que des quantités connues,

$$\begin{aligned}
y_{x,t} = &\, V y_{0,0} + V' y_{1,0} + V'' y_{2,0} + V''' y_{3,0} + \ldots + V^{(x+t)} y_{x+t,0} \\
&+ {}_{,}V y_{0,1} + {}_{,}V' y_{1,1} + {}_{,}V'' y_{2,1} + {}_{,}V''' y_{3,1} + \ldots + {}_{,}V^{(x+t-1)} y_{x+t-1,1} \\
&+ {}_{,,}V y_{0,2} + {}_{,,}V' y_{1,2} + {}_{,,}V'' y_{2,2} + {}_{,,}V''' y_{3,2} + \ldots + {}_{,,}V^{(x+t-2)} y_{x+t-2,2} \\
&+ {}_{,,,}V y_{0,3} + {}_{,,,}V' y_{1,3} + {}_{,,,}V'' y_{2,3} + {}_{,,,}V''' y_{3,3} + \ldots + {}_{,,,}V^{(x+t-3)} y_{x+t-3,3} \\
&\ldots\ldots\ldots\ldots\ldots\ldots\ldots\ldots\ldots\ldots\ldots\ldots\ldots\ldots\ldots\ldots \\
&+ {}_{(m)}V y_{0,m} + {}_{(m)}V' y_{1,m} + {}_{(m)}V'' y_{2,m} + \ldots + {}_{(m)}V^{(n-m-1)} y_{n-m-1,m} \\
&+ {}_{(m+1)}V y_{0,m+1} + {}_{(m+1)}V' y_{1,m+1} + {}_{(m+1)}V'' y_{2,m+1} + \ldots + {}_{(m+1)}V^{(n-m-1)} y_{n-m-1,m+1} \\
&+ {}_{(m+2)}V y_{0,m+2} + {}_{(m+2)}V' y_{1,m+2} + {}_{(m+2)}V'' y_{2,m+2} + \ldots + {}_{(m+2)}V^{(n-m-1)} y_{n-m-1,m+2} \\
&\ldots\ldots\ldots\ldots\ldots\ldots\ldots\ldots\ldots\ldots\ldots\ldots\ldots\ldots\ldots\ldots \\
&+ {}_{(x+t)}V y_{0,x+t} + {}_{(x+t)}V' y_{1,x+t} + {}_{(x+t)}V'' y_{2,x+t} + \ldots + {}_{(x+t)}V^{(n-m-1)} y_{n-m-1,x+t}.
\end{aligned}$$

34. Quant à la manière de déterminer les coefficients V, V', V'', …, ${}_{,}V$, ${}_{,}V'$, ${}_{,}V''$, …, on pourra employer des méthodes analogues à celles que nous avons proposées plus haut (28).

En effet, si l'on cherche la valeur de β en α ou de α en β par l'équation (I), et qu'on la substitue dans la formule du n° 31, on aura, par la comparaison des termes affectés des mêmes puissances de α ou de β, une suite d'équations par lesquelles on pourra déterminer les coefficients dont il s'agit. On pourra aussi employer le Calcul différentiel pour trouver la loi de ces coefficients; car en différentiant logarithmiquement l'équation
$$\alpha^x \beta^t = V + \ldots$$

du n° 31, substituant ensuite à la place de $\dfrac{d\beta}{d\alpha}$ sa valeur tirée de l'équation (I), et faisant disparaître, au moyen de cette même équation, les termes où se trouvera $\alpha^{n-m}\beta^m$, ainsi qu'on l'a enseigné dans le n° 29, on aura une équation dont chaque terme devra ensuite être supposé égal à zéro; ce qui donnera une suite d'équations qui contiendront la relation qui doit régner entre les coefficients dont il s'agit.

Au reste, comme tout cela n'est plus qu'une affaire d'analyse, nous ne nous en occuperons pas davantage, nous contentant pour le présent d'avoir réduit l'intégration des équations linéaires aux différences finies et partielles à une théorie connue, qui ne demande d'autres secours que ceux que les méthodes ordinaires peuvent fournir.

Remarque I.

35. Je vais terminer cet Article par quelques Remarques importantes. La première, que l'on pourra toujours trouver autant de différentes expressions de $y_{x,t}$ qu'il y aura de termes dans la dernière colonne de l'équation (I), laquelle répond à la dernière colonne, ou au plus haut rang de l'équation différentielle proposée du n° 6. En effet, à chacun des termes dont il s'agit tel que $N^{(m)} \alpha^{n-m} \beta^m$, lequel vient du terme $N^{(m)} y_{x+n-m, t+m}$ de l'équation différentielle, répondra, comme on l'a vu, une expression de $y_{x,t}$ dans laquelle les termes donnés de la Table du n° 6 seront ceux qui forment les m premiers rangs horizontaux, et les $n-m$ premiers rangs verticaux; et il est facile de se convaincre, avec un peu de réflexion, qu'on ne saurait trouver une telle expression que par le moyen d'un semblable terme; en sorte que, si le terme de cette forme manquait dans l'équation différentielle, il serait alors impossible de pouvoir exprimer, en général, la valeur de $y_{x,t}$ par le moyen des m premiers rangs horizontaux et des $n-m$ premiers rangs verticaux de la Table du n° 6. Par exemple, dans le cas de l'équation différentielle (F) du n° 7, où l'on n'a qu'un seul terme de l'ordre le plus élevé, en sorte que n étant égal à 2, m n'a qu'une seule valeur égale à 1, l'expression générale de $y_{x,t}$ demande nécessairement qu'on connaisse le premier rang horizontal et le premier rang vertical de la Table citée, et c'est aussi ce que nous avons supposé dans la solution du n° 13.

Remarque II.

36. La seconde Remarque concerne le cas où l'équation (I) a des facteurs rationnels, en sorte qu'elle peut se décomposer en autant d'équations particulières. Dans ce cas, on peut simplifier la méthode générale en considérant à part chacune de ces équations et cherchant l'expression de $y_{x,t}$ qui résulte de chacune d'elles; car la somme de ces différentes expressions de $y_{x,t}$ sera l'expression complète de $y_{x,t}$ qui convient à l'équation différentielle proposée. En effet, supposons que l'équation (I) du degré n puisse se décomposer en deux équations rationnelles des degrés p et q, en sorte que $p + q = n$; il est facile de prouver que, si l'on fait

$$y_{x,t} = y'_{x,t} + y''_{x,t},$$

l'équation différentielle en $y_{x,t}$ de l'ordre n pourra aussi se décomposer en deux équations, l'une en $y'_{x,t}$ de l'ordre p, l'autre en $y''_{x,t}$ de l'ordre q; et ces deux équations seront telles que, si l'on met dans la première $\alpha^x \beta^t$ à la place de $y'_{x,t}$, et dans la seconde $\alpha^x \beta^t$ à la place de $y''_{x,t}$, il en résultera les deux équations des degrés p et q qui sont les facteurs de l'équation (I) résultante de la substitution de $\alpha^x \beta^t$ à la place de $y_{x,t}$ dans l'équation différentielle proposée. Et cette conclusion aura lieu pour tous les facteurs de la même équation (I).

A l'égard des fonctions arbitraires, il est clair que l'expression de $y'_{x,t}$ en contiendra un nombre p, et que l'expression de $y''_{x,t}$ en contiendra un nombre q; de sorte que l'expression de $y_{x,t}$ en contiendra un nombre égal à $p + q$, c'est-à-dire égal à n; par conséquent cette expression sera complète.

Pour déterminer maintenant ces fonctions d'après les valeurs données de $y_{x,0}, y_{x,1}, \ldots, y_{0,t}, y_{1,t}, \ldots$ (33), on supposera d'abord que les quantités données soient

$$y'_{x,0}, y'_{x,1}, \ldots, y'_{0,t}, y'_{1,t}, \ldots, \text{ ainsi que } y''_{x,0}, y''_{x,1}, \ldots, y''_{0,t}, y''_{1,t}, \ldots;$$

on déterminera, à l'aide des premières, les fonctions arbitraires de l'expression de $y'_{x,t}$, et, à l'aide des secondes, les fonctions arbitraires de l'expression de $y''_{x,t}$ par la méthode générale du numéro cité; ensuite il n'y aura plus qu'à substituer à la place de ces quantités leurs valeurs en $y_{x,0}, y_{x,1}, \ldots, y_{0,t}, y_{1,t}, \ldots$

Pour cela on remarquera que, puisqu'on a une équation différentielle en $y'_{x,t}$ et une en $y''_{x,t}$, et que de plus

$$y_{x,t} = y'_{x,t} + y''_{x,t},$$

on peut toujours, par l'élimination, trouver la valeur de $y'_{x,t}$ ainsi que celle de $y''_{x,t}$ en $y_{x,t}$ et ses différences; ainsi l'on connaîtra par là les valeurs des quantités dont il s'agit par celles de $y_{x,0}, y_{x,1}, \ldots$.

Si l'équation (I) avait plusieurs facteurs rationnels, on ferait relativement à tous ces facteurs des raisonnements analogues aux précédents, et l'on en tirerait des conclusions semblables.

Remarque III.

37. La troisième Remarque a pour objet le cas où l'équation (I) a des facteurs égaux; en ce cas on sait par la théorie des équations que ces facteurs seront nécessairement rationnels; de sorte que, suivant la méthode du numéro précédent, on pourra considérer ces facteurs égaux à part et indépendamment des autres; ainsi la difficulté se réduit au cas où l'équation en α et β sera une puissance quelconque d'une autre équation. Désignons cette dernière équation par

$$\Pi = 0,$$

et soit l'équation proposée en α et β,

$$\Pi^m = 0;$$

je dis que si l'on cherche l'expression générale de $y_{x,t}$ d'après l'équation $\Pi = 0$ par les méthodes expliquées ci-dessus, et qu'on nomme cette valeur $y'_{x,t}$, qu'ensuite on désigne par $y''_{x,t}, y'''_{x,t}, \ldots$ d'autres expressions semblables, dans lesquelles les fonctions arbitraires soient différentes, on aura pour l'expression générale de $y_{x,t}$ résultante de l'équation $\Pi^m = 0$,

$$y_{x,t} = y'_{x,t} + x y''_{x-1,t}, \quad \text{ou} \quad y_{x,t} = y'_{x,t} + t y''_{x,t-1},$$

si $m = 2$;

$$y_{x,t} = y'_{x,t} + x y''_{x-1,t} + x(x-1) y'''_{x-2,t},$$

ou
$$y_{x,t} = y'_{x,t} + x\,y''_{x-1,t} + x\,t\,y'''_{x-1,t-1},$$

ou
$$y_{x,t} = y'_{x,t} + t\,y''_{x,t-1} + t\,x\,y'''_{x-1,t-1},$$

ou enfin
$$y_{x,t} = y'_{x,t} + t\,y''_{x,t-1} + t(t-1)\,y'''_{x,t-2},$$

si $m = 3$; et ainsi de suite; ces différentes expressions de $y_{x,t}$ revenant toujours à la même.

En effet, si l'on cherche la valeur de $\alpha^x \beta^t$ d'après l'équation $\Pi = 0$, on aura pour l'équation $\Pi^2 = 0$ la même valeur de $\alpha^x \beta^t$ et de plus celle-ci

$$x\,\alpha^{x-1}\beta^t\,d\alpha \quad \text{ou} \quad t\,\alpha^x\beta^{t-1}\,d\beta,$$

$d\alpha$ et $d\beta$ étant des quantités indéterminées; et pour l'équation $\Pi^3 = 0$, on aura, outre la valeur de $\alpha^x \beta^t$ qui répond à $\Pi = 0$, ces deux autres-ci

$$x\,\alpha^{x-1}\beta^t\,d\alpha, \quad x(x-1)\,\alpha^{x-2}\,d\alpha^2,$$

ou bien ces deux-ci

$$x\,\alpha^{x-1}\beta^t\,d\alpha, \quad x\,t\,\alpha^{x-1}\beta^{t-1}\,d\alpha\,d\beta,$$

ou

$$t\,\alpha^x\beta^{t-1}\,d\beta, \quad t\,x\,\alpha^{x-1}\beta^{t-1}\,d\alpha\,d\beta,$$

ou bien encore

$$t\,\alpha^x\beta^{t-1}\,d\beta, \quad t(t-1)\,\alpha^x\beta^{t-2}\,d\beta^2,$$

et ainsi de suite; étant indifférent de faire varier α ou β à chaque nouvelle différentiation. De là et de ce que nous avons déjà dit dans les n°s 16 et 36 il est facile de déduire les formules précédentes pour l'expression générale de $y_{x,t}$, et de les continuer plus loin pour tous les exposants m.

Quant à la détermination des fonctions arbitraires, elle n'a aucune difficulté; car il n'y aura qu'à déterminer d'abord celles qui entrent dans les expressions de $y'_{x,t}$, de $y''_{x,t}$,... par les valeurs de $y'_{x,0}$, $y'_{x,1}$,..., $y'_{0,t}$,

$y'_{1,t}, \ldots$, de $y''_{x,0}, y''_{x,1}, \ldots, y''_{0,t}, y''_{1,t}, \ldots$; ensuite on déterminera ces dernières par celles de $y_{x,0}, y_{x,1}, \ldots, y_{0,t}, y_{1,t}, \ldots$ d'après les formules

$$y_{x,t} = y'_{x,t} + x y''_{x-1,t} + \ldots$$

données ci-dessus, combinées avec l'équation différentielle qui répond à l'équation $\Pi = 0$, et qui est la même pour toutes les quantités $y'_{x,t}$, $y''_{x,t}, \ldots$, puisqu'elles ne diffèrent entre elles que par les fonctions arbitraires.

Remarque IV.

38. La quatrième Remarque roulera sur quelques transformations qu'on peut employer pour faciliter l'intégration des équations aux différences finies et partielles. Si dans l'équation en α et β résultante de la substitution de $\alpha^x \beta^t$ à la place de $y_{x,t}$ dans l'équation différentielle proposée, on fait

$$\alpha = a \, \varepsilon^m \gamma^n + a' \, \varepsilon^{m'} \gamma^{n'} + a'' \, \varepsilon^{m''} \gamma^{n''} + \ldots,$$
$$\beta = b \, \varepsilon^p \gamma^q + b' \, \varepsilon^{p'} \gamma^{q'} + b'' \, \varepsilon^{p''} \gamma^{q''} + \ldots,$$

$a, a', a'', \ldots, b, b', b'', \ldots, m, m', m'', \ldots, n, n', n'', \ldots, p, p', p'', \ldots, q, q', q'', \ldots$ étant des constantes quelconques données, et ε, γ deux nouvelles indéterminées, on aura une transformée en ε, γ qui pourra dans plusieurs cas être plus simple et plus traitable que l'équation primitive en α, β.

Or je dis que si l'on regarde cette équation en ε, γ comme résultante immédiatement d'une équation à différences finies et partielles entre les trois variables x, t et $z_{x,t}$, par la substitution de $\varepsilon^x \gamma^t$ à la place de $z_{x,t}$, et qu'on en déduise par les méthodes ci-dessus l'expression générale de $z_{x,t}$, il sera facile d'en conclure l'expression générale de $y_{x,t}$ de la manière suivante. On substituera pour cela les mêmes valeurs de α et β dans la quantité $\alpha^x \beta^t$, et développant les termes on aura une expression de cette forme

$$\alpha^x \beta^t = A \, \varepsilon^{mx+pt} \gamma^{nx+qt} + B \, \varepsilon^{mx+pt+\lambda} \gamma^{nx+qt+\nu} + C \, \varepsilon^{mx+pt+\varpi} \gamma^{nx+qt+\rho} + \ldots.$$

SUR LES SUITES RÉCURRENTES.

Or $\varepsilon^x \gamma^t$ est une valeur particulière de $z_{x,t}$, de même que $\alpha^x \beta^t$ est une valeur particulière de $y_{x,t}$; ainsi passant des valeurs particulières aux expressions générales, on aura sur-le-champ

$$y_{x,t} = A z_{mx+pt, nx+qt} + B z_{mx+pt+\mu, nx+qt+\nu} + C z_{mx+pt+\varpi, nx+qt+\rho} + \ldots$$

On pourrait transformer de nouveau l'équation en ε et γ, et l'on trouverait de la même manière la valeur correspondante de $z_{x,t}$.

Supposons, par exemple,

$$\alpha = a + p\varepsilon, \quad \beta = b + q\gamma,$$

on aura

$$\alpha^x \beta^t = A + B\varepsilon + C\gamma + D\varepsilon^2 + E\varepsilon\gamma + F\gamma^2 + \ldots$$

en faisant

$$A = a^x b^t,$$
$$B = x a^{x-1} p \times b^t, \qquad C = t b^{t-1} q \times a^x,$$
$$D = \frac{x(x-1)}{2} a^{x-2} p^2 \times b^t, \quad E = x a^{x-1} p \times t b^{t-1} q, \ldots,$$
$$\ldots\ldots\ldots\ldots\ldots\ldots\ldots\ldots\ldots\ldots\ldots\ldots,$$

et de là

$$y_{x,t} = A z_{0,0} + B z_{1,0} + C z_{0,1} + D z_{2,0} + E z_{1,1} + \ldots$$

Si l'on voulait faire successivement les deux substitutions, on aurait d'abord

$$y_{x,t} = a^x y'_{0,t} + x a^{x-1} p y'_{1,t} + \frac{x(x-1)}{2} a^{x-2} p^2 y'_{2,t} + \ldots,$$

et ensuite

$$y'_{x,t} = b^t z_{x,0} + t b^{t-1} q z_{x,1} + \frac{t(t-1)}{2} b^{t-2} q^2 z_{x,2} + \ldots$$

Réciproquement on pourra déterminer les valeurs de $z_{x,t}$ par celles de $y_{x,t}$ en substituant dans $\varepsilon^x \gamma^t$ les valeurs de ε et γ en α et β, et changeant ensuite chaque produit de α et β tel que $\alpha^r \beta^s$ en $y_{r,s}$.

Remarque V.

39. La cinquième Remarque est qu'il peut arriver dans la solution des Problèmes que les termes donnés dans la Table du n° 6 ne soient pas ceux qui forment les premiers rangs horizontaux ou verticaux de cette Table, ainsi que nous l'avons toujours supposé jusqu'ici, mais d'autres quelconques. Alors parmi les différentes formes qu'on peut donner à l'expression générale de $y_{x,t}$ il faudra choisir celle qui rendra la détermination des fonctions arbitraires par les termes donnés, la plus facile; mais on ne saurait donner des règles générales pour cela, et il faut abandonner cette recherche à la sagacité de l'Analyste.

En général, il faudra toujours qu'il y ait autant de lignes indéfinies de termes donnés dans la Table du n° 6, qu'il y a d'unités dans l'exposant de l'ordre de l'équation différentielle; mais il n'est pas nécessaire que ces lignes soient horizontales ou verticales; elles peuvent également être inclinées d'une manière quelconque, et même elles peuvent être courbes ou plutôt composées d'un assemblage de lignes droites différemment inclinées. Nous en verrons des Exemples dans l'Article V.

Remarque VI.

40. Ma dernière Remarque concerne le cas où l'on a à intégrer plusieurs équations linéaires qui renferment autant de différentes inconnues telles que $y_{x,t}$, $z_{x,t}$, $u_{x,t}$,...; il est facile de se convaincre qu'on peut toujours par l'élimination parvenir à une seule équation finale qui ne renferme qu'une seule inconnue $y_{x,t}$; mais il sera souvent fort pénible de s'y prendre ainsi, et l'on arrivera au but d'une manière beaucoup plus simple en appliquant immédiatement nos méthodes aux équations proposées. Pour cela on fera d'abord

$$y_{x,t} = a\alpha^x\beta^t, \quad z_{x,t} = b\alpha^x\beta^t, \quad u_{x,t} = c\alpha^x\beta^t, \ldots,$$

ce qui donnera, après avoir divisé chaque équation par $\alpha^x\beta^t$, autant d'équations en α, β et en a, b, c,..., qu'il y a de ces dernières quantités, et où ces quantités seront toutes linéaires; de sorte que si l'on élimine les quantités $\frac{b}{a}$, $\frac{c}{a}$,..., on parviendra à une équation finale en α et β qui contiendra la relation qu'il doit y avoir entre ces deux indéterminées, et qui sera la même qu'on eût trouvée par la substitution de $a\alpha^x\beta^t$ à la place de $y_{x,t}$ dans l'équation en $y_{x,t}$ résultante de l'élimination des autres inconnues $z_{x,t}$, $u_{x,t}$,.... On pourra donc trouver d'après cette équation et par le moyen des méthodes exposées jusqu'ici, l'expression générale de $y_{x,t}$; nous dénoterons cette expression par $y'_{x,t}$. Maintenant comme les équations en a, b, c,... sont purement linéaires, on pourra trouver les valeurs de $\frac{b}{a}$, $\frac{c}{a}$,... par des fonctions rationnelles de α et β; soient donc

$$\frac{b}{a} = \frac{B}{A}, \quad \frac{c}{a} = \frac{C}{A}, \ldots,$$

A, B, C,... étant des fonctions rationnelles entières de α et β; comme a est une constante qui demeure arbitraire, on pourra mettre partout aA à la place de a; par ce moyen les quantités $a\alpha^x\beta^t$, $b\alpha^x\beta^t$, $c\alpha^x\beta^t$,..., qui sont les valeurs particulières de $y_{x,t}$, $z_{x,t}$, $u_{x,t}$,..., deviendront $a\text{A}\alpha^x\beta^t$, $a\text{B}\alpha^x\beta^t$, $a\text{C}\alpha^x\beta^t$,.... Or les quantités A, B, C,... sont nécessairement de cette forme

$$A = P\alpha^m\beta^n + P'\alpha^{m'}\beta^{n'} + \ldots,$$
$$B = Q\alpha^p\beta^q + Q'\alpha^{p'}\beta^{q'} + \ldots,$$
$$C = R\alpha^r\beta^s + R'\alpha^{r'}\beta^{s'} + \ldots,$$
$$\ldots\ldots\ldots\ldots\ldots\ldots\ldots\ldots,$$

P, Q, R, P',..., m, n, m',... étant des constantes données; donc les valeurs particulières dont il s'agit deviendront de la forme

$$P a \alpha^{x+m}\beta^{t+n} + P' a \alpha^{x+m'}\beta^{t+n'} + \ldots,$$
$$Q a \alpha^{x+p}\beta^{t+q} + Q' a \alpha^{x+p'}\beta^{t+q'} + \ldots,$$
$$R a \alpha^{x+r}\beta^{t+s} + R' a \alpha^{x+r'}\beta^{t+s'} + \ldots,$$
$$\ldots\ldots\ldots\ldots\ldots\ldots\ldots\ldots;$$

mais, par l'hypothèse, $a\alpha^x\beta^t$ est la valeur particulière de $y'_{x,t}$; donc passant des valeurs particulières aux expressions générales, on aura aussi, en général,

$$y_{x,t} = P\, y'_{x+m,t+n} + P'\, y'_{x+m',t+n'} + \ldots,$$

$$z_{x,t} = Q\, y'_{x+p,t+q} + Q'\, y'_{x+p',t+q'} + \ldots,$$

$$u_{x,t} = R\, y'_{x+r,t+s} + R'\, y'_{x+r',t+s'} + \ldots,$$

$$\ldots\ldots\ldots\ldots\ldots\ldots\ldots\ldots\ldots\ldots;$$

et il n'y aura plus qu'à substituer à la place de $y'_{x,t}$ son expression générale trouvée précédemment.

ARTICLE IV. — *Des suites récurrentes triples, ou de l'intégration des équations linéaires aux différences finies et partielles entre quatre variables.*

41. Si l'on imagine une suite dont les termes varient de trois manières différentes, et qu'on suppose qu'il y ait toujours entre un certain nombre de termes successifs de cette suite une même équation linéaire, dont les coefficients soient constants, ce sera là une suite récurrente triple; et l'équation dont il s'agit sera une équation linéaire aux différences finies et partielles entre quatre variables, dont l'intégration fera l'objet de cet Article.

A l'imitation de ce que nous avons pratiqué à l'égard des suites récurrentes doubles, nous désignerons un terme quelconque d'une suite récurrente triple par $y_{x,t,u}$, en sorte qu'en faisant successivement

$$x = 0, 1, 2, 3, \ldots, \quad t = 0, 1, 2, 3, \ldots, \quad u = 0, 1, 2, 3, \ldots,$$

on aura tous les termes qui pourront entrer dans cette suite; d'où l'on voit que ces termes pourront former une Table à triple entrée en forme de parallélépipède, de même que les termes $y_{x,t}$ des suites récurrentes doubles forment une Table à double entrée en forme de rectangle (6).

SUR LES SUITES RÉCURRENTES.

42. Cela posé, soit l'équation du troisième ordre

$$
(L) \quad \left\{ \begin{array}{l} A y_{x,t,u} + B\, y_{x+1,t,u} + C\, y_{x+1,t+1,u} + D y_{x+1,t+1,u+1} \\ + B' y_{x,t+1,u} + C' y_{x+1,t,u+1} \\ + B'' y_{x,t,u+1} + C'' y_{x,t+1,u+1} \end{array} \right\} = 0,
$$

laquelle est, comme l'on voit, d'une forme semblable à celle de l'équation (F) du n° 7.

Pour intégrer cette équation je suppose

$$y_{x,t,u} = a\,\alpha^x \beta^t \gamma^u,$$

a, α, β, γ étant des constantes; substituant cette valeur et divisant ensuite toute l'équation par $a\alpha^x\beta^t\gamma^u$, j'ai celle-ci

(M) $\quad A + B\alpha + B'\beta + B''\gamma + C\alpha\beta + C'\alpha\gamma + C''\beta\gamma + D\alpha\beta\gamma = 0,$

d'où je tire la valeur de γ en α et β, savoir

$$\gamma = -\frac{A + B\alpha + B'\beta + C\alpha\beta}{B'' + C'\alpha + C''\beta + D\alpha\beta},$$

ou bien, en divisant le haut et le bas de cette fraction par $\alpha\beta$,

$$\gamma = -\frac{C + \dfrac{B'}{\alpha} + \dfrac{B}{\beta} + \dfrac{A}{\alpha\beta}}{D + \dfrac{C''}{\alpha} + \dfrac{C'}{\beta} + \dfrac{B''}{\alpha\beta}}.$$

J'élève maintenant cette quantité à la puissance u, et développant les termes suivant les différentes puissances de $\frac{1}{\alpha}$ et de $\frac{1}{\beta}$, j'aurai

$$
\begin{aligned}
\gamma^u = &\ V + V'\frac{1}{\alpha} + V''\frac{1}{\alpha^2} + V'''\frac{1}{\alpha^3} + \cdots \\
& + {,V}\frac{1}{\beta} + {,V'}\frac{1}{\alpha\beta} + {,V''}\frac{1}{\alpha^2\beta} + \cdots \\
& + {,,V}\frac{1}{\beta^2} + {,,V'}\frac{1}{\alpha\beta^2} + \cdots \\
& + {,,,V}\frac{1}{\beta^3} + \cdots \\
& \cdots\cdots\cdots\cdots,
\end{aligned}
$$

où les coefficients V, V',..., ,V, ,V',... seront des fonctions connues de u et des constantes A, B, B',....

Multipliant donc cette expression de γ^u en série par $a\alpha^x\beta^t$, on aura une valeur particulière de $y_{x,t,u}$; et à cause que a, α et β sont indéterminées et que l'équation est linéaire, on pourra prendre aussi pour $y_{x,t,u}$ la somme d'autant de pareilles expressions qu'on voudra en changeant à volonté les valeurs de a, α et β. De là il est aisé de conclure, par un raisonnement analogue à celui du n° 7, qu'on aura l'expression générale de $y_{x,t,u}$ en mettant dans celle de $\alpha^x\beta^t\gamma^u$ à la place de chaque produit de α et β tel que $\alpha^r\beta^s$ une fonction quelconque de r et s, qu'on pourra désigner par $f(r, s)$. Ainsi donc, on aura sur-le-champ

$$\begin{aligned}y_{x,t,u} =\ & Vf(x, t) + V'f(x-1, t) + V''f(x-2, t) + V'''f(x-3, t) + \ldots \\ & + {,}Vf(x, t-1) + {,}V'f(x-1, t-1) + {,}V''f(x-2, t-1) + \ldots \\ & + {,,}Vf(x, t-2) + {,,}V'f(x-1, t-2) + \ldots \\ & + {,,,}Vf(x, t-3) + \ldots \\ & \ldots\ldots\ldots\ldots\ldots\ldots\end{aligned}$$

43. Pour déterminer maintenant les valeurs de la fonction $f(x, t)$, je suppose qu'on connaisse toutes les valeurs de $y_{x,t,u}$ lorsque $u = 0$; or faisant $u = 0$, il est clair qu'on a $\gamma^u = 1$; donc $V = 1$, et tous les autres coefficients sont nuls; donc la formule précédente donnera, lorsque $u = 0$,

$$y_{x,t,0} = f(x, t).$$

Donc, si l'on fait cette substitution, on aura

$$\begin{aligned}y_{x,t,u} =\ & Vy_{x,t,0} + V'y_{x-1,t,0} + V''y_{x-2,t,0} + V'''y_{x-3,t,0} + \ldots \\ & + {,}Vy_{x,t-1,0} + {,}V'y_{x-1,t-1,0} + {,}V''y_{x-2,t-1,0} + \ldots \\ & + {,,}Vy_{x,t-2,0} + {,,}V'y_{x-1,t-2,0} + \ldots \\ & + {,,,}Vy_{x,t-3,0} + \ldots \\ & \ldots\ldots\ldots\ldots\ldots\ldots\end{aligned}$$

Cette solution est, comme l'on voit, tout à fait analogue à celle du n° 8; aussi est-elle sujette au même inconvénient, qui est de donner pour $y_{x,t,u}$ une expression composée d'un nombre infini de termes, à moins que trois des quatre quantités B'', C', C'', D ne s'évanouissent à la fois, auquel cas la valeur de γ^u sera finie, u étant (hypothèse) un nombre entier positif.

Cependant la solution précédente pourra être utile dans tous les cas où les termes donnés $y_{x,t,0}$ sont nuls pour toutes les valeurs négatives de x et de t; car alors il est visible que l'expression ci-dessus de $y_{x,t,u}$ sera toujours terminée; et c'est ce qui peut avoir lieu dans un grand nombre de questions.

44. Mais on peut, par un moyen semblable à celui du n° 12, obtenir une expression finie de $y_{x,t,u}$ dans tous les cas. En effet, si dans la valeur de γ du n° 42 on fait

$$B'' + C'\alpha + C''\beta + D\alpha\beta = \omega,$$

ce qui donne

$$\beta = \frac{\omega - B'' - C'\alpha}{C'' + D\alpha},$$

et qu'ensuite on fasse dans cette valeur de β

$$C'' + D\alpha = \eta, \quad \text{d'où} \quad \alpha = \frac{\eta - C''}{D},$$

on aura, en substituant successivement ces valeurs,

$$\alpha = \frac{\eta - C''}{D},$$

$$\beta = \frac{C'C'' - DB'' - C'\eta + D\omega}{D\eta},$$

$$\gamma = \frac{D(BC'' - DA - B\eta) + (C'C'' - DB' - C\eta)(C'C'' - DB'' - C'\eta + D\omega)}{D^2\eta\omega},$$

expressions qui ont l'avantage d'être sous une forme finie et de ne point contenir de fraction complexe; de sorte que si l'on multiplie ensemble ces quantités élevées respectivement aux puissances x, t, u, et qu'on développe les termes suivant les puissances et les produits de η et de ω, on aura pour $\alpha^x \beta^t \gamma^u$ une expression finie, tant que x, t, u seront entiers positifs.

Supposons donc

$$\left(\frac{\eta - C''}{D}\right)^x \times \left(\frac{C'C'' - DB'' - C'\eta + D\omega}{D}\right)^t$$
$$\times \left(\frac{BC'' - DA - B\eta}{D} + \frac{(C'C'' - DB' - C\eta)(C'C'' - DB'' - C'\eta + D\omega)}{D^2}\right)^u$$
$$= Z + Z'\eta + Z''\eta^2 + Z'''\eta^3 + \ldots + Z^{(x+t+2u)}\eta^{x+t+2u}$$
$$+ {}_{,}Z\omega + {}_{,}Z'\eta\omega + {}_{,}Z''\eta^2\omega + \ldots$$
$$+ {}_{,,}Z\omega^2 + {}_{,,}Z'\eta\omega^2 + \ldots$$
$$+ {}_{,,,}Z\omega^3 + \ldots$$
$$\ldots\ldots\ldots\ldots$$
$$+ {}_{(t+u)}Z\omega^{t+u} + \ldots + {}_{(t+u)}Z^{(x+u)}\eta^{x+u}\omega^{t+u},$$

où les coefficients Z, Z',..., ${}_{,}Z$,... sont des fonctions connues de x, t, u et des constantes A, B, B',...; il n'y aura plus qu'à multiplier cette série par $\eta^{-t-u}\omega^{-u}$ pour avoir la valeur de $\alpha^x\beta^t\gamma^u$ en η et ω; et comme η et ω sont indéterminées, on en pourra tirer immédiatement la valeur complète de $y_{x,t,u}$ en ne faisant que changer chaque produit tel que $\eta^{-r}\omega^{-s}$ en $f(r, s)$; de cette manière, on aura donc

$$y_{x,t,u} = Zf(t+u, u) + Z'f(t+u-1, u) + Z''f(t+u-2, u) + Z'''f(t+u-3, u) + \ldots$$
$$+ {}_{,}Zf(t+u, u-1) + {}_{,}Z'f(t+u-1, u-1) + {}_{,}Z''f(t+u-2, u-1) + \ldots$$
$$+ {}_{,,}Zf(t+u, u-2) + {}_{,,}Z'f(t+u-1, u-2) + \ldots$$
$$+ {}_{,,,}Zf(t+u, u-3) + \ldots$$
$$\ldots\ldots\ldots\ldots$$

45. Pour déterminer maintenant les valeurs de la fonction $f(r, s)$, on fera comme plus haut $u = 0$, et l'on supposera ensuite successivement $x = 0, 1, 2, 3,\ldots$, $t = 0, 1, 2, 3,\ldots$; on aura, par ce moyen, une suite d'équations, d'où l'on tirera les différentes valeurs de la fonction

SUR LES SUITES RÉCURRENTES. 213

dont il s'agit en $y_{0,0,0}$, $y_{1,0,0}$, $y_{0,1,0}$, ...; mais il sera difficile de parvenir par ce moyen à des formules assez simples, telles que celles que nous avons trouvées pour le cas de trois variables seulement (13).

46. On peut aussi appliquer aux équations qui font l'objet de cet Article la méthode générale de l'Article précédent, et en tirer des conclusions semblables.

En effet, il est d'abord évident que si $\alpha^l \beta^m \gamma^n$ est un des termes de la plus haute dimension de l'équation en α, β, γ résultante de la substitution de $\alpha^x \beta^t \gamma^u$ à la place de $y_{x,t,u}$ dans l'équation différentielle proposée, il est évident, dis-je, qu'en substituant successivement, autant qu'il est possible, la valeur de ce terme dans la quantité $\alpha^x \beta^t \gamma^u$, on pourra la réduire à une suite finie de puissances de α, β, γ, parmi lesquelles il ne se trouvera jamais le produit $\alpha^l \beta^m \gamma^n$. Ensuite on pourra prouver par les principes du n° 32 qu'il n'y aura qu'à mettre dans cette expression de $\alpha^x \beta^t \gamma^u$ à la place d'un produit quelconque tel que $\alpha^r \beta^s \gamma^q$ une fonction quelconque des trois nombres r, s, q qu'on pourra désigner par $f(r, s, q)$, pour avoir sur-le-champ l'expression générale et complète de $y_{x,t,u}$. Enfin on démontrera comme dans le n° 33, que ces fonctions seront respectivement égales aux premiers termes de la suite récurrente proposée, en sorte qu'on aura, en général,

$$f(r, s, q) = y_{r,s,q};$$

il faudra donc supposer donnés tous les termes de la forme $y_{r,s,q}$ dans lesquels on n'aura pas à la fois

$$r = \text{ou} > l, \quad s = \text{ou} > m, \quad q = \text{ou} > n;$$

et alors on aura, par le moyen de ces termes, l'expression générale de $y_{x,t,u}$.

47. Par exemple dans le cas du n° 42, l'équation en α, β, γ, contenant dans le rang de la plus haute dimension le terme $D\alpha\beta\gamma$, on pourra

réduire la quantité $\alpha^x \beta^t \gamma^u$ à une suite finie de la forme

$$
\begin{aligned}
& P + Q\alpha + R\alpha^2 + S\alpha^3 + T\alpha^4 \ldots \\
& + Q'\beta + R'\alpha\beta + S'\alpha^2\beta + T'\alpha^3\beta \ldots \\
& + Q''\gamma + R''\alpha\gamma + S''\alpha^2\gamma + T''\alpha^3\gamma \ldots \\
& + R'''\beta^2 + S'''\alpha\beta^2 \ldots\ldots\ldots \\
& + R^{IV}\beta\gamma + S^{IV}\alpha\gamma^2 \ldots\ldots\ldots \\
& + R^{V}\gamma^2 + S^{V}\beta^3 \ldots\ldots\ldots \\
& + S^{VI}\beta^2\gamma \ldots\ldots\ldots \\
& + S^{VII}\beta\gamma^2 \ldots\ldots\ldots \\
& + S^{VIII}\gamma^3 \ldots\ldots\ldots \\
& \ldots\ldots\ldots
\end{aligned}
$$

dans laquelle se trouvent toutes les puissances de α, β, γ, soit seules, soit combinées entre elles deux à deux, mais jamais les trois quantités α, β, γ ensemble. Et comme le terme $D\alpha\beta\gamma$ est le seul de la plus haute dimension dans l'équation dont il s'agit, il s'ensuit qu'on ne pourra trouver que cette seule expression finie de $\alpha^x \beta^t \gamma^u$. Par conséquent on ne pourra avoir qu'une seule expression complète de $y_{x,t,u}$, laquelle résultera de la substitution de $f(r, s, q)$, ou bien de $y_{r,s,q}$ à la place de $\alpha^r \beta^s \gamma^q$ dans la formule précédente.

Dans ce cas donc il faudra supposer connus tous les termes tels que $y_{r,s,q}$, l'un des trois nombres r, s, q étant nul; c'est-à-dire tous les termes $y_{r,s,0}$, $y_{r,0,q}$, $y_{0,s,q}$, lesquels forment les trois faces du parallélépipède de la Table à triple entrée dont on a parlé dans le n° 41.

A l'égard des coefficients P, Q, Q', Q'', R,... on pourra employer des méthodes analogues à celles qu'on a proposées dans l'Article III; mais comme dans le cas de l'équation (M) on peut représenter les trois quantités α, β, γ par des fonctions finies et rationnelles de deux autres indéterminées, ainsi qu'on l'a trouvé dans le n° 44, il sera plus simple de substituer ces valeurs de α, β, γ en η et ω dans l'expression $\alpha^x \beta^t \gamma^u$, et ensuite dans la série

$$P + Q\alpha + Q'\beta + \ldots,$$

et de déterminer ensuite par la comparaison des termes homologues les valeurs des coefficients P, Q, Q',....

48. Je ne pousserai pas plus loin ces Recherches sur l'intégration des équations linéaires aux différences partielles et finies dont les coefficients sont constants; il est aisé de voir par quels moyens on pourra appliquer aux équations de tous les ordres les méthodes que nous venons d'exposer; je vais montrer maintenant l'usage de ces méthodes dans un petit nombre de Problèmes choisis concernant la théorie des probabilités, ce qui servira non-seulement à jeter un plus grand jour sur ces méthodes, mais encore à donner à l'Analyse des hasards un nouveau degré de perfection.

ARTICLE V. — *Application des méthodes précédentes à la solution de différents Problèmes de l'Analyse des hasards.*

PROBLÈME I.

49. *Un joueur parie d'amener un événement donné, b fois au moins, en un nombre a de coups, la probabilité de l'amener à chaque coup étant p; on demande le sort de ce joueur.*

Désignons par $y_{x,t}$ son sort lorsqu'il n'a plus que x coups à jouer, et qu'il a encore à amener l'événement en question t fois; il est clair que le sort cherché sera $y_{a,b}$. Or en supposant qu'on joue un coup, il est facile de former par les principes connus de l'Analyse des hasards l'équation suivante

$$y_{x,t} = p y_{x-1,t-1} + (1-p) y_{x-1,t};$$

qui est, comme l'on voit, linéaire du second ordre aux différences finies et partielles entre trois variables.

De plus, on voit par les conditions du Problème que le joueur gagne lorsque $t=0$, x étant quelconque; et qu'il perd lorsque x étant égal à zéro, t est plus grand que zéro; ainsi l'on aura $y_{x,0}=1$, x étant quelconque et $y_{0,t} = 0$, t étant > 0; de sorte que, dans ce cas, les termes donnés de la Table du n° 6 seront ceux qui forment le premier rang horizontal et le premier vertical.

Telles sont donc les conditions du Problème; pour le résoudre, il ne s'agit plus que d'intégrer convenablement l'équation différentielle trouvée d'après les méthodes exposées dans l'Article II.

Pour cela, je mets cette équation sous la forme suivante, en augmentant d'une unité les nombres x et t,

$$p y_{x,t} + (1-p) y_{x,t+1} - y_{x+1,t+1} = 0,$$

et je remarque qu'elle est comprise dans la formule (F) du n° 7 en faisant

$$A = p, \quad B = 0, \quad B' = 1-p, \quad C' = -1.$$

Employant donc la solution du même numéro, on aura

$$\beta = -\frac{p}{1-p-\alpha} = \frac{p}{\alpha} \times \frac{1}{1 - \frac{1-p}{\alpha}};$$

donc

$$\beta^t = p^t \left[\alpha^{-t} + t(1-p)\alpha^{-t-1} + \frac{t(t+1)}{2}(1-p)^2 \alpha^{-t-2} + \ldots \right];$$

d'où l'on tire (8) l'expression générale

$$y_{x,t} = p^t \left[y_{x-t,0} + t(1-p) y_{x-t-1,0} + \frac{t(t+1)}{2}(1-p)^2 y_{x-t-2,0} + \ldots \right].$$

Cette expression va à l'infini; mais comme il faut, par les conditions du Problème, que l'on ait $y_{0,t} = 0$ lorsque t est > 0, il est visible qu'il faudra que l'on ait séparément

$$y_{-t,0} = 0, \quad y_{-t-1,0} = 0, \quad y_{-t-2,0} = 0, \ldots,$$

quel que soit t, pourvu qu'il soit > 0; d'où il s'ensuit que les quantités $y_{s,0}$ devront être toujours nulles lorsque s sera un nombre négatif, ce qui est le cas du n° 9, où l'on a vu que la série devient finie. Ensuite

SUR LES SUITES RÉCURRENTES.

les conditions du Problème donnent aussi $y_{x,0} = 1$, quel que soit x; donc, substituant ces valeurs dans l'expression précédente, on aura

$$y_{x,t} = p^t \left[1 + t(1-p) + \frac{t(t+1)}{2}(1-p)^2 + \ldots \right],$$

où il ne faudra prendre qu'autant de termes qu'il y a d'unités dans $x - t + 1$.

Donc enfin, changeant x en a et t en b, on aura pour le sort cherché

$$y_{a,b} = p^b \left[1 + b(1-p) + \frac{b(b+1)}{2}(1-p)^2 + \ldots + \frac{b(b+1)\ldots(a-1)}{1.2\ldots(a-b)}(1-p)^{a-b} \right].$$

Ce Problème est résolu dans la *Science des hasards* de Moivre (page 13, édition de 1756), par induction, et nos solutions s'accordent parfaitement.

COROLLAIRE.

50. Si la question était d'*amener l'événement donné b fois ni plus ni moins, en a coups,* conservant les mêmes dénominations que ci-dessus, on trouverait d'abord la même équation différentielle, et par conséquent la même expression générale de $y_{x,t}$; ensuite on prouverait aussi que $y_{0,t}$ doit être zéro tant que $t > 0$; ce qui rendra nulles toutes les quantités $y_{s,0}$, où s sera négatif; mais, à l'égard de $y_{x,0}$, il faudra considérer que cette quantité exprime le sort du joueur lorsqu'il doit encore jouer x coups, et qu'il ne doit plus amener l'événement donné; or, comme la probabilité de ne pas amener cet événement à chaque coup est $1 - p$, celle de ne pas l'amener dans x coups successifs sera $(1-p)^x$; ainsi l'on aura

$$y_{x,0} = (1-p)^x,$$

et, en général,

$$y_{s,0} = (1-p)^s,$$

s étant un nombre positif quelconque ou zéro. Par ces substitutions, l'expression de $y_{x,t}$ deviendra

$$y_{x,t} = p^t (1-p)^{x-t} \left[1 + t + \frac{t(t+1)}{2} + \ldots + \frac{t(t+1)\ldots(x-1)}{1.2\ldots(x-t)} \right],$$

ce qui peut se réduire à cette forme plus simple

$$y_{x,t} = \frac{(t+1)(t+2)\ldots x}{1.2\ldots(x-t)} p^t (1-p)^{x-t}.$$

Donc, changeant x en a, t en b, on aura pour le sort cherché

$$y_{a,b} = \frac{(b+1)(b+2)\ldots a}{1.2\ldots(a-b)} p^b (1-p)^{a-b}.$$

On aurait pu, au reste, déduire immédiatement la solution de ce dernier Problème de celle du numéro précédent; car il est facile de comprendre que, si de la probabilité d'amener un événement donné b fois au moins en a coups on ôte celle de l'amener $b+1$ fois au moins en un pareil nombre de coups, il doit rester la probabilité d'amener le même événement b fois seulement en a coups; d'où il s'ensuit que, si l'on désigne par $Y_{a,b}$ la valeur de $y_{a,b}$ du n° 49, on aura pour le cas du Corollaire présent

$$y_{a,b} = Y_{a,b} - Y_{a,b+1}.$$

C'est de cette manière que le Problème dont il s'agit est résolu dans l'Ouvrage cité de Moivre, page 15; mais celle que nous venons d'en donner est non-seulement plus simple, mais elle a de plus l'avantage d'être déduite de principes directs.

Problème II.

51. *On suppose qu'à chaque coup il puisse arriver deux événements dont les probabilités respectives soient p et q; et l'on demande le sort d'un joueur qui parierait d'amener le premier de ces événements b fois au moins et le second c fois au moins, en un nombre a de coups.*

Soit, en général, $y_{x,t,u}$ le sort du joueur lorsqu'il a encore x coups à jouer, et qu'il doit encore amener les deux événements, l'un t fois et l'autre u fois; il est clair que le sort cherché sera $y_{a,b,c}$.

Maintenant si l'on suppose que l'on joue un coup, et qu'on considère les différents cas qui peuvent arriver, on formera aisément, d'après les

SUR LES SUITES RÉCURRENTES.

principes connus de la théorie des hasards, l'équation

$$y_{x,t,u} = p y_{x-1,t-1,u} + q y_{x-1,t,u-1} + (1-p-q) y_{x-1,t,u};$$

laquelle est, comme l'on voit, aux différences finies et partielles entre quatre variables.

Or il est visible : 1° que le joueur perd lorsque x étant nul, t et u ont encore une valeur positive quelconque; d'où il s'ensuit que l'on doit avoir, en général, $y_{0,t,u} = 0$ lorsque t ou $u > 0$; 2° que si l'on fait $u = 0$, on a le cas du Problème précédent, de sorte que la valeur de $y_{x,t,0}$ doit être la même que celle de $y_{x,t}$ du n° 49 ci-dessus; 3° que si l'on fait $t = 0$, on aura aussi le cas du même Problème en changeant seulement p en q et t en u; par conséquent, la valeur de $y_{x,0,u}$ sera aussi la même que celle de $y_{x,t}$ du n° 49, mais en y changeant t en u, p en q.

Cela posé, je mets l'équation différentielle sous la forme suivante

$$p y_{x,t,u+1} + q y_{x,t+1,u} + (1-p-q) y_{x,t+1,u+1} - y_{x+1,t+1,u+1} = 0,$$

et la comparant à la formule (L) du n° 42, j'aurai, en faisant, pour abréger, $n = 1 - p - q$,

$$\gamma = \frac{q}{\alpha} \times \frac{1}{1 - \dfrac{n}{\alpha} - \dfrac{p}{\alpha\beta}};$$

d'où

$$\gamma^u = \frac{q^u}{\alpha^u}\left[1 + \frac{u}{\alpha}\left(n + \frac{p}{\beta}\right) + \frac{u(u+1)}{2\alpha^2}\left(n^2 + \frac{2np}{\beta} + \frac{p^2}{\beta^2}\right)\right.$$
$$\left. + \frac{u(u+1)(u+2)}{2.3.\alpha^3}\left(n^3 + \frac{3n^2p}{\beta} + \frac{3np^2}{\beta^2} + \frac{p^3}{\beta^3}\right) + \ldots\right],$$

et de là j'aurai sur-le-champ, par la formule du n° 43, cette expression générale

$$y_{x,t,u} = q^u\left[y_{x-u,t,0} + u(n y_{x-u-1,t,0} + p y_{x-u-1,t-1,0})\right.$$
$$+ \frac{u(u+1)}{2}(n^2 y_{x-u-2,t,0} + 2np y_{x-u-2,t-1,0} + p^2 y_{x-u-2,t-2,0})$$
$$+ \frac{u(u+1)(u+2)}{2.3}(n^3 y_{x-u-3,t,0} + 3n^2 p y_{x-u-3,t-1,0} + 3np^2 y_{x-u-3,t-2,0} + p^3 y_{x-u-3,t-3,0})$$
$$\left. + \ldots\ldots\ldots\ldots\ldots\ldots\ldots\ldots\ldots\ldots\ldots\ldots\ldots\ldots\ldots\right].$$

Cette formule va à l'infini; mais comme il faut que lorsque $x = 0$ on ait $y_{0,t,u} = 0$, quels que soient t et u, pourvu qu'ils ne soient pas nuls à la fois, il est facile de voir que tous les termes de la forme $y_{r,s,0}$, dans lesquels r sera négatif, devront nécessairement être nuls; de sorte que la formule deviendra finie, et qu'elle ne devra être poussée que jusqu'aux termes, inclusivement, qui seront affectés du coefficient

$$\frac{u(u+1)(u+2)\ldots(x-1)}{1.2.3\ldots(x-u)}.$$

Ainsi donc on n'aura plus que des termes de la forme $y_{r,s,0}$, où r sera toujours positif, mais où s pourra devenir négatif. Pour connaitre les valeurs de $y_{r,s,0}$ lorsque s est négatif, je fais dans la formule générale ci-dessus $t = 0$, auquel cas la valeur de $y_{x,0,u}$ doit être égale à celle de $y_{x,t}$ du n° 49 en changeant t en u et p en q; et comme cette égalité doit avoir lieu quels que soient x et u, j'en déduis aisément, par la comparaison des termes affectés des mêmes coefficients u, $\dfrac{u(u+1)}{2}, \ldots$, ces égalités

$$y_{x-u,0,0} = 1,$$
$$n y_{x-u-1,0,0} + p y_{x-u-1,-1,0} = 1 - q,$$
$$n^2 y_{x-u-2,0,0} + 2np y_{x-u-2,-1,0} + p^2 y_{x-u-2,-2,0} = (1-q)^2,$$

et ainsi ce suite; d'où l'on tire successivement, à cause de $n = 1 - p - q$,

$$y_{x-u,0,0} = 1, \quad y_{x-u-1,-1,0} = 1, \quad y_{x-u-2,-2,0} = 1, \ldots,$$

de sorte qu'on aura, en général,

$$y_{r,s,0} = 1$$

lorsque s sera zéro ou négatif, r étant positif ou zéro.

On peut d'ailleurs se convaincre *à priori* que $y_{r,s,0}$ doit être égal à 1 lorsque s est négatif; car, en supposant s positif, cette quantité exprime le sort du joueur, lorsqu'il lui reste encore r coups à jouer, et qu'il doit encore amener l'un des événements s fois; or, si s devient négatif, il est visible que l'on aura le sort du joueur lorsqu'il a déjà amené l'événement dont il s'agit *s* fois de plus qu'il n'avait besoin; auquel cas, par les conditions du jeu, il est censé avoir déjà gagné; par conséquent son sort doit alors être toujours égal à l'unité.

Donc, en général, pour avoir la valeur de tous les termes $y_{r,s,0}$ qui peuvent entrer dans l'expression ci-dessus de $y_{x,t,u}$, on remarquera : 1° que ces termes sont tous nuls pour toutes les valeurs négatives de r; 2° que ces termes sont tous égaux à l'unité pour toutes les valeurs négatives ou nulles de s, r étant zéro ou positif; 3° que r et s étant positifs ou zéro, on aura par le Problème précédent

$$y_{r,s} = p^s \left[1 + s(1-p) + \frac{s(s+1)}{2}(1-p)^2 + \ldots + \frac{s(s+1)\ldots(r-1)}{1.2\ldots(r-s)}(1-p)^{r-s} \right].$$

Ainsi le Problème est résolu.

On voit par là comment il faudrait s'y prendre si le nombre des événements était quelconque; il n'y aura de difficulté que dans la longueur du calcul.

Problème III.

52. *Les mêmes choses étant supposées que dans le Problème II, on demande le sort d'un joueur qui parierait d'amener, dans un nombre de coups indéterminé, le second des deux événements b fois avant que le premier fût arrivé a fois.*

Je désigne par $y_{x,t}$ le sort du joueur lorsqu'il doit encore amener le second événement t fois avant que le premier arrive x fois; il est clair que $y_{a,b}$ sera le sort cherché.

Imaginons maintenant qu'on joue un coup, et comme la probabilité du premier événement est p et celle du second est q à chaque coup par l'hypothèse, on formera aisément l'équation

$$y_{x,t} = p y_{x-1,t} + q y_{x,t-1},$$

et l'on remarquera que le joueur gagne lorsque $t = 0$ et x positif quelconque, et qu'il perd lorsque $x = 0$, et t positif quelconque; de sorte que l'on aura $y_{x,0} = 1$, x étant > 0, et $y_{0,t} = 0$, t étant > 0.

Cela posé, si l'on met l'équation différentielle sous la forme

$$p y_{x,t+1} + q y_{x+1,t} - y_{x+1,t+1} = 0,$$

et qu'on la compare à la formule (F) du n° 7, on aura

$$\beta = -\frac{q\alpha}{p-\alpha} = \frac{q}{1-\frac{p}{\alpha}};$$

donc

$$\beta^t = q^t \left[1 + t \frac{p}{\alpha} + \frac{t(t+1)}{2} \frac{p^2}{\alpha^2} + \frac{t(t+1)(t+2)}{2.3} \frac{p^3}{\alpha^3} + \cdots \right],$$

et par conséquent (8),

$$y_{x,t} = q^t \left[y_{x,0} + tp y_{x-1,0} + \frac{t(t+1)}{2} p^2 y_{x-2,0} + \cdots \right].$$

Or puisque $y_{0,t} = 0$, il faudra que l'on ait

$$y_{0,0} = 0, \quad y_{0,-1} = 0, \quad y_{0,-2} = 0, \ldots,$$

de sorte qu'on aura le cas du n° 9, où la série devient finie, et comme d'ailleurs on doit aussi avoir $y_{x,0} = 1$, il en résultera cette expression

$$y_{x,t} = q^t \left[1 + tp + \frac{t(t+1)}{2} p^2 + \frac{t(t+1)(t+2)}{2.3} p^3 + \cdots + \frac{t(t+1)\ldots(t+x-2)}{1.2\ldots(x-1)} p^{x-1} \right]$$

où il n'y aura plus qu'à changer x en a et t en b.

Autre solution du Problème III.

53. On peut aussi trouver une autre solution du Problème précédent par le moyen des formules du n° 13, lesquelles donnent dans tous les cas une expression finie de $y_{x,t}$.

En appliquant ces formules au cas présent, on aura

$$m = 1, \quad n = p;$$

SUR LES SUITES RÉCURRENTES.

de sorte que les quantités Y, Y', Y",... seront $y_{0,0}$, $\frac{1}{p}y_{1,0}$, $\frac{1}{p^2}y_{2,0}$,..., et à cause que les conditions du Problème demandent que

$$y_{0,0}=0, \quad y_{1,0}=1, \quad y_{2,0}=1,\ldots,$$

cette série deviendra

$$0, \frac{1}{p}, \frac{1}{p^2},\ldots;$$

d'où, en prenant les différences successives, on aura

$$Y=0, \quad \Delta Y = \frac{1}{p}, \quad \Delta^2 Y = \frac{1}{p^2}-\frac{2}{p}, \quad \Delta^3 Y = \frac{1}{p^3}-\frac{3}{p^2}+\frac{3}{p},\ldots;$$

donc

$$f(0)=0, \quad f(1)=1, \quad f(2)=1-2p, \quad f(3)=1-3p+3p^2,$$
$$f(4)=1-4p+6p^2-4p^3,\ldots,$$

d'où il est facile de conclure qu'on aura, en général,

$$f(x)=(1-p)^x-(-p)^x,$$

tant que x est 0 ou >0.

Ensuite, comme les conditions du Problème exigent aussi que

$$y_{0,0}=0, \quad y_{0,1}=0, \quad y_{0,2}=0,\ldots,$$

il s'ensuit que les quantités Y, 'Y, "Y,... seront toutes nulles; par conséquent leurs différences δY, $\delta^2 Y$,... seront nulles, ce qui donnera

$$f(0)=0, \quad f(-1)=0, \quad f(-2)=0,\ldots \quad \text{et} \quad f(-x)=0.$$

Enfin, comme $A=0$, et que ce que nous avons nommé p dans l'endroit cité est $=-\frac{B}{C}=q$, on aura

$$V=q^t, \quad V'=(x+t)q^t p, \quad V''=\frac{(x+t)(x+t-1)}{2}q^t p^2,\ldots.$$

Donc substituant ces valeurs dans la formule
$$y_{x,t} = V f(x) + V' f(x-1) + V'' f(x-2) + \ldots,$$
on aura
$$y_{x,t} = q^t \Big[(1-p)^x - (-p)^x + (x+t)[(1-p)^{x-1} - (-p)^{x-1}]p$$
$$+ \frac{(x+t)(x+t-1)}{2}[(1-p)^{x-2} - (-p)^{x-2}]p^2 + \ldots + \frac{(x+t)(x+t-1)\ldots(t+2)}{1.2\ldots(x-1)} p^{x-1} \Big]$$

On peut encore simplifier cette expression en remarquant que
$$(1-p)^x - (-p)^x = (1-p)^{x-1} - (1-p)^{x-2}p + (1-p)^{x-3}p^2 - \ldots \pm p^{x-1},$$
$$(1-p)^{x-1} - (-p)^{x-1} = (1-p)^{x-2} - (1-p)^{x-3}p + \ldots \mp p^{x-2},$$

et ainsi de suite; de sorte qu'en substituant ces valeurs et ordonnant par rapport aux puissances de $1-p$, on aura
$$y_{x,t} = q^t \Big[(1-p)^{x-1} + (x+t-1)(1-p)^{x-2}p$$
$$+ \left(\frac{(x+t)(x+t-1)}{2} - \frac{x+t}{1} - 1 \right)(1-p)^{x-3}p^2 + \ldots + p^{x-1} \Big],$$

ou bien en réduisant
$$y_{x,t} = q^t \Big[(1-p)^{x-1} + (x+t-1)(1-p)^{x-2}p + \frac{(x+t-1)(x+t-2)}{2}(1-p)^{x-3}p^2 + \ldots$$
$$+ \frac{(x+t-1)(x+t-2)\ldots(t+1)}{1.2\ldots(x-1)} p^{x-1} \Big].$$

Cette expression de $y_{x,t}$, quoique sous une forme différente de celle que nous avons trouvée dans le numéro précédent, revient cependant dans le fond à celle-là, comme on peut s'en convaincre aisément en développant les puissances de $1-p$, et ordonnant ensuite les termes suivant celles de p; ce qui peut servir de confirmation de l'exactitude de nos méthodes.

Au reste, on voit que dans le Problème dont il s'agit la méthode de la première solution est préférable à celle dont nous venons de faire usage, non-seulement parce que le procédé en est plus aisé, mais surtout parce que le résultat en est beaucoup plus simple.

Problème IV.

54. *On suppose qu'à chaque coup il puisse arriver trois événements différents, que je désignerai pour plus de clarté par* P, Q, R, *et que les probabilités de ces événements soient respectivement égales à* p, q, r; *on demande le sort d'un joueur qui parierait d'amener l'événement* R c *fois avant que l'événement* Q *arrive* b *fois, et que l'événement* P *arrive* a *fois.*

Soit $y_{x,t,u}$ le sort du joueur lorsqu'il a encore à amener l'événement R u fois avant que l'événement Q arrive t fois et que l'événement P arrive x fois; on aura $y_{a,b,c}$ pour le sort cherché. Or, en supposant qu'on joue un coup, on parviendra à l'équation

$$y_{x,t,u} = p y_{x-1,t,u} + q y_{x,t-1,u} + r y_{x,t,u-1};$$

et comme le joueur est censé avoir gagné lorsque $u = 0$ et x, t plus grands que zéro; qu'au contraire il est censé avoir perdu lorsque $t = 0$, et x, u plus grands que zéro, et lorsque $x = 0$ et t, u plus grands que zéro, il s'ensuit qu'on aura

$$y_{x,t,0} = 1, \quad y_{x,0,u} = 0, \quad y_{0,t,u} = 0,$$

x, t, u étant des nombres quelconques entiers positifs.

L'équation différentielle ci-dessus étant mise sous la forme

$$p y_{x,t+1,u+1} + q y_{x+1,t,u+1} + r y_{x+1,t+1,u} - y_{x+1,t+1,u+1} = 0,$$

se trouve comprise dans la formule (L) du n° 42, et l'on aura

$$\gamma = -\frac{r\alpha\beta}{q\alpha + p\beta - \alpha\beta} = \frac{r}{1 - \dfrac{p}{\alpha} - \dfrac{q}{\beta}};$$

d'où

$$\gamma^u = r^u \left[1 + u\left(\frac{p}{\alpha} + \frac{q}{\beta}\right) + \frac{u(u+1)}{2}\left(\frac{p^2}{\alpha^2} + \frac{2pq}{\alpha\beta} + \frac{q^2}{\beta^2}\right) \right.$$
$$\left. + \frac{u(u+1)(u+2)}{2.3}\left(\frac{p^3}{\alpha^3} + \frac{3p^2q}{\alpha^2\beta} + \frac{3pq^2}{\alpha\beta^2} + \frac{q^3}{\beta^3}\right) + \ldots \right].$$

Et de là on pourra tirer immédiatement la valeur de $y_{x,t,u}$ en changeant dans l'expression de γ^u chaque produit tel que $\frac{1}{\alpha^\rho \beta^\sigma}$ en $y_{x-\rho,t-\sigma,0}$, ainsi qu'on le voit par la comparaison des formules générales des n°s 42 et 43. Ainsi l'on aura

$$y_{x,t,u} = r^u \Big[y_{x,t,0} + u(p\, y_{x-1,t,0} + q\, y_{x,t-1,0})$$
$$+ \frac{u(u+1)}{2}(p^2 y_{x-2,t,0} + 2pq\, y_{x-1,t-1,0} + q^2 y_{x,t-2,0})$$
$$+ \frac{u(u+1)(u+2)}{2.3}(p^3 y_{x-3,t,0} + 3p^2 q\, y_{x-2,t-1,0} + 3pq^2 y_{x-1,t-2,0} + q^3 y_{x,t-3,0})$$
$$\dots \dots \dots \dots \dots \dots \dots \dots \dots \dots \dots \dots \dots \Big].$$

Or par les conditions du Problème il faut que $y_{x,t,u}$ devienne égal à zéro lorsque $x = 0$, ou $t = 0$ quel que soit u; et il est visible, par l'expression précédente, que cette condition emporte celle que chaque quantité telle que $y_{x,t,0}$ soit nulle lorsque $x = 0$ ou négatif, ou lorsque $t = 0$ ou négatif. De plus, il faut aussi par les conditions du Problème que $y_{x,t,0}$ soit $= 1$ lorsque x et t sont plus grands que zéro. D'où il s'ensuit que l'expression générale de $y_{x,t,u}$ deviendra finie, et sera représentée de la manière suivante

$$y_{x,t,u} = r^u \Big[1 + u(p+q) + \frac{u(u+1)}{2}(p^2 + 2pq + q^2)$$
$$+ \frac{u(u+1)(u+2)}{2.3}(p^3 + 3p^2 q + 3pq^2 + q^3) + \dots \Big],$$

en ne continuant cette série que tant que les puissances de p seront moindres que x, et celles de q moindres que t.

De sorte que si l'on désigne, pour plus de simplicité, les coefficients u, $\frac{u(u+1)}{2}$, $\frac{u(u+1)(u+2)}{2.3}$, ... par u', u'', u''', ..., on pourra donner à l'expression dont il s'agit cette forme

$$y_{x,t,u} = r^u \Big[\quad 1 + u'p + u''p^2 + \ldots + u^{(x-1)}p^{x-1}$$
$$+ u'q + 2u''pq + 3u'''p^2q + \ldots + xu^{(x)}p^{x-1}q$$
$$+ u''q^2 + 3u'''pq^2 + 6u^{\text{iv}}p^2q^2 + \ldots + \frac{x(x+1)}{2}u^{(x+1)}p^{x-1}q^2$$
$$\ldots\ldots\ldots\ldots\ldots\ldots\ldots\ldots\ldots\ldots\ldots\ldots\ldots\ldots\ldots\ldots\ldots\ldots$$
$$+ u^{(t-1)}q^{t-1} + t\dot{u}^{(t)}pq^{t-1} + \frac{t(t+1)}{2}u^{(t+1)}p^2q^{t-1} + \ldots + u^{(x+t-2)}p^{x-1}q^{t-1} \Big],$$

où le coefficient du dernier terme $u^{(x+t-2)}p^{x-1}q^{t-1}$ sera également

$$\frac{x(x+1)(x+2)\ldots(x+t-2)}{2.3\ldots(t-1)} \quad \text{ou} \quad \frac{t(t+1)(t+2)\ldots(t+x-2)}{2.3\ldots(x-1)},$$

ces deux quantités étant égales entre elles, comme on peut s'en convaincre en multipliant l'une par le dénominateur de l'autre, et *vice versâ*.

Corollaire I.

55. Si l'on supposait qu'à chaque coup il pût arriver quatre événements différents P, Q, R, S dont les probabilités respectives fussent p, q, r, s, et qu'on cherchât le sort d'un joueur qui parierait d'amener l'événement S z fois avant que les événements R, Q, P pussent arriver respectivement u, t, x fois, le Problème serait toujours résoluble par la même méthode, et l'on trouverait, pour le sort cherché, l'expression

$$s^z \Big[1 + z(p+q+r) + \frac{z(z+1)}{2}(p+q+r)^2 + \frac{z(z+1)(z+2)}{2.3}(p+q+r)^3 + \ldots \Big]$$

dans laquelle, après avoir développé les puissances de $p+q+r$, il ne faudra retenir que les termes où p sera élevé à une puissance moindre que x, q à une puissance moindre que t, et r à une puissance moindre que u; de sorte que tous les termes qui doivent entrer dans l'expression dont il s'agit formeront un parallélépipède rectangle, dont les trois côtés qui partent du même angle où il y a le terme s^z seront formés par ces trois séries

$$s^z\left[1 + zp + \frac{z(z+1)}{2}p^2 + \ldots + \frac{z(z+1)\ldots(z+x-2)}{1.2\ldots(x-1)}p^{x-1}\right],$$

$$s^z\left[1 + zq + \frac{z(z+1)}{2}q^2 + \ldots + \frac{z(z+1)\ldots(z+t-2)}{1.2\ldots(t-1)}q^{t-1}\right],$$

$$s^z\left[1 + zr + \frac{z(z+1)}{2}r^2 + \ldots + \frac{z(z+1)\ldots(z+u-2)}{1.2\ldots(u-1)}r^{u-1}\right],$$

et le nombre de tous les termes sera égal à $(x-1)(t-1)(u-1)$.

Corollaire II.

56. En général, si les événements qui peuvent arriver à chaque coup sont A, B, C, D,..., et leurs probabilités respectives a, b, c, d,..., et qu'on demande le sort d'un joueur qui parierait d'amener l'événement A α fois avant que B arrive β fois, C γ fois, D δ fois,..., on trouvera cette expression

$$a^\alpha\left[1 + \alpha(b+c+d+\ldots) + \frac{\alpha(\alpha+1)}{2}(b+c+d+\ldots)^2\right.$$
$$\left. + \frac{\alpha(\alpha+1)(\alpha+2)}{2.3}(b+c+d+\ldots)^3 + \ldots\right],$$

dans laquelle, après avoir développé les puissances de $b+c+d+\ldots$, il ne faudra retenir que les termes où les puissances de b seront moindres que β, celles de c moindres que γ, celles de d moindres que δ, etc.; de sorte que le nombre de tous les termes qui devront entrer dans cette expression sera

$$(\beta-1)(\gamma-1)(\delta-1)\ldots;$$

et il est facile de prouver par le Théorème connu sur la forme des coefficients des puissances des multinômes, que chacun de ces termes sera de la forme suivante

$$\frac{\alpha(\alpha+1)\ldots(\alpha+l+m+n+\ldots-1)}{1.2\ldots(l+m+n+\ldots)} \times \frac{(l+1)(l+2)\ldots(l+m+n+\ldots)}{1.2.3\ldots m \times 1.2.3\ldots n \times 1\ldots} a^\alpha b^l c^m d^n\ldots,$$

en donnant successivement à $l, m, n,\ldots$ toutes les valeurs entières depuis zéro jusqu'à $\beta-1, \gamma-1, \delta-1,\ldots$ respectivement.

Remarque.

57. Le Problème dont nous venons de donner une solution très-générale et très-simple renferme d'une manière générale celui qu'on nomme communément dans l'Analyse des hasards le *Problème des parties*, et qui n'a encore été résolu complétement que pour le cas de deux joueurs. (*Voyez* l'*Analyse* de Monmort, *Propositions XL et XLI*, seconde édition; *La Science des hasards* de Moivre, *Problème VI*, seconde édition; le *Mémoire* de M. de Laplace imprimé parmi les *Mémoires* présentés à l'Académie des Sciences en 1773, *Problèmes XIV et XV*.)

Si deux joueurs A et B jouant ensemble à plusieurs parties ont les probabilités respectives p et q de gagner chaque partie en particulier, et qu'il manque au joueur A x parties ou points, et au joueur B t parties ou points pour gagner, on aura évidemment le cas du Problème III (52), et $y_{x,t}$ sera le sort ou l'espérance du joueur B; et nos deux solutions s'accordent avec celles qu'on trouve dans l'Ouvrage cité de Monmort, n°ˢ 191, 192.

S'il y a trois joueurs A, B, C dont les probabilités respectives pour gagner chaque partie soient p, q, r, et qu'il manque à A x parties, à B t parties, à C u parties, on aura le cas du Problème IV (54); et $y_{x,t,u}$ sera le sort ou l'espérance du joueur C, et ainsi de suite.

En général, s'il y a autant de joueurs que l'on veut, A, B, C, D,…, dont les probabilités respectives de gagner chaque partie soient $a, b, c, d,\ldots$, et qu'il leur manque respectivement $\alpha, \beta, \gamma, \delta,\ldots$ parties, on aura par le Corollaire II ci-dessus l'expression générale du sort du joueur A, et par conséquent aussi celle du sort de chacun des autres joueurs en changeant entre elles les quantités $a, b, c, \ldots$ et $\alpha, \beta, \gamma, \ldots$.

Problème V.

58. *La probabilité d'amener un événement donné à chaque coup étant p, un joueur parie qu'en a coups au moins il amènera cet événement un nombre de fois qui surpassera de b le nombre des fois où il ne l'amènera pas.*

Soit $y_{x,t}$ le sort du joueur lorsqu'il n'a plus que x coups à jouer, et qu'il doit encore amener l'événement donné un nombre de fois qui surpasse de t le nombre des fois où il n'amènera pas cet événement; il est clair que le sort cherché sera $y_{a,b}$.

Si l'on imagine maintenant qu'on joue un coup, il est facile de former l'équation suivante

$$y_{x,t} = p y_{x-1,t-1} + (1-p) y_{x-1,t+1};$$

et comme le joueur gagne lorsque $t = 0$ et x quelconque, qu'au contraire il perd lorsque, x étant nul, t est encore positif, il s'ensuit qu'on aura $y_{x,0} = 1$, x étant quelconque, et $y_{0,t} = 0$, t étant > 0.

Je fais pour plus de simplicité $1 - p = q$, et je mets l'équation ci-dessus sous la forme suivante

$$p y_{x,t} + q y_{x,t+2} - y_{x+1,t+1} = 0,$$

qui est, comme l'on voit, comprise dans la formule générale (G) du n° 15; et il en viendra, d'après la formule (H), cette équation en α et β

$$p - \alpha \beta + q \beta^2 = 0;$$

d'où il faudra tirer la valeur de β et ensuite celle de β^t en α par une série descendante. Pour cela il faut employer la méthode que j'ai donnée dans mon *Mémoire sur la résolution des équations littérales*, imprimé dans le

volume de cette Académie pour l'année 1768 (*). Dans le n° 26 de ce Mémoire on trouve deux formules qui donnent les deux valeurs de x^m dans l'équation
$$a - bx + cx^2 = 0,$$
et qui peuvent s'appliquer au cas présent en faisant
$$x = \beta, \quad m = t, \quad a = p, \quad b = \alpha, \quad c = q;$$
on aura ainsi
$$\beta^t = \frac{p^t}{\alpha^t} + \frac{tp^{t+1}q}{\alpha^{t+2}} + \frac{t(t+3)}{2}\frac{p^{t+2}q^2}{\alpha^{t+4}} + \frac{t(t+4)(t+5)}{2.3}\frac{p^{t+3}q^3}{\alpha^{t+6}} + \ldots$$
ou
$$\beta^t = \frac{\alpha^t}{q^t} - \frac{tp\alpha^{t-2}}{q^{t-1}} + \frac{t(t-3)}{2}\frac{p^2\alpha^{t-4}}{q^{t-2}} - \frac{t(t-4)(t-5)}{2.3}\frac{p^3\alpha^{t-6}}{q^{t-3}} + \ldots$$

Ces deux valeurs de β^t étant comparées aux expressions générales de β^t du n° 15, on aura :

$$1° \begin{cases} \mu = -1, \quad \mu' = 2, \quad \mu'' = 4, \ldots, \\ T = p^t, \quad T' = tp^{t+1}q, \quad T'' = \frac{t(t+3)}{2}p^{t+2}q^2, \ldots \end{cases}$$

$$2° \begin{cases} \nu = 1, \quad \nu' = 2, \quad \nu'' = 4, \ldots, \\ U = \frac{1}{q^t}, \quad U' = -\frac{tq}{q^{t-1}}, \quad U'' = \frac{t(t-3)}{2}\frac{p^2}{q^{t-2}}, \ldots \end{cases}$$

Donc on aura (numéro cité)

$$y_{x,t} = p^t \left[f(x-t) + tpq\, f(x-t-2) + \frac{t(t+3)}{2} p^2 q^2 f(x-t-4) \right.$$
$$\left. + \frac{t(t+4)(t+5)}{2.3} p^3 q^3 f(x-t-6) + \ldots \right]$$
$$+ \frac{1}{q^t} \left[\varphi(x+t) - tpq\, \varphi(x+t-2) + \frac{t(t-3)}{2} p^2 q^2 \varphi(x+t-4) \right.$$
$$\left. - \frac{t(t-4)(t-5)}{2.3} p^3 q^3 \varphi(x+t-6) + \ldots \right],$$

(*) *OEuvres de Lagrange*, t. III, p. 6.

les caractéristiques f et φ dénotant deux fonctions arbitraires, qu'on déterminera de la manière suivante d'après les conditions données du Problème.

La première condition demande que lorsque $x = 0$, on ait $y_{0,t} = 0$, t étant un nombre entier positif quelconque; il est facile de se convaincre qu'on ne peut satisfaire à cette condition qu'en supposant que la fonction désignée par la caractéristique φ soit toujours zéro, et que celle désignée par la caractéristique f devienne aussi nulle lorsque le nombre dont elle est fonction devient négatif. De cette manière l'expression de $y_{x,t}$ deviendra finie et sera de la forme

$$y_{x,t} = p^t \left[f(x-t) + tpq f(x-t-2) + \frac{t(t+3)}{2} p^2 q^2 f(x-t-4) \right.$$
$$\left. + \frac{t(t+4)(t+5)}{2.3} p^3 q^3 f(x-t-6) + \ldots \right],$$

en prenant seulement autant de termes qu'il y a d'unités dans $\frac{x-t}{2} + 1$ ou dans $\frac{x-t-1}{2} + 1$.

L'autre condition du Problème demande ensuite que lorsque $t = 0$ et x quelconque, on ait $y_{x,0} = 1$; mais dans ce cas on aura, par la formule précédente, $y_{x,0} = f(x)$; donc $f(x)$ doit toujours être égal à 1, tant que x n'est pas négatif. Donc les valeurs de $f(x-t), f(x-t-2), \ldots$ dans l'expression ci-dessus seront toutes égales à 1. Ainsi l'on aura

$$y_{x,t} = p^t \left[1 + tpq + \frac{t(t+3)}{2} p^2 q^2 + \frac{t(t+4)(t+5)}{2.3} p^3 q^3 + \ldots \right],$$

en ne prenant qu'autant de termes qu'il y aura d'unités dans $\frac{x-t}{2} + 1$ ou dans $\frac{x-t-1}{2} + 1$.

Si l'on voulait que t fût négatif, alors en changeant t en $-t$, dans l'expression générale de $y_{x,t}$, on ne ferait qu'y changer p en q et f en φ et *vice versâ*, et, faisant le même raisonnement qu'auparavant, on trouverait

$$y_{x,-t} = q^t \left[1 + tpq + \frac{t(t+3)}{2} p^2 q^2 + \ldots \right].$$

C'est ce qui est d'ailleurs évident de soi-même; car le cas de t négatif est le même que si t restant positif, on échangeait entre eux les événements P et Q, ce qui ne produit d'autre différence dans la solution que de substituer q à la place de p et *vice versâ*.

Ce Problème répond au Problème LXV de Moivre, et la solution précédente s'accorde avec la seconde solution de cet Auteur (page 210, troisième édition).

Autre solution du Problème V.

59. Dans la solution précédente nous avons dû résoudre une équation du second degré pour avoir la valeur de β en α par l'équation

$$p - \alpha\beta + q\beta^2 = 0;$$

mais si au lieu de déterminer β en α on voulait au contraire déterminer α en β, on n'aurait alors qu'une équation linéaire à résoudre, et cette valeur de α en β aurait l'avantage d'être finie et de donner directement une expression de $y_{x,t}$ en termes finis.

En effet, on aura

$$\alpha = \frac{p}{\beta} + q\beta;$$

j'élève ce binôme à la puissance x, et je réunis, pour plus de simplicité, les termes extrêmes et ceux qui sont également éloignés des extrêmes; j'aurai ainsi

$$\alpha^x = (p^x \beta^{-x} + q^x \beta^x) + xpq(p^{x-2}\beta^{2-x} + q^{x-2}\beta^{x-2})$$
$$+ \frac{x(x-1)}{2} p^2 q^2 (p^{x-4}\beta^{4-x} + q^{x-4}\beta^{x-4}) + \ldots,$$

formule qu'il ne faudra pousser que jusqu'aux termes qui auront pour coefficient

$$\frac{x(x-1)(x-2)\ldots\left(\frac{x+1}{2}\right)}{1 \cdot 2 \cdot 3 \ldots}$$

si x est impair, ou bien

$$\frac{x(x-1)(x-2)\dots\left(\frac{x}{2}+1\right)}{1.2.3\dots}$$

si x est pair, en ayant soin, dans ce dernier cas, de ne prendre que la moitié de ce coefficient.

Multipliant cette valeur de α^x par β^t j'aurai cette expression de $\alpha^x\beta^t$:

$$\alpha^x\beta^t = (p^x\beta^{t-x} + q^x\beta^{t+x}) + xpq(p^{x-2}\beta^{t+2-x} + q^{x-2}\beta^{t-2+x})$$
$$+ \frac{x(x-1)}{2} p^2q^2(p^{x-4}\beta^{t+4-x} + q^{x-4}\beta^{t-4+x}) + \dots,$$

d'où, par les principes établis dans l'Article II ci-dessus, on tirera immédiatement cette expression générale de $y_{x,t}$, savoir

$$y_{x,t} = [p^x f(t-x) + q^x f(t+x)]$$
$$+ xpq[p^{x-2} f(t+2-x) + q^{x-2} f(t-2+x)]$$
$$+ \frac{x(x-1)}{2} p^2 q^2 [p^{x-4} f(t+4-x) + q^{x-4} f(t-4+x)]$$
$$\dots\dots\dots\dots\dots\dots\dots\dots\dots\dots\dots\dots\dots\dots$$

la caractéristique f désignant une fonction arbitraire, qui doit être déterminée par les conditions du Problème.

Pour cet effet, il faut se rappeler que lorsque $x = 0$ on doit avoir $y_{0,t} = 0$, t étant > 0, et que lorsque $t = 0$ on doit avoir $y_{x,0} = 1$, x étant $=$ ou > 0; donc : 1° on aura $f(t) = 0$, t étant un nombre quelconque positif; 2° on aura

$$1 = [p^x f(-x) + q^x f(x)] + xpq[p^{x-2} f(2-x) + q^{x-2} f(x-2)]$$
$$+ \frac{x(x-1)}{2} p^2 q^2 [p^{x-4} f(4-x) + q^{x-4} f(x-4)] + \dots,$$

x étant un nombre quelconque positif ou zéro. Si l'on fait successivement $x = 0, 1, 2, 3, \dots$, on pourra tirer de cette équation les valeurs de

$$f(0), \quad pf(-1) + qf(1), \quad p^2 f(-2) + q^2 f(2), \dots,$$

et l'on trouvera, en général, par les formules déjà connues,

$$-s)+q^s f(s) = 1 - spq + \frac{s(s-3)}{2} p^2 q^2 - \frac{s(s-4)(s-5)}{2.3} p^3 q^3 + \frac{s(s-5)(s-6)(s-7)}{2.3.4} p^4 q^4 - \ldots,$$

en ne prenant dans cette série qu'autant de termes qu'il y a d'unités dans $\frac{s+1}{2}$ ou dans $\frac{s}{2}+1$.

Donc, puisqu'on doit avoir, en général, $f(s) = 0$ tant que $s > 0$, on aura pour le Problème dont il s'agit

$$y_{x,t} = p^x \left[f(t-x) + x \frac{q}{p} f(t+2-x) + \frac{x(x-1)}{2} \frac{q^2}{p^2} f(t+4-x) + \ldots \right],$$

en ne prenant qu'autant de termes qu'il y a d'unités dans $\frac{x-t+1}{2}$ ou dans $\frac{x-t}{2}+1$; et il n'y aura plus qu'à substituer dans cette formule, à la place de chaque fonction telle que $f(-s)$, la quantité

$$f(-s) = \frac{1}{p^s} - \frac{sq}{p^{s-1}} + \frac{s(s-3)}{2} \frac{q^2}{p^{s-2}} - \ldots,$$

où le nombre des termes doit être $\frac{s+1}{2}$ ou $\frac{s}{2}+1$.

Troisième solution du Problème V.

60. Comme l'équation qui détermine β en α est du second degré, et que les termes donnés de la Table du n° 6 sont ceux qui forment le premier rang horizontal et le premier rang vertical, on aura la solution tout à la fois la plus simple et la plus directe par la méthode de l'Article III (31), en convertissant la quantité $\alpha^x \beta^t$ en une série finie de la forme suivante

$$\alpha^x \beta^t = V + V'\alpha + V''\alpha^2 + V'''\alpha^3 + \ldots$$
$$+ ,V\beta + ,,V\beta^2 + ,,,V\beta^3 + \ldots;$$

car alors on aura sur-le-champ (33)

$$y_{x,t} = V y_{0,0} + V' y_{1,0} + V'' y_{2,0} + V''' y_{3,0} + \ldots$$
$$+ {,}V y_{0,1} + {,,}V y_{0,2} + {,,,}V y_{0,3} + \ldots$$

Et comme les conditions du Problème demandent que $y_{x,0} = 1$, x étant $= 0, 1, 2, \ldots$, et que $y_{0,t} = 0$, t étant $= 1, 2, 3, \ldots$, on aura dans le cas du Problème proposé

$$y_{x,t} = V + V' + V'' + V''' + \ldots.$$

Ainsi la difficulté se réduit à trouver la somme des coefficients V, V', V'',... de la première partie de l'expression de $\alpha^x \beta^t$.

Pour cela je substitue à la place de α sa valeur en β dans la quantité $\alpha^x \beta^t$; j'ai, comme dans le n° 59,

$$\alpha^x \beta^t = (p^x \beta^{t-x} + q^x \beta^{t+x}) + x pq (p^{x-2} \beta^{t+2-x} + q^{x-2} \beta^{t-2+x})$$
$$+ \frac{x(x-1)}{2} p^2 q^2 (p^{x-4} \beta^{t+4-x} + q^{x-4} \beta^{t-4+x}) + \ldots$$

Lorsque $x < t$, cette formule ne contiendra que des puissances positives de t, et formera par conséquent la seconde partie de l'expression cherchée de $\alpha^x \beta^t$, la première devenant alors toute nulle; ce qui donnera par conséquent $y_{x,t} = 0$, comme cela doit être lorsque le nombre des coups restants est moindre que le nombre t. Mais, dans le cas où $x > t$, la formule précédente renferme nécessairement des puissances négatives de β, qu'il faudra éliminer de la manière suivante.

Si l'on élève successivement au carré, au cube, etc., l'équation

$$\alpha = \frac{p}{\beta} + q\beta,$$

on en pourra tirer les valeurs de

$$\frac{p}{\beta} + q\beta, \quad \frac{p^2}{\beta^2} + q^2 \beta^2, \quad \frac{p^3}{\beta^3} + q^3 \beta^3, \ldots$$

SUR LES SUITES RÉCURRENTES.

en α, et l'on aura, en général, par les formules déjà connues,

$$\frac{p^s}{\beta^s} + q^s\beta^s = \alpha^s - spq\,\alpha^{s-2} + \frac{s(s-3)}{2}p^2q^2\alpha^{s-4} + \frac{s(s-4)(s-5)}{2.3}p^3q^3\alpha^{s-6} - \ldots,$$

en ne continuant cette série que tant que les puissances de α seront positives.

Désignons, pour plus de simplicité, cette série en α par $A^{(s)}$; on aura donc

$$\frac{p^s}{\beta^s} + q^s\beta^s = A^{(s)}; \quad \text{donc} \quad \beta^{-s} = \frac{A^{(s)}}{p^s} - \left(\frac{q}{p}\right)^s \beta^s.$$

Donc, si par le moyen de cette formule on fait évanouir dans l'expression ci-dessus de $\alpha^x\beta^t$ toutes les puissances négatives de β, elle se réduira à deux suites, l'une composée de puissances positives de α, et l'autre composée de puissances positives de β; ainsi elle aura la forme demandée.

Comme pour notre objet il suffit de connaitre la première suite, on considérera uniquement les puissances négatives de β qui entrent dans l'expression de $\alpha^x\beta^t$, et faisant, pour plus de simplicité,

$$t = x - u,$$

on aura cette formule

$$p^x\beta^{-u} + xpq \times p^{x-2}\beta^{2-u} + \frac{x(x-1)}{2}p^2q^2 \times p^{x-4}\beta^{4-u} + \ldots,$$

en ne prenant qu'autant de termes qu'il y a d'unités dans $\dfrac{u+1}{2}$ ou dans $\dfrac{u}{2}+1$.

Ensuite on mettra à la place de chaque puissance négative β^{-s} sa valeur en α, $\dfrac{A^{(s)}}{p^s}$, en négligeant les puissances positives de β; par ce moyen on aura, pour la première partie de l'expression demandée de $\alpha^x\beta^t$, la formule

$$p^t\left[A^{(u)} + xpq\,A^{(u-2)} + \frac{x(x-1)}{2}p^2q^2 A^{(u-4)} + \ldots\right],$$

dans laquelle il n'y aura plus qu'à supposer $\alpha = 1$ pour avoir la valeur cherchée de $y_{x,t}$.

Or, puisque dans notre cas $q = 1 - p$ (58), il est clair que $\beta = 1$ donne $\alpha = 1$ dans l'équation

$$\alpha = \frac{p}{\beta} + q\beta;$$

donc aussi dans l'équation qui en est dérivée

$$\frac{p^s}{\beta^s} + q^s \beta^s = A^{(s)},$$

en faisant $\beta = 1$, la quantité α contenue dans $A^{(s)}$ deviendra $= 1$; donc on aura, lorsque $\alpha = 1$,

$$A^{(s)} = p^s + q^s;$$

donc, faisant cette substitution et remettant $x - t$ à la place de u, on aura

$$y_{x,t} = p^t \left[(p^{x-t} + q^{x-t}) + x pq (p^{x-t-2} + q^{x-t-2}) \right.$$
$$\left. + \frac{x(x-1)}{2} p^2 q^2 (p^{x-t-4} + q^{x-t-4}) + \ldots \right]$$

en ne continuant cette série que tant que l'exposant des quantités

$$p^{x-t-\cdots} + q^{x-t-\cdots}$$

sera positif ou zéro, et en ayant soin, dans ce dernier cas, de prendre 1 à la place de $p^0 + q^0$, parce que $A^{(s)} = 1$.

Cette solution est la même que la première solution de Moivre (page 209).

Problème VI.

61. *Supposant, comme dans le Problème précédent, que la probabilité d'amener un événement donné à chaque coup soit p; un joueur parie qu'en a coups ou moins il amènera cet événement un nombre de fois tel, que* ce nombre sera ou *plus grand de b* que le nombre des fois où il n'amènera pas le même événement, ou bien *moindre de c* que ce dernier nombre.

Soit $y_{x,t}$ le sort du joueur lorsqu'il n'a plus que x coups à jouer, et que la différence entre le nombre des fois où l'événement donné est déjà arrivé et le nombre des fois où cet événement n'est pas arrivé est exprimée par $t-c$; il est clair qu'au commencement où $x = a$ on aura $t-c = 0$, par conséquent $t = c$; de sorte que le sort cherché sera $y_{a,c}$.

Si l'on suppose maintenant que l'on joue un coup, on trouvera l'équation
$$y_{x,t} = p y_{x-1,t+1} + (1-p) y_{x-1,t-1},$$
qui est, comme l'on voit, semblable à celle du Problème précédent, avec cette seule différence que p est ici à la place de $1-p$; ce qui vient de ce qu'ici le nombre t n'exprime pas la même chose que dans le Problème précédent.

Or, d'après les conditions du Problème, il est aisé de voir que le joueur doit gagner lorsque $t - c = b$ et lorsque $t - c = -c$, quel que soit x, ce qui donne $t = b + c$ ou $= 0$, et par conséquent $y_{x,0} = 1$, $y_{x,b+c} = 1$, x étant positif ou zéro.

Ensuite on voit que le joueur perdra lorsque x étant nul, $t-c$ sera compris entre les limites b et $-c$, c'est-à-dire que t sera entre les limites 0 et $b+c$; donc on aura $y_{0,t} = 0$, t étant $1, 2, 3, \ldots, b+c-1$.

Ainsi les termes donnés de la Table du n° 6 sont, dans ce cas, ceux qui forment le premier rang horizontal, ensuite ceux qui forment le premier rang vertical jusqu'au $(b+c+1)^{\text{ième}}$ terme seulement, et enfin ceux qui forment le $(b+c+1)^{\text{ième}}$ rang horizontal; de sorte que la première ligne des termes donnés est droite et horizontale, et que la seconde est composée de deux droites, l'une verticale et finie, l'autre horizontale et indéfinie; ce qui peut servir d'exemple de ce qu'on a observé dans le n° 39.

Puis donc que l'équation différentielle est de la même forme que celle du Problème précédent, on pourra employer les mêmes moyens pour l'intégrer; mais je remarque d'abord que la première solution conduisant à une expression générale de $y_{x,t}$ composée d'un nombre infini de termes, ne saurait s'appliquer commodément au cas présent. On prendra donc d'abord la seconde solution, et l'on aura en changeant seulement p en q et q en p (59)

$$y_{x,t} = [q^x f(t-x) + p^x f(t+x)]$$
$$+ xpq[q^{x-2}f(t+2-x) + p^{x-2}f(t-2+x)]$$
$$+ \frac{x(x-1)}{2} p^2 q^2 [q^{x-4}f(t+4-x) + p^{x-4}f(t-4+x)] + \ldots,$$

cette formule ne devant être continuée que jusqu'aux termes qui auront pour coefficient

$$\frac{x(x-1)\ldots\left(\frac{x+1}{2}\right)}{1.2\ldots} \quad \text{ou} \quad \frac{x(x-1)\ldots\left(\frac{x}{2}+1\right)}{1.2\ldots},$$

et ayant soin de ne prendre que la moitié de ce coefficient dans le cas de x pair.

Il ne s'agira donc plus que de déterminer convenablement, d'après les conditions du Problème, les fonctions marquées par la caractéristique f. Pour cet effet, je ferai d'abord $x = 0$, ce qui donnera $y_{0,t} = f(t)$; donc, puisqu'on doit avoir $y_{0,t} = 0$ tant que $t = 1, 2, \ldots, b+c-1$, il s'ensuit qu'on aura, en général, $f(s) = 0$, s étant $= 1, 2, 3, \ldots, b+c-1$.

Ensuite nous ferons $t = 0$, auquel cas on doit avoir, comme dans le Problème V, $y_{x,0} = 1$, quel que soit x; faisant donc successivement $x = 0, 1, 2, \ldots$, j'aurai, en général, comme dans la solution du n° 59, en changeant seulement p en q et *vice versâ*,

$$q^s f(-s) + p^s f(s) = 1 - spq + \frac{s(s-3)}{2} p^2 q^2 - \frac{s(s-4)(s-5)}{2.3} p^3 q^3 + \ldots,$$

en ne prenant dans cette série que $\frac{s+1}{2}$ ou $\frac{s}{2}+1$ termes.

Enfin je ferai $t = b+c = n$, et comme on doit avoir alors aussi $y_{x,n} = 1$, quel que soit x, j'en tirerai de la même manière la formule générale

$$q^s f(n-s) + p^s f(n+s) = 1 - spq + \frac{s(s-3)}{2} p^2 q^2 - \frac{s(s-4)(s-5)}{2.3} p^3 q^3 + \ldots,$$

SUR LES SUITES RÉCURRENTES.

ou bien
$$q^s f(n-s) + p^s f(n+s) = q^s f(-s) + p^s f(s).$$

Par le moyen de ces formules, en faisant successivement $s = 0, 1, 2, \ldots$, on pourra trouver toutes les valeurs de la fonction inconnue qui entre dans l'expression générale ci-dessus de $y_{x,t}$.

Mais on peut simplifier beaucoup cette solution par la substitution de $1 - z_{x,t}$ à la place de $y_{x,t}$. Car on aura d'abord l'équation différentielle

$$z_{x,t} = p z_{x-1, t+1} + (1-p) z_{x-1, t-1},$$

qui est de la même forme que l'équation en $y_{x,t}$; par conséquent on aura aussi, en général, en employant la caractéristique φ, pour désigner une fonction arbitraire,

$$z_{x,t} = [q^x \varphi(t-x) + p^x \varphi(t+x)] + x pq [q^{x-2} \varphi(t+2-x) + p^{x-2} \varphi(t-2+x)]$$
$$+ \frac{x(x-1)}{2} p^2 q^2 [q^{x-4} \varphi(t+4-x) + p^{x-4} \varphi(t-4+x)] + \ldots.$$

Maintenant, comme en faisant $x = 0$ on doit avoir $y_{0,t} = 0$, tant que t est entre les limites 0 et $b+c$, on aura donc $z_{0,t} = 1$, t étant $= 1, 2, 3, \ldots, b+c-1$; et comme en faisant $t = 0$ et $t = b+c$, on doit avoir $y_{x,0} = 1$ et $y_{x, b+c} = 1$, x étant positif ou zéro, il s'ensuit qu'on aura $z_{x,0} = 0$ et $z_{x, b+c} = 0$, x étant $0, 1, 2, \ldots$.

Donc : 1° on aura, en faisant $x = 0$, $\varphi(t) = 1$; donc, en général, $\varphi(s) = 1$ pour toutes ces valeurs de s, savoir $s = 1, 2, 3, \ldots, b+c-1$; 2° en faisant $t = 0$, et x successivement $0, 1, 2, \ldots$, on trouvera, en général,

$$q^s \varphi(-s) + p^s \varphi(s) = 0,$$

s étant $0, 1, 2, 3, \ldots$; 3° en faisant $t = b+c$, et $x = 0, 1, 2, \ldots$, on trouvera pareillement

$$q^s \varphi(b+c-s) + p^s \varphi(b+c+s) = 0,$$

s étant aussi $= 0, 1, 2, 3, \ldots$.

Donc enfin, si pour plus de simplicité on met l'expression de $z_{x,t}$ sous la forme

$$z_{x,t} = p^x \varphi(x+t) + x p^{x-1} q \varphi(x+t-2) + \frac{x(x-1)}{2} p^{x-2} q^2 \varphi(x+t-4) + \ldots,$$

qu'ensuite on y fasse $x = a$, $t = c$, et qu'on remette $1 - p$ à la place de q, on trouvera, pour la valeur cherchée de $y_{a,c} = 1 - z_{a,c}$, c'est-à-dire pour le sort du joueur, la formule suivante

$$1 - p^a \varphi(a+c) - a p^{a-1}(1-p) \varphi(a+c-2) - \frac{a(a-1)}{2} p^{a-2}(1-p)^2 \varphi(a+c-4) - \ldots,$$

et l'on déterminera les valeurs de la fonction arbitraire par ces conditions

$$\varphi(s) = 1, \quad s \text{ étant } 1, 2, 3, \ldots, b+c-1,$$

et

$$\left. \begin{array}{l} p^s \varphi(s) + (1-p)^s \varphi(-s) = 0, \\ p^s \varphi(b+c+s) + (1-p)^s \varphi(b+c-s) = 0, \end{array} \right\} s \text{ étant } 0, 1, 2, 3, \ldots \text{ à l'infini.}$$

Soit par exemple

$$a = 7, \quad b = 2, \quad c = 3,$$

on aura la formule

$$1 - p^7 \varphi(10) - 7 p^6 (1-p) \varphi(8) + 21 p^5 (1-p)^2 \varphi(6) - 35 p^4 (1-p)^3 \varphi(4)$$
$$- 35 p^3 (1-p)^4 \varphi(2) - 21 p^2 (1-p)^5 \varphi(0) - 7 p (1-p)^6 \varphi(-2) - (1-p)^7 \varphi(-4);$$

or la condition

$$\varphi(s) = 1$$

donne d'abord

$$\varphi(2) = 1, \quad \varphi(4) = 1;$$

ensuite la condition

$$p^s \varphi(s) + (1-p)^s \varphi(-s) = 0$$

donnera

$$\varphi(0) = 0, \quad \varphi(-2) = -\frac{p^2}{(1-p)^2}, \quad \varphi(-4) = -\frac{p^4}{(1-p)^4};$$

enfin la condition

$$p^s\varphi(5+s)+(1-p)^s\varphi(5-s)=0$$

donnera

$$\varphi(6)=-\frac{1-p}{p}, \quad \varphi(8)=-\frac{(1-p)^3}{p^3}, \quad \varphi(10)=0.$$

Donc substituant ces valeurs on aura après les réductions

$$1-21p^3(1-p)^4-13p^4(1-p)^3$$

pour le sort cherché.

Autre solution du Problème VI.

62. Je vais maintenant résoudre le même Problème par la méthode de l'Article III; mais au lieu de s'y prendre comme on a fait dans la troisième solution du Problème précédent (**60**), où l'on a regardé comme donnés les termes du premier rang horizontal et ceux du premier rang vertical de la Table du n° 6, il sera plus commode ici de supposer donnés les termes des deux premiers rangs horizontaux; ce qui ne demande que de réduire la valeur de β^t à une expression de la forme suivante (**25**)

$$\beta^t = T + T'\alpha + T''\alpha^2 + T'''\alpha^3 + \ldots + T^{(t)}\alpha^t \\ + [_,T +_,T'\alpha +_,T''\alpha^2 + \ldots +_,T^{(t-1)}\alpha^{t-1}]\beta;$$

car alors on aura sur-le-champ (**27**)

$$y_{x,t} = Ty_{x,0} + T'y_{x+1,0} + T''y_{x+2,0} + T'''y_{x+3,0} + \ldots + T^{(t)}y_{x+t,0} \\ +_,Ty_{x,1} +_,T'y_{x+1,1} +_,T''y_{x+2,1} + \ldots +_,T^{(t-1)}y_{x+t-1,1}.$$

Or comme la quantité β doit être déterminée (**58, 61**) par l'équation

$$q - \alpha\beta + p\beta^2 = 0,$$

dont les deux racines sont

$$\beta = \frac{\alpha \pm \sqrt{\alpha^2 - 4pq}}{2p},$$

si l'on désigne ces deux racines par β' et β'', et qu'on fasse, pour abréger,

$$A = T + T'\alpha + T''\alpha^2 + T'''\alpha^3 + \ldots + T^{(t)}\alpha^t,$$
$$_{,}A = _{,}T + _{,}T'\alpha + _{,}T''\alpha^2 + \ldots + _{,}T^{(t-1)}\alpha^{t-1},$$

on aura (**28**)

$$\beta'^t = A + _{,}A\beta', \quad \beta''^t = A + _{,}A\beta'',$$

d'où l'on tire

$$A = \frac{\beta'\beta''(\beta'^{t-1} - \beta''^{t-1})}{\beta'' - \beta'}, \quad _{,}A = \frac{\beta'^t - \beta''^t}{\beta' - \beta''};$$

savoir

$$A = -q\,\frac{(\alpha + \sqrt{\alpha^2 - 4pq})^{t-1} - (\alpha - \sqrt{\alpha^2 - 4pq})^{t-1}}{(2p)^{t-1}\sqrt{\alpha^2 - 4pq}},$$

$$_{,}A = \frac{(\alpha + \sqrt{\alpha^2 - 4pq})^{t} - (\alpha - \sqrt{\alpha^2 - 4pq})^{t}}{(2p)^{t}\sqrt{\alpha^2 - 4pq}}.$$

Ainsi il n'y aura qu'à développer ces puissances $t^{\text{ièmes}}$ et $(t-1)^{\text{ièmes}}$ et ordonner ensuite les termes par rapport à α, on aura les valeurs des coefficients T, T′, T″,…, ainsi que ceux de $_{,}$T, $_{,}$T′, $_{,}$T″,…, en p, q et t; mais on n'aura pas même besoin de connaître ces valeurs, comme on va le voir.

En effet, comme les conditions du Problème demandent que $y_{x,0} = 1$, x étant positif quelconque ou zéro (**61**), si l'on fait $y_{x,1} = 1 - u_x$, il est clair que l'expression de $y_{x,t}$ deviendra

$$y_{x,t} = A + _{,}A - _{,}Tu_x - _{,}T'u_{x+1} - _{,}T''u_{x+2} - \ldots - _{,}T^{(t-1)}u_{x+t-1},$$

en supposant que dans les quantités A et $_{,}$A on ait fait $\alpha = 1$; or

$$\beta'^t = A + _{,}A\beta,$$

et, à cause de $q = 1 - p$, si l'on fait $\beta = 1$, on a $\alpha = 1$ d'après l'équation

$$q - \alpha\beta + p\beta^2 = 0;$$

donc

$$1 = A + _{,}A$$

lorsque $\alpha = 1$; donc

$$y_{x,t} = 1 - {}_tT u_x - {}_tT' u_{x+1} - {}_tT'' u_{x+2} - \ldots - {}_tT^{(t-1)} u_{x+t-1}.$$

Ensuite il faut aussi, par les conditions du Problème, que $y_{x,b+c} = 1$, x étant positif quelconque ou zéro; donc si l'on dénote par B, B', B'',... les valeurs de ${}_tT, {}_tT', {}_tT'',\ldots$ lorsque $t = b + c$, on aura pour la détermination des quantités u_x l'équation

$$B u_x + B' u_{x+1} + B'' u_{x+2} + \ldots + B^{(t-1)} u_{x+b+c-1} = 0,$$

d'où l'on voit que ces quantités forment une suite récurrente simple de l'ordre $b + c - 1$; en sorte que si l'on fait l'équation

(a) $$B + B'\alpha + B''\alpha^2 + B'''\alpha^3 + \ldots + B^{(b+c-1)}\alpha^{b+c-1} = 0,$$

et qu'on dénote par $\alpha', \alpha'', \alpha''',\ldots$ les différentes racines de cette équation, on aura, en général (Article I),

$$u_x = M \alpha'^x + N \alpha''^x + P \alpha'''^x + \ldots,$$

M, N, P,... étant des constantes indéterminées.

On fera donc cette substitution dans l'expression ci-dessus de $y_{x,t}$, et comme l'on a, en général,

$${}_tA = {}_tT + {}_tT'\alpha + {}_tT''\alpha^2 + \ldots$$

si l'on dénote par ${}_tA', {}_tA'', {}_tA''',\ldots$ les valeurs de ${}_tA$ qui répondent à $\alpha = \alpha', \alpha'', \alpha''',\ldots$, on aura

(b) $$y_{x,t} = 1 - M\,{}_tA'\alpha'^x - N\,{}_tA''\alpha''^x - P\,{}_tA'''\alpha'''^x - \ldots,$$

et il ne restera plus qu'à déterminer les $b + c - 1$ constantes au moyen de la dernière condition du Problème qui est $y_{0,t} = 0$, t étant $1, 2, 3,\ldots, b + c - 1$; de sorte qu'il faudra que ces constantes soient telles, que l'on ait (x étant $= 0$)

(c) $$M\,{}_tA' + N\,{}_tA'' + P\,{}_tA''' + \ldots = 1,$$

en supposant successivement $t = 1, 2, 3, \ldots, b+c-1$ dans les quantités $_,A', _,A'', _,A''', \ldots$.

Or il est visible que l'équation (a) ci-dessus n'est autre chose que celle-ci $_,A = 0$ en y faisant $t = b+c$; de plus, si l'on fait

$$\alpha = 2\sqrt{pq}\cos\theta,$$

il est clair que l'expression de $_,A$ trouvée plus haut deviendra

$$_,A = \left(\sqrt{\frac{q}{p}}\right)^t \frac{\sin t\theta}{\sqrt{pq}\sin\theta};$$

donc, faisant $t = b+c$, l'équation dont il s'agit deviendra

$$\frac{\sin(b+c)\theta}{\sin\theta} = 0,$$

d'où l'on tire

$$\theta = \frac{\lambda\pi}{b+c},$$

π étant l'angle de 180 degrés et λ un nombre quelconque de la suite $1, 2, 3, \ldots, b+c-1$. On connaîtra par là les $b+c-1$ racines $\alpha', \alpha'', \alpha''', \ldots$, ainsi que les quantités correspondantes $_,A', _,A'', _,A''', \ldots$; et l'on aura, en général,

$$\alpha^{(\lambda)} = 2\sqrt{pq}\cos\frac{\lambda\pi}{b+c}, \quad _,A^{(\lambda)} = \left(\sqrt{\frac{q}{p}}\right)^t \frac{\sin\frac{\lambda t\pi}{b+c}}{\sqrt{pq}\sin\frac{\lambda\pi}{b+c}}.$$

Substituant donc ces valeurs dans la formule (b) et faisant pour plus de simplicité

$$b+c = n$$

et

$$\frac{M}{\sqrt{pq}\sin\frac{\pi}{n}} = (1), \quad \frac{N}{\sqrt{pq}\sin\frac{2\pi}{n}} = (2), \ldots,$$

on aura

$$y_{x,t} = 1 - (2\sqrt{pq})^x \left(\sqrt{\frac{q}{p}}\right)^t$$

$$\times \left[(1)\left(\cos\frac{\pi}{n}\right)^x \sin\frac{t\pi}{n} + (2)\left(\cos\frac{2\pi}{n}\right)^x \sin\frac{2t\pi}{n} \right.$$

$$\left. + (3)\left(\cos\frac{3\pi}{n}\right)^x \sin\frac{3t\pi}{n} + \ldots + (n-1)\left(\cos\frac{(n-1)\pi}{n}\right)^x \sin\frac{(n-1)t\pi}{n} \right];$$

et l'équation (c) par laquelle il faudra déterminer les constantes (1), (2), (3),..., $(n-1)$ sera

$$(1)\sin\frac{t\pi}{n} + (2)\sin\frac{2t\pi}{n} + \ldots + (n-1)\sin\frac{(n-1)t\pi}{n} = \left(\sqrt{\frac{p}{q}}\right)^t,$$

laquelle devra avoir lieu en faisant successivement $t = 1, 2, 3, \ldots, n-1$.

Pour tirer de là la valeur de chacune de ces constantes, il n'y aura qu'à multiplier toute l'équation par le sinus qui a pour coefficient la constante qu'on veut déterminer, et ajouter ensuite ensemble les $n-1$ équations particulières qui répondent à $t = 1, 2, 3, \ldots, n-1$; par ce moyen toutes les autres constantes disparaîtront, et la constante cherchée se trouvera multipliée par $\frac{2}{n}$; c'est de quoi on peut s'assurer par les formules connues pour la sommation des suites formées de sinus ou de cosinus.

Ainsi pour avoir, en général, la valeur de (μ) on multipliera l'équation par $\sin\frac{\mu t\pi}{n}$, et, opérant comme on vient de le dire, il viendra

$$\frac{n}{2}(\mu) = \sqrt{\frac{p}{q}} \sin\frac{\mu\pi}{n} + \frac{p}{q}\sin\frac{2\mu\pi}{n} + \ldots + \left(\sqrt{\frac{p}{q}}\right)^{n-1} \sin\frac{(n-1)\mu\pi}{n}.$$

Or le second membre de cette équation se réduit par les formules connues à

$$\frac{\sqrt{\frac{p}{q}}\left[1 \pm \left(\sqrt{\frac{p}{q}}\right)^n\right]\sin\frac{\mu\pi}{n}}{1 - 2\sqrt{\frac{p}{q}}\cos\frac{\mu\pi}{n} + \frac{p}{q}},$$

le signe supérieur étant pour le cas de μ impair, et l'inférieur pour celui de μ pair.

On aura donc, en général,

$$(\mu) = \frac{\dfrac{2}{n}\sqrt{\dfrac{p}{q}}\left[1 \pm \left(\sqrt{\dfrac{p}{q}}\right)^n\right]\sin\dfrac{\mu\pi}{n}}{1 - 2\sqrt{\dfrac{p}{q}}\cos\dfrac{\mu\pi}{n} + \dfrac{p}{q}},$$

d'où, en faisant successivement $\mu = 1, 2, 3, \ldots, n-1$, on tirera les valeurs des constantes $(1), (2), (3), \ldots$, qu'on substituera dans l'expression ci-dessus de $y_{x,t}$; ensuite il n'y aura plus qu'à faire $x = a$ et $t = c$ pour avoir la valeur du sort demandé.

Remarque.

63. Le Problème précédent revient à celui qui concerne la durée des parties que l'on joue en rabattant, et dont MM. de Monmort, Bernoulli et Moivre se sont occupés. (*Voyez* l'Ouvrage de Monmort, page 268, deuxième édition; celui de Moivre, page 191, troisième édition.)

On propose ordinairement ce Problème ainsi : *Deux joueurs ayant chacun un certain nombre de jetons jouent ensemble à cette condition que celui qui perdra une partie donnera un jeton à l'autre; on demande combien il y a à parier que le jeu, qui peut durer à l'infini, sera fini en un certain nombre de parties au plus, en sorte que l'un des deux joueurs aura gagné tous les jetons de l'autre.* Il est facile de comprendre que si l'on dénote par b et c les nombres des jetons des deux joueurs, par p et $1-p$ ou q les probabilités respectives que ces joueurs ont pour gagner chaque partie, et par a le nombre des parties dans lequel on parie que le jeu finira, il est facile, dis-je, de comprendre que l'on aura exactement le cas de notre Problème VI. Aussi des deux solutions que nous venons de donner de ce Problème, la première répond à la méthode du Problème LXIII, et la seconde répond à celle du Problème LXVIII de l'Ouvrage cité de Moivre; mais nos solutions ont l'avantage d'être plus directes, plus générales et plus analytiques que celles de cet Auteur.

SUR LES SUITES RÉCURRENTES.

Le Problème V ci-dessus peut aussi se rapporter à la durée des parties; mais il faut supposer que l'un des joueurs ayant d'abord b jetons, l'autre n'en ait aucun, et que le jeu ne finisse que lorsque celui-ci aura gagné les b jetons de son adversaire.

Problème VII.

64. *Soit un nombre a d'urnes rangées de suite, et dont chacune contienne n billets en partie blancs et en partie noirs à volonté; que l'on tire à la fois de chacune de ces urnes un billet au hasard et que l'on mette ensuite le billet tiré de chaque urne dans l'urne suivante, en observant de mettre dans la première urne le billet tiré de la dernière; on demande quel sera probablement le nombre des billets noirs dans chaque urne après un nombre b de pareils tirages.*

Soit $y_{x,t}$ le nombre des billets noirs qu'il y aura probablement dans l'urne $x^{ième}$ après t tirages; il est facile de voir qu'après un nouveau tirage ce nombre sera probablement augmenté de $\frac{y_{x-1,t}}{n}$, et diminué de $\frac{y_{x,t}}{n}$, de sorte que l'on aura l'équation

$$y_{x,t+1} = y_{x,t} + \frac{1}{n} y_{x-1,t} - \frac{1}{n} y_{x,t},$$

qui se réduit à cette forme

$$y_{x,t} + (n-1) y_{x+1,t} - n y_{x+1,t+1} = 0.$$

Ici les quantités données sont les valeurs de $y_{x,t}$ lorsque $t = 0$ et que $x = 1, 2, 3, \ldots, n$, lesquelles indiquent les nombres des billets noirs qu'il y a dans chaque urne avant le premier tirage; de sorte qu'une des conditions du Problème est que les termes $y_{x,0}$ soient tous donnés depuis $x = 0$ jusqu'à $x = n$ inclusivement; l'autre condition à laquelle il faut satisfaire est que les billets tirés de la dernière urne rentrent toujours dans la première; et il est clair que pour cela il n'y a qu'à supposer que la $a^{ième}$ urne précède la première, c'est-à-dire que cette urne soit aussi

IV.

la 0ième; en sorte que la valeur de $y_{x,t}$ qui répond à $x = a$ soit toujours identique avec celle qui répondra à $x = 0$; ce qui donnera cette autre condition $y_{a,t} = y_{0,t}$, quel que soit t.

Maintenant si l'on rapporte l'équation différentielle trouvée ci-dessus à la formule (F) du n° 7, on a

$$A = 1, \quad B = n - 1, \quad B' = 0, \quad C' = -n;$$

ce qui rentre dans le second cas du n° 11; en sorte que, à cause de

$$p = -\frac{B}{C'} = 1 - \frac{1}{n}, \quad q = \frac{A}{B} = \frac{1}{n-1},$$

on aura sur-le-champ

$$y_{x,t} = \left(1 - \frac{1}{n}\right)^t \left[y_{x,0} + \frac{t}{n-1} y_{x-1,0} + \frac{t(t-1)}{2(n-1)^2} y_{x-2,0} + \ldots \right],$$

le nombre des termes étant $t + 1$.

Or comme on doit avoir $y_{0,t} = y_{a,t}$, quel que soit t, il est visible que pour satisfaire à cette condition, il faudra que l'on ait

$$y_{0,0} = y_{a,0}, \quad y_{-1,0} = y_{a-1,0}, \quad y_{-2,0} = y_{a-2,0}, \ldots,$$

et, en général,

$$y_{-s,0} = y_{a-s,0},$$

s étant un nombre positif quelconque ou zéro. Ainsi, comme les valeurs de $y_{x,0}$ sont supposées connues depuis $x = 1$ jusqu'à $x = a$ inclusivement, on connaîtra toutes les valeurs de $y_{x,0}$ qui peuvent entrer dans l'expression précédente de $y_{x,t}$.

Corollaire.

65. Si l'on ne voulait pas que les billets tirés de la dernière urne rentrassent dans la première, mais qu'on mît toujours dans celle-ci un billet blanc après chaque extraction, il n'y aurait alors qu'à supposer que l'urne 0ième qui est censée précéder la première urne, ne contînt que des

billets blancs, ce qui donnerait $y_{0,t} = 0$, t étant quelconque; et l'on verrait aisément que pour satisfaire à cette condition, il faudrait supposer

$$y_{0,0} = 0, \quad y_{-1,0} = 0, \quad y_{-2,0} = 0, \ldots,$$

et, en général,

$$y_{-s,0} = 0,$$

s étant un nombre quelconque positif ou zéro. Ainsi il ne faudrait, dans ce cas, prendre que x termes de l'expression générale de $y_{x,t}$, en négligeant tous les suivants.

En général, si l'on suppose que chaque billet tiré de la première urne soit remplacé par un billet tiré au hasard suivant une loi quelconque qui varie, si l'on veut, à chaque tirage, de manière que la probabilité que ce billet soit noir soit une fonction quelconque donnée de t que nous désignerons par (t), on considérera que, comme la probabilité que le billet qui entre dans l'urne $x^{ième}$ au $t^{ième}$ tirage soit noir est représentée par $\frac{y_{x-1,t}}{n}$ dans la solution précédente, la probabilité (t) qui répond à la première urne pour laquelle $x = 1$ sera $\frac{y_{0,t}}{n}$; de sorte qu'on aura $y_{0,t} = n(t)$; par conséquent on connaîtra le premier rang vertical de la Table du n° 6; et de là on pourra, par les formules du n° 11, déduire les valeurs de $y_{-s,0}$.

SUR L'ALTÉRATION

DES

MOYENS MOUVEMENTS DES PLANÈTES.

SUR L'ALTÉRATION

DES

MOYENS MOUVEMENTS DES PLANÈTES [*].

(*Nouveaux Mémoires de l'Académie royale des Sciences et Belles-Lettres de Berlin*, année 1776.)

Une des déterminations les plus importantes et en même temps les plus difficiles de la théorie des planètes est celle de leurs moyens mouvements ou de la durée de leurs révolutions. Les Astronomes, en comparant les observations modernes avec les plus anciennes dont la mémoire nous ait été conservée, ont cru remarquer que les mouvements moyens de Saturne, de Jupiter et de la Lune n'étaient pas uniformes, que celui de Saturne paraissait se ralentir de siècle en siècle, et que ceux de Jupiter et de la Lune paraissaient au contraire sujets à des accélérations continuelles; ils ont en conséquence introduit dans les Tables de ces planètes des équations séculaires qui doivent s'appliquer à leurs moyens mouvements supposés uniformes.

L'équation séculaire de Saturne est, d'après les Tables de Halley, de 1′ 24″ pour le premier siècle, et augmente ensuite comme les carrés des temps; celle de Jupiter est seulement de 36″ pour le premier siècle, et

[*] Lu le 24 octobre 1776.

augmente de même comme les carrés des temps; enfin l'équation séculaire de la Lune est, suivant les dernières Tables de Mayer, de 9″ pour le premier siècle, et croit aussi comme les carrés des temps.

Quelques Astronomes avaient cru apercevoir aussi une accélération continuelle dans le mouvement moyen de la Terre; mais soit qu'on n'ait pas regardé cette altération comme suffisamment constatée, ou que la quantité en soit assez petite pour pouvoir être négligée, il paraît qu'on n'a pas encore pensé à y avoir égard dans les Tables du Soleil.

A l'égard des mouvements moyens des autres planètes, on n'y a jusqu'à présent découvert aucune altération sensible; du moins il n'en a jamais été question, que je sache, dans les Tables de Mars, de Vénus et de Mercure.

Comme le système de la gravitation universelle suffit pour expliquer les inégalités périodiques des planètes, il est naturel de regarder aussi cette même gravitation comme la cause de leurs inégalités séculaires; mais il est infiniment plus difficile d'en déduire ces dernières inégalités que les premières, tant à cause de leur petitesse, que parce que le calcul le plus épineux et le plus délicat est nécessaire pour assigner et distinguer dans les équations différentielles tous les différents termes qui peuvent les produire. Aussi voyons-nous que les Géomètres qui se sont occupés jusqu'à présent de cet objet sont parvenus à des résultats différents.

M. Euler, dans sa première Pièce sur les irrégularités de Jupiter et de Saturne, n'a trouvé aucune équation séculaire; mais, dans sa seconde Pièce sur le même sujet, il trouve une équation séculaire égale pour l'une et l'autre planète et de $2'24''$ pour le premier siècle, à compter de 1700; ce qui ne s'accorde guère avec les observations.

Dans l'Essai que j'ai donné sur cette matière dans le tome III des *Mémoires de Turin*, je suis arrivé à des résultats plus conformes aux observations, et j'ai trouvé pour Saturne une équation séculaire soustractive du moyen mouvement, dont la quantité est $14''{,}221$ au bout de la première révolution comptée de 1750, et pour Jupiter une équation séculaire additive à son moyen mouvement et qui monte à $2''{,}740$ pendant la première révolution comptée depuis la même époque (*). Mais M. de Laplace ayant poussé l'approximation plus loin que je n'avais fait, et ayant calculé plus exactement les différents termes qui pouvaient produire des inégalités croissantes comme les carrés des temps dans les mouvements de Jupiter et de Saturne, a reconnu le premier que ces termes se compensent et se détruisent ou entièrement ou presque entièrement, et ne laissent par conséquent qu'un résultat nul ou trop petit pour qu'on doive y avoir égard. Et comme cette compensation est indépendante des valeurs particulières des éléments des orbites de Jupiter et de Saturne, on en peut conclure, en général, que l'attraction réciproque des planètes ne saurait altérer sensiblement leurs moyens mouvements, du moins tant que leurs orbites sont supposées à très-peu près circulaires, et leurs masses très-petites vis-à-vis de celle du Soleil, ce qui est le cas de toutes les planètes de notre système.

Quant à la Lune en particulier, les Géomètres qui ont travaillé sur la théorie de cette planète n'ont jamais rencontré dans l'équation différentielle de son orbite des termes qui puissent donner une équation séculaire dans son mouvement moyen, quelque loin qu'ils aient d'ailleurs porté la précision dans leurs calculs; il restait seulement à examiner si la figure non sphérique de la Terre et de la Lune pourrait avoir quelque influence dans le mouvement moyen de la Lune; c'est ce que j'ai fait dans ma Pièce sur cette question, et j'ai trouvé que les termes qui pourraient produire une accélération dans le mouvement moyen de la Lune se détruisent aussi à très-peu près les uns les autres; résultat analogue à celui de M. de Laplace pour Jupiter et Saturne. D'où l'on peut aussi conclure, en général, que la non-sphéricité des corps célestes ne peut pas non plus produire une altération sensible dans leurs moyens mouvements. Il est vrai que comme on n'est parvenu à ces résultats que par des méthodes d'approximation, on ne doit pas les regarder comme tout à fait rigoureux; cependant, de ce que les termes qui donneraient une équation séculaire se détruisent d'eux-mêmes dans la première approxi-

---

(*) *OEuvres de Lagrange*, t. 1, p. 609.

mation, on est porté à penser qu'il en sera de même des termes provenant des approximations suivantes; mais le calcul nécessaire pour s'en assurer serait si pénible par sa longueur, que personne ne sera jamais tenté de l'entreprendre; d'ailleurs on ne pourrait jamais parvenir, par ce moyen, qu'à des conclusions approchées, et il resterait toujours douteux si la proposition est vraie en toute rigueur. Heureusement j'ai trouvé moyen de la démontrer *à priori*, et sans supposer que les orbites des planètes soient à très-peu près circulaires; c'est ce que je vais développer dans ce Mémoire avec tout le détail dû à l'importance et à la difficulté de la matière.

1. On sait que si un corps se meut autour d'un centre fixe ou regardé comme fixe, en vertu d'une impulsion primitive quelconque et d'une force tendante continuellement vers ce centre, et toujours réciproquement proportionnelle au carré de sa distance au centre, on sait, dis-je, que ce corps doit décrire une ellipse ayant le centre dont il s'agit dans un de ses foyers, de manière que les aires parcourues autour de ce foyer soient proportionnelles au temps, et que la durée de chacune de ses révolutions sera proportionnelle à la racine carrée du cube de la distance moyenne ou du demi-grand axe de l'ellipse divisé par la force centrale absolue. C'est ce que Newton a démontré le premier, et une foule d'Auteurs après lui.

Mais, si à cette force se joignent d'autres forces particulières qui en altèrent la direction et la quantité, alors l'orbite du corps sera d'autant plus différente de l'ellipse qu'il aurait décrite sans ces nouvelles forces, que ces forces mêmes seront considérables vis-à-vis de la force tendante au centre et agissante en raison inverse du carré de la distance. Cependant lorsque les forces perturbatrices sont fort petites par rapport à la force principale, et que par conséquent l'orbite du corps ne doit s'éloigner que très-peu de la figure elliptique, on peut supposer que cette orbite est une véritable ellipse, mais dont les dimensions et la position varient d'un instant à l'autre.

De cette manière les dérangements produits par les forces perturbatrices reviennent à la variation des six éléments de l'orbite elliptique, lesquels sont le grand axe de l'ellipse, l'excentricité, la position du grand axe ou de la ligne des apsides, l'inclinaison du plan de l'ellipse à un autre plan donné, la position de la ligne d'intersection des deux plans ou de la ligne des nœuds, et l'époque du moyen mouvement, c'est-à-dire la valeur de la longitude moyenne pour un temps donné; et la question se réduit à trouver la loi de ces variations, c'est-à-dire les valeurs différentielles des éléments dont il s'agit regardés comme variables. Mais nous n'aurons pas même besoin pour notre objet de connaître les variations de tous ces éléments; car comme dans les orbites invariables la durée des révolutions ne dépend que de la grandeur du grand axe de l'ellipse, il est naturel d'en conclure que dans les orbites variables il n'y a aussi que les variations du grand axe qui puissent influer sur la durée du temps périodique; en effet, quand les variations des éléments sont très-petites, on peut sans erreur sensible imaginer que ces éléments demeurent les mêmes durant chaque révolution, et qu'ils ne changent que d'une révolution à l'autre; et dans cette hypothèse il est visible que les variations du temps périodique ne peuvent venir que de celles du grand axe.

2. Tout se réduit donc à déterminer les variations que doit subir le grand axe de l'orbite elliptique d'un corps mû autour d'un centre fixe, en vertu d'une force réciproquement proportionnelle au carré de la distance, et dérangé en même temps par des forces perturbatrices données et très-petites vis-à-vis de la force principale.

Pour traiter cette question d'une manière directe et générale, je rapporte à chaque instant la position du corps à trois coordonnées rectangles x, y, z, dont je suppose que l'origine soit dans le centre de la force principale; nommant F la valeur de cette force à la distance 1, et r la distance du corps au centre, c'est-à-dire le rayon vecteur de l'orbite, en sorte que

$$r = \sqrt{x^2 + y^2 + z^2},$$

j'aurai $\dfrac{F}{r^2}$ pour l'expression générale de cette force, laquelle étant décomposée suivant les trois coordonnées x, y, z, donnera ces trois-ci

$$\frac{Fx}{r^3}, \quad \frac{Fy}{r^3}, \quad \frac{Fz}{r^3}.$$

Je suppose de plus que toutes les forces perturbatrices soient réduites à trois dirigées suivant les mêmes coordonnées, et je nomme X, Y, Z ces trois forces résultantes. On aura donc par les premiers principes de la Dynamique, en prenant l'élément du temps dt pour constant, ces trois équations

$$\frac{d^2x}{dt^2} + \frac{Fx}{r^3} + X = 0,$$

$$\frac{d^2y}{dt^2} + \frac{Fy}{r^3} + Y = 0,$$

$$\frac{d^2z}{dt^2} + \frac{Fz}{r^3} + Z = 0,$$

lesquelles serviront à déterminer le mouvement du corps en vertu des forces $\frac{F}{r^2}$, X, Y, Z.

3. Supposons d'abord que les forces perturbatrices X, Y, Z soient nulles, on aura le cas du mouvement d'un corps attiré vers un centre fixe par une force $\frac{F}{r^2}$; et l'on pourra, par les formules connues, trouver les valeurs des trois coordonnées x, y, z en t; mais nous n'aurons pas même besoin de connaître ces valeurs : il nous suffit de remarquer :

1° Que ces valeurs doivent être les intégrales complètes et finies des trois équations différentio-différentielles

$$\frac{d^2x}{dt^2} + \frac{Fx}{r^3} = 0, \quad \frac{d^2y}{dt^2} + \frac{Fy}{r^3} = 0, \quad \frac{d^2z}{dt^2} + \frac{Fz}{r^3} = 0,$$

et qu'elles doivent par conséquent renfermer six constantes arbitraires;

2° Que ces constantes seront précisément les six éléments de l'orbite elliptique dont nous avons parlé plus haut;

3° Que, si l'on différentie les trois intégrales dont il s'agit, on aura six équations à l'aide desquelles on pourra déterminer les six constantes arbitraires en $x, y, z, t, \dfrac{dx}{dt}, \dfrac{dy}{dt}, \dfrac{dz}{dt}$; de sorte qu'on aura ainsi six équations différentielles du premier ordre, dont chacune renfermera une constante arbitraire, et sera par conséquent une intégrale première des trois équations différentio-différentielles proposées.

4. Soit donc
$$V = k$$
une de ces équations du premier ordre, V étant une fonction donnée de $x, y, z, t, \dfrac{dx}{dt}, \dfrac{dy}{dt}, \dfrac{dz}{dt}$, et k une constante arbitraire; on aura par la différentiation
$$dV = 0,$$
équation différentielle du second ordre qui ne contenant plus de constantes arbitraires devra être identique avec les équations différentio-différentielles proposées; d'où il s'ensuit que si dans l'expression de dV on substitue à la place des différentielles secondes
$$d\dfrac{dx}{dt}, \quad d\dfrac{dy}{dt}, \quad d\dfrac{dz}{dt},$$
leurs valeurs tirées des équations dont il s'agit, et qui sont
$$-\dfrac{Fx}{r^3} dt, \quad -\dfrac{Fy}{r^3} dt, \quad -\dfrac{Fz}{r^3} dt,$$
cette expression devra devenir identiquement nulle, en sorte qu'il faudra que tous ses termes se détruisent entre eux, et indépendamment de toute relation entre les quantités $x, y, z, t, \dfrac{dx}{dt}, \dfrac{dy}{dt}, \dfrac{dz}{dt}$ qui composeront cette expression de dV. Et la même chose aura lieu également à l'égard de chacune des six équations du premier ordre qu'on aura trouvées.

5. Cela posé, si l'on veut maintenant avoir égard aux forces perturbatrices X, Y, Z, il n'y aura qu'à considérer que l'effet de ces forces con-

siste en ce que les valeurs des différentielles secondes

$$d\frac{dx}{dt}, \quad d\frac{dy}{dt}, \quad d\frac{dz}{dt}$$

sont

$$-\frac{Fx}{r^3}dt - Xdt, \quad -\frac{Fy}{r^3}dt - Ydt, \quad -\frac{Fz}{r^3}dt - Zdt;$$

si donc on substitue ces valeurs dans l'expression de dV du numéro précédent, il arrivera nécessairement que tous les termes de cette expression se détruiront, à l'exception de ceux qui viennent de la substitution des quantités $-Xdt$, $-Ydt$, $-Zdt$ à la place de $d\frac{dx}{dt}$, $d\frac{dy}{dt}$, $d\frac{dz}{dt}$; on aura donc dans ce cas

$$dV = \frac{dV}{d\frac{dx}{dt}}(-Xdt) + \frac{dV}{d\frac{dy}{dt}}(-Ydt) + \frac{dV}{d\frac{dz}{dt}}(-Zdt).$$

Or, dans le cas où les forces perturbatrices étaient nulles, on a eu $V = k$, k étant un des éléments de l'orbite elliptique; donc, si l'on veut que l'effet des forces perturbatrices consiste à faire varier ces éléments, il n'y aura qu'à regarder la quantité k comme variable, ce qui donnera $dV = dk$; donc on aura

$$dk = -\left(\frac{dV}{d\frac{dx}{dt}}X + \frac{dV}{d\frac{dy}{dt}}Y + \frac{dV}{d\frac{dz}{dt}}Z\right)dt,$$

d'où l'on connaîtra les variations de k en vertu des forces X, Y, Z.

Et l'on aura des formules semblables pour les variations de chacun des six éléments de l'orbite du corps supposé elliptique.

6. On voit par là que les six équations différentielles du premier ordre, telles que $V = k$, seront de la même forme, soit que les forces perturbatrices X, Y, Z soient nulles ou non, la seule différence étant dans la valeur des quantités k qui sont constantes dans le premier cas et variables dans le second; donc, si l'on élimine les trois différences premières $\frac{dx}{dt}$,

$\frac{dy}{dt}$, $\frac{dz}{dt}$, on aura trois équations finies qui seront encore de la même forme dans les deux cas; d'où l'on doit conclure que les valeurs finies de x, y, z, ainsi que celles de leurs différences premières $\frac{dx}{dt}$, $\frac{dy}{dt}$, $\frac{dz}{dt}$, seront toujours exprimées de la même manière par le temps t et par les six éléments de l'orbite, soit que ces éléments soient constants ou variables; par conséquent on pourra toujours regarder ces éléments comme constants pendant un temps infiniment petit.

7. Appliquons maintenant cette théorie à la recherche des variations du grand axe de l'orbite elliptique. Pour cela il suffit de se rappeler que si l'on nomme p le demi-paramètre de l'ellipse, e son excentricité, r le rayon vecteur partant d'un des foyers, φ l'angle que le rayon r fait avec une ligne fixe, et α l'angle que le grand axe de l'ellipse fait avec la même ligne, en sorte que $\varphi - \alpha$ soit l'angle du rayon vecteur avec le grand axe de l'ellipse, on aura par la nature de l'ellipse l'équation

$$r = \frac{p}{1 + e\cos(\varphi - \alpha)};$$

de plus on aura par les propriétés du mouvement dans l'ellipse

$$r^2 d\varphi = dt\sqrt{Fp};$$

or nommant a le demi-axe on a, comme l'on sait,

$$p = a(1 - e^2);$$

ainsi l'on aura trois constantes a, e et α, qu'on pourra déterminer à l'aide des trois équations

$$\frac{1}{r} = \frac{1 + e\cos(\varphi - \alpha)}{a(1 - e^2)},$$

$$\frac{d\frac{1}{r}}{d\varphi} = -\frac{e\sin(\varphi - \alpha)}{a(1 - e^2)},$$

$$\frac{r^4 d\varphi^2}{dt^2} = Fa(1 - e^2).$$

La première donne

$$\left[\frac{a(1-e^2)}{r}-1\right]^2 = e^2\cos^2(\varphi-\alpha),$$

la seconde donne

$$\left[a(1-e^2)\frac{d\frac{1}{r}}{d\varphi}\right]^2 = e^2\sin^2(\varphi-\alpha);$$

donc, ajoutant ces deux équations ensemble, on aura

$$\left[\frac{a(1-e^2)}{r}-1\right]^2 + a^2(1-e^2)^2\left(\frac{d\frac{1}{r}}{d\varphi}\right)^2 = e^2,$$

ou bien, en développant les termes,

$$a^2(1-e^2)^2\left[\frac{1}{r^2}+\left(\frac{d\frac{1}{r}}{d\varphi}\right)^2\right] - \frac{2a(1-e^2)}{r} + 1 - e^2 = 0,$$

c'est-à-dire, en divisant par $1-e^2$,

$$a^2(1-e^2)\left(\frac{1}{r^2}+\frac{dr^2}{r^4 d\varphi^2}\right) - \frac{2a}{r} + 1 = 0;$$

mais par la troisième équation on a

$$1-e^2 = \frac{r^4 d\varphi^2}{F a dt^2};$$

donc, substituant cette valeur, il viendra

$$a\left(\frac{r^2 d\varphi^2 + dr^2}{F dt^2} - \frac{2}{r}\right) + 1 = 0;$$

d'où l'on tire cette équation pour la détermination de a

$$\frac{1}{r} - \frac{r^2 d\varphi^2 + dr^2}{2 F dt^2} = \frac{1}{2a}.$$

Il ne s'agit plus maintenant que de substituer à la place de r et de φ

leurs valeurs en x, y, z; pour cela j'observe que $r^2 d\varphi^2 + dr^2$ n'est autre chose que le carré du petit espace que le corps parcourt à chaque instant, lequel carré exprimé par les coordonnées rectangles x, y, z est, comme l'on sait, $dx^2 + dy^2 + dz^2$; d'ailleurs on a

$$r = \sqrt{x^2 + y^2 + z^2};$$

donc on aura l'équation

$$\frac{1}{\sqrt{x^2 + y^2 + z^2}} - \frac{dx^2 + dy^2 + dz^2}{2\mathrm{F}\, dt^2} = \frac{1}{2a},$$

laquelle étant comparée à l'équation $\mathrm{V} = k$, du n° 4, donnera

$$\mathrm{V} = \frac{1}{\sqrt{x^2 + y^2 + z^2}} - \frac{dx^2 + dy^2 + dz^2}{2\mathrm{F}\, dt^2} \quad \text{et} \quad k = \frac{1}{2a}.$$

Faisant donc varier simplement les quantités $\frac{dx}{dt}$, $\frac{dy}{dt}$, $\frac{dz}{dt}$ dans l'expression de V, on aura

$$\frac{d\mathrm{V}}{d\frac{dx}{dt}} = -\frac{dx}{\mathrm{F}\, dt}, \quad \frac{d\mathrm{V}}{d\frac{dy}{dt}} = -\frac{dy}{\mathrm{F}\, dt}, \quad \frac{d\mathrm{V}}{d\frac{dz}{dt}} = -\frac{dz}{\mathrm{F}\, dt};$$

donc, substituant ces valeurs dans la formule du n° 5, on aura

$$d\frac{1}{2a} = \frac{\mathrm{X}\, dx + \mathrm{Y}\, dy + \mathrm{Z}\, dz}{\mathrm{F}}.$$

8. Voilà donc, comme l'on voit, une formule fort simple pour déterminer les altérations du grand axe $2a$ de l'orbite elliptique d'un corps animé par une force centrale $\frac{\mathrm{F}}{r^2}$, et dérangé par des forces perturbatrices quelconques X, Y, Z.

Pour appliquer cette formule à la solution de la question qui fait l'objet de ce Mémoire, il est clair qu'il faut commencer par déterminer les forces qui agissent sur chaque planète, tant en vertu de l'attraction du Soleil que de celles des autres planètes.

Pour cela, soit S la masse du Soleil, T celle de la planète dont on cherche le mouvement, T', T'',... les masses des planètes perturbatrices; on sait que la planète T sera attirée vers le Soleil par une force égale à $\frac{S+T}{r^2}$, r étant sa distance au Soleil, et qu'en vertu de cette force elle décrira autour du Soleil la même orbite que si le Soleil était immobile. On peut donc regarder le Soleil comme fixe par rapport à la planète T, mais il faut alors tenir compte de l'action des planètes T', T'',... sur le Soleil en transportant l'effet de cette action à la planète T en sens contraire. Ainsi, nommant x, y, z les trois coordonnées rectangles de l'orbite de la planète T autour du Soleil, on aura d'abord $F = S + T$ (n° 2); ensuite, si l'on marque par un trait les quantités qui se rapportent à la planète T', par deux traits celles qui se rapportent à la planète T'', etc.; qu'enfin on dénote par δ' la distance rectiligne entre les corps T et T', par δ'' la distance rectiligne entre les corps T et T'', et ainsi du reste, on trouvera :

1° Que la force $\frac{T'}{\delta'^2}$, avec laquelle le corps T' attire le corps T suivant la direction de la ligne δ', produira ces trois forces suivant la direction des coordonnées x, y, z, savoir

$$\frac{T'(x-x')}{\delta'^3}, \quad \frac{T'(y-y')}{\delta'^3}, \quad \frac{T'(z-z')}{\delta'^3};$$

2° Que la force $\frac{T'}{r'^2}$, avec laquelle la planète T' attire le Soleil S, étant transportée en sens contraire à la planète T, produira encore ces trois autres forces suivant les mêmes directions, savoir

$$\frac{T'x'}{r'^3}, \quad \frac{T'y'}{r'^3}, \quad \frac{T'z'}{r'^3}.$$

On trouvera de pareilles formules pour les forces résultantes de l'attraction des autres planètes T'', T''',...; et rassemblant respectivement toutes ces différentes forces, on aura les valeurs des forces perturbatrices

DES MOYENS MOUVEMENTS DES PLANÈTES.

X, Y, Z de la planète T, lesquelles seront donc exprimées ainsi

$$X = T'\left(\frac{x-x'}{\delta'^3} + \frac{x'}{r'^3}\right) + T''\left(\frac{x-x''}{\delta''^3} + \frac{x''}{r''^3}\right) + T'''\left(\frac{x-x'''}{\delta'''^3} + \frac{x'''}{r'''^3}\right) + \ldots,$$

$$Y = T'\left(\frac{y-y'}{\delta'^3} + \frac{y'}{r'^3}\right) + T''\left(\frac{y-y''}{\delta''^3} + \frac{y''}{r''^3}\right) + T'''\left(\frac{y-y'''}{\delta'''^3} + \frac{y'''}{r'''^3}\right) + \ldots,$$

$$Z = T'\left(\frac{z-z'}{\delta'^3} + \frac{z'}{r'^3}\right) + T''\left(\frac{z-z''}{\delta''^3} + \frac{z''}{r''^3}\right) + T'''\left(\frac{z-z'''}{\delta'''^3} + \frac{z'''}{r'''^3}\right) + \ldots.$$

A l'égard des quantités r', r'', … et δ', δ'', …, il est clair qu'on aura

$$r' = \sqrt{x'^2 + y'^2 + z'^2}, \qquad r'' = \sqrt{x''^2 + y''^2 + z''^2}, \ldots,$$

$$\delta' = \sqrt{(x-x')^2 + (y-y')^2 + (z-z')^2}, \quad \delta'' = \sqrt{(x-x'')^2 + (y-y'')^2 + (z-z'')^2}, \ldots.$$

9. Si l'on substitue maintenant ces valeurs de X, Y, Z dans la formule $X\,dx + Y\,dy + Z\,dz$, il en résultera une différentielle intégrable par rapport aux variables x, y, z, et dont l'intégrale sera

$$\left(\frac{xx' + yy' + zz'}{r'^3} - \frac{1}{\delta'}\right) + T''\left(\frac{xx'' + yy'' + zz''}{r''^3} - \frac{1}{\delta''}\right) + T'''\left(\frac{xx''' + yy''' + zz'''}{r'''^3} - \frac{1}{\delta'''}\right) + \ldots.$$

Nommant donc cette quantité Ω, et supposant que la caractéristique ∂ indique une différentiation relative uniquement aux quantités x, y, z, c'est-à-dire aux quantités qui se rapportent à la planète T, on aura

$$X\,dx + Y\,dy + Z\,dz = \partial\Omega;$$

par conséquent, les altérations du grand axe $2a$ de l'orbite elliptique de la planète T, produites par l'action d'autant d'autres planètes T', T'', T''', … qu'on voudra, seront déterminées par cette formule fort simple (7)

$$d\frac{1}{2a} = \frac{\partial\Omega}{S + T}.$$

10. Soient maintenant θ, θ', θ'', … les moyens mouvements des planètes T, T', T'', … autour du Soleil durant le temps t, on pourra, par les formules connues (à cause que les excentricités des planètes sont fort

petites) exprimer les valeurs de r, x, y, z par des séries de sinus et cosinus de θ et de ses multiples, et pareillement celles de r', x', y', z' par de semblables séries de sinus et cosinus de θ' et de ses multiples; et ainsi du reste. Substituant donc ces valeurs dans la quantité $\dfrac{\Omega}{S+T}$, et développant les radicaux δ', δ'',... en séries de sinus et cosinus, il est clair qu'elle se réduira à une série de termes de cette forme

$$M \times \begin{matrix}\sin\\\cos\end{matrix}\left(m\theta + n\theta' + p\theta'' + \ldots\right),$$

M étant une quantité dépendante des éléments des orbites des planètes T, T', T'',... et m, n, p,... étant des nombres entiers positifs, ou négatifs, ou zéro.

Or, comme toutes les quantités qui se rapportent à la planète T sont exprimées par le seul angle θ, tandis que celles qui se rapportent aux autres planètes T', T'',... le sont par les autres angles θ', θ'',..., il s'ensuit que, pour avoir la différentielle de $\dfrac{\Omega}{S+T}$ relative aux quantités qui appartiennent à la planète T, il faudra faire varier simplement l'angle θ, en regardant les autres angles θ', θ'',... comme constants. Donc chaque terme de la valeur de $\dfrac{\Omega}{S+T}$ donnera dans celle de $\dfrac{\partial \Omega}{S+T}$, et par conséquent dans la valeur de $d\dfrac{1}{2a}$, un terme correspondant de la forme

$$\pm m M \times \begin{matrix}\sin\\\cos\end{matrix}\left(m\theta + n\theta' + p\theta'' + \ldots\right)d\theta.$$

11. Comme les variations des éléments des orbites des planètes ne dépendent que des forces perturbatrices, et sont par conséquent très-petites de l'ordre de ces mêmes forces, il est clair que, si l'on veut négliger les quantités de l'ordre des carrés et des produits de ces forces, ainsi qu'on l'a toujours pratiqué dans les recherches des dérangements des planètes, on pourra regarder comme constants les éléments qui entrent dans les différents termes de la valeur de $d\dfrac{1}{2a}$; ainsi la quantité M sera une con-

stante; de plus on aura par les Théorèmes connus (n° 1)

$$\theta : \theta' : \theta'' : \ldots = \sqrt{\frac{S+T}{a^3}} : \sqrt{\frac{S+T'}{a'^3}} : \sqrt{\frac{S+T''}{a''^3}} : \ldots = \frac{1}{\sqrt{a^3}} : \frac{1}{\sqrt{a'^3}} : \frac{1}{\sqrt{a''^3}} : \ldots,$$

en négligeant $T, T', T'', \ldots$ vis-à-vis de S. Donc

$$\theta' = \theta \sqrt{\frac{a^3}{a'^3}}, \quad \theta'' = \theta \sqrt{\frac{a^3}{a''^3}}, \ldots,$$

où l'on pourra regarder les quantités $a, a', a'', \ldots$ comme constantes.

Chaque terme de la valeur de $d\dfrac{1}{2a}$ sera donc de la forme

$$\pm m\mathrm{M} \times \genfrac{}{}{0pt}{}{\sin}{\cos} \left[\left(m + n\sqrt{\frac{a^3}{a'^3}} + p\sqrt{\frac{a^3}{a''^3}} + \ldots \right) \theta \right] d\theta,$$

lequel étant intégré donnera, dans la valeur de $\dfrac{1}{2a}$, le terme

$$\frac{m\mathrm{M} \times \genfrac{}{}{0pt}{}{\sin}{\cos} \left[\left(m + n\sqrt{\dfrac{a^3}{a'^3}} + p\sqrt{\dfrac{a^3}{a''^3}} + \ldots \right) \theta \right]}{m + n\sqrt{\dfrac{a^3}{a'^3}} + p\sqrt{\dfrac{a^3}{a''^3}} + \ldots};$$

ainsi l'on connaîtra toutes les inégalités qui peuvent faire varier le grand axe $2a$ de l'orbite de la planète regardée comme elliptique.

12. On voit par là que ces inégalités seront toujours proportionnelles à des sinus ou cosinus d'angles, et par conséquent seront nécessairement périodiques.

Il n'y aurait que le seul cas où l'on aurait

$$m + n\sqrt{\frac{a^3}{a'^3}} + p\sqrt{\frac{a^3}{a''^3}} + \ldots = 0,$$

dans lequel la valeur de $\dfrac{1}{2a}$ pût contenir des arcs de cercles; car alors le terme

$$\frac{m\mathrm{M}\sin\left[\left(m + n\sqrt{\dfrac{a^3}{a'^3}} + p\sqrt{\dfrac{a^3}{a''^3}} + \ldots\right)\theta\right]}{m + n\sqrt{\dfrac{a^3}{a'^3}} + p\sqrt{\dfrac{a^3}{a''^3}} + \ldots}$$

devient $m\mathrm{M}\theta$, ce qui donne une équation qui augmente continuellement avec le mouvement moyen. Mais il est facile de se convaincre que ce cas ne peut pas avoir lieu dans notre système, où les valeurs de $\sqrt{a^3}$, $\sqrt{a'^3}$, $\sqrt{a''^3}$,... sont incommensurables entre elles.

13. En général, si l'on a

$$\theta' = \mu'\theta, \quad \theta'' = \mu''\theta, \ldots,$$

μ', μ'',... étant des quantités constantes, ou du moins regardées comme telles en faisant abstraction des forces perturbatrices, il s'ensuit du calcul précédent que toutes les variations du grand axe seront nécessairement périodiques, à moins que l'on n'ait

$$m + n\mu' + p\mu'' + \ldots = 0.$$

Donc, lorsque les nombres μ', μ'',... sont incommensurables, il est impossible que cette équation ait lieu, puisque les nombres m, n, p,... doivent être entiers; par conséquent il l'est aussi que le grand axe soit sujet à une augmentation ou diminution constante.

Et il est facile de se convaincre que cette conclusion a lieu, en général, quel que soit le nombre des corps T', T'', T''',... qui agissent sur la planète T, et quelle que soit la forme de leurs orbites, pourvu que ces orbites soient renfermées dans un espace fini, en sorte que leurs coordonnées rectangles soient uniquement des fonctions de sinus et cosinus d'angles.

14. Enfin on peut aussi démontrer par là que la figure non sphérique de la Terre ne saurait altérer le mouvement moyen de la Lune; car en

imaginant, ainsi que Newton l'a fait dans sa *Théorie de la précession des équinoxes*, que les particules de la Terre qui forment l'excès du sphéroïde sur le globe soient une infinité de petites lunes adhérentes entre elles, et qui tournent en un jour autour du centre de la Terre, il est aisé de voir que l'action de toutes ces particules sur la Lune ne pourra produire dans le grand axe de son orbite elliptique que des variations périodiques, à cause que la durée des révolutions de la Lune est comme incommensurable avec celle de la rotation diurne de la Terre.

SOLUTIONS

DE QUELQUES

PROBLÈMES D'ASTRONOMIE SPHÉRIQUE

PAR LE MOYEN DES SÉRIES.

SOLUTIONS

DE QUELQUES

PROBLÈMES D'ASTRONOMIE SPHÉRIQUE

PAR LE MOYEN DES SÉRIES (*).

(Nouveaux Mémoires de l'Académie royale des Sciences et Belles-Lettres de Berlin, année 1776.)

---

1. Dans un Mémoire que j'ai lu il y a quelque temps à cette Assemblée, j'ai donné une formule nouvelle et fort simple pour exprimer la réduction à l'écliptique ou en général la différence entre l'hypoténuse et la base d'un triangle sphérique rectangle dont on connait l'angle adjacent. M. Lambert me dit alors qu'il avait aussi trouvé, de son côté, une pareille formule, et eut la bonté de me communiquer sa méthode, que je trouvai fort différente de la mienne. J'ignore si M. Lambert a poussé plus loin son travail sur ce sujet, mais comme il n'en a jusqu'à présent rien publié (**), j'ai cru que les Géomètres ne me sauraient pas mauvais gré de leur faire part des recherches ultérieures que j'ai eu occasion de faire depuis peu sur la même matière; c'est l'objet du Mémoire suivant. J'exposerai d'abord ma première méthode, ensuite j'en donnerai une autre

---

(*) Lu en 1774.
(**) Cela était vrai lors de la lecture de ce Mémoire; depuis, M. Lambert a donné sa méthode dans le volume des *Éphémérides* pour 1780.

beaucoup plus simple pour arriver à la formule dont il s'agit, et je tâcherai de l'étendre encore à des cas plus compliqués; j'en ferai de plus voir l'usage pour résoudre plusieurs cas des triangles sphériques rectangles ou obliquangles, ainsi que différents Problèmes d'Astronomie sphérique qui en dépendent; enfin je montrerai comment on peut appliquer les mêmes principes à trouver généralement la valeur en série d'un angle dont la tangente est donnée par une fonction rationnelle de sinus et de cosinus d'un autre angle.

2. Si x est la base d'un triangle sphérique rectangle, y l'hypoténuse et ω l'angle compris entre les arcs x et y, on a, par la Trigonométrie,

$$\operatorname{tang} x = \cos\omega \operatorname{tang} y;$$

et la formule que j'ai trouvée dans le Mémoire cité est celle-ci

$$x = y - \operatorname{tang}^2 \frac{\omega}{2} \sin 2y + \frac{1}{2} \operatorname{tang}^4 \frac{\omega}{2} \sin 4y - \frac{1}{3} \operatorname{tang}^6 \frac{\omega}{2} \sin 6y + \ldots$$

De sorte que la différence entre les arcs x, y se trouve exprimée par une suite de sinus d'angles multiples de $2y$ et ayant pour coefficients les puissances du carré de la tangente de la moitié de l'angle ω, divisées encore par les nombres naturels $1, 2, 3, \ldots$, ce qui rend cette série fort convergente lorsque l'angle ω est moindre que 90 degrés.

3. Voici la manière dont je suis arrivé d'abord à cette formule.
Regardant x et y comme variables, et ω comme constante, on trouve

$$dx = \frac{d\operatorname{tang} x}{1 + \operatorname{tang}^2 x} = \frac{\cos\omega\, d\operatorname{tang} y}{1 + \cos^2\omega \operatorname{tang}^2 y} = \frac{\cos\omega\, dy}{\cos^2 y + \cos^2\omega \sin^2 y}$$

$$= \frac{2\cos\omega\, dy}{1 + \cos^2\omega + \sin^2\omega \cos 2y} = \frac{\cos\omega}{1 + \cos^2\omega} \cdot \frac{2\, dy}{1 + \dfrac{\sin^2\omega}{1 + \cos^2\omega} \cos 2y};$$

or il est démontré que toute fraction de la forme $\dfrac{1}{1 + m\cos\varphi}$ se réduit en une série, telle que

$$\frac{1}{\sqrt{1-m^2}}(1 - 2n\cos\varphi + 2n^2\cos 2\varphi - 2n^3\cos 3\varphi + \ldots),$$

n étant $= \dfrac{1-\sqrt{1-m^2}}{m}$.

Substituant pour m, $\dfrac{\sin^2\omega}{1+\cos^2\omega} = \dfrac{1-\cos^2\omega}{1+\cos^2\omega}$, on trouve

$$\sqrt{1-m^2} = \frac{2\cos\omega}{1+\cos^2\omega},$$

donc

$$n = \frac{(1-\cos\omega)^2}{\sin^2\omega} = \frac{1-\cos\omega}{1+\cos\omega} = \frac{\sin^2\dfrac{\omega}{2}}{\cos^2\dfrac{\omega}{2}} = \operatorname{tang}^2\frac{\omega}{2},$$

et la fraction

$$\frac{\cos\omega}{1+\cos^2\omega} \cdot \frac{1}{1 + \dfrac{\sin^2\omega}{1+\cos^2\omega}\cos 2y}$$

se réduit par conséquent en cette série

$$\frac{1}{2} - \operatorname{tang}^2\frac{\omega}{2}\cos 2y + \operatorname{tang}^4\frac{\omega}{2}\cos 4y - \operatorname{tang}^6\frac{\omega}{2}\cos 6y + \ldots,$$

laquelle étant multipliée par $2\,dy$ et ensuite intégrée donnera la valeur de x, savoir

$$x = y - \operatorname{tang}^2\frac{\omega}{2}\sin 2y + \frac{1}{2}\operatorname{tang}^4\frac{\omega}{2}\sin 4y - \ldots,$$

comme ci-dessus.

4. Voyons maintenant comment on peut trouver la même chose plus simplement et plus directement.

L'équation proposée

$$\operatorname{tang} x = \cos\omega \operatorname{tang} y$$

donne, en employant les expressions exponentielles imaginaires des tangentes, celle-ci

$$\frac{e^{x\sqrt{-1}} - e^{-x\sqrt{-1}}}{e^{x\sqrt{-1}} + e^{-x\sqrt{-1}}} = \cos\omega \frac{e^{y\sqrt{-1}} - e^{-y\sqrt{-1}}}{e^{y\sqrt{-1}} + e^{-y\sqrt{-1}}},$$

ou bien

$$\frac{e^{2x\sqrt{-1}} - 1}{e^{2x\sqrt{-1}} + 1} = \cos\omega \frac{e^{2y\sqrt{-1}} - 1}{e^{2y\sqrt{-1}} + 1},$$

d'où l'on tire sur-le-champ

$$e^{2x\sqrt{-1}} = \frac{e^{2y\sqrt{-1}} + 1 + \cos\omega\left(e^{2y\sqrt{-1}} - 1\right)}{e^{2y\sqrt{-1}} + 1 - \cos\omega\left(e^{2y\sqrt{-1}} - 1\right)} = \frac{(1+\cos\omega)e^{2y\sqrt{-1}} + (1-\cos\omega)}{(1-\cos\omega)e^{2y\sqrt{-1}} + (1+\cos\omega)};$$

mais

$$\frac{1-\cos\omega}{1+\cos\omega} = \tang^2\frac{\omega}{2};$$

donc, dénotant pour plus de simplicité $\tang^2\frac{\omega}{2}$ par θ, on aura

$$e^{2x\sqrt{-1}} = \frac{e^{2y\sqrt{-1}} + \theta}{\theta e^{2y\sqrt{-1}} + 1},$$

équation qu'on peut aussi mettre sous cette forme

$$e^{2x\sqrt{-1}} = e^{2y\sqrt{-1}} \frac{1 + \theta e^{-2y\sqrt{-1}}}{1 + \theta e^{2y\sqrt{-1}}};$$

d'où, en prenant les logarithmes et divisant ensuite par $2\sqrt{-1}$, on a

$$x = y + \frac{\log(1 + \theta e^{-2y\sqrt{-1}}) - \log(1 + \theta e^{2y\sqrt{-1}})}{2\sqrt{-1}}.$$

Or on sait que

$$\log(1+u) = u - \frac{u^2}{2} + \frac{u^3}{3} - \ldots;$$

donc, réduisant en série les deux logarithmes de l'équation précédente et substituant ensuite à la place des expressions exponentielles imaginaires les sinus qui y répondent, on aura

$$x = y - \theta \sin 2y + \frac{\theta^2}{2} \sin 4y - \frac{\theta^3}{3} \sin 6y + \ldots$$

5. Pour généraliser, s'il est possible, la formule précédente, considérons l'équation

$$\tang x = m \tang y;$$

on parviendra, par la méthode du numéro précédent, à l'équation

$$e^{2x\sqrt{-1}} = \frac{(1+m)e^{2y\sqrt{-1}} + (1-m)}{(1-m)e^{2y\sqrt{-1}} + (1+m)},$$

et, faisant ensuite, pour plus de simplicité,

$$\theta = \frac{1-m}{1+m},$$

on aura

$$e^{2x\sqrt{-1}} = \frac{e^{2y\sqrt{-1}} + \theta}{\theta e^{2y\sqrt{-1}} + 1};$$

d'où l'on tirera pour x la même expression que ci-dessus.

6. Supposons maintenant

$$m = \frac{\cos\omega}{\cos\varphi},$$

en sorte que l'équation à résoudre soit

$$\tang x = \frac{\cos\omega \tang y}{\cos\varphi},$$

ou bien

$$\cos\varphi \tang x = \cos\omega \tang y;$$

on aura, dans ce cas,

$$\theta = \frac{\cos\varphi - \cos\omega}{\cos\varphi + \cos\omega} = \frac{\sin\frac{\omega+\varphi}{2} \sin\frac{\omega-\varphi}{2}}{\cos\frac{\omega+\varphi}{2} \cos\frac{\omega-\varphi}{2}},$$

c'est-à-dire
$$\theta = \tang\frac{\omega+\varphi}{2}\tang\frac{\omega-\varphi}{2},$$

et l'expression de x en y sera, comme ci-dessus,

$$x = y - \theta\sin 2y + \frac{\theta^2}{2}\sin 4y - \frac{\theta^3}{3}\sin 6y + \ldots$$

7. Si l'on voulait avoir l'expression de y en x, il est clair qu'il n'y aurait qu'à changer x en y, φ en ω et réciproquement; or par ces changements il est visible que la valeur de θ ne fera que changer de signe; ainsi, conservant la même valeur de θ que ci-devant, on aura

$$y = x + \theta\sin 2x + \frac{\theta^2}{2}\sin 4x + \frac{\theta^3}{3}\sin 6x + \ldots$$

Donc, en combinant les deux formules, on aura

$$y - x = \theta\sin 2y - \frac{\theta^2}{2}\sin 4y + \frac{\theta^3}{3}\sin 6y - \ldots$$
$$= \theta\sin 2x + \frac{\theta^2}{2}\sin 4x + \frac{\theta^3}{3}\sin 6x + \ldots$$

8. Si l'on fait
$$\varphi = 90° - \omega,$$

de manière que l'équation soit

$$\sin\omega\,\tang x = \cos\omega\,\tang y,$$

ou bien

$$\tang x = \frac{\tang y}{\tang\omega},$$

on aura

$$\theta = \tang 45°\,\tang(\omega - 45°),$$

c'est-à-dire

$$\theta = \tang(\omega - 45°);$$

et si l'on met $90°-\omega$ à la place de ω pour avoir l'équation

$$\tang x = \tang\omega \tang y,$$

on aura

$$\theta = \tang(45°-\omega).$$

9. Si l'on change les angles φ et ω en leurs compléments $90°-\varphi$, $90°-\omega$, de sorte que l'on ait l'équation

$$\sin\varphi \tang x = \sin\omega \tang y,$$

on aura alors

$$\theta = \tang\left(90° - \frac{\omega+\varphi}{2}\right) \tang\frac{\varphi-\omega}{2},$$

savoir

$$\theta = \frac{\tang\dfrac{\varphi-\omega}{2}}{\tang\dfrac{\varphi+\omega}{2}}.$$

10. Si l'on avait dans les formules du n° 5

$$m = \frac{\tang\omega}{\tang\varphi},$$

en sorte que l'équation fût de la forme

$$\tang\varphi \tang x = \tang\omega \tang y,$$

on aurait

$$\theta = \frac{\tang\varphi - \tang\omega}{\tang\varphi + \tang\omega},$$

ce qui se réduit à

$$\theta = \frac{\sin(\varphi-\omega)}{\sin(\varphi+\omega)}.$$

Et si l'on avait l'équation

$$\tang x = \tang\varphi \tang\omega \tang y,$$

il n'y aurait qu'à mettre $90°-\varphi$ à la place de φ dans l'expression précédente de θ, ce qui la réduirait à

$$\theta = \frac{\cos(\varphi + \omega)}{\cos(\varphi - \omega)}.$$

Si l'on avait enfin l'équation

$$\tang x = \tang^2 \omega \tang y,$$

il n'y aurait qu'à faire $\varphi = \omega$, ce qui donnerait

$$\theta = \cos 2\omega.$$

11. On aura donc dans tous ces cas la valeur de x en y, ou de y en x, par les formules des n°s 6 et 7, et il est visible que pourvu que θ ne soit pas plus grande que l'unité, la série, tant pour x que pour y, sera nécessairement toujours convergente, parce que les sinus ne peuvent jamais surpasser l'unité.

12. Nous n'avons cherché jusqu'ici que la valeur de l'arc x, mais on peut avoir aussi avec la même facilité celles des sinus et cosinus des multiples ou sous-multiples quelconques du même arc.

Je reprends pour cela l'équation du n° 5

$$e^{2x\sqrt{-1}} = \frac{e^{2y\sqrt{-1}} + \theta}{\theta\, e^{2y\sqrt{-1}} + 1},$$

et l'élevant à la puissance μ, j'ai

$$e^{2\mu x\sqrt{-1}} = \left(\frac{e^{2y\sqrt{-1}} + \theta}{\theta\, e^{2y\sqrt{-1}} + 1}\right)^{\mu};$$

et comme le radical $\sqrt{-1}$ peut avoir indifféremment le signe $+$ et $-$, on aura de même

$$e^{-2\mu x\sqrt{-1}} = \left(\frac{e^{-2y\sqrt{-1}} + \theta}{\theta\, e^{-2y\sqrt{-1}} + 1}\right)^{\mu},$$

d'où je tire ces deux formules

$$\sin 2\mu x = \frac{\left(\dfrac{e^{2y\sqrt{-1}}+\theta}{\theta e^{2y\sqrt{-1}}+1}\right)^{\mu} - \left(\dfrac{e^{-2y\sqrt{-1}}+\theta}{\theta e^{-2y\sqrt{-1}}+1}\right)^{\mu}}{2\sqrt{-1}},$$

$$\cos 2\mu x = \frac{\left(\dfrac{e^{2y\sqrt{-1}}+\theta}{\theta e^{2y\sqrt{-1}}+1}\right)^{\mu} + \left(\dfrac{e^{-2y\sqrt{-1}}+\theta}{\theta e^{-2y\sqrt{-1}}+1}\right)^{\mu}}{2};$$

où il ne s'agit plus que de développer les termes, et d'y changer ensuite les exponentielles imaginaires en sinus ou cosinus d'angles.

13. Pour y parvenir avec toute la généralité possible, considérons la quantité

$$\left(\frac{u+\theta}{\theta u+1}\right)^{\mu},$$

et voyons comment elle peut se développer en une série de la forme

$$A + Bu + Cu^2 + Du^3 + Eu^4 + Fu^5 + \ldots$$

Je mets la fraction $\dfrac{\theta+u}{1+\theta u}$ sous cette forme $\theta + \dfrac{(1-\theta^2)u}{1+\theta u}$, ensuite je développe la puissance μ de ce binôme, j'aurai

$$\theta^{\mu} + \mu\theta^{\mu-1}\frac{(1-\theta^2)u}{1+\theta u} + \frac{\mu(\mu-1)}{2}\theta^{\mu-2}\frac{(1-\theta^2)^2 u^2}{(1+\theta u)^2} + \frac{\mu(\mu-1)(\mu-2)}{2.3}\theta^{\mu-3}\frac{(1-\theta^2)^3 u^3}{(1+\theta u)^3} + \ldots$$

Je développe maintenant les puissances du binôme $1+\theta u$ qui sont au dénominateur, et ordonnant les termes par rapport à u, je trouve

$A = \theta^{\mu},$

$B = \mu\theta^{\mu-1}(1-\theta^2),$

$C = -\mu\theta^{\mu}(1-\theta^2) + \dfrac{\mu(\mu-1)}{2}\theta^{\mu-2}(1-\theta^2)^2,$

$D = \mu\theta^{\mu+1}(1-\theta^2) - 2\dfrac{\mu(\mu-1)}{2}\theta^{\mu-1}(1-\theta^2)^2 + \dfrac{\mu(\mu-1)(\mu-2)}{2.3}\theta^{\mu-3}(1-\theta^2)^3,$

$$E = -\mu \theta^{\mu+2}(1-\theta^2) + 3\frac{\mu(\mu-1)}{2}\theta^\mu(1-\theta^2)^2 - 3\frac{\mu(\mu-1)(\mu-2)}{2.3}\theta^{\mu-2}(1-\theta^2)^3$$
$$+ \frac{\mu(\mu-1)(\mu-2)(\mu-3)}{2.3.4}\theta^{\mu-4}(1-\theta^2)^4,$$

$$F = \mu\theta^{\mu+3}(1-\theta^2) - 4\frac{\mu(\mu-1)}{2}\theta^{\mu+1}(1-\theta^2)^2 + 6\frac{\mu(\mu-1)(\mu-2)}{2.3}\theta^{\mu-1}(1-\theta^2)^3$$
$$- 4\frac{\mu(\mu-1)(\mu-2)(\mu-3)}{2.3.4}\theta^{\mu-3}(1-\theta^2)^4 + \frac{\mu(\mu-1)\ldots(\mu-4)}{2.3.4.5}\theta^{\mu-5}(1-\theta^2)^5,$$

et ainsi de suite.

De sorte que, si l'on nomme, en général, M le coefficient du terme Mu^m, on aura

$$\pm M = \mu\theta^{\mu+m-2}(1-\theta^2) - (m-1)\frac{\mu(\mu-1)}{2}\theta^{\mu+m-4}(1-\theta^2)^2$$
$$+ \frac{(m-1)(m-2)}{2}\frac{\mu(\mu-1)(\mu-2)}{2.3}\theta^{\mu+m-6}(1-\theta^2)^3 - \ldots,$$

le signe supérieur étant pour le cas où m est impair et l'inférieur pour celui où m est pair.

14. Ayant ainsi trouvé les coefficients A, B, C,..., il n'y aura plus qu'à mettre successivement $e^{2y\sqrt{-1}}$ et $e^{-2y\sqrt{-1}}$ à la place de u pour avoir les valeurs des puissances dont la différence ou la somme forment les valeurs de $\sin 2\mu x$ et de $\cos 2\mu x$; et l'on aura, après les réductions,

$$\sin 2\mu x = B\sin\mu y + C\sin 2\mu y + D\sin 3\mu y + \ldots,$$
$$\cos 2\mu x = A + B\cos\mu y + C\cos 2\mu y + D\cos 3\mu y + \ldots.$$

15. Donc, si $\mu = 1$, on aura

$$\sin 2x = (1-\theta^2)[\sin y - \theta\sin 2y + \theta^2\sin 3y - \theta^3\sin 4y + \ldots],$$
$$\cos 2x = \theta + (1-\theta^2)[\cos y - \theta\cos 2y + \theta^2\cos 3y - \theta^3\cos 4y + \ldots].$$

Si $\mu = 2$, on aura

$$\sin 4x = (1-\theta^2)[2\theta \sin 2y + (1-3\theta^2)\sin 4y - \theta(2-4\theta^2)\sin 6y$$
$$+ \theta^2(3-5\theta^2)\sin 8y - \theta^3(4-6\theta^2)\sin 10y + \ldots],$$

$$\cos 4x = \theta^2 + (1-\theta^2)[2\theta \cos 2y + (1-3\theta^2)\cos 4y - \theta(2-4\theta^2)\cos 6y$$
$$+ \theta^2(3-5\theta^2)\cos 8y - \theta^3(4-6\theta^2)\cos 10y + \ldots],$$

et ainsi du reste.

16. Appliquons maintenant les formules que nous venons de trouver à la Trigonométrie sphérique, et considérons d'abord les cas des triangles sphériques rectangles qui peuvent s'y rapporter.

Soit donc un triangle sphérique rectangle dont l'hypoténuse soit a, les deux côtés b, c, et les angles opposés à ces côtés β, γ; si l'on examine toutes les analogies connues pour ces sortes de triangles, on ne trouvera que les trois suivantes qui renferment des tangentes :

1° $\quad\quad\quad\quad\quad\quad \tang b = \cos\gamma \tang a,$

2° $\quad\quad\quad\quad\quad\quad \tang c = \sin b \tang\gamma,$

3° $\quad\quad\quad\quad\quad\quad \tang\beta = \dfrac{\cot\gamma}{\cos a} = \dfrac{\tang(90° - \gamma)}{\cos a}.$

17. Comparant donc ces équations avec celles des n°s 6 et 9, on aura d'abord
$$x = b, \quad y = a, \quad \omega = \gamma, \quad \varphi = 0;$$
donc
$$\theta = \tang^2 \frac{\omega}{2} = \tang^2 \frac{\gamma}{2};$$
donc (7)

$$a - b = \tang^2\frac{\gamma}{2}\sin 2a - \frac{1}{2}\tang^4\frac{\gamma}{2}\sin 4a + \frac{1}{3}\tang^6\frac{\gamma}{2}\sin 6a - \ldots$$
$$= \tang^2\frac{\gamma}{2}\sin 2b + \frac{1}{2}\tang^4\frac{\gamma}{2}\sin 4b + \frac{1}{3}\tang^6\frac{\gamma}{2}\sin 6b + \ldots$$

On a donc par ces formules la différence entre l'hypoténuse et un des côtés exprimée par une suite de sinus multiples du double de l'hypoténuse même ou du côté; et il est visible que cette suite sera toujours convergente, parce que la plus grande valeur de γ étant 90 degrés, la plus grande valeur de $\tang\frac{\gamma}{2}$ sera 1. Ces formules sont donc, comme l'on voit, très-commodes pour trouver la réduction des planètes à l'écliptique, en prenant γ pour l'inclinaison, ou bien la différence entre la longitude et l'ascension droite du Soleil en prenant γ pour l'obliquité de l'écliptique.

Dans ce dernier cas, on aura

$$\gamma = 23°28' \text{ environ};$$

donc

$$\tang^2\frac{\gamma}{2} = 0,0043137, \quad \tang^4\frac{\gamma}{2} = 0,0001861, \quad \tang^6\frac{\gamma}{2} = 0,00000803,\ldots,$$

d'où l'on peut juger de l'extrême convergence de la série.

18. La seconde équation, étant comparée avec la formule du n° 9, donnera

$$x = c, \quad y = \gamma, \quad \varphi = 90°, \quad \omega = b;$$

donc

$$\theta = \frac{\tang\left(45° - \frac{b}{2}\right)}{\tang\left(45° + \frac{b}{2}\right)} = \tang^2\left(45° - \frac{b}{2}\right);$$

et de là on aura (7) les formules

$$\gamma - c = \tang^2\left(45° - \frac{b}{2}\right)\sin 2\gamma - \frac{1}{2}\tang^4\left(45° - \frac{b}{2}\right)\sin 4\gamma + \frac{1}{3}\tang^6\left(45° - \frac{b}{2}\right)\sin 6\gamma - .$$

$$= \tang^2\left(45° - \frac{b}{2}\right)\sin 2c + \frac{1}{2}\tang^4\left(45° - \frac{b}{2}\right)\sin 4c + \frac{1}{3}\tang^6\left(45° - \frac{b}{2}\right)\sin 6c + .$$

par lesquelles on pourra trouver la différence entre un angle et le côté opposé exprimée par une suite de sinus d'angles multiples du double de l'angle ou du côté; et ces suites seront toujours aussi convergentes, parce que $\tang\left(45° - \frac{b}{2}\right)$ ne peut jamais être >1, tant que b est positif et <180 degrés.

19. La troisième équation, étant comparée de même avec celle du n° 6, donnera

$$x = \beta, \quad y = 90° - \gamma, \quad \varphi = a, \quad \omega = 0;$$

donc

$$\theta = -\tang^2 \frac{a}{2};$$

donc (7)

$$\beta + \gamma - 90° = \tang^2 \frac{a}{2} \sin 2\gamma - \frac{1}{2} \tang^4 \frac{a}{2} \sin 4\gamma + \frac{1}{3} \tang^6 \frac{a}{2} \sin 6\gamma - \ldots$$

$$= \tang^2 \frac{a}{2} \sin 2\beta - \frac{1}{2} \tang^4 \frac{a}{2} \sin 4\beta + \frac{1}{3} \tang^6 \frac{a}{2} \sin 6\beta - \ldots,$$

et l'on pourra faire sur ces formules des remarques analogues à celles qu'on a faites sur les précédentes.

20. Considérons à présent les triangles sphériques obliquangles, et voyons quels sont les cas auxquels nos formules peuvent être applicables.

Comme la méthode ordinaire de résoudre ces triangles consiste à les partager en deux triangles rectangles par l'abaissement d'une perpendiculaire d'un des angles sur le côté opposé, et à calculer ensuite à part les segments de l'angle ou du côté coupé par la perpendiculaire, il est clair que les analogies qui servent communément à la résolution de ces triangles ne peuvent se rapporter à nos formules. Mais il y a d'autres analogies moins connues et qui sont générales pour des triangles quelconques; on les nomme *les analogies de Neper*, qui en est l'inventeur, et elles se réduisent aux équations suivantes, dans lesquelles a, b, c dénotent les trois côtés d'un triangle sphérique quelconque, et α, β, γ les angles qui leur sont respectivement opposés :

1° $$\tang\frac{\beta-\gamma}{2} = \frac{\cot\frac{\alpha}{2}\sin\frac{b-c}{2}}{\sin\frac{b+c}{2}};$$

2° $$\tang\frac{\beta+\gamma}{2} = \frac{\cot\frac{\alpha}{2}\cos\frac{b-c}{2}}{\cos\frac{b+c}{2}};$$

3° $$\tang\frac{b-c}{2} = \frac{\tang\frac{a}{2}\sin\frac{\beta-\gamma}{2}}{\sin\frac{\beta+\gamma}{2}};$$

4° $$\tang\frac{b+c}{2} = \frac{\tang\frac{a}{2}\cos\frac{\beta-\gamma}{2}}{\cos\frac{\beta+\gamma}{2}};$$

d'où l'on déduit encore cette cinquième

5° $$\tang\frac{\beta-\gamma}{2}\tang\frac{b+c}{2} = \tang\frac{\beta+\gamma}{2}\tang\frac{b-c}{2}.$$

Comme ces équations renferment toutes des tangentes, elles peuvent être traitées par notre méthode, ainsi qu'on va le voir.

21. La première des équations précédentes étant comparée à celle du n° 9, on aura

$$\varphi = \frac{b+c}{2}, \quad \omega = \frac{b-c}{2}, \quad x = \frac{\beta-\gamma}{2}, \quad y = 90° - \frac{\alpha}{2};$$

donc

$$\theta = \frac{\tang\frac{c}{2}}{\tang\frac{b}{2}},$$

D'ASTRONOMIE SPHÉRIQUE.

et de là (7)

$$\frac{-\alpha-\beta}{2}+90°=\frac{\tang\frac{c}{2}}{\tang\frac{b}{2}}\sin\alpha+\frac{1}{2}\left(\frac{\tang\frac{c}{2}}{\tang\frac{b}{2}}\right)^2\sin 2\alpha+\frac{1}{3}\left(\frac{\tang\frac{c}{2}}{\tang\frac{b}{2}}\right)^3\sin 3\alpha+\ldots$$

$$=\frac{\tang\frac{c}{2}}{\tang\frac{b}{2}}\sin(\beta-\gamma)+\frac{1}{2}\left(\frac{\tang\frac{c}{2}}{\tang\frac{b}{2}}\right)^2\sin 2(\beta-\gamma)+\frac{1}{3}\left(\frac{\tang\frac{c}{2}}{\tang\frac{b}{2}}\right)^3\sin 3(\beta-\gamma)+\ldots$$

22. La seconde étant comparée de même à celle du n° 6, on aura les mêmes valeurs de φ, ω, y que ci-dessus, mais celle de x sera $\frac{\beta+\gamma}{2}$; on aura donc dans ce cas

$$\theta=-\tang\frac{c}{2}\tang\frac{b}{2};$$

donc (7)

$$\frac{\gamma+\alpha+\beta}{2}-90°=\tang\frac{b}{2}\tang\frac{c}{2}\sin\alpha-\frac{1}{2}\left(\tang\frac{b}{2}\tang\frac{c}{2}\right)^2\sin 2\alpha$$

$$+\frac{1}{3}\left(\tang\frac{b}{2}\tang\frac{c}{2}\right)^3\sin 3\alpha-\ldots$$

$$=\tang\frac{b}{2}\tang\frac{c}{2}\sin(\beta+\gamma)-\frac{1}{2}\left(\tang\frac{b}{2}\tang\frac{c}{2}\right)^2\sin 2(\beta+\gamma)$$

$$+\frac{1}{3}\left(\tang\frac{b}{2}\tang\frac{c}{2}\right)^3\sin 3(\beta+\gamma)-\ldots$$

23. La troisième et la quatrième équation donneront des formules analogues aux précédentes en y changeant seulement β en b, γ en c et α en $180°-a$. Ainsi l'on aura, en premier lieu,

$$\frac{+a-b}{2}=\frac{\tang\frac{\gamma}{2}}{\tang\frac{\beta}{2}}\sin a-\frac{1}{2}\left(\frac{\tang\frac{\gamma}{2}}{\tang\frac{\beta}{2}}\right)^2\sin 2a+\frac{1}{3}\left(\frac{\tang\frac{\gamma}{2}}{\tang\frac{\beta}{2}}\right)^3\sin 3a-\ldots$$

$$=\frac{\tang\frac{\gamma}{2}}{\tang\frac{\beta}{2}}\sin(b-c)+\frac{1}{2}\left(\frac{\tang\frac{\gamma}{2}}{\tang\frac{\beta}{2}}\right)^2\sin 2(b-c)+\frac{1}{3}\left(\frac{\tang\frac{\gamma}{2}}{\tang\frac{\beta}{2}}\right)^3\sin 3(b-c)+\ldots$$

IV.

24. En second lieu, on aura

$$\frac{c+b-a}{2} = \tang\frac{\beta}{2}\tang\frac{\gamma}{2}\sin a + \frac{1}{2}\left(\tang\frac{\beta}{2}\tang\frac{\gamma}{2}\right)^2\sin 2a$$
$$+ \frac{1}{3}\left(\tang\frac{\beta}{2}\tang\frac{\gamma}{2}\right)^3\sin 3a + \ldots$$
$$= \tang\frac{\beta}{2}\tang\frac{\gamma}{2}\sin(b+c) - \frac{1}{2}\left(\tang\frac{\beta}{2}\tang\frac{\gamma}{2}\right)^2\sin 2(b+c)$$
$$+ \frac{1}{3}\left(\tang\frac{\beta}{2}\tang\frac{\gamma}{2}\right)^3\sin 3(b+c) - \ldots$$

25. Enfin la cinquième équation du n° 20, étant comparée à celle du n° 10, donnera

$$\varphi = \frac{\beta-\gamma}{2}, \quad \omega = \frac{\beta+\gamma}{2}, \quad x = \frac{b+c}{2}, \quad y = \frac{b-c}{2};$$

donc

$$\theta = -\frac{\sin\gamma}{\sin\beta},$$

et par conséquent

$$c = \frac{\sin\gamma}{\sin\beta}\sin(b-c) + \frac{1}{2}\left(\frac{\sin\gamma}{\sin\beta}\right)^2\sin 2(b-c) + \frac{1}{3}\left(\frac{\sin\gamma}{\sin\beta}\right)^3\sin 3(b-c) + \ldots$$
$$= \frac{\sin\gamma}{\sin\beta}\sin(b+c) - \frac{1}{2}\left(\frac{\sin\gamma}{\sin\beta}\right)^2\sin 2(b+c) + \frac{1}{3}\left(\frac{\sin\gamma}{\sin\beta}\right)^3\sin 3(b+c) - \ldots$$

On peut aussi comparer d'une autre manière la même équation avec celle du numéro cité, en faisant

$$\varphi = \frac{b+c}{2}, \quad \omega = \frac{b-c}{2}, \quad x = \frac{\beta-\gamma}{2}, \quad y = \frac{\beta+\gamma}{2},$$

ce qui donnera

$$\theta = \frac{\sin c}{\sin b},$$

et de là par le n° 7

$$\gamma = \frac{\sin c}{\sin b}\sin(\beta+\gamma) - \frac{1}{2}\left(\frac{\sin c}{\sin b}\right)^2\sin 2(\beta+\gamma) + \frac{1}{3}\left(\frac{\sin c}{\sin b}\right)^3\sin 3(\beta+\gamma) - \ldots$$
$$= \frac{\sin c}{\sin b}\sin(\beta-\gamma) + \frac{1}{2}\left(\frac{\sin c}{\sin b}\right)^2\sin 2(\beta-\gamma) + \frac{1}{3}\left(\frac{\sin c}{\sin b}\right)^3\sin 3(\beta-\gamma) + \ldots$$

D'ASTRONOMIE SPHÉRIQUE.

26. Les premières formules des n°s 21 et 22 donnent, par l'addition et la soustraction, ces deux-ci, dans lesquelles au lieu de $\dfrac{1}{\tang\frac{b}{2}}$ j'écris $\cot\dfrac{b}{2}$,

$$\gamma = \left(\tang\frac{b}{2} + \cot\frac{b}{2}\right)\tang\frac{c}{2}\sin\alpha - \frac{1}{2}\left(\tang^2\frac{b}{2} - \cot^2\frac{b}{2}\right)\tang^2\frac{c}{2}\sin 2\alpha$$
$$+ \frac{1}{3}\left(\tang^3\frac{b}{2} + \cot^3\frac{b}{2}\right)\tang^3\frac{c}{2}\sin 3\alpha - \ldots,$$

$$\beta = 180° - \alpha + \left(\tang\frac{b}{2} - \cot\frac{b}{2}\right)\tang\frac{c}{2}\sin\alpha - \frac{1}{2}\left(\tang^2\frac{b}{2} + \cot^2\frac{b}{2}\right)\tang^2\frac{c}{2}\sin 2\alpha$$
$$+ \frac{1}{3}\left(\tang^3\frac{b}{2} - \cot^3\frac{b}{2}\right)\tang^3\frac{c}{2}\sin 3\alpha - \ldots.$$

Et de même les premières formules des n°s 23 et 24 donneront

$$c = \left(\tang\frac{\beta}{2} + \cot\frac{\beta}{2}\right)\tang\frac{\gamma}{2}\sin a + \frac{1}{2}\left(\tang^2\frac{\beta}{2} - \cot^2\frac{\beta}{2}\right)\tang^2\frac{\gamma}{2}\sin 2a$$
$$+ \frac{1}{3}\left(\tang^3\frac{\beta}{2} + \cot^3\frac{\beta}{2}\right)\tang^3\frac{\gamma}{2}\sin 3a + \ldots$$

$$b = a + \left(\tang\frac{\beta}{2} - \cot\frac{\beta}{2}\right)\tang\frac{\gamma}{2}\sin a + \frac{1}{2}\left(\tang^2\frac{\beta}{2} + \cot^2\frac{\beta}{2}\right)\tang^2\frac{\gamma}{2}\sin 2a$$
$$+ \frac{1}{3}\left(\tang^3\frac{\beta}{2} - \cot^3\frac{\beta}{2}\right)\tang^3\frac{\gamma}{2}\sin 3a + \ldots.$$

Ainsi lorsqu'on connaît, dans un triangle sphérique quelconque, deux côtés b, c et l'angle α compris entre ces côtés, on pourra, par les deux premières formules, trouver les deux autres angles β et γ opposés aux côtés b et c, et ces formules seront d'autant plus convergentes que le côté c sera plus petit et que le côté b sera plus près de 90 degrés.

Pareillement, si l'on connaît un côté a et les deux angles β, γ adjacents à ce côté, on aura par les deux dernières formules les deux autres côtés b et c opposés aux angles β et γ; et ces formules seront d'autant plus convergentes que l'angle γ sera plus petit et que l'autre angle β sera plus près de 90 degrés.

292 SOLUTIONS DE QUELQUES PROBLÈMES

27. Si l'on imagine que le pôle de l'équateur, celui de l'écliptique et le lieu d'un astre quelconque soient joints par trois arcs de grands cercles, et qu'on dénote par c l'arc qui joint les deux pôles, par a l'arc qui joint le lieu de l'astre et le pôle de l'équateur, et par b l'arc qui joint le lieu de l'astre et le pôle de l'écliptique, il est clair qu'on aura un triangle sphérique dont les trois côtés seront a, b, c, et il est visible que le côté c sera égal à l'obliquité de l'écliptique, que le côté a sera le complément à 90 degrés de la déclinaison de l'astre, et que le côté b sera le complément à 90 degrés de la latitude de l'astre. Ensuite, si l'on nomme, comme plus haut, α, β, γ les angles respectivement opposés aux côtés a, b, c, il n'est pas difficile de voir que l'angle γ sera l'angle de position de l'astre, que l'angle α sera le complément à 90 degrés de la longitude de l'astre, et que l'angle β sera l'ascension droite de l'astre augmentée de 90 degrés.

Soit donc un astre dont la longitude soit L, la latitude λ, l'ascension droite D, la déclinaison δ, son angle de position p, on aura

$$a = 90° - \delta, \quad b = 90° - \lambda, \quad \alpha = 90° - L, \quad \beta = 90° + D, \quad \gamma = p,$$

et nommant c l'obliquité de l'écliptique, les deux premières formules du n° **26**, à cause de

$$\operatorname{tang}\frac{b}{2} = \operatorname{tang}\left(45° - \frac{\lambda}{2}\right), \quad \cot\frac{b}{2} = \operatorname{tang}\left(45° + \frac{\lambda}{2}\right),$$

donneront

$$p = \left[\operatorname{tang}\left(45° + \frac{\lambda}{2}\right) + \operatorname{tang}\left(45° - \frac{\lambda}{2}\right)\right]\operatorname{tang}\frac{c}{2}\cos L$$

$$+ \frac{1}{2}\left[\operatorname{tang}^2\left(45° + \frac{\lambda}{2}\right) - \operatorname{tang}^2\left(45° - \frac{\lambda}{2}\right)\right]\operatorname{tang}^2\frac{c}{2}\sin 2L$$

$$- \frac{1}{3}\left[\operatorname{tang}^3\left(45° + \frac{\lambda}{2}\right) + \operatorname{tang}^3\left(45° - \frac{\lambda}{2}\right)\right]\operatorname{tang}^3\frac{c}{2}\cos 3L$$

$$- \frac{1}{4}\left[\operatorname{tang}^4\left(45° + \frac{\lambda}{2}\right) - \operatorname{tang}^4\left(45° + \frac{\lambda}{2}\right)\right]\operatorname{tang}^4\frac{c}{2}\sin 4L$$

$$+ \ldots\ldots\ldots\ldots\ldots\ldots\ldots\ldots\ldots\ldots\ldots,$$

$$D = L - \left[\tang\left(45° + \frac{\lambda}{2}\right) - \tang\left(45° - \frac{\lambda}{2}\right) \right] \tang\frac{c}{2} \cos L$$

$$- \frac{1}{2}\left[\tang^2\left(45° + \frac{\lambda}{2}\right) + \tang^2\left(45° - \frac{\lambda}{2}\right) \right] \tang^2\frac{c}{2} \sin 2L$$

$$+ \frac{1}{3}\left[\tang^3\left(45° + \frac{\lambda}{2}\right) - \tang^3\left(45° - \frac{\lambda}{2}\right) \right] \tang^3\frac{c}{2} \cos 3L$$

$$+ \frac{1}{4}\left[\tang^4\left(45° + \frac{\lambda}{2}\right) + \tang^4\left(45° - \frac{\lambda}{2}\right) \right] \tang^4\frac{c}{2} \sin 4L$$

$$\dots\dots\dots\dots\dots\dots\dots\dots\dots\dots$$

Ces deux formules sont fort remarquables par leur simplicité et par l'usage dont elles peuvent être dans l'Astronomie; la seconde surtout peut être d'une grande utilité pour réduire les longitudes et les latitudes des planètes en ascensions droites et en déclinaisons; car à cause que λ n'est jamais > 9 degrés pour les planètes, on aura immédiatement la différence entre la longitude L et l'ascension droite D par une série fort convergente; dès qu'on aura trouvé D, on aura la déclinaison δ par une seule analogie, parce que dans le triangle dont les côtés sont a, b, c, et les angles opposés α, β, γ, on a

$$\sin a : \sin b = \sin \alpha : \sin \beta,$$

et, mettant pour a, b, α, β les valeurs ci-dessus,

$$\cos \delta : \cos \lambda = \cos L : \cos D;$$

d'où

$$\cos \delta = \frac{\cos \lambda \cos L}{\cos D} \quad (*).$$

28. L'analyse que nous avons exposée au commencement de ce Mémoire peut aussi être employée directement à résoudre d'autres équations plus compliquées que celle à laquelle nous l'avons appliquée. C'est ce que je vais indiquer en peu de mots.

(*) Les deux formules précédentes ont déjà été publiées sans démonstration dans le troisième volume des *Tables astronomiques de l'Académie*.

Soit, par exemple, l'équation

$$\tang x = \frac{a \sin y}{\cos y + p},$$

a étant une quantité qui diffère peu de l'unité, et p une quantité très-petite; je forme l'équation

$$\frac{1 + \tang x \sqrt{-1}}{1 - \tang x \sqrt{-1}} = \frac{\cos y + p + a \sin y \sqrt{-1}}{\cos y + p - a \sin y \sqrt{-1}},$$

laquelle, en introduisant les exponentielles imaginaires, se réduit à

$$e^{2x\sqrt{-1}} = \frac{e^{y\sqrt{-1}} + e^{-y\sqrt{-1}} + 2p + a(e^{y\sqrt{-1}} - e^{-y\sqrt{-1}})}{e^{y\sqrt{-1}} + e^{-y\sqrt{-1}} + 2p - a(e^{y\sqrt{-1}} - e^{-y\sqrt{-1}})},$$

ou bien

$$e^{2x\sqrt{-1}} = e^{2y\sqrt{-1}} \frac{1 + \dfrac{2p}{1+a} e^{-y\sqrt{-1}} + \dfrac{1-a}{1+a} e^{-2y\sqrt{-1}}}{1 + \dfrac{2p}{1+a} e^{y\sqrt{-1}} + \dfrac{1-a}{1+a} e^{2y\sqrt{-1}}}.$$

Soient

$$1 + Pz, \quad 1 + Qz$$

les deux facteurs du trinôme

$$1 + \frac{2p}{1+a} z + \frac{1-a}{1+a} z^2,$$

l'équation précédente pourra se mettre sous cette forme

$$e^{2x\sqrt{-1}} = e^{2y\sqrt{-1}} \frac{(1 + P e^{-y\sqrt{-1}})(1 + Q e^{-y\sqrt{-1}})}{(1 + P e^{y\sqrt{-1}})(1 + Q e^{y\sqrt{-1}})};$$

prenant les logarithmes des deux membres, réduisant en série les logarithmes des facteurs $1 + P e^{-y\sqrt{-1}}, \ldots$, et remettant à la place des exponentielles imaginaires les sinus correspondants, on aura sur-le-champ

$$x = y - (P + Q)\sin y + \frac{P^2 + Q^2}{2} \sin 2y - \frac{P^3 + Q^3}{3} \sin 3y + \ldots;$$

or, comme les quantités p et $1-a$ sont très-petites (hypothèse), il est clair que les quantités P et Q le seront aussi; d'où il s'ensuit que la série précédente sera nécessairement convergente.

29. Soit encore l'équation

$$\tang x = \frac{a\sin 2y + b\sin y}{\cos 2y + p\cos y + q},$$

a étant peu différent de l'unité, et b, p, q des coefficients fort petits; on aura d'abord

$$\frac{1+\tang x\sqrt{-1}}{1-\tang x\sqrt{-1}} = \frac{\cos 2y + p\cos y + q + (a\sin 2y + b\sin y)\sqrt{-1}}{\cos 2y + p\cos y + q - (a\sin 2y + b\sin y)\sqrt{-1}},$$

ce qui se réduit à

$$e^{2x\sqrt{-1}} = \frac{(1+a)e^{2y\sqrt{-1}} + (1-a)e^{-2y\sqrt{-1}} + (p+b)e^{y\sqrt{-1}} + (p-b)e^{-y\sqrt{-1}} + 2q}{(1+a)e^{-2y\sqrt{-1}} + (1-a)e^{2y\sqrt{-1}} + (p+b)e^{-y\sqrt{-1}} + (p-b)e^{y\sqrt{-1}} + 2q},$$

ou bien à

$$e^{2x\sqrt{-1}} = e^{4y\sqrt{-1}} \frac{1 + \frac{p+b}{1+a}e^{-y\sqrt{-1}} + \frac{2q}{1+a}e^{-2y\sqrt{-1}} + \frac{p-b}{1+a}e^{-3y\sqrt{-1}} + \frac{1-a}{1+a}e^{-4y\sqrt{-1}}}{1 + \frac{p+b}{1+a}e^{y\sqrt{-1}} + \frac{2q}{1+a}e^{2y\sqrt{-1}} + \frac{p-b}{1+a}e^{3y\sqrt{-1}} + \frac{1-a}{1+a}e^{4y\sqrt{-1}}}.$$

Soient maintenant

$$1 + Pz, \quad 1 + Qz, \quad 1 + Rz, \quad 1 + Sz$$

les facteurs simples du quadrinôme

$$1 + \frac{p+b}{1+a}z + \frac{2q}{1+a}z^2 + \frac{p-b}{1+a}z^3 + \frac{1-a}{1+a}z^4;$$

l'équation précédente deviendra

$$e^{2x\sqrt{-1}} = e^{4y\sqrt{-1}} \frac{(1+Pe^{-y\sqrt{-1}})(1+Qe^{-y\sqrt{-1}})(1+Re^{-y\sqrt{-1}})(1+Se^{-y\sqrt{-1}})}{(1+Pe^{y\sqrt{-1}})(1+Qe^{y\sqrt{-1}})(1+Re^{y\sqrt{-1}})(1+Se^{y\sqrt{-1}})},$$

d'où l'on tire, en prenant les logarithmes, réduisant en série, et remettant les sinus à la place des exponentielles imaginaires,

$$x = 2y - (P + Q + R + S)\sin y + \frac{P^2 + Q^2 + R^2 + S^2}{2}\sin 2y$$
$$- \frac{P^3 + Q^3 + R^3 + S^3}{3}\sin 3y + \frac{P^4 + Q^4 + R^4 + S^4}{4}\sin 4y - \ldots$$

On pourrait de même résoudre l'équation

$$\tang x = \frac{a\sin 3y + b\sin 2y + c\sin y}{\cos 3y + p\cos 2y + q\cos y + r},$$

et ainsi de suite.

30. Supposons enfin que l'on ait à résoudre une équation de cette forme

$$\tang x = \frac{\sin y + p\sin 2y + q\sin 3y + \ldots}{\cos y + p\cos 2y + q\cos 3y + \ldots},$$

$p, q, \ldots$ étant des coefficients très-petits ; on la réduira d'abord à la forme

$$\frac{1 + \tang x \sqrt{-1}}{1 - \tang x \sqrt{-1}} = \frac{(\cos y + \sin y \sqrt{-1}) + p(\cos 2y + \sin 2y \sqrt{-1}) + \ldots}{(\cos y - \sin y \sqrt{-1}) + p(\cos 2y - \sin 2y \sqrt{-1}) + \ldots},$$

savoir

$$e^{2x\sqrt{-1}} = \frac{e^{y\sqrt{-1}} + p\, e^{2y\sqrt{-1}} + q\, e^{3y\sqrt{-1}} + \ldots}{e^{-y\sqrt{-1}} + p\, e^{-2y\sqrt{-1}} + q\, e^{-3y\sqrt{-1}} + \ldots},$$

ou bien

$$e^{2x\sqrt{-1}} = e^{2y\sqrt{-1}} \frac{1 + p\, e^{y\sqrt{-1}} + q\, e^{2y\sqrt{-1}} + \ldots}{1 + p\, e^{-y\sqrt{-1}} + q\, e^{-2y\sqrt{-1}} + \ldots}.$$

Soient à présent

$$1 + Pz, \quad 1 + Qz, \ldots$$

les facteurs du multinôme

$$1 + pz + qz^2 + \ldots ;$$

D'ASTRONOMIE SPHÉRIQUE.

l'équation précédente deviendra

$$e^{2x\sqrt{-1}} = e^{2y\sqrt{-1}} \frac{(1+Pe^{y\sqrt{-1}})(1+Qe^{y\sqrt{-1}})\ldots}{(1+Pe^{-y\sqrt{-1}})(1+Qe^{-y\sqrt{-1}})\ldots},$$

d'où l'on tire par les logarithmes, comme plus haut,

$$x = y + (P+Q+\ldots)\sin y - \frac{P^2+Q^2+\ldots}{2}\sin 2y + \frac{P^3+Q^3+\ldots}{3}\sin 3y - \ldots$$

31. Si la valeur de $\tang x$ contenait des sinus et des cosinus tant au numérateur qu'au dénominateur, comme si l'on avait à résoudre l'équation

$$\tang x = \frac{a\sin y + b\cos y}{\cos y + p\sin y},$$

on pourrait aussi par la même méthode trouver une série convergente pour exprimer la valeur de x en y, pourvu que a fût toujours peu différent de l'unité, et b, p des coefficients fort petits relativement à a.

En effet on aura alors

$$\frac{1+\tang x\sqrt{-1}}{1-\tang x\sqrt{-1}} = \frac{(\cos y + p\sin y) + (a\sin y + b\cos y)\sqrt{-1}}{(\cos y + p\sin y) - (a\sin y + b\cos y)\sqrt{-1}},$$

et passant aux exponentielles

$$e^{2x\sqrt{-1}} = \frac{[1+a+(b-p)\sqrt{-1}]e^{y\sqrt{-1}} + [1-a+(b+p)\sqrt{-1}]e^{-y\sqrt{-1}}}{[1-a-(b+p)\sqrt{-1}]e^{y\sqrt{-1}} + [1+a-(b-p)\sqrt{-1}]e^{-y\sqrt{-1}}},$$

ou bien

$$e^{2x\sqrt{-1}} = e^{2y\sqrt{-1}} \frac{[1+a+(b-p)\sqrt{-1}] + [1-a+(b+p)\sqrt{-1}]e^{-2y\sqrt{-1}}}{[1+a-(b-p)\sqrt{-1}] + [1-a-(b+p)\sqrt{-1}]e^{2y\sqrt{-1}}}.$$

Soit maintenant

$$\frac{b-p}{1+a} = \tang\alpha, \quad \frac{b+p}{1-a} = \tang\beta,$$

on aura

$$e^{2x\sqrt{-1}} = e^{2y\sqrt{-1}} \frac{(1+a)(1+\tang\alpha\sqrt{-1}) + (1-a)(1+\tang\beta\sqrt{-1})e^{-2y\sqrt{-1}}}{(1+a)(1-\tang\alpha\sqrt{-1}) + (1-a)(1-\tang\beta\sqrt{-1})e^{2y\sqrt{-1}}};$$

IV.

mais
$$1 \pm \tang\alpha \sqrt{-1} = \frac{e^{\pm\alpha\sqrt{-1}}}{\cos\alpha}, \quad 1 \pm \tang\beta \sqrt{-1} = \frac{e^{\pm\beta\sqrt{-1}}}{\cos\beta};$$

donc substituant ces valeurs, divisant le haut et le bas de la fraction par $\frac{1+a}{\cos\alpha}$, et faisant, pour abréger,
$$\frac{1-a}{1+a}\frac{\cos\alpha}{\cos\beta} = k,$$
on aura
$$e^{2x\sqrt{-1}} = e^{2y\sqrt{-1}} \frac{e^{\alpha\sqrt{-1}} + k e^{\beta\sqrt{-1}} \times e^{-2y\sqrt{-1}}}{e^{-\alpha\sqrt{-1}} + k e^{-\beta\sqrt{-1}} \times e^{2y\sqrt{-1}}},$$
savoir
$$e^{2x\sqrt{-1}} = e^{2(y+\alpha)\sqrt{-1}} \frac{1 + k e^{-(2y+\alpha-\beta)\sqrt{-1}}}{1 + k e^{(2y+\alpha-\beta)\sqrt{-1}}},$$

d'où en prenant les logarithmes, réduisant en série, divisant par $2\sqrt{-1}$, et repassant des exponentielles imaginaires aux sinus et cosinus réels, on tire sur-le-champ
$$x = y + \alpha - k\sin(2y+\alpha-\beta) + \frac{k^2}{2}\sin 2(2y+\alpha-\beta) - \frac{k^3}{3}\sin 3(2y+\alpha-\beta) + \ldots$$

Or on a
$$\cos\alpha = \frac{1+a}{\sqrt{(1+a)^2 + (b-p)^2}}, \quad \cos\beta = \frac{1-a}{\sqrt{(1-a)^2 + (b+p)^2}};$$
donc on aura
$$k = \frac{\sqrt{(1-a)^2 + (b+p)^2}}{\sqrt{(1+a)^2 + (b-p)^2}},$$

quantité qui est, comme on voit, très-petite de l'ordre de $1-a$, b, p; ainsi la série précédente sera nécessairement convergente.

Au reste on voit par là que pourvu que a diffère peu de l'unité, et que b diffère en même temps peu de $-p$, la quantité k sera nécessairement très-petite du même ordre que ces différences; par conséquent la série sera convergente, sans qu'il soit nécessaire que b et p soient à la fois très-petites l'une et l'autre.

SUR

L'USAGE DES FRACTIONS CONTINUES

DANS LE CALCUL INTÉGRAL.

SUR

L'USAGE DES FRACTIONS CONTINUES

DANS LE CALCUL INTÉGRAL (*).

(*Nouveaux Mémoires de l'Académie royale des Sciences et Belles-Lettres de Berlin,* année 1776.)

J'ai fait voir ailleurs combien la méthode des fractions continues est utile dans l'Algèbre; je me propose maintenant d'en montrer aussi l'usage dans le Calcul intégral. On connaît depuis longtemps la méthode des séries pour intégrer par approximation les équations différentielles dont l'intégrale finie est impossible, ou du moins très-difficile à trouver; mais cette méthode a l'inconvénient de donner des suites infinies lors même que ces suites peuvent être représentées par des expressions rationnelles finies. La méthode des fractions continues a tous les avantages de celle des séries et est en même temps exempte de l'inconvénient dont nous venons de parler; car, par cette méthode, on est assuré de trouver directement la valeur rationnelle et finie de la quantité cherchée lorsqu'elle en a une, parce qu'alors l'opération se termine d'elle-même; et quand l'opération va à l'infini, on a une marque certaine que la quantité cherchée ne peut être exprimée par une fonction rationnelle et finie. Enfin

(*) Lu le 18 juillet 1776.

cette méthode sert à ramener à l'intégration beaucoup d'équations différentielles qui échappent aux autres méthodes du Calcul intégral.

1. Soit une équation différentielle quelconque entre deux variables x et y, d'où il s'agisse de tirer la valeur de y en x par approximation.

Pour employer dans cette recherche la méthode des fractions continues, on commencera par chercher par les méthodes connues le premier terme de la valeur de y en x lorsque x est supposée très-petite, et nommant ce terme ξ, on fera

$$y = \frac{\xi}{1 + y'};$$

substituant ensuite cette expression de y dans l'équation proposée, on aura une nouvelle équation du même ordre et du même degré entre x et y', dans laquelle, en supposant x très-petite, y' sera aussi nécessairement très-petite.

Soit ξ' le premier terme de la valeur de y' en x dans le cas de x très-petite; on fera

$$y' = \frac{\xi'}{1 + y''},$$

et, substituant cette expression de y' dans l'équation entre x et y', on aura une nouvelle équation du même ordre et du même degré entre x et y'', dans laquelle y'' sera nécessairement très-petite lorsque x sera supposée très-petite. Soit donc ξ'' le premier terme de la valeur de y'' en x dans le cas de x très-petite; on fera

$$y'' = \frac{\xi''}{1 + y'''},$$

et, substituant cette expression de y'' dans l'équation, on en aura une nouvelle entre x et y''', dans laquelle y''' sera nécessairement très-petite lorsqu'on supposera x très-petite. On nommera ξ''' le premier terme de la valeur de y''' en x dans le cas de x très-petite, et l'on fera

$$y''' = \frac{\xi'''}{1 + y^{\text{iv}}};$$

et ainsi de suite.

De cette manière, en substituant successivement les valeurs de y', y'', y''', on aura

$$y = \cfrac{\xi}{1 + \cfrac{\xi'}{1 + \cfrac{\xi''}{1 + \cfrac{\xi'''}{1 + \cdot}}}}$$

S'il arrive que quelqu'une des équations transformées soit intégrable exactement, en sorte qu'on ait la valeur finie d'une des y', y'', y''',... en x, il n'y aura qu'à substituer cette valeur dans la fraction continue, on aura la valeur exacte de y en x. Dans tous les autres cas la fraction continue ira à l'infini; mais comme nous avons vu que les quantités y', y'', y''',... sont toujours nécessairement très-petites lorsque x est supposée très-petite, il s'ensuit que les quantités ξ', ξ'', ξ''',... seront aussi très-petites dans la même supposition; par conséquent la fraction continue sera toujours d'autant plus convergente que x sera plus-petite, et approchera d'autant plus de la vraie valeur de y qu'on y prendra plus de termes. A l'égard des quantités ξ, ξ', ξ'',... il est clair qu'elles seront nécessairement de la forme ax^α, l'exposant α devant être un nombre positif pour chacune de ces quantités excepté la première ξ, pour laquelle le nombre α pourra être positif, ou négatif, ou zéro. Ainsi toute la difficulté consiste à déterminer cet exposant α avec le coefficient a.

2. Considérons, en général, une équation quelconque entre les deux variables x et y, d'où il s'agisse de tirer la valeur de y en x dans l'hypothèse de x très-petite; comme cette valeur ne peut être représentée que par ax^α, qu'on substitue partout ax^α à la place de y et de ses différentielles, s'il y en a, et après avoir délivré l'équation des irrationalités et des fractions complexes, il est clair qu'elle se réduira à une suite de termes de la forme $A a^m x^{\alpha m + n}$; or, puisque cette équation n'est censée avoir lieu que dans le cas de x très-petite, il faudra négliger vis-à-vis d'un quelconque de ses termes tous ceux qui seront affectés d'une puis-

sance plus haute de x; de sorte que l'équation se réduira à un certain nombre de termes tous affectés de la même puissance de x, cette puissance étant la plus basse qu'il y ait dans l'équation proposée; par ce moyen l'x disparaîtra, et il restera une équation entre les coefficients, laquelle servira à déterminer la constante a.

Si l'exposant α était connu, il n'y aurait, comme on voit, aucune difficulté à déterminer le coefficient a; or, comme α est indéterminé, on peut lui donner telle valeur que l'on veut; il faut seulement que cette valeur soit telle, que la plus petite puissance de x se trouve au moins dans deux termes de l'équation, afin qu'après la division par cette puissance de x on ait une équation entre les seuls coefficients, à laquelle on puisse satisfaire par la détermination du coefficient a.

Tout se réduit donc à déterminer la quantité α par cette condition, que la plus petite puissance de x se trouve au moins dans deux termes de l'équation. MM. Tailor et Stirling ont donné pour cela des méthodes qu'on peut voir dans le *Methodus incrementorum* (Proposition 9) et dans les *Lineæ tertii ordinis* (Problème II); mais comme la méthode du premier demande une espèce de construction géométrique, et que celle du second dépend du *parallélogramme* de Newton, et par conséquent ne peut être regardée que comme une méthode mécanique, je crois que les Géomètres seront bien aises de voir comment on peut résoudre cette question par une méthode purement analytique.

3. J'observe d'abord que, si, après avoir réduit l'équation à une suite de termes de la forme $Aa^m x^{m\alpha+n}$, on a différents termes dans l'exposant desquels le nombre m soit le même, il suffira d'avoir égard à celui de ces termes où le nombre n sera le plus petit, parce qu'il est évident que dans la supposition de x très-petite le terme dont il s'agit sera comme infiniment plus grand que les autres. De cette manière on n'aura dans l'équation que des termes où le nombre m sera différent de l'un à l'autre. Ainsi dénotant ces différentes valeurs de m par m, m', m'', m''',..., en sorte que ces nombres forment une suite croissante, et désignant par n, n', n'', n''',... et par A, A', A'', A''',... les valeurs correspondantes de n et de A,

on aura l'équation

$$A a^m x^{m\alpha+n} + A' a^{m'} x^{m'\alpha+n'} + A'' a^{m''} x^{m''\alpha+n''} + A''' a^{m'''} x^{m'''\alpha+n'''} + \ldots = 0,$$

dans laquelle il s'agira de déterminer le nombre α, en sorte que les exposants de deux ou de plusieurs termes deviennent égaux et en même temps plus petits que ceux des autres termes.

Ce Problème se réduit donc, comme on voit, à celui-ci :

4. *Étant donnée une série telle que*

$$m\alpha + n, \quad m'\alpha + n', \quad m''\alpha + n'', \quad m'''\alpha + n''', \quad m^{\text{iv}}\alpha + n^{\text{iv}}, \ldots,$$

dans laquelle $m, m', m'', m''', \ldots$ soient des nombres connus qui forment une progression croissante quelconque, $n, n', n'', n''', \ldots$ des nombres aussi connus quelconques, et α un nombre inconnu; déterminer le nombre α en sorte que deux ou plusieurs termes de cette série deviennent égaux, et soient en même temps moindres qu'aucun des autres termes.

Il est clair qu'on pourrait résoudre cette question en égalant successivement deux à deux tous les termes de la série proposée, et substituant ensuite dans tous les autres termes les valeurs de α tirées de chacune de ces égalités; on trouverait sûrement de cette manière toutes les valeurs convenables de α, en rejetant celles qui n'auraient pas la condition requise; mais ce calcul demanderait plusieurs opérations inutiles : c'est pourquoi il est bon de chercher des moyens de l'abréger.

Je commence par comparer le premier terme $m\alpha + n$ à chacun des suivants $m'\alpha + n', m''\alpha + n'', \ldots$, et j'en tire ces valeurs de α

$$\frac{n'-n}{m-m'}, \quad \frac{n''-n}{m-m''}, \quad \frac{n'''-n}{m-m'''}, \ldots$$

que je dénote pour plus de simplicité par $\alpha', \alpha'', \alpha''', \ldots$; nommant ensuite ε

le premier terme $m\alpha + n$, je mets la série proposée sous cette forme

$$\varepsilon,\ \varepsilon+(m'-m)(\alpha-\alpha'),\ \varepsilon+(m''-m)(\alpha-\alpha''),\ \varepsilon+(m'''-m)(\alpha-\alpha'''),\ldots$$

Ici l'on voit clairement que, si l'on fait α égal à la plus grande des quantités α', α'', α''',..., le terme qui répond à cette quantité deviendra égal au premier terme ε, et que tous les autres termes seront plus grands que ε, à cause que les quantités $m'-m$, $m''-m$, $m'''-m$ sont (hypothèse) toutes positives.

Si parmi les quantités α', α'', α''',... il y en avait deux ou plusieurs égales entre elles et qui fussent en même temps plus grandes qu'aucune des autres, en faisant α égale à ces quantités, on aurait tout autant de termes égaux au premier terme ε, et les autres termes seraient tous plus grands que ε.

Ayant trouvé ainsi une valeur de α qui résout le Problème, voyons comment on en pourra trouver encore d'autres, s'il y en a.

Et d'abord il est facile de voir qu'en donnant à α une valeur plus grande que la plus grande des quantités α', α'', α''',..., tous les termes qui suivent le premier ε seront nécessairement plus grands que celui-ci; ainsi il est impossible de trouver, par ce moyen, deux termes égaux, et qui soient en même temps les plus petits; par conséquent, s'il existe d'autres valeurs de α qui aient la condition requise, elles doivent être moindres que la plus grande des quantités α', α'', α''',.... Supposons, pour fixer les idées, que α^v soit cette plus grande quantité, et si deux ou plusieurs de ces quantités sont à la fois les plus grandes, soit α^v la dernière d'entre elles; il est facile de voir que dans la série proposée tous les termes qui précéderont le terme $\varepsilon + (m^v - m)(\alpha - \alpha^v)$ seront nécessairement toujours plus grands que celui-ci, tant qu'on donnera à α une valeur moindre que α^v, et cela parce que les quantités $m'-m$, $m''-m$, $m'''-m$,... forment une suite croissante de quantités toutes positives; on pourra donc faire abstraction de ces termes, et ne considérer que le terme $\varepsilon + (m^v - m)(\alpha - \alpha^v)$ avec tous les suivants; car il est clair que les plus petits d'entre ces termes seront en même temps moindres qu'aucun des termes qui précèdent celui dont nous venons de parler.

Or le terme dont il s'agit est $m^v\alpha + n^v$ dans la série primitive; ainsi il n'y aura qu'à considérer la série

$$m^v\alpha + n^v, \quad m^{vi}\alpha + n^{vi}, \quad m^{vii}\alpha + n^{vii}, \ldots,$$

et y appliquer la méthode précédente; et ainsi de suite.

Voici donc à quoi se réduit la solution du Problème proposé.

On égalera successivement le premier terme de la série donnée à chacun des suivants, et l'on tirera la valeur de α de chacune de ces égalités; la plus grande de ces différentes valeurs de α résoudra la question; et les termes, qui forment l'égalité ou les égalités d'où elle est déduite, deviendront les plus petits. On partira ensuite du dernier de ces termes, c'est-à-dire de celui qui est le plus éloigné du commencement de la série, et on l'égalera successivement à chacun des suivants, en tirant la valeur de α de chacune de ces égalités; la plus grande de ces différentes valeurs de α résoudra aussi la question, et rendra les plus petits les termes qui ont produit l'égalité ou les égalités d'où cette valeur de α résulte. On partira de nouveau du dernier de ces termes et l'on opérera comme nous venons de le dire; et ainsi de suite, tant qu'il y aura des termes dans la série. On trouvera de cette manière toutes les valeurs de α qui peuvent résoudre la question, et on trouvera d'abord la plus grande, ensuite les autres suivant l'ordre de leur grandeur en diminuant.

Cette méthode a sur celles de MM. Taylor et Stirling non-seulement l'avantage d'être purement analytique, mais encore celui de pouvoir toujours être appliquée avec la même facilité, quels que soient les nombres donnés $m, n, m', n', m'', n'', \ldots$, entiers ou fractionnaires, ou même irrationnels.

Soit, par exemple, la série de six termes

$$0, \quad \alpha + 3, \quad 2\alpha - 1, \quad 4\alpha - 5, \quad 5\alpha + 2, \quad 6\alpha - 3;$$

en égalant d'abord le premier terme 0 à chacun des suivants, on trouve ces valeurs de α

$$-3, \quad \frac{1}{2}, \quad \frac{5}{4}, \quad -\frac{2}{5}, \quad \frac{3}{6},$$

dont la plus grande est $\frac{5}{4}$, qui résulte de la comparaison du premier et du quatrième terme; on égalera maintenant le quatrième terme $4\alpha - 5$ à chacun des deux suivants, et l'on trouvera ces valeurs de α

$$-7, \quad -1,$$

dont la plus grande est -1, qui résulte de la comparaison du quatrième terme et du dernier. Ainsi l'opération est achevée, et les valeurs convenables de α sont $\frac{5}{4}$ et -1. En effet, si l'on substitue ces valeurs, la série devient dans le premier cas

$$0, \quad \frac{17}{4}, \quad \frac{3}{2}, \quad 0, \quad \frac{33}{4}, \quad \frac{9}{2},$$

et dans le second cas

$$0, \quad 2, \quad -3, \quad -9, \quad -3, \quad -9.$$

5. La méthode précédente servira donc à trouver toutes les valeurs qu'on peut donner à l'exposant α (3); et pour déterminer les valeurs correspondantes du coefficient a, il n'y aura qu'à égaler à zéro la somme des coefficients des termes de l'équation, dont les exposants deviendront égaux et en même temps les plus petits.

Ainsi, par exemple, la quantité α^v étant la plus grande (numéro précédent), pour avoir la valeur correspondante du coefficient a, il faudra égaler à zéro la somme des deux coefficients $A a^m$ et $A^v a^{m^v}$, ce qui donne l'équation

$$A a^m + A^v a^{m^v} = 0, \quad \text{d'où l'on tire} \quad a = \left(-\frac{A}{A^v}\right)^{\frac{1}{m^v - m}};$$

et si les deux quantités $a^{\prime\prime\prime}$ et a^v étaient en même temps égales et les plus grandes, on égalerait à zéro la somme des trois coefficients $A a^m$, $A^{\prime\prime\prime} a^{m^{\prime\prime\prime}}$, $A^v a^{m^v}$, ce qui donnerait

$$A a^m + A^{\prime\prime\prime} a^{m^{\prime\prime\prime}} + A^v a^{m^v} = 0,$$

savoir, en divisant par a^m,

$$A + A''' a^{m'''-m} + A^v a^{m^v-m} = 0;$$

d'où l'on tirerait a; et ainsi du reste.

Il peut arriver au reste que, par les réductions du n° 3, l'équation se trouve réduite à un seul terme comme $Aa^m x^{m\alpha+n}$; dans ce cas il faudra faire $A = 0$, ce qui donnera une équation qui servira à déterminer la quantité α, c'est-à-dire l'exposant; et le coefficient a demeurera absolument indéterminé et par conséquent arbitraire. Ce cas doit nécessairement arriver dans la résolution des équations différentielles, qui admettent des constantes arbitraires; mais il ne pourra jamais avoir lieu lorsqu'il s'agira d'équations finies.

6. Si, dans le Problème du n° 4, on voulait déterminer le nombre α, en sorte que deux ou plusieurs termes de la série donnée devinssent égaux, et en même temps plus grands qu'aucun des autres termes, la solution serait la même, avec cette seule différence qu'au lieu de prendre pour la valeur de α la plus grande des quantités α', α'', α''',... il faudrait au contraire en prendre la plus petite, et il faudrait continuer ainsi à prendre toujours la plus petite des valeurs de α tirées des différentes égalités; c'est ce qui est aisé à démontrer par les mêmes principes. Par cette méthode on pourra déterminer la valeur de y en x dans l'hypothèse de x infiniment grande, en suivant le même procédé que nous avons prescrit dans les n°s 3 et 4, à cela près que, si après la substitution de ax^α à la place de y il se trouve différentes puissances de x dans les exposants desquelles il y ait le même multiple de α, il ne faudra retenir que celle de ces puissances dont l'exposant sera le plus grand.

Si l'on détermine de cette manière les termes $\xi, \xi', \xi'',...$ de la fraction continue, elle sera alors d'autant plus convergente que x sera plus grande.

Ainsi l'on pourra toujours trouver pour chaque valeur de y deux différentes fractions continues; et si l'une de ces fractions est finie, l'autre le sera aussi nécessairement, puisque ces fractions étant réduites en fractions ordinaires doivent être identiques.

7. Soit proposée une équation différentielle de la forme suivante qui est très-générale

$$N + Py + Qy^2 + R \frac{dy}{dx} = 0,$$

N, P, Q, R étant des fonctions quelconques de x.

Si l'on substitue, dans cette équation, $\frac{\xi}{1+y'}$ à la place de y (1), on aura cette transformée en y'

$$N' + P'y' + Q'y'^2 + R' \frac{dy'}{dx} = 0,$$

dans laquelle

$$N' = N + P\xi + Q\xi^2 + R \frac{d\xi}{dx}, \quad P' = 2N + P\xi + R \frac{d\xi}{dx}, \quad Q' = N, \quad R' = -R\xi.$$

En substituant de même, dans cette dernière équation, $\frac{\xi'}{1+y''}$ à la place de y', on aura cette nouvelle transformée

$$N'' + P''y'' + Q''y''^2 + R'' \frac{dy''}{dx} = 0,$$

dans laquelle

$$N'' = N' + P'\xi' + Q'\xi'^2 + R' \frac{d\xi'}{dx}, \quad P'' = 2N' + P'\xi' + R' \frac{d\xi'}{dx}, \quad Q'' = N', \quad R'' = -R'\xi',$$

et ainsi de suite.

Maintenant, pour déterminer les quantités ξ, ξ', ξ'',..., il n'y aura qu'à faire dans ces différentes équations

$$y = ax^\alpha, \quad y' = bx^\beta, \quad y'' = cx^\gamma, \ldots,$$

et déterminer ensuite les exposants α, β, γ,..., ainsi que les coefficients correspondants a, b, c,..., par les méthodes exposées ci-dessus.

On aura ainsi

$$\xi = ax^\alpha, \quad \xi' = bx^\beta, \quad \xi'' = cx^\gamma, \ldots$$

S'il arrive que dans quelqu'une des équations transformées le premier terme qui ne renferme point $y^{(m\cdots)}$ s'évanouisse, on pourra alors satisfaire à cette équation en faisant $y^{(m\cdots)} = 0$; de cette manière l'opération sera terminée, et l'on aura pour la valeur de y une fraction continue finie. Cela arrivera donc lorsque l'une de ces quantités N', N'', N''', N^{IV},... sera nulle.

On n'aura cependant par ce moyen qu'une valeur incomplète de y, à moins que les coefficients a, b, c,... ne renferment déjà une constante arbitraire. Pour trouver dans tous les autres cas la valeur complète de y, il faudra intégrer l'équation en $y^{(m\cdots)}$, ce qui est toujours possible.

En effet, comme $N^{(m\cdots)} = 0$, cette équation sera

$$P^{(m\cdots)} y^{(m\cdots)} + Q^{(m\cdots)} [y^{(m\cdots)}]^2 + R^{(m\cdots)} \frac{dy^{(m\cdots)}}{dx} = 0;$$

laquelle, en faisant $y^{(m\cdots)} = \frac{1}{z}$, se change en celle-ci

$$P^{(m\cdots)} z + Q^{(m\cdots)} z^2 + R^{(m\cdots)} \frac{dz}{dx} = 0,$$

qu'on voit bien être intégrable par les méthodes connues, puisque z n'y est qu'à la première dimension.

Appliquons ces règles à quelques Exemples.

8. Soit l'équation

$$my + (1 + x) \frac{dy}{dx} = 0,$$

dans laquelle on demande la valeur de y en x par une fraction continue d'autant plus convergente que x sera plus petite.

Substituant d'abord ax^α à la place de y, et divisant par ax^α, on a

$$m + \alpha + \frac{\alpha}{x} = 0;$$

dans l'hypothèse de x très-petite cette équation se réduit à $\frac{\alpha}{x} = 0$; donc

$$\alpha = 0,$$

et le coefficient a demeure indéterminé. On aura ainsi

$$\xi = a,$$

et la transformée en y' sera, après les réductions,

$$-m - my' + (1 + x)\frac{dy'}{dx} = 0.$$

On fera dans cette équation $y' = bx^\beta$, ce qui la réduira à

$$-m + b(\beta - m)x^\beta + b\beta x^{\beta-1} = 0;$$

négligeant la puissance x^β vis-à-vis de $x^{\beta-1}$, on aura simplement

$$-m + b\beta x^{\beta-1} = 0;$$

donc
$$\beta = 1, \quad b = m.$$

On aura donc
$$\xi' = mx,$$

et la transformée en y'' deviendra

$$(m-1)x + [1 + (m-1)x]y'' + y''^2 + (1+x)x\frac{dy''}{dx} = 0.$$

Faisant $y'' = cx^\gamma$, et négligeant d'abord la puissance $x^{\gamma+1}$ vis-à-vis de x^γ, on aura l'équation

$$(m-1)x + c(1+\gamma)x^\gamma + c^2 x^{2\gamma} = 0;$$

je range les trois exposants ainsi, 1, γ, 2γ, et égalant successivement le premier terme de cette série aux deux suivants, j'ai $\gamma = 1$, $\gamma = \frac{1}{2}$; la plus grande de ces deux valeurs étant la première, je l'adopte pour γ, et comme cette valeur vient de la comparaison du premier terme avec le second, je puis encore égaler le second au troisième, ce qui donnera $\gamma = 0$;

mais cette valeur n'est point admissible, parce que γ doit être > 0 (1).
J'ai donc uniquement
$$\gamma = 1;$$
et, égalant à zéro la somme des coefficients des deux puissances x et x^γ, je trouve, à cause de $\gamma = 1$,
$$c = -\frac{m-1}{2}.$$

Ainsi l'on aura
$$\xi'' = -(m-1)\frac{x}{2};$$

et la transformée en y''' sera
$$-\frac{m+1}{4}x + \left(1 - \frac{m}{2}x\right)y''' + y'''^2 + \frac{(1+x)x}{2}\frac{dy'''}{dx} = 0.$$

On fera $y = ex^\varepsilon$ et l'on trouvera par le même procédé que ci-dessus
$$\varepsilon = 1, \quad e = \frac{m+1}{6}.$$

Donc on aura
$$\xi''' = \frac{m+1}{3}\frac{x}{2},$$

et la transformée en y^{IV} se trouvera de cette forme
$$\frac{2(m-2)}{9}x + \left(1 + \frac{m-1}{3}x\right)y^{\text{IV}} + y^{\text{IV}\,2} + \frac{(1+x)x}{3}\frac{dy^{\text{IV}}}{dx} = 0.$$

On tirera de là
$$\xi^{\text{IV}} = -\frac{m-2}{3}\frac{x}{2},$$

et ensuite viendra la transformée en y^{V}
$$-\frac{m+2}{8}x + \left(1 - \frac{m}{4}x\right)y^{\text{V}} + y^{\text{V}\,2} + \frac{(1+x)x}{4}\frac{dy^{\text{V}}}{dx} = 0.$$

On en conclura
$$\xi^{\text{V}} = \frac{m+2}{5}\frac{x}{2},$$

et il en résultera cette transformée en y^{vi}

$$\frac{3(m-3)}{25}x + \left(1 + \frac{m-1}{5}x\right)y^{\text{vi}} + y^{\text{vi}\,2} + \frac{(1+x)x}{5}\frac{dy^{\text{vi}}}{dx} = 0.$$

De là on trouvera

$$\xi^{\text{vi}} = -\frac{m-3}{5}\frac{x}{2},$$

et l'on aura cette transformée en y^{vii}

$$-\frac{m+3}{12}x + \left(1 - \frac{m}{6}x\right)y^{\text{vii}} + y^{\text{vii}\,2} + \frac{(1+x)x}{6}\frac{dy^{\text{vii}}}{dx} = 0.$$

On tirera de là

$$\xi^{\text{vii}} = \frac{m+3}{7}\frac{x}{2},$$

et la transformée en y^{viii} sera

$$\frac{4(m-4)}{49}x + \left(1 + \frac{m-1}{7}x\right)y^{\text{viii}} + y^{\text{viii}\,2} + \frac{(1+x)x}{7}\frac{dy^{\text{viii}}}{dx} = 0.$$

Et ainsi de suite.

Donc on aura pour la valeur de y cette fraction continue

$$y = \cfrac{a}{1 + \cfrac{mx}{1 - \cfrac{(m-1)\frac{x}{2}}{1 + \cfrac{\frac{m+1}{3}\frac{x}{2}}{1 - \cfrac{\frac{m-2}{3}\frac{x}{2}}{1 + \cfrac{\frac{m+2}{5}\frac{x}{2}}{1 - \cfrac{\frac{m-3}{5}\frac{x}{2}}{1 + \cfrac{\frac{m+3}{7}\frac{x}{2}}{1 - \cdots}}}}}}}}$$

Et comme cette expression de y renferme une constante arbitraire a, elle doit être regardée comme complète.

DANS LE CALCUL INTÉGRAL. 315

Si m est un nombre entier quelconque positif ou négatif, la fraction continue s'arrête, et par conséquent la valeur de y est finie; sinon la fraction continue ira à l'infini.

9. Si l'on prend l'équation proposée

$$my + (1+x)\frac{dy}{dx} = 0,$$

et qu'on l'intègre après l'avoir multipliée par $\frac{dx}{(1+x)y}$, on aura

$$\log y + m \log(1+x) = \log k,$$

k étant une constante arbitraire; d'où l'on tire

$$y = \frac{k}{(1+x)^m};$$

or en faisant $x = 0$, on a ici $y = k$; et dans l'expression du numéro précédent on a $y = a$ lorsque $x = 0$; donc $k = a$; donc

$$(1+x)^m = \frac{a}{y};$$

donc

$$(1+x)^m = 1 + \cfrac{mx}{1 - \cfrac{(m-1)\frac{x}{2}}{1 + \cfrac{\frac{m+1}{3}\frac{x}{2}}{1 - \cfrac{\frac{m-2}{3}\frac{x}{2}}{1 + \cfrac{\frac{m+2}{5}\frac{x}{2}}{1 - \cfrac{\frac{m-3}{5}\frac{x}{2}}{1 + \cfrac{\frac{m+3}{7}\frac{x}{2}}{1 - \cfrac{\frac{m-4}{7}\frac{x}{2}}{1 + \cdots}}}}}}}}$$

40.

Cette expression de la puissance d'un binôme, en fraction continue, est assez remarquable, tant par sa simplicité que parce qu'elle a l'avantage d'être finie pour toutes les puissances entières tant positives que négatives. On pourrait aussi la déduire de la formule de Newton par une division continuelle, en opérant comme si l'on voulait chercher le plus grand commun diviseur entre l'unité et cette formule ; c'est ce qu'a déjà fait M. Lambert dans le second volume de ses *Beytræge*, etc. ; mais, quoique la fraction continue qu'on trouve de cette manière s'accorde dans le fond avec la précédente, elle se présente néanmoins sous une forme beaucoup moins simple et moins élégante. (*Voyez* le § 30 du troisième Mémoire de l'Ouvrage cité.)

10. Comme la quantité $(1+x)^m$ devient, dans le cas de m infiniment petit, $1 + m\log(1+x)$, on aura, en supposant m infiniment petit dans la fraction continue ci-dessus, et divisant par m après avoir retranché l'unité de part et d'autre,

$$\log(1+x) = \cfrac{x}{1+\cfrac{\dfrac{x}{2}}{1+\cfrac{\dfrac{1}{3}\dfrac{x}{2}}{1+\cfrac{\dfrac{2}{3}\dfrac{x}{2}}{1+\cfrac{\dfrac{2}{5}\dfrac{x}{2}}{1+\cfrac{\dfrac{3}{5}\dfrac{x}{2}}{1+\cfrac{\dfrac{3}{7}\dfrac{x}{2}}{1+\cfrac{\dfrac{4}{7}\dfrac{x}{2}}{1+\cdots}}}}}}}}$$

Et si l'on met $\dfrac{x}{m}$ à la place de x, qu'ensuite on suppose m infiniment grand, ce qui donne

$$\left(1+\frac{x}{m}\right)^m = e^x,$$

on aura

$$e^x = 1 + \cfrac{x}{1 - \cfrac{\frac{x}{2}}{1 + \cfrac{\frac{1}{3}\frac{x}{2}}{1 - \cfrac{\frac{1}{3}\frac{x}{2}}{1 + \cfrac{\frac{1}{5}\frac{x}{2}}{1 - \cfrac{\frac{1}{5}\frac{x}{2}}{1 + \cfrac{\frac{1}{7}\frac{x}{2}}{1 - \cdot}}}}}}}$$

11. On peut encore simplifier ces fractions continues, et, en général, toute fraction continue de la forme

$$\cfrac{\xi}{1 + \cfrac{\xi'}{1 + \cfrac{\xi''}{1 + \cfrac{\xi'''}{1 + \cdot}}}}$$

Pour cela je considère que la fraction

$$\cfrac{p}{1 + \cfrac{q}{1 + r}}$$

se réduit à celle-ci

$$\frac{p(1+r)}{1+q+r} = \frac{p(1+q+r) - pq}{1+q+r} = p - \frac{pq}{1+q+r};$$

ainsi l'on aura d'abord

$$\cfrac{\xi}{1 + \cfrac{\xi'}{1 + \cfrac{\xi''}{+ \cdot}}} = \xi - \cfrac{\xi\xi'}{1 + \xi' + \cfrac{\xi''}{1 + \cdot}}$$

et, transformant de même

$$\cfrac{\xi''}{1+\cfrac{\xi'''}{1+\cfrac{\xi^{\text{iv}}}{1+\ldots}}} \quad \text{en} \quad \xi'' - \cfrac{\xi''\xi'''}{1+\xi'''+\cfrac{\xi^{\text{iv}}}{1+\ldots}},$$

et ainsi de suite, la fraction proposée deviendra de cette forme

$$\xi - \cfrac{\xi\xi'}{1+\xi'+\xi'' - \cfrac{\xi''\xi'''}{1+\xi'''+\xi^{\text{iv}} - \cfrac{\xi^{\text{iv}}\xi^{\text{v}}}{1+\xi^{\text{v}}+\xi^{\text{vi}} - \cfrac{\xi^{\text{vi}}\xi^{\text{vii}}}{1+\ldots}}}};$$

et, si l'on ne commence les transformations précédentes qu'au second terme $\cfrac{\xi'}{1+\ldots}$, on aura une fraction de la forme suivante

$$\cfrac{\xi}{1+\xi' - \cfrac{\xi'\xi''}{1+\xi''+\xi''' - \cfrac{\xi''\xi'''}{1+\xi^{\text{iv}}+\xi^{\text{v}} - \cfrac{\xi^{\text{iv}}\xi^{\text{v}}}{1+\ldots}}}}$$

12. Si l'on applique ces réductions à la formule du n° 9, on aura ces deux-ci

$$(1+x)^m = 1 + mx + \cfrac{m(m-1)\frac{x^2}{2}}{1 - \cfrac{(m-2)x}{1.3} + \cfrac{(m+1)(m-2)\frac{x^2}{4}}{1 - \cfrac{(m-2.4)x}{3.5} + \cfrac{(m+2)(m-3)\frac{x^2}{2.5}\cdot\frac{}{4}}{1 - \cfrac{(m-2.9)x}{5.7} + \ldots}}},$$

$$(1+x)^m = 1 + \cfrac{mx}{1+(1-m)\frac{x}{2} + \cfrac{\frac{m^2-1}{3}\frac{x^2}{4}}{1+\frac{x}{2} + \cfrac{\frac{m^2-4}{3.5}\frac{x^2}{4}}{1+\frac{x}{2} + \cfrac{\frac{m^2-9}{5.7}\frac{x^2}{4}}{1+\frac{x}{2}+\ldots}}}}.$$

D'où, en supposant m infiniment petit ou infiniment grand, on déduira les suivantes

$$\log(1+x) = x - \cfrac{\dfrac{x^2}{2}}{1 + \dfrac{2x}{3} - \cfrac{\dfrac{2}{9}\dfrac{x^2}{4}}{1 + \dfrac{2.4.x}{3.5} - \cfrac{\dfrac{2.3}{25}\dfrac{x^2}{4}}{1 + \dfrac{2.9.x}{5.7} - \cfrac{\dfrac{3.4}{49}\dfrac{x^2}{4}}{1+.}}}}\ ,$$

$$e^x = 1 + x + \cfrac{\dfrac{x^2}{2}}{1 - \dfrac{x}{3} + \cfrac{\dfrac{1}{9}\dfrac{x^2}{4}}{1 - \dfrac{x}{3.5} + \cfrac{\dfrac{1}{25}\dfrac{x^2}{4}}{1 - \dfrac{x}{5.7} - \cfrac{\dfrac{1}{49}\dfrac{x^2}{4}}{1-.}}}}\ ,$$

$$\log(1+x) = \cfrac{x}{1 + \dfrac{x}{2} - \cfrac{\dfrac{1}{3}\dfrac{x^2}{4}}{1 + \dfrac{x}{2} - \cfrac{\dfrac{4}{3.5}\dfrac{x^2}{4}}{1 + \dfrac{x}{2} - \cfrac{\dfrac{9}{5.7}\dfrac{x^2}{4}}{1+.}}}}\ ,$$

$$e^x = 1 + \cfrac{x}{1 - \dfrac{x}{2} + \cfrac{\dfrac{1}{3}\dfrac{x^2}{4}}{1 + \cfrac{\dfrac{1}{3.5}\dfrac{x^2}{4}}{1 + \cfrac{\dfrac{1}{5.7}\dfrac{x^2}{4}}{1 + \cfrac{\dfrac{1}{7.9}\dfrac{x^2}{4}}{+.}}}}}$$

13. Soit, pour abréger,

$$s = 1 + \cfrac{\frac{1}{3}\frac{x^2}{4}}{1 + \cfrac{\frac{1}{3.5}\frac{x^2}{4}}{1 + \cfrac{\frac{1}{5.7}\frac{x^2}{4}}{1 + \cfrac{\frac{1}{7.9}\frac{x^2}{4}}{1 + \ldots}}}};$$

on aura, par la dernière formule,

$$e^x = 1 + \cfrac{x}{s - \cfrac{x}{2}};$$

d'où l'on tire

$$s = \frac{x}{e^x - 1} + \frac{x}{2} = \frac{x}{2}\frac{e^x + 1}{e^x - 1} = \frac{x}{2}\frac{e^{\frac{x}{2}} + e^{-\frac{x}{2}}}{e^{\frac{x}{2}} - e^{-\frac{x}{2}}};$$

donc si l'on met partout, à la place de x, $2x\sqrt{-1}$, la valeur de s sera

$$\frac{x\cos x}{\sin x} = \frac{x}{\tang x};$$

de sorte qu'on aura $\tang x = \dfrac{x}{s}$; donc

$$\tang x = \cfrac{x}{1 - \cfrac{\frac{x^2}{3}}{1 - \cfrac{\frac{x^2}{3.5}}{1 - \cfrac{\frac{x^2}{5.7}}{1 - \cfrac{\frac{x^2}{7.9}}{1 - \ldots}}}}}$$

Cette expression de la tangente par l'arc s'accorde dans le fond avec celle que M. Lambert a donnée dans les *Mémoires* de 1761, et qu'il a déduite des séries connues du sinus et du cosinus, divisées l'une par l'autre suivant le procédé qui sert à trouver le plus grand commun diviseur.

14. Considérons maintenant l'équation

$$1 - (1 + x^n)\frac{dy}{dx} = 0,$$

et cherchons par notre méthode la valeur de y en x exprimée par une fraction continue d'autant plus convergente que x est plus petite dans la supposition de $n > 0$.

1° On trouvera $\xi = x$, et l'on aura cette transformée en y'

$$-x^n + (1 - x^n)y' + y'^2 + (1 + x^n)x\frac{dy'}{dx} = 0;$$

2° On aura $\xi' = \dfrac{x^n}{n+1}$, et de là

$$-\frac{n^2 x^n}{(n+1)^2} + \left(1 - \frac{n-1}{n+1}x^n\right)y'' + y''^2 + \frac{(1+x^n)x}{n+1}\frac{dy''}{dx} = 0;$$

3° On aura $\xi'' = \dfrac{n^2 x^n}{(n+1)(2n+1)}$, et de là

$$-\frac{(n+1)^2 x^n}{(2n+1)^2} + \left(1 - \frac{x^n}{2n+1}\right)y''' + y'''^2 + \frac{(1+x^n)x}{2n+1}\frac{dy'''}{dx} = 0;$$

4° On aura $\xi''' = \dfrac{(n+1)^2 x^n}{(2n+1)(3n+1)}$, et de là

$$-\frac{4n^2 x^n}{(3n+1)^2} + \left(1 - \frac{n-1}{3n+1}x^n\right)y^{\text{IV}} + y^{\text{IV}\,2} + \frac{(1+x^n)x}{3n+1}\frac{dy^{\text{IV}}}{dx} = 0;$$

5° On aura $\xi^{\text{IV}} = \dfrac{4n^2 x^n}{(3n+1)(4n+1)}$, et de là

$$-\frac{(2n+1)^2 x^n}{(4n+1)^2} + \left(1 - \frac{x^n}{4n+1}\right)y^{\text{V}} + y^{\text{V}\,2} + \frac{(1+x^n)x}{4n+1}\frac{dy^{\text{V}}}{dx} = 0;$$

6° On aura $\xi^{\text{V}} = \dfrac{(2n+1)^2 x^n}{(4n+1)(5n+1)}$, et de là

$$-\frac{9n^2 x^n}{(5n+1)^2} + \left(1 - \frac{n-1}{5n+1}x^n\right)y^{\text{VI}} + y^{\text{VI}\,2} + \frac{(1+x)^n x}{5n+1}\frac{dy^{\text{VI}}}{dx} = 0;$$

7° On aura $\xi^{\text{vi}} = \dfrac{9n^2 x^n}{(5n+1)(6n+1)}$, et de là

$$-\dfrac{(3n+1)^2 x^n}{(6n+1)^2} + \left(1 - \dfrac{x^n}{6n+1}\right) y^{\text{vii}} + y^{\text{vii}2} + \dfrac{(1+x^n)x}{6n+1} \dfrac{dy^{\text{vii}}}{dx} = 0;$$

8° On aura $\xi^{\text{vii}} = \dfrac{(3n+1)^2 x^n}{(6n+1)(7n+1)}$, et de là....

Ainsi l'on aura pour la valeur de y cette fraction continue

$$y = \cfrac{x}{1 + \cfrac{x^n}{n+1} \atop 1 + \cfrac{n^2 x^n}{(n+1)(2n+1)} \atop 1 + \cfrac{(n+1)^2 x^n}{(2n+1)(3n+1)} \atop 1 + \cfrac{(2n)^2 x^n}{(3n+1)(4n+1)} \atop 1 + \cfrac{(2n+1)^2 x^n}{(4n+1)(5n+1)} \atop 1 + \cfrac{(3n)^2 x^n}{(5n+1)(6n+1)} \atop 1 + \cfrac{(3n+1)^2 x^n}{(6n+1)(7n+1)} \atop 1 + \cdot}}}}}}}$$

Or l'équation différentielle proposée donne par l'intégration

$$y = \int \dfrac{dx}{1+x^n};$$

par conséquent la valeur de cette intégrale sera représentée par la fraction continue que nous venons de trouver.

15. Si l'on fait $n = 1$, alors $y = \log(1+x)$, et la fraction continue qui exprime la valeur de y reviendra au même que celle que nous avons trouvée plus haut (**10**).

Si l'on fait $n = 2$, alors $y = \operatorname{arc tang} x$; ainsi l'on aura, pour l'expression de l'arc par sa tangente, cette fraction continue

$$\arctan x = \cfrac{x}{1+\cfrac{\frac{x^2}{3}}{1+\cfrac{\frac{4x^2}{3.5}}{1+\cfrac{\frac{9x^2}{5.7}}{1+\cfrac{\frac{16x^2}{7.9}}{1+\cfrac{\frac{25x^2}{9.11}}{1+\cdot}}}}}}$$

Cette dernière expression a aussi déjà été trouvée par M. Lambert dans l'Ouvrage cité, d'après la série $x - \frac{x^3}{3} + \frac{x^5}{5} - \ldots$, mais sous une forme moins simple que la précédente.

16. On voit, par le n° 14, que les valeurs ξ, ξ', ξ'',... ne vont pas en diminuant; de sorte que quelque loin que l'on pousse la fraction continue, on ne sera jamais en droit de négliger les termes suivants. Mais, si les valeurs dont il s'agit ne vont pas en diminuant, elles convergent cependant vers une même quantité, et cette circonstance donne le moyen de trouver à très-peu près la valeur du reste de la fraction continue.

Pour cet effet on n'a qu'à considérer les différentes transformées en y', y'', y''',..., et l'on verra que la transformée $\mu^{\text{ième}}$ sera représentée ainsi

$$-\frac{\left(\frac{\mu}{2}n\right)^2 x^n}{[(\mu-1)n+1]^2} + \left[1 - \frac{(n-1)x^n}{(\mu-1)n+1}\right]y^{(\mu)} + [y^{(\mu)}]^2 + \frac{(1+x^n)x}{(\mu-1)n+1}\frac{dy^{(\mu)}}{dx} = 0$$

si μ est pair, et de cette manière

$$-\frac{\left(\frac{\mu-1}{2}n+1\right)^2 x^n}{[(\mu-1)n+1]^2} + \left[1 - \frac{x^n}{(\mu-1)n+1}\right]y^{(\mu)} + [y^{(\mu)}]^2 + \frac{(1+x^n)x}{(\mu-1)n+1}\frac{dy^{(\mu)}}{dx} = 0$$

si μ est impair.

Or, si μ est un nombre fort grand, alors il est visible que le premier terme se réduit toujours à $-\dfrac{x''}{4}$, et que les autres termes se réduisent à ceux-ci $y^{(\mu)} + [y^{(\mu)}]^2$; de sorte qu'on a, dans ce cas, la transformée

$$-\frac{x''}{4} + y^{(\mu)} + [y^{(\mu)}]^2 = 0,$$

d'où l'on tire, en général,

$$y^{(\mu)} = \frac{-1 \pm \sqrt{1 + x''}}{2},$$

mais les valeurs de y devant être nulles lorsque $x = 0$, on aura

$$y^{(\mu)} = \frac{-1 + \sqrt{1 + x''}}{2}.$$

Donc, lorsqu'on aura poussé assez loin la fraction continue du n° 14, il faudra, si l'on veut s'arrêter, ajouter après l'unité dans le dénominateur de la dernière fraction la quantité que nous venons de trouver, ou bien on donnera à la dernière fraction pour dénominateur la quantité $\dfrac{1 + \sqrt{1 + x''}}{2}$.

On pourra en user de même dans tous les cas semblables.

17. Soit encore proposée cette équation différentielle

$$1 + 2mxy - y^2 + nx^2 \frac{dy}{dx} = 0,$$

dans laquelle on demande la valeur de y en x par une fraction continue d'autant plus convergente que x sera plus petite.

1° On trouvera $\xi = 1$, et la transformée en y' sera

$$-2mx - (2 + 2mx)y' - y'^2 + nx^2 \frac{dy'}{dx} = 0;$$

2° On aura $\xi' = -mx$, et de là

$$(m-n)x - [2 + (n-2m)x]y'' - 2y''^2 + nx^2 \frac{dy''}{dx} = 0;$$

3° On aura $\xi'' = \dfrac{m-n}{2} x$, et de là

$$-(m+n)x - (2+2mx)y''' - 2y'''^2 + nx^2 \dfrac{dy'''}{dx} = 0;$$

4° On aura $\xi''' = -\dfrac{m+n}{2} x$, et de là

$$(m-2n)x - [2+(n-2m)x]y^{\text{iv}} - 2y^{\text{iv}\,2} + nx^2 \dfrac{dy^{\text{iv}}}{dx} = 0;$$

5° On aura $\xi^{\text{iv}} = \dfrac{m-2n}{2} x$, et de là

$$-(m+2n)x - (2+2mx)y^{\text{v}} - 2y^{\text{v}\,2} + nx^2 \dfrac{dy^{\text{v}}}{dx} = 0;$$

6° On aura $\xi^{\text{v}} = -\dfrac{m+2n}{2} x$, et de là

$$(m-3n)x - [2+(n-2m)x]y^{\text{vi}} - 2y^{\text{vi}\,2} + nx^2 \dfrac{dy^{\text{vi}}}{dx} = 0;$$

7° On aura $\xi^{\text{vi}} = \dfrac{m-3n}{2} x$, et de là....

Ainsi la valeur de y sera exprimée par cette fraction continue

$$y = \cfrac{1}{1 - \cfrac{mx}{1 + \cfrac{\frac{m-n}{2}x}{1 - \cfrac{\frac{m+n}{2}x}{1 + \cfrac{\frac{m-2n}{2}x}{1 - \cfrac{\frac{m+2n}{2}x}{1 + \cfrac{\frac{m-3n}{2}x}{1 - .}}}}}}}$$

laquelle se terminera, comme l'on voit, toutes les fois que l'on aura $m = \lambda n$, λ étant un nombre quelconque entier positif ou négatif.

Dans ce cas on aura donc une valeur finie de y; mais cette valeur ne sera pas complète, puisqu'elle ne contient aucune constante arbitraire.

Pour la compléter on suivra la méthode enseignée dans le n° 7.

En effet, en considérant les différentes transformées en $y', y'', y''', \ldots,$ on voit aisément que la transformée $\mu.^{ième}$ sera, en supposant $m = \frac{\mu}{2} n$ lorsque μ est pair, et $m = -\frac{\mu - 1}{2} n$ lorsque μ est impair,

$$-[2 - (\mu - 1)x] y^{(\mu)} - 2[y^{(\mu)}]^2 + nx^2 \frac{dy^{(\mu)}}{dx} = 0,$$

laquelle en faisant $y^{(\mu)} = \frac{1}{z}$ devient

$$[2 - (\mu - 1)x] z + 2 + nx^2 \frac{dz}{dx} = 0;$$

d'où l'on tire, par l'intégration,

$$z = \left(k - \frac{2}{n} \int e^{-\frac{2}{nx}} x^{-\frac{\mu + 2n - 1}{n}} dx \right) e^{\frac{2}{nx}} x^{\frac{\mu - 1}{n}},$$

k étant une constante arbitraire.

Donc, lorsque dans la fraction continue qui exprime la valeur de y il arrivera qu'un des numérateurs deviendra nul, ce qui fera disparaître le reste de la fraction, il faudra, pour avoir la valeur complète de y, écrire après l'unité dans le dénominateur de la dernière fraction partielle la quantité $\frac{1}{z}$, en prenant pour μ le rang de cette fraction.

Par exemple, lorsque $m = n$, on a $y = \cfrac{1}{1 - \cfrac{nx}{1 + 0}}$; comme la série se termine à la seconde fraction, je fais $\mu = 2$, ce qui me donne

$$z = \left(k - \frac{2}{n} \int e^{-\frac{2}{nx}} x^{-\frac{1 + 2n}{n}} dx \right) e^{\frac{2}{nx}} x^{\frac{1}{n}},$$

et j'ai, pour la valeur complète de y, l'expression

$$y = \cfrac{1}{1 - \cfrac{nx}{1 + \cfrac{1}{z}}}.$$

Et ainsi des autres cas semblables.

18. Si dans l'équation différentielle du numéro précédent on fait

$$x = at^\alpha, \quad y = bt^\beta u,$$

t et u étant de nouvelles variables, elle devient, après les substitutions et les réductions,

$$\frac{du}{dt} + \frac{2m\alpha + n\beta}{n}\frac{u}{t} - \frac{\alpha b}{na}t^{\beta-\alpha-1}u^2 + \frac{\alpha}{nab}t^{-\alpha-\beta-1} = 0,$$

laquelle, étant comparée à la forme générale de l'équation de Riccati

$$\frac{du}{dt} - A t^p u^2 + B t^q = 0,$$

donne

$$\alpha = -\frac{p+q+2}{2}, \quad \beta = \frac{p-q}{2}, \quad \frac{m}{n} = \frac{p-q}{2(p+q+2)}, \quad a = \frac{\alpha}{n\sqrt{AB}}, \quad b = \sqrt{\frac{A}{B}};$$

de sorte qu'il reste encore une indéterminée n, qu'on peut faire égale à tout ce que l'on veut.

L'équation dont il s'agit sera donc intégrable toutes les fois que les exposants p et q seront tels, que la valeur de $\frac{m}{n}$, savoir la quantité $\frac{p-q}{2(p+q+2)}$, sera égale à un nombre entier quelconque positif ou négatif; ainsi les conditions de l'intégrabilité de l'équation

$$\frac{du}{dt} - A t^p u^2 + B t^q = 0$$

seront renfermées dans cette égalité

$$q = \frac{(1-2\lambda)p - 4\lambda}{1 + 2\lambda},$$

λ étant un nombre entier quelconque positif ou négatif; ce qui s'accorde avec ce que l'on sait déjà.

19. Comme la forme des fractions continues est peu commode pour les opérations algébriques, nous allons réduire ces fractions en fractions ordinaires, ce qui donnera lieu à des conséquences importantes sur la nature de ces mêmes fractions.

Pour cela il n'y a qu'à reprendre les formules

$$y = \frac{\xi}{1+y'}, \quad y' = \frac{\xi'}{1+y''}, \quad y'' = \frac{\xi''}{1+y'''}, \ldots$$

du n° 1 et substituer successivement dans la première les valeurs de y', y'',... données par les suivantes; ce qui donnera

$$y = \frac{\xi}{1+y'} = \frac{\xi + \xi y''}{1+\xi' + y''} = \frac{\xi + \xi\xi'' + \xi y'''}{1+\xi'+\xi''+(1+\xi')y'''} = \ldots;$$

mais pour rendre plus sensible l'ordre qui règne entre ces formules successives on fera les deux séries

$$P = 0, \quad P' = \xi, \quad P'' = P\xi' + P', \quad P''' = P'\xi'' + P'', \quad P^{IV} = P''\xi''' + P''', \ldots,$$
$$Q = 1, \quad Q' = 1, \quad Q'' = Q\xi' + Q', \quad Q''' = Q'\xi'' + Q'', \quad Q^{IV} = Q''\xi''' + Q''', \ldots,$$

et l'on aura

$$y = \frac{Py' + P'}{Qy' + Q'} = \frac{P'y'' + P''}{Q'y'' + Q''} = \frac{P''y''' + P'''}{Q''y''' + Q'''} = \frac{P'''y^{IV} + P^{IV}}{Q'''y^{IV} + Q^{IV}} = \ldots$$

De sorte qu'il n'y aura plus qu'à substituer dans ces expressions les valeurs de $\xi, \xi', \xi'', \ldots$, ainsi que celle de la dernière des quantités $y', y'', y''', \ldots$ pour avoir la valeur complète de y.

20. Je remarque maintenant que, comme les quantités $y', y'', y''', \ldots$ sont nécessairement comprises entre les limites ∞ et 0, si l'on substitue successivement ces valeurs extrêmes à leur place, on aura cette série de fractions rationnelles

$$\frac{P}{Q}, \quad \frac{P'}{Q'}, \quad \frac{P''}{Q''}, \quad \frac{P'''}{Q'''}, \quad \frac{P^{IV}}{Q^{IV}}, \ldots;$$

qui convergeront nécessairement vers la vraie valeur de y.

Pour prouver cette convergence et en déterminer la quantité pour chaque fraction, considérons les différences

$$\frac{Py'+P'}{Qy'+Q'}-\frac{P}{Q},\quad \frac{P'y''+P''}{Q'y''+Q''}-\frac{P'}{Q'},\ldots,$$

lesquelles se réduisent à

$$\frac{P'Q-Q'P}{Q(Qy'+Q')},\quad \frac{P''Q'-Q''P'}{Q'(Q'y''+Q'')},\ldots;$$

or on trouve

$$P'Q - Q'P = \xi,$$
$$P''Q' - Q''P' = (Q'P - P'Q)\xi' = -\xi\xi',$$
$$P'''Q'' - Q'''P'' = (Q''P' - P''Q')\xi'' = \xi\xi'\xi'',$$

et ainsi de suite; donc les différences dont il s'agit, c'est-à-dire les excès de la vraie valeur de y sur les fractions $\frac{P}{Q}, \frac{P'}{Q'}, \frac{P''}{Q''}, \ldots$ seront

$$\frac{\xi}{Q(Qy'+Q')},\quad -\frac{\xi\xi'}{Q'(Q'y''+Q'')},\quad \frac{\xi\xi'\xi''}{Q''(Q''y'''+Q''')},\ldots.$$

D'où l'on voit que, si l'une des quantités $\xi', \xi'', \xi''', \ldots$ devient nulle, auquel cas la fraction continue est finie, la fraction correspondante dans la suite $\frac{P}{Q}, \frac{P'}{Q'}, \frac{P''}{Q''}, \ldots$ donnera la valeur exacte de y.

En général, comme les quantités $\xi', \xi'', \xi''', \ldots$ sont toujours très-petites lorsque x est supposée très-petite (1) et qu'il en est de même des quantités $y', y'', y''', \ldots$, il est clair que dans cette supposition les quantités Q, $Q', Q'', \ldots$ deviendront égales à l'unité, et que les quantités $Qy', Q'y''$, $Q''y''', \ldots$ deviendront nulles vis-à-vis de celles-là; donc en supposant x très-petite, les excès de y sur les fractions $\frac{P}{Q}, \frac{P'}{Q'}, \frac{P''}{Q''}, \ldots$ se réduiront à

$$\xi,\quad -\xi\xi',\quad \xi\xi'\xi'',\ldots;$$

par conséquent ces fractions seront exactes, aux quantités des ordres ξ, $\xi\xi', \xi\xi'\xi'', \ldots$ près.

330 SUR L'USAGE DES FRACTIONS CONTINUES

21. Prenons l'Exemple du n° 8, où l'on a trouvé

$$\xi = a, \quad \xi' = mx, \quad \xi'' = -(m-1)\frac{x}{2}, \quad \xi''' = \frac{m+1}{3}\frac{x}{2}, \quad \xi^{\text{iv}} = -\frac{m-2}{3}\frac{x}{2}, \ldots;$$

on trouvera les formules suivantes, où je suppose, pour plus de simplicité, $a = 1$,

$P = 0,$

$P' = 1,$

$P'' = 1,$

$P''' = 1 - \dfrac{(m-1)}{2} x,$

$P^{\text{iv}} = 1 - \dfrac{(m-2)}{3} x,$

$P^{\text{v}} = 1 - \dfrac{2(m-2)}{4} x + \dfrac{(m-2)(m-1)}{4 \cdot 3} x^2,$

$P^{\text{vi}} = 1 - \dfrac{2(m-3)}{5} x + \dfrac{(m-3)(m-2)}{5 \cdot 4} x^2,$

$P^{\text{vii}} = 1 - \dfrac{3(m-3)}{6} x + \dfrac{3(m-3)(m-2)}{6 \cdot 5} x^2 - \dfrac{(m-3)(m-2)(m-1)}{6 \cdot 5 \cdot 4} x^3,$

$P^{\text{viii}} = 1 - \dfrac{3(m-4)}{7} x + \dfrac{3(m-4)(m-3)}{7 \cdot 6} x^2 - \dfrac{(m-4)(m-3)(m-2)}{7 \cdot 6 \cdot 5} x^3,$

$P^{\text{ix}} = 1 - \dfrac{4(m-4)}{8} x + \dfrac{6(m-4)(m-3)}{8 \cdot 7} x^2 - \dfrac{4(m-4)(m-3)(m-2)}{8 \cdot 7 \cdot 6} x^3$

$\quad + \dfrac{(m-4)(m-3)(m-2)(m-1)}{8 \cdot 7 \cdot 6 \cdot 5} x^4,$

. . . .

$Q = 1,$

$Q' = 1,$

$Q'' = 1 + mx,$

$Q''' = 1 + \dfrac{(m+1)}{2} x,$

$Q^{\text{iv}} = 1 + \dfrac{2(m+1)}{3} x + \dfrac{(m+1)m}{3 \cdot 2} x^2,$

$$Q^v = 1 + \frac{2(m+2)}{4}x + \frac{(m+2(m+1)}{4.3}x^2,$$

$$Q^{vi} = 1 + \frac{3(m+2)}{5}x + \frac{3(m+2)(m+1)}{5.4}x^2 + \frac{(m+2)(m+1)m}{5.4.3}x^3,$$

$$Q^{vii} = 1 + \frac{3(m+3)}{6}x + \frac{3(m+3)(m+2)}{6.5}x^2 + \frac{(m+3)(m+2)(m+1)}{6.5.4}x^3,$$

$$Q^{viii} = 1 + \frac{4(m+3)}{7}x + \frac{6(m+3)(m+2)}{7.6}x^2 + \frac{4(m+3)(m+2)(m+1)}{7.6.5}x^3$$
$$+ \frac{(m+3)(m+2)(m+1)m}{7.6.5.4}x^4,$$

$$Q^{ix} = 1 + \frac{4(m+4)}{8}x + \frac{6(m+4)(m+3)}{8.7}x^2 + \frac{4(m+4)(m+3)(m+2)}{8.7.6}x^3$$
$$+ \frac{(m+4)(m+3)(m+2)(m+1)}{8.7.6.5}x^4,$$

. . . .

Or nous avons vu dans le n° 9 que la valeur de y est $\frac{a}{(1+x)^m}$; ainsi, faisant $a=1$, on aura pour la valeur de $(1+x)^{-m}$ les fractions $\frac{P}{Q}$, $\frac{P'}{Q'}$, $\frac{P''}{Q''}$, ..., lesquelles seront exactes, aux quantités près des ordres x^0, x^1, x^2, x^3, ...

Donc, si l'on renverse ces fractions, ou, ce qui revient au même, si l'on fait m négatif et qu'on néglige les deux premières fractions, on aura les approximations suivantes vers la valeur de $(1+x)^m$

$$1 + mx,$$

$$\frac{1 + \frac{m+1}{2}x}{1 - \frac{m-1}{2}x},$$

$$\frac{1 + \frac{2(m+1)}{3}x + \frac{(m+1)m}{3.2}x^2}{1 - \frac{m-2}{3}x},$$

$$\frac{1 + \dfrac{2(m+2)}{4}x + \dfrac{(m+2)(m+1)}{4.3}x^2}{1 - \dfrac{2(m-2)}{4}x + \dfrac{(m-2)(m-1)}{4.3}x^2},$$

$$\frac{1 + \dfrac{3(m+2)}{5}x + \dfrac{3(m+2)(m+1)}{5.4}x^2 + \dfrac{(m+2)(m+1)m}{5.4.3}x^3}{1 - \dfrac{2(m-3)}{5}x + \dfrac{(m-3)(m-2)}{5.4}x^2},$$

$$\frac{1 + \dfrac{3(m+3)}{6}x + \dfrac{3(m+3)(m+2)}{6.5}x^2 + \dfrac{(m+3)(m+2)(m+1)}{6.5.4}x^3}{1 - \dfrac{3(m-3)}{6}x + \dfrac{3(m-3)(m-2)}{6.5}x^2 - \dfrac{(m-3)(m-2)(m-1)}{6.5.4}x},$$

....,

et ces expressions sont exactes, aux quantités près des ordres x^2, x^3, x^4, x^5, x^6, x^7,..., c'est-à-dire qu'elles sont exactes jusqu'à la puissance de x inclusivement qui sera le produit des deux plus hautes puissances de x, dans le numérateur et dans le dénominateur; c'est de quoi on pourra si l'on veut se convaincre *à posteriori* en résolvant les fractions précédentes en séries et les comparant avec la série

$$1 + mx + \frac{m(m-1)}{2}x^2 + \frac{m(m-1)(m-2)}{2.3}x^3 + \ldots.$$

On peut traiter de même les autres fractions continues que nous avons trouvées dans le cours de ce Mémoire et en tirer des conclusions semblables; c'est sur quoi nous ne nous arrêterons pas, puisque ce n'est qu'une affaire de pur calcul.

SOLUTION ALGÉBRIQUE

d'un

PROBLÈME DE GÉOMÉTRIE.

SOLUTION ALGÉBRIQUE

D'UN

PROBLÈME DE GÉOMÉTRIE (*).

(*Nouveaux Mémoires de l'Académie royale des Sciences et Belles-Lettres de Berlin,* année 1776.)

PROBLÈME.

Étant donné de grandeur et de position le cercle RMNP, *inscrire dans ce cercle un triangle* MNP, *dont les trois côtés* NM, PM, PN, *prolongés s'il est nécessaire, passent par trois points donnés* A, B, C.

SOLUTION ALGÉBRIQUE.

Je tire des trois points donnés au centre O du cercle les droites AO, BO, CO; ces droites sont données de grandeur et de position, parce qu'elles déterminent la position des trois points donnés A, B, C.

Nommant donc AO, a; BO, b; CO, c; l'angle AOB, m; l'angle AOC, n; les cinq quantités a, b, c, m, n sont données et connues.

(*) Cette solution a été publiée par M. de Castillon en tête d'un Mémoire intitulé : *Sur une nouvelle propriété des sections coniques* et qui fait partie du volume de l'Académie de Berlin pour l'année 1776. Voici en quels termes s'exprime l'Auteur du Mémoire :

« Le lendemain du jour dans lequel je lus à l'Académie ma solution du Problème concernant le cercle et le triangle à inscrire dans ce cercle, en sorte que chaque côté passe par un de trois points donnés, M. de la Grange m'en envoya la solution algébrique suivante. »

(*Note de l'Éditeur.*)

Je tire présentement aux trois points M, N, P de la circonférence du cercle, où sont les angles du triangle cherché MNP, les rayons OM, ON,

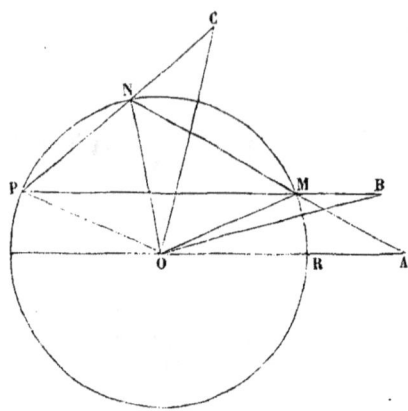

OP : il est clair que ces trois lignes sont données de grandeur, parce que le cercle est supposé donné de grandeur; mais leur position est inconnue, et c'est ce qu'il faut chercher.

Nommant donc l'angle AOM, x; l'angle AON, y, et l'angle AOP, z; la question sera réduite à trouver les valeurs des trois inconnues x, y, z. Je nomme de plus le rayon du cercle, r.

Cela posé, je considère d'abord le triangle isocèle NOM, dans lequel on a

l'angle au centre $\text{NOM} = y - x$;

donc

l'angle $\text{ONM} = \dfrac{180° - y + x}{2} = 90° - \dfrac{y-x}{2}$.

Ensuite je considère le triangle AON, dans lequel on a

l'angle au centre $\text{AON} = y$, et l'angle $\text{ONA} = 90° - \dfrac{y-x}{2}$;

donc

l'angle OAN sera $= 90° - \dfrac{y+x}{2}$.

Donc, par la proportionnalité des côtés aux sinus des angles opposés, on aura dans le même triangle

$$AO : NO = \sin ONA : \sin OAN,$$

savoir

$$a : r = \sin\left(90° - \frac{y-x}{2}\right) : \sin\left(90° - \frac{y+x}{2}\right),$$

ou bien

$$a : r = \cos\frac{y-x}{2} : \cos\frac{y+x}{2},$$

d'où l'on tire l'équation

$$a\cos\frac{y+x}{2} = r\cos\frac{y-x}{2},$$

laquelle, par les Théorèmes connus, se réduit à celle-ci

$$a\left(\cos\frac{y}{2}\cos\frac{x}{2} - \sin\frac{y}{2}\sin\frac{x}{2}\right) = r\left(\cos\frac{y}{2}\cos\frac{x}{2} + \sin\frac{y}{2}\sin\frac{x}{2}\right),$$

ou bien

$$(a-r)\cos\frac{y}{2}\cos\frac{x}{2} = (a+r)\sin\frac{y}{2}\sin\frac{x}{2};$$

et, divisant par $(a+r)\cos\frac{y}{2}\cos\frac{x}{2}$,

(1) $$\tang\frac{x}{2}\tang\frac{y}{2} = \frac{a-r}{a+r}.$$

On trouvera une autre équation semblable en considérant d'abord le triangle isocèle POM, et ensuite tout le triangle POB; et, sans faire un nouveau calcul, il suffira de substituer la ligne OB au lieu de la ligne OA, et le rayon OP au lieu du rayon ON; donc au lieu de a on aura b, au lieu de l'angle MOA (x) on aura l'angle MOB ($x-m$), et au lieu de l'angle NOA (y) on aura l'angle POB ($z-m$).

Donc la nouvelle équation sera

(2) $$\tang\frac{x-m}{2}\tang\frac{z-m}{2} = \frac{b-r}{b+r}.$$

Enfin on trouvera une troisième équation semblable par la considération du triangle isocèle PON et du triangle POC; et pour cela il n'y aura qu'à mettre dans la première équation (1), à la place de la ligne AC (a) la ligne OC (c), à la place de l'angle MOA (x) l'angle NOC ($y - n$), et à la place de l'angle NOA (y) l'angle POC($z - n$); de sorte qu'on aura

(3) $$\tang\frac{y-n}{2}\tang\frac{z-n}{2} = \frac{c-r}{c+r};$$

et ces trois équations serviront à déterminer les trois angles inconnus x, y, z.

Faisons, pour plus de simplicité,

$$\tang\frac{x}{2} = s, \quad \tang\frac{y}{2} = t, \quad \tang\frac{z}{2} = u,$$

$$\tang\frac{m}{2} = p, \quad \tang\frac{n}{2} = q, \quad \frac{a-r}{a+r} = A, \quad \frac{b-r}{b+r} = B, \quad \frac{c-r}{c+r} = C;$$

les trois équations que nous venons de trouver (1), (2), (3) deviendront, par la propriété connue des tangentes,

$$st = A, \quad \frac{s-p}{1+ps}\frac{u-p}{1+pu} = B, \quad \frac{t-q}{1+qt}\frac{u-q}{1+qu} = C.$$

La première donne
$$t = \frac{A}{s};$$
la seconde donne
$$u = \frac{B - p^2 + (1+B)ps}{-(1+B)p + (1-Bp^2)s};$$

et ces valeurs étant substituées dans la troisième, on aura

$$\frac{A-qs}{Aq+s}\frac{B-p^2+(1+B)pq+[(1+B)p-(1-Bp^2)q]s}{-(1+B)p+(B-p^2)q+[1-Bp^2+(1+B)pq]s} = C,$$

équation qui, étant ordonnée par rapport à l'inconnue s, montera au second degré, et sera par conséquent résoluble par la règle et le compas.

Soit, pour abréger encore,

$$B - p^2 + (1+B)pq = F,$$
$$(1+B)p - (1-Bp^2)q = G,$$
$$-(1+B)p + (B-p^2)q = H,$$
$$1 - Bp^2 + (1+B)pq = K;$$

on aura l'équation

$$\frac{A-qs}{Aq+s} \frac{F+Gs}{H+Ks} = C,$$

laquelle se réduit à

$$(CK - Gq)s^2 + [CH - AG + (CK - F)Aq]s = A(F - CHq),$$

d'où il est facile de tirer s. Ensuite on aura t et u par les formules ci-dessus. On connaîtra donc par là les tangentes des angles $\frac{AOM}{2}$, $\frac{AON}{2}$, $\frac{AOP}{2}$; par conséquent les points M, N, P seront déterminés par rapport à la ligne OA.

RECHERCHES

sur la

DÉTERMINATION DU NOMBRE DES RACINES IMAGINAIRES

DANS LES ÉQUATIONS LITTÉRALES.

RECHERCHES

SUR LA

DÉTERMINATION DU NOMBRE DES RACINES IMAGINAIRES

DANS LES ÉQUATIONS LITTÉRALES (*).

(*Nouveaux Mémoires de l'Académie royale des Sciences et Belles-Lettres de Berlin*, année 1777.)

Dès qu'on eut résolu les équations du second degré, on dut remarquer que leurs racines ne peuvent être réelles à moins que le carré de la moitié du coefficient du second terme ne soit plus grand que le dernier terme pris avec un signe contraire; parce que l'expression de la racine contient le radical carré de la différence de ces deux quantités et n'en contient point d'autre. On ne peut pas dire la même chose par rapport aux équations du troisième degré; car on sait que l'expression de la racine de ces équations renferme des radicaux carrés et cubiques compliqués de manière qu'il est très-difficile de démêler tous les cas où les racines peuvent être réelles. Aussi voyons-nous que les premiers Algébristes italiens, à qui est due la résolution des équations du troisième degré, furent fort embarrassés à juger de la nature des racines de ces équations d'après l'expression générale de ces racines, surtout dans le cas qu'on a appelé depuis *irréductible*, et dans lequel les racines sont représentées sous une forme imaginaire. Harriot me paraît être proprement le premier

(*) Lu le 2 janvier 1777.

qui ait démontré d'une manière directe et analytique que les équations du troisième degré sans second terme ne sauraient avoir leurs racines réelles, à moins que le cube du tiers du coefficient du troisième terme, pris avec un signe contraire, ne soit plus grand que le carré de la moitié du dernier terme; ce qui donne précisément le cas irréductible. Il est vrai que Viète et même Bombelli avaient déjà prouvé avant lui que dans ce cas les racines sont réelles malgré leur déguisement sous une forme imaginaire; mais ces Auteurs n'avaient employé pour cela que des constructions géométriques, au lieu que le savant Analyste anglais a fait voir *à priori* et par la théorie même des équations, que la condition dont nous venons de parler est indispensable pour la réalité de toutes les racines; en sorte que quand elle n'a pas lieu il faut nécessairement que quelques-unes des racines soient imaginaires, quelle que puisse être d'ailleurs leur forme imaginaire. Voici à peu près comment Harriot s'y prend pour démontrer cette proposition (*voyez* la Section V de son *Artis analyticæ praxis*).

1. Soient a, b, c les trois racines réelles d'une équation du troisième degré et x l'inconnue; cette équation, par les principes établis dans le même Ouvrage, sera représentée par le produit des trois quantités $x-a$, $x-b$, $x-c$, de sorte qu'elle sera de la forme

$$x^3 - (a+b+c)x^2 + (ab+ac+bc)x - abc = 0.$$

Pour faire évanouir le second terme, il faudra supposer $a+b+c=0$, d'où l'on voit qu'il est impossible que les trois racines soient positives ou négatives à la fois; il y en aura donc nécessairement deux positives et une négative, ou deux négatives et une positive. Soient b et c les deux racines de même signe, et a celle de signe contraire, on aura

$$b = \pm p, \quad c = \pm q, \quad a = \mp(p+q),$$

p, q étant des nombres positifs; substituant ces valeurs dans l'équation précédente, on aura la transformée

$$x^3 - (p^2+pq+q^2)x \pm (p^2q+q^2p) = 0,$$

qui sera donc la formule générale des équations du troisième degré dont le second terme est évanoui, et dont toutes les racines sont réelles.

Donc, si l'on représente, en général, cette équation par
$$x^3 - Bx + C = 0,$$
on aura
$$B = p^2 + pq + q^2, \quad C = \pm(p^2q + q^2p),$$
p, q étant des quantités réelles positives.

Or Harriot démontre que, quelles que soient les valeurs de p et q, on a toujours nécessairement
$$27(p^2q + q^2p)^2 < 4(p^2 + pq + q^2)^3;$$
et sa démonstration est fondée sur ce Théorème d'Euclide, que *si quatre grandeurs sont proportionnelles, la somme des extrêmes est toujours plus grande que celle des moyennes* (*); d'où il s'ensuit que l'on aura
$$p^3q^3 + p^3q^3 < p^4q^2 + p^2q^4 < p^5q + pq^5 < p^6 + q^6;$$
donc, ajoutant ensemble les formules suivantes
$$3p^4q^2 + 3p^2q^4 < 3p^6 + 3q^6,$$
$$12p^3q^3 + 12p^3q^3 < 12p^5q + 12pq^5,$$
$$p^3q^3 + p^3q^3 < p^6 + q^6,$$
$$24p^4q^2 + 28p^3q^3 + 24p^2q^4 = 24p^4q^2 + 28p^3q^3 + 24p^2q^4,$$
on aura
$$27p^4q^2 + 54p^3q^3 + 27p^2q^4 < 4p^6 + 12p^5q + 12pq^5 + 4q^6 + 24p^4q^2 + 28p^3q^3 + 24p^2q^4,$$
c'est-à-dire
$$27(p^2q + pq^2)^2 < 4(p^2 + pq + q^2)^3.$$

Donc on aura
$$27(\pm C)^2 < 4B^3, \quad \text{c'est-à-dire,} \quad \left(\frac{B}{3}\right)^3 > \left(\frac{C}{2}\right)^2.$$

(*) L'Auteur sous-entend que les grandeurs proportionnelles dont il s'agit sont disposées de manière à former une suite croissante ou décroissante. (*Note de l'Éditeur.*)

Ce sont là les premiers pas qui aient été faits dans cette partie de la Théorie des équations; j'ai rapporté l'Analyse même d'Harriot, parce qu'elle est très-ingénieuse, et qu'il est d'ailleurs agréable de connaître les chemins que les premiers inventeurs ont suivis.

2. Nous remarquerons d'abord qu'on peut rendre la démonstration précédente plus générale et plus simple de cette manière. Quelles que soient les racines a, b, c, on aura nécessairement, pour que le second terme disparaisse,
$$a + b + c = 0,$$
donc
$$a = -b - c;$$
donc on aura la transformée
$$x^3 - (b^2 + bc + c^2)x + b^2c + bc^2 = 0,$$
et par conséquent
$$B = b^2 + bc + c^2,$$
$$C = b^2c + bc^2,$$
$$B^3 = b^6 + 3b^5c + 6b^4c^2 + 7b^3c^3 + 6b^2c^4 + 3bc^5 + c^6,$$
$$C^2 = b^4c^2 + 2b^3c^3 + b^2c^4$$
et de là
$$4B^3 - 27C^2 = 4b^6 + 12b^5c - 3b^4c^2 - 26b^3c^3 - 3b^2c^4 + 12bc^5 + 4c^6$$
$$= (2b^3 + 3b^2c - 3bc^2 - 2c^3)^2 = (b-c)^2[2(b^2 + bc + c^2) + 3bc]^2;$$

d'où l'on voit évidemment que la quantité $4B^3$ doit nécessairement être plus grande que la quantité $27C^2$, tant que les racines b et c sont réelles, parce que la différence $4B^3 - 27C^2$ est égale au carré d'une quantité réelle, lequel est toujours nécessairement positif.

3. Mais il y a plus; non-seulement la condition de
$$4B^3 > 27C^2$$
a nécessairement lieu lorsque toutes les racines sont réelles, mais aussi,

lorsqu'elle a lieu, toutes les racines sont nécessairement réelles. Il est visible que cette proposition ne suit pas immédiatement de la précédente, et qu'elle demande une démonstration particulière; la voici.

D'abord on sait que l'équation

$$x^3 - Bx + C = 0$$

a nécessairement une racine réelle, parce qu'elle est d'un degré impair; supposons donc que a soit la racine réelle; donc puisque $a = -b - c$, il est clair que $b + c$ sera une quantité réelle; donc, puisque le coefficient réel C est égal à $(b + c)bc$, il s'ensuit que bc sera aussi une quantité réelle; or on a trouvé

$$4B^3 - 27C^2 = (b - c)^2 [2(b^2 + bc + c^2) + 3bc]^2;$$

donc, tirant la racine carrée, on aura

$$\sqrt{4B^3 - 27C^2} = (b - c)[2(b + c)^2 + bc];$$

d'où l'on voit que, lorsque $4B^3 - 27C^2$ est une quantité positive, $b - c$ sera aussi une quantité réelle; ainsi $b + c$ et $b - c$ étant des quantités réelles, il est clair que b et c seront l'une et l'autre réelles.

Si l'on avait

$$4B^3 - 27C^2 = 0,$$

alors on aurait, ou

$$b - c = 0,$$

et par conséquent $b = c$, ou

$$2(b + c)^2 + bc = 0, \quad \text{savoir} \quad b^2 + \frac{5bc}{2} + c^2 = 0,$$

ce qui donne

$$b = -\frac{c}{2}, \quad \text{ou} \quad b = -2c,$$

de sorte que, comme $a = -b - c$, on aura, ou $a = b$, ou $a = c$; d'où l'on voit que la condition de $4B^3 - 27C^2 = 0$ rend toujours deux des racines de l'équation proposée égales entre elles.

4. Voilà donc le caractère auquel on peut reconnaître *à priori* si une équation du troisième degré manquant du second terme a toutes ses racines réelles, ou si elle en a deux imaginaires ou deux égales; et comme on peut toujours faire évanouir le second terme de toute équation en augmentant toutes les racines du coefficient du second terme divisé par l'exposant même de l'équation, ce qui n'influe en rien sur l'état de réalité ou d'imaginarité ou même d'égalité des racines, il s'ensuit que le caractère qu'on vient de trouver peut servir pour toutes les équations du troisième degré.

Soit proposée, en effet, l'équation générale du troisième degré

$$x^3 - Ax^2 + Bx - C = 0;$$

si l'on y fait

$$x = x' + \frac{A}{3},$$

elle se changera en celle-ci

$$x'^3 - B'x' + C' = 0,$$

où

$$B' = \frac{A^2}{3} - B, \quad C' = -\frac{2A^3}{3} + \frac{AB}{3} - C;$$

donc les trois racines de la proposée seront ou toutes réelles et inégales, ou réelles mais deux égales entre elles, ou une réelle et deux imaginaires, suivant que l'on aura

$$4\left(\frac{A^2}{3} - B\right)^3 - 27\left(\frac{2A^3}{27} - \frac{AB}{3} + C\right)^2 > \text{ou} = \text{ou} < 0,$$

ou bien

$$A^2B^2 + 18ABC - 4A^3C - 4B^3 - 27C^2 > \text{ou} = \text{ou} < 0,$$

de sorte qu'il ne reste rien à désirer sur la connaissance de la nature des racines des équations du troisième degré.

5. Nous remarquerons ici en passant que de ce qu'on a trouvé dans le n° 2

$$4B^3 - 27C^2 = (2b^3 + 3b^2c - 3bc^2 - 2c^3)^2,$$

on peut déduire aisément la résolution des équations du troisième degré. En effet, en tirant la racine carrée, on aura, après avoir divisé par 2,

$$b^3 + \frac{3b^2c}{2} - \frac{3bc^2}{2} - c^3 = \frac{\sqrt{4B^3 - 27C^2}}{2};$$

qu'on ajoute à cette équation celle-ci

$$b^2c + bc^2 = C,$$

multipliée par un coefficient quelconque m, on aura

$$b^3 + \left(m + \frac{3}{2}\right)b^2c - \left(\frac{3}{2} - m\right)bc^2 - c^3 = mC + \frac{\sqrt{4B^3 - 27C^2}}{2}.$$

Qu'on suppose le premier membre de cette équation égal au cube de $\lambda b - \mu c$, λ, μ étant des coefficients indéterminés, et comparant terme à terme, on aura

$$\lambda^3 = 1, \quad 3\lambda^2\mu = -m - \frac{3}{2}, \quad 3\lambda\mu^2 = m - \frac{3}{2}, \quad \mu^3 = 1.$$

Les deux équations $\lambda^3 = 1$, $\mu^3 = 1$, font voir que λ et μ ne peuvent être que les racines cubiques de l'unité; mais il est facile de voir qu'on ne doit pas prendre $\lambda = \mu$, car les deux autres équations donneraient

$$3 = -m - \frac{3}{2}, \quad 3 = m - \frac{3}{2},$$

ce qui ne se peut; ainsi il faudra que λ et μ soient deux différentes racines de l'équation

$$x^3 - 1 = 0;$$

or supposant que λ soit une de ces racines, en sorte que $\lambda^3 = 1$, on aura, en divisant l'équation par $x - \lambda$, celle-ci

$$x^2 + \lambda x + \lambda^2 = 0,$$

laquelle renfermera les deux autres racines, de sorte qu'il faudra que l'on ait

$$\mu^2 + \lambda\mu + \lambda^2 = 0;$$

ainsi il faut voir si cette équation s'accorde avec les deux autres

$$3\lambda^2\mu = -m - \frac{3}{2}, \quad 3\lambda\mu^2 = m - \frac{3}{2},$$

lesquelles, en chassant m, donnent

$$3\lambda^2\mu + 3\lambda\mu^2 = -3, \quad \text{ou bien} \quad \lambda^2\mu + \lambda\mu^2 + 1 = 0;$$

c'est-à-dire, en multipliant par λ^2 et mettant 1 à la place de λ^3,

$$\lambda\mu + \mu^2 + \lambda^2 = 0.$$

Ainsi, pourvu qu'on prenne

$$m = 3\lambda\mu^2 + \frac{3}{2},$$

ou, si l'on veut avoir une valeur de m dans laquelle λ et μ entrent également,

$$m = \frac{3\lambda\mu(\mu - \lambda)}{2},$$

et que λ, μ dénotent deux racines différentes de l'équation $x^3 - 1 = 0$, on aura l'équation

$$(\lambda b - \mu c)^3 = mC + \frac{\sqrt{4B^3 - 27C^2}}{2},$$

d'où, tirant la racine cubique,

$$\lambda b - \mu c = \sqrt[3]{mC + \frac{\sqrt{4B^3 - 27C^2}}{2}};$$

ainsi l'on pourra trouver b et c en donnant différentes valeurs à λ ou μ; par exemple, en faisant $\lambda = 1$, on aura pour la détermination de μ, l'équation

$$\mu^2 + \mu + 1 = 0,$$

laquelle donne

$$\mu = \frac{-1 \pm \sqrt{-3}}{2};$$

de sorte qu'en substituant ces valeurs pour λ et μ, et prenant successivement le signe supérieur ou l'inférieur de $\sqrt{-3}$, on aura deux équations qui serviront à trouver b et c. Mais nous ne nous arrêterons pas davantage sur cette matière qui est étrangère à notre objet, et qui a déjà été traitée assez au long ailleurs.

6. Harriot n'a pas poussé ses recherches sur les conditions nécessaires pour la réalité des racines, au delà du troisième degré, et aucun de ceux qui sont venus après lui ne s'est occupé, que je sache, de cet objet, jusqu'à Newton qui dans son *Arithmétique universelle* a donné une règle assez simple pour reconnaître *à priori* quand une équation de degré quelconque renferme des racines imaginaires, et combien elle en renferme; mais on sait que cette règle est insuffisante et imparfaite, même avec l'extension que MM. Maclaurin et Campbell y ont donnée. La raison en est que cette règle n'est pas déduite de la considération immédiate des racines réelles et imaginaires, mais seulement de la considération de quelques conditions particulières qui doivent nécessairement avoir lieu quand toutes les racines sont réelles, et qui consistent en ce qu'alors la somme des carrés des racines, ou des carrés de leurs différences, ou, en général, des carrés de telles fonctions rationnelles qu'on voudra des racines d'une équation, doit toujours être une quantité positive. En effet il est facile de tirer de ce principe un grand nombre de conditions particulières sans lesquelles les racines ne peuvent être toutes réelles, mais on aurait tort de regarder ces conditions comme des caractères distinctifs des racines réelles et imaginaires.

7. Soit, par exemple, l'équation générale

$$x^m - A x^{m-1} + B x^{m-2} - C x^{m-3} + D x^{m-4} - \ldots = 0,$$

dont les racines soient x', x'', x''', ..., $x^{(m)}$. On sait que le coefficient A sera la somme de toutes ces racines, le coefficient B la somme de leurs produits deux à deux, et ainsi de suite; donc si l'on cherche une équation dont les racines soient les carrés de celles-là, et que cette équation soit représentée par

$$y^m - P y^{m-1} + Q y^{m-2} - R y^{m-3} + S y^{m-4} - \ldots = 0,$$

y étant $= x^2$, il est visible que le coefficient P sera égal à la somme des carrés $x'^2, x''^2, x'''^2, \ldots$, que le coefficient Q sera égal à la somme des produits deux à deux de ces carrés, c'est-à-dire à la somme des carrés des produits $x'x'', x'x''', x''x''',\ldots$, et ainsi de suite; de sorte que, comme le carré de toute quantité réelle est toujours positif, il faudra nécessairement, pour que les racines $x', x'', x''',\ldots$ soient toutes réelles, que les quantités P, Q, R,... soient toutes positives.

Or puisque $x^2 = y$, il n'y aura qu'à éliminer, par ce moyen, x de l'équation proposée pour avoir la transformée en y, et, pour cet effet, il n'y aura qu'à substituer $\sqrt{y}$ à la place de x, ce qui donnera

$$y^{\frac{m}{2}} - Ay^{\frac{m-1}{2}} + By^{\frac{m}{2}-1} - Cy^{\frac{m-1}{2}-1} + Dy^{\frac{m}{2}-2} - Ey^{\frac{m-1}{2}-2} + \ldots = 0;$$

or, comme $\dfrac{m}{2}$ ou $\dfrac{m-1}{2}$ est nécessairement une fraction, pour la faire évanouir on transportera de l'autre côté tous les termes qui renferment $\dfrac{m-1}{2}$ dans les exposants, on élèvera ensuite les deux membres au carré, après quoi on ordonnera l'équation par rapport aux puissances de y, et l'on trouvera par la comparaison des termes

$$P = A^2 - 2B,$$
$$Q = B^2 - 2AC + 2D,$$
$$R = C^2 - 2BD + 2AE - 2F,$$
$$S = D^2 - 2CE + 2BF - 2AG + 2H,$$
$$\ldots\ldots\ldots\ldots\ldots\ldots\ldots\ldots\ldots$$

Donc on aura nécessairement, lorsque toutes les racines $x', x'', x''',\ldots$ sont réelles,

$$A^2 - 2B > 0,$$
$$B^2 - 2AC + 2D > 0,$$
$$C^2 - 2BD + 2AE - 2F > 0,$$
$$\ldots\ldots\ldots\ldots\ldots\ldots\ldots\ldots$$

Si quelqu'une de ces conditions n'a pas lieu, on en pourra conclure que la proposée renferme nécessairement des racines imaginaires; mais on ne sera pas en droit de convertir la proposition en disant que les racines ne seront jamais imaginaires tant que ces conditions seront observées; car il est visible que si l'on a

$$A>0, \quad B<0, \quad C<0, \quad D>0, \quad E>0, \quad F<0, \quad G<0,\ldots,$$

les conditions dont il s'agit auront toujours lieu; de sorte qu'on devrait dire que toute équation de la forme

$$x^m - Ax^{m-1} - Bx^{m-2} + Cx^{m-3} + Dx^{m-4} - Ex^{m-5} - Fx^{m-6} + \ldots = 0,$$

où $A, B, C, \ldots$ sont des quantités positives quelconques, n'aura jamais de racines imaginaires, ce qui est faux; et il est remarquable que les équations de cette forme mettent en défaut les règles dont nous avons fait mention plus haut (6).

8. Si l'on transforme l'équation proposée en une autre dont les racines soient des fonctions quelconques rationnelles des racines de celles-là, ce qu'on peut toujours exécuter par les méthodes connues [*voyez* les *Réflexions sur la Résolution algébrique des équations*, Section IV, *Mémoires* de 1771 (*)], on aura une équation dont toutes les racines seront réelles, si la proposée a toutes ses racines réelles; par conséquent on pourra appliquer à cette transformée les mêmes conclusions qu'on a trouvées ci-dessus; ce qui fournira de nouvelles conditions entre les coefficients de l'équation proposée, conditions dont le défaut indiquera nécessairement l'existence de quelques racines imaginaires.

Qu'on cherche, par exemple, une transformée dont les racines soient les sommes de celles de l'équation proposée

$$x^m - Ax^{m-1} + Bx^{m-2} - Cx^{m-3} + \ldots = 0,$$

prises deux à deux; on trouvera celle-ci

$$z^\mu - \alpha z^{\mu-1} + \beta z^{\mu-2} - \gamma z^{\mu-3} + \ldots = 0,$$

(*) *OEuvres de Lagrange*, t. III, p. 205.

où
$$\mu = \frac{m(m-1)}{2},$$

et
$$\alpha = (m-1)A,$$
$$\beta = \frac{(m-1)(m-2)}{2}A^2 + (m-2)B,$$
$$\gamma = \frac{(m-1)(m-2)(m-3)}{2.3}A^3 + (m-2)^2 AB + (m-4)C,$$
....

Donc on aura, pour la réalité des racines, ces conditions
$$\alpha^2 - 2\beta > 0,$$
$$\beta^2 - 2\alpha\gamma + 2\delta > 0,$$
....

Donc
$$(m^2-1)A^2 - 2(m-2)B > 0,$$
....

Si l'on cherche une transformée de la même équation dont les racines soient les différences entre les racines de celle-là, et qu'on représente de même cette transformée par
$$z^\mu - \alpha z^{\mu-1} + \beta z^{\mu-2} - \gamma z^{\mu-3} + \delta z^{\mu-4} - \ldots = 0,$$

on trouvera

$\alpha = 0,$

$\beta = -(m-1)A^2 + 2mB,$

$\gamma = 0,$

$\delta = \frac{(m-1)(m-2)}{2}A^4 - 2m(m-2)A^2B - 2(m-3)AC + 2mD + (2m+3)(m-2)B^2,$

$\varepsilon = 0,$

......

Donc on aura, pour la réalité des racines, ces conditions
$$-\beta > 0, \quad \delta > 0, \quad -\zeta > 0, \ldots,$$

savoir

$$\beta < 0, \quad \delta > 0, \quad \zeta < 0, \ldots;$$

donc

$$(m-1)A^2 - 2mB > 0,$$

$$\frac{(m-1)(m-2)}{2}A^4 - 2m(m-2)A^2B - 2(m-3)AC + 2mD + (2m+3)(m-2)B^2 > 0,$$

....

On voit par là comment on peut s'y prendre pour trouver autant de conditions qu'on voudra entre les coefficients A, B, C,... de l'équation proposée, lesquelles seront absolument nécessaires pour la réalité des racines de cette équation; on pourra encore multiplier ces conditions par la considération des équations des limites dont nous traiterons ailleurs; mais on ne parviendra jamais, par ces moyens seuls, à des conclusions exactes et générales sur le nombre des racines imaginaires. Il est donc nécessaire d'employer dans cette recherche des principes plus directs et qui tiennent de plus près à la nature même et à la forme des racines imaginaires. Voici quelques réflexions sur ce sujet.

9. Il est démontré que toute équation, de quelque degré que ce soit, est toujours décomposable en facteurs réels du premier et du second degré [*voyez* le *Mémoire sur la forme des racines imaginaires des Équations. Mémoires* de 1772 (*)]; et il est visible que les racines imaginaires ne peuvent venir que des facteurs du second degré, où le dernier terme est plus grand que le carré de la moitié du coefficient du second; ainsi, pour reconnaître si l'équation

$$x^m - Ax^{m-1} + Bx^{m-2} - Cx^{m-3} + \ldots = 0$$

a des racines imaginaires ou non, il n'y aura qu'à examiner si elle est divisible par un ou plusieurs facteurs tels que $x^2 - ax + b$, où l'on ait $b > \frac{a^2}{4}$, c'est-à-dire où $\frac{a^2}{4} - b$ soit une quantité négative. On divisera donc la proposée par $x^2 - ax + b$, et ayant poussé la division jusqu'à ce que

(*) *OEuvres de Lagrange*, t. III, p. 479.

l'on parvienne à un reste qui ne renferme plus que la première dimension de x, on fera ce reste égal à zéro, en faisant évanouir séparément la partie affectée de x et la partie sans x; ce qui donnera deux équations en a et b, lesquelles serviront à déterminer ces deux indéterminées. On fera maintenant

$$\frac{a^2}{4} - b = u,$$

c'est-à-dire que l'on substituera $\frac{a^2}{4} - u$ à la place de b, et éliminant a on arrivera à une équation finale en u, dont les racines positives et négatives serviront à reconnaître les racines réelles et imaginaires de la proposée.

10. En effet il est clair, par ce qu'on a dit ci-dessus, que la proposée ne pourra avoir de racines imaginaires qu'autant que la transformée en u aura des racines réelles négatives; de sorte que, si l'équation proposée n'a aucune racine imaginaire, la transformée ne pourra avoir aucune racine négative, et *vice versâ* si celle-ci n'a aucune racine négative, celle-là n'en aura aucune imaginaire; or comme par la règle connue de Descartes une équation ne peut avoir qu'autant de racines positives, et autant de négatives, qu'elle a de variations ou de successions de signes, il s'ensuit :

1° Que si les termes de la transformée en u sont alternativement positifs et négatifs en sorte qu'elle n'ait aucune succession de signes, la proposée n'aura aucune racine imaginaire;

2° Que si la transformée a des successions de signes, la proposée aura nécessairement des racines imaginaires, mais dont le nombre ne pourra être plus grand que le double de celui des successions.

Voilà donc un caractère simple et général auquel on peut reconnaître si une équation a toutes ses racines réelles ou non; mais lorsqu'on s'est assuré par là que l'équation proposée a nécessairement des racines imaginaires, il reste encore à déterminer le nombre de ces racines; c'est à quoi on peut parvenir par les considérations suivantes.

11. Comme on suppose que

$$x^2 - ax + b = 0$$

est un diviseur de l'équation proposée, on aura comme l'on sait

$$a = x' + x'', \quad b = x'x''$$

(en désignant par x', x'' deux quelconques des racines de cette équation), donc

$$u = \frac{a^2}{4} - b = \frac{(x'+x'')^2}{4} - x'x'' = \frac{(x'-x'')^2}{4};$$

ainsi a et u sont des fonctions des mêmes racines x', x'', et de plus ces fonctions sont telles, qu'elles demeurent les mêmes en y changeant x' en x''; d'où il s'ensuit que les quantités a et u doivent être données par des équations du même degré, et que, dès que l'on connaîtra une des valeurs de u par la résolution de l'équation en u, on pourra toujours déterminer par son moyen la valeur correspondante de a, et cela par une équation du premier degré si la valeur de u est une racine inégale, ou par une équation du second, du troisième,... degré si la valeur de u est une racine double, triple,... (*voyez* la démonstration dans la Section IV du Mémoire cité ci-dessus, n° 8). Donc, puisqu'on a déjà deux équations en a et b, ou bien en a et u (numéro précédent), il n'y aura qu'à substituer dans ces deux équations la valeur de u que l'on aura trouvée, et si cette valeur est une racine inégale, on sera assuré de parvenir, par l'élimination successive des puissances de a, à une équation où a ne se trouvera plus qu'au premier degré, et qui donnera par conséquent une valeur réelle de a; si la valeur de u est une racine double on ne pourra parvenir par l'élimination qu'à une équation où a montera au second degré, et si u est une racine triple on ne parviendra qu'à une équation en a du troisième degré, et ainsi de suite; de sorte que dans ce cas les valeurs correspondantes de a pourront être réelles ou imaginaires.

12. Cela posé, je dis que chaque racine négative et inégale de la transformée en u donnera toujours deux racines imaginaires dans l'équation proposée, et que chaque racine négative et égale de la même transformée donnera toujours autant de paires de racines imaginaires dans la proposée que l'équation en a aura de racines réelles; et il ne pourra y

avoir dans la proposée que le nombre des racines imaginaires qui se trouvera déterminé de la sorte.

Car, comme toute équation peut se décomposer en facteurs réels du second degré, il s'ensuit que les racines imaginaires peuvent toujours se combiner deux à deux en sorte qu'il en résulte des facteurs doubles tels que
$$x^2 - ax + b,$$
où a et b seront réels, et où b sera $> \frac{a^2}{4}$, c'est-à-dire des facteurs réels de la forme
$$x^2 - ax + \frac{a^2}{4} - u,$$
où u aura une valeur négative et a une valeur réelle quelconque; or il est facile de prouver que ces combinaisons ne peuvent se faire que d'une seule manière. En effet considérons quatre racines imaginaires, qui étant combinées deux à deux forment les deux facteurs tout réels
$$x^2 - a'x + \frac{a'^2}{4} + r', \quad x^2 - a''x + \frac{a''^2}{4} + r'',$$
r' et r'' étant des quantités positives, et supposons s'il est possible que les mêmes quatre racines puissent aussi former ces deux autres facteurs réels
$$x^2 - \alpha'x + \frac{\alpha'^2}{4} + \rho', \quad x^2 - \alpha''x + \frac{\alpha''^2}{4} + \rho'',$$
ρ' et ρ'' étant aussi des quantités positives; il faudra donc que l'équation
$$x^2 - a'x + \frac{a'^2}{4} + r' = 0$$
ait une racine commune avec l'équation
$$x^2 - \alpha'x + \frac{\alpha'^2}{4} + \rho' = 0;$$
mais les racines de celle-là sont
$$\frac{a'}{2} \pm \sqrt{-r'}$$

et les racines de celle-ci sont

$$\frac{\alpha'}{2} \pm \sqrt{-\rho'};$$

donc comparant les parties réelles avec les réelles, et les imaginaires avec les imaginaires, il faudrait que l'on eût

$$\frac{a'}{2} = \frac{\alpha'}{2} \quad \text{et} \quad \pm\sqrt{-r'} = \pm\sqrt{-\rho'},$$

donc
$$a' = \alpha' \quad \text{et} \quad r' = \rho';$$

de sorte que le facteur $x^2 - \alpha' x + \frac{\alpha'^2}{4} + \rho'$ serait le même que le facteur $x^2 - a'x + \frac{a'^2}{4} + r'$; ce qui est contre l'hypothèse. D'où il est facile de conclure qu'une équation quelconque proposée aura nécessairement autant de couples de racines imaginaires qu'il y aura de valeurs négatives de u auxquelles répondront des valeurs réelles de a.

13. Ainsi, dès qu'on aura trouvé la transformée en u, on pourra d'abord juger par les signes mêmes de cette équation si la proposée a toutes ses racines réelles ou non; ensuite, pour connaître le nombre des racines imaginaires de la proposée dans le cas où elle en doit contenir, il suffira de connaître le nombre des racines négatives de la même transformée; mais malheureusement on n'a point de méthode, que je sache, pour reconnaître *à priori* le nombre des racines positives ou négatives d'une équation quelconque, à moins qu'on ne soit assuré d'avance que toutes ses racines sont réelles.

Cependant, si l'on fait attention que le dernier terme de toute équation pris avec son propre signe si le degré de l'équation est pair, ou avec un signe contraire si le degré est impair, est toujours nécessairement positif ou négatif suivant que le nombre des racines négatives est pair ou impair, on pourra reconnaître sur-le-champ par le signe du dernier terme de la transformée en u si le nombre des racines imaginaires de la proposée est multiple de 4, ou multiple de 4 plus 2; le premier cas aura lieu lorsque le dernier terme de la transformée sera positif ou négatif suivant que le degré sera pair ou impair, et le second cas aura lieu lorsque le dernier terme sera positif ou négatif suivant que le degré de la transformée sera au contraire impair ou pair.

14. Si la transformée dont il s'agit avait des racines nulles, alors il est clair que chaque racine nulle indiquerait une égalité entre deux racines de la proposée; car, faisant $u=0$, on aurait le facteur $x^2 - ax + \dfrac{a^2}{4}$, lequel étant supposé $=0$ donne les deux racines égales $x = \dfrac{a}{2}$, $x = \dfrac{a}{2}$.

Ainsi une racine nulle dans la transformée u indiquera deux racines égales dans la proposée; deux racines nulles dans la transformée indiqueront deux couples de racines égales dans la proposée; trois racines nulles dans la même transformée indiqueront trois couples de racines égales deux à deux dans la proposée, ou bien trois racines égales entre elles; et ainsi de suite.

15. La méthode que nous avons proposée ci-dessus pour trouver la transformée dont il s'agit peut se simplifier beaucoup de cette manière : puisque $x^2 - ax + \dfrac{a^2}{4} - u$ doit être un diviseur de la proposée, il est clair que $x - \dfrac{a}{2} + \sqrt{u}$ et $x - \dfrac{a}{2} - \sqrt{u}$ devront être l'un et l'autre en même temps diviseurs de la même équation; donc il n'y aura qu'à substituer dans cette équation $\dfrac{a}{2} \pm \sqrt{u}$ à la place de x, et faire en sorte que l'équation résultante ait lieu également, soit que le radical $\sqrt{u}$ soit pris en $+$ ou en $-$; c'est ce qu'on obtiendra en faisant deux équations séparées, l'une de la partie toute rationnelle, et l'autre de la partie irrationnelle et affectée de $\sqrt{u}$; par ce moyen on aura d'abord les deux équations cherchées en a et u, d'où, par l'élimination de a, on tirera la transformée en u.

Nous allons en donner quelques exemples, mais pour éviter les fractions nous mettrons t à la place de $\frac{a}{2}$, en sorte que le diviseur du second degré soit représenté par

$$x^2 - 2tx + t^2 - u,$$

et les deux du premier par

$$x - t \pm \sqrt{u}.$$

16. Soit d'abord l'équation du second degré

$$x^2 - Ax + B = 0;$$

dans ce cas on aura sur-le-champ

$$t = \frac{A}{2}, \quad t^2 - u = B;$$

d'où

$$u - \frac{A^2}{4} + B = 0;$$

de sorte que les racines de la proposée seront réelles inégales ou égales ou imaginaires suivant que

$$\frac{A^2}{4} - B > \text{ ou } = \text{ ou } < 0.$$

17. Soit l'équation générale du troisième degré

$$x^3 - Ax^2 + Bx - C = 0;$$

substituant $t + \sqrt{u}$ à la place de x, on aura

$$t^3 + 3t^2\sqrt{u} + 3tu + u\sqrt{u} - A(t^2 + 2t\sqrt{u} + u) + B(t + \sqrt{u}) - C = 0.$$

Donc, égalant à zéro séparément les quantités rationnelles et les irrationnelles, on aura ces deux équations

$$t^3 - At^2 + (B + 3u)t - Au - C = 0,$$
$$3t^2 - 2At + B + u = 0,$$

d'où l'on tirera celle-ci

$$2(3B - A^2 + 12u)t + AB - 9C - 8Au = 0;$$

IV. 46

et de là

$$u^3 - \frac{A^2 - 3B}{2} u^2 + \frac{(A^2 - 3B)^2}{16} u - \frac{4(A^2 - 3B)(B^2 - 3AC) - (AB - 9C)^2}{3.64} = 0.$$

En ne considérant que le dernier terme de cette transformée et faisant attention qu'une équation du troisième degré ne peut avoir au plus que deux racines imaginaires, on en conclura d'abord (**13** et **14**) que les racines de la proposée seront ou toutes trois réelles inégales, ou toutes trois réelles mais deux égales, ou une réelle et deux imaginaires, suivant que l'on aura

$$4(A^2 - 3B)(B^2 - 3AC) - (AB - 9C)^2 > \text{ou} = \text{ou} < 0,$$

ce qui s'accorde parfaitement avec ce qu'on a trouvé dans le n° 4.

On peut remarquer ici qu'à la rigueur les racines de la proposée ne peuvent être toutes réelles qu'en supposant que les termes de la transformée soient alternativement positifs et négatifs (**12**), ce qui, outre la condition précédente, donne encore celle-ci

$$A^2 - 3B > 0;$$

mais comme, d'un autre côté, on est assuré que la condition de

$$4(A^2 - 3B)(B^2 - 3AC) - (AB - 9C)^2 > 0$$

suffit pour la réalité des racines, il s'ensuit que, dès que cette dernière condition aura lieu, l'autre aura aussi nécessairement lieu.

Pour le prouver d'une manière directe, on remarquera qu'en faisant, pour abréger,

$$A^2 - 3B = \alpha, \quad 9C - AB = \beta,$$

la condition dont il s'agit se réduira à celle-ci

$$-\frac{3\beta^2 + 4A\alpha\beta + 4B\alpha^2}{3} > 0;$$

donc il faudra que l'on ait

$$3\beta^2 + 4A\alpha\beta + 4B\alpha^2 = -k^2,$$

k^2 étant une quantité quelconque positive; or si l'on résout cette équation en tirant la valeur de β, on aura

$$3\beta + 2A\alpha = \sqrt{-3k^2 + 4\alpha^3};$$

de sorte qu'il faudra nécessairement que la quantité α soit positive; autrement la valeur de $3\beta + 2A\alpha$ deviendrait imaginaire, ce qui impliquerait contradiction.

18. Passons aux équations du quatrième degré, et supposons, pour plus de simplicité, que le second terme soit évanoui, en sorte que la formule générale de ce degré soit

$$x^4 + Bx^2 - Cx + D = 0;$$

mettant $t + \sqrt{u}$ à la place de x, et égalant séparément à zéro la partie rationnelle et la partie affectée de $\sqrt{u}$, on aura

$$t^4 + (B + 6u)t^2 - Ct + D + Bu + u^2 = 0,$$
$$4t^3 + (2B + 4u)t - C = 0,$$

d'où l'on tire d'abord

$$(2B + 20u)t^2 - 3Ct + 4(D + Bu + u^2) = 0,$$

ensuite

$$[(2B + 4u)(B + 10u)^2 - 8(D + Bu + u^2)(B + 10u) + 9C^2]t$$
$$- 12C(D + Bu + u^2) - C(B + 10u)^2 = 0,$$

et enfin

$$u^6 + 2Bu^5 + \frac{11B^2 + 4D}{8}u^4 - \frac{-14B^3 + 8BD + 13C^2}{32}u^3$$
$$+ \frac{17B^4 + 24B^2D - 112D^2 + 48BC^2}{256}u^2$$
$$- \frac{-2B^5 - 9B^2C^2 - 108C^2D + 96BD^2 - 16B^3D}{512}u$$
$$+ \frac{256D^3 - 128B^2D^2 + 144BC^2D + 16B^4D - 4B^3C^2 - 27C^4}{4096} = 0.$$

Donc :

1° La proposée aura toutes ses racines réelles si les termes de cette transformée en u sont alternativement positifs ou négatifs; sinon elle aura des racines imaginaires;

2° Comme une équation du quatrième degré ne peut avoir que deux ou quatre racines imaginaires, on pourra distinguer ces deux cas par le signe du dernier terme, lequel devra être positif dans le premier et négatif dans le second;

3° Si le dernier terme est nul, il y aura dans la proposée deux racines égales; si l'avant-dernier est aussi nul, il y aura deux couples de racines égales; et si les trois derniers termes sont nuls à la fois, il y aura nécessairement trois racines égales entre elles, et ainsi de suite.

19. On pourra de même reconnaître le nombre des racines imaginaires dans les équations du cinquième degré; car, si la transformée en u a tous ses termes alternativement positifs et négatifs, la proposée aura toutes ses racines réelles; autrement elle en aura d'imaginaires, et comme alors elle ne pourra avoir que deux ou quatre imaginaires, on pourra distinguer ces deux cas par le signe du dernier terme.

Passé le cinquième degré, on ne pourra plus par ce moyen déterminer précisément le nombre des racines imaginaires. Car prenant, par exemple, une équation du sixième degré, on reconnaîtra d'abord par les signes de la transformée en u si toutes les racines sont réelles ou non; or s'il y en a d'imaginaires, elles pourront être au nombre de deux, ou de quatre, ou de six, et le signe du dernier terme fera connaître seulement si elles sont au nombre de quatre, ou au nombre de deux, ou six; de sorte qu'il restera un cas indéterminé. Il faudrait, pour juger si les imaginaires sont au nombre de deux, ou de six, pouvoir reconnaître si la transformée en u a une seule racine négative, ou bien trois; mais c'est de quoi on ne saurait venir à bout par aucune méthode connue.

20. On a vu (11) que la quantité u est égale au carré de la demi-différence de deux quelconques des racines de la proposée; ainsi la trans-

formée en u n'est autre chose que l'équation dont les racines sont les carrés de toutes les demi-différences entre les différentes racines de la proposée. En considérant cette transformée sous ce point de vue, on trouvera aisément, par les principes que nous avons établis ailleurs, que cette équation montera généralement au degré $\dfrac{m(m-1)}{2}$ en prenant m pour le degré de la proposée; et l'on pourra même calculer directement tous ses termes, sans employer aucune substitution ou élimination.

De plus, on voit clairement la raison pourquoi la proposée ne peut avoir de racines imaginaires qu'autant que la transformée aura de racines réelles négatives. Car, puisqu'il est démontré que chaque couple de racines imaginaires est nécessairement de la forme

$$p + q\sqrt{-1}, \quad p - q\sqrt{-1},$$

p et q étant des quantités réelles, il s'ensuit que le carré de la demi-différence de ces racines sera $-q^2$ et par conséquent nécessairement négatif; d'où l'on doit conclure que chaque racine réelle négative de l'équation en u indique nécessairement un couple de racines imaginaires dans la proposée, etc. Sur quoi on peut aussi voir les *Mémoires* des années 1767 et 1768 (*).

21. D'après les mêmes principes on pourra aussi trouver des transformées telles, que l'équation proposée ne puisse avoir à la fois quatre racines imaginaires, ou six racines imaginaires, ou, etc., à moins que sa transformée n'ait des racines négatives; ce qui pourrait fournir des critères pour reconnaître si une équation donnée qu'on sait déjà avoir nécessairement des racines imaginaires, mais dont on ignore le nombre, doit au moins en avoir quatre, ou six, ou, etc.

Pour cela je considère que, si l'équation proposée contient quatre racines imaginaires, elles seront de la forme

$$p + q\sqrt{-1}, \quad p - q\sqrt{-1}, \quad r + s\sqrt{-1}, \quad r - s\sqrt{-1},$$

(*) *OEuvres de Lagrange*, t. II, p. 539 et 581.

p, q, r, s étant des quantités réelles; donc la quantité $-(q+s)^2$ sera essentiellement réelle et négative tant que ces quatre racines seront à la fois imaginaires. Or nommant ces racines a, b, c, d, on aura

donc
$$q\sqrt{-1} = \frac{a-b}{2}, \quad s\sqrt{-1} = \frac{c-d}{2};$$

$$-(q+s)^2 = \left(\frac{a+c-b-d}{2}\right)^2.$$

Si donc on cherche une transformée dont les racines soient les carrés des demi-différences entre la somme de deux racines quelconques et la somme de deux autres racines de la même équation, cette transformée aura la propriété qu'elle n'aura de racines réelles négatives qu'autant que la proposée aura au moins quatre racines imaginaires.

22. Je remarque maintenant que, comme les quantités q et s peuvent être prises indifféremment avec les signes $+$ ou $-$, il s'ensuit que $-(q+s)^2$ et $-(q-s)^2$ seront également deux racines négatives de la transformée dont il s'agit, provenant des quatre racines imaginaires $p \pm q\sqrt{-1}$, $r \pm s\sqrt{-1}$ de la proposée; et il est facile de se convaincre que ces racines imaginaires ne pourront donner dans la transformée d'autres racines réelles négatives que les deux précédentes.

Ainsi chaque combinaison de deux couples de racines imaginaires dans la proposée donnera toujours dans la transformée deux racines réelles négatives ni plus ni moins. Par conséquent, si la proposée contient $2n$ racines imaginaires, il en résultera nécessairement dans la transformée un nombre de racines réelles négatives égales à deux fois le nombre des combinaisons de n choses prises deux à deux; or ce dernier nombre est, comme l'on sait, $\frac{n(n-1)}{2}$; donc le nombre des racines réelles négatives sera $n(n-1)$. D'autre part il est manifeste que les racines réelles de la proposée, si elle en a, soit seules soit combinées avec les imaginaires, ne peuvent jamais donner dans la transformée en question que des racines réelles positives, ou des racines imaginaires. Donc on peut

DANS LES ÉQUATIONS LITTÉRALES. 367

conclure, en général, que, quelles que soient les racines de la proposée, la transformée aura toujours nécessairement $n(n-1)$ racines réelles négatives, $2n$ étant le nombre des racines imaginaires de la proposée.

23. Pour trouver la transformée dont il s'agit, on peut s'y prendre de plusieurs manières d'après les méthodes que nous avons données dans nos *Recherches sur la résolution algébrique des équations*, puisqu'il ne s'agit que de trouver une équation dont les racines soient

$$\left(\frac{a+c-b-d}{2}\right)^2,$$

a, b, c, d étant quatre quelconques des racines de l'équation proposée. Et d'abord on prouvera, par les principes établis dans la Section IV de ces *Recherches*, que si m est le nombre de toutes les racines de la proposée, c'est-à-dire l'exposant de son degré, la transformée montera, en général, au degré $\dfrac{m(m-1)(m-2)(m-3)}{2.2.2}$.

Car : 1° puisque la fonction $\left(\dfrac{a+c-b-d}{2}\right)^2$ contient quatre racines, il faut combiner le nombre total m des racines quatre à quatre, ce qui donne $m(m-1)(m-2)(m-3)$; 2° comme la fonction dont il s'agit ne change pas en échangeant a en c, ou b en d, ou $a+c$ en $b+d$, et *vice versâ*, il s'ensuit qu'il y a en tout $2.2.2$ combinaisons qui donnent la même fonction; par conséquent, en divisant le nombre précédent de toutes les combinaisons possibles par celui des combinaisons qui donnent la même racine dans la transformée, on aura le nombre total des racines différentes de cette équation, et par conséquent l'exposant de son degré.

24. Supposons, par exemple, que l'équation proposée soit du quatrième degré; on aura ici $m = 4$; donc (numéro précédent) le degré de la transformée sera $\dfrac{4.3.2.1}{2.2.2} = 3$. Or, si toutes les racines de la proposée sont imaginaires, on aura $2n = 4$ et $n = 2$; donc la transformée aura

2.1 racines réelles négatives (**22**); ainsi dans ce cas toutes les racines de la transformée seront réelles, puisqu'étant du troisième degré elle ne peut avoir deux racines réelles sans que la troisième le soit aussi.

Si la proposée avait toutes ses quatre racines réelles, alors la transformée aurait aussi toutes ses racines réelles, mais positives. Enfin, si la proposée a deux racines imaginaires seulement, la transformée aura aussi nécessairement deux imaginaires.

Pour mieux faire sentir la vérité de ces conclusions, on remarquera que a, b, c, d dénotant les quatre racines de l'équation proposée, celles de la transformée ne pourront être que ces trois-ci

$$\left(\frac{a+c-b-d}{2}\right)^2, \quad \left(\frac{a+d-b-c}{2}\right)^2, \quad \left(\frac{a+b-c-d}{2}\right)^2;$$

car, de quelque façon qu'on échange entre elles les lettres a, b, c, d, il n'en résultera jamais que ces trois expressions différentes.

Or, si toutes les racines sont imaginaires, on aura

$$a = p + q\sqrt{-1}, \quad b = p - q\sqrt{-1}, \quad c = r + s\sqrt{-1}, \quad d = r - s\sqrt{-1};$$

donc les trois quantités précédentes deviendront

$$-(q+s)^2, \quad -(q-s)^2, \quad (p+r)^2.$$

Et, s'il n'y a que deux racines imaginaires, en sorte que

$$a = p + q\sqrt{-1}, \quad b = p - q\sqrt{-1},$$

alors les trois quantités dont il s'agit seront

$$\left(\frac{c-d}{2} + q\sqrt{-1}\right)^2, \quad \left(\frac{c-d}{2} - q\sqrt{-1}\right)^2, \quad \left(p - \frac{c+d}{2}\right)^2.$$

Ainsi l'on pourra, par le moyen de la transformée dont il s'agit, juger de l'espèce des racines d'une équation du quatrième degré; car si elle a des racines imaginaires, la proposée en aura deux imaginaires et deux réelles; si elle a toutes ses racines réelles, la proposée les aura toutes réelles ou toutes imaginaires, suivant que la transformée aura toutes les racines positives, ou bien deux négatives et une positive, ce qu'on reconnaitra alors par les signes de cette équation; ce qui fournira des critères plus simples que ceux que nous avons trouvés plus haut (18).

25. Soit
$$x^4 + Mx^3 + Nx^2 + Px + Q = 0$$
l'équation proposée du quatrième degré, dont les racines soient a, b, c, d; la transformée dont les racines seront
$$(a+c-b-d)^2, \quad (a+d-b-c)^2, \quad (a+b-c-d)^2$$
sera, comme nous l'avons déjà trouvé dans nos *Recherches sur la résolution algébrique des équations* (32), celle-ci
$$t^3 - (3M^2 - 8N)t^2 + (3M^4 - 16M^2N + 16N^2 + 16MP - 64Q)t - (M^3 - 4MN + 8P)^2 = 0,$$
laquelle, en faisant
$$A = 3M^2 - 8N,$$
$$B = 3M^4 - 16M^2N + 16N^2 + 16MP - 64Q,$$
$$C = (M^3 - 4MN + 8P)^2,$$
se réduit à la forme
$$t^3 - At^2 + Bt - C = 0.$$

Donc :

1° Par ce qu'on a démontré plus haut (17) relativement aux équations du troisième degré, la proposée aura deux racines imaginaires et deux réelles, ou bien quatre imaginaires ou quatre réelles, suivant que l'on aura
$$4(A^2 - 3B)(B^2 - 3AC) - (AB - 9C)^2 < 0 \text{ ou } > 0;$$

2° Dans le dernier cas, si A et B sont positifs en même temps, la proposée aura toutes ses quatre racines réelles; mais si l'une des deux quantités A, B, ou toutes deux, sont négatives, la proposée aura ses quatre racines imaginaires.

IV.

26. Lorsque toutes les racines de la proposée sont réelles, on peut par l'inspection des signes reconnaître combien il y en a de positives et de négatives; mais quand il y a des racines imaginaires, on sait que la règle est en défaut; cependant la transformée ci-dessus fournit encore le moyen de juger du signe des deux racines réelles, dans le cas où les deux autres sont imaginaires.

D'abord il est clair que par le signe du dernier terme Q de la proposée on peut juger si les deux racines réelles sont de même signe ou de signe différent; le premier aura lieu lorsque Q sera >0, et le second lorsque Q sera <0. Il n'y a donc de difficulté que dans le premier cas, et elle consiste à déterminer si les deux racines sont toutes deux positives ou toutes deux négatives.

Pour cela je remarque que le dernier terme C de la transformée en t étant le produit des trois racines, on aura, en général,

$$(M^3 - 4MN + 8P)^2 = (a+c-b-d)^2(a+d-b-c)^2(a+b-c-d)^2,$$

et tirant la racine carrée

$$M^3 - 4MN + 8P = \pm(a+c-b-d)(a+d-b-c)(a+b-c-d).$$

Pour savoir quel signe on doit prendre, je suppose, par exemple, que les trois racines b, c, d soient nulles, auquel cas on aura

$$M = -a, \quad N = 0, \quad P = 0, \quad Q = 0;$$

ainsi le premier membre de l'équation précédente deviendra $-a^3$ et le second deviendra $\pm a^3$, d'où l'on voit qu'il faut prendre le signe inférieur; en sorte que l'on aura

$$M^3 - 4MN + 8P = -(a+c-b-d)(a+d-b-c)(a+b-c-d).$$

Substituons maintenant à la place de a et b leurs valeurs imaginaires $p + q\sqrt{-1}$, $p - q\sqrt{-1}$; on aura

$$a+c-b-d = 2q\sqrt{-1} + c - d, \quad a+d-b-c = 2q\sqrt{-1} + d - c,$$
$$a+b-c-d = 2p - c - d;$$

donc l'équation précédente deviendra

$$M^3 - 4MN + 8P = [4q^2 + (c-d)^2](2p - c - d).$$

Or $4q^2 + (c-d)^2$ étant toujours une quantité positive, il s'ensuit que la quantité $2p - c - d$ sera du même signe que $M^3 - 4MN + 8P$.

Cela posé, comme l'équation proposée a pour racines $p + q\sqrt{-1}$, $p - q\sqrt{-1}$, c et d, elle sera donc le produit de ces deux équations-ci

$$x^2 - 2px + p^2 + q^2 = 0, \quad x^2 - (c+d)x + cd = 0;$$

et, puisqu'on suppose que les deux racines réelles c et d sont de même signe, il est clair que cd sera toujours une quantité positive, et que $c+d$ sera une quantité du même signe que chacune de ces deux racines; de sorte qu'il suffira de déterminer le signe de $c + d$. Or il est visible que, si p et $c + d$ sont positives en même temps, les signes seront alternatifs dans les deux équations précédentes; ils le seront par conséquent aussi dans le produit de ces deux équations, c'est-à-dire dans l'équation proposée. Et de même, si p et $c + d$ sont négatives à la fois, les signes seront tous positifs dans les mêmes équations et par conséquent aussi dans le produit de ces équations, c'est-à-dire dans la proposée.

Donc si l'équation proposée n'a pas les signes alternativement positifs et négatifs, ou tous positifs, alors p et $c + d$ seront nécessairement des quantités de signes différents; donc $-2p$ et $c + d$ seront des quantités de même signe; donc aussi la somme $-2p + c + d$ sera une quantité du même signe que $c + d$; donc, par ce qu'on a démontré ci-dessus, $c + d$ sera nécessairement du signe opposé à celui de $M^3 - 4MN + 8P$; par conséquent, dans ce cas, chacune des deux racines réelles sera du même signe que la quantité $-M^3 + 4MN - 8P$.

Mais si l'équation proposée avait tous les signes alternatifs, ou tous positifs, alors les deux racines réelles seraient nécessairement positives dans le premier cas, et négatives dans le second; puisqu'on sait qu'une équation qui a tous les signes alternatifs ne peut avoir de racines réelles négatives, et qu'une équation qui a tous ses signes positifs ne peut avoir de racines réelles positives, et qu'en général une équation quelconque ne peut avoir qu'autant de racines positives qu'elle a de changements de signes, et qu'autant de négatives qu'elle a de permanences de signes.

La règle précédente, pour juger des signes des racines réelles d'une équation du quatrième degré qu'on sait en avoir deux imaginaires, a déjà été donnée par M. Waring dans ses *Meditationes algebraicæ*, mais sans démonstration; et comme cette démonstration n'avait encore été donnée par personne, que je sache, j'ai cru que les Géomètres seraient bien aises de la trouver ici.

27. De même que nous avons démontré plus haut que la transformée, qui aurait pour racines les carrés des différences entre la somme de deux racines quelconques de la proposée et la somme de deux autres quelconques de ses racines, ne pourrait avoir de racines réelles négatives qu'autant que la proposée aurait au moins quatre racines imaginaires; de même prouvera-t-on que la transformée, dont les racines seraient les carrés des différences entre la somme de trois racines et la somme de trois autres racines de la proposée, ne pourra renfermer de racines réelles négatives qu'autant que la proposée aura au moins six racines imaginaires.

On démontrera de plus, par des principes analogues, que si m est l'exposant du degré de la proposée, celui du degré de la transformée dont il s'agit sera représenté par

$$\frac{m(m-1)(m-2)(m-3)(m-4)(m-5)}{2 \times 1.2.3 \times 1.2.3};$$

et que, si $2n$ est le nombre des racines imaginaires de la proposée, la transformée aura nécessairement un nombre de racines réelles négatives égal à $4\dfrac{n(n-1)(n-2)}{2.3}$.

28. En général, si l'on considère la transformée dont les racines seraient les carrés des différences entre la somme de s racines de la proposée et la somme de s autres racines, cette transformée montera au degré dont l'exposant sera exprimé par

$$\frac{m(m-1)(m-2)\ldots(m-2s+1)}{2.(1.2.3\ldots s)^2},$$

et elle aura un nombre de racines réelles négatives égal à

$$2^{s-1}\frac{n(n-1)(n-2)\ldots(n-s+1)}{1.2.3\ldots s},$$

en nommant m l'exposant du degré de la proposée et $2n$ le nombre de ses racines imaginaires.

Lorsque s est $> n$, alors le nombre des racines réelles négatives de la transformée sera nécessairement nul; mais elle contiendra toujours nécessairement un nombre de racines réelles positives, de sorte qu'on est assuré que chaque transformée contient toujours des racines réelles.

Nous appellerons, pour plus de simplicité, première transformée, seconde transformée, troisième transformée, etc., celles où le nombre s est l'unité, ou deux, ou trois, etc.

29. Je dis maintenant qu'au moyen de ces différentes transformées on pourra déterminer le nombre des racines réelles de la proposée, pourvu qu'on ait un critère pour reconnaître si une équation, qu'on sait contenir nécessairement des racines réelles, en a de négatives ou non. J'avoue que je ne connais point jusqu'à présent un pareil critère, et que je ne vois pas même comment il serait possible de le trouver; je crois néanmoins que c'est simplifier beaucoup la recherche du nombre des racines imaginaires que de la réduire à celle de l'existence de quelques racines négatives dans des équations que l'on sait devoir contenir nécessairement des racines réelles.

Voici donc comment on pourra s'y prendre pour déterminer combien il y a de racines imaginaires dans une équation, lorsqu'on sera en état de juger, en général, si une équation, qu'on sait contenir des racines réelles, en a de négatives ou non.

On cherchera d'abord la première transformée de l'équation proposée; si cette transformée a tous ses termes alternativement positifs et négatifs, on sera assuré que la proposée a toutes ses racines réelles; sinon on en conclura que la proposée contient nécessairement des racines imaginaires (10, 20).

Dans ce dernier cas, on cherchera encore la seconde transformée de la même équation, laquelle contiendra nécessairement des racines réelles; et si cette transformée n'a point de racines négatives, on en conclura que la proposée ne peut pas contenir quatre racines imaginaires; par conséquent elle n'aura que deux racines imaginaires; mais si la transformée dont il s'agit a des racines négatives, alors la proposée contiendra nécessairement quatre racines imaginaires ou davantage (21).

Pour déterminer dans ce dernier cas le nombre des racines imaginaires, il faudra chercher la troisième transformée de l'équation proposée, et examiner si cette transformée, laquelle aura d'ailleurs nécessairement quelques racines réelles, en contient de négatives ou non. Si elle n'a point de racines négatives, on sera assuré que la proposée ne contient pas six racines imaginaires; par conséquent les racines imaginaires de l'équation proposée seront au nombre de quatre. Mais si la troisième transformée a des racines négatives, ce sera une marque que la proposée contient au moins six racines imaginaires.

On procédera donc, dans ce dernier cas, à la quatrième transformée, pour juger si le nombre des racines imaginaires de la proposée peut monter à huit ou non, et ainsi de suite.

SUR QUELQUES PROBLÈMES

DE

L'ANALYSE DE DIOPHANTE.

SUR QUELQUES PROBLÈMES

DE

L'ANALYSE DE DIOPHANTE(*).

(Nouveaux Mémoires de l'Académie royale des Sciences et Belles-Lettres
de Berlin, année 1777.)

1. Parmi le grand nombre de beaux Théorèmes d'Arithmétique que Fermat nous a laissés dans ses *Observations sur Diophante*, un des plus remarquables est celui qui est énoncé dans l'Observation sur la Question XXVI du Livre VI, parce que c'est le seul dont Fermat ait donné la démonstration.

Ce Théorème est que *la différence de deux nombres bi-carrés ne peut jamais être un carré;* et la démonstration de Fermat consiste à faire voir que, s'il y avait deux nombres entiers bi-carrés dont la différence fût un carré, on pourrait toujours trouver deux autres nombres entiers moindres que ceux-là, qui auraient la même propriété, et ainsi de suite; de sorte qu'on parviendrait nécessairement à de petits nombres bi-carrés dont la différence serait un carré; or cela est impossible, comme on peut s'en assurer en examinant successivement les premiers nombres de la suite naturelle. Le Théorème étant ainsi démontré pour les nombres entiers, il est clair qu'il l'est aussi pour les nombres rompus, puisque si la différence des bi-carrés de deux nombres rompus est un carré, et qu'on ré-

(*) Lu le 20 mars 1777.

duise les deux nombres au même dénominateur, il s'ensuit que la différence des bi-carrés des numérateurs sera elle-même un carré.

Le principe de la démonstration de Fermat est un des plus féconds dans toute la Théorie des nombres, et surtout dans celle des nombres entiers. M. Euler a développé davantage ce principe, et l'a appliqué à démontrer quelques autres Théorèmes analogues, savoir : que *la somme de deux bi-carrés ne peut être un carré;* que *ni la somme ni la différence d'un bi-carré et du quadruple d'un autre bi-carré ne peuvent être des carrés;* que *le double de la somme ou de la différence de deux bi-carrés ne saurait jamais être un carré;* qu'enfin *la somme d'un bi-carré et du double d'un autre bi-carré ne peut aussi être un carré.* (*Voyez* le Chapitre XIII de la seconde Partie de ses *Éléments d'Algèbre.*)

2. Mais si la somme d'un bi-carré et du double d'un autre bi-carré ne saurait être un carré, il n'en est pas de même de leur différence; car il est visible qu'on satisfait à l'égalité

$$2x^4 - y^4 = \square$$

en prenant $x = 1, y = 1$; et quant à l'égalité

$$x^4 - 2y^4 = \square,$$

il n'y a qu'à prendre $x = 3, y = 2$.

On a trouvé aussi pour la première égalité ces autres valeurs

$$x = 13, y = 1, \quad \text{et} \quad x = 2165017, y = 2372159,$$

et pour la seconde celles-ci

$$x = 113, y = 84, \quad \text{et} \quad x = 57123, y = 2614;$$

on pourrait en trouver encore plusieurs autres par la méthode connue pour ces sortes d'égalités, suivant laquelle on peut déduire de nouvelles solutions de celles qu'on a déjà, chaque solution en fournissant toujours une autre différente, si le Problème en admet plusieurs (*voyez* le Traité intitulé *Doctrinæ analyticæ inventum novum* dans l'édition de Diophante

DE L'ANALYSE DE DIOPHANTE.

de 1670, et les Chapitres VIII, IX et X de la seconde Partie de l'*Algèbre* de M. Euler); mais cette méthode, la seule que l'on ait jusqu'à présent pour les égalités qui passent le second degré, n'est que particulière et ne saurait jamais donner toutes les solutions possibles; on a même remarqué que souvent elle ne donne pas les solutions les plus simples et qui se présentent d'ailleurs d'elles-mêmes. Ainsi, s'il était question de résoudre d'une manière complète les deux égalités ci-dessus, ou du moins de trouver toutes les valeurs possibles de x et y qui ne surpasseraient pas des limites données, la méthode dont il s'agit ne serait presque d'aucune utilité, puisqu'on serait toujours incertain si les valeurs trouvées par cette méthode sont les seules qui satisfassent à la question, et l'on ne pourrait se tirer de ce doute qu'en essayant successivement tous les nombres entiers pour x et y.

3. L'égalité
$$2x^4 - y^4 = \square$$
est surtout remarquable, parce qu'elle renferme la solution d'un Problème proposé par Fermat comme très-difficile, dans la deuxième Observation sur la Question XXIV du Livre VI de Diophante. Ce Problème consiste à trouver un triangle rectangle en nombres dont l'hypoténuse soit un carré et dont la somme des deux côtés autour de l'angle droit en soit un aussi, c'est-à-dire à trouver deux nombres dont la somme soit un carré et dont la somme des carrés soit un bi-carré.

Soient p et q les deux nombres cherchés, en sorte que
$$p + q = y^2, \quad p^2 + q^2 = x^4;$$
ôtant du double de cette dernière équation le carré de la première, on aura
$$p^2 - 2pq + q^2 = 2x^4 - y^4;$$
donc faisant
$$p - q = z,$$
on aura l'équation
$$2x^4 - y^4 = z^2,$$

de la résolution de laquelle dépend donc la solution du Problème proposé; car ayant trouvé les valeurs de x, y, z, on aura sur-le-champ

$$p = \frac{y^2 + z}{2}, \quad q = \frac{y^2 - z}{2}.$$

Si l'on prend pour x et y les valeurs données ci-dessus, on aura

1° $\quad x=1, \; y=1$, d'où $z=1$, $\quad$ donc $p=1, \quad q=0$;

2° $\quad x=13, \; y=1$, d'où $z=239$, donc $p=120, \; q=-119$;

3° $\quad x=2\,165\,017, \; y=2\,372\,159$, d'où $z=1\,560\,590\,745\,759$,
donc $p=1\,061\,652\,293\,520, \; q=4\,565\,486\,027\,761$.

4. De ces trois solutions on voit qu'il n'y a que la dernière qui soit admissible lorsqu'on demande que les nombres cherchés p et q soient entiers et positifs; mais on voit en même temps que ces valeurs de p et q sont extrêmement grandes, et il serait naturel de croire qu'on pourrait satisfaire à la question par des nombres plus petits si Fermat n'assurait pas positivement le contraire dans l'endroit cité ci-dessus; cependant, comme cette assertion n'y est pas démontrée, et qu'elle ne me paraît même pouvoir l'être par la méthode que Fermat indique et qui n'est autre chose que celle dont nous avons parlé plus haut, on peut regarder comme non résolu le Problème de trouver les plus petits nombres entiers positifs qui satisfassent à la double condition que leur somme soit un carré, et que la somme de leurs carrés soit un bi-carré. Mais comment doit-on s'y prendre pour parvenir à une solution complète de ce Problème et des Problèmes analogues? Il me semble qu'on ne saurait atteindre à ce but que par un artifice semblable à celui qui a servi à démontrer les Théorèmes dont nous avons fait mention au commencement de ce Mémoire; car, si l'on peut prouver que, lorsqu'il y a des valeurs quelconques entières de x et y qui satisfont à l'égalité

$$2x^4 - y^4 = \square,$$

il y en a nécessairement deux autres plus petites qui y satisfont aussi, et

qu'en même temps on ait une méthode générale pour déduire ces valeurs-là de celles-ci, il est clair qu'en partant alors des plus petites valeurs possibles de x et y, lesquelles sont $x = 1$ et $y = 1$, on pourra en remontant trouver successivement toutes les autres valeurs satisfaisantes, suivant l'ordre de leur grandeur. Toute la difficulté consiste donc à réduire la solution de l'égalité
$$2x^4 - y^4 = \square$$
à celle d'une autre égalité semblable, mais dans laquelle les nombres x et y soient nécessairement plus petits que dans la première; c'est l'objet de l'analyse suivante, laquelle me paraît la plus simple et la plus directe qu'on puisse employer dans cette recherche.

5. Considérons donc l'équation indéterminée
$$2x^4 - y^4 = z^2,$$
et supposons que l'on connaisse des valeurs entières de x, y, z qui y satisfassent, je remarque d'abord qu'on peut supposer x et y premiers entre eux; car s'ils avaient une commune mesure, il faudrait que z fût divisible par le carré de cette commune mesure, et, la division faite, les quotients satisferaient également à l'équation.

Je remarque de plus que les nombres x, y, z doivent être tous impairs; car si y était pair, il faudrait que z^2 fût divisible par 2, donc z serait pair aussi, donc y^4 et z^2 étant à la fois divisibles par 4, il faudrait que $2x^4$ le fût aussi, donc x^4 serait divisible par 2, donc x serait pair et ne serait pas premier à y contre l'hypothèse. Or, y étant impair, il est visible que z sera aussi nécessairement impair. Enfin, comme on sait que le carré de tout nombre impair est nécessairement de la forme $8m + 1$, il s'ensuit que $z^2 + y^4$ sera de la forme $8n + 2$, donc $2x^4$ sera de cette même forme et par conséquent x^4 sera de la forme $4n + 1$, donc x sera aussi impair.

Cela posé, l'équation
$$2x^4 - y^4 = z^2$$
donne celle-ci
$$4x^4 = 2(z^2 + y^4) = (z + y^2)^2 + (z - y^2)^2,$$

d'où
$$(z+y^2)^2 = (2x^2)^2 - (z-y^2)^2 = (2x^2+z-y^2)(2x^2-z+y^2).$$

Ces deux facteurs sont tous les deux pairs, puisque y et z sont impairs; soit donc leur commune mesure $= 2m$, en sorte que
$$2x^2+z-y^2 = 2mp, \quad 2x^2-z+y^2 = 2mq,$$
p et q étant premiers entre eux; on aura
$$(z+y^2)^2 = 4m^2pq;$$
donc il faudra que le nombre pq soit un carré, et comme p et q sont premiers entre eux, il faudra que l'un et l'autre soient carrés; mettons donc p^2 et q^2 à la place de p et q, on aura les équations
$$2x^2+z-y^2 = 2mp^2, \quad 2x^2-y+y^2 = 2mq^2, \quad (z+y^2)^2 = 4m^2p^2q^2,$$
d'où
$$z+y^2 = 2mpq.$$
Cette dernière donne
$$z = 2mpq - y^2,$$
et substituant cette valeur de z dans les deux autres, on aura ces deux-ci
$$x^2 - y^2 = mp(p-q), \quad x^2+y^2 = mq(p+q).$$

D'où l'on voit que m divisant la somme et la différence de x^2 et de y^2 doit diviser aussi $2x^2$ et $2y^2$; mais x et y sont premiers entre eux (hypothèse), donc m ne peut être que 1 ou 2. Si $m=1$, on aura
$$x^2-y^2 = p(p-q), \quad x^2+y^2 = q(p+q);$$
si $m=2$, on aura
$$x^2-y^2 = 2p(p-q), \quad x^2+y^2 = 2q(p+q),$$
et si l'on fait dans ce dernier cas
$$p+q = q', \quad q-p = p',$$
on aura
$$x^2-y^2 = p'(p'-q'), \quad x^2+y^2 = q'(p'+q').$$

Ainsi, soit que m soit 1 ou 2, on aura nécessairement deux équations de cette forme
$$x^2 - y^2 = p(p-q), \quad x^2 + y^2 = q(p+q).$$

Je considère d'abord la première de ces équations, et je la mets sous la forme
$$\frac{x+y}{p} = \frac{p-q}{x-y};$$

je remarque maintenant que $x + y$ est un nombre pair, puisque x et y sont impairs à la fois, et que p est nécessairement impair; car, s'il était pair, il faudrait par la seconde équation que q fût pair aussi, afin que $q(p+q)$ devînt un nombre pair; mais alors ce nombre serait pairement pair, et ne pourrait par conséquent être égal à la somme de deux carrés impairs. Donc, si l'on réduit la fraction $\dfrac{x+y}{p}$ à ses moindres termes, elle sera de la forme $\dfrac{2m}{n}$, n étant impair et premier à m, donc on aura

$$x + y = 2ms, \quad p = ns \quad \text{et} \quad p - q = 2mt, \quad x - y = nt,$$

s et t étant deux nombres entiers quelconques; et comme $x - y$ est nécessairement pair, et que n est impair, il faudra que t soit pair; de sorte qu'en mettant $2t$ à la place de t, on aura

$$p - q = 4mt, \quad x - y = 2nt,$$

t étant quelconque, mais premier à s; autrement x et y ne seraient plus premiers entre eux. On tire de là

$$x = ms + nt, \quad y = ms - nt, \quad p = ns, \quad q = ns - 4mt;$$

ce sont les valeurs qui satisfont à la première équation; mais il faut aussi qu'elles satisfassent à la seconde équation

$$x^2 + y^2 = q(p+q);$$

en les y substituant donc, on aura

$$m^2 s^2 + n^2 t^2 = (ns - 4mt)(ns - 2mt).$$

et développant,
$$m^2(s^2-8t^2)+6mnst+n^2(t^2-s^2)=0,$$

équation qui étant multipliée par s^2-8t^2 peut se mettre sous cette forme
$$[m(s^2-8t^2)+3nst]^2=n^2[9s^2t^2-(t^2-s^2)(s^2-8t^2)],$$

savoir, en divisant par n^2 et développant les termes,
$$s^4+8t^4=\left[3st+\frac{m(s^2-8t^2)}{n}\right]^2.$$

Donc, si l'on fait
$$3st+\frac{m(s^2-8t^2)}{n}=u,$$

ce qui donne
$$\frac{m}{n}=\frac{u-3st}{s^2-8t^2},$$

on aura l'équation
$$s^4+8t^4=u^2.$$

Ainsi la solution de l'équation proposée
$$2x^4-y^4=z^2$$

est réduite à celle de l'équation
$$s^4+8t^4=u^2;$$

et l'on voit par l'analyse précédente que, s'il y a des nombres entiers qui satisfassent à la première équation, il y aura aussi nécessairement des nombres entiers qui satisferont à la seconde; et *vice versâ*, si l'on connaît une solution de cette dernière en nombres entiers, on pourra en déduire une solution de la première par le moyen des formules

$$\frac{m}{n}=\frac{u-3st}{s^2-8t^2}, \quad x=ms+nt, \quad y=ms-nt.$$

Comme $\frac{m}{n}$ est supposée une fraction réduite à ses moindres termes, si $u-3st$ et s^2-8t^2 sont premiers entre eux, on aura

$$m=u-3st, \quad n=s^2-8t^2;$$

mais si ces nombres ont un facteur commun, on prendra

$$m = \frac{u - 3st}{l}, \quad n = \frac{s^2 - 8t^2}{l}.$$

Et puisqu'on peut prendre indifféremment les nombres s, t, u, ainsi que x, y, z en plus et en moins, il est facile de voir que chaque solution de l'équation

$$s^4 + 8t^4 = u^2$$

en donnera toujours deux de l'équation

$$2x^4 - y^4 = z^2,$$

en prenant dans l'expression de m le nombre u en plus ou en moins. Je remarque maintenant que n ne peut jamais être zéro, et que m ne peut l'être que lorsque $u = 3st$, ce qui donne

$$s^4 + 8t^4 = 9s^2t^2,$$

d'où

$$\frac{s}{t} = \sqrt{\frac{9}{2} \pm \sqrt{\frac{81}{4} - 8}} = \sqrt{\frac{9}{2} \pm \frac{7}{2}} = 1 \text{ ou } = \sqrt{8};$$

la valeur $\sqrt{8}$ ne pouvant être admise à cause de son irrationnalité, reste $\frac{s}{t} = 1$, et par conséquent

$$s = 1, \quad t = 1;$$

ces valeurs satisfont en effet à l'équation

$$s^4 + 8t^4 = u^2;$$

mais alors on aurait

$$x = n, \quad y = -n,$$

et comme x et y doivent être premiers entre eux (hypothèse), on aurait $x = 1$ et $y = 1$. D'où l'on voit que lorsque x et y seront premiers entre eux et différents de l'unité, alors s et t seront aussi premiers entre eux et différents de l'unité, et m ne sera jamais zéro; de sorte que le plus grand des nombres x et y sera nécessairement plus grand que l'un et l'autre des deux nombres s et t; par conséquent, si l'égalité

$$2x^4 - y^4 = \square$$

est résoluble en nombres entiers quelconques différents de l'unité, l'égalité

$$s^4 + 8t^4 = \square$$

sera nécessairement résoluble en moindres nombres, aussi différents de l'unité, et *vice versâ*.

6. Si l'équation

$$s^4 + 8t^4 = u^2,$$

à laquelle nous sommes parvenus, était de la même forme que la proposée, le Problème serait résolu ; mais puisque cela n'est pas, il faut donc poursuivre notre analyse en opérant maintenant sur cette dernière équation, dans laquelle s et t sont supposés premiers entre eux.

Et d'abord je vais prouver que s et u doivent être impairs; car si s était pair, s^4 serait divisible par 16; donc u^2 le serait par 8; donc u le serait par 4; donc u^2 serait aussi divisible par 16, et $8t^4$ le serait aussi; donc t^4 serait divisible par 2; donc t serait pair, et par conséquent ne serait pas premier à s contre l'hypothèse. Or s étant impair, il est visible que u doit l'être aussi. Maintenant je mets l'équation dont il s'agit sous la forme

$$8t^4 = u^2 - s^4 = (u + s^2)(u - s^2);$$

comme u et s sont impairs à la fois, les deux facteurs

$$u + s^2 \quad \text{et} \quad u - s^2$$

seront pairs; donc leur commune mesure sera 2μ, en sorte que

$$u + s^2 = 2\mu\varpi, \quad u - s^2 = 2\mu\rho,$$

ϖ et ρ étant premiers entre eux; donc

$$8t^4 = 4\mu^2\varpi\rho \quad \text{et} \quad 2t^4 = \mu^2\varpi\rho;$$

donc il faut que μ divise t^2; mais en chassant u des deux équations précédentes, on a

$$s^2 = \mu(\varpi - \rho),$$

d'où l'on voit que μ divise déjà s^2; donc puisque t et s sont premiers entre eux (hypothèse), il faut que $\mu = 1$. Ainsi l'on aura

$$2 t^4 = \varpi \rho;$$

et comme ϖ et ρ sont premiers entre eux, il faudra que l'on ait nécessairement, ou

$$\varpi = 2 q^4, \quad \rho = r^4,$$

ou

$$\varpi = q^4, \quad \rho = 2 r^4;$$

d'où résulte

$$t = qr.$$

Dans le premier cas on aura donc

$$u = 2 q^4 + r^4, \quad s^2 = 2 q^4 - r^4,$$

et dans le second on aura

$$u = q^4 + 2 r^4, \quad s^2 = q^4 - 2 r^4.$$

D'où l'on voit que la résolution de l'équation

$$s^4 + 8 t^4 = u^2$$

est réduite à la résolution de l'une ou de l'autre des équations

$$2 q^4 - r^4 = s^2 \quad \text{ou} \quad q^4 - 2 r^4 = s^2.$$

En effet, si l'on connaît des valeurs entières de q, r, s qui satisfassent à l'une ou l'autre de ces équations, il n'y aura qu'à prendre $t = qr$, et l'on aura des valeurs de s et t qui résoudront l'équation

$$s^4 + 8 t^4 = \square.$$

Or je remarque:

1° Que si s et t sont premiers entre eux, s sera aussi premier à q

et à r; donc q et r seront premiers entre eux en vertu des équations

$$2q^4 - r^4 = s^2 \quad \text{ou} \quad q^4 - 2r^4 = s^2;$$

2° Que si q et r sont différents de l'unité, t sera plus grand que q et que r; si q égal à l'unité, alors $t = r$; mais dans ce cas on aura

$$2 - r^4 = s^2 \quad \text{ou} \quad 1 - 2r^4 = s^2;$$

la seconde de ces équations ne saurait avoir lieu en nombres entiers, et la première ne peut subsister qu'en faisant

$$r = 1 \quad \text{et} \quad s = 1;$$

ainsi l'on aurait alors

$$s = 1, \quad t = 1.$$

Si r égal à l'unité, alors

$$t = q, \quad \text{et} \quad s^2 = 2q^4 - 1 \quad \text{ou} \quad = q^4 - 2;$$

d'où l'on voit que s sera plus grand que q. Je conclus de là que tant que s et t, dans l'égalité

$$s^4 + 8t^4 = \square,$$

seront premiers entre eux et différents de l'unité, q et r seront aussi premiers entre eux et différents de l'unité, et que de plus le plus grand des nombres s et t surpassera nécessairement le plus grand des deux q, r.

7. L'équation

$$2q^4 - r^4 = s^2$$

est, comme l'on voit, semblable à la première

$$2x^4 - y^4 = z^2;$$

ainsi le Problème serait résolu, si l'on n'avait trouvé que cette équation; mais, comme on est aussi arrivé à l'équation

$$q^4 - 2r^4 = s^2,$$

qui est différente des deux que nous venons de traiter, il faut encore poursuivre le calcul relativement à cette dernière.

Nous avons déjà vu que q et r doivent être premiers entre eux; or q doit être impair, autrement s serait pair, par conséquent $2r^4$ serait divisible par 4, et r^4 le serait par 2; donc r et q seraient pairs à la fois et par conséquent ne seraient plus premiers entre eux; q étant donc impair, il est visible que s le sera aussi. Donc, si l'on met l'équation sous la forme

$$2r^4 = q^4 - s^2 = (q^2+s)(q^2-s),$$

les deux facteurs $q^2 + s$ et $q^2 - s$ seront tous les deux pairs, et par conséquent de la forme $2m\lambda$, $2m\mu$, $2m$ étant leur plus grande commune mesure, et λ, μ étant deux nombres premiers entre eux. On aura ainsi

$$q^2 + s = 2m\lambda, \quad q^2 - s = 2m\mu, \quad 2r^4 = 4m^2\lambda\mu,$$

ou bien

$$r^4 = 2m^2\lambda\mu;$$

donc m divise r^2, mais il divise aussi q^2, parce que

$$q^2 = m(\lambda + \mu);$$

donc puisque q et r sont premiers entre eux, il faudra que $m = 1$. On aura donc

$$r^4 = 2\lambda\mu;$$

donc r sera pair; donc faisant

$$r = 2h,$$

on aura

$$8h^4 = \lambda\mu;$$

donc λ et μ étant premiers entre eux, on aura nécessairement ou

$$\lambda = 8n^4, \quad \mu = p^4, \quad \text{ou} \quad \lambda = n^4, \quad \mu = 8p^4;$$

d'où

$$h = pn, \quad r = 2pn.$$

Ainsi l'on aura

$$s = \lambda - \mu = 8n^4 - p^4 \quad \text{ou} \quad = n^4 - 8p^4,$$

et

$$q^2 = \lambda + \mu = 8n^4 + p^4 \quad \text{ou} \quad = n^4 + 8p^4,$$

où l'on voit que les deux valeurs de s et de q^2 reviennent à la même en changeant n en p et s en $-s$. Donc la résolution de l'équation

$$q^4 - 2r^4 = s^2$$

se réduit à celle de l'équation

$$q^2 = n^4 + 8p^4,$$

en prenant

$$r = 2pn \quad \text{et} \quad s = n^4 - 8p^4.$$

Et l'on remarquera que n et p doivent être premiers entre eux, autrement r et q ne le seraient pas, contre l'hypothèse. De plus il est visible que r sera toujours plus grand que p et que n, et comme q est nécessairement plus grand que r, il s'ensuit que, dans l'égalité

$$n^4 + 8p^4 = \square,$$

les nombres n, p seront nécessairement moindres que les nombres q, r dans l'égalité

$$q^4 - 2r^4 = \square.$$

Or l'égalité

$$n^4 + 8p^4 = \square$$

est de la même forme que celle que nous avons déjà traitée ci-dessus; donc le Problème est résolu.

8. On peut donc, par la méthode et les formules précédentes, résoudre non-seulement les égalités de la forme

$$2x^4 - y^4 = \square,$$

mais aussi celles de ces deux autres formes

$$x^4 + 8y^4 = \square \quad \text{et} \quad x^4 - 2y^4 = \square,$$

et cela avec toute la généralité dont ces égalités sont susceptibles; car en commençant par les solutions les plus simples et passant successivement aux plus composées, on sera assuré de trouver par ordre toutes les solutions possibles de ces égalités en nombres entiers, et par conséquent aussi en nombres rompus, suivant la remarque faite au commencement de ce Mémoire. Voici donc à quoi se réduit ce calcul :

1° Ayant l'équation

(A) $$s^4 + 8t^4 = u^2,$$

on aura l'équation

(B) $$x^4 - 2y^4 = z^2,$$

en prenant
$$x = u, \quad y = 2st,$$

et l'équation

(C) $$2x^4 - y^4 = z^2,$$

en prenant
$$m = \frac{\pm u - 3st}{l}, \quad n = \frac{s^2 - 8t^2}{l}, \quad \pm x = ms + nt, \quad \pm y = ms - nt,$$

l étant le plus grand commun diviseur.

2° Ayant l'une ou l'autre des équations (B), (C), on aura l'équation (A) en prenant
$$s = z, \quad t = xy.$$

9. L'équation (A) donne évidemment d'abord
$$s = 1, \quad t = 1, \quad u = 3;$$

donc on aura pour l'équation (B)
$$x = 3, \quad y = 2, \quad \text{et de là} \quad z = 7;$$

et pour l'équation (C)
$$m = \frac{\pm 3 - 3}{l}, \quad n = -\frac{7}{l}, \quad \pm x = m + n, \quad \pm y = m - n;$$

donc
$$m = 0, \quad n = -1, \quad l = 7 \quad \text{et} \quad x = 1, \quad y = 1, \quad z = 1,$$

ou bien
$$m = -6, \quad n = -7, \quad l = 1 \quad \text{et} \quad x = 13, \quad y = 1, \quad z = 239.$$

Ces valeurs de x, y, z en donneront d'autres de s, t, u pour l'équation (A). Et d'abord
$$x=1, \quad y=1, \quad z=1$$
donnera
$$s=1, \quad t=1, \quad u=3;$$
ensuite
$$x=3, \quad y=2, \quad z=7$$
donnera
$$s=7, \quad t=6, \quad u=113;$$
enfin
$$x=13, \quad y=1, \quad z=239$$
donnera
$$s=239, \quad t=13, \quad u=57123.$$

La première de ces trois solutions de l'équation (A) est la même que nous avons adoptée d'abord, et nous pouvons maintenant en faire abstraction; les deux autres donneront donc de nouvelles solutions des équations (B) et (C). Prenant donc en premier lieu
$$s=7, \quad t=6, \quad u=113,$$
on aura pour l'équation (B)
$$x=113, \quad y=84, \quad z=7967;$$
ensuite pour l'équation (C)
$$m = \frac{\pm 113 - 126}{l}, \quad n = -\frac{239}{l}, \quad \pm x = 7m + 6n, \quad \pm y = 7m - 6n;$$
donc : ou
$$m=-13, \quad n=-239, \quad l=1, \quad x=1525, \quad y=1343, \quad z=2750257;$$
ou
$$m=-1, \quad n=-1, \quad l=239, \quad x=13, \quad y=1;$$
cette dernière solution a déjà été trouvée ci-dessus. Prenant en second lieu
$$s=239, \quad t=13, \quad u=57123,$$

on aura pour l'équation (B)

$$x = 57123, \quad y = 6214, \quad z = 3\,262\,580\,153;$$

et pour l'équation (C) on aura

$$m = \frac{\pm 57123 - 9321}{l}, \quad n = \frac{55769}{l}, \quad \pm x = 239m + 13n, \quad \pm y = 239m - 13n;$$

donc : ou

$$m = 6, \quad n = 7, \quad l = 7967,$$

et de là

$$x = 1525, \quad y = 1343, \quad z = 2\,750\,257,$$

c'est la solution trouvée ci-devant; ou

$$m = -9492, \quad n = 7967, \quad l = 7;$$

donc

$$x = 2\,165\,017, \quad y = 2\,372\,159, \quad \text{et de là} \quad z = 1\,560\,590\,745\,759.$$

Et ainsi de suite.

10. On voit par ce calcul, qu'il serait aisé de pousser plus loin s'il en valait la peine, que les valeurs qui satisfont à l'équation

$$s^4 + 8t^4 = u^2$$

sont par ordre

$$s = 1, \quad 7, \quad 239, \ldots,$$
$$t = 1, \quad 6, \quad 13, \ldots,$$
$$u = 3, \quad 113, \quad 57123, \ldots;$$

que les valeurs qui satisfont à l'équation

$$x^4 - 2y^4 = z^2$$

sont

$$x = 3, \quad 113, \quad 57123, \ldots,$$
$$y = 2, \quad 84, \quad 6214, \ldots,$$
$$z = 7, \quad 7967, \quad 3\,262\,580\,153, \ldots;$$

qu'enfin les valeurs qui satisfont à l'équation

$$2x^4 - y^4 = z^2$$

sont

$x = 1, \quad 13, \quad 1\,525, \quad 2\,165\,017, \ldots,$

$y = 1, \quad 1, \quad 1\,343, \quad 2\,372\,159, \ldots,$

$z = 1, \quad 239, \quad 2\,750\,257, \quad 1\,560\,590\,745\,759, \ldots,$

et l'on peut être assuré qu'il n'y a pas de nombres moindres que ceux-ci qui puissent satisfaire aux formules proposées.

Si maintenant on déduit des dernières valeurs de x, y, z celles de p et q (3), on aura par ordre tous les nombres qui peuvent résoudre le Problème de Fermat, savoir

$p = 1, \quad 120, \quad 2\,276\,953, \quad 1\,061\,652\,293\,520\ldots,$

$q = 0, \quad -119, \quad -473\,304, \quad 4\,565\,486\,027\,761, \ldots$

Ces derniers nombres, quelque grands qu'ils soient, sont donc néanmoins les plus petits nombres entiers et positifs qui résolvent le Problème dont il s'agit, ce qui prouve la vérité de l'assertion de Fermat.

11. En général, on peut faire dépendre la résolution de toute équation de la forme

$$x^4 + ay^4 = z^2$$

(a étant un nombre quelconque donné) de celle d'une équation de la même forme dans laquelle les nombres x, y, z soient moindres.

Pour cela il n'y a qu'à supposer

$$z = m^2 + an^2,$$

ce qui donne

$$z^2 = (m^2 - an^2)^2 + a(2mn)^2;$$

donc

$$x^2 = m^2 - an^2 \quad \text{et} \quad y^2 = 2mn.$$

Soit de nouveau

$$x = p^2 - aq^2,$$

d'où

$$x^2 = (p^2 + aq^2)^2 - a(2pq)^2;$$

donc
$$m = p^2 + aq^2, \quad n = 2pq;$$

et, substituant dans l'équation $y^2 = 2mn$, on aura
$$y^2 = 4pq(p^2 + aq^2).$$

Qu'on fasse donc, pour satisfaire à cette équation,
$$p = s^2, \quad q = t^2, \quad p^2 + aq^2 = u^2,$$
on aura
$$y = 2stu,$$
et il viendra l'équation
$$s^4 + at^4 = u^2,$$

qui est semblable à la proposée. Cette dernière équation étant résolue si elle peut l'être, on aura dans la proposée
$$x = s^4 - at^4, \quad y = 2stu, \quad z = (s^4 + at^4)^2 + a(2s^2t^2)^2,$$
savoir
$$z = u^4 + 4as^4t^4;$$

d'où l'on voit que y sera toujours nécessairement plus grand que chacun des nombres s, t, u.

Connaissant donc une solution en entiers de toute équation de la forme
$$x^4 + ay^4 = z^2,$$

on pourra par ces formules en déduire une nouvelle solution en nombres plus grands, et ainsi de suite; mais on n'est pas assuré de trouver par ce moyen toutes les solutions possibles en nombres entiers; car les suppositions que nous avons faites pour ramener l'équation
$$x^4 + ay^4 = z^2$$
à l'équation
$$s^4 + at^4 = u^2$$

sont simplement possibles, mais ne sont pas absolument nécessaires.

Au reste la méthode la plus simple et la plus générale pour résoudre ces sortes d'égalités est peut-être celle des facteurs, que j'ai exposée dans le dernier Chapitre des *Additions à l'Algèbre* de M. Euler, à laquelle je renvoie (*).

12. Je vais terminer ce Mémoire par montrer comment on peut simplifier et généraliser à quelques égards la méthode ordinaire pour les égalités qui passent le second degré, suivant laquelle, en connaissant une solution, on en peut trouver plusieurs autres.

Soit proposée l'équation générale du troisième degré entre deux indéterminées x, y

$$a + bx + cy + dx^2 + exy + fy^2 + gx^3 + hx^2y + kxy^2 + ly^3 = 0,$$

à laquelle satisfassent déjà ces valeurs

$$x = p, \quad y = q,$$

en sorte que l'on ait

$$a + bp + cq + dp^2 + epq + fq^2 + gp^3 + hp^2q + kpq^2 + lq^3 = 0;$$

je fais

$$x = p + t, \quad y = q + u,$$

et, substituant dans la proposée, elle se transformera en celle-ci

$$Bt + Cu + Dt^2 + Etu + Fu^2 + Gt^3 + Ht^2u + Ktu^2 + Lu^3 = 0,$$

dans laquelle les coefficients B, C,... sont des fonctions rationnelles de p et q, qu'on déterminera aisément par le développement des termes de la proposée; mais on peut les trouver encore plus facilement en employant la méthode différentielle; car, si l'on suppose

$$a + bp + cq + dp^2 + epq + fq^2 + gp^3 + hp^2q + kpq^2 + lq^3 = A,$$

on aura

$$B = \frac{dA}{dp}, \quad C = \frac{dA}{dq}, \quad D = \frac{1}{2}\frac{d^2A}{dp^2}, \quad E = \frac{d^2A}{dp\,dq}, \quad F = \frac{1}{2}\frac{d^2A}{dq^2},$$

$$G = \frac{1}{2.3}\frac{d^3A}{dp^3}, \quad H = \frac{1}{2}\frac{d^3A}{dp^2\,dq}, \quad K = \frac{1}{2}\frac{d^3A}{dp\,dq^2}, \quad L = \frac{1}{2.3}\frac{d^3A}{dq^3}.$$

(*) Les *Additions à l'Algèbre* d'Euler appartiennent à la Section V des *OEuvres de Lagrange*.
(*Note de l'Éditeur.*)

Maintenant, pour pouvoir déterminer u et t d'une manière rationnelle, j'égale d'abord à zéro, dans l'équation en t et u, les deux premiers termes où t et u sont linéaires; j'ai ainsi

$$B t + C u = 0, \quad \text{d'où} \quad u = -\frac{Bt}{C};$$

de cette manière il reste l'équation

$$D t^2 + E t u + F u^2 + G t^3 + H t^2 u + K t u^2 + L u^3 = 0;$$

substituant donc à la place de u sa valeur, toute l'équation deviendra divisible par t^2, et l'on aura, après la division,

$$D - \frac{BE}{C} + \frac{B^2 F}{C^2} + \left(G - \frac{BH}{C} + \frac{B^2 K}{C^2} - \frac{B^3 L}{C^3} \right) t = 0,$$

d'où l'on tire

$$t = \frac{-C^3 D + BC^2 E - B^2 CF}{C^3 G - BC^2 H + B^2 CK - B^3 L};$$

donc

$$u = \frac{BC^2 D - B^2 CE + B^3 F}{C^3 G - BC^2 H + B^2 CK - B^3 L}.$$

On aura donc deux nouvelles valeurs satisfaisantes de x et y, et prenant ces dernières à la place de p et q, on pourra en déduire de nouvelles, et ainsi de suite.

13. Si l'équation indéterminée était du quatrième degré, il ne serait pas possible de la résoudre généralement par la méthode précédente; mais on pourrait en venir à bout, si elle ne contenait que les deux premières puissances de l'une des deux inconnues, et que de plus, en regardant cette inconnue comme de deux dimensions, il n'y eût dans l'équation aucun terme de plus de quatre dimensions.

En effet, soit l'équation

$$0 = a + bx + cy + dx^2 + exy + fy^2 + gx^3 + hx^2 y + kx^4$$

qui a les conditions requises, et supposons que les valeurs

$$x = p, \quad y = q$$

y satisfassent; substituant $p+t$ à la place de x, et $q+u$ à la place de y, on aura une équation de la forme

$$Bt + Cu + Dt^2 + Etu + Fu^2 + Gt^3 + Ht^2u + Kt^4 = 0;$$

je fais

$$u = tz,$$

et divisant toute l'équation par t, elle deviendra

$$B + Cz + Dt + Etz + Ftz^2 + Gt^2 + Ht^2z + Kt^3 = 0,$$

qui n'est plus, comme l'on voit, que du troisième degré entre z et t; ainsi l'on pourra lui appliquer la méthode précédente, pourvu qu'on connaisse une valeur de z et de t; or ces valeurs se présentent d'elles-mêmes, car il n'y a qu'à faire

$$t = 0, \quad B + Cz = 0, \quad \text{d'où} \quad z = -\frac{B}{C};$$

donc,...; mais en voilà assez sur ce sujet.

REMARQUES GÉNÉRALES

SUR LE

MOUVEMENT DE PLUSIEURS CORPS

QUI S'ATTIRENT MUTUELLEMENT
EN RAISON INVERSE DES CARRÉS DES DISTANCES.

REMARQUES GÉNÉRALES

SUR LE

MOUVEMENT DE PLUSIEURS CORPS

QUI S'ATTIRENT MUTUELLEMENT
EN RAISON INVERSE DES CARRÉS DES DISTANCES (*).

(*Nouveaux Mémoires de l'Académie royale des Sciences et Belles-Lettres de Berlin*, année 1777.)

On peut déterminer rigoureusement les mouvements de deux corps qui ayant été lancés dans le vide avec des vitesses quelconques s'attireraient mutuellement en raison directe de leurs masses et inverse du carré de leur distance; ce Problème a été résolu par Newton et par une foule d'Auteurs après lui. Mais si au lieu de deux corps il y en a trois qui s'attirent pareillement en raison directe des masses et inverse des carrés des distances, le Problème devient alors si compliqué que, quelques efforts que les Géomètres aient faits depuis trente ans pour en venir à bout, ils n'ont pu parvenir qu'à des solutions plus ou moins approchées; c'est ce Problème qui est généralement connu sous le nom de *Problème des trois corps*, et qui est si fameux dans l'Astronomie physique, parce que la Théorie de la Lune en dépend. A plus forte raison ne saurait-on se flatter de résoudre complétement le Problème de quatre ou d'un plus

(*) Lu le 2 octobre 1777.

grand nombre de corps qui agiraient les uns sur les autres par des forces d'attraction mutuelle. Mais le système de ces corps a des propriétés générales qu'on peut démontrer sans connaître les lois particulières de leur mouvement; et je crois que les Géomètres seront bien aises de trouver dans cet écrit ces différentes propriétés rassemblées et démontrées d'une manière plus simple, plus directe et plus générale qu'elles ne l'ont été jusqu'ici.

1. Soient $M, M', M'', \ldots$ les masses des corps qui composent le système donné; x, y, z les coordonnées rectangles de l'orbite du corps M dans l'espace; x', y', z' celles de l'orbite du corps M'; x'', y'', z'' celles de l'orbite du corps M'';…. Qu'on fasse, pour abréger,

$$\Omega = \frac{MM'}{\sqrt{(x-x')^2+(y-y')^2+(z-z')^2}} + \frac{MM''}{\sqrt{(x-x'')^2+(y-y'')^2+(z-z'')^2}} + \ldots$$
$$+ \frac{M'M''}{\sqrt{(x'-x'')^2+(y'-y'')^2+(z'-z'')^2}} + \ldots,$$

et qu'on dénote, à l'ordinaire, par

$$\frac{d\Omega}{dx}, \quad \frac{d\Omega}{dy}, \quad \frac{d\Omega}{dz}, \quad \frac{d\Omega}{dx'}, \ldots$$

les coefficients de

$$dx, dy, dz, dx', \ldots$$

dans la différentielle de la quantité Ω regardée comme fonction des variables

$$x, y, z, x', \ldots;$$

on aura

$$\frac{1}{M}\frac{d\Omega}{dx}, \quad \frac{1}{M}\frac{d\Omega}{dy}, \quad \frac{1}{M}\frac{d\Omega}{dz}$$

pour les forces avec lesquelles le corps M est attiré par les autres corps $M', M'', \ldots$ suivant les directions des trois coordonnées x, y, z; de même

$$\frac{1}{M'}\frac{d\Omega}{dx'}, \quad \frac{1}{M'}\frac{d\Omega}{dy'}, \quad \frac{1}{M'}\frac{d\Omega}{dz'}$$

seront les forces avec lesquelles le corps M′ est attiré par les corps M, M″,… suivant les directions des coordonnées x', y', z'; et pareillement

$$\frac{1}{M''}\frac{d\Omega}{dx''},\quad \frac{1}{M''}\frac{d\Omega}{dy''},\quad \frac{1}{M''}\frac{d\Omega}{dz''}.$$

seront les forces avec lesquelles le corps M″ sera attiré par les autres corps suivant les directions de x'', y'', z'', et ainsi de suite; c'est de quoi il est aisé de se convaincre en cherchant par la différentiation les valeurs des quantités dont il s'agit; car on trouvera les mêmes expressions qu'on aurait par la décomposition des forces qui agissent sur chaque corps, en vertu de l'attraction des autres corps supposée proportionnelle à la masse divisée par le carré de la distance.

Cette manière de représenter les forces est, comme l'on voit, extrêmement commode par sa simplicité et par sa généralité; et elle a de plus l'avantage qu'on y distingue clairement les termes dus aux différentes attractions des corps; car chacune des attractions donne dans la quantité Ω un terme multiplié par le produit des masses des deux corps qui s'attirent, et divisé par leur distance.

2. Donc, nommant le temps t et prenant l'élément dt pour constant, on aura, par les principes ordinaires de la Dynamique, les équations suivantes :

Pour le mouvement de M

$$\frac{d^2x}{dt^2}=\frac{1}{M}\frac{d\Omega}{dx},\quad \frac{d^2y}{dt^2}=\frac{1}{M}\frac{d\Omega}{dy},\quad \frac{d^2z}{dt^2}=\frac{1}{M}\frac{d\Omega}{dz};$$

Pour le mouvement de M′

$$\frac{d^2x'}{dt^2}=\frac{1}{M'}\frac{d\Omega}{dx'},\quad \frac{d^2y'}{dt^2}=\frac{1}{M'}\frac{d\Omega}{dy'},\quad \frac{d^2z'}{dt^2}=\frac{1}{M'}\frac{d\Omega}{dz'};$$

Pour le mouvement de M″

$$\frac{d^2x''}{dt^2}=\frac{1}{M''}\frac{d\Omega}{dx''},\quad \frac{d^2y''}{dt^2}=\frac{1}{M''}\frac{d\Omega}{dy''},\quad \frac{d^2z''}{dt^2}=\frac{1}{M''}\frac{d\Omega}{dz''},$$

et ainsi de suite.

3. La fonction Ω (1) est telle que, si l'on y augmente à la fois les quantités x, x', x'',... d'une même quantité quelconque α, cette quantité disparaît d'elle-même et la fonction Ω demeure la même qu'auparavant; il en est de même si l'on augmente à la fois les quantités y, y', y'',... d'une quantité quelconque β, et les quantités z, z', z'',... d'une quantité aussi quelconque γ. Donc, si l'on suppose que les quantités α, β, γ soient infiniment petites, et que, dans la différentielle de Ω, on fasse

$$dx = dx' = dx'' = \ldots = \alpha, \quad dy = dy' = dy'' = \ldots = \beta, \quad dz = dz' = dz'' = \ldots = \gamma,$$

il faudra que cette différentielle soit nulle indépendamment des valeurs de α, β, γ, et que par conséquent les coefficients de ces trois quantités soient nuls chacun en particulier; d'où il est aisé de conclure que la somme des coefficients de dx, dx', dx'',... dans la différentielle de Ω doit être nulle, ainsi que la somme des coefficients de dy, dy', dy'',... et celle des coefficients de dz, dz', dz'',... dans la même différentielle; ce qui donne ces trois équations

$$\frac{d\Omega}{dx} + \frac{d\Omega}{dx'} + \frac{d\Omega}{dx''} + \ldots = 0,$$

$$\frac{d\Omega}{dy} + \frac{d\Omega}{dy'} + \frac{d\Omega}{dy''} + \ldots = 0,$$

$$\frac{d\Omega}{dz} + \frac{d\Omega}{dz'} + \frac{d\Omega}{dz''} + \ldots = 0.$$

4. Si dans les trois équations qu'on vient de trouver on substitue à la place des quantités $\frac{d\Omega}{dx}$, $\frac{d\Omega}{dy}$,... leurs valeurs tirées des équations du n° 2, on aura ces trois équations-ci

$$M\frac{d^2x}{dt^2} + M'\frac{d^2x'}{dt^2} + M''\frac{d^2x''}{dt^2} + \ldots = 0,$$

$$M\frac{d^2y}{dt^2} + M'\frac{d^2y'}{dt^2} + M''\frac{d^2y''}{dt^2} + \ldots = 0,$$

$$M\frac{d^2z}{dt^2} + M'\frac{d^2z'}{dt^2} + M''\frac{d^2z''}{dt^2} + \ldots = 0,$$

qui renferment la propriété connue du centre de gravité.

En effet, si l'on nomme X, Y, Z les coordonnées rectangles qui déterminent la position du centre de gravité de tout le système, on a, comme l'on sait,

$$X = \frac{Mx + M'x' + M''x'' + \ldots}{M + M' + M'' + \ldots},$$

$$Y = \frac{My + M'y' + M''y'' + \ldots}{M + M' + M'' + \ldots},$$

$$Z = \frac{Mz + M'z' + M''z'' + \ldots}{M + M' + M'' + \ldots};$$

donc on aura, par les équations ci-dessus,

$$\frac{d^2X}{dt^2} = 0, \quad \frac{d^2Y}{dt^2} = 0, \quad \frac{d^2Z}{dt^2} = 0,$$

ce qui montre que le mouvement du centre de gravité ne peut être que rectiligne et uniforme.

5. De là il s'ensuit que, si l'on place dans le centre de gravité l'origine des coordonnées $x, y, z, x', y', \ldots$, on aura les mêmes équations du n° 2, où l'origine des coordonnées est supposée dans un point fixe; car il est visible que, pour réduire ces dernières coordonnées à celles-là, il n'y a qu'à substituer

$$x + X, \quad y + Y, \quad z + Z, \quad x' + X, \quad y' + Y, \ldots$$

à la place de

$$x, y, z, x', y', \ldots;$$

or ces substitutions ne changent point la quantité Ω, comme on l'a déjà observé (3), donc elles ne changent pas non plus les quantités $\frac{d\Omega}{dx}$, $\frac{d\Omega}{dy}, \ldots$; et à cause de

$$\frac{d^2X}{dt^2} = 0, \quad \frac{d^2Y}{dt^2} = 0, \quad \frac{d^2Z}{dt^2} = 0,$$

il est visible que les termes $\frac{d^2x}{dt^2}, \frac{d^2y}{dt^2}, \ldots$ seront encore les mêmes après les substitutions dont il s'agit (4); donc, etc.

Dans le cas présent où l'origine des coordonnées est supposée dans le centre de gravité, on aura donc

$$\mathrm{M}x + \mathrm{M}'x' + \mathrm{M}''x'' + \ldots = 0,$$
$$\mathrm{M}y + \mathrm{M}'y' + \mathrm{M}''y'' + \ldots = 0,$$
$$\mathrm{M}z + \mathrm{M}'z' + \mathrm{M}''z'' + \ldots = 0,$$

en sorte qu'on pourra toujours déterminer les coordonnées d'un des corps par celles des autres corps.

6. Je remarque de plus que la fonction Ω est telle, qu'elle demeure la même si l'on y substitue en même temps $x\sqrt{1-\alpha^2}+y\alpha$ pour x, $y\sqrt{1-\alpha^2}-x\alpha$ pour y, $x'\sqrt{1-\alpha^2}+y'\alpha$ pour x', $y'\sqrt{1-\alpha^2}-x'\alpha$ pour y', et ainsi de suite, α étant une quantité quelconque; la même chose a lieu en substituant $x\sqrt{1-\beta^2}+z\beta$ pour x, $z\sqrt{1-\beta^2}-x\beta$ pour z, $x'\sqrt{1-\beta^2}+z'\beta$ pour x', $z'\sqrt{1-\beta^2}-x'\beta$ pour z',..., et pareillement en mettant $y\sqrt{1-\gamma^2}+z\gamma$ pour y, $z\sqrt{1-\gamma^2}-y\gamma$ pour z, $y'\sqrt{1-\gamma^2}+z'\gamma$ pour y', $z'\sqrt{1-\gamma^2}-y'\gamma$ pour z',..., β et γ étant aussi des quantités quelconques. Donc, en premier lieu, si l'on regarde α comme une quantité très-petite, ce qui réduit le radical $\sqrt{1-\alpha^2}$ à 1, et qu'on fasse varier dans la fonction Ω les quantités $x, x', x'',\ldots$ de $y\alpha, y'\alpha, y''\alpha,\ldots$, et les quantités $y, y', y'',\ldots$ de $-x\alpha, -x'\alpha, -x''\alpha,\ldots$, il faudra que la variation totale de Ω soit nulle indépendamment de la valeur de α : par conséquent si dans la différentielle de Ω on fait

$$dx = y\alpha, \quad dx' = y'\alpha, \quad dx'' = y''\alpha, \ldots,$$
$$dy = -x\alpha, \quad dy' = -x'\alpha, \quad dy'' = -x''\alpha, \ldots,$$

il faudra que la somme des termes affectés de α soit nulle; ce qui donnera l'équation

$$0 = \frac{d\Omega}{dx}y + \frac{d\Omega}{dx'}y' + \frac{d\Omega}{dx''}y'' + \ldots - \frac{d\Omega}{dy}x - \frac{d\Omega}{dy'}x' - \frac{d\Omega}{dy''}x'' - \ldots.$$

EN RAISON INVERSE DES CARRÉS DES DISTANCES. 407

Ensuite, en regardant β comme très-petite et faisant dans la différentielle de Ω

$$dx = z\beta, \quad dx' = z'\beta, \quad dx'' = z''\beta, \ldots,$$
$$dz = -x\beta, \quad dz' = -x'\beta, \quad dz'' = -x''\beta, \ldots,$$

on aura par un raisonnement semblable l'équation

$$0 = \frac{d\Omega}{dx}z + \frac{d\Omega}{dx'}z' + \frac{d\Omega}{dx''}z'' + \ldots - \frac{d\Omega}{dz}x - \frac{d\Omega}{dz'}x' - \frac{d\Omega}{dz''}x'' - \ldots$$

Enfin l'on fera, dans l'hypothèse de γ très-petite,

$$dy = z\gamma, \quad dy' = z'\gamma, \quad dy'' = z''\gamma, \ldots,$$
$$dz = -y\gamma, \quad dz' = -y'\gamma, \quad dz'' = -y''\gamma, \ldots,$$

et l'on aura

$$0 = \frac{d\Omega}{dy}z + \frac{d\Omega}{dy'}z' + \frac{d\Omega}{dy''}z'' + \ldots - \frac{d\Omega}{dz}y - \frac{d\Omega}{dz'}y' - \frac{d\Omega}{dz''}y'' - \ldots$$

7. Si maintenant on substitue dans ces trois équations les valeurs de $\frac{d\Omega}{dx}$, $\frac{d\Omega}{dy}$, $\ldots$ que donnent les équations différentielles du n° 2, on aura ces trois-ci

$$0 = M y \frac{d^2x}{dt^2} + M' y' \frac{d^2x'}{dt^2} + M'' y'' \frac{d^2x''}{dt^2} + \ldots$$
$$- M x \frac{d^2y}{dt^2} - M' x' \frac{d^2y'}{dt^2} - M'' x'' \frac{d^2y''}{dt^2} - \ldots,$$

$$0 = M z \frac{d^2x}{dt^2} + M' z' \frac{d^2x'}{dt^2} + M'' z'' \frac{d^2x''}{dt^2} + \ldots$$
$$- M x \frac{d^2z}{dt^2} - M' x' \frac{d^2z'}{dt^2} - M'' x'' \frac{d^2z''}{dt^2} - \ldots,$$

$$0 = M z \frac{d^2y}{dt^2} + M' z' \frac{d^2y'}{dt^2} + M'' z'' \frac{d^2y''}{dt^2} + \ldots$$
$$- M y \frac{d^2z}{dt^2} - M' y' \frac{d^2z'}{dt^2} - M'' y'' \frac{d^2z''}{dt^2} - \ldots,$$

dont les intégrales

$$\mathrm{M}\frac{y\,dx-x\,dy}{dt}+\mathrm{M}'\frac{y'dx'-x'dy'}{dt}+\mathrm{M}''\frac{y''dx''-x''dy''}{dt}+\ldots=a,$$

$$\mathrm{M}\frac{z\,dx-x\,dz}{dt}+\mathrm{M}'\frac{z'dx'-x'dz'}{dt}+\mathrm{M}''\frac{z''dx''-x''dz''}{dt}+\ldots=b,$$

$$\mathrm{M}\frac{z\,dy-y\,dz}{dt}+\mathrm{M}'\frac{z'dy'-y'dz'}{dt}+\mathrm{M}''\frac{z''dy''-y''dz''}{dt}+\ldots=c,$$

renferment le principe connu des *aires*.

8. Enfin si l'on substitue les mêmes valeurs de $\frac{d\Omega}{dx}$, $\frac{d\Omega}{dy}$,... dans

$$d\Omega=\frac{d\Omega}{dx}dx+\frac{d\Omega}{dx'}dx'+\frac{d\Omega}{dx''}dx''+\ldots$$
$$+\frac{d\Omega}{dy}dy+\frac{d\Omega}{dy'}dy'+\frac{d\Omega}{dy''}dy''+\ldots$$
$$+\frac{d\Omega}{dz}dz+\frac{d\Omega}{dz'}dz'+\frac{d\Omega}{dz''}dz''+\ldots,$$

on aura

$$d\Omega=\mathrm{M}\frac{dx\,d^2x}{dt^2}+\mathrm{M}'\frac{dx'd^2x'}{dt^2}+\mathrm{M}''\frac{dx''d^2x''}{dt^2}+\ldots$$
$$+\mathrm{M}\frac{dy\,d^2y}{dt^2}+\mathrm{M}'\frac{dy'd^2y'}{dt^2}+\mathrm{M}''\frac{dy''d^2y''}{dt^2}+\ldots$$
$$+\mathrm{M}\frac{dz\,d^2z}{dt^2}+\mathrm{M}'\frac{dz'd^2z'}{dt^2}+\mathrm{M}''\frac{dz''d^2z''}{dt^2}+\ldots,$$

dont l'intégrale

$$\Omega=\mathrm{M}\frac{dx^2+dy^2+dz^2}{2dt^2}+\mathrm{M}'\frac{dx'^2+dy'^2+dz'^2}{2dt^2}+\mathrm{M}''\frac{dx''^2+dy''^2+dz''^2}{2dt^2}+\ldots+h$$

contient le principe de la *conservation des forces vives*.

9. Les intégrales que nous venons de trouver dans les deux numéros précédents, ainsi que celles qui donnent le mouvement du centre de gravité (4, 5), sont connues depuis longtemps; mais la manière dont nous y sommes parvenus, par la considération de la fonction Ω, est nouvelle et peut être utile dans d'autres occasions.

10. S'il n'y a que deux corps M, M', alors (1)

$$\Omega = \frac{MM'}{\sqrt{(x-x')^2 + (y-y')^2 + (z-z')^2}},$$

d'où l'on tire par la différentiation

$$\frac{d\Omega}{dx} = -\frac{MM'(x-x')}{[(x-x')^2 + (y-y')^2 + (z-z')^2]^{\frac{3}{2}}},$$

$$\frac{d\Omega}{dy} = -\frac{MM'(y-y')}{[(x-x')^2 + (y-y')^2 + (z-z')^2]^{\frac{3}{2}}},$$

$$\frac{d\Omega}{dz} = -\frac{MM'(z-z')}{[(x-x')^2 + (y-y')^2 + (z-z')^2]^{\frac{3}{2}}};$$

mais on a dans ce cas, par la propriété du centre de gravité, en supposant que ce centre soit l'origine des coordonnées (5),

$$Mx + M'x' = 0, \quad My + M'y' = 0, \quad Mz + M'z' = 0,$$

ce qui donne

$$x' = -\frac{Mx}{M'}, \quad y' = -\frac{My}{M'}, \quad z' = -\frac{Mz}{M'};$$

donc, substituant et faisant, pour abréger,

$$x^2 + y^2 + z^2 = r^2,$$

en sorte que r soit le rayon vecteur, on aura

$$\frac{d\Omega}{dx} = -\frac{MM'^3}{(M+M')^2}\frac{x}{r^3}, \quad \frac{d\Omega}{dy} = -\frac{MM'^3}{(M+M')^2}\frac{y}{r^3}, \quad \frac{d\Omega}{dz} = -\frac{MM'^3}{(M+M')^2}\frac{z}{r^3};$$

par conséquent le mouvement du corps M autour du centre de gravité des corps M et M' sera déterminé (2) par ces équations

$$\frac{d^2x}{dt^2} = -\frac{M'^3}{(M+M')^2}\frac{x}{r^3}; \quad \frac{d^2y}{dt^2} = -\frac{M'^3}{(M+M')^2}\frac{y}{r^3}, \quad \frac{d^2z}{dt^2} = -\frac{M'^3}{(M+M')^2}\frac{z}{r^3},$$

lesquelles font voir que ce mouvement sera le même que si le corps était attiré vers le centre dont il s'agit, supposé fixe, par une force égale à

$$\frac{M'^3}{(M+M')^2 r^2}.$$

Et comme
$$x = -\frac{M'x'}{M}, \quad y = -\frac{M'y'}{M}, \quad z = -\frac{M'z'}{M},$$

si l'on substitue ces valeurs et qu'on fasse
$$x'^2 + y'^2 + z'^2 = r'^2,$$

de manière que r' soit le rayon vecteur de l'orbite du corps M' autour du même centre de gravité, on aura, pour le mouvement de ce corps, les équations

$$\frac{d^2x'}{dt^2} = -\frac{M^3}{(M+M')^2}\frac{x'}{r'^3}, \quad \frac{d^2y'}{dt^2} = -\frac{M^3}{(M+M')^2}\frac{y'}{r'^3}, \quad \frac{d^2z'}{dt^2} = -\frac{M^3}{(M+M')^2}\frac{z'}{r'^3},$$

d'où l'on voit que le corps M' se meut comme s'il était attiré vers le centre de gravité, supposé fixe, par une force égale à $\frac{M^3}{(M+M')^2 r'^2}$.

Enfin si l'on fait
$$x - x' = \xi, \quad y - y' = \eta, \quad z - z' = \zeta, \quad \xi^2 + \eta^2 + \zeta^2 = \rho^2,$$

en sorte que ξ, η, ζ soient les coordonnées de l'orbite du corps M autour du corps M' regardé comme fixe, et ρ le rayon vecteur ou la distance de ces corps, on aura, en mettant pour x', y', z' leurs valeurs $-\frac{Mx}{M'}$, $-\frac{My}{M'}$, $-\frac{Mz}{M'}$, ces valeurs de x, y, z, savoir

$$x = \frac{M'\xi}{M+M'}, \quad y = \frac{M'\eta}{M+M'}, \quad z = \frac{M'\zeta}{M+M'},$$

lesquelles étant substituées dans les équations ci-dessus, il viendra ces trois-ci

$$\frac{d^2\xi}{dt^2} = -\frac{(M+M')\xi}{\rho^3}, \quad \frac{d^2\eta}{dt^2} = -\frac{(M+M')\eta}{\rho^3}, \quad \frac{d^2\zeta}{dt^2} = -\frac{(M+M')\zeta}{\rho^3},$$

lesquelles montrent que le mouvement relatif du corps M autour du corps M' est le même que si ce dernier corps était fixe, et qu'il attirât le premier avec une force égale à $\frac{M+M'}{\rho^2}$. C'est ce que l'on sait depuis Newton.

EN RAISON INVERSE DES CARRÉS DES DISTANCES.

11. Supposons maintenant que le système soit composé de plusieurs corps $M, M', M'', M''',\ldots$, mais dont l'un M soit beaucoup plus distant des autres que ceux-ci ne le sont entre eux. Nommons X', Y', Z' les coordonnées qui déterminent la position du centre de gravité des corps $M', M'', M''',\ldots$, on aura, par la propriété connue,

$$X' = \frac{M'x' + M''x'' + M'''x''' + \ldots}{M' + M'' + M''' + \ldots},$$

$$Y' = \frac{M'y' + M''y'' + M'''y''' + \ldots}{M' + M'' + M''' + \ldots},$$

$$Z' = \frac{M'z' + M''z'' + M'''z''' + \ldots}{M' + M'' + M''' + \ldots};$$

donc

$$X' - x' = \frac{M''(x'' - x') + M'''(x''' - x') + \ldots}{M' + M'' + M''' + \ldots},$$

$$Y' - y' = \frac{M''(y'' - y') + M'''(y''' - y') + \ldots}{M' + M'' + M''' + \ldots},$$

$$Z' - z' = \frac{M''(z'' - z') + M'''(z''' - z') + \ldots}{M' + M'' + M''' + \ldots};$$

et de même

$$X' - x'' = \frac{M'(x' - x'') + M'''(x''' - x'') + \ldots}{M' + M'' + M''' + \ldots},$$

$$Y' - y'' = \frac{M'(y' - y'') + M'''(y''' - y'') + \ldots}{M' + M'' + M''' + \ldots},$$

$$Z' - z'' = \frac{M'(z' - z'') + M'''(z''' - z'') + \ldots}{M' + M'' + M''' + \ldots},$$

et ainsi de suite. De sorte qu'on aura

$$x - x' = x - X' + \frac{M''(x'' - x') + M'''(x''' - x') + \ldots}{M' + M'' + M''' + \ldots},$$

$$y - y' = y - Y' + \frac{M''(y'' - y') + M'''(y''' - y') + \ldots}{M' + M'' + M''' + \ldots},$$

$$z - z' = z - Z' + \frac{M''(z'' - z') + M'''(z''' - z') + \ldots}{M' + M'' + M''' + \ldots};$$

$$x - x'' = x - \mathrm{X}' + \frac{\mathrm{M}'(x' - x'') + \mathrm{M}'''(x''' - x'') + \ldots}{\mathrm{M}' + \mathrm{M}'' + \mathrm{M}''' + \ldots},$$

$$y - y'' = y - \mathrm{Y}' + \frac{\mathrm{M}'(y' - y'') + \mathrm{M}'''(y''' - y'') + \ldots}{\mathrm{M}' + \mathrm{M}'' + \mathrm{M}''' + \ldots},$$

$$z - z'' = z - \mathrm{Z}' + \frac{\mathrm{M}'(z' - z'') + \mathrm{M}'''(z''' - z'') + \ldots}{\mathrm{M}' + \mathrm{M}'' + \mathrm{M}''' + \ldots};$$

$$x - x''' = x - \mathrm{X}' + \frac{\mathrm{M}'(x' - x''') + \mathrm{M}''(x'' - x''') + \ldots}{\mathrm{M}' + \mathrm{M}'' + \mathrm{M}''' + \ldots},$$

$$y - y''' = y - \mathrm{Y}' + \frac{\mathrm{M}'(y' - y''') + \mathrm{M}''(y'' - y''') + \ldots}{\mathrm{M}' + \mathrm{M}'' + \mathrm{M}''' + \ldots},$$

$$z - z''' = z - \mathrm{Z}' + \frac{\mathrm{M}'(z' - z''') + \mathrm{M}''(z'' - z''') + \ldots}{\mathrm{M}' + \mathrm{M}'' + \mathrm{M}''' + \ldots};$$

. . . .

Or, par l'hypothèse, les distances

$$\sqrt{(x'' - x')^2 + (y'' - y')^2 + (z'' - z')^2}, \quad \sqrt{(x''' - x')^2 + (y''' - y')^2 + (z''' - z')^2},$$

$$\sqrt{(x''' - x'')^2 + (y''' - y'')^2 + (z''' - z'')^2}, \ldots$$

des corps M', M'', M''',... entre eux doivent être beaucoup plus petites que la distance

$$\sqrt{(x - \mathrm{X})^2 + (y - \mathrm{Y})^2 + (z - \mathrm{Z})^2}$$

du corps M au centre de gravité des mêmes corps, puisque ce centre est toujours placé au milieu d'eux; donc si l'on regarde les rapports de premières distances à cette dernière comme des quantités très-petites du premier ordre, et qu'on remarque que l'on a, en général,

$$(a\alpha + b\beta + c\gamma)^2 = (a^2 + b^2 + c^2)(\alpha^2 + \beta^2 + \gamma^2) - (a\beta - b\alpha)^2 - (a\gamma - c\alpha)^2 - (b\gamma - c\beta)^2,$$

et par conséquent toujours

$$a\alpha + b\beta + c\gamma < \sqrt{a^2 + b^2 + c^2} \sqrt{\alpha^2 + \beta^2 + \gamma^2},$$

EN RAISON INVERSE DES CARRÉS DES DISTANCES. 413

on aura, aux quantités du second ordre près,

$$\frac{1}{\sqrt{(x-x')^2+(y-y')^2+(z-z')^2}} = \frac{1}{\sqrt{(x-X')^2+(y-Y')^2+(z-Z')^2}}$$
$$+ \frac{M''}{M'+M''+M'''+\ldots} \frac{(x-X')(x''-x')+(y-Y')(y''-y')+(z-Z')(z''-z')}{[(x-X')^2+(y-Y')^2+(z-Z')^2]^{\frac{3}{2}}}$$
$$+ \frac{M'''}{M'+M''+M'''+\ldots} \frac{(x-X')(x'''-x')+(y-Y')(y'''-y')+(z-Z')(z'''-z')}{[(x-X')^2+(y-Y')^2+(z-Z')^2]^{\frac{3}{2}}}$$
$$\ldots\ldots\ldots\ldots\ldots\ldots\ldots\ldots\ldots\ldots\ldots,$$

$$\frac{1}{\sqrt{(x-x'')^2+(y-y'')^2+(z-z'')^2}} = \frac{1}{\sqrt{(x-X')^2+(y-Y')^2+(z-Z')^2}}$$
$$+ \frac{M'}{M'+M''+M'''+\ldots} \frac{(x-X')(x'-x'')+(y-Y')(y'-y'')+(z-Z')(z'-z'')}{[(x-X')^2+(y-Y')^2+(z-Z')^2]^{\frac{3}{2}}}$$
$$+ \frac{M'''}{M'+M''+M'''+\ldots} \frac{(x-X')(x'''-x'')+(y-Y')(y'''-y'')+(z-Z')(z'''-z'')}{[(x-X')^2+(y-Y')^2+(z-Z')^2]^{\frac{3}{2}}}$$
$$\ldots\ldots\ldots\ldots\ldots\ldots\ldots\ldots\ldots\ldots\ldots,$$

$$\frac{1}{\sqrt{(x-x''')^2+(y-y''')^2+(z-z''')^2}} = \frac{1}{\sqrt{(x-X')^2+(y-Y')^2+(z-Z')^2}}$$
$$+ \frac{M'}{M'+M''+M'''+\ldots} \frac{(x-X')(x'-x''')+(y-Y')(y'-y''')+(z-Z')(z'-z''')}{[(x-X')^2+(y-Y')^2+(z-Z')^2]^{\frac{3}{2}}}$$
$$+ \frac{M''}{M'+M''+M'''+\ldots} \frac{(x-X')(x''-x''')+(y-Y')(y''-y''')+(z-Z')(z''-z''')}{[(x-X')^2+(y-Y')^2+(z-Z')^2]^{\frac{3}{2}}}$$
$$\ldots\ldots\ldots\ldots\ldots\ldots\ldots\ldots\ldots\ldots\ldots,$$

et ainsi de suite.

Ces quantités étant multipliées respectivement par M', M'', M''',... et ensuite ajoutées ensemble, on verra que tous les termes du premier ordre se détruiront mutuellement; car il est visible qu'on a, en général, quelles que soient les quantités M', M'', M''',... et x', x'', x''',...,

$$o = M'M''(x''-x') + M'M'''(x'''-x') + \ldots$$
$$+ M''M'(x'-x'') + M''M'''(x'''-x'') + \ldots$$
$$+ M'''M'(x'-x''') + M'''M''(x''-x''') + \ldots$$
$$\ldots\ldots\ldots\ldots\ldots\ldots\ldots\ldots\ldots$$

On aura donc, aux quantités du second ordre près,

$$\frac{M'}{\sqrt{(x-x')^2+(y-y')^2+(z-z')^2}} + \frac{M''}{\sqrt{(x-x'')^2+(y-y'')^2+(z-z'')^2}}$$
$$+ \frac{M'''}{\sqrt{(x-x''')^2+(y-y''')^2+(z-z''')^2}} + \ldots = \frac{M'+M''+M'''+\ldots}{\sqrt{(x-X')^2+(y-Y')^2+(z-Z')^2}}.$$

Donc la partie de la valeur de Ω (1) laquelle contient les variables x, y, z,..., qui est par conséquent la seule à laquelle on doive avoir égard dans les quantités $\frac{d\Omega}{dx}$, $\frac{d\Omega}{dy}$, $\frac{d\Omega}{dz}$, sera, aux quantités du second ordre près,

$$\frac{M(M'+M''+M'''+\ldots)}{\sqrt{(x-X')^2+(y-Y')^2+(z-Z')^2}},$$

expression qui est, comme l'on voit, semblable à celle de Ω dans le cas où il n'y a que deux corps M et M' (10), pourvu qu'on prenne à la place du corps M' la somme des corps $M'+M''+M'''+\ldots$, et à la place des coordonnées x', y', z' du corps M' les coordonnées X', Y', Z' du centre de gravité des corps M', M'', M''',....

De plus, en plaçant l'origine des coordonnées dans le centre commun de gravité de tous les corps, on aura, en vertu des équations du n° 5, celles-ci

$$Mx + (M'+M''+M'''+\ldots)X' = 0,$$
$$My + (M'+M''+M'''+\ldots)Y' = 0,$$
$$Mz + (M'+M''+M'''+\ldots)Z' = 0,$$

qu'on voit aussi être analogues à celles qui ont lieu dans le cas de deux corps (10) en prenant, comme ci-dessus, X', Y', Z' et $M'+M''+M'''+\ldots$ à la place de x', y', z' et M'.

D'où il est aisé de conclure que si l'on regarde les corps M', M'', M''',... comme réunis en un seul corps dans leur centre de gravité, ce corps et le corps M auront, aux quantités du second ordre près, le même mouvement que si c'étaient deux corps uniques qui s'attirassent mutuellement en raison directe des masses et en raison inverse du carré de la distance.

EN RAISON INVERSE DES CARRÉS DES DISTANCES.

12. Qu'on suppose présentement que dans le système des corps M, M′, M″, M‴,... il y en ait deux M et M′, qui soient fort éloignés des autres corps M″, M‴,..., par rapport à la distance où ils sont l'un de l'autre; et qu'on cherche le mouvement du centre de gravité de ces corps. Nommant X, Y, Z les coordonnées de ce centre, on aura, comme l'on sait,

$$X = \frac{Mx + M'x'}{M + M'}, \quad Y = \frac{My + M'y'}{M + M'}, \quad Z = \frac{Mz + M'z'}{M + M'},$$

et pour avoir les équations du mouvement du même centre, il n'y aura qu'à substituer dans les valeurs de $\frac{d^2X}{dt^2}, \frac{d^2Y}{dt^2}, \frac{d^2Z}{dt^2}$ celles des quantités $\frac{d^2x}{dt^2}, \frac{d^2x'}{dt^2}, \frac{d^2y}{dt^2}, \ldots$ tirées des équations du n° 2, ce qui donnera

$$\frac{d^2X}{dt^2} = \frac{\frac{d\Omega}{dx} + \frac{d\Omega}{dx'}}{M + M'}, \quad \frac{d^2Y}{dt^2} = \frac{\frac{d\Omega}{dy} + \frac{d\Omega}{dy'}}{M + M'}, \quad \frac{d^2Z}{dt^2} = \frac{\frac{d\Omega}{dz} + \frac{d\Omega}{dz'}}{M + M'}.$$

Or, on a

$$x = X + \frac{M'(x' - x)}{M + M'}, \quad y = Y + \frac{M'(y' - y)}{M + M'}, \quad z = Z + \frac{M'(z' - z)}{M + M'},$$

$$x' = X + \frac{M(x - x')}{M + M'}, \quad y' = Y + \frac{M(y - y')}{M + M'}, \quad z' = Z + \frac{M(z - z')}{M + M'}.$$

Donc, si l'on fait ces substitutions dans les expressions

$$\frac{1}{\sqrt{(x - x'')^2 + (y - y'')^2 + (z - z'')^2}}, \quad \frac{1}{\sqrt{(x' - x'')^2 + (y' - y'')^2 + (z' - z'')^2}},$$

et qu'on traite comme une quantité très-petite du premier ordre le rapport de la distance

$$\sqrt{(x - x')^2 + (y - y')^2 + (z - z')^2}$$

entre les corps M et M′, à la distance

$$\sqrt{(X - x'')^2 + (Y - y'')^2 + (Z - z'')^2}$$

entre le centre de gravité des mêmes corps et le corps M″, on aura, comme dans le numéro précédent, aux quantités du second ordre près,

$$\frac{1}{\sqrt{(x-x'')^2+(y-y'')^2+(z-z'')^2}} = \frac{1}{\sqrt{(X-x'')^2+(Y-y'')^2+(Z-z'')^2}}$$
$$- \frac{M'}{M+M'} \frac{(X-x'')(x'-x)+(Y-y'')(y'-y)+(Z-z'')(z'-z)}{[(X-x'')^2+(Y-y'')^2+(Z-z'')^2]^{\frac{3}{2}}},$$

$$\frac{1}{\sqrt{(x'-x'')^2+(y'-y'')^2+(z'-z'')^2}} = \frac{1}{\sqrt{(X-x'')^2+(Y-y'')^2+(Z-z'')^2}}$$
$$- \frac{M}{M+M'} \frac{(X-x'')(x-x')+(Y-y'')(y-y')+(Z-z'')(z-z')}{[(X-x'')^2+(Y-y'')^2+(Z-z'')^2]^{\frac{3}{2}}};$$

et l'on voit que, si l'on multiplie ces quantités respectivement par M, M' et qu'ensuite on les ajoute ensemble, les termes du premier ordre se détruiront mutuellement, et l'on aura simplement

$$\frac{M}{\sqrt{(x-x'')^2+(y-y'')^2+(z-z'')^2}} + \frac{M'}{\sqrt{(x'-x'')^2+(y'-y'')^2+(z'-z'')^2}}$$
$$= \frac{M+M'}{\sqrt{(X-x'')^2+(Y-y'')^2+(Z-z'')^2}}.$$

On trouvera de la même manière, en traitant le rapport de la distance entre les corps M et M' à la distance entre le centre de gravité de ces corps et le corps M''' comme une quantité très-petite du premier ordre et négligeant les quantités très-petites du second ordre,

$$\frac{M}{\sqrt{(x-x''')^2+(y-y''')^2+(z-z''')^2}} + \frac{M'}{\sqrt{(x'-x''')^2+(y'-y''')^2+(z'-z''')^2}}$$
$$= \frac{M+M'}{\sqrt{(X-x''')^2+(Y-y''')^2+(Z-z''')^2}},$$

et ainsi de suite.

Or, si l'on considère l'expression de Ω du n° 1, on verra que le premier terme

$$\frac{MM'}{\sqrt{(x-x')^2+(y-y')^2+(z-z')^2}}$$

se détruit de soi-même dans les valeurs de

$$\frac{d\Omega}{dx}+\frac{d\Omega}{dx'}, \quad \frac{d\Omega}{dy}+\frac{d\Omega}{dy'}, \quad \frac{d\Omega}{dz}+\frac{d\Omega}{dz'};$$

donc, si l'on rejette ce terme et qu'on fasse dans les autres termes de Ω les substitutions ci-dessus, on aura le même résultat que si l'on supposait
$$x = x' = X, \quad y = y' = Y, \quad z = z' = Z.$$
Mais puisque
$$X = \frac{Mx + M'x'}{M + M'},$$
on aura
$$\frac{d\Omega}{dx} = \frac{M}{M + M'} \frac{d\Omega}{dX}, \quad \frac{d\Omega}{dx'} = \frac{M'}{M + M'} \frac{d\Omega}{dX};$$
donc
$$\frac{d\Omega}{dx} + \frac{d\Omega}{dx'} = \frac{d\Omega}{dX};$$
et l'on aura de même
$$\frac{d\Omega}{dy} + \frac{d\Omega}{dy'} = \frac{d\Omega}{dY}, \quad \frac{d\Omega}{dz} + \frac{d\Omega}{dz'} = \frac{d\Omega}{dZ}.$$

Donc le mouvement du centre de gravité des corps M et M' sera déterminé, aux quantités du second ordre près, par les équations
$$\frac{d^2X}{dt^2} = \frac{1}{M + M'} \frac{d\Omega}{dX}, \quad \frac{d^2Y}{dt^2} = \frac{1}{M + M'} \frac{d\Omega}{dY}, \quad \frac{d^2Z}{dt^2} = \frac{1}{M + M'} \frac{d\Omega}{dZ},$$
dans lesquelles la quantité Ω sera ce que devient la valeur de Ω du n° 1, en y faisant
$$x = x' = X, \quad y = y' = Y, \quad z = z' = Z.$$

D'où je conclus sur-le-champ que le mouvement du centre de gravité dont il s'agit sera, aux quantités du second ordre près, le même que si les deux corps M et M' étaient réunis dans ce centre et ne formaient plus qu'un seul corps.

13. On peut étendre cette démonstration à autant de corps que l'on voudra, et il en résultera que si plusieurs corps s'attirent mutuellement et sont attirés par autant d'autres corps qu'on voudra, dont ils soient fort éloignés par rapport aux distances de ces corps entre eux, le mouvement du centre de gravité de ces corps sera, aux quantités très-petites du second ordre près, le même que si ces corps y étaient réunis et ne formaient qu'un corps unique.

Donc, en combinant ce Théorème avec celui du n° **11**, on conclura, en général, que si l'on a un système d'autant de corps qu'on voudra qui s'attirent mutuellement, et qu'une partie de ces corps soit très-éloignée des autres corps, en sorte que les distances des premiers corps entre eux et les distances des derniers corps entre eux soient très-petites vis-à-vis des distances de chacun des premiers corps à chacun des derniers, le centre de gravité des premiers et celui des derniers auront le même mouvement que si les corps étaient réunis dans ces centres et ne formaient ainsi qu'un système de deux corps uniques.

Ces Théorèmes sur le mouvement des centres de gravité ont déjà été donnés en partie par M. d'Alembert, dans ses *Recherches sur le système du monde* et dans ses *Opuscules;* mais la manière dont je viens de les démontrer est nouvelle et me paraît mériter surtout l'attention des Géomètres par l'utilité dont elle peut être dans d'autres occasions. On prouverait, par les mêmes principes, que ces Théorèmes seraient également vrais si les corps agissaient les uns sur les autres par une force d'attraction mutuelle proportionnelle à une fonction quelconque de la distance; car nommant $f(x)$ la force d'attraction qui agit à la distance x et faisant

$$F(x) = \int f(x)\,dx,$$

il n'y aura qu'à changer la valeur de Ω du n° **1** dans la suivante

$$\begin{aligned}
\Omega = &- MM' \, F\left[\sqrt{(x-x')^2 + (y-y')^2 - (z-z')^2}\right] \\
&- MM'' \, F\left[\sqrt{(x-x'')^2 + (y-y'')^2 + (z-z'')^2}\right] \\
&\dots\dots\dots\dots\dots\dots\dots\dots\dots\dots\dots\dots\dots\dots\dots \\
&- M'M'' \, F\left[\sqrt{(x'-x'')^2 + (y'-y'')^2 + (z'-z'')^2}\right] \\
&\dots\dots\dots\dots\dots\dots\dots\dots\dots\dots\dots\dots\dots\dots\dots,
\end{aligned}$$

et l'on parviendra aux mêmes résultats.

RÉFLEXIONS SUR L'ÉCHAPPEMENT.

RÉFLEXIONS SUR L'ÉCHAPPEMENT.

(*Nouveaux Mémoires de l'Académie royale des Sciences et Belles-Lettres de Berlin*, année 1777.)

1. Pour peu qu'on ait de connaissances dans l'Horlogerie, on sait que l'échappement est cette mécanique par laquelle l'action du poids ou du ressort moteur est réglée et modérée par celle du pendule ou du balancier, qu'on appelle, à cause de cela, le *régulateur de l'horloge*; car comme la force motrice agit continuellement et toujours dans le même sens, elle tend nécessairement à imprimer un mouvement accéléré au rouage; mais en vertu de l'échappement, la dernière roue, qu'on appelle aussi *roue de rencontre* ou *d'échappement*, ne peut continuer son mouvement circulaire qu'en imprimant au régulateur un mouvement d'oscillation; et cette combinaison et liaison de deux mouvements, l'un continu, l'autre alternatif, dans laquelle consiste proprement la nature des horloges, sert à entretenir l'uniformité de leur marche par la réaction mutuelle des forces qui résultent de ces différents mouvements.

2. Autrefois on se contentait de prendre pour régulateur un simple balancier, qui n'est autre chose qu'un anneau circulaire dont l'axe est parfaitement mobile sur ses pivots; cet axe, qu'on appelle aussi la *verge du balancier*, porte deux ailes ou palettes placées dans des points différents, et faisant entre elles un angle presque droit, lesquelles s'engagent dans les dents de la roue d'échappement, qu'on nomme proprement dans

ce cas *roue de rencontre,* en sorte que cette roue ne peut tourner à moins que ses dents, dont le nombre est toujours impair, n'écartent alternativement l'une des palettes dans un sens, et l'autre dans le sens opposé; ce qui oblige le balancier à faire des vibrations. Par cette disposition la pointe de la dent, qui appuie sur l'une des palettes et qui la presse avec la force qu'elle reçoit du poids ou du ressort moteur, la fait tourner jusqu'à ce qu'elle la quitte, et imprime ainsi au balancier un mouvement circulaire autour de son axe; et lorsque cette dent abandonne la palette, la dent diamétralement opposée rencontre précisément la seconde palette et tend de même à la faire tourner en sens contraire; en sorte que si le balancier était en repos, lorsque la seconde palette vient à recevoir l'action de la roue de rencontre, il obéirait nécessairement à cette action et prendrait un mouvement circulaire opposé au mouvement produit par l'action de la première palette; mais le balancier conservant par son inertie le premier mouvement, il est clair qu'il doit réagir sur la roue de rencontre et la faire rétrograder, jusqu'à ce que son mouvement soit entièrement détruit par la pression opposée de la roue; pour lors le balancier cédera à cette pression, laquelle continuera d'agir dans le même sens, jusqu'à ce que la dent qui appuie sur la seconde palette s'échappant, la dent opposée vienne rencontrer de nouveau la première palette; et ainsi de suite.

3. C'est d'après ces principes qu'ont été construites les premières horloges à roues, dont l'invention ne remonte guère au delà du XIVe siècle; et il ne paraît pas qu'on ait fait aucun changement à leur construction jusqu'au temps où Huyghens imagina de substituer le pendule au balancier dans les grandes horloges, et d'appliquer un ressort spiral aux balanciers des montres. Par ce moyen le régulateur se trouvant doué d'une force motrice particulière et capable de lui faire faire des oscillations indépendamment de l'action du rouage, il n'en est que plus propre à modérer l'effet de cette action, et à maintenir l'égalité dans le mouvement de l'horloge. Aussi depuis cette époque, l'Horlogerie a continuellement acquis de nouveaux degrés de perfection, auxquels les nouvelles montres

marines exécutées en Angleterre et en France paraissent avoir en quelque façon mis le comble.

4. Huyghens, en appliquant le pendule aux horloges et le ressort spiral aux montres, a conservé l'ancien échappement dont nous venons de donner la description, et dont on ignore l'inventeur; et cet échappement, qu'on appelle communément *à roue de rencontre*, est encore celui qui est le plus employé tant dans les pendules que dans les montres ordinaires; mais après la découverte d'Huyghens on a tâché aussi de perfectionner la construction de l'échappement, et l'on a imaginé un grand nombre d'échappements différents, dont les principaux sont les échappements à double levier, à ancre, à cylindre, etc. Nous n'entrerons pas ici dans le détail de ces différents échappements; on peut consulter les Ouvrages d'Horlogerie où il en est traité; comme ceux de Sulli, du P. Alexandre, de MM. Lepaute, Berthoud, etc.; notre dessein est d'envisager cette matière sous un point de vue moins borné, et de la réduire à des principes clairs et simples qui puissent servir de base à une théorie générale des échappements.

5. Comme la nature de l'échappement consiste dans la combinaison d'un mouvement circulaire avec un mouvement de vibration, on peut réduire, en général, tout échappement de quelque espèce qu'il soit à deux seules pièces, savoir à la roue d'échappement qui est entretenue dans un mouvement circulaire par la force motrice de l'horloge, et à la pièce d'échappement sur laquelle cette roue agit alternativement en sens contraire, et par laquelle son action se transmet au régulateur qui y est joint.

Et pour simplifier et généraliser davantage la question, on pourra encore faire abstraction de ces deux pièces et ne considérer que le mouvement oscillatoire du régulateur, en tant qu'il est altéré par l'impulsion qu'il reçoit de la roue d'échappement; ou plutôt il suffira de considérer simplement le mouvement oscillatoire d'un corps qui serait sollicité par des forces analogues à celles qui doivent agir sur le régulateur, tant en vertu de l'action de la gravité ou du ressort dont il est animé, qu'en vertu de l'action de la force motrice qui lui est transmise par le moyen de l'échappement.

6. Soit donc un corps qui fasse des oscillations autour du point A dans la ligne droite CAB, et dont les excursions latérales AM soient proportionnelles aux arcs décrits par le régulateur autour de son point de repos. Imaginons d'abord que ce corps soit sollicité par une force constamment dirigée vers le point A et proportionnelle à une fonction donnée de la distance du corps à ce point. On pourra représenter cette force par les ordonnées d'une ligne courbe HAN (*fig.* 1) qui traverse l'axe

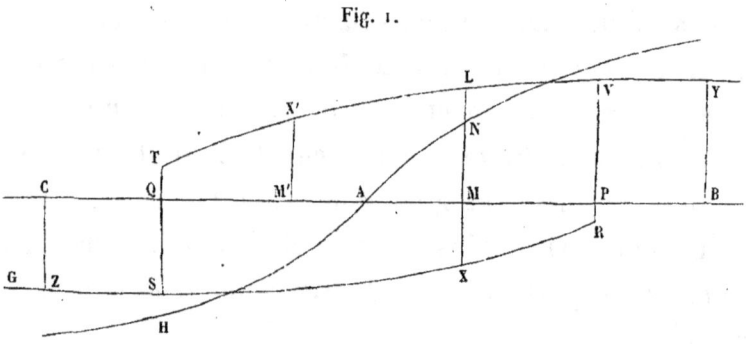

Fig. 1.

en A, en supposant que les ordonnées positives MN expriment des forces dont la direction soit BAC, et que les ordonnées négatives expriment des forces de direction contraire. Cette force exprimera donc celle dont le régulateur est animé par l'action de la gravité ou du ressort; et lorsque le régulateur est un pendule ordinaire, il est clair que la courbe HAN sera la ligne des sinus, laquelle pourra être prise sensiblement pour une ligne droite quand les oscillations du pendule seront fort petites; mais à l'égard des balanciers mus par un ressort spiral, comme on le pratique dans les montres, la loi de la courbe HAN n'est pas facile à déterminer; on sait seulement qu'elle doit couper l'axe au point A et que ses deux branches AN et AH doivent aller en s'éloignant continuellement de l'axe.

7. Outre la force dont nous venons de parler, le corps qui oscille autour de A doit encore être supposé animé par une force qui réponde à celle qui agit sur le régulateur en vertu de l'échappement; or pour peu

qu'on considère la manière d'agir de cette force, on verra qu'elle doit être représentée par les deux branches TV et SR, l'une au-dessus de l'axe, et dont les ordonnées expriment des forces agissant dans la direction BAC, l'autre au-dessous de l'axe, et dont les ordonnées expriment des forces dirigées suivant CAB; et voici comment on doit envisager l'action de cette force.

Imaginons que le mobile qui oscille entre C et B aille de C en B; à chaque point M de l'espace qu'il parcourt dans cette direction, il doit être censé sollicité par une force MX agissant dans la même direction, et cela jusqu'à ce qu'il soit arrivé au point P où la branche GR est terminée. Ce point P répond à celui où la dent de la roue d'échappement, qui a agi sur le régulateur pendant que celui-ci a décrit l'angle CP, quitte la pièce d'échappement et cesse ainsi d'agir sur le régulateur; c'est pourquoi la branche GR doit finir à ce même point P. Mais comme alors une autre dent de la roue d'échappement commence aussitôt à agir en sens contraire sur un autre côté de la pièce d'échappement, et imprime au régulateur une force de direction contraire à la précédente, il faut imaginer qu'au point P la force PR devient PV, et qu'ensuite le mobile, tant en allant vers B qu'en revenant vers C, est continuellement sollicité dans la direction BC par des forces représentées par les ordonnées de la branche supérieure TV. Cette branche doit être terminée de même au point Q, qui répond à celui où la dent quitte de nouveau la pièce d'échappement, pour faire place à une autre dent qui doit recommencer à agir en sens contraire, c'est-à-dire dans la direction CB, de la même manière qu'auparavant; c'est pourquoi au point Q il faut concevoir de nouveau que la force TQ se change en QS, et qu'ensuite le mobile soit soumis, tant en allant vers C qu'en revenant vers B, à l'action continue d'une force représentée par les ordonnées de la branche inférieure SR, et agissant dans la direction CB jusqu'à ce qu'au point P cette force se change derechef en PV; et ainsi de suite.

8. Telle est donc la manière dont on doit représenter l'action de la force qui est transmise au régulateur par le moyen de l'échappement;

par où l'on voit que la loi de continuité est nécessairement interrompue aux deux points P et Q, où la force change brusquement de direction.

Il est vrai que dans la pratique les forces PV, QS ne succèdent pas immédiatement aux forces PR, QT, comme nous l'avons supposé; car il y a ordinairement, surtout dans l'échappement à roue de rencontre, un petit intervalle de temps entre l'instant où une dent quitte la pièce d'échappement et celui où une autre dent commence à la presser; pendant cet intervalle où l'action de l'échappement est suspendue, le régulateur se meut librement par sa propre force, et la roue d'échappement acquiert par l'impression continue de la force motrice un petit mouvement accéléré en vertu duquel la dent qui va rencontrer la pièce d'échappement la choque, et produit un petit bruit qui sert à marquer chaque vibration du régulateur; mais d'un côté on a soin de diminuer le plus qu'il est possible cette chute de la roue sur la pièce d'échappement, laquelle tend à déranger la justesse de l'horloge; de l'autre côté il est visible que comme le régulateur reçoit ensuite, par le choc de la roue contre la pièce d'échappement, l'action réunie de toutes les forces instantanées qui ont agi sur la roue pendant que l'action de l'échappement a été suspendue, on peut supposer sans erreur sensible que l'effet en est à peu près le même que si la roue avait continué d'agir sur le régulateur sans interruption. Ainsi l'on ne s'écartera pas beaucoup de la vérité en supposant, comme nous l'avons fait, que les forces PR, TQ, se changent subitement en PV, QS, en sorte que leur action sur le mobile soit continue.

9. Il suffira donc de connaître pour chaque échappement donné la nature des courbes TLV, RXS, pour être en état de déterminer les effets de cet échappement sans en connaitre d'ailleurs le mécanisme particulier; de sorte que par ce moyen la théorie de l'échappement est réduite à la considération purement géométrique des courbes dont il s'agit; examinons donc les différents cas qui peuvent arriver suivant la différente forme de ces courbes.

Et d'abord nous remarquerons que l'arc qui est proportionnel à la partie de l'arc PQ est celui qui en termes d'Horlogerie s'appelle *l'arc de levée de l'échappement,* tandis que l'arc proportionnel à la partie BC s'appelle l'*arc de vibration*. Le premier est constant et sa grandeur ne dépend que de la disposition de l'échappement, puisque c'est l'arc que les dents de la roue d'échappement peuvent faire décrire au régulateur pour ne faire qu'échapper des extrémités de la pièce d'échappement; le second au contraire est variable et dépend du plus ou moins de force du moteur de l'horloge, et du plus ou moins de résistance du régulateur.

10. On remarquera de plus que, comme MX est la force qui agit sur le régulateur en vertu de la force motrice agissante sur la roue d'échappement, cette force-là sera à celle-ci, par le principe des vitesses virtuelles, en raison réciproque de la vitesse même du régulateur à celle de la roue d'échappement; de sorte que, comme la force motrice est constante au moins pendant une oscillation du régulateur, la vitesse de la roue d'échappement sera proportionnelle à celle du régulateur multipliée par la force MX qui agit sur lui. De là il s'ensuit que pendant que le mobile qui oscille entre les points C et B, et dont le mouvement est semblable à celui du régulateur, va de C en P, la roue se mouvra toujours dans le même sens; mais depuis le point P jusqu'au point B où la force change de direction, la vitesse de la roue deviendra négative, c'est-à-dire que la roue se mouvra en sens contraire; c'est ce qu'on appelle en termes d'Horlogerie *le recul;* parce qu'en effet tout le rouage et les aiguilles mêmes, au lieu d'avancer, reculent un peu. Comme au point B la vitesse du mobile est nulle, celle de la roue le sera aussi; ensuite le mobile rebroussant chemin de B vers C, sa vitesse changera de signe; par conséquent le mouvement de la roue changera de nouveau de direction et redeviendra direct de rétrograde qu'il était. Ce mouvement direct continuera donc tant que le mobile ira de B vers Q; au point Q il redeviendra rétrograde, en sorte qu'il y aura un nouveau recul entre Q et C; ensuite le mobile revenant de C vers B, le mouvement de la roue redeviendra direct comme auparavant; et ainsi de suite.

11. On voit donc que tout échappement doit causer un recul dans le

rouage au bout de chaque vibration du régulateur, à moins que les deux parties VY et SZ des courbes TV, RS ne soient nulles, ou qu'elles ne coïncident avec l'axe, auquel cas leurs ordonnées seraient nulles. Le premier cas ne peut avoir lieu en général, parce que les points B et C ne sont point fixes, mais dépendent du plus ou moins de force motrice de l'horloge, comme nous l'avons fait remarquer ci-dessus. Il ne reste donc que le second moyen de détruire le recul, lequel consiste à construire l'échappement de manière que les courbes des forces TL, RX s'approchent de l'axe et y coïncident aux points P et Q, ou en deçà de ces points, comme en F et G, ainsi qu'on le voit dans la *fig.* 2.

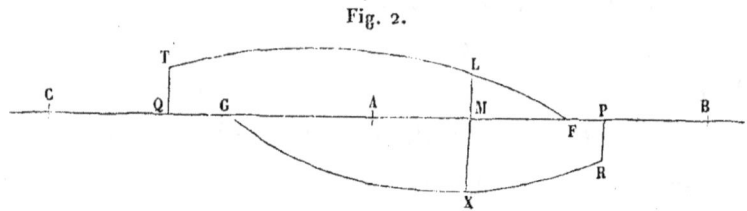

Fig. 2.

Car comme de cette manière les ordonnées de la courbe TL sont nulles depuis F jusqu'en B, ainsi que celles de la courbe RX depuis G jusqu'en C, et que par conséquent les forces représentées par ces courbes sont nulles aussi, il s'ensuit que la vitesse de la roue d'échappement, laquelle à chaque point M est toujours proportionnelle à celle du mobile multipliée par la force correspondante MX, sera nulle pendant le temps que le mobile emploie à aller depuis P jusqu'en B et à revenir de là jusqu'en F, et ensuite à aller depuis Q jusqu'en C et à revenir jusqu'en G. En sorte que cette roue, ainsi que tout le rouage de l'horloge, sera en repos pendant que le régulateur décrit les extrémités des arcs de vibration CB.

12. De là naît une différence très-essentielle entre les échappements ; ceux qui à chaque vibration produisent un recul dans le rouage se nomment *échappements à recul;* et ceux qui y produisent une espèce de repos se nomment *échappements à repos.*

On regarde communément ces derniers comme les meilleurs ; cependant d'habiles artistes ont remarqué qu'ils sont sujets à différents inconvénients, et qu'ils ne méritent pas à beaucoup près toute la préférence qu'on a voulu leur donner sur les échappements à recul; c'est un point que nous discuterons ailleurs.

13. On voit donc clairement, par les *fig.* 1 et 2 (pages 424, 428), en quoi consiste la différence des échappements à recul et de ceux à repos; elle ne dépend que de la différente forme des courbes TL, RX; de sorte que, ces courbes étant tracées pour un échappement quelconque donné, on reconnaîtra d'abord de quelle espèce est l'échappement proposé. Lorsque l'échappement est à recul, le mobile est continuellement sollicité par l'action de deux forces, l'une représentée par la courbe HAN, et l'autre par les deux courbes RS, TL; mais quand l'échappement est à repos, alors l'action de la seconde de ces deux forces cesse dès que le mobile en allant de C vers B parvient au point P qui répond à l'une des extrémités de l'arc de levée, et ne recommence que lorsque le mobile en revenant de B vers C atteint le point F; et de même cette action cesse au point Q qui répond à l'autre extrémité de l'arc de levée, et ne recommence qu'au point G lorsque le mobile ayant achevé son oscillation revient vers B.

14. Pour donner une idée encore plus nette de la nature des courbes TL, RX auxquelles nous avons ramené la Théorie des échappements, il est bon d'examiner, en particulier, quelques-unes des espèces les plus connues d'échappements, et de chercher l'équation des courbes qui leur appartiennent.

Prenons pour premier Exemple l'échappement ordinaire à roue de rencontre, et supposons que la roue de rencontre avec la verge du balancier garnie de ses deux palettes soit projetée sur un plan perpendiculaire à cette verge; soit donc (*fig.* 3, page 430) C la projection de la verge, et CA, CB celle des deux palettes, vues de profil, lesquelles sont attachées à la verge à la distance du diamètre de la roue, l'une de l'autre, et qui forment entre elles un angle donné ACB. Soit aussi PS la projection d'une partie de la circonférence de la roue, et PXQ, QYR deux dents consécutives de cette roue, laquelle est supposée tourner de gauche à droite, en sorte que la dent PXQ avance dans le sens PS et pousse par sa pointe X la palette CB, ce qui l'oblige à tourner autour de C dans le sens ZX; en même temps la dent SV qui doit être imaginée de l'autre côté de la circonférence

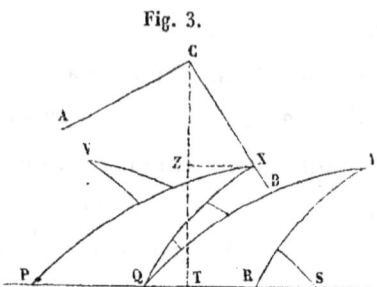

Fig. 3.

de la roue avancera dans le sens opposé SP, et ira à la rencontre de l'autre palette CA, mais ne pourra l'atteindre qu'après que la dent PX aura échappé au point B; alors la dent SV agira sur la palette CA, et tendra à la faire tourner en sens contraire jusqu'à ce qu'elle échappe au point A; après quoi la dent qui suit PX se trouvera à portée d'agir de nouveau sur la première palette CB; et ainsi de suite.

Cela posé, menons du point C la perpendiculaire CT sur PS et la perpendiculaire ZX sur CT, et nommons la ligne CZ qui est constante a, l'angle ZCX qui est variable φ, et la ligne ZX qui est variable aussi ξ; il est clair qu'on aura $\frac{\xi}{a} = \tang\varphi$, et par conséquent

$$\xi = a \tang\varphi.$$

Maintenant imaginons que la palette CB tourne en décrivant autour de C un angle infiniment petit $d\varphi$; la ligne ξ croîtra en même temps de l'élément $d\xi$, et il est visible que le rapport $\frac{d\xi}{d\varphi}$ sera celui de la vitesse de la dent PX à la vitesse angulaire de la palette; donc ce rapport sera proportionnel à celui de la vitesse de la roue à la vitesse du régulateur, et par conséquent, par le n° 10, proportionnel à celui de la force MX qui agit sur le régulateur à la force motrice de la roue; de sorte que, en désignant la première de ces forces par y, et la seconde par p, on aura

$$\frac{y}{p} = \mu \cdot \frac{d\xi}{d\varphi},$$

μ étant un coefficient constant. Or, ayant

$$\xi = a \tang \varphi,$$

on aura par la différentiation

$$d\xi = \frac{a\,d\varphi}{\cos^2\varphi};$$

donc

$$\gamma = \frac{\mu.ap}{\cos^2\varphi}.$$

Soit la longueur de la palette CB $= l$, il est clair que la dent PX échappera lorsque CX $= \frac{a}{\cos\varphi}$ sera $= l$; de sorte que, nommant α la valeur correspondante de φ, on aura $\cos\alpha = \frac{a}{l}$. Soit de plus ω l'angle constant ACB que font les deux palettes entre elles, il est clair que lorsque la palette CB fait avec la verticale l'angle ZCB $= \alpha$, la palette CA fera avec la même verticale l'angle ACZ $= \omega - \alpha$; mais, cette palette étant supposée de même longueur l, il est visible que la dent échappera lorsqu'elle formera avec la verticale le même angle α que la palette CB; donc l'angle total parcouru par la palette CA, depuis l'échappement d'une dent en B jusqu'à l'échappement d'une autre dent en A, sera égal à la différence des angles α et $\omega - \alpha$, c'est-à-dire égal à $2\alpha - \omega$; et cet angle sera l'arc de levée de l'échappement (9).

Ainsi dans la *fig.* 1, page 424, on aura PQ $= 2\alpha - \omega$, et par conséquent

$$AP = \alpha - \frac{\omega}{2};$$

de plus, comme l'angle α répond au point P, il est clair qu'on aura

$$MP = \alpha - \varphi;$$

et de là

$$AM = AP - MP = \alpha - \frac{\omega}{2} - \alpha + \varphi = \varphi - \frac{\omega}{2},$$

de sorte que, nommant x l'abscisse AM, on aura

$$x = \varphi - \frac{\omega}{2}; \quad \text{donc} \quad \varphi = x + \frac{\omega}{2},$$

et de là on aura, pour l'équation de la courbe RX,

$$y = \frac{\mu.ap}{\cos^2\left(x + \dfrac{\omega}{2}\right)};$$

et l'on trouvera que la courbe TL sera la même que la courbe RX, mais dans une position renversée; de sorte que, nommant de même x l'abscisse AM', et y l'ordonnée M'X', on aura entre x et y la même équation que nous venons de donner.

15. Il sera donc facile de décrire les deux courbes dont il s'agit, à l'aide de l'équation trouvée, et l'on connaîtra par leur moyen la nature de l'échappement proposé. Et d'abord il est clair que, comme $\cos^2\left(x+\dfrac{\omega}{2}\right)$ ne peut pas augmenter au delà de 1, la plus petite ordonnée y sera égale à $\mu.ap$, laquelle répondra à $x = -\dfrac{\omega}{2}$ ou $= 180° - \dfrac{\omega}{2}$; de sorte que la courbe n'atteindra jamais l'axe, et par conséquent l'échappement ne pourra jamais être *à repos*, mais sera toujours nécessairement *à recul* (13).

16. Mais si au lieu de faire les palettes droites on les faisait courbes, on pourrait peut-être obtenir un échappement à repos; c'est ce qu'il est bon d'examiner.

Soient donc (*fig.* 4) AC et CB les palettes courbes et PQX la dent qui

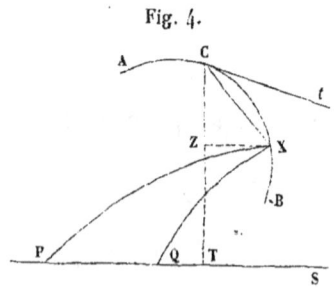

Fig. 4.

appuie sur le point X pour faire tourner la palette CB dans le sens ZX, comme ci-dessus; en conservant les mêmes dénominations on aura aussi l'équation $\xi = a\tan\varphi$; maintenant soit Ct la tangente à la courbe CX au point C, et nommons z l'angle tCX, ψ l'angle tCZ; on aura

$$\varphi = \psi - z;$$

donc
$$\xi = a \tang(\psi - z).$$

Soit de plus la corde $CX = r$, on aura

$$r = \frac{a}{\cos\varphi} = \frac{a}{\cos(\psi - z)},$$

et comme par la nature de la courbe CXB, qui est supposée donnée, on doit avoir une équation entre r et z, par laquelle r sera donné en z, il s'ensuit qu'on aura une équation entre ψ et z par laquelle on connaîtra z en ψ; et l'on pourra supposer que cette équation soit représentée par

$$dz = \Sigma\, d\psi,$$

Σ étant une fonction connue de ψ.

Or il est facile de comprendre que dans l'hypothèse présente l'angle élémentaire décrit par la palette autour de C n'est pas, comme dans le cas précédent, égal à $d\varphi$, mais égal à $d\psi$; de sorte qu'on aura ici l'équation

$$\frac{y}{p} = \mu \frac{d\xi}{d\psi};$$

mais en différentiant la valeur de ξ on a

$$d\xi = \frac{a(d\psi - dz)}{\cos^2(\psi - z)} = \frac{a(1 - \Sigma)\, d\psi}{\cos^2(\psi - z)}$$

en mettant $\Sigma\, d\psi$ à la place de dz; donc on aura l'équation

$$y = \frac{\mu\, ap(1 - \Sigma)}{\cos^2(\psi - z)},$$

où l'on remarquera que l'angle ψ doit être égal (*fig.* 1, page 424) à l'abscisse $AM = x$, plus une constante qui sera la valeur de ψ au point A; en sorte que, nommant en général ε cette constante, on aura $\psi = x + \varepsilon$; ainsi l'on aura l'équation de la courbe RX entre les coordonnées x et y.

17. Réciproquement donc, si l'on voulait regarder cette courbe comme donnée, on pourrait trouver l'équation de la courbe CB; d'où l'on voit que l'on peut toujours donner aux palettes une figure telle que les forces MX suivent une loi quelconque.

On voit aussi que dans ce cas l'échappement pourrait être à repos; car il est clair que l'ordonnée y sera nulle tant que Σ sera $= 1$, ce qui donne $dz = d\psi$, et par conséquent $dr = 0$, c'est-à-dire le rayon CX constant; ainsi il n'y aura qu'à donner aux palettes la figure d'une courbe telle que BD (*fig.* 5) qui dégénère en un arc de cercle XD, dont le centre

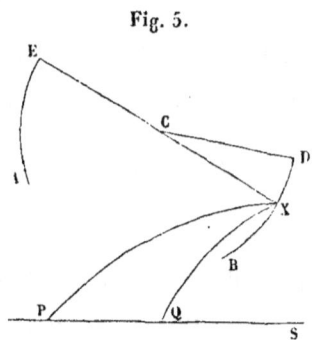

Fig. 5.

soit C; mais je ne sache pas qu'on ait jamais construit des échappements à repos de cette manière, peut-être à cause de quelques inconvénients qu'il pourrait y avoir dans la disposition des dents PQX de la roue de rencontre et des palettes BD, EA; c'est pourquoi nous ne nous y arrêterons pas davantage.

18. Si l'on imagine que les palettes CDB et CEA de la *fig.* 5 soient dans un même plan passant par le centre C et ne forment qu'une seule pièce, et que la roue soit aussi placée dans ce même plan, comme on le voit dans la *fig.* 6, page 435, alors on aura l'échappement qu'on nomme *à ancre*, et qui est un des plus usités dans les pendules; la roue PQK en tournant dans le sens PQ pousse avec la dent PQX la face intérieure DB de l'échappement et l'oblige à s'écarter pour lui donner passage, ce qui fait tourner l'ancre ACB autour de C dans le sens XD; dès que la dent PQX a échappé au point B, l'autre face AE, qui s'est approchée de la roue en même temps que la première s'en éloignait, sera poussée intérieurement par la dent SV et sera obligée par là de s'éloigner de la roue à son tour, ce qui fera tourner l'ancre en sens contraire et rapprochera la face DB de la roue; et ainsi de suite.

Fig. 6.

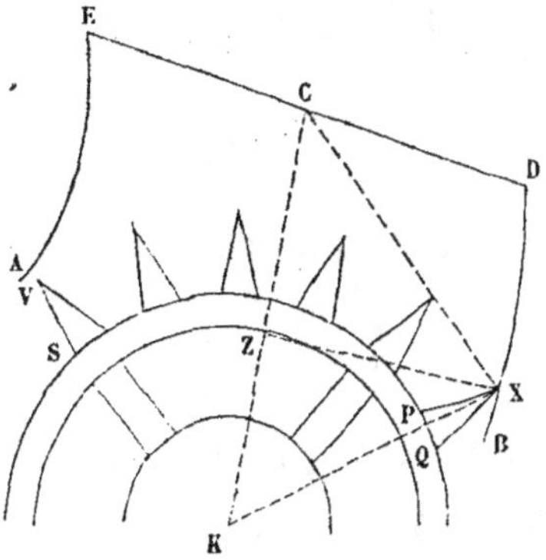

19. Ayant joint les deux centres C, K par la ligne CK, et abaissé du point X la perpendiculaire ZX sur CK, nommons a la distance CK, ψ l'angle KCD, z l'angle XCD, r le rayon vecteur CX, b le rayon KX de la circonférence extérieure de la roue, et ξ l'angle CKX; il est clair (10) que le rapport des forces $\dfrac{\gamma}{p}$ sera proportionnel à celui des vitesses ou des angles simultanés $\dfrac{d\xi}{d\psi}$ parcourus par la roue et par l'ancre; en sorte qu'on aura

$$\gamma = \mu p \frac{d\xi}{d\psi}.$$

Or, pour trouver la valeur finie de $\dfrac{d\xi}{d\psi}$, il n'y a qu'à considérer que l'on a

$$ZX = b\sin\xi, \quad KZ = b\cos\xi, \quad CZ = a - b\cos\xi;$$

donc

$$r = CX = \sqrt{a^2 - 2ab\cos\xi + b^2};$$

de sorte que, comme par la nature de la courbe DB, qui est supposée connue, on doit avoir une équation entre r et z, on en aura une entre z et ξ.

De plus on a

$$\frac{XZ}{CZ} = \frac{b \sin \xi}{a - b \cos \xi} = \tang ZCX = \tang(\psi - z);$$

donc, substituant dans cette équation au lieu de z sa valeur en ξ, on aura une équation entre ξ et ψ dont la différentielle pourra être représentée par

$$d\xi = \Psi d\psi,$$

Ψ étant une fonction de ψ; ainsi l'on aura

$$y = \mu p \Psi,$$

et, substituant ensuite $x + \varepsilon$ à la place de ψ, on aura l'équation de la courbe RX entre les coordonnées x et y.

On trouvera de même l'équation de l'autre branche TL en prenant la courbe AE à la place de la courbe DX.

20. Il est facile de voir par la seule inspection de la figure que cette espèce d'échappement peut être également à repos ou à recul; pour qu'il soit à repos, il suffira que les courbes EA, DB dégénèrent en haut en des arcs de cercles dont le centre soit C; et que ces courbures circulaires commencent aux endroits où les dents rencontrent d'abord les faces de l'échappement, ou même plus bas, mais non pas plus haut; dans tout autre cas l'échappement sera à recul.

SUR LE PROBLÈME

DE LA

DÉTERMINATION DES ORBITES DES COMÈTES

D'APRÈS TROIS OBSERVATIONS.

SUR LE PROBLÈME

DE LA

DÉTERMINATION DES ORBITES DES COMÈTES

D'APRÈS TROIS OBSERVATIONS.

[*Nouveaux Mémoires de l'Académie royale des Sciences et Belles-Lettres de Berlin*, années 1778 et 1783 (*)].

PREMIER MÉMOIRE.

Le fameux Problème de la détermination de l'orbite d'une Comète d'après trois observations, sur lequel Newton s'est exercé le premier et dont il ne nous a laissé que des solutions imparfaites, a occupé depuis plusieurs grands Géomètres; mais leurs efforts n'ont presque abouti jusqu'à présent qu'à varier et à simplifier à quelques égards les méthodes proposées par Newton, sans les rendre plus exactes et plus commodes pour la pratique.

Je me propose d'exposer, dans ce Mémoire, l'état de la question et le résultat des principales recherches qu'on a faites pour la résoudre.

Le Problème, considéré analytiquement, n'a point de difficulté, rien

---

(*) Les Recherches de Lagrange *Sur le Problème de la détermination des Orbites des Comètes* forment trois Mémoires. Les deux premiers ont été insérés dans le volume de 1778 des *Nouveaux Mémoires de l'Académie de Berlin,* le troisième dans le volume de 1783. Nous avons pensé qu'il convenait de ne pas scinder ces Recherches, et nous avons réuni le troisième Mémoire aux deux premiers. (*Note de l'Éditeur.*)

n'étant plus aisé que de le ramener à deux équations algébriques entre deux inconnues. Car chaque observation de la Comète donne immédiatement la position de la droite visuelle qui joint les centres de la Terre et de la Comète; de sorte qu'en prenant les distances de la Comète à la Terre au temps des deux premières observations pour les deux inconnues du Problème, on peut déterminer algébriquement les lieux de la Comète par rapport aux lieux du Soleil qu'on suppose connus par les Tables. Ayant ainsi la position de deux points de l'orbite de la Comète pour deux instants donnés, on détermine : 1° la position du plan de cette orbite, c'est-à-dire le lieu du nœud et l'inclinaison; 2° les distances de la Comète au Soleil, ou les rayons vecteurs de l'orbite, avec l'angle intercepté entre ces rayons; d'où, par les propriétés connues du mouvement parabolique, on déduit aisément le paramètre de la parabole, la position de son grand axe et l'instant du passage de la Comète par son sommet ou par le périhélie; et enfin l'expression du temps écoulé entre les deux observations, expression qui, étant égalée à l'intervalle observé, fournit une première équation algébrique.

On trouve ensuite une seconde équation, par le moyen de la troisième observation, en comparant le lieu observé de la Comète avec celui qu'on trouve pour le même instant d'après les propriétés du mouvement parabolique. Et l'on voit même que cette comparaison doit fournir deux équations, l'une relative à la longitude de la Comète, et l'autre à sa latitude; en sorte qu'il suffit, pour la détermination du Problème, que l'on connaisse seulement la longitude ou la latitude géométrique de la Comète au temps de la troisième observation.

Au lieu d'employer pour inconnues les deux distances de la Comète à la Terre au temps de deux observations, on pourrait prendre d'autres quantités quelconques, pourvu que ces quantités combinées avec les données déterminassent entièrement la position des deux lieux de la Comète dans son orbite autour du Soleil. On pourrait, par exemple, prendre pour inconnues les deux rayons vecteurs de l'orbite, ou les deux longitudes héliocentriques de la Comète, ou, etc.; ou enfin le lieu du nœud et l'inclinaison de l'orbite à l'écliptique, ce qui paraît au premier aspect plus simple et plus naturel, puisque ces deux dernières quantités sont indépendantes des lieux de la Comète aux temps des observations; mais il est facile de se convaincre que ce dernier choix des inconnues rendrait le calcul plus long et plus compliqué.

Ayant ainsi réduit le Problème à deux équations algébriques entre deux inconnues, il ne s'agit plus que de traiter ces équations par les règles connues de l'Algèbre : il faudra donc éliminer d'abord une des deux inconnues et ensuite résoudre l'équation finale. Mais : 1° les deux équations, auxquelles on parvient par l'analyse précédente, se présentent sous une forme très-compliquée et embarrassée de radicaux qu'il faudrait faire disparaître avant d'entreprendre l'élimination; 2° cette élimination demanderait des calculs très-longs et ferait monter l'équation finale à un degré si élevé qu'il serait absolument impossible d'en tirer aucun parti.

Tels sont les obstacles qui rendent la méthode directe tout à fait impraticable et qui ont forcé les Géomètres à recourir aux méthodes d'approximation. Mais l'approximation même présente de grandes difficultés; car, pour pouvoir l'employer avec succès, il faut connaître d'avance les premières valeurs approchées des inconnues dont on cherche la valeur exacte; or dans le Problème des Comètes rien ne peut nous faire connaître *à priori* ces valeurs approchées dont il faut partir; ainsi il ne reste qu'à tâcher de simplifier le Problème par le moyen de quelque supposition convenable; et celle qui se présente le plus naturellement est de regarder la portion de l'orbite décrite dans l'intervalle des trois observations comme rectiligne et parcourue d'un mouvement uniforme. Cette hypothèse doit même paraître d'autant plus plausible qu'elle a été pendant longtemps l'hypothèse favorite des Astronomes, pour le mouvement des Comètes, avant que Newton eût démontré que ces astres étaient soumis aux lois générales du mouvement des planètes, et que leurs orbites étaient à très-peu près paraboliques. Le grand avantage de cette hypothèse est de réduire la recherche des vrais lieux de la Comète, au temps des observations, à des équations du premier degré; si l'on n'emploie que des observations de la longitude il en faut quatre, ainsi qu'on le voit dans le Problème LVI de l'*Arithmétique universelle*; mais en tenant aussi compte des latitudes, trois observations suffisent pour la solution du Problème; et, ce qu'il y a de singulier, c'est que si l'on prend pour inconnues le lieu du nœud et l'inclinaison de l'orbite, on tombe dans une équation finale du neuvième degré, au lieu qu'en prenant pour inconnues deux distances de la Comète à la Terre, on parvient directement à des équations du premier degré, comme on le voit par la solution que M. Bouguer a donnée le premier de ce Problème dans les *Mémoires de l'Académie des Sciences de Paris* pour 1733.

Il est visible que l'hypothèse dont il s'agit s'écartera d'autant plus de la vérité que l'arc parcouru par la Comète dans l'intervalle des observations sera plus grand; mais aussi, par la raison contraire, elle doit s'en approcher d'autant plus que cet arc sera moindre; ainsi en employant des observations peu distantes entre elles, il semble qu'on pourrait du moins trouver de cette manière les premières valeurs approchées des inconnues du Problème. Mais malheureusement ce moyen si simple d'arriver à ce but est trop défectueux pour qu'on puisse s'en servir sans s'exposer à de très-grandes erreurs. C'est ce que quelques Géomètres ont déjà remarqué et que je me propose de prouver rigoureusement dans le cours de ce Mémoire.

L'hypothèse dont nous venons de parler en renferme réellement deux, l'une que la portion de l'orbite de la Comète soit rectiligne, l'autre qu'elle soit parcourue d'un mouvement uniforme; voilà pourquoi cette hypothèse seule suffit pour déterminer tout d'un coup les deux inconnues du Problème. Si l'on n'adoptait qu'une partie de cette hypothèse, on ne pourrait alors déterminer qu'une seule inconnue; et il faudrait chercher l'autre, ou par la résolution directe d'une équation fort élevée, ou par plusieurs fausses positions.

Dans la solution que Newton propose à la fin de son petit Traité *De systemate mundi,* il regarde l'orbite de la Comète comme rectiligne, mais il suppose que les parties décrites dans les deux intervalles entre les trois observations soient parcourues avec les vitesses réelles que la Comète doit avoir aux temps de la première et de la seconde observation; vitesses qui par la théorie du mouvement parabolique sont en raison inverse des racines des distances de la Comète au Soleil aux temps de ces observations; et il emploie la méthode de fausse position pour déterminer une des distances de la Comète à la Terre.

Mais si l'on évite, par ce moyen, une partie de l'inexactitude attachée à l'hypothèse du mouvement rectiligne et uniforme, il y reste néanmoins encore une trop grande source d'erreur pour qu'on puisse l'employer avec succès. C'est apparemment ce qui a engagé Newton à donner une autre solution du Problème des Comètes, entièrement indépendante de l'hypothèse dont il s'agit, et dans laquelle on aurait égard en même temps à la courbure de l'arc parabolique et à la variation du mouvement.

Telle est celle qu'on lit à la fin du troisième Livre des *Principes,* et dans laquelle le génie inventeur ne brille pas moins que dans le reste de cet admirable Ouvrage.

Newton y donne d'abord un moyen de couper la corde qui sous-tend l'arc parabolique parcouru entre la première et la troisième observation, de manière que les parties soient à très-peu près proportionnelles aux aires parcourues, et par conséquent aux temps employés par la Comète à décrire deux portions quelconques de cet arc; et il remarque que cette proportion devient rigoureusement exacte, lorsque le point qui sépare les deux parties de l'arc tombe au sommet du diamètre qui partage la corde donnée en deux également. Il détermine ensuite la vitesse avec laquelle la même corde pourrait être parcourue uniformément dans un temps égal à celui que la Comète emploie à décrire l'arc; enfin il détermine la force accélératrice qui dans le même temps ferait décrire, d'un mouvement uniformément accéléré, une ligne égale à la flèche du même arc, comprise entre le sommet de l'arc et la corde. Newton n'emploie dans ces déterminations d'autres données que la distance du sommet de l'arc au foyer de la parabole, et la longueur de la corde, ou celle de la flèche; de sorte que, comme par les propriétés de la parabole la flèche est égale au carré de la corde divisée par seize fois la distance du sommet de l'arc au foyer, et que cette distance plus la flèche est égale à la demi-somme des distances des extrémités du même arc au foyer, on peut par le moyen de ces Théorèmes déterminer immédiatement le temps employé à décrire l'arc parabolique, par la corde qui sous-tend cet arc, et par la somme des rayons vecteurs qui répondent aux deux extrémités de l'arc. C'est ce que M. Lambert a fait depuis dans son beau Traité *De orbitis Cometarum*, où il est parvenu à un des Théorèmes les plus élégants et les plus utiles qui aient été trouvés jusqu'ici sur ce sujet, et qui a en même temps l'avantage de s'appliquer aussi aux orbites elliptiques.

Pour en revenir à la solution de Newton, voici comment il la déduit des principes qu'il a posés. Il choisit trois observations de la Comète, dont les intervalles soient peu différents, afin qu'au temps de la seconde observation la Comète se soit trouvée peu éloignée du sommet de l'arc décrit entre la première et la troisième. Il mène, dans un plan qu'il regarde comme celui de l'écliptique, trois droites qui soient les projections des rayons visuels tirés de la Terre à la Comète dans les trois observations, et dont la position est par conséquent connue. Il prend dans la droite qui répond à la seconde observation un point arbitraire pour la projection du lieu de la Comète; de ce point il coupe, dans la droite qui va au Soleil, une partie égale à la projection de la flèche qui doit sous-tendre l'arc parcouru dans l'intervalle donné entre la première et la troisième observation; et par l'extrémité de cette partie coupée il mène une droite dont les parties, coupées par les deux lignes qui sont les projections des rayons visuels dans la première et dans la troisième observation, soient entre elles comme les intervalles entre ces observations et la seconde. Il est visible que cette droite serait la projection de la corde qui sous-tend le véritable arc parabolique décrit par la Comète depuis la première jusqu'à la troisième observation : 1° si le point pris arbitrairement pour le lieu de la Comète dans l'écliptique au temps de la deuxième observation était le véritable; 2° si la Comète au temps de cette observation s'était trouvée précisément au sommet de l'arc; 3° si la corde qui sous-tend cet arc était coupée par le rayon vecteur du sommet en deux parties exactement proportionnelles aux temps employés à décrire les deux parties de l'arc qui sont de part et d'autre du sommet. Comme ces deux dernières conditions ont lieu à peu près, Newton se sert de cette première détermination de la corde pour en trouver une plus exacte, au moyen du Théorème qu'il a donné pour couper la corde dans une raison très-approchante de celle des temps.

Connaissant ainsi la longueur et la position de la corde projetée, il en déduit, au moyen des latitudes observées, celles de la véritable corde dans l'orbite, et il compare cette longueur avec celle que la même corde doit avoir pour répondre au temps écoulé entre la première et la troisième observation. Si ces deux quantités s'accordent, c'est une marque que les déterminations précédentes sont exactes; et il n'y a plus qu'à décrire l'orbite parabolique par la condition qu'elle passe par les deux extrémités de la corde; ce qui est un Problème déterminé et résoluble par les principes que Newton a établis dans le premier Livre. Mais comme il est presque impossible que cet accord ait lieu dans la première opération, Newton prescrit de réitérer la même opération en prenant deux différents points pour le lieu de la Comète dans l'écliptique au temps de la seconde observation; ensuite il coupe, dans les cordes projetées, des parties respectivement égales aux erreurs des opérations, et faisant passer un arc de cercle par les points correspondants, il prend l'intersection de cet arc de cercle avec la droite qui est la projection du rayon visuel dans la première ou dans la troisième observation, pour le vrai lieu de la Comète dans l'écliptique au temps de cette observation. De cette manière Newton détermine les lieux de la Comète dans l'écliptique au temps de la première et de la dernière observation, et de là il déduit ensuite par un calcul direct tous les éléments de l'orbite.

Ce procédé de Newton serait sans doute plus exact, si au lieu d'un cercle il faisait passer une ligne parabolique par les points correspondants aux erreurs des différentes opérations; mais il faudrait alors avoir un plus grand nombre d'erreurs, et par conséquent multiplier davantage les opérations, ce qui allongerait considérablement la recherche dont il s'agit. D'ailleurs Newton ne regarde encore ces résultats que comme des approximations, et il enseigne ensuite à les corriger par des doubles parties proportionnelles.

Telle est en substance la méthode de Newton, que la plupart de ceux qui ont traité le Problème des Comètes après lui ont passée sous silence, ou n'ont regardée que comme une méthode graphique peu exacte et d'un usage difficile. Par le détail où nous venons d'entrer sur cette méthode, il est facile de juger que les difficultés qu'elle renferme naissent du fond même du sujet, et qu'on ne saurait employer plus de sagacité et d'adresse pour les surmonter. Le but de Newton est de réduire le Problème à une seule inconnue, et il y parvient par la considération de la corde qui sous-tend l'arc parcouru entre la première et la troisième observation, et par le moyen qu'il donne pour la partager en deux parties proportionnelles aux aires paraboliques correspondantes. Si Newton avait voulu se contenter de supposer que le rayon vecteur qui répond à la seconde observation partage la corde en parties proportionnelles aux intervalles de temps entre cette observation et les deux autres, sa solution serait devenue beaucoup plus simple ; mais il a peut-être regardé cette supposition comme trop peu exacte, et il ne s'en est servi que pour trouver une première approximation, qu'il a soin de corriger aussitôt.

Cependant, comme dans toute cette Recherche il ne s'agit à proprement parler que de trouver des valeurs approchées qu'il est facile de corriger ensuite, il paraît qu'on peut s'en tenir à cette supposition, qui revient dans le fond à prendre, à la place des vrais secteurs paraboliques décrits entre les deux premières et les deux dernières observations, les secteurs triangulaires formés par les mêmes rayons vecteurs et par les cordes des arcs parcourus entre ces observations ; car il est aisé de voir que ces secteurs sont exactement en raison des parties de la corde qui sous-tend l'arc entier, décrit entre la première et la troisième observation.

Cette remarque importante est due à M. Lambert, qui en a fait le plus heureux usage dans son Traité déjà cité. Mais, avant de parler de cet Ouvrage, je dois faire mention de celui que M. Euler a donné en 1744 sous le titre de *Theoria motus Planetarum et Cometarum,* et qui paraît être le premier où le Problème des Comètes ait été traité analytiquement.

M. Euler suppose d'abord que l'arc parcouru par la Comète dans l'intervalle des observations est très-petit, moyennant quoi il prouve facilement, par la théorie des forces centrales, que dans les points intermédiaires la corde de l'arc est coupée par le rayon vecteur en raison des temps, et il donne une formule assez simple, mais seulement approchée, pour exprimer la flèche correspondante.

D'après ces principes et en prenant pour inconnue la distance de la Comète à la Terre dans la seconde observation, il détermine la position et la longueur de la corde qui sous-tend l'arc parcouru entre la première et la troisième observation; par conséquent il trouve les lieux de la Comète dans son orbite aux temps de ces observations; d'où il conclut ensuite tous les éléments de l'orbite.

Jusqu'ici la solution de M. Euler est analogue à celle de Newton; mais, pour déterminer la valeur de l'inconnue, M. Euler demande une quatrième observation, et, en comparant le lieu donné par cette observation avec celui que la Comète doit avoir dans le même instant dans l'orbite trouvée, il parvient à la détermination dont il s'agit par la méthode ordinaire de fausse position.

Cette manière de trouver la valeur de l'inconnue est peut-être plus exacte que celle de Newton, surtout si, comme M. Euler le prescrit, on choisit une observation assez distante des premières. Mais en même temps on doit avouer qu'elle est moins directe, puisqu'on y emploie plus de données qu'il ne faut pour la solution complète du Problème.

L'hypothèse de la proportionnalité des parties de la corde aux temps correspondants est aussi la base de la solution que M. Lambert a donnée du Problème des Comètes dans le Traité déjà cité; mais deux choses distinguent surtout cette solution : l'une, c'est le beau Théorème que M. Lambert y donne pour exprimer le temps employé à parcourir un arc quelconque, au moyen de la corde qui sous-tend cet arc et de la somme des deux rayons vecteurs qui répondent aux extrémités du même arc, Théorème qui, par sa simplicité et par sa généralité, doit être regardé comme une des plus ingénieuses découvertes qui aient été faites dans la Théorie du système du monde; l'autre, c'est le moyen que M. Lambert a imaginé pour se dispenser de tenir compte de la flèche de l'arc parcouru, en considérant la projection des lieux de la Terre et de la Comète sur un plan perpendiculaire à celui dans lequel la Terre, le Soleil et la Comète se trouvent au temps de la seconde observation, et qui est déterminé par les deux lignes qui vont de la Terre au Soleil et à la Comète. Car il est visible que la projection du rayon vecteur de la Comète sur le plan dont il s'agit doit se confondre avec la projection de la ligne visuelle menée de la Terre à la Comète et dont la position est connue par l'observation. D'ailleurs il est clair que si la corde est coupée par le rayon vecteur qui répond à la seconde observation en parties proportionnelles aux intervalles de temps, la projection de cette corde sur un plan quelconque doit être coupée de même par la projection du rayon vecteur. Donc la projection de la corde sur le plan dont nous venons de parler sera coupée en parties proportionnelles aux temps, par la projection de la ligne menée de la Terre à la Comète dans la seconde observation. Il s'ensuit de là qu'il n'y a qu'à prendre pour inconnue la partie de cette ligne projetée qui est comprise entre le lieu de la Terre et le point d'intersection de la corde projetée, et mener par ce point dans le plan de projection une droite telle, qu'elle soit coupée par les lignes visuelles menées de la Terre à la Comète dans la première et dans la troisième observation, et projetées également sur le même plan, de manière que les parties soient proportionnelles aux temps écoulés entre les trois observations. Cette droite sera la projection de la corde, dont on connaîtra par conséquent la position et la grandeur. De là on trouvera les valeurs des deux rayons vecteurs qui joignent cette corde, et enfin le temps que la Comète a dû employer à parcourir l'arc sous-tendu par la même corde. Ce temps étant comparé avec l'intervalle entre la première et la troisième observation donnera une équation qui servira à déterminer l'inconnue.

M. Lambert trouve que, lorsque l'arc parcouru est assez petit, l'équation dont il s'agit ne monte qu'au sixième degré; mais nous verrons plus bas qu'il est impossible d'abaisser l'équation finale au-dessous du septième degré, quand même on supposerait les intervalles écoulés entre les trois observations infiniment petits. Ayant examiné d'où peut venir l'inexactitude de ce résultat, j'ai reconnu que c'est uniquement parce que M. Lambert prend la distance du point du milieu de la corde au Soleil pour la demi-somme des distances des extrémités de la même corde au

Soleil, c'est-à-dire pour la demi-somme des rayons vecteurs; ce qui n'est pas rigoureusement exact. Il est vrai que l'erreur doit être d'autant moindre que la corde est plus petite, de sorte qu'il semble qu'elle devrait disparaître dans l'infiniment petit; mais comme cette erreur a toujours une proportion finie avec les autres quantités qui deviennent aussi infiniment petites et d'où dépend la solution du Problème, il n'est pas plus permis de la négliger, qu'il ne le serait de négliger les carrés des différences premières dans les équations différentielles du second ordre.

Au reste M. Lambert ne fait point usage de cette équation approchée, ni même de l'équation générale, pour déterminer l'inconnue. Il abandonne au contraire l'Analyse et lui substitue une construction dans laquelle, au moyen de la description d'une courbe qu'il fait passer par différents points déterminés par plusieurs opérations sucessives, il détermine les vrais lieux de la Comète et les éléments de son orbite; ensuite il corrige ces valeurs approchées par la méthode différentielle connue. On trouve cette méthode plus détaillée et appliquée en même temps à différents exemples dans la troisième Partie des *Beyträge zum Gebrauche der Mathematik, etc.*

Ce que M. Lambert n'a point fait a été entrepris depuis, avec succès, par M. Tempelhoff dans la Pièce qui vient de partager le prix de l'Académie. En partant du même principe de la proportionnalité des parties de la corde aux temps, et en employant le Théorème de M. Lambert pour déterminer le temps par la corde et par la somme des rayons vecteurs, M. Tempelhoff parvient à une équation finale qui ne contient qu'une seule inconnue et qu'il résout par la méthode ordinaire de fausse position. L'application qu'il a faite de sa solution à la Comète de 1769 en prouve la bonté et l'utilité.

Les découvertes de M. Lambert, dont nous venons de rendre compte, ne sont pas les seules dont la Théorie des Comètes lui ait obligation. Ce Savant a donné depuis dans le volume de l'Académie pour l'année 1771 un moyen très-ingénieux pour trouver directement les distances de la Comète au Soleil dans la seconde observation, en considérant la déviation du lieu apparent de la Comète dans cette observation, par rapport au grand cercle de sphère qui passerait par les deux lieux apparents de la première et de la troisième observation. M. Lambert remarque que cette déviation est l'effet combiné de la courbure de l'arc parcouru par la Terre et de celle de l'arc parcouru par la Comète dans le même temps. Or la première courbure est connue; la seconde l'est aussi à très-peu près par la théorie des forces centrales, du moins tant que l'arc est supposé fort petit; ainsi l'on peut former une équation qui servira à déterminer le vrai lieu de la Comète. M. Lambert réduit le Problème à trouver sur une droite donnée de position un point tel, que la partie déterminée par ce point fasse avec le cube de la distance de ce même point à un autre point, donné hors de la droite dont il s'agit, un solide donné; et il est facile de se convaincre, en réduisant ce Problème au calcul, qu'il conduit à une équation du septième degré; ce qui confirme ce que nous avons déjà avancé plus haut touchant la limite du degré de l'équation finale. On trouve un exemple de cette méthode dans les *Éphémérides* de 1777.

Tels sont les principaux pas que l'on a faits jusqu'ici dans la solution du Problème des Comètes. Comme la solution directe et rigoureuse est impossible, du moins dans l'état d'imperfection où est encore la Théorie des équations, le seul objet qu'on puisse se proposer est de résoudre le Problème par approximation. On ne manque pas de méthodes pour corriger par des approximations successives les premières valeurs trouvées. Ainsi la difficulté ne consiste qu'à parvenir à une première approximation, et c'est le but des différentes méthodes dont nous venons de rendre compte. Mais ces méthodes, quelque ingénieuses qu'elles soient, me paraissent laisser encore beaucoup à désirer. Car : 1° ces méthodes ne sont pas assez directes, n'étant pas tirées des principes de la question envisagée d'une manière générale et rigoureuse, mais plutôt de considérations particulières et de suppositions précaires; 2° elles sont assez compliquées et ne peuvent donner que des résultats incertains, puisqu'on n'y apprécie point l'effet des erreurs qui doivent naitre des suppositions sur lesquelles elles sont fondées. La seule circonstance, d'où l'on puisse déduire une première approximation, est que les observations soient peu distantes entre elles; il faut donc faire voir *à priori* et par la nature même des équations fondamentales du Problème, comment cette supposition seule peut servir à trouver des valeurs approchées des inconnues; ensuite il faut encore assigner des limites entre lesquelles on soit assuré que doivent tomber les véritables valeurs. Ce n'est qu'en observant ces conditions qu'on peut se flatter de parvenir à une solution satisfaisante du Problème des Comètes; et c'est l'objet que l'Académie avait eu en vue en proposant ce Problème pour le sujet du dernier prix de Mathématiques. Quoique les deux Pièces couronnées et celles qui ont eu l'accessit aient répandu beaucoup de nouvelles lumières sur cette question, il paraît néanmoins qu'elle n'y a pas été envisagée sous le point de vue dont je viens de parler, et qu'on peut à cet égard la traiter encore comme un sujet entièrement nouveau; ce sera l'objet d'un autre Mémoire.

DEUXIÈME MÉMOIRE.

Après avoir donné dans le Mémoire précédent une analyse succincte des différentes méthodes qui ont été proposées jusqu'ici pour la solution du Problème de la détermination des orbites des Comètes d'après trois observations, et fait voir ce que ces méthodes laissent encore à désirer, je me propose dans celui-ci de rendre compte des tentatives que j'ai faites de mon côté pour parvenir à une méthode directe et analytique, qui donne d'abord, et sans tâtonnement, les premières valeurs des inconnues du Problème, et par laquelle on puisse ensuite corriger ces valeurs et les rendre aussi exactes qu'on voudra. Une telle méthode est peut-être le seul but auquel l'état actuel de l'Analyse permette d'atteindre, dans la solution du Problème qui fait l'objet de ces recherches.

1. Je rapporte le lieu de la Comète dans son orbite au plan de l'écliptique et à la ligne des équinoxes, par le moyen de trois coordonnées rectangles x, y, z, qui aient leur origine dans le centre du Soleil; x sera l'abscisse prise dans la ligne de l'équinoxe du printemps; y sera la pre-

mière ordonnée perpendiculaire à x dans le plan de l'écliptique et dirigée vers l'orient; z sera la seconde ordonnée perpendiculaire au plan même de l'écliptique, et du côté du pôle boréal. On prendra ces différentes lignes négatives lorsqu'elles auront des directions contraires à celles de l'hypothèse.

Il est visible que la distance de la Comète au Soleil ou le rayon vecteur de son orbite, que je désignerai par r, sera exprimé par

$$\sqrt{x^2 + y^2 + z^2}.$$

Soient de plus X, Y l'abscisse et l'ordonnée du lieu de la Terre dans l'écliptique rapportées aux mêmes axes que les x et y; on aura de même

$$\sqrt{X^2 + Y^2}$$

pour la distance de la Terre au Soleil, ou pour le rayon vecteur de l'orbite de la Terre que je désignerai par R.

Enfin soient ξ, η, ζ les trois coordonnées rectangles du lieu apparent de la Comète relativement au centre de la Terre, ξ l'abscisse prise depuis le centre de la Terre dans une droite parallèle à celle des équinoxes, η l'ordonnée perpendiculaire à ξ dans le plan de l'écliptique, et ζ l'ordonnée perpendiculaire à l'écliptique; on aura pareillement

$$\sqrt{\xi^2 + \eta^2 + \zeta^2}$$

pour la distance de la Comète à la Terre, que je désignerai par ρ.

Et il est facile de concevoir qu'on aura

$$x = X + \xi, \quad y = Y + \eta, \quad z = \zeta.$$

Soit maintenant A la longitude de la Terre au même instant, α la longitude géocentrique de la Comète, et β sa latitude géocentrique que nous supposerons boréale; l'angle A sera connu par la Théorie du Soleil, et les angles α et β le seront par l'observation.

Il est visible qu'on aura

$$X = R \cos A, \quad Y = R \sin A;$$

ensuite on aura

$$\xi = \rho \cos\alpha \cos\beta, \quad \eta = \rho \sin\alpha \cos\beta, \quad \zeta = \rho \sin\beta.$$

Ces formules sont si connues que je ne crois pas devoir m'arrêter à les démontrer.

2. Faisant donc ces substitutions, on aura

$$x = R \cos A + \rho \cos\alpha \cos\beta,$$
$$y = R \sin A + \rho \sin\alpha \cos\beta,$$
$$z = \rho \sin\beta,$$

d'où l'on voit que les trois coordonnées x, y, z ne dépendent que d'une seule inconnue ρ, qui est la distance de la Comète à la Terre. C'est à quoi se réduisent les données que chaque observation peut fournir. Le reste des données nécessaires pour la solution du Problème dépend de la figure parabolique de l'orbite de la Comète et de l'intervalle de temps écoulé entre les observations.

3. Pour mettre dans nos calculs le plus d'ordre et de clarté qu'il est possible, nous désignerons toujours les mêmes quantités par les mêmes lettres dans chaque observation; mais nous marquerons celles qui se rapportent à la première observation par un trait, celles qui se rapportent à la seconde par deux traits, et ainsi de suite. De cette manière x', y', z' seront les coordonnées rectangles du lieu de la Comète dans la première observation, ρ' sa distance à la Terre, α', β' sa longitude et sa latitude géocentriques, etc.

4. Cela posé, avant de faire entrer dans le calcul la considération de la parabole, nous commencerons par ne considérer que la condition qui exige que tous les lieux de la Comète soient dans un même plan passant par le Soleil. La manière la plus simple et la plus directe d'exprimer cette condition analytiquement est de considérer l'équation générale d'un plan passant par l'origine des coordonnées, qu'on sait être de cette forme

$$z = By - Cx,$$

et dans laquelle B et C sont deux constantes dépendantes uniquement de la position du plan; en sorte que si l'on nomme i l'inclinaison du plan dont il s'agit avec le plan des x et y, c'est-à-dire l'inclinaison de l'orbite de la Comète, et h l'angle que l'intersection de ces deux plans fait avec l'axe des x, c'est-à-dire la longitude des nœuds, on a

$$B = \tang i \cos h, \quad C = \tang i \sin h.$$

Substituant donc dans cette équation les valeurs de x, y, z du n° 2, on aura

$$\rho \sin \beta = BR \sin A + B\rho \sin \alpha \cos \beta - CR \cos A - C\rho \cos \alpha \cos \beta,$$

d'où l'on tire sur-le-champ

$$\rho = \frac{BR \sin A - CR \cos A}{\sin \beta - B \sin \alpha \cos \beta + C \cos \alpha \cos \beta};$$

et, substituant cette valeur de ρ dans les mêmes expressions de x, y, z, on aura

$$x = R \frac{\cos A \sin \beta - B \sin(\alpha - A) \cos \beta}{\sin \beta - B \sin \alpha \cos \beta + C \cos \alpha \cos \beta},$$

$$y = R \frac{\sin A \sin \beta - C \sin(\alpha - A) \cos \beta}{\sin \beta - B \sin \alpha \cos \beta + C \cos \alpha \cos \beta},$$

$$z = R \frac{B \sin A \sin \beta - C \cos A \sin \beta}{\sin \beta - B \sin \alpha \cos \beta + C \cos \alpha \cos \beta}.$$

Si donc l'on a trois observations d'une Comète, on aura, en marquant seulement toutes les lettres d'un trait pour la première, de deux pour la seconde et de trois pour la troisième, à l'exception des quantités B et C qui sont les mêmes pour toutes les observations d'une même Comète, on aura, dis-je, les valeurs des coordonnées x', y', z'; x'', y'', z''; x''', y''', z''', pour les trois lieux de la Comète dans son orbite, exprimées par des quantités toutes connues et par les seules inconnues B, C.

Pour déterminer ces inconnues, il faudra employer la considération du temps écoulé entre les observations; or si l'on nomme θ' le temps écoulé entre la première et la seconde observation, ce temps étant exprimé par l'arc du mouvement moyen du Soleil réduit en parties du rayon, et 2ω

l'angle parcouru par la Comète autour du Soleil dans le même temps, on a pour la parabole la formule (*voyez* plus bas le n° **16**)

$$\frac{3}{\sqrt{2}}\theta' = (r' + r'' + \sqrt{r'r''}\cos\omega)\sqrt{r' + r'' - 2\sqrt{r'r''}\cos\omega}.$$

Or on a

$$r' = \sqrt{x'^2 + y'^2 + z'^2}, \quad r'' = \sqrt{x''^2 + y''^2 + z''^2},$$

et l'on trouve facilement (*voyez* le n° **24**)

$$\cos 2\omega = \frac{x'x'' + y'y'' + z'z''}{r'r''},$$

et par conséquent

$$\sqrt{r'r''}\cos\omega = \sqrt{\frac{r'r'' + x'x'' + y'y'' + z'z''}{2}},$$

à cause de

$$\cos\omega = \sqrt{\frac{1 + \cos 2\omega}{2}};$$

donc, substituant ces valeurs dans l'équation précédente, et mettant ensuite à la place de $x', y', z'; x'', y'', z''$ leurs valeurs en B et C, on aura une équation dans laquelle il n'entrera que ces deux inconnues.

On trouvera une pareille équation en considérant le temps écoulé entre la seconde observation et la troisième; et l'on pourra en avoir une troisième en comparant la première et la troisième observation; mais comme il n'y a que deux inconnues B et C, deux équations suffisent pour les déterminer; et c'est à cette détermination qu'est maintenant réduite toute la difficulté du Problème.

Mais pour peu qu'on considère la forme des équations qu'il s'agit de résoudre, on verra aisément que la difficulté dont nous venons de parler est absolument insurmontable, par les méthodes connues; car quoique ces équations soient algébriques, elle sont néanmoins si compliquées que si l'on voulait prendre la peine de les réduire à une forme rationnelle, et ensuite d'éliminer une des deux inconnues, on parviendrait, après des calculs immenses, à une équation finale d'un degré très-élevé, dont on ne pourrait tirer aucun parti.

Cette manière donc d'envisager le Problème des Comètes, quoiqu'elle paraisse la plus directe et la plus simple, est néanmoins celle qui promet le moins de succès; et cela, non-seulement à l'égard de la solution rigoureuse, mais aussi à l'égard d'une solution seulement approchée, puisque rien ne saurait faire connaître d'avance les valeurs approchées de l'inclinaison et du lieu du nœud de la Comète, qui sont les deux inconnues qui entrent dans les équations à résoudre.

Si pour parvenir à ces valeurs on voulait faire usage de l'hypothèse du mouvement rectiligne et uniforme dans l'intervalle des trois observations, ainsi qu'en ont usé plusieurs Auteurs, alors il n'y aurait qu'à considérer que dans cette hypothèse les différences des coordonnées

$$x'' - x', \quad y'' - y', \quad z'' - z'$$

seraient aux différences

$$x''' - x'', \quad y''' - y'', \quad z''' - z''$$

dans une même raison, qui est celle de l'intervalle écoulé entre les deux premières observations à l'intervalle écoulé entre les deux dernières. De sorte qu'en nommant μ cette raison qui est connue par les observations, on aura

$$x'' - x' = \mu (x''' - x''),$$

et par conséquent

$$x' - (1 + \mu) x'' + \mu x''' = 0;$$

et de même

$$y' - (1 + \mu) y'' + \mu y''' = 0, \quad z' - (1 + \mu) z'' + \mu z''' = 0.$$

Il n'y aura donc qu'à substituer dans deux de ces équations (la troisième étant déjà une suite des deux autres, à cause que nous avons précédemment fait entrer dans le calcul la considération de l'orbite plane) les valeurs trouvées ci-dessus de x', y',..., et l'on aura deux équations rationnelles en B et C, qui étant délivrées des fractions monteront chacune au troisième degré; en sorte que l'équation finale montera généralement parlant au neuvième.

Il est possible que cette équation finale s'abaisse d'elle-même à un degré moindre, et même cela paraît nécessaire, puisqu'on sait d'ailleurs que le Problème n'est que du premier degré; ce qu'on peut aussi démontrer par nos formules, en prenant pour inconnues les distances ρ', ρ'', ρ''' de la Comète à la Terre aux temps des trois observations.

En effet, si dans les trois équations ci-dessus on substitue pour x', y',... les premières valeurs du n° 2, qui sont indépendantes de la considération du plan de l'orbite, on aura trois équations linéaires entre les trois inconnues ρ', ρ'', ρ''', par lesquelles on pourra déterminer ces inconnues; de là on aura les valeurs de x', y', z'; x'', y'', z'', et les deux équations

$$z' = By' - Cx', \quad z'' = By'' - Cx''$$

donneront ensuite, si l'on veut, les valeurs de B et de C qui étaient les inconnues cherchées d'abord.

Mais nous verrons plus bas que l'hypothèse sur laquelle est fondée cette solution n'est point admissible, même en supposant les intervalles entre les observations infiniment petits; de sorte qu'on ne peut pas même employer cette solution pour avoir les premières valeurs approchées des inconnues.

5. Puisque la manière précédente de traiter le Problème des Comètes, en y prenant pour inconnue la position du plan de l'orbite, n'est point propre à fournir une solution approchée; que, même dans le cas le plus simple, elle conduit à des équations beaucoup plus compliquées qu'il ne faut, il s'ensuit qu'il est nécessaire de s'y prendre autrement pour réduire le Problème en équations; et comme la condition, que les trois lieux de la Comète soient dans un même plan avec le Soleil, est la plus simple de toutes celles que la question renferme, il paraît naturel de commencer par y satisfaire; mais il faudra employer pour cela d'autres moyens que ceux dont on a fait usage plus haut.

Je considère donc que si l'on désigne par t et u l'abscisse et l'ordonnée de l'orbite de la Comète, prises dans le plan de cette orbite et ayant leur origine au centre du Soleil, et qu'on cherche à en déduire les coordonnées x, y, z dont l'origine est pareillement au centre du Soleil, on trouvera des expressions de cette forme

$$x = at + bu, \quad y = ct + eu, \quad z = ft + gu,$$

les coefficients a, b, c, e, f, g étant constants et ne dépendant que de la position du plan de l'orbite par rapport au plan des x et y, et de la position de l'axe des abscisses t par rapport à l'axe des abscisses x.

Nous nous dispenserons ici de donner la démonstration de ces formules, qui doit être très-facile pour quiconque est tant soit peu versé dans l'Analyse des courbes; nous nous contenterons seulement de remarquer que comme, par l'hypothèse, la distance de la Comète au Soleil doit être exprimée par $\sqrt{t^2 + u^2}$, il faudra que l'on ait

$$r^2 = x^2 + y^2 + z^2 = t^2 + u^2;$$

par conséquent

$$(at + bu)^2 + (ct + eu)^2 + (ft + gu)^2 = t^2 + u^2,$$

équation qui doit être identique, et d'où l'on tire par conséquent ces trois déterminations

$$a^2 + c^2 + f^2 = 1, \quad b^2 + e^2 + g^2 = 1, \quad ab + ce + fg = 0.$$

Il ne restera donc plus parmi les six constantes a, b, c, e, f, g, que trois indéterminées; ce seront celles qui dépendent de la position de la ligne des nœuds de l'orbite, de son inclinaison et de l'angle de l'axe des t avec la ligne des nœuds; mais il nous suffira, pour le présent, de considérer les formules précédentes sous la forme où elles se présentent.

6. On aura donc, dans chaque observation, trois équations analogues à celles qu'on vient de donner, les coefficients $a, b, c, \ldots$ étant partout les mêmes.

Ainsi, pour trois observations différentes, on aura d'abord ces trois équations

$$x' = at' + bu', \quad x'' = at'' + bu'', \quad x''' = at''' + bu''',$$

d'où l'on peut éliminer a et b.

D'APRÈS TROIS OBSERVATIONS.

Cette élimination faite, et les termes étant ordonnés par rapport à x', x'', x''', on aura l'équation

$$(t'''u'' - t''u''')x' - (t'''u' - t'u''')x'' + (t''u' - t'u'')x''' = 0.$$

On aura de même ces trois autres équations

$$y' = ct' + eu', \quad y'' = ct'' + eu'', \quad y''' = ct''' + eu''',$$

d'où, éliminant c et e, on aura

$$(t'''u'' - t''u''')y' - (t'''u' - t'u''')y'' + (t''u' - t'u'')y''' = 0;$$

enfin on aura aussi

$$z' = ft' + gu', \quad z'' = ft'' + gu'', \quad z''' = ft''' + gu''',$$

d'où l'on tirera pareillement

$$(t'''u'' - t''u''')z' - (t'''u' - t'u''')z'' + (t''u' - t'u'')z''' = 0.$$

7. Donc, si l'on fait, pour abréger,

$$t''u' - t'u'' = L, \quad t'''u' - t'u''' = M, \quad t'''u'' - t''u''' = N,$$

on aura ces trois équations semblables

$$Nx' - Mx'' + Lx''' = 0, \quad Ny' - My'' + Ly''' = 0, \quad Nz' - Mz'' + Lz''' = 0.$$

Qu'on substitue dans ces équations les valeurs de x', y', z' en ρ', celles de x'', y'', z'' en ρ'', et enfin celles de x''', y''', z''' en ρ''', données par les formules du n° 2, en marquant successivement toutes les lettres d'un trait, ou de deux, ou de trois, pour les rapporter à la première observation, à la seconde, ou à la troisième; on aura, comme l'on voit, trois équations linéaires en ρ', ρ'', ρ''', par lesquelles on pourra déterminer ces trois quantités. De sorte que le Problème serait résolu si l'on connaissait les valeurs des trois quantités L, M, N, ou seulement leurs rapports, puisqu'en divisant les trois équations par L, il ne s'y trouvera que les deux quantités $\dfrac{M}{L}$, $\dfrac{N}{L}$.

8. En effet on aura, par les substitutions dont il s'agit, ces trois équations

$$N\rho'\cos\alpha'\cos\beta' - M\rho''\cos\alpha''\cos\beta'' + L\rho'''\cos\alpha'''\cos\beta'''$$
$$+ NR'\cos A' - MR''\cos A'' + LR'''\cos A''' = 0,$$

$$N\rho'\sin\alpha'\cos\beta' - M\rho''\sin\alpha''\cos\beta'' + L\rho'''\sin\alpha'''\cos\beta'''$$
$$+ NR'\sin A' - MR''\sin A'' + LR'''\sin A''' = 0,$$

$$N\rho'\sin\beta' - M\rho''\sin\beta'' + L\rho'''\sin\beta''' = 0.$$

Qu'on multiplie la première par $\sin\alpha'''$ et qu'on en retranche la seconde multipliée par $\cos\alpha'''$, on aura

$$N\rho'\sin(\alpha''' - \alpha')\cos\beta' - M\rho''\sin(\alpha''' - \alpha'')\cos\beta''$$
$$+ NR'\sin(\alpha''' - A') - MR''\sin(\alpha''' - A'') + LR'''\sin(\alpha''' - A''') = 0.$$

Qu'on multiplie encore la première par $\cos\alpha'''$ et qu'on y ajoute la seconde multipliée par $\sin\alpha'''$, on aura

$$N\rho'\cos(\alpha''' - \alpha')\cos\beta' - M\rho''\cos(\alpha''' - \alpha'')\cos\beta'' + L\rho'''\cos\beta'''$$
$$+ NR'\cos(\alpha''' - A') - MR''\cos(\alpha''' - A'') + LR'''\cos(\alpha''' - A''') = 0.$$

Qu'on multiplie maintenant celle-ci par $\sin\beta'''$ et qu'on la retranche de la troisième multipliée par $\cos\beta'''$, on aura

$$N\rho'[\sin\beta'\cos\beta''' - \cos(\alpha''' - \alpha')\cos\beta'\sin\beta''']$$
$$- M\rho''[\sin\beta''\cos\beta''' - \cos(\alpha''' - \alpha'')\cos\beta''\sin\beta''']$$
$$- NR'\cos(\alpha''' - A')\sin\beta''' + MR''\cos(\alpha''' - A'')\sin\beta''' - LR'''\cos(\alpha''' - A''')\sin\beta''' = 0.$$

Qu'on multiplie enfin la première réduite, trouvée ci-dessus, par

$$\sin\beta''\cos\beta''' - \cos(\alpha''' - \alpha'')\cos\beta''\sin\beta''',$$

et qu'on en retranche l'équation précédente multipliée par

$$\sin(\alpha''' - \alpha'')\cos\beta'',$$

on aura, après les réductions,

$$N\rho'[\sin(\alpha''' - \alpha')\cos\beta''' \cos\beta' \sin\beta'' - \sin(\alpha''' - \alpha')\cos\beta''' \cos\beta'' \sin\beta'$$
$$- \sin(\alpha'' - \alpha')\cos\beta'' \cos\beta' \sin\beta''']$$
$$+ NR'[\sin(\alpha''' - A')\cos\beta''' \sin\beta'' - \sin(\alpha'' - A')\cos\beta'' \sin\beta''']$$
$$- MR''[\sin(\alpha''' - A'')\cos\beta''' \sin\beta'' - \sin(\alpha'' - A'')\cos\beta'' \sin\beta''']$$
$$+ LR'''[\sin(\alpha''' - A''')\cos\beta''' \sin\beta'' - \sin(\alpha'' - A''')\cos\beta'' \sin\beta'''] = 0.$$

D'où, en faisant, pour abréger,

$$\gamma = \sin(\alpha'' - \alpha')\cos\beta' \cos\beta'' \sin\beta'''$$
$$+ \sin(\alpha''' - \alpha'')\cos\beta'' \cos\beta''' \sin\beta'$$
$$+ \sin(\alpha' - \alpha''')\cos\beta''' \cos\beta' \sin\beta''$$

on tire

$$\rho' = \sin\beta'' \cos\beta''' \frac{NR'\sin(\alpha''' - A') - MR''\sin(\alpha''' - A'') + LR'''\sin(\alpha''' - A''')}{N\gamma}$$
$$- \cos\beta'' \sin\beta''' \frac{NR'\sin(\alpha'' - A') - MR''\sin(\alpha'' - A'') + LR'''\sin(\alpha'' - A''')}{N\gamma}.$$

On trouvera de même les valeurs de ρ'' et de ρ''', et pour cela il n'y aura qu'à changer, dans l'expression précédente, d'abord N en $-$M et ' en ''; et ensuite N en L et ' en ''', et *vice versâ*.

Donc, si l'on fait de plus

$$\Gamma' = NR'\sin(\alpha' - A') - MR''\sin(\alpha' - A'') + LR'''\sin(\alpha' - A'''),$$
$$\Gamma'' = NR'\sin(\alpha'' - A') - MR''\sin(\alpha'' - A'') + LR'''\sin(\alpha'' - A'''),$$
$$\Gamma''' = NR'\sin(\alpha''' - A') - MR''\sin(\alpha''' - A'') + LR'''\sin(\alpha''' - A'''),$$

on aura

$$\rho' = \frac{\Gamma'''\sin\beta'' \cos\beta''' - \Gamma''\sin\beta''' \cos\beta''}{N\gamma},$$
$$\rho'' = \frac{\Gamma'\sin\beta''' \cos\beta' - \Gamma'''\sin\beta' \cos\beta'''}{-M\gamma},$$
$$\rho''' = \frac{\Gamma''\sin\beta' \cos\beta'' - \Gamma'\sin\beta'' \cos\beta'}{L\gamma}.$$

Or on a, en général (**3**),

$$r^2 = x^2 + y^2 + z^2 = R^2 + 2\rho R\cos(\alpha - A)\cos\beta + \rho^2;$$

donc, marquant successivement toutes les lettres d'un trait, de deux, de trois, on aura

$$r'^2 = R'^2 + 2\rho' R' \cos(\alpha' - A') \cos\beta' + \rho'^2,$$
$$r''^2 = R''^2 + 2\rho'' R'' \cos(\alpha'' - A'') \cos\beta'' + \rho''^2,$$
$$r'''^2 = R'''^2 + 2\rho''' R''' \cos(\alpha''' - A''') \cos\beta''' + \rho'''^2,$$

de sorte que, par la substitution des valeurs précédentes de ρ', ρ'', ρ''', on aura celles de r', r'', r''', c'est-à-dire des trois rayons vecteurs de l'orbite.

9. Supposons que dans l'intervalle des trois observations le mouvement de la Comète soit rectiligne et uniforme, il est clair que nommant θ' l'intervalle entre la première et la seconde, et θ'' l'intervalle entre la seconde et la troisième, on aura ces deux proportions

$$t'' - t' : t''' - t'' = \theta' : \theta'', \quad u'' - u' : u''' - u'' = \theta' : \theta'';$$

d'où l'on tire

$$t''' = \frac{(\theta' + \theta'') t'' - \theta'' t'}{\theta'}, \quad u''' = \frac{(\theta' + \theta'') u'' - \theta'' u'}{\theta'}.$$

Qu'on substitue ces valeurs dans les expressions de M et de N, on aura

$$M = \frac{(\theta' + \theta'')(t''u' - t'u'')}{\theta'} = \frac{L(\theta' + \theta'')}{\theta'},$$

$$N = -\frac{\theta''(t'u'' - t''u')}{\theta'} = \frac{L\theta''}{\theta'}.$$

Par conséquent $\frac{M}{L} = \frac{\theta' + \theta''}{\theta'}$ et $\frac{N}{L} = \frac{\theta''}{\theta'}$, quantités connues par les observations. Dans cette hypothèse donc le Problème ne sera que du premier degré, ce qui s'accorde avec ce que M. Bouguer a trouvé par une autre voie.

10. Mais voyons jusqu'à quel point l'hypothèse dont il s'agit peut s'accorder avec les principes connus du mouvement des Comètes autour du Soleil. Comme on sait que les Comètes sont attirées vers le Soleil en raison inverse du carré des distances et qu'en vertu de cette attraction elles

décrivent des orbites à très-peu près paraboliques, il est clair que l'hypothèse du mouvement rectiligne et uniforme doit s'éloigner d'autant plus de la vérité que l'arc décrit par la Comète sera plus grand; ce n'est donc que dans les arcs très-petits, c'est-à-dire lorsque les intervalles θ' et θ'' seront très-petits, qu'on pourra regarder cette hypothèse comme approchante de la vérité, et le *maximum* d'approximation devra par conséquent avoir lieu dans l'infiniment petit. Or nommant, en général, le temps θ, on aura dans l'infiniment petit

$$\theta' = d\theta, \quad \theta'' = d\theta + d^2\theta,$$

et de même en désignant par t et u l'abscisse et l'ordonnée qui répondent à la première observation, on aura

$$t' = t, \quad t'' = t + dt, \quad t''' = t + 2dt + d^2t,$$
$$u' = u, \quad u'' = u + du, \quad u''' = u + 2du + d^2u;$$

or l'équation

$$t''' = \frac{(\theta' + \theta'')t'' - \theta''t'}{\theta'}$$

se réduit à

$$\frac{t''' - t''}{\theta''} - \frac{t'' - t'}{\theta'} = 0,$$

donc

$$\frac{dt + d^2t}{d\theta + d^2\theta} - \frac{dt}{d\theta} = 0,$$

ou bien

$$d\frac{dt}{d\theta} = 0,$$

et de même l'autre équation en u deviendra

$$d\frac{du}{d\theta} = 0.$$

Mais par la Théorie des forces centrales on a, en nommant F la force attractive du Soleil à la distance 1, les deux équations

$$d\frac{dt}{d\theta} + \frac{F t\, d\theta}{r^3} = 0, \quad d\frac{du}{d\theta} + \frac{F u\, d\theta}{r^3} = 0.$$

Donc les deux quantités $d\frac{dt}{d\theta}$ et $d\frac{du}{d\theta}$ ne sont pas nulles, ainsi qu'on le suppose dans l'hypothèse du mouvement rectiligne. On ne pourrait pas dire que, les termes $\frac{Ft\,d\theta}{r^3}$ et $\frac{Fu\,d\theta}{r^3}$ étant infiniment petits du premier ordre, on ne commet, en les négligeant, qu'une erreur infiniment petite; car il est visible que les quantités $d\frac{dt}{d\theta}$ et $d\frac{du}{d\theta}$ sont aussi infiniment petites du premier ordre; de sorte que ces quantités sont du même ordre que les termes en question, et ont par conséquent avec eux un rapport fini.

En général, on sait par la Théorie du Calcul infinitésimal que lorsqu'on ne considère que deux points consécutifs et infiniment proches d'une courbe, on peut regarder l'arc intercepté comme une ligne droite, mais que cela n'est plus permis lorsqu'on veut considérer trois points consécutifs; car la position de ces trois points détermine alors la courbure de l'arc, qu'on ne peut regarder comme nulle, à moins qu'il n'y ait là un point d'inflexion; ce qui n'a point lieu dans les trajectoires décrites par des forces centrales. Voilà la vraie raison métaphysique par laquelle il n'est pas permis de supposer que l'orbite d'une Comète soit rectiligne, même dans un intervalle de temps infiniment petit, dès qu'on veut employer trois observations, c'est-à-dire qu'on veut considérer trois points consécutifs de la même orbite.

M. de Laplace m'a mandé, il y a quelque temps, qu'il avait fait une pareille remarque à l'occasion d'une solution du Problème des Comètes présentée à l'Académie par l'Abbé Boscovich. On trouve au reste, dans le volume des *Éphémérides* de 1779, un Mémoire de M. Lambert qui contient encore d'autres remarques intéressantes sur l'hypothèse rectiligne et sur les méthodes de MM. Cassini et Bouguer.

11. Pour jeter encore un plus grand jour sur ce que nous venons de démontrer, et pour faire voir en même temps de quelle manière on doit traiter la question, sans manquer à l'exactitude nécessaire, je considère que les abscisses t', t'', t''', ainsi que les ordonnées correspondantes u', u'', u''', peuvent être regardées, en général, comme des fonctions du temps

écoulé depuis une époque donnée, et qu'ainsi en nommant θ le temps de la seconde observation, et par conséquent $\theta - \theta'$ et $\theta + \theta''$ les temps de la première et de la troisième, les quantités t'', u'' deviendront t', u' et t''', u''' en y changeant θ en $\theta - \theta'$ et $\theta + \theta''$.

Or on sait que, si φ est une fonction quelconque de θ, elle devient

$$\varphi - \frac{d\varphi}{d\theta} \theta' + \frac{d^2\varphi}{d\theta^2} \frac{\theta'^2}{2} - \ldots,$$

lorsque θ devient $\theta - \theta'$, et

$$\varphi + \frac{d\varphi}{d\theta} \theta'' + \frac{d^2\varphi}{d\theta^2} \frac{\theta''^2}{2} + \ldots,$$

lorsque θ devient $\theta + \theta''$.

Donc on aura

$$t' = t'' - \frac{dt''}{d\theta} \theta' + \frac{d^2 t''}{d\theta^2} \frac{\theta'^2}{2} - \ldots,$$

$$u' = u'' - \frac{du''}{d\theta} \theta' + \frac{d^2 u''}{d\theta^2} \frac{\theta'^2}{2} - \ldots,$$

$$t''' = t'' + \frac{dt''}{d\theta} \theta'' + \frac{d^2 t''}{d\theta^2} \frac{\theta''^2}{2} + \ldots,$$

$$u''' = u'' + \frac{du''}{d\theta} \theta'' + \frac{d^2 u''}{d\theta^2} \frac{\theta''^2}{2} + \ldots,$$

Mais on a par la théorie des forces centrales, en prenant $d\theta$ pour constante,

$$\frac{d^2 t''}{d\theta^2} = - \frac{F t''}{r''^3}, \quad \frac{d^2 u''}{d\theta^2} = - \frac{F u''}{r''^3}.$$

Donc les expressions précédentes deviendront

$$t' = t'' - \frac{dt''}{d\theta} \theta' - \frac{F t''}{2 r''^3} \theta'^2 - \ldots,$$

$$u' = u'' - \frac{du''}{d\theta} \theta' - \frac{F u''}{2 r''^3} \theta'^2 - \ldots,$$

$$t''' = t'' + \frac{dt''}{d\theta} \theta'' - \frac{F t''}{2 r''^3} \theta''^2 + \ldots,$$

$$u''' = u'' + \frac{du''}{d\theta} \theta'' - \frac{F u''}{2 r''^3} \theta''^2 + \ldots.$$

Il est aisé de voir que, dans l'hypothèse du mouvement rectiligne et uniforme, on ne prend que les deux premiers termes de chacune de ces formules; en effet si des deux équations

$$t' = t'' - \frac{dt''}{d\theta}\theta', \quad t''' = t'' + \frac{dt''}{d\theta}\theta'',$$

on élimine $\frac{dt''}{d\theta}$, il vient

$$t''' = \frac{(\theta' + \theta'')t'' - \theta''t'}{\theta'},$$

et de même si l'on élimine $\frac{du''}{d\theta}$ des équations

$$u' = u'' - \frac{du''}{d\theta}\theta', \quad u''' = u'' + \frac{du''}{d\theta}\theta'',$$

on a

$$u''' = \frac{(\theta' + \theta'')u'' - \theta''u'}{\theta'};$$

formules identiques avec celles qu'on a trouvées directement dans l'hypothèse dont il s'agit (8).

Il est donc nécessaire d'avoir égard, dans les valeurs des quantités précédentes, aux termes où les quantités θ', θ'' montent au second degré.

En substituant les valeurs ci-dessus dans les formules du n° 7, on trouve

$$L = \frac{u''dt'' - t''du''}{d\theta}\theta',$$

$$M = \frac{u''dt'' - t''du''}{d\theta}(\theta' + \theta'')\left(1 - \frac{F\theta'\theta''}{2r''^3}\right),$$

$$N = \frac{u''dt'' - t''du''}{d\theta}\theta'',$$

où le terme $\frac{F\theta'\theta''}{2r''^3}$ est l'effet de la courbure de l'orbite.

Or, quoique ce terme devienne très-petit du second ordre vis-à-vis de 1, lorsque θ', θ'' sont des quantités très-petites du premier ordre, il n'est pas néanmoins permis de le négliger dans les valeurs des quantités Γ', Γ'', Γ''' des expressions de ρ', ρ'', ρ''' du n° 8.

En effet si l'on substitue dans ces quantités les valeurs précédentes de L, M, N, et qu'on suppose, en général,

$$\eth = \theta'' R' \sin(\alpha - A') - (\theta' + \theta'') R'' \sin(\alpha - A'') + \theta' R''' \sin(\alpha - A'''),$$

qu'ensuite on dénote par $\eth'$, $\eth''$, $\eth'''$ les valeurs de $\eth$ correspondantes à $\alpha = \alpha'$, α'', α''', on aura

$$\Gamma' = \frac{u'' dt'' - t'' du''}{d\theta} \left[\eth' + \frac{F(\theta' + \theta'') \theta' \theta'' R'' \sin(\alpha' - A'')}{2 r''^3} \right],$$

$$\Gamma'' = \frac{u'' dt'' - t'' du''}{d\theta} \left[\eth'' + \frac{F(\theta' + \theta'') \theta' \theta'' R'' \sin(\alpha'' - A'')}{2 r''^3} \right],$$

$$\Gamma''' = \frac{u'' dt'' - t'' du''}{d\theta} \left[\eth''' + \frac{F(\theta' + \theta'') \theta' \theta'' R'' \sin(\alpha''' - A'')}{2 r''^3} \right].$$

Or en supposant que les intervalles θ' et θ'' entre les observations soient très-petits du premier ordre, il est visible que la quantité $(\theta' + \theta'') \theta' \theta''$ devient très-petite du troisième ordre; par conséquent on pourra, dans les expressions précédentes, négliger les termes affectés de cette quantité, à moins que dans la même supposition les quantités $\eth'$, $\eth''$, $\eth'''$ ne deviennent aussi très-petites du même ordre.

12. Je considère donc que, l'orbite de la Terre étant à très-peu près circulaire et décrite d'un mouvement uniforme, les rayons R', R'', R''' peuvent être sans erreur sensible supposés égaux, et les différences de longitude du Soleil $A'' - A'$, $A''' - A''$ supposées proportionnelles aux intervalles de temps θ', θ''; et ces suppositions seront d'autant plus exactes que ces intervalles seront très-petits.

On aura donc ainsi
$$R' = R'' = R'''$$

et
$$A'' - A' = m\theta', \quad A''' - A'' = m\theta'';$$

par conséquent
$$A' = A'' - m\theta', \quad A''' = A'' + m\theta'';$$

et la quantité δ deviendra

$$\delta = R''[\theta'' \sin(\alpha - A'' + m\theta') - (\theta' + \theta'') \sin(\alpha - A'') + \theta' \sin(\alpha - A'' - m\theta'')].$$

Mais θ' et θ'' étant très-petits, on a

$$\sin(\alpha - A'' + m\theta') = \sin(\alpha - A'') + m\theta' \cos(\alpha - A'') - \frac{m^2 \theta'^2}{2} \sin(\alpha - A'')$$
$$- \frac{m^3 \theta'^3}{6} \cos(\alpha - A'') + \ldots,$$

$$\sin(\alpha - A'' - m\theta'') = \sin(\alpha - A'') - m\theta'' \cos(\alpha - A'') - \frac{m^2 \theta''^2}{2} \sin(\alpha - A'')$$
$$+ \frac{m^3 \theta''^3}{6} \cos(\alpha - A'') + \ldots.$$

Donc, substituant et négligeant les quantités des ordres supérieurs au troisième, on aura

$$\delta = -\frac{m^2 (\theta' + \theta'') \theta' \theta'' R''}{2} \sin(\alpha - A''),$$

quantité qui est, comme l'on voit, du troisième ordre.

Donc, faisant successivement $\alpha = \alpha'$, α'', α''' pour avoir les valeurs de δ', δ'', δ''', et substituant ensuite ces valeurs dans les expressions de Γ', Γ'', Γ''' du numéro précédent, on aura

$$\Gamma' = -\frac{u'' dt'' - t'' du''}{d\theta} \frac{(\theta' + \theta'') \theta' \theta'' R''}{2} \left(m^2 - \frac{F}{r''^3}\right) \sin(\alpha' - A''),$$

$$\Gamma'' = -\frac{u'' dt'' - t'' du''}{d\theta} \frac{(\theta' + \theta'') \theta' \theta'' R''}{2} \left(m^2 - \frac{F}{r''^3}\right) \sin(\alpha'' - A''),$$

$$\Gamma''' = -\frac{u'' dt'' - t'' du''}{d\theta} \frac{(\theta' + \theta'') \theta' \theta'' R''}{2} \left(m^2 - \frac{F}{r''^3}\right) \sin(\alpha''' - A'').$$

Substituant donc ces valeurs ainsi que celles de L, M, N dans les expressions de ρ', ρ'', ρ''' du n° 8, et faisant, pour abréger,

$$\mu' = \sin\beta'' \cos\beta''' \sin(\alpha''' - A'') - \sin\beta''' \cos\beta'' \sin(\alpha'' - A''),$$
$$\mu'' = \sin\beta''' \cos\beta' \sin(\alpha' - A'') - \sin\beta' \cos\beta''' \sin(\alpha''' - A''),$$
$$\mu''' = \sin\beta' \cos\beta'' \sin(\alpha'' - A'') - \sin\beta'' \cos\beta' \sin(\alpha' - A''),$$

on aura
$$\rho' = \frac{(\theta' + \theta'')\theta'\mu'}{2\gamma} R'' \left(\frac{F}{r''^3} - m^2\right),$$

$$\rho'' = -\frac{\theta'\theta''\mu''}{2\gamma\left(1 + \frac{F\theta'\theta''}{2r''^3}\right)} R'' \left(\frac{F}{r''^3} - m^2\right),$$

$$\rho''' = \frac{(\theta' + \theta'')\theta''\mu'''}{2\gamma} R'' \left(\frac{F}{r''^3} - m^2\right).$$

Il est visible que ces expressions ne sauraient être réduites davantage, si ce n'est en négligeant dans le dénominateur de ρ'' le terme du second ordre $\frac{F\theta'\theta''}{2r''^3}$ vis-à-vis de 1, ce qui donnera

$$\rho'' = \frac{\theta'\theta''\mu''}{2\gamma} R'' \left(m^2 - \frac{F}{r''^3}\right).$$

Or la quantité r'' est donnée en ρ'' par la formule

$$r''^2 = R''^2 + 2\rho'' R'' \cos(\alpha'' - A'') \cos\beta'' + \rho''^2.$$

Donc, si l'on fait cette substitution dans la dernière équation, on aura une équation où il n'y aura d'inconnue que ρ'', et qui servira à la déterminer.

13. Soit, pour abréger,
$$\lambda = \frac{\theta'\theta''\mu''R''}{2\gamma},$$

on aura
$$\rho'' = \left(m^2 - \frac{F}{r''^3}\right)\lambda;$$

donc
$$\lambda F = (\lambda m^2 - \rho'') r''^3;$$

prenant les carrés et substituant la valeur de r''^2 en ρ, on aura l'équation

$$(\rho'' - \lambda m^2)^2 [R''^2 + 2\rho'' R'' \cos(\alpha'' - A'') \cos\beta'' + \rho''^2]^3 - \lambda^2 F^2 = 0,$$

laquelle étant développée et ordonnée par rapport à ρ'' montera au huitième degré.

Or je remarque que F étant la force attractive du Soleil à la distance 1, $\frac{F}{R''^2}$ sera l'action du Soleil sur la Terre à la distance R''; si donc on regarde l'orbite de la Terre comme circulaire, il faudra que $\frac{F}{R''^2}$ soit égale à la force centrifuge de la Terre; mais on a supposé que m dénotait la vitesse angulaire de la Terre; donc sa vitesse réelle sera mR'', et la force centrifuge $\frac{m^2 R''^2}{R''} = m^2 R''$; donc $\frac{F}{R''^2} = m^2 R''$; donc

$$F = m^2 R''^3.$$

Mais si l'on veut tenir compte de l'excentricité de l'orbite de la Terre, on remarquera que par les Théorèmes de Newton la même force absolue F, qui fait mouvoir la Terre dans une ellipse dont R'' est le rayon vecteur, pourrait lui faire décrire en même temps un cercle dont le rayon serait égal au demi-axe de l'ellipse, et avec une vitesse égale à celle que la Terre a dans l'ellipse à la même distance du Soleil, c'est-à-dire au sommet du petit axe. Nommant donc a le demi-axe de l'ellipse ou la distance moyenne de la Terre, et g sa vitesse angulaire moyenne, on aura également $F = g^2 a^3$; or g étant la vitesse angulaire dans le cercle, ag sera la vitesse réelle, laquelle est égale à la vitesse réelle dans l'ellipse au sommet du petit axe; donc nommant b le demi-petit axe, on aura bg pour la vitesse circulatoire autour du foyer, et $\frac{bg}{a}$ pour la vitesse angulaire; mais par la loi des aires il est visible que les vitesses angulaires sont réciproquement proportionnelles aux carrés des distances; donc la vitesse angulaire m à la distance R'' sera à la vitesse angulaire $\frac{bg}{a}$ à la distance a, comme $\frac{1}{R''^2}$ est à $\frac{1}{a^2}$; donc

$$m = \frac{abg}{R''^2}.$$

Si l'on prend, pour plus de simplicité, la distance moyenne de la Terre pour l'unité, et qu'on exprime les temps par le mouvement moyen du

Soleil, on aura alors
$$a = 1, \quad g = 1;$$
donc
$$F = 1, \quad m = \frac{b}{R''^2};$$

or l'excentricité de l'orbite du Soleil étant
$$0{,}0168 < \frac{1}{50},$$
on aura
$$b > \sqrt{1 - \frac{1}{2500}};$$

donc en prenant $b = 1$, on ne commettra qu'une erreur presque insensible.

Nous ferons donc $F = 1$ et $m = \frac{1}{R''^2}$, moyennant quoi le dernier terme de l'équation en ρ'', lequel est $\lambda^2(m^4 R''^6 - F^2)$, deviendra $\lambda^2\left(\frac{1}{R''^2} - 1\right)$, et sera par conséquent nul lorsque $R'' = 1$, c'est-à-dire lorsque la seconde observation aura été faite dans les moyennes distances de la Terre; mais comme l'orbite de la Terre est presque circulaire, R'' sera toujours à très-peu près égal à 1; par conséquent si le dernier terme de l'équation en ρ'' n'est pas exactement nul, il sera du moins toujours extrêmement petit, et pourra être pris pour nul, d'autant plus qu'il ne s'agit ici que d'une détermination approchée.

L'équation en ρ'' s'abaissera donc par là au septième degré, et aura nécessairement une racine réelle; et il est facile de se convaincre que cette équation ne pourra s'abaisser davantage; car son dernier terme sera
$$-2\lambda m^2 R''^6 + 6\lambda^2 m^4 R''^5 \cos(\alpha'' - A'') \cos\beta'' = \frac{2\lambda}{R''^3}[-R''^5 + 3\lambda \cos(\alpha'' - A'') \cos\beta''],$$

quantité qui ne peut être nulle, en général.

Voilà donc la limite fixée par la nature même du Problème, et au-dessous de laquelle il est impossible de le rabaisser, quelque petits qu'on suppose les intervalles entre les trois observations; car il est facile de se convaincre que la quantité λ demeure toujours finie, même en supposant θ' et θ'' infiniment petites, puisqu'alors les différences entre α', α'', α''' devenant infiniment petites du même ordre, ainsi que celles entre β', β'', β''', la quantité μ'' devient infiniment petite du premier ordre, et la quantité γ infiniment petite du troisième; en sorte que λ sera nécessairement une quantité finie.

Il est visible que la solution précédente sera entièrement rigoureuse dans l'infiniment petit, mais que son exactitude diminuera à mesure que les intervalles entre les observations seront plus grands; on pourra cependant l'employer dans tous les cas comme une solution approchée, pour en tirer les premières valeurs des inconnues; et c'est la seule solution directe dont le Problème proposé soit susceptible. C'est ce que nous confirmerons plus bas par une analyse encore plus rigoureuse.

14. Il n'est pas difficile au reste de ramener cette solution à la Géométrie. Car, ayant tiré la droite infinie TA (*fig.* 1) et pris dans cette

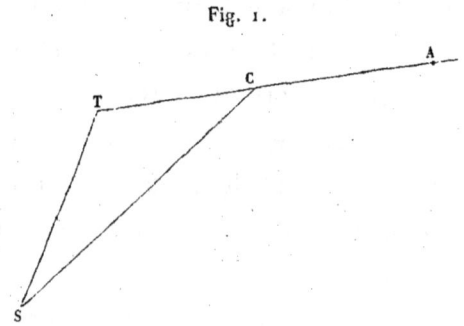

Fig. 1.

droite la partie $TA = m^2 \lambda$, qu'on mène par le point T la droite $TS = R''$, qui fasse l'angle STA tel que

$$\cos STA = \cos(\alpha'' - A'') \cos \beta'',$$

la question sera réduite à trouver dans la droite TA un point C tel que l'on ait

$$AC : AT = \overline{TS}^3 : \overline{SC}^3;$$

et l'on aura alors $TC = \rho''$.

Car il est visible que l'on a par la construction

$$SC = \sqrt{R''^2 + 2\rho'' R'' \cos(\alpha'' - A'') \cos\beta'' + \rho''^2} = r'',$$

et que la proportion précédente donne

$$m^2\lambda - \rho'' : m^2\lambda = R''^3 : r''^3,$$

savoir

$$m^2\lambda R''^3 = (m^2\lambda - \rho'') r''^3;$$

mais nous avons vu que $m^2 R''^3 = F$; donc

$$\lambda F = (m^2\lambda - \rho'') r''^3 :$$

ce qui est l'équation trouvée dans le n° 13.

Or R'' étant la distance de la Terre au Soleil au temps de la seconde observation, ρ'' la distance de la Terre à la Comète et r'' le rayon vecteur de la Comète, il est visible que les trois points T, S, C représenteront les lieux de la Terre, du Soleil et de la Comète au temps de la seconde observation; et la solution précédente reviendra à celle que M. Lambert a proposée dans les *Mémoires* de 1771, et dont nous avons déjà fait mention dans le premier Mémoire. La méthode de M. Lambert est fondée uniquement sur la considération synthétique de l'orbite apparente de la Comète, et n'en est que plus ingénieuse; mais elle ne fait pas voir que la solution qui en résulte a réellement le dernier degré de simplicité qu'on puisse donner au Problème des Comètes envisagé directement, et il n'y avait qu'une analyse telle que la précédente qui pût lui procurer cet avantage; sur quoi, *voyez* les n°ˢ 20 et suivants.

15. Après avoir considéré le Problème des Comètes, pour ainsi dire, dans l'infiniment petit, il est nécessaire de l'envisager sous un point de vue plus général, en supposant les intervalles entre les observations d'une grandeur quelconque.

Pour cela je remarque d'abord que tout se réduit à connaître les valeurs des quantités L, M, N du n° 7. Or t', u' étant des coordonnées rectangles du lieu de la Comète dans la première observation, prises du centre du Soleil et dans le plan même de son orbite, et de même t'', u'' et t''', u''' étant les coordonnées rectangles des lieux de la Comète dans la seconde et dans la troisième observation, il est facile de voir que la quantité $\dfrac{t''u' - t'u''}{2}$ exprime l'aire du triangle formé par les deux droites menées du centre du Soleil aux lieux de la Comète dans la première et dans la seconde observation et par la corde qui joint ces deux lieux, c'est-à-dire qui sous-tend l'arc parcouru dans l'intervalle des observations; triangle que nous nommerons dorénavant *secteur triangulaire* décrit par la Comète; tandis que nous appellerons *secteur parabolique* l'espace compris par les mêmes rayons vecteurs et par l'arc parabolique parcouru par la Comète. Pareillement $\dfrac{t'''u'' - t''u'''}{2}$ sera le secteur triangulaire décrit pendant l'intervalle de la seconde à la troisième observation, et $\dfrac{t'''u' - t'u'''}{2}$ sera par la même raison le secteur triangulaire décrit depuis la première jusqu'à la troisième observation. Ainsi les quantités L, N, M ne sont autre chose que le double de ces différents secteurs triangulaires, et toute la difficulté se réduit à déterminer la valeur de ces secteurs en connaissant le temps employé à les décrire. Mais il est visible que cette donnée ne suffit pas, et qu'il faut nécessairement y ajouter encore quelque autre quantité relative aux lieux de la Comète dans son orbite; et nous allons voir qu'en supposant l'orbite parabolique, comme cela a lieu pour les Comètes, il suffit de connaitre, outre le temps, encore la somme des deux rayons vecteurs qui comprennent le secteur cherché.

Il est facile de prouver par la Géométrie que, si l'on nomme 2ω l'angle intercepté par les deux rayons vecteurs r' et r'', on aura $r'r'' \sin\omega \cos\omega$ pour l'aire du triangle formé par ces deux rayons et par la droite qui joint leurs extrémités, de sorte qu'on aura

$$L = 2 r'r'' \sin\omega \cos\omega.$$

Tout se réduit donc à trouver la valeur de l'angle ω par le temps θ' employé par la Comète à le parcourir.

Or on sait que dans les sections coniques, décrites en vertu d'une force tendante à l'un des foyers et réciproquement proportionnelle au carré de la distance, le temps employé à parcourir un arc quelconque est toujours proportionnel à l'aire du secteur curviligne divisée par la racine carrée du paramètre, tant que la force attractive absolue demeure la même. Commençons donc par déterminer l'aire d'un secteur parabolique.

16. Soit, en général, r le rayon vecteur d'une parabole dont le paramètre soit $4p$, et soit φ l'anomalie correspondante, c'est-à-dire l'angle formé au foyer par le rayon r et par la partie de l'axe comprise entre le foyer et le sommet. On aura

$$r = \frac{2p}{1 + \cos\varphi} = \frac{p}{\cos^2 \frac{\varphi}{2}}$$

pour l'équation de la parabole; donc l'élément du secteur parabolique sera

$$\frac{r^2 d\varphi}{2} = \frac{p^2 d\varphi}{2 \cos^4 \frac{\varphi}{2}},$$

dont l'intégrale sera

$$\frac{p^2 \sin \frac{\varphi}{2}}{3 \cos^3 \frac{\varphi}{2}} + \frac{2 p^2 \sin \frac{\varphi}{2}}{3 \cos \frac{\varphi}{2}},$$

c'est-à-dire, à cause de $\cos^2 \frac{\varphi}{2} = \dfrac{1}{1 + \tan^2 \frac{\varphi}{2}}$,

$$p^2 \left(\tan \frac{\varphi}{2} + \frac{1}{3} \tan^3 \frac{\varphi}{2} \right);$$

donc le secteur compris entre deux rayons vecteurs r' et r'' qui répondent aux anomalies φ' et φ'' sera exprimé par cette formule

$$p^2 \left[\tan \frac{\varphi''}{2} - \tan \frac{\varphi'}{2} + \frac{1}{3} \left(\tan^3 \frac{\varphi''}{2} - \tan^3 \frac{\varphi'}{2} \right) \right].$$

Or on a

$$r' = \frac{p}{\cos^2 \frac{\varphi'}{2}}, \quad r'' = \frac{p}{\cos^2 \frac{\varphi''}{2}};$$

donc, si l'on fait

$$\varphi' + \varphi'' = 2\psi, \quad \varphi'' - \varphi' = 2\omega,$$

en sorte que ω soit la moitié de l'angle intercepté entre les deux rayons r' et r'' qui renferment le secteur dont il s'agit, on aura d'abord

$$\sqrt{\frac{r'}{r''}} = \frac{\cos\frac{\varphi''}{2}}{\cos\frac{\varphi'}{2}} = \frac{\cos\frac{\psi+\omega}{2}}{\cos\frac{\psi-\omega}{2}} = \frac{1 - \tang\frac{\psi}{2}\tang\frac{\omega}{2}}{1 + \tang\frac{\psi}{2}\tang\frac{\omega}{2}},$$

d'où l'on tire

$$\tang\frac{\psi}{2} = \frac{\sqrt{r''} - \sqrt{r'}}{(\sqrt{r''} + \sqrt{r'})\tang\frac{\omega}{2}}.$$

On a de plus

$$\sqrt{r'r''} = \frac{p}{\cos\frac{\varphi'}{2}\cos\frac{\varphi''}{2}},$$

d'où l'on tire

$$p = \sqrt{r'r''}\cos\frac{\varphi'}{2}\cos\frac{\varphi''}{2} = \frac{\sqrt{r'r''}}{2}(\cos\psi + \cos\omega).$$

Mais

$$\cos\psi = \frac{1 - \tang^2\frac{\psi}{2}}{1 + \tang^2\frac{\psi}{2}} = \frac{(\sqrt{r''} + \sqrt{r'})^2 \tang^2\frac{\omega}{2} - (\sqrt{r''} - \sqrt{r'})^2}{(\sqrt{r''} + \sqrt{r'})^2 \tang^2\frac{\omega}{2} + (\sqrt{r''} - \sqrt{r'})^2}$$

$$= \frac{(r''+r')\left(\tang^2\frac{\omega}{2} - 1\right) + 2\sqrt{r'r''}\left(\tang^2\frac{\omega}{2} + 1\right)}{(r''+r')\left(\tang^2\frac{\omega}{2} + 1\right) + 2\sqrt{r'r''}\left(\tang^2\frac{\omega}{2} - 1\right)} = \frac{2\sqrt{r'r''} - (r'+r'')\cos\omega}{r'+r'' - 2\sqrt{r'r''}\cos\omega},$$

en substituant la valeur précédente de $\tang\frac{\varphi}{2}$; ajoutons à cette quantité $\cos\omega$, et l'on aura

$$\cos\psi + \cos\omega = \frac{2\sqrt{r'r''}\sin^2\omega}{r'+r'' - 2\sqrt{r'r''}\cos\omega};$$

donc

$$p = \frac{r'r''\sin^2\omega}{r'+r'' - 2\sqrt{r'r''}\cos\omega}.$$

Maintenant, puisque

$$\tang\frac{\varphi'}{2} = \tang\frac{\psi-\omega}{2} = \frac{\tang\frac{\psi}{2} - \tang\frac{\omega}{2}}{1 + \tang\frac{\psi}{2}\tang\frac{\omega}{2}},$$

si l'on substitue pour $\tang\frac{\psi}{2}$ sa valeur trouvée ci-dessus, on aura

$$\tang\frac{\varphi'}{2} = \frac{\sqrt{r''}\cos\omega - \sqrt{r'}}{\sqrt{r''}\sin\omega},$$

et l'on trouvera de la même manière, à cause de $\varphi'' = \psi + \omega$,

$$\tang\frac{\varphi''}{2} = \frac{\sqrt{r''} - \sqrt{r'}\cos\omega}{\sqrt{r'}\sin\omega};$$

donc

$$\tang\frac{\varphi''}{2} - \tang\frac{\varphi'}{2} = \frac{r' + r'' - 2\sqrt{r'r''}\cos\omega}{\sqrt{r'r''}\sin\omega},$$

et

$$\tang^3\frac{\varphi''}{2} - \tang^3\frac{\varphi'}{2} = \frac{(r'' - \sqrt{r'r''}\cos\omega)^3 + (r' - \sqrt{r'r''}\cos\omega)^3}{r'r''\sqrt{r'r''}\sin^3\omega}$$

$$= \frac{r'^3 + r''^3 - 3(r'^2 + r''^2)\sqrt{r'r''}\cos\omega + 3(r'+r'')r'r''\cos^2\omega - 2r'r''\sqrt{r'r''}\cos^3\omega}{r'r''\sqrt{r'r''}\sin^3\omega}.$$

Donc

$$3\left(\tang\frac{\varphi''}{2} - \tang\frac{\varphi'}{2}\right) + \tang^3\frac{\varphi''}{2} - \tang^3\frac{\varphi'}{2}$$

égale

$$3r'r''(r' + r'' - 2\sqrt{r'r''}\cos\omega)(1 - \cos^2\omega) + r'^3 + r''^3 - 3(r'^2 + r''^2)\sqrt{r'r''}\cos\omega$$
$$+ 3(r' + r'')r'r''\cos^2\omega - 2r'r''\sqrt{r'r''}\cos^3\omega,$$

divisé par $r'r''\sqrt{r'r''}\sin^3\omega$; ce qui se réduit à cette quantité

$$\frac{(r'+r'')^3 - 3(r'+r'')^2\sqrt{r'r''}\cos\omega + 4r'r''\sqrt{r'r''}\cos^3\omega}{r'r''\sqrt{r'r''}\sin^3\omega}$$

$$= \frac{(r' + r'' - 2\sqrt{r'r''}\cos\omega)^2(r' + r'' + \sqrt{r'r''}\cos\omega)}{r'r''\sqrt{r'r''}\sin^3\omega}.$$

Multipliant cette quantité par

$$\frac{p^2}{3} = \frac{r'^2 r''^2 \sin^4 \omega}{3\left(r' + r'' - 2\sqrt{r'r''}\cos\omega\right)^2},$$

on aura

$$\frac{\left(r' + r'' + \sqrt{r'r''}\cos\omega\right)\sqrt{r'r''}\sin\omega}{3}$$

pour le secteur parabolique renfermé entre les deux rayons vecteurs r' et r'' qui comprennent l'angle 2ω.

Cette expression est assez remarquable, parce qu'elle est indépendante du paramètre de la parabole et du lieu du périhélie. M. Lambert est le premier qui l'ait trouvée dans son beau *Traité des Orbites des Comètes*, d'où j'aurais pu l'emprunter si je n'avais cru faire plaisir aux Géomètres en la déduisant des formules ordinaires de la parabole.

Qu'on divise maintenant la quantité précédente par

$$\sqrt{p} = \frac{\sqrt{r'r''}\sin\omega}{\sqrt{r' + r'' - 2\sqrt{r'r''}\cos\omega}};$$

on aura une quantité proportionnelle au temps θ' employé par la Comète à décrire l'angle $2\omega = \varphi'' - \varphi'$; donc

$$3K\theta' = \left(r' + r'' + \sqrt{r'r''}\cos\omega\right)\sqrt{r' + r'' - 2\sqrt{r'r''}\cos\omega},$$

le coefficient K étant le même pour toutes les Planètes et les Comètes qui tournent autour du Soleil. De sorte que, nommant D le temps périodique d'une Planète quelconque, A l'aire de l'ellipse décrite par cette Planète et $4P$ le paramètre de cette ellipse, on aura aussi

$$KD = \frac{A}{\sqrt{P}},$$

et par conséquent

$$K = \frac{A}{D\sqrt{P}}.$$

En prenant la distance moyenne de la Terre au Soleil pour l'unité, c'est-à-dire en faisant le demi-grand axe de l'orbite de la Terre $= 1$ et le demi-petit axe $= b$, on a $A = b \times 180°$; de plus on a, par les propriétés de l'ellipse, $p = \dfrac{b^2}{2}$; donc

$$K = \dfrac{180° \times \sqrt{2}}{D}.$$

Donc, si l'on représente le temps par le mouvement moyen du Soleil, on aura $D = 360°$, et par conséquent

$$K = \dfrac{1}{\sqrt{2}};$$

en sorte que l'équation ci-dessus deviendra

$$\dfrac{3}{\sqrt{2}} \theta' = \left(r' + r'' + \sqrt{r'r''} \cos\omega \right) \sqrt{r' + r'' - 2\sqrt{r'r''} \cos\omega},$$

où θ' devra être exprimé par l'arc du mouvement moyen, réduit en parties du rayon.

17. Or nous avons déjà trouvé (15)

$$L = 2 r' r'' \sin\omega \cos\omega;$$

donc, si l'on divise cette quantité par la valeur de $\sqrt{p}$ du numéro précédent, on aura

$$\dfrac{L}{\sqrt{p}} = 2 \sqrt{r'r''} \cos\omega \sqrt{r' + r'' - 2\sqrt{r'r''} \cos\omega},$$

et, divisant encore cette équation par celle qu'on a trouvée en dernier lieu, il viendra

$$\dfrac{L}{3\sqrt{2p}} = \dfrac{\theta' \sqrt{r'r''} \cos\omega}{r' + r'' + \sqrt{r'r''} \cos\omega}.$$

Soit, pour abréger,

$$\tau = \dfrac{\sqrt{r'r''} \cos\omega}{r' + r'' + \sqrt{r'r''} \cos\omega},$$

et, faisant de plus

$$r' + r'' = 2s,$$

on aura
$$\sqrt{r'r''}\cos\omega = \frac{2s\tau}{1-\tau};$$

et, substituant cette valeur dans la dernière équation du numéro précédent, elle deviendra
$$\frac{3\theta'}{\sqrt{2}} = (2s)^{\frac{3}{2}} \frac{\sqrt{1-3\tau}}{(1-\tau)^{\frac{3}{2}}}.$$

Cette équation, en faisant
$$\tau = 1 - \frac{2}{3}\upsilon,$$
se change en celle-ci
$$\upsilon = 1 + \frac{\theta'^2}{12 s^3} \upsilon^3,$$

d'où l'on tirera la valeur de υ, laquelle ne dépendra, comme l'on voit, que de celle de $\frac{\theta'^2}{s^3}$.

D'où l'on conclura d'abord que, lorsque θ'^2 est proportionnel à s^3, la quantité υ sera constante, ainsi que la quantité τ, et que par conséquent L sera simplement proportionnelle à θ'; d'où résulte le Théorème suivant :

Le secteur triangulaire décrit par la Comète, dans un temps quelconque, est toujours exactement proportionnel à ce temps, lorsque le cube de la somme des deux rayons vecteurs qui comprennent ce secteur est proportionnel au carré du temps.

18. L'équation
$$\upsilon = 1 + \frac{\theta'^2}{12 s^3} \upsilon^3$$

peut se résoudre par approximation, au moyen des formules que j'ai données dans les *Mémoires* de 1768; et l'on peut avoir, par ces formules, non-seulement la valeur de υ, mais encore celle d'une puissance quelconque υ^m. Car en faisant, pour abréger,
$$\frac{\theta'^2}{12 s^3} = q,$$

et appliquant à l'équation
$$v = 1 + qv^3$$
les formules du Problème II du Mémoire cité (*), on aura

$$v^m = 1 + mq + \frac{m(m+5)}{2}q^2 + \frac{m(m+7)(m+8)}{2.3}q^3$$
$$+ \frac{m(m+9)(m+10)(m+11)}{2.3.4}q^4 + \dots,$$

et dans le cas de $m = 1$
$$v = 1 + q + 3q^2 + 12q^3 + 55q^4 + \dots,$$

séries qui seront toujours convergentes tant que q sera $< \frac{4}{27}$, et par conséquent tant que
$$\frac{\theta'^2}{s^3} < \frac{16}{9}.$$

Or, comme la condition de $q < \frac{4}{27}$ est aussi celle qui rend réelles toutes les racines de l'équation
$$v = 1 + qv^3,$$
on pourra aussi employer dans ce cas la trisection de l'angle. En effet, si l'on considère l'équation
$$\sin 3\nu = 3\sin\nu - 4\sin^3\nu$$
et qu'on la mette sous la forme
$$\frac{3\sin\nu}{\sin 3\nu} = 1 + \frac{(2\sin 3\nu)^2}{27}\left(\frac{3\sin\nu}{\sin 3\nu}\right)^3,$$
on aura, en la comparant à la proposée,
$$v = \frac{3\sin\nu}{\sin 3\nu} \quad \text{et} \quad \sin 3\nu = \frac{3\sqrt{3q}}{2}.$$

Mais cette solution, ainsi que la précédente, n'aura lieu que tant que

(*) *OEuvres de Lagrange*, t. III, p. 53.

$\frac{\theta'^2}{s^3}$ sera $< \frac{16}{9}$; dans les autres cas il faudra avoir recours à l'équation primitive

$$v = 1 + qv^3,$$

laquelle n'aura plus qu'une racine réelle.

19. Donc, si l'on fait

$$L = T'\sqrt{2p},$$

on aura

$$T' = \theta'(3 - 2v),$$

et la quantité v sera déterminée par l'équation

$$v = 1 + \frac{\theta'^2}{3(r'+r'')^3} v^3,$$

laquelle, si

$$\frac{\theta'^2}{(r'+r'')^3} < \frac{2}{9},$$

donne, par approximation,

$$v = 1 + \frac{\theta'^2}{12\left(\frac{r'+r''}{2}\right)^3} + \frac{\theta'^4}{48\left(\frac{r'+r''}{2}\right)^6} + \frac{\theta'^6}{144\left(\frac{r'+r''}{2}\right)^9} + \ldots,$$

ou bien, par la trisection de l'angle,

$$v = \frac{3\sin v}{\sin 3v} = 1 + \frac{4\sin^3 v}{\sin 3v},$$

en faisant

$$\sin 3v = \frac{3\theta'}{4\left(\frac{r'+r''}{2}\right)^{\frac{3}{2}}}.$$

Si donc on change dans ces formules θ' en θ'' et r', r'' en r'', r''', et qu'on dénote par T'' ce que devient alors la quantité T', il est aisé de conclure de ce qu'on a dit dans le n° 15 qu'on aura pareillement

$$N = T''\sqrt{2p}.$$

Enfin on aura par la même raison

$$M = T'''\sqrt{2p},$$

en dénotant par T''' ce que devient T' lorsqu'on y change r'' en r''' et θ' en $\theta' + \theta''$.

Si donc on substitue ces valeurs dans les expressions de Γ', Γ'', Γ''' du n° 8, et qu'on fasse, en général,

$$\Delta = T''R'\sin(\alpha - A') - T'''R''\sin(\alpha - A'') + T'R'''\sin(\alpha - A'''),$$

qu'ensuite on dénote par Δ', Δ'', Δ''' les valeurs de Δ correspondantes à $\alpha = \alpha'$, α'', α''', on aura

$$\Gamma' = \Delta'\sqrt{2p}, \quad \Gamma'' = \Delta''\sqrt{2p}, \quad \Gamma''' = \Delta'''\sqrt{2p}.$$

Donc enfin

$$\rho' = \frac{\Delta'''\sin\beta''\cos\beta''' - \Delta''\sin\beta'''\cos\beta''}{T''\gamma},$$

$$\rho'' = \frac{\Delta'\sin\beta'''\cos\beta' - \Delta'''\sin\beta'\cos\beta'''}{-T'''\gamma},$$

$$\rho''' = \frac{\Delta''\sin\beta'\cos\beta'' - \Delta'\sin\beta''\cos\beta'}{T'\gamma},$$

la quantité γ étant (numéro cité)

$$\gamma = \sin(\alpha'' - \alpha')\cos\beta'\cos\beta''\sin\beta''' + \sin(\alpha''' - \alpha'')\cos\beta''\cos\beta'''\sin\beta'$$
$$+ \sin(\alpha' - \alpha''')\cos\beta'''\cos\beta'\sin\beta''.$$

Telles sont les formules rigoureuses du Problème des Comètes, présentées sous la forme la plus simple et en même temps la plus propre à fournir des approximations directes et faciles.

On se souviendra que dans ces formules α', α'', α''' sont les trois longitudes de la Comète observées, β', β'', β''' les trois latitudes observées, A', A'', A''' les trois longitudes de la Terre dans les instants des observations, R', R'', R''' les trois distances de la Terre au Soleil dans les mêmes instants (en prenant la distance moyenne pour l'unité), θ', θ'' les intervalles entre les deux premières et entre les deux dernières observations, ou plutôt les angles du mouvement moyen du Soleil qui répondent à ces intervalles; ces quantités sont toutes données par les observations ou par le calcul. Enfin ρ', ρ'', ρ''' sont les trois distances de la Comète à la Terre, lesquelles sont en même temps les trois inconnues du Problème, et r', r'', r''' sont les trois rayons vecteurs de la Comète dans son orbite autour du Soleil, lesquels dépendent des inconnues ρ', ρ'', ρ''', de cette manière (8)

$$r'^2 = R'^2 + 2\rho' R' \cos(\alpha' - A')\cos\beta' + \rho'^2,$$
$$r''^2 = R''^2 + 2\rho'' R'' \cos(\alpha'' - A'')\cos\beta'' + \rho''^2,$$
$$r'''^2 = R'''^2 + 2\rho''' R''' \cos(\alpha''' - A''')\cos\beta''' + \rho'''^2.$$

20. Si dans ces trois dernières équations on substitue pour ρ', ρ'', ρ''' leurs valeurs trouvées plus haut, on aura les valeurs de r', r'', r''' en quantités toutes connues, et en T', T'', T''' qui dépendent à leur tour de r', r'', r'''.

On a donc ainsi trois équations entre les trois inconnues r', r'', r''', dans lesquelles ces inconnues sont mêlées entre elles en sorte qu'il est comme impossible de les dégager. Mais si l'on suppose que les intervalles θ', θ'' entre les observations soient assez petits, ou que du moins on les regarde comme tels pour avoir une première approximation, alors on pourra employer les valeurs de T', T'', T''' en série et ne tenir compte que des puissances de θ' et θ'' qui ne passeront pas un certain ordre.

Comme l'on a
$$T' = \theta'(3 - 2v),$$

réduisons d'abord la quantité v à son premier terme qui est 1, en y négligeant toutes les puissances de θ'; il viendra
$$T' = \theta',$$
et de même
$$T'' = \theta'',\quad T''' = \theta' + \theta'';$$
donc
$$L = \theta'\sqrt{2p},\quad N = \theta''\sqrt{2p},\quad M = (\theta' + \theta'')\sqrt{2p};$$
donc
$$\frac{N}{L} = \frac{\theta''}{\theta'},\quad \frac{M}{L} = \frac{\theta' + \theta''}{\theta'}.$$

C'est le cas de l'orbite supposée rectiligne (9), dont nous avons démontré l'insuffisance.

Il s'ensuit de là qu'il faut nécessairement tenir compte dans la valeur de υ du terme suivant $\frac{2\theta'^2}{3(r'+r'')^3}$. Ainsi l'on aura

$$\upsilon = 1 + \frac{2\theta'^2}{3(r'+r'')^3},$$

par conséquent

$$T' = \theta' - \frac{4\theta'^3}{3(r'+r'')^3};$$

et de même

$$T'' = \theta'' - \frac{4\theta''^3}{3(r''+r''')^3}, \quad T''' = \theta' + \theta'' - \frac{4(\theta'+\theta'')^3}{3(r'+r''')^3},$$

et l'on remarquera que ces valeurs sont exactes, aux cinquièmes dimensions près de θ' et θ''.

On fera donc ces substitutions dans la valeur de la quantité Δ, et il est clair que la substitution des premiers termes θ', θ'', $\theta'+\theta''$ donnera la quantité δ du n° 11; or, comme les valeurs précédentes de T', T'', T''' sont exactes jusqu'à la quatrième dimension de θ' et θ'' inclusivement, pour conserver le même degré d'exactitude dans la valeur de Δ, il ne faudra négliger dans celle de δ que les termes où les dimensions de θ' et θ'' seraient plus hautes que la quatrième. Employant donc les réductions du n° 12, mais ayant égard de plus dans les valeurs de $\sin(\alpha - A')$, $\sin(\alpha - A''')$ aux termes affectés de θ'^3 et θ''^3, et faisant $m = \frac{1}{R''^2}$ (13), on aura

$$\delta = -\frac{(\theta'+\theta'')\theta'\theta''}{2R''^3}\sin(\alpha - A'') - \frac{(\theta'^2 - \theta''^2)\theta'\theta''}{6R''^3}\cos(\alpha - A'').$$

C'est la première partie de la valeur de Δ.

On substituera ensuite les termes

$$-\frac{4\theta'^3}{3(r'+r'')^3}, \quad -\frac{4\theta''^3}{3(r''+r''')^3}, \quad -\frac{4(\theta'+\theta'')^3}{3(r'+r''')^3},$$

à la place de T', T'', T''' dans l'expression de Δ, et comme nous ne voulons avoir égard qu'aux quatrièmes dimensions de θ' et θ'', il est visible que dans les valeurs de $\sin(\alpha - A')$ et $\sin(\alpha - A''')$ il faudra rejeter les termes où ces quantités monteraient à la seconde dimension. On fera donc simplement

$$\sin(\alpha - A') = \sin(\alpha - A'') + m\theta' \cos(\alpha - A'')$$

et

$$\sin(\alpha - A''') = \sin(\alpha - A'') - m\theta'' \cos(\alpha - A'');$$

et, supposant toujours

$$R''' = R'' = R',$$

on aura pour la seconde partie de Δ la quantité

$$-\frac{4}{3}\left[\frac{\theta'^3}{(r'+r'')^3} - \frac{(\theta'+\theta'')^3}{(r'+r''')^3} + \frac{\theta''^3}{(r''+r''')^3}\right] R'' \sin(\alpha - A'')$$

$$-\frac{4}{3}\left[\frac{\theta''^2}{(r''+r''')^3} - \frac{\theta'^2}{(r'+r'')^3}\right] \frac{\theta'\theta''}{R''} \cos(\alpha - A'').$$

Donc, si l'on fait, pour plus de simplicité, $\frac{\theta''}{\theta'} = n$, et

$$\frac{(1+n)n}{2R''^3} + \frac{4}{3}\left[\frac{1}{(r'+r'')^3} - \frac{(1+n)^3}{(r'+r''')^3} + \frac{n^3}{(r''+r''')^3}\right] R' = p,$$

$$\frac{(1-n^2)n}{6R''^3} + \frac{4}{3}\left[\frac{n^2}{(r''+r''')^3} - \frac{1}{(r'+r'')^3}\right] \frac{n}{R''} = q,$$

on aura cette valeur totale de Δ, savoir

$$\Delta = -\theta'^3 p \sin(\alpha - A'') - \theta'^4 q \cos(\alpha - A''),$$

laquelle sera exacte, aux cinquièmes dimensions de θ' près.

On fera donc successivement $\alpha = \alpha', \alpha'', \alpha'''$ pour avoir les valeurs de $\Delta', \Delta'', \Delta'''$, et l'on substituera ces valeurs, ainsi que celles de T', T'', T''', dans les expressions de ρ', ρ'', ρ''' du numéro précédent.

Mais, comme dans la valeur de Δ on n'a eu égard qu'à deux puissances successives de θ', il faudra en faire de même dans les valeurs de T', T'', T'''; par conséquent, comme les premiers termes de ces quantités sont de la première dimension, il y faudra rejeter les termes de la troisième, ce qui réduira ces quantités à leurs premiers termes θ', $n\theta'$, $(1+n)\theta'$.

Faisant donc, comme dans le n° **12**,

$$\mu' = \sin\beta''\cos\beta'''\sin(\alpha'''-A'') - \sin\beta'''\cos\beta''\sin(\alpha''-A''),$$

$$\mu'' = \sin\beta'''\cos\beta'\sin(\alpha'-A'') - \sin\beta'\cos\beta'''\sin(\alpha'''-A''),$$

$$\mu''' = \sin\beta'\cos\beta''\sin(\alpha''-A'') - \sin\beta''\cos\beta'\sin(\alpha'-A''),$$

et de même

$$\nu' = \sin\beta''\cos\beta'''\cos(\alpha'''-A'') - \sin\beta'''\cos\beta''\cos(\alpha''-A''),$$

$$\nu'' = \sin\beta'''\cos\beta'\cos(\alpha'-A'') - \sin\beta'\cos\beta'''\cos(\alpha'''-A''),$$

$$\nu''' = \sin\beta'\cos\beta''\cos(\alpha''-A'') - \sin\beta''\cos\beta'\cos(\alpha'-A''),$$

on aura

$$\rho' = -\frac{p\mu'\theta'^2}{n\gamma} - \frac{q\nu'\theta'^3}{n\gamma},$$

$$\rho'' = \frac{p\mu''\theta'^2}{(1+n)\gamma} + \frac{q\nu''\theta'^3}{(1+n)\gamma},$$

$$\rho''' = -\frac{p\mu'''\theta'^2}{\gamma} - \frac{q\nu'''\theta'^3}{\gamma},$$

valeurs qui sont exactes, à la quatrième dimension de θ' près.

Or, comme les quantités ρ', ρ'', ρ''' sont toujours finies, quelque petit que soit l'intervalle de temps θ', et que d'ailleurs p et q sont aussi par leur nature des quantités finies, il s'ensuit que les quantités $\frac{\mu'\theta'^2}{\gamma}$, $\frac{\mu''\theta'^2}{\gamma}$, $\frac{\mu'''\theta'^2}{\gamma}$ seront nécessairement toujours des quantités finies; et comme les quantités ν', ν'', ν''' sont semblables à μ', μ'', μ''', on en conclura que $\frac{\nu'\theta'^2}{\gamma}$, $\frac{\nu''\theta'^2}{\gamma}$, $\frac{\nu'''\theta'^2}{\gamma}$ seront pareillement des quantités finies.

D'où l'on voit que les seconds termes des expressions précédentes de ρ', ρ'', ρ''' seront très-petits de l'ordre de θ', et que par conséquent ces expressions seront exactes, aux quantités de l'ordre de θ'^2 près.

21. Je considère maintenant que, si les intervalles entre les trois observations sont égaux, ou du moins à très-peu près égaux, on aura $n = 1$, et les quantités p et q deviendront

$$p = \frac{1}{R''^3} + \frac{4}{3}\left[\frac{1}{(r'+r'')^3} - \frac{8}{(r'+r''')^3} + \frac{1}{(r''+r''')^3}\right]R'',$$

$$q = \frac{4}{3}\left[\frac{1}{(r''+r''')^3} - \frac{1}{(r'+r'')^3}\right]\frac{1}{R''}.$$

Je considère ensuite qu'en regardant le rayon vecteur r'' de la parabole comme une fonction du temps θ écoulé depuis une époque quelconque, les rayons vecteurs r' et r''' seront de pareilles fonctions des temps correspondants $\theta - \theta'$ et $\theta + \theta'$, à cause de $\theta'' = \theta'$; donc on aura, aux quantités de l'ordre de θ'^2 près,

$$r' = r'' - \frac{dr''}{d\theta}\theta', \quad r''' = r'' + \frac{dr''}{d\theta}\theta'.$$

Substituant ces valeurs dans celles de p et q, et négligeant le carré de θ', on aura

$$p = \frac{1}{R''^3} - \frac{R''}{r''^3}, \quad q = -\frac{R''}{2r''^4}\frac{dr''}{d\theta}\theta',$$

les termes qui renfermeraient la première dimension de θ' se détruisant dans la quantité p, et les termes sans θ' se détruisant dans q.

Donc, puisque q est déjà de l'ordre de θ' et que les quantités $\frac{v'\theta'^3}{\gamma}$, $\frac{v''\theta'^3}{\gamma}$, $\frac{v'''\theta'^3}{\gamma}$ sont aussi de l'ordre de θ', il s'ensuit que les seconds termes des valeurs de ρ', ρ'', ρ''' deviendront de l'ordre de θ'^2, et par conséquent devront être rejetés.

Ainsi donc on aura simplement

$$\rho' = -\frac{R''\mu'\theta'^2}{\gamma}\left(\frac{1}{R''^4} - \frac{1}{r''^3}\right),$$

$$\rho'' = +\frac{R''\mu''\theta'^2}{2\gamma}\left(\frac{1}{R''^4} - \frac{1}{r''^3}\right),$$

$$\rho''' = -\frac{R''\mu'''\theta'^2}{\gamma}\left(\frac{1}{R''^4} - \frac{1}{r''^3}\right),$$

et ces valeurs seront exactes, aux quantités près de l'ordre de θ'^2.

Si l'on ne voulait pas supposer $n=1$, c'est-à-dire les intervalles entre les observations égaux, alors les termes de l'ordre de θ' ne se détruiraient pas dans les expressions de ρ', ρ'', ρ'''; mais en négligeant ces termes on aurait

$$p = \frac{(1+n)n}{2R''^3} + \frac{R''}{6r''^3}[1-(1+n)^3+n^3] = \frac{(1+n)nR''}{2}\left(\frac{1}{R''^4}-\frac{1}{r''^3}\right),$$

et de là

$$\rho' = -\frac{(1+n)R''\mu'\theta'^2}{2\gamma}\left(\frac{1}{R''^4}-\frac{1}{r''^3}\right),$$

$$\rho'' = +\frac{nR''\mu''\theta'^2}{2\gamma}\left(\frac{1}{R''^4}-\frac{1}{r''^3}\right),$$

$$\rho''' = -\frac{(1+n)nR''\mu'''\theta'^2}{2\gamma}\left(\frac{1}{R''^4}-\frac{1}{r''^3}\right).$$

Ces expressions s'accordent avec celles du n° 12 en y faisant (13)

$$F = 1, \quad m = \frac{1}{R''^2},$$

ce qui pourrait servir à confirmer la bonté de nos calculs; mais l'analyse précédente fait voir de plus que, si l'on y fait $n=1$, alors les mêmes expressions qui ne sont exactes, en général, qu'aux quantités de l'ordre de θ' près, deviennent exactes aux quantités près de l'ordre de θ'^2; remarque très-importante pour l'usage de ces formules, et que l'analyse seule pouvait fournir.

22. Si l'on combine l'équation

$$\rho'' = \frac{nR''\mu''\theta'^2}{2\gamma}\left(\frac{1}{R''^4}-\frac{1}{r''^3}\right)$$

avec celle-ci

$$r''^2 = R''^2 + 2\rho''R''\cos(\alpha''-A'')\cos\beta'' + \rho''^2,$$

on aura, en éliminant r''^2, une équation en ρ'', laquelle sera essentiellement du huitième degré, mais qui en faisant $R''=1$ s'abaissera d'elle-même au septième, comme nous l'avons déjà vu plus haut (13).

Mais il est peut-être plus simple d'éliminer ρ'', pour avoir une équation en r'', laquelle, en faisant

$$\lambda = \frac{n R'' \mu'' \theta'^2}{2\gamma},$$

sera

$$(r''^2 - R''^2) r''^6 - 2 R'' \cos(\alpha'' - A'') \cos\beta'' \times \lambda (r''^3 - R''^4) \frac{r''^3}{R''^4} - \frac{\lambda^2}{R''^8} (r''^3 - R''^4)^2 = 0.$$

Cette équation est évidemment du huitième degré; mais en supposant $R'' = 1$, ou bien en mettant simplement R''^3 à la place de R''^4 dans les termes qui contiennent $r''^3 - R''^4$, elle deviendra toute divisible par $r'' - R''$, et s'abaissera par là au septième degré.

Mais, pour n'être pas embarrassé dans le choix des racines de cette équation, et même pour pouvoir trouver avec facilité la racine cherchée, je remarque que par la nature du Problème les deux quantités r'' et ρ'' doivent être toutes deux positives.

Donc, en faisant, pour plus de simplicité,

$$\frac{n R'' \mu'' \theta'^2}{2\gamma} = \lambda, \quad \cos(\alpha'' - A'') \cos\beta'' = \varepsilon, \quad R'' = 1,$$

en sorte que l'on ait

$$\rho'' = \lambda \left(1 - \frac{1}{r''^3}\right) \quad \text{et} \quad r''^2 = 1 + 2\rho''\varepsilon + \rho''^2,$$

il faudra :

1° Que, si $\lambda > 0$, on ait $1 - \frac{1}{r''^3} > 0$; donc $r'' > 1$; donc $\rho'' < \lambda$; donc, si $\varepsilon > 0$, on aura

$$r''^2 < 1 + 2\lambda\varepsilon + \lambda^2;$$

si $\varepsilon < 0$, alors la quantité

$$1 + 2\rho''\varepsilon + \rho''^2$$

diminue depuis $\rho'' = 0$ jusqu'à $\rho'' = -\varepsilon$, et ensuite augmente à mesure que ρ'' croît; donc entre $\rho'' = 0$ et $\rho'' = -\varepsilon$, on aura $r'' < 1$, ce qui ne se peut; donc ρ'' est nécessairement $> -\varepsilon$; donc aussi $\lambda > -\varepsilon$. Donc, en

faisant $\rho'' = \lambda$, la valeur de $1 + 2\rho''\varepsilon + \rho''^2$ sera nécessairement trop grande; donc aussi
$$r''^2 < 1 + 2\lambda\varepsilon + \lambda^2.$$

Donc, en général, si $\lambda > 0$, on aura
$$r'' > 1 \quad \text{et} \quad < \sqrt{1 + 2\lambda\varepsilon + \lambda^2}.$$

2° Si λ est < 0, alors $1 - \dfrac{1}{r''^3} < 0$; donc $r'' < 1$; donc $2\rho''\varepsilon + \rho''^2 < 0$; par conséquent $\rho'' < -2\varepsilon$; donc $\varepsilon < 0$; or
$$\rho'' = -\lambda\left(\frac{1}{r''^3} - 1\right);$$
donc
$$-\lambda\left(\frac{1}{r''^3} - 1\right) < -2\varepsilon;$$
donc
$$\frac{1}{r''^3} < 1 + \frac{-2\varepsilon}{-\lambda};$$
donc on aura, dans le cas de $\lambda < 0$,
$$r'' < 1 \quad \text{et} \quad > \frac{1}{\sqrt[3]{1 + \dfrac{-2\varepsilon}{-\lambda}}}.$$

On a donc par là les premières limites de la valeur de r'', qu'on pourra, au moyen de l'équation en r'', resserrer autant que l'on voudra par les méthodes connues.

23. La valeur de r'', qu'on aura trouvée par la résolution de l'équation du numéro précédent, sera la première valeur approchée des trois rayons vecteurs r', r'', r''', si n n'est pas égal à 1, parce qu'alors l'équation n'est exacte qu'aux quantités du premier ordre près; mais si $n = 1$, ou exactement, ou à très-peu près, alors cette valeur de r'' sera approchée, aux quantités du second ordre près; donc, en la substituant dans les expressions de ρ' et ρ''' du n° **21**, on aura les valeurs de ρ', ρ''' approchées, de même aux quantités du second ordre près; et de là on aura celles de r'

et r''' poussées au même degré d'exactitude par les formules

$$r'^2 = R'^2 + 2\rho' R' \cos(\alpha' - A')\cos\beta' + \rho'^2, \quad r'''^2 = R'''^2 + 2\rho''' R''' \cos(\alpha''' - A''')\cos\beta''' + \rho'''^2.$$

Ayant ainsi les premières valeurs approchées des inconnues r', r'', r''', rien ne sera plus facile que d'en trouver de plus exactes au moyen des formules générales du n° 19, en substituant dans ces formules $r' + \sigma'$, $r'' + \sigma''$, $r''' + \sigma'''$ à la place de r', r'', r''', et traitant les quantités σ', σ'', σ''' comme très-petites; ce qui, en rejetant les dimensions de ces quantités plus hautes que la première, donnera trois équations linéaires en σ', σ'', σ''' pour la détermination de ces quantités; et l'on pourra de cette manière pousser l'approximation aussi loin que l'on voudra, en employant dans chaque opération les valeurs de r', r'', r''' trouvées par l'approximation précédente.

L'objet de ce Mémoire n'était que de donner une méthode directe et analytique pour trouver les premières valeurs approchées, et je crois que celle que je viens d'exposer ne laisse à cet égard rien à désirer; on pourra ensuite corriger ces valeurs par nos formules, ou par les autres méthodes déjà connues.

24. Quant à la détermination des éléments de l'orbite parabolique, elle n'a aucune difficulté, dès qu'on connaît deux lieux de la Comète, avec le temps écoulé dans le passage de l'un à l'autre; on trouve, dans plusieurs Ouvrages, des méthodes pour y parvenir, soit à l'aide de l'Analyse, soit par la simple Trigonométrie; mais comme les formules de ce Mémoire fournissent aussi des moyens fort simples pour cet objet, nous croyons devoir montrer comment elles s'appliquent à cette recherche.

Supposons donc qu'on connaisse deux rayons vecteurs r' et r'', avec le temps θ' écoulé pendant que la Comète a décrit l'arc renfermé entre ces rayons; on cherchera d'abord la valeur de υ (17) par la résolution de l'équation

$$\upsilon = 1 + \frac{\theta'^2}{12 s^3} \upsilon^3,$$

où

$$s = \frac{r' + r''}{2};$$

de là on trouvera l'angle 2ω intercepté entre les deux rayons, par la formule

$$\cos\omega = \frac{\dfrac{3}{v} - 2}{\sqrt{r'r''}}$$

du même numéro, à cause de $\tau = 1 - \dfrac{2}{3}v$.

Ayant ω, on trouvera le paramètre $4p$ par la formule du n° 16

$$p = \frac{r'r'' \sin^2\omega}{r' + r'' - 2\sqrt{r'r''}\cos\omega},$$

et la position du périhélie au moyen de l'angle φ' que le rayon vecteur r' fait avec celui du périhélie, et qui est donné par la formule du même numéro

$$\tan\frac{\varphi'}{2} = \frac{\sqrt{r''}\cos\omega - \sqrt{r'}}{\sqrt{r''}\sin\omega}.$$

Il ne reste donc plus qu'à trouver la position du plan de l'orbite par rapport à l'écliptique. Or, si des trois équations

$$x = at + bu, \quad y = ct + eu, \quad z = ft + gu$$

du n° 5 on chasse t et u, on aura celle-ci

$$z = \frac{(ag - bf)y - (cg - ef)x}{ae - bc},$$

qui est l'équation d'un plan dont la position par rapport au plan des x et y est telle que, si l'on nomme i l'inclinaison des deux plans et h l'angle que l'intersection de ces plans fait avec l'axe des x, on aura

$$\tan i \cos h = \frac{ag - bf}{ae - bc}, \quad \tan i \sin h = \frac{cg - ef}{ae - bc};$$

en sorte que i sera l'inclinaison de l'orbite de la Comète, et h la longitude du nœud ascendant.

Or, comme

$$(ag - bf)^2 + (cg - ef)^2 + (ae - bc)^2 = (a^2 + c^2 + f^2)(b^2 + e^2 + g^2) - (ab + ce + fg)^2 = 1$$

par les équations de conditions que nous avons vu devoir avoir lieu entre les constantes $a, b, c,\ldots$ (numéro cité), on aura plus simplement

$$\sin i \cos h = ag - bf, \quad \sin i \sin h = cg - ef, \quad \cos i = ae - bc.$$

Maintenant on a, pour les deux observations,

$$x' = at' + bu', \quad x'' = at'' + bu'',$$
$$y' = ct' + eu', \quad y'' = ct'' + eu'',$$
$$z' = ft' + gu', \quad z'' = ft'' + gu'',$$

et de là on tirera

$$x''z' - x'z'' = (ag - bf)(t''u' - t'u''),$$
$$y''z' - y'z'' = (cg - ef)(t''u' - t'u''),$$
$$x''y' - x'y'' = (ae - bc)(t''u' - t'u''),$$

en sorte qu'on aura

$$\sin i \cos h = \frac{x''z' - x'z''}{t''u' - t'u''}, \quad \sin i \sin h = \frac{y''z' - y'z''}{t''u' - t'u''}, \quad \cos i = \frac{x''y' - x'y''}{t''u' - t'u''}.$$

Or on a déjà vu (15) que $t''u' - t'u'' = 2r'r''\sin\omega\cos\omega$; ainsi il ne restera qu'à trouver les valeurs de $x', x'', y', y'', z', z''$, qu'on aura par les formules du n° 3 en connaissant ρ' et ρ''; or ces quantités se tireront directement des formules du n° 19.

De là il s'ensuit aussi qu'on aura

$$(t''u' - t'u'')^2 = (x''z' - x'z'')^2 + (y''z' - y'z'')^2 + (x''y' - x'y'')^2$$
$$= (x'^2 + y'^2 + z'^2)(x''^2 + y''^2 + z''^2) - (x'x'' + y'y'' + z'z'')^2;$$

donc

$$4r'^2 r''^2 \sin^2\omega \cos^2\omega = r'^2 r''^2 - (x'x'' + y'y'' + z'z'')^2;$$

mais

$$2\sin\omega\cos\omega = \sin 2\omega;$$

donc

$$\cos 2\omega = \frac{x'x'' + y'y'' + z'z''}{r'r''};$$

par où l'on pourra connaître l'angle ω sans la résolution de l'équation en v.

25. Nous terminerons ce Mémoire par la remarque suivante qui peut être utile dans quelques occasions. Soit une courbe quelconque ABC dans laquelle soient pris trois points quelconques A, B, C; et soient tirées les cordes AB, BC, AC, et les rayons vecteurs OA, OB, OC partant d'un centre fixe O (*fig.* 2); qu'on désigne par r', r'', r''' ces trois rayons,

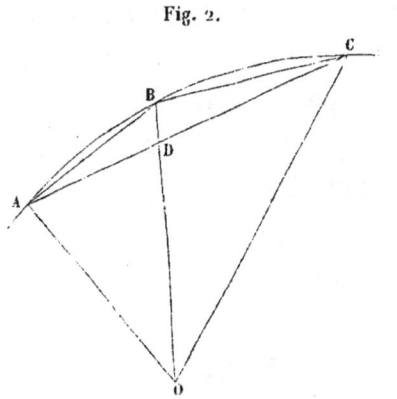

Fig. 2.

et par Δ', Δ'', Δ''' les trois secteurs triangulaires AOB, BOC, AOC; il est visible que $\Delta' + \Delta''$ sera égal au quadrilatère ABCO; d'où ôtant le triangle AOC $= \Delta'''$, on aura

$$\Delta' + \Delta'' - \Delta'''$$

pour le triangle ABC formé par les trois cordes. Or il est facile de prouver par la Géométrie élémentaire que le triangle ABC est au quadrilatère ABCO comme BD est à BO; de sorte qu'en nommant f la flèche BD, on aura

$$\frac{f}{r''} = \frac{\Delta' + \Delta'' - \Delta'''}{\Delta' + \Delta''}.$$

Ainsi l'on aura l'expression générale de la flèche f, dès qu'on connaîtra celles des triangles Δ', Δ'', Δ'''.

Or si l'on nomme φ' l'angle AOB, φ'' l'angle BOC, et par conséquent $\varphi' + \varphi''$ l'angle AOC, on a par la Géométrie

$$\Delta' = \frac{r'r''\sin\varphi'}{2}, \quad \Delta'' = \frac{r''r'''\sin\varphi''}{2}, \quad \Delta''' = \frac{r'r'''\sin(\varphi' + \varphi'')}{2};$$

et si l'on aime mieux employer les coordonnées rectangles de la courbe

ABC, on aura, en nommant ces coordonnées t', u' pour le point A, t'', u'' pour le point B, t''', u''' pour le point C, et supposant que leur origine commune soit au point O, on aura, dis-je (15),

$$\Delta' = \frac{t''u' - t'u''}{2}, \quad \Delta'' = \frac{t'''u'' - t''u'''}{2}, \quad \Delta''' = \frac{t'''u' - t'u'''}{2};$$

enfin, si au lieu d'employer les coordonnées dans le plan de la courbe, on voulait employer d'autres coordonnées rectangles rapportées à un plan quelconque passant par le centre O, on nommerait x', y' les coordonnées du point A, x'', y'' les coordonnées du point B, x''', y''' les coordonnées du point C, l'origine de ces coordonnées étant toujours au point O; on nommerait de plus i l'inclinaison des deux plans, et l'on aurait par les formules du n° 24

$$\Delta' = \frac{x''y' - x'y''}{2\cos i}, \quad \Delta'' = \frac{x'''y'' - x''y'''}{2\cos i}, \quad \Delta''' = \frac{x'''y' - x'y'''}{2\cos i}.$$

TROISIÈME MÉMOIRE

DANS LEQUEL ON DONNE UNE SOLUTION DIRECTE ET GÉNÉRALE DU PROBLÈME.

Les Recherches que j'ai données, dans le Volume de 1778, sur la détermination de l'orbite des Comètes, ont fait naître celles que MM. du Séjour et de Laplace ont publiées sur le même sujet dans les *Mémoires de l'Académie des Sciences de Paris* pour 1779 et 1780; et celles-ci ont occasionné encore ce Mémoire.

Mon dessein est moins de donner une nouvelle solution du Problème dont il s'agit que de simplifier et généraliser tout à la fois celle que j'ai donnée dans le second Mémoire. En suivant à peu près la route que j'y ai tracée, je parviens à trois équations finales, qui ont pour inconnues les trois principaux éléments de l'orbite, savoir le paramètre, le grand axe et le lieu du périhélie. Ces équations ne sont à la vérité qu'approchées; mais d'un côté on peut les rendre aussi exactes que l'on veut, et de l'autre elles ont l'avantage de se simplifier de plus en plus à mesure qu'on suppose les intervalles entre les observations plus petits; de sorte qu'elles acquièrent le dernier degré de simplicité que la nature de la question peut comporter, lorsqu'on regarde les intervalles comme infiniment petits. Dans cet état les trois équations dont il s'agit se réduisent à une équation du septième degré et à deux équations linéaires; mais si l'on fait le grand axe infini, ce qui est le cas de la parabole, alors on a une équation de plus qu'il ne faut; et cette équation surnuméraire peut servir, si l'on veut, à rabaisser l'équation du septième degré au premier; ce qui ne doit point paraître surprenant, attendu que dans ce cas le Problème est plus que déterminé par trois lieux observés de la Comète.

Cette solution est peut-être tout ce qu'on peut attendre d'une analyse directe de la question proposée; et j'ai cru qu'elle intéresserait les Géomètres, indépendamment même de son utilité pour l'Astronomie.

1. Soient x, y, z les trois coordonnées rectangles du lieu d'une Comète par rapport au Soleil, r le rayon vecteur égal à $\sqrt{x^2+y^2+z^2}$, t le temps et S la masse du Soleil; on aura, en vertu de l'attraction $\frac{S}{r^2}$ de cet astre, les trois équations connues

$$\frac{d^2x}{dt^2}+\frac{Sx}{r^3}=0, \quad \frac{d^2y}{dt^2}+\frac{Sy}{r^3}=0, \quad \frac{d^2z}{dt^2}+\frac{Sz}{r^3}=0.$$

Et comme ces équations ont aussi lieu pour la Terre, si l'on représente le temps t par le mouvement moyen de la Terre ou du Soleil, et qu'on prenne la distance moyenne du Soleil pour l'unité, on aura $S=1$. Car on sait par les Théorèmes de Newton que le mouvement angulaire moyen d'une Planète est le même que si elle décrivait un cercle dont le rayon serait égal à sa moyenne distance du Soleil; or dans ce cas il est visible qu'en prenant les coordonnées x, y dans le plan de l'orbite et supposant le rayon du cercle égal à 1 et l'angle parcouru égal à t, on aura

$$x=\cos t, \quad y=\sin t, \quad z=0,$$

valeurs qui étant substituées dans les équations ci-dessus donnent $S=1$.

498 DE LA DÉTERMINATION DES ORBITES DES COMÈTES

2. En intégrant les équations précédentes, on aura les valeurs de x, y, z pour un temps quelconque; ces valeurs sont assez connues et l'on sait que dans les orbites fort allongées, comme celles des Comètes, il est impossible de les exprimer directement en fonction de t; mais lorsqu'on ne les demande que pour un intervalle de temps peu considérable, on peut toujours les réduire en suites infinies d'autant plus convergentes que cet intervalle sera plus petit; et dans ce cas on peut même se passer d'intégration, et parvenir au but par de simples différentiations réitérées.

En effet, en regardant x, y, z comme des fonctions de t, et supposant que t y devienne $t + \theta$, θ étant un angle assez petit, les valeurs de x, y, z deviendront par le Théorème connu

$$x + \frac{dx}{dt}\theta + \frac{d^2x}{dt^2}\frac{\theta^2}{2} + \frac{d^3x}{dt^3}\frac{\theta^3}{2.3} + \ldots,$$

$$y + \frac{dy}{dt}\theta + \frac{d^2y}{dt^2}\frac{\theta^2}{2} + \frac{d^3y}{dt^3}\frac{\theta^3}{2.3} + \ldots,$$

$$z + \frac{dz}{dt}\theta + \frac{d^2z}{dt^2}\frac{\theta^2}{2} + \frac{d^3z}{dt^3}\frac{\theta^3}{2.3} + \ldots.$$

De sorte qu'il ne s'agira que d'avoir les valeurs des différences successives de x, y, z déduites des équations proposées; ce qui ne demande que de simples différentiations et substitutions.

3. Pour faciliter davantage ces opérations, il est bon d'avoir aussi une équation différentielle en r, et pour cela on n'a qu'à remarquer que

$$r\,dr = x\,dx + y\,dy + z\,dz,$$

et par conséquent

$$d(r\,dr) = x\,d^2x + y\,d^2y + z\,d^2z + dx^2 + dy^2 + dz^2.$$

Or les équations différentielles du n° **1** donnent (en faisant $S = 1$)

$$\frac{x\,d^2x + y\,d^2y + z\,d^2z}{dt^2} + \frac{1}{r} = 0;$$

et les mêmes équations étant multipliées respectivement par $2\,dx$, $2\,dy$,

$2\,dz$, ensuite ajoutées ensemble et intégrées, donnent

$$\frac{dx^2+dy^2+dz^2}{dt^2}-\frac{2}{r}+\frac{1}{a}=0,$$

a étant une constante arbitraire.

Donc on aura sur-le-champ cette équation en r et t

$$\frac{d(r\,dr)}{dt^2}-\frac{1}{r}+\frac{1}{a}=0,$$

laquelle étant différentiée pour en chasser la constante a, on aura

$$\frac{d^2(r\,dr)}{dt^3}+\frac{1}{r^2}\frac{dr}{dt}=0.$$

Et si l'on fait, pour plus de simplicité, $r^2=s$, on aura cette équation

$$\frac{d^3s}{dt^3}+\frac{1}{s^{\frac{3}{2}}}\frac{ds}{dt}=0.$$

Avant d'aller plus loin, nous remarquerons qu'en intégrant cette équation, on a

$$\frac{d^2s}{dt^2}-\frac{2}{\sqrt{s}}+\frac{2}{a}=0;$$

multipliant par ds et intégrant de nouveau, on aura

$$\frac{1}{2}\frac{ds^2}{dt^2}-4\sqrt{s}+\frac{2s}{a}+2b=0,$$

a et b étant deux constantes. Or cette dernière intégrale donne, en remettant r^2 à la place de s,

$$dt=\frac{r\,dr}{\sqrt{-b+2r-\dfrac{r^2}{a}}};$$

d'où il est aisé de conclure que a est le demi-axe de la section conique et b le demi-paramètre. Car en faisant $dr=0$, on aura pour les deux apsides

$$-b+2r-\frac{r^2}{a}=0,\quad\text{savoir}\quad r^2-2ar+ab=0;$$

en sorte que $2a$ sera la somme de la plus grande et de la plus petite distance et ab le produit.

4. Cela posé, nous avons donc (en prenant la distance moyenne du Soleil à la Terre pour l'unité, le mouvement moyen de cet astre pour le temps t, et faisant $r^2 = s$) ces quatre équations différentielles

$$\frac{d^2x}{dt^2} + \frac{x}{s^{\frac{3}{2}}} = 0, \quad \frac{d^2y}{dt^2} + \frac{y}{s^{\frac{3}{2}}} = 0, \quad \frac{d^2z}{dt^2} + \frac{z}{s^{\frac{3}{2}}} = 0, \quad \frac{d^2s}{dt^2} + \frac{1}{s^{\frac{3}{2}}}\frac{ds}{dt} = 0.$$

Ainsi l'on aura par des différentiations et des substitutions consécutives

$$\frac{d^2x}{dt^2} = -\frac{x}{s^{\frac{3}{2}}},$$

$$\frac{d^3x}{dt^3} = \frac{3}{2s^{\frac{5}{2}}}\frac{ds}{dt}x - \frac{1}{s^{\frac{3}{2}}}\frac{dx}{dt},$$

$$\frac{d^4x}{dt^4} = \left(\frac{3}{2s^{\frac{5}{2}}}\frac{d^2s}{dt^2} - \frac{3.5}{4s^{\frac{7}{2}}}\frac{ds^2}{dt^2} + \frac{1}{s^3}\right)x + \frac{3}{s^{\frac{5}{2}}}\frac{ds}{dt}\frac{dx}{dt},$$

$$\frac{d^5x}{dt^5} = \left(-\frac{15}{2s^{\frac{5}{2}}}\frac{ds}{dt} - \frac{9.5}{4s^{\frac{7}{2}}}\frac{ds\,d^2s}{dt^3} + \frac{3.5.7}{8s^{\frac{9}{2}}}\frac{ds^3}{dt^3}\right)x + \left(\frac{9}{2s^{\frac{5}{2}}}\frac{d^2s}{dt^2} - \frac{9.5}{4s^{\frac{7}{2}}}\frac{ds^2}{dt^2} + \frac{1}{s^3}\right)\frac{dx}{dt},$$

et ainsi de suite.

Et l'on aura de pareilles formules pour les différences de y et z.

5. Si donc on fait ces substitutions dans les formules du n° 2 et qu'après avoir remis r^2 à la place de s, on suppose, pour abréger,

$$f = 1 - \frac{\theta^2}{2}\frac{1}{r^3} + \frac{\theta^3}{2.3}\frac{3}{r^4}\frac{dr}{dt} + \frac{\theta^4}{2.3.4}\left[\frac{3}{r^5}\frac{d(r\,dr)}{dt^2} - \frac{3.5}{r^5}\frac{dr^2}{dt^2} + \frac{1}{r^6}\right]$$
$$- \frac{\theta^5}{2.3.4.5}\left[\frac{3.5}{r^7}\frac{dr}{dt} + \frac{9.5}{r^6}\frac{dr\,d(r\,dr)}{dt^3} - \frac{3.5.7}{r^6}\frac{dr^3}{dt^3}\right] - \ldots,$$

$$g = \theta - \frac{\theta^3}{2.3}\frac{1}{r^3} + \frac{\theta^4}{2.3.4}\frac{6}{r^4}\frac{dr}{dt} + \frac{\theta^5}{2.3.4.5}\left[\frac{9}{r^5}\frac{d(r\,dr)}{dt^2} - \frac{9.5}{r^5}\frac{dr^2}{dt^2} + \frac{1}{r^6}\right] - \ldots,$$

D'APRÈS TROIS OBSERVATIONS.

on aura
$$fx + g\frac{dx}{dt}, \quad fy + g\frac{dy}{dt}, \quad fz + g\frac{dz}{dt},$$

pour les valeurs de x, y, z qui répondent au temps $t + \theta$.

6. On peut trouver de même la valeur de s répondante à $t + \theta$; cette valeur sera représentée par la série

$$s + \frac{ds}{dt}\theta + \frac{d^2s}{dt^2}\frac{\theta^2}{2.3} + \ldots$$

Or l'équation

$$\frac{d^3s}{dt^3} + \frac{1}{s^{\frac{3}{2}}}\frac{ds}{dt} = 0$$

donne les valeurs suivantes

$$\frac{d^3s}{dt^3} = -\frac{1}{s^{\frac{3}{2}}}\frac{ds}{dt},$$

$$\frac{d^4s}{dt^4} = -\frac{1}{s^{\frac{3}{2}}}\frac{d^2s}{dt^2} + \frac{3}{2s^{\frac{5}{2}}}\frac{ds^2}{dt^2},$$

$$\frac{d^5s}{dt^5} = \frac{1}{s^3}\frac{ds}{dt} + \frac{9}{2s^{\frac{5}{2}}}\frac{ds\,d^2s}{dt^3} - \frac{3.5}{4s^{\frac{7}{2}}}\frac{ds^3}{dt^3},$$

et ainsi de suite.

Donc, puisque $s = r^2$, si l'on suppose que r^2 devienne hr^2 après le temps $t + \theta$, on aura

$$h = 1 + \theta\frac{2}{r}\frac{dr}{dt} + \frac{\theta^2}{2}\frac{2}{r^2}\frac{d(r\,dr)}{dt^2} - \frac{\theta^3}{2.3}\frac{2}{r^4}\frac{dr}{dt} - \frac{\theta^4}{2.3.4}\left[\frac{2}{r^3}\frac{d(r\,dr)}{dt^2} - \frac{6}{r^5}\frac{dr^2}{dt^2}\right]$$

$$+ \frac{\theta^5}{2.3.4.5}\left[\frac{2}{r^7}\frac{dr}{dt} + \frac{18}{r^6}\frac{dr\,d(r\,dr)}{dt^3} - \frac{30}{r^6}\frac{dr^3}{dt^3}\right] + \ldots$$

7. On aurait pu aussi déduire cette formule de celles du n° 5, en remarquant que, comme

$$r^2 = x^2 + y^2 + z^2,$$

on aura la valeur de hr^2 en mettant $fx + g\dfrac{dx}{dt}$ au lieu de x, $fy + g\dfrac{dy}{dt}$

au lieu de y et $fz + g\dfrac{dz}{dt}$ au lieu de z; de sorte que cette valeur sera

$$\left(fx + g\frac{dx}{dt}\right)^2 + \left(fy + g\frac{dy}{dt}\right)^2 + \left(fz + g\frac{dz}{dt}\right)^2$$

ou bien

$$f^2(x^2+y^2+z^2) + 2fg\left(x\frac{dx}{dt} + y\frac{dy}{dt} + z\frac{dz}{dt}\right) + g^2\left(\frac{dx^2}{dt^2} + \frac{dy^2}{dt^2} + \frac{dz^2}{dt^2}\right);$$

mais on a

$$x^2 + y^2 + z^2 = r^2, \quad x\,dx + y\,dy + z\,dz = r\,dr,$$
$$dx^2 + dy^2 + dz^2 = d(r\,dr) - x\,d^2x - y\,d^2y - z\,d^2z = d(r\,dr) + \frac{dt^2}{r};$$

donc, substituant et divisant par r^2, on aura

$$h = f^2 + fg\frac{2}{r}\frac{dr}{dt} + g^2\left[\frac{1}{r^2}\frac{d(r\,dr)}{dt^2} + \frac{1}{r^3}\right];$$

et mettant pour f et g leurs valeurs, il viendra la même formule que nous venons de trouver par une voie plus simple et plus directe.

8. Regardons maintenant la quantité t comme constante et θ comme variable, il est clair que les quantités

$$x,\ y,\ z,\ \frac{dx}{dt},\ \frac{dy}{dt},\ \frac{dz}{dt},\ r,\ \frac{dr}{dt},\ \frac{d(r\,dr)}{dt^2},$$

qui sont des fonctions de t, seront aussi constantes par rapport à θ; ainsi l'on aura, par les formules des numéros précédents, les valeurs des coordonnées x, y, z et du rayon vecteur r en fonction de ces dernières constantes et de la variable θ, et ces valeurs seront d'autant plus exactes que l'angle θ sera plus petit.

Or, puisque (7)

$$r^2 = x^2 + y^2 + z^2, \quad \frac{r\,dr}{dt} = \frac{x\,dx + y\,dy + z\,dz}{dt}, \quad \frac{d(r\,dr)}{dt^2} = \frac{dx^2 + dy^2 + dz^2}{dt^2} - \frac{1}{r},$$

on voit que ces différentes constantes se réduisent à ces six x, y, z, $\dfrac{dx}{dt}$,

$\frac{dy}{dt}$, $\frac{dz}{dt}$, lesquelles dépendent de la vitesse et de la direction du corps, lorsque $\theta = 0$; de sorte que les formules du n° 5 sont en effet les intégrales complètes des trois équations différentielles du n° 1, en y supposant $dt = d\theta$, mais intégrales en série et seulement approchées.

9. Les mêmes constantes déterminent aussi les éléments de l'orbite. Car en nommant, comme dans le n° 3, a le demi-grand axe de l'orbite et b le demi-paramètre, on a d'abord

$$\frac{1}{a} = \frac{1}{r} - \frac{d(r\,dr)}{dt^2}, \quad b = 2r - \frac{r^2}{a} - r^2 \frac{dr^2}{dt^2}.$$

Ensuite, si l'on nomme φ l'angle du rayon r avec la ligne du périhélie, on aura, par la nature des sections coniques,

$$\frac{b}{r} = 1 + e \cos \varphi,$$

e étant l'excentricité de l'orbite, $= \sqrt{1 - \frac{b}{a}}$.

D'où l'on voit que les trois quantités r, $\frac{dr}{dt}$, $\frac{d(r\,dr)}{dt^2}$ donnent immédiatement les dimensions de l'orbite et la position du périhélie sur l'orbite; en sorte qu'il sera facile de calculer par les formules connues le temps du passage par le périhélie.

Lorsque l'orbite est parabolique, comme le sont à peu près celles des Comètes, on a $a = \infty$; donc

$$\frac{d(r\,dr)}{dt^2} = \frac{1}{r};$$

ce qui simplifie les expressions de f, g, h.

A l'égard de la position du plan de l'orbite, si l'on nomme ϖ l'inclinaison par rapport au plan des x et y, et ψ l'angle de la ligne des nœuds avec l'axe des x, on aura par les formules connues

$$\tang \varpi \sin \psi = \frac{y\,dz - z\,dy}{x\,dy - y\,dx}, \quad \tang \varpi \cos \psi = \frac{x\,dz - z\,dx}{x\,dy - y\,dx}.$$

504 DE LA DÉTERMINATION DES ORBITES DES COMÈTES

10. Ces préliminaires posés, venons à la solution du Problème de la détermination de l'orbite d'une Comète par trois observations peu éloignées entre elles.

Soit ρ la distance rectiligne de la Comète à la Terre au bout d'un temps quelconque $t+\theta$, et soient $\alpha\rho$, $\beta\rho$, $\gamma\rho$ les trois coordonnées rectangles du lieu apparent de la Comète par rapport au centre de la Terre; en sorte que l'on ait

$$\alpha^2 + \beta^2 + \gamma^2 = 1.$$

Il est clair que ces quantités α, β, γ déterminent simplement la position de la ligne ρ, c'est-à-dire la direction du rayon visuel de la Comète; elles seront par conséquent données par chaque observation de la Comète.

Soient de plus R la distance du Soleil à la Terre, et AR, BR, CR les coordonnées du lieu du Soleil par rapport à la Terre, en sorte que l'on ait aussi

$$A^2 + B^2 + C^2 = 1.$$

Il est facile de concevoir qu'en retranchant respectivement ces dernières coordonnées des premières, les différences

$$\alpha\rho - AR, \quad \beta\rho - BR, \quad \gamma\rho - CR$$

doivent être égales aux coordonnées de l'orbite de la Comète autour du Soleil, que nous avons vu (5) être exprimées, en général, par

$$fx + g\frac{dx}{dt}, \quad fy + g\frac{dy}{dt}, \quad fz + g\frac{dz}{dt}.$$

On aura donc ces trois équations

$$\alpha\rho - AR = fx + g\frac{dx}{dt},$$

$$\beta\rho - BR = fy + g\frac{dy}{dt},$$

$$\gamma\rho - CR = fz + g\frac{dz}{dt};$$

desquelles éliminant l'inconnue ρ, on aura deux équations qui contiendront les six constantes inconnues

$$x, \quad y, \quad z, \quad \frac{dx}{dt}, \quad \frac{dy}{dt}, \quad \frac{dz}{dt},$$

d'où dépend la détermination de l'orbite de la Comète (9).

Chaque observation fournira donc deux équations de cette espèce; par conséquent il faudra trois observations pour avoir autant d'équations que d'inconnues.

11. Supposons donc qu'on ait observé une Comète trois fois au bout des temps

$$t, \quad t+\theta', \quad t+\theta'',$$

on aura trois systèmes d'équations semblables à celles du numéro précédent, en y faisant successivement

$$\theta = 0, \quad \theta = \theta', \quad \theta = \theta''.$$

Or, lorsque $\theta = 0$, on a $f = 1$, $g = 0$; si donc on désigne par f', g' et par f'', g'' les valeurs de f, g qui répondent à $\theta = \theta'$, $\theta = \theta''$, que de même on marque par un ou par deux traits toutes les autres quantités correspondantes, on aura ces trois systèmes d'équations

Premier système .....
$$\begin{cases} \alpha \rho - AR = x, \\ \beta \rho - BR = y, \\ \gamma \rho - CR = z, \end{cases}$$

Deuxième système .....
$$\begin{cases} \alpha' \rho' - A' R' = f' x + g' \dfrac{dx}{dt}, \\ \beta' \rho' - B' R' = f' y + g' \dfrac{dy}{dt}, \\ \gamma' \rho' - C' R' = f' z + g' \dfrac{dz}{dt}. \end{cases}$$

Troisième système .....
$$\begin{cases} \alpha'' \rho'' - A'' R'' = f'' x + g'' \dfrac{dx}{dt}, \\ \beta'' \rho'' - B'' R'' = f'' y + g'' \dfrac{dy}{dt}, \\ \gamma'' \rho'' - C'' R'' = f'' z + g'' \dfrac{dz}{dt}. \end{cases}$$

12. Tout se réduit maintenant à éliminer les différentes inconnues.

Pour y parvenir, je commence par éliminer les deux inconnues x et $\dfrac{dx}{dt}$ des premières équations de chaque système; et faisant, pour abréger,

$$l = f'g'' - f''g',$$

j'aurai cette équation

$$\alpha \rho l - \alpha'\rho'g'' + \alpha''\rho''g' = ARl - A'R'g'' + A''R''g'.$$

J'aurai de même, en éliminant y et $\dfrac{dy}{dt}$ des deuxièmes équations, et ensuite z et $\dfrac{dz}{dt}$ des troisièmes, ces deux autres-ci

$$\beta \rho l - \beta'\rho'g'' + \beta''\rho''g' = BRl - B'R'g'' + B''R''g',$$

$$\gamma \rho l - \gamma'\rho'g'' + \gamma''\rho''g' = CRl - C'R'g'' + C''R''g'.$$

Au moyen de ces trois équations on déterminera ρ, ρ', ρ''; et si l'on fait, pour abréger,

$$\delta = \alpha(\beta'\gamma'' - \beta''\gamma') + \beta(\gamma'\alpha'' - \gamma''\alpha') + \gamma(\alpha'\beta'' - \alpha''\beta'),$$

$$\Delta = A(\beta'\gamma'' - \beta''\gamma') + B(\gamma'\alpha'' - \gamma''\alpha') + C(\alpha'\beta'' - \alpha''\beta'),$$

$$\Delta_1 = A(\gamma\beta'' - \beta\gamma'') + B(\alpha\gamma'' - \gamma\alpha'') + C(\beta\alpha'' - \alpha\beta''),$$

$$\Delta_2 = A(\beta\gamma' - \beta'\gamma) + B(\gamma\alpha' - \gamma'\alpha) + C(\alpha\beta' - \alpha'\beta),$$

qu'ensuite on dénote par Δ', Δ'_1, Δ'_2, ce que deviennent Δ, Δ_1, Δ_2, en y changeant A, B, C en A', B', C', et par Δ'', Δ''_1, Δ''_2 ce que les mêmes quantités deviennent lorsque A, B, C deviennent A", B", C"; on trouvera par les formules connues pour l'élimination

$$\rho = \frac{\Delta R l - \Delta' R' g'' + \Delta'' R'' g'}{\delta l},$$

$$\rho' = -\frac{\Delta_1 R l - \Delta'_1 R' g'' + \Delta''_1 R'' g'}{\delta g''},$$

$$\rho'' = \frac{\Delta_2 R l - \Delta'_2 R' g'' + \Delta''_2 R'' g'}{\delta g'}.$$

13. Je remarque maintenant que, si l'on ajoute ensemble les carrés des trois équations de chaque système, on peut également faire disparaître les quantités x, y, z, $\frac{dx}{dt}$, $\frac{dy}{dt}$, $\frac{dz}{dt}$. Car si l'on fait, pour abréger,

$$\Gamma = A\alpha + B\beta + C\gamma,$$
$$\Gamma' = A'\alpha' + B'\beta' + C'\gamma',$$
$$\Gamma'' = A''\alpha'' + B''\beta'' + C''\gamma'',$$

et qu'on dénote par h', h'' les valeurs de h qui répondent à $\theta = \theta'$, $\theta = \theta''$, on aura, par ce qu'on a vu dans le n° 6, trois équations de la forme suivante

$$\rho^2 - 2\Gamma R\rho + R^2 = r^2,$$
$$\rho'^2 - 2\Gamma' R'\rho' + R'^2 = h'r^2,$$
$$\rho''^2 - 2\Gamma'' R''\rho'' + R''^2 = h''r^2.$$

14. Donc enfin, substituant dans ces équations les valeurs de ρ, ρ', ρ'' trouvées ci-dessus, on aura les trois équations finales

$$(\Delta Rl - \Delta' R'g'' + \Delta'' R''g')^2 - 2\Gamma R(\Delta Rl - \Delta' R'g'' + \Delta'' R''g')\delta l$$
$$+ (R^2 - r^2)\delta^2 l^2 = 0,$$
$$(\Delta_1 Rl - \Delta'_1 R'g'' + \Delta''_1 R''g')^2 + 2\Gamma' R'(\Delta_1 Rl - \Delta'_1 R'g'' + \Delta''_1 R''g')\delta g''$$
$$+ (R'^2 - h'r^2)\delta^2 g''^2 = 0,$$
$$(\Delta_2 Rl - \Delta'_2 R'g'' + \Delta''_2 R''g')^2 - 2\Gamma'' R''(\Delta_2 Rl - \Delta'_2 R'g'' + \Delta''_2 R''g')\delta g'$$
$$+ (R''^2 - h''r^2)\delta^2 g'^2 = 0.$$

Or, des différentes quantités qui composent ces trois équations, les unes, telles que

$$\delta, \Delta, \Delta_1, \Delta_2, \Delta', \Delta'_1, \Delta'_2, \Delta'', \Delta''_1, \Delta''_2, \Gamma, \Gamma', \Gamma'', R, R', R'',$$

sont censées données et connues par les observations de la Comète et par la Théorie du Soleil. Les autres, savoir

$$l, g', g'', h', h'',$$

sont des fonctions connues des quantités connues θ', θ'' et des trois constantes inconnues r, $\dfrac{dr}{dt}$, $\dfrac{d(rdr)}{dt^2}$; ainsi les équations précédentes peuvent servir à déterminer ces trois inconnues et à résoudre par conséquent le Problème. Examinons successivement ces deux espèces de quantités.

15. Je remarque d'abord que si l'on fait le carré de la quantité δ (12), on peut le mettre sous cette forme

$$\begin{aligned}\delta^2 =\; & (\alpha^2+\beta^2+\gamma^2)(\alpha'^2+\beta'^2+\gamma'^2)(\alpha''^2+\beta''^2+\gamma''^2)\\ & + 2(\alpha\alpha'+\beta\beta'+\gamma\gamma')(\alpha\alpha''+\beta\beta''+\gamma\gamma'')(\alpha'\alpha''+\beta'\beta''+\gamma'\gamma'')\\ & - (\alpha^2+\beta^2+\gamma^2)(\alpha'\alpha''+\beta'\beta''+\gamma'\gamma'')^2\\ & - (\alpha'^2+\beta'^2+\gamma'^2)(\alpha\alpha''+\beta\beta''+\gamma\gamma'')^2\\ & - (\alpha''^2+\beta''^2+\gamma''^2)(\alpha\alpha'+\beta\beta'+\gamma\gamma')^2.\end{aligned}$$

Or on a (10)
$$\alpha^2+\beta^2+\gamma^2 = 1,$$
et par conséquent aussi (11)
$$\alpha'^2+\beta'^2+\gamma'^2 = 1, \quad \alpha''^2+\beta''^2+\gamma''^2 = 1.$$

De plus, comme $\alpha\rho$, $\beta\rho$, $\gamma\rho$ sont les trois coordonnées de la Comète par rapport au centre de la Terre dans l'observation faite au bout du temps t, et que de même $\alpha'\rho'$, $\beta'\rho'$, $\gamma'\rho'$ sont les trois coordonnées de la même Comète dans l'observation faite au bout du temps $t+\theta'$ (numéros cités), il s'ensuit que la distance rectiligne de ces deux lieux de la Comète sera exprimée par la racine carrée de la quantité

$$(\alpha\rho-\alpha'\rho')^2+(\beta\rho-\beta'\rho')^2+(\gamma\rho-\gamma'\rho')^2 = \rho^2 - 2\rho\rho'(\alpha\alpha'+\beta\beta'+\gamma\gamma') + \rho'^2.$$

Mais, en considérant le triangle rectiligne dont la base est cette distance et dont les côtés sont les droites ρ, ρ' menées du centre de la Terre aux deux lieux de la Comète, si l'on nomme ω l'angle compris entre ces deux côtés, on aura par le Théorème connu

$$\rho^2 - 2\rho\rho'\cos\omega + \rho'^2$$

pour le carré de la base. De sorte qu'en comparant cette expression à la

précédente, on aura
$$\alpha\alpha' + \beta\beta' + \gamma\gamma' = \cos\omega.$$

Et l'on prouvera de même qu'en nommant ω' l'angle compris par les droites ρ', ρ'', et ω'' l'angle compris par les droites ρ et ρ'', on aura

$$\alpha'\alpha'' + \beta'\beta'' + \gamma'\gamma'' = \cos\omega',$$
$$\alpha\alpha'' + \beta\beta'' + \gamma\gamma'' = \cos\omega''.$$

Donc la valeur de δ^2 deviendra par ces substitutions

$$\delta^2 = 1 + 2\cos\omega\cos\omega'\cos\omega'' - \cos^2\omega - \cos^2\omega' - \cos^2\omega''.$$

Cette expression peut se mettre encore sous une autre forme plus commode pour le calcul; car il est facile de se convaincre, par le développement des termes, qu'elle est la même chose que celle-ci

$$-[\cos(\omega+\omega') - \cos\omega''][\cos(\omega-\omega') - \cos\omega''];$$

en sorte qu'on aura par les transformations connues

$$\delta^2 = -4\sin\frac{\omega+\omega'+\omega''}{2}\sin\frac{\omega+\omega'-\omega''}{2}\sin\frac{\omega-\omega'+\omega''}{2}\sin\frac{\omega-\omega'-\omega''}{2},$$

formule très-commode pour le calcul logarithmique.

16. Or il est visible que les angles ω, ω', ω'' ne sont autre chose que les trois côtés du triangle sphérique formé par les trois cercles de la sphère, lesquels joignent les trois lieux apparents de la Comète dans les trois observations. Si donc on considère ce triangle sphérique et qu'on nomme Ω, Ω', Ω'' les angles opposés aux côtés ω, ω', ω'', on aura par le Théorème connu

$$\cos\omega'' = \cos\omega\cos\omega' + \sin\omega\sin\omega'\cos\Omega'';$$

cette valeur étant substituée dans la première expression de δ^2, on aura après les réductions

$$\delta^2 = \sin^2\omega\sin^2\omega'\sin^2\Omega'',$$

et extrayant la racine carrée,

$$\partial = \sin\omega \sin\omega' \sin\Omega''.$$

On trouvera de la même manière

$$\partial = \sin\omega' \sin\omega'' \sin\Omega = \sin\omega \sin\omega'' \sin\Omega';$$

ce qui fournit différents moyens de calculer la quantité ∂.

Au reste il est facile de prouver que cette quantité n'est autre chose que la solidité prise six fois de la pyramide triangulaire qui a le sommet au centre de la sphère dont le rayon est supposé égal à 1, et qui insiste sur le triangle sphérique formé par les arcs ω, ω', ω'', c'est-à-dire qui a pour base le triangle rectiligne formé par les cordes de ces arcs. Car si l'on considère une des faces triangulaires de cette pyramide, celle, par exemple, qui a pour base la corde de l'arc ω, on aura $\dfrac{\sin\omega}{2}$ pour l'aire de cette face; ensuite, si l'on considère la face qui a pour base la corde de l'arc ω', il est clair que l'angle d'inclinaison de ces deux faces sera le même que celui que forment les arcs ω et ω' dans le triangle sphérique, et que nous avons dénoté par Ω''; et de là il est aisé de déduire qu'en regardant la face $\dfrac{\sin\omega}{2}$ comme la base de la pyramide, sa hauteur sera exprimée par $\sin\omega' \sin\Omega''$. De sorte que la solidité de la pyramide sera

$$\frac{\sin\omega \sin\omega' \sin\Omega''}{6} = \frac{\partial}{6}.$$

17. Examinons maintenant les autres quantités dépendantes des observations. On voit d'abord par les formules du n° 12 que les expressions de Δ, Δ_1, Δ_2 sont semblables à celle de ∂, et qu'elles résultent de celle-ci en y mettant simplement A, B, C à la place de α, β, γ pour avoir Δ, à la place de α', β', γ' pour avoir Δ_1, et à la place de α'', β'', γ'' pour avoir Δ_2. Or, puisque AR, BR, CR sont les trois coordonnées du Soleil correspondantes aux coordonnées $\alpha\rho$, $\beta\rho$, $\gamma\rho$ de la Comète, R et ρ étant les distances du Soleil et de la Comète à la Terre (10), il s'ensuit que A, B, C sont pour le Soleil ce que α, β, γ sont pour la Comète.

D'où l'on peut conclure qu'on aura les valeurs de Δ, Δ_1, Δ_2 par les mêmes formules que celle de δ, en substituant successivement le lieu du Soleil dans la première observation à chacun des trois lieux observés de la Comète.

Et, comme les quantités Δ', Δ'_1, Δ'_2 et Δ'', Δ''_1, Δ''_2 résultent de celles de Δ, Δ_1, Δ_2 en y changeant A, B, C en A', B', C' et en A'', B'', C'', il s'ensuit que pour avoir ces quantités il n'y aura qu'à employer les lieux du Soleil correspondants à la seconde et à la troisième observation.

Enfin, puisqu'on a trouvé plus haut

$$\alpha\alpha' + \beta\beta' + \gamma\gamma' = \cos\omega,$$

ω étant la distance des deux premiers lieux de la Comète, il est facile de voir qu'on aura aussi

$$\alpha A + \beta B + \gamma C = \cos\psi,$$

en dénotant par ψ la distance apparente des lieux de la Comète et du Soleil dans la première observation.

De là on conclura donc que, si ψ, ψ', ψ'' sont les arcs qui joignent les lieux correspondants de la Comète et du Soleil dans chacune des trois observations, on aura (14)

$$\Gamma = \cos\psi, \quad \Gamma' = \cos\psi', \quad \Gamma'' = \cos\psi''.$$

18. Pour mettre les quantités précédentes sous une forme plus simple, je désignerai, en général, par (ABC) la valeur de six fois la solidité de la pyramide triangulaire qui insiste sur un triangle sphérique quelconque ABC, et qui a le sommet au centre de la sphère. Cette valeur est déterminée par les formules

$$(ABC) = \sqrt{1 + 2\cos AB \cos AC \cos BC - \cos^2 AB - \cos^2 AC - \cos^2 BC},$$
$$= 2\sqrt{-\sin\frac{AB+AC+BC}{2}\sin\frac{AB+AC-BC}{2}\sin\frac{AB-AC+BC}{2}\sin\frac{AB-AB-BC}{2}},$$
$$= \sin AB \sin AC \sin A,$$
$$= \sin AB \sin BC \sin B,$$
$$= \sin AC \sin BC \sin C,$$

desquelles on pourra, dans chaque cas particulier, employer celle qu'on jugera la plus commode.

D'après cette notation, si l'on désigne par C, C', C" les trois points de la surface de la sphère où la Comète a été observée au bout des temps t, $t+\theta'$, $t+\theta''$, et par S, S', S" les trois lieux correspondants du Soleil; qu'ensuite on joigne ces six points par des arcs de grand cercle, et qu'on considère les différents triangles formés par ces arcs et ayant leurs angles à trois de ces six points C, C', C", S, S', S", on aura les valeurs suivantes

$$\delta = (C\,C'\,C''),$$
$$\Delta = (S\,C'\,C''), \quad \Delta_1 = (C\,S\,C''), \quad \Delta_2 = (C\,C'\,S),$$
$$\Delta' = (S'\,C'\,C''), \quad \Delta'_1 = (C\,S'\,C''), \quad \Delta'_2 = (C\,C'\,S'),$$
$$\Delta'' = (S''\,C'\,C''), \quad \Delta''_1 = (C\,S''\,C''), \quad \Delta''_2 = (C\,C'\,S'').$$

De plus on aura

$$\Gamma = \cos SC, \quad \Gamma' = \cos S'C', \quad \Gamma'' = \cos S''C''.$$

19. Ce sont là les seuls éléments qui dépendent des observations et qui demandent à être calculés séparément pour chaque système de trois observations d'une Comète. On voit que ces éléments dépendent uniquement de la position respective des trois lieux apparents de la Comète et des trois lieux correspondants du Soleil sur la surface de la sphère, c'est-à-dire de l'hexagone sphérique formé par des arcs de grand cercle, qui joignent ces six points de la surface de la sphère; et l'on pourra, dans une première approximation, se contenter de déterminer les angles, les côtés et les diagonales de cet hexagone par le moyen d'un bon globe céleste; mais, quand on voudra mettre plus d'exactitude dans le calcul, il sera nécessaire de les déterminer par les règles de la Trigonométrie.

A l'égard des trois quantités R, R', R", qui expriment les distances du Soleil à la Terre dans les trois observations, on les aura par les *Tables du Soleil* ou par les *Éphémérides*. On pourra même, à cause de la petitesse de l'excentricité du Soleil, faire

$$R = R' = R'' = 1,$$

ce qui servira à simplifier les équations du n° **14**, sans préjudicier sensiblement à leur exactitude.

20. Au reste, si l'on nomme ϖ l'angle que la droite ρ ou le rayon visuel de la Comète fait avec le plan des x et y, et σ l'angle que la projection de cette ligne fait avec l'angle des x, il est facile de voir qu'on aura

$$\alpha = \cos\varpi \cos\sigma, \quad \beta = \cos\varpi \sin\sigma, \quad \gamma = \sin\varpi.$$

De même, si l'on nomme Π et Σ les angles que le rayon R de l'orbite du Soleil fait avec le même plan des x et y, et que la projection de ce rayon fait avec l'axe des x, on aura

$$A = \cos\Pi \cos\Sigma, \quad B = \cos\Pi \sin\Sigma, \quad C = \sin\Pi.$$

Donc, si l'on marque par un et par deux traits toutes les quantités qui se rapportent à la seconde et à la troisième observation, et qu'on substitue ces valeurs dans les formules du n° **12**, on aura

$$\begin{aligned}
\delta =\ & \sin(\sigma' - \sigma) \cos\varpi \cos\varpi' \sin\varpi'' \\
& - \sin(\sigma'' - \sigma) \cos\varpi \cos\varpi'' \sin\varpi' \\
& + \sin(\sigma'' - \sigma') \cos\varpi' \cos\varpi'' \sin\varpi,
\end{aligned}$$

$$\begin{aligned}
\Delta =\ & \sin(\sigma' - \Sigma) \cos\Pi \cos\varpi' \sin\varpi'' \\
& - \sin(\sigma'' - \Sigma) \cos\Pi \cos\varpi'' \sin\varpi' \\
& + \sin(\sigma'' - \sigma') \cos\varpi' \cos\varpi'' \sin\Pi,
\end{aligned}$$

$$\begin{aligned}
\Delta_1 =\ & \sin(\Sigma - \sigma) \cos\varpi \cos\Pi \sin\varpi'' \\
& - \sin(\sigma'' - \sigma) \cos\varpi \cos\varpi'' \sin\Pi \\
& + \sin(\sigma'' - \Sigma) \cos\Pi \cos\varpi'' \sin\varpi,
\end{aligned}$$

$$\begin{aligned}
\Delta_2 =\ & \sin(\sigma' - \sigma) \cos\varpi \cos\varpi' \sin\Pi \\
& - \sin(\Sigma - \sigma) \cos\varpi \cos\Pi \sin\varpi' \\
& + \sin(\Sigma - \sigma') \cos\varpi' \cos\Pi \sin\varpi.
\end{aligned}$$

Et pour avoir les valeurs de Δ', Δ'_1, Δ'_2 et de Δ'', Δ''_1, Δ''_2, il n'y aura qu'à marquer successivement d'un et de deux traits les lettres Π et Σ.

Enfin on aura (13)

$$\Gamma = \cos\Pi \ \cos\varpi \ \cos(\Sigma - \sigma) + \sin\Pi \ \sin\varpi,$$

$$\Gamma' = \cos\Pi' \ \cos\varpi' \ \cos(\Sigma' - \sigma') + \sin\Pi' \ \sin\varpi',$$

$$\Gamma'' = \cos\Pi'' \ \cos\varpi'' \ \cos(\Sigma'' - \sigma'') + \sin\Pi'' \ \sin\varpi''.$$

Si l'on suppose que le plan des x et y soit celui de l'écliptique, et que l'axe des x soit dirigé vers le premier point d'*Aries*, il est clair que ϖ, ϖ', ϖ'' seront les latitudes observées de la Comète au bout des temps t, $t+\theta'$, $t+\theta''$, et que σ, σ', σ'' seront les longitudes correspondantes; ainsi ces quantités seront données par les observations. De plus on aura, dans cette hypothèse, $\Pi = 0$, $\Pi' = 0$, $\Pi'' = 0$, et Σ, Σ', Σ'' seront les trois longitudes du Soleil au temps des trois observations, longitudes qu'on aura immédiatement par les *Éphémérides*.

Mais, au lieu de prendre le plan de l'écliptique pour celui des x et y, on peut prendre également l'équateur pour ce plan; alors il est visible que ϖ, ϖ', ϖ'' seront les trois déclinaisons observées de la Comète, et σ, σ', σ'' les trois ascensions droites. De même Π, Π', Π'' seront les trois déclinaisons, et Σ, Σ', Σ'' les trois ascensions droites du Soleil, correspondantes à celles de la Comète. Les premières sont données immédiatement par les observations, et les secondes le sont par les *Éphémérides*.

21. Après avoir donné la manière de calculer les quantités de la première espèce, lesquelles dépendent des observations et de la Théorie du Soleil, considérons maintenant celles de la seconde espèce, lesquelles dépendent de l'orbite de la Comète.

Soit, pour plus de simplicité,

$$\frac{1}{r}\frac{dr}{dt} = p, \quad \frac{1}{r^2}\frac{d(r\,dr)}{dt^2} = q,$$

on aura, par les formules des n°s 5 et 6, en y marquant la lettre ϑ d'un trait,

$$f' = 1 - \frac{\theta'^2}{2r^3} + \frac{\theta'^3 p}{2r^3} + \frac{\theta'^4}{8r^3}\left(q - 5p^2 + \frac{1}{3r^3}\right) - \frac{\theta'^5}{8r^3}\left(3pq + \frac{p}{r^3} - 7p^3\right) - \cdots,$$

$$g' = \theta' - \frac{\theta'^3}{6r^3} + \frac{\theta'^4 p}{4r^3} + \frac{\theta'^5}{8r^3}\left(\frac{3q}{5} - 3p^2 + \frac{1}{15r^3}\right) - \cdots,$$

$$h' = 1 + 2\theta' p + \theta'^2 q - \frac{\theta'^3 p}{3r^3} - \frac{\theta'^4}{4r^3}\left(\frac{q}{3} - p^2\right) + \frac{\theta'^5}{4r^3}\left(\frac{3pq}{5} + \frac{p}{15r^3} - p^3\right) + \cdots.$$

Et, marquant la quantité θ de deux traits, on aura les valeurs de f'', g'', h''.

Substituant ces valeurs dans l'expression de

$$l = f'g'' - f''g',$$

on aura, après les réductions,

$$l = \theta'' - \theta' - \frac{(\theta'' - \theta')^3}{6r^3} + \frac{(\theta'' - \theta')^3(\theta'' + \theta')p}{4r^3}$$
$$+ \frac{(\theta'' - \theta')^3(3\theta''^2 + 4\theta''\theta' + 3\theta'^2)\left(\frac{q}{5} - p^2\right)}{8r^3} + \frac{(\theta'' - \theta')^5}{3.5.8.r^6} + \cdots.$$

Dans ces formules, les quantités θ' et θ'' sont connues, puisqu'elles expriment les intervalles de temps, c'est-à-dire les angles que le Soleil a parcourus par son mouvement moyen entre les trois observations de la Comète (1 et 11), angles qui doivent être évalués, pour l'homogénéité, en parties du rayon; il n'y a donc d'inconnues que les trois quantités r, p, q, lesquelles déterminent les trois principaux éléments de la Comète, de manière que, nommant a le demi-grand axe, b le demi-paramètre, φ l'angle du rayon vecteur r avec le périhélie, on a (9)

$$\frac{1}{a} = \frac{1}{r} - r^2 q, \quad b = 2r - \frac{r^2}{a} - r^4 p^2, \quad \cos\varphi = \frac{b - r}{r\sqrt{1 - \frac{b}{a}}}.$$

22. Il ne s'agira donc plus que de faire ces différentes substitutions dans les trois équations finales du n° 14, et de déterminer, par le moyen de ces équations, les trois inconnues r, p, q; c'est à quoi se réduit la solution que nous avons annoncée du Problème des Comètes.

Il est visible que ces équations seront d'autant plus compliquées qu'on prendra plus de termes dans les séries qui expriment les valeurs des quantités l, g', h', g'', h''; mais comme on peut rendre ces séries aussi convergentes que l'on veut en diminuant les valeurs des intervalles θ' et θ'' entre les observations, on a un moyen de les simplifier sans préjudice de l'exactitude.

Supposons, par exemple, qu'on s'arrête aux troisièmes dimensions de θ' et θ'', on aura alors

$$l = \theta'' - \theta' - \frac{(\theta'' - \theta')^3}{6r^3},$$

$$g' = \theta' - \frac{\theta'^3}{6r^3}, \qquad g'' = \theta'' - \frac{\theta''^3}{6r^3},$$

$$h' = 1 + 2\theta' p + \theta'^2 q - \frac{\theta'^3 p}{3r^3}, \quad h'' = 1 + 2\theta'' p + \theta''^2 q - \frac{\theta''^3 p}{3r^3}.$$

Par ces substitutions on aura trois équations, dont la première ne contiendra que l'inconnue r, et dont les deux autres contiendront de plus les inconnues p et q, mais simplement sous la forme linéaire.

23. En effet, si l'on fait, pour abréger,

$$M = \Delta R(\theta'' - \theta') - \Delta' R' \theta'' + \Delta'' R'' \theta',$$

$$N = \Delta R(\theta'' - \theta')^3 - \Delta' R' \theta''^3 + \Delta'' R'' \theta'^3,$$

et qu'on dénote par M_1, N_1 et par M_2, N_2 ce que deviennent ces expressions de M, N, en y changeant $\Delta, \Delta', \Delta''$ en $\Delta_1, \Delta_1', \Delta_1''$ et en $\Delta_2, \Delta_2', \Delta_2''$, on aura (12)

$$\rho = \frac{M - \dfrac{N}{6r^3}}{\delta \left[\theta'' - \theta' - \dfrac{(\theta'' - \theta')^3}{6r^3}\right]}, \quad \rho' = -\frac{M_1 - \dfrac{N_1}{6r^3}}{\delta \left(\theta'' - \dfrac{\theta''^3}{6r^3}\right)}, \quad \rho'' = \frac{M_2 - \dfrac{N_2}{6r^3}}{\delta \left(\theta' - \dfrac{\theta'^3}{6r^3}\right)};$$

D'APRÈS TROIS OBSERVATIONS.

substituant ces valeurs dans les trois équations suivantes (13)

$$\rho^2 - 2\Gamma R\rho + R^2 = r^2,$$

$$\rho'^2 - 2\Gamma'R'\rho' + R'^2 = r^2\left(1 + 2\theta'p + \theta'^2 q - \frac{\theta'^3 p}{3r^3}\right),$$

$$\rho''^2 - 2\Gamma''R''\rho'' + R''^2 = r^2\left(1 + 2\theta''p + \theta''^2 q - \frac{\theta''^3 p}{3r^3}\right),$$

il est visible que la première équation contiendra seulement l'inconnue r, laquelle y montera au huitième degré; et cette inconnue étant déterminée par la résolution de cette équation, on aura ensuite p et q par les deux autres équations, lesquelles, en y négligeant pour plus de simplicité les termes du troisième ordre $\frac{\theta'^3 p}{3r^3}$, $\frac{\theta''^3 p}{3r^3}$, donnent sur-le-champ

$$p = \frac{(\rho'^2 - 2\Gamma'R'\rho' + R'^2 - r^2)\theta''^2 - (\rho''^2 - 2\Gamma''R''\rho'' + R''^2 - r^2)\theta'^2}{2r^2\theta'\theta''(\theta'' - \theta')},$$

$$q = \frac{(\rho'^2 - 2\Gamma'R'\rho' + R'^2 - r^2)\theta'' - (\rho''^2 - 2\Gamma''R''\rho'' + R''^2 - r^2)\theta'}{r^2\theta'\theta''(\theta' - \theta'')}.$$

24. Pour que l'orbite soit parabolique, il faut que l'on ait $a = \infty$; donc (**21**)

$$\frac{1}{r} - r^2 q = 0, \quad q = \frac{1}{r^3}.$$

En faisant cette substitution on aura, comme l'on voit, une seconde équation en r, laquelle montera de même au huitième degré; mais si dans le numérateur de l'expression de q on met à la place de r^2 sa valeur tirée de la première équation, savoir

$$r^2 = \rho^2 - 2\Gamma R\rho + R^2,$$

qu'ensuite on substitue partout les valeurs de ρ, ρ', ρ'' en r, on trouvera que l'équation dont il s'agit ne montera plus qu'au sixième degré.

En général, comme cette seconde équation doit avoir lieu en même temps que la première, pour que l'orbite soit parabolique, il est clair que dans ce cas les deux équations doivent avoir un diviseur commun qu'on trouvera par les méthodes connues, et ce diviseur sera lui-même ou contiendra du moins la racine cherchée. On sait en effet depuis longtemps que le Problème de la détermination des orbites paraboliques est plus que déterminé par trois observations complètes, c'est-à-dire par trois longitudes et trois latitudes observées; car on a de cette manière six données, tandis que les éléments à déterminer ne sont qu'au nombre de cinq.

25. Nous venons de trouver dans le n° 23 que l'équation en r est du huitième degré; cela est vrai, en général, mais je remarque qu'une des racines de cette équation est nécessairement égale à R, de sorte qu'en faisant disparaître cette racine l'équation dont il s'agit s'abaissera au septième degré.

Car, puisque la force qui fait décrire à la Comète son orbite autour du Soleil est la même que celle qui fait décrire à la Terre la sienne, il s'ensuit que la Comète peut aussi décrire la même orbite que la Terre et coïncider par conséquent avec elle. Or dans ce cas il est visible que la direction des rayons visuels menés du centre de la Terre à la Comète devient indéterminée, en sorte que les lieux apparents de la Comète peuvent être supposés quelconques, et par conséquent toujours conformes à ceux qui ont été observés et qu'on prend pour les données du Problème. Ainsi, quelles que soient les valeurs de ces données, on est assuré d'avoir une solution possible en supposant la coïncidence de la Comète avec la Terre, et cette solution doit nécessairement être renfermée dans la solution générale.

Or dans cette supposition les distances ρ, ρ', ρ'' de la Comète à la Terre deviennent nulles; donc, faisant $r = R$ dans les expressions de ces distances données plus haut (**23**), il faudra qu'elles deviennent nulles; donc

$$M - \frac{N}{6R^3} = 0, \quad M_1 - \frac{N_1}{6R^3} = 0, \quad M_2 - \frac{N_2}{6R^3} = 0;$$

ce qui donne

$$M = \frac{N}{6R^3}, \quad M_1 = \frac{N_1}{6R^3}, \quad M_2 = \frac{N_2}{6R^3}.$$

De sorte que, substituant ces valeurs dans les expressions dont il s'agit, on aura

$$\rho = \frac{\frac{N}{6}\left(\frac{1}{R^3} - \frac{1}{r^3}\right)}{\delta\left[\theta'' - \theta' - \frac{(\theta'' - \theta')^3}{6r^3}\right]}, \quad \rho' = -\frac{\frac{N_1}{6}\left(\frac{1}{R^3} - \frac{1}{r^3}\right)}{\delta\left(\theta'' - \frac{\theta''^3}{6r^3}\right)}, \quad \rho'' = \frac{\frac{N_2}{6}\left(\frac{1}{R^3} - \frac{1}{r^3}\right)}{\delta\left(\theta' - \frac{\theta'^3}{6r^3}\right)}.$$

La valeur de ρ étant maintenant substituée dans l'équation

$$\rho^2 - 2\Gamma R\rho + R^2 = r^2,$$

on aura celle-ci

$$\frac{N^2}{36}\left(\frac{1}{R^3} - \frac{1}{r^3}\right)^2 - \frac{\Gamma R N}{3}\left(\frac{1}{R^3} - \frac{1}{r^3}\right)\left[\theta'' - \theta' - \frac{(\theta'' - \theta')^3}{6r^3}\right]\delta$$
$$+ (R^2 - r^2)\left[\theta'' - \theta' - \frac{(\theta'' - \theta')^3}{6r^3}\right]^2\delta^2 = 0,$$

laquelle, étant multipliée par $R^6 r^6$, devient

$$\frac{N^2}{36}(r^3 - R^3)^2 - \frac{\Gamma N R^4}{3}(r^3 - R^3)\left[(\theta'' - \theta')r^3 - \frac{(\theta'' - \theta')^3}{6}\right]\delta$$
$$+ R^6(R^2 - r^2)\left[(\theta'' - \theta')r^3 - \frac{(\theta'' - \theta')^3}{6}\right]^2\delta^2 = 0,$$

équation qu'on voit bien être divisible par $R - r$, et qui après cette division ne montera plus qu'au septième degré et aura par conséquent toujours au moins une racine réelle.

26. En général, il suit du raisonnement du numéro précédent que si dans les expressions de ρ, ρ', ρ'' du n° **12** on change r en R, et de même dr en dR et $d(rdr)$ en $d(RdR)$, ces expressions doivent devenir nulles d'elles-mêmes. De sorte que, si l'on dénote par L, G′, G″ ce que deviennent alors les quantités l, g', g'', on aura nécessairement ces trois équations

$$\Delta\, RL - \Delta'\, R'G'' + \Delta''\, R''G' = 0,$$
$$\Delta_1\, RL - \Delta'_1\, R'G'' + \Delta''_1\, R''G' = 0,$$
$$\Delta_2\, RL - \Delta'_2\, R'G'' + \Delta''_2\, R''G' = 0.$$

Mais pour ne laisser aucun doute sur la vérité de cette conclusion, nous allons la démontrer directement par le calcul.

27. Pour cela on remarquera que, puisque la Terre se meut autour du Soleil par la même force qui y fait mouvoir les Comètes, il s'ensuit que les formules générales des n°s 5 et 6 auront lieu aussi pour l'orbite de la Terre, de même que pour l'orbite apparente du Soleil.

Si donc on dénote par X, Y, Z les trois coordonnées rectangles du lieu du Soleil par rapport à la Terre considérée comme en repos, et par R le rayon vecteur ou la distance du Soleil; qu'on désigne de même par F, G, H ce que deviennent les quantités f, g, h en y changeant r en R, on aura pareillement

$$FX + G\frac{dX}{dt}, \quad FY + G\frac{dY}{dt}, \quad FZ + G\frac{dZ}{dt} \quad \text{et} \quad HR^2$$

pour les valeurs de X, Y, Z et R^2 après le temps $t+\theta$.

Donc, suivant les suppositions des n°s 11 et 12, on aura

$$AR = X, \quad BR = Y, \quad CR = Z,$$

$$A'R' = F'X + G'\frac{dX}{dt}, \quad B'R' = F'Y + G'\frac{dY}{dt}, \quad C'R' = F'Z + G'\frac{dZ}{dt},$$

$$A''R'' = F''X + G''\frac{dX}{dt}, \quad B''R'' = F''Y + G''\frac{dY}{dt}, \quad C''R'' = F''Z + G''\frac{dZ}{dt}.$$

D'où, éliminant X, $\frac{dX}{dt}$, Y,... et faisant

$$L = F'G'' - F''G',$$

on aura

$$ARL - A'R'G'' + A''R''G' = 0,$$

$$BRL - B'R'G'' + B''R''G' = 0,$$

$$CRL - C'R'G'' + C''R''G' = 0;$$

équations qui étant ajoutées ensemble, après avoir été multipliées respectivement par $\beta'\gamma'' - \beta''\gamma'$, $\gamma'\alpha'' - \gamma''\alpha'$, $\alpha'\beta'' - \alpha''\beta'$, par $\gamma\beta'' - \beta\gamma''$,..., donneront (1) celles-ci

$$\Delta RL - \Delta' R'G'' + \Delta'' R''G' = 0,$$
$$\Delta_1 RL - \Delta'_1 R'G'' + \Delta''_1 R''G' = 0,$$
$$\Delta_2 RL - \Delta'_2 R'G'' + \Delta''_2 R''G' = 0,$$

qui sont celles qu'il s'agissait de démontrer.

28. Par le moyen de ces équations on peut réduire les valeurs de ρ, ρ', ρ'' du n° **12** à cette forme

$$\rho = \frac{\Delta R(l-L) - \Delta' R'(g''-G'') + \Delta'' R''(g'-G')}{\delta l},$$

$$\rho' = -\frac{\Delta_1 R(l-L) - \Delta'_1 R'(g''-G'') + \Delta''_1 R''(g'-G')}{\delta g''},$$

$$\rho'' = \frac{\Delta_2 R(l-L) - \Delta'_2 R'(g''-G'') + \Delta''_2 R''(g'-G')}{\delta g'}.$$

On peut ensuite réduire les équations du n° **13** à la forme suivante

$$\rho^2 - 2\Gamma R\rho = r^2 - R^2,$$
$$\rho'^2 - 2\Gamma' R'\rho' = h'r^2 - H'R^2,$$
$$\rho''^2 - 2\Gamma'' R''\rho'' = h''r^2 - H''R^2.$$

Or, si l'on fait

$$\frac{1}{R}\frac{dR}{dt} = P, \quad \frac{1}{R^2}\frac{d(RdR)}{dt^2} = Q,$$

on aura pour L, G', H', G'', H'' les mêmes expressions que pour l, g', h', g'', h'' (**21**), en y changeant seulement r, p, q en R, P, Q; et il est visible que dans les trois équations finales les inconnues r, p, q auront pour racines les quantités R, P, Q, puisqu'en faisant

$$r = R, \quad p = P, \quad q = Q,$$

ce qui donne

$$l = L, \quad g = G, \quad h = H,$$

tous les termes de ces équations se détruisent d'eux-mêmes.

522 DE LA DÉTERMINATION DES ORBITES DES COMÈTES

29. On pourrait aussi se servir des équations du n° **27** pour éliminer des expressions de ρ, ρ', ρ'' les quantités Δ'', Δ''_1, Δ''_2. On trouverait de cette manière

$$\rho = \frac{\Delta R(lG' - Lg') - \Delta' R'(g''G' - g'G'')}{\delta l G'},$$

$$\rho' = -\frac{\Delta_1 R(lG' - Lg') - \Delta'_1 R'(g''G' - g'G'')}{\delta l G'},$$

$$\rho'' = \frac{\Delta_2 R(lG' - Lg') - \Delta'_2 R'(g''G' - g'G'')}{\delta l G'};$$

et ces valeurs, étant employées à la place de celles du numéro précédent, donneront aussi des équations finales dont les inconnues r, p, q auront pour racines R, P, Q.

30. Enfin, si l'on reprend les formules du n° **27**, et qu'on substitue dans les valeurs de $A'R'$, $B'R'$,... les valeurs de X, Y, Z et de $\frac{dX}{dt}$, $\frac{dY}{dt}$, $\frac{dZ}{dt}$, on aura

$$A'R' = \left(F'A + G'\frac{dA}{dt}\right)R + G'A\frac{dR}{dt},$$

$$B'R' = \left(F'B + G'\frac{dB}{dt}\right)R + G'B\frac{dR}{dt},$$

$$C'R' = \left(F'C + G'\frac{dC}{dt}\right)R + G'C\frac{dR}{dt},$$

et, changeant seulement F', G' en F'', G'', on aura les valeurs de $A''R''$, $B''R''$, $C''R''$.

De là on trouvera, d'après les formules du n° **12** et en supposant que les différences de Δ, Δ_1, Δ_2 se rapportent seulement aux variations de A, B, C, on trouvera, dis-je,

$$\Delta'R' = \left(F'R + G'\frac{dR}{dt}\right)\Delta + G'R\frac{d\Delta}{dt},$$

$$\Delta'_1 R' = \left(F'R + G'\frac{dR}{dt}\right)\Delta_1 + G'R\frac{d\Delta_1}{dt},$$

$$\Delta'_2 R' = \left(F'R + G'\frac{dR}{dt}\right)\Delta_2 + G'R\frac{d\Delta_2}{dt},$$

et, changeant F', G' en F'', G'', on aura les valeurs de $\Delta''R''$, $\Delta''_1 R''$, $\Delta''_2 R''$.

Si donc on fait ces substitutions dans les expressions de ρ, ρ', ρ'' du numéro cité et qu'on suppose, pour abréger,

$$m = l - F'g'' + F''g', \quad n = G''g' - G'g'',$$

on aura, en mettant P à la place de $\frac{1}{R}\frac{dR}{dt}$,

$$\rho = R\frac{(m+nP)\Delta + n\dfrac{d\Delta}{dt}}{l\delta},$$

$$\rho' = -R\frac{(m+nP)\Delta_1 + n\dfrac{d\Delta_1}{dt}}{g''\delta},$$

$$\rho'' = R\frac{(m+nP)\Delta_2 + n\dfrac{d\Delta_2}{dt}}{g'\delta}.$$

De plus, en faisant

$$\Gamma_1 = A\alpha' + B\beta' + C\gamma', \quad \Gamma_2 = A\alpha'' + B\beta'' + C\gamma'',$$

et supposant aussi que les différentielles de Γ, Γ_1, Γ_2 ne regardent que la variabilité de A, B, C, on aura d'après les formules du n° 13

$$\Gamma' R' = R\left[(F' + G'P)\Gamma_1 + G'\frac{d\Gamma_1}{dt}\right], \quad \Gamma'' R'' = R\left[(F'' + G''P)\Gamma_2 + G''\frac{d\Gamma_2}{dt}\right];$$

ces valeurs étant substituées dans les trois équations du n° 28, on aura, pour équations finales, celles-ci

$$\left[(m+nP)\Delta + n\frac{d\Delta}{dt}\right]^2 - 2\Gamma\left[(m+nP)\Delta + n\frac{d\Delta}{dt}\right]l\delta + \left(1 - \frac{r^2}{R^2}\right)l^2\delta^2 = 0,$$

$$\left[(m+nP)\Delta_1 + n\frac{d\Delta_1}{dt}\right]^2 + 2\left[(F' + G'P)\Gamma_1 + G'\frac{d\Gamma_1}{dt}\right]\left[(m+nP)\Delta_1 + n\frac{d\Delta_1}{dt}\right]g''\delta$$
$$+ \left(H' - h'\frac{r^2}{R^2}\right)g''^2\delta^2 = 0,$$

$$\left[(m+nP)\Delta_2 + n\frac{d\Delta_2}{dt}\right]^2 - 2\left[(F'' + G''P)\Gamma_2 + G''\frac{d\Gamma_2}{dt}\right]\left[(m+nP)\Delta_2 + n\frac{d\Delta_2}{dt}\right]g'\delta$$
$$+ \left(H'' - h''\frac{r^2}{R^2}\right)g'^2\delta^2 = 0.$$

31. Pour faire usage de ces équations, on calculera d'abord les quantités Δ, Δ_1, Δ_2 par les formules du n° 18, et pour avoir les différentielles de ces quantités, il n'y aura qu'à faire varier le lieu du Soleil, lequel est déterminé par les quantités A, B, C.

Soit donc Ss le petit arc de l'écliptique que le Soleil parcourt pendant le temps dt; il est facile de prouver que la variation de l'arc CS sera

$$-Ss \cos CSs,$$

CSs étant l'angle que l'arc Cs fait avec l'écliptique; par la même raison les variations des arcs C'S, C"S seront

$$-Ss \cos C'Ss, \quad -Ss \cos C''Ss.$$

Mais on a par la Théorie

$$dt = R^2 \times Ss,$$

à cause que t est le mouvement moyen du Soleil et que la distance moyenne est prise pour l'unité (**1**); donc on aura

$$Ss = \frac{dt}{R^2}.$$

Si donc on emploie pour la valeur de Δ la première expression de (SC'C"), savoir (**18**)

$$\sqrt{1 + 2\cos SC' \cos SC'' \cos C'C'' - \cos^2 SC' - \cos^2 SC'' - \cos^2 C'C''},$$

et qu'on différentie en faisant varier en même temps les arcs SC', SC", on aura

$$\Delta \frac{d\Delta}{dt} = \frac{(\cos SC'' \cos C'C'' - \cos SC')\sin SC' \cos C'Ss}{R^2}$$

$$+ \frac{(\cos SC' \cos C'C'' - \cos SC'')\sin SC'' \cos C''Ss}{R^2};$$

mais en considérant le triangle SC'C", on a par les formules connues

$$\cos SC' = \cos SC'' \cos C'C'' + \sin SC'' \sin C'C'' \cos SC''C',$$

et de même

$$\cos SC'' = \cos SC' \cos C'C'' + \sin SC' \sin C'C'' \cos SC'C'';$$

donc, substituant dans l'équation précédente et divisant par Δ, on aura

$$\frac{d\Delta}{dt} = -\frac{\sin SC' \sin SC'' \sin C'C'' [\cos SC''C' \cos C'Ss + \cos SC'C'' \cos C''Ss]}{\Delta R^2},$$

et l'on trouvera de la même manière

$$\frac{d\Delta_1}{dt} = -\frac{\sin SC \sin SC'' \sin CC'' [\cos SC''C' \cos CSs + \cos SCC'' \cos C''Ss]}{\Delta_1 R^2},$$

$$\frac{d\Delta_2}{dt} = -\frac{\sin SC \sin SC' \sin CC' [\cos SCC' \cos C'Ss + \cos SC'C \cos CSs]}{\Delta_2 R^2}.$$

On pourrait trouver d'autres expressions de ces différentielles en employant d'autres formules pour les valeurs de Δ, Δ_1, Δ_2; mais nous ne nous y arrêterons pas.

Nous remarquerons seulement que, si l'on voulait faire usage des formules du n° 20, il suffirait d'y faire varier l'arc Σ de

$$d\Sigma = \frac{dt}{R^2}$$

dans le cas où Σ est la longitude du Soleil; mais lorsque Σ représente l'ascension droite du Soleil et Π sa déclinaison, il faudra faire varier en même temps Σ et Π, en faisant

$$d\Sigma = \frac{\cos\eta \, dt}{R^2 \cos^2\Pi}, \quad d\Pi = \frac{\sin\eta \cos\Sigma \, dt}{R^2},$$

η étant l'obliquité de l'écliptique; ce qui est facile à démontrer par les analogies différentielles connues.

32. A l'égard des quantités Γ, Γ_1, Γ_2, il est facile de voir que ce sont les mêmes que les quantités Γ, Γ', Γ'' des n°s 17 et suivants, mais en supposant que dans les dernières Γ' et Γ'' le lieu du Soleil soit le même que dans la première Γ.

Ainsi l'on aura (18)

$$\Gamma = \cos SC, \quad \Gamma_1 = \cos SC', \quad \Gamma_2 = \cos SC'',$$

et différentiant, comme nous l'avons pratiqué dans le numéro précédent, on aura sur-le-champ

$$\frac{d\Gamma}{dt} = \frac{\sin SC \cos CS\,s}{R^2}, \quad \frac{d\Gamma_1}{dt} = \frac{\sin SC' \cos C'S\,s}{R^2}, \quad \frac{d\Gamma_2}{dt} = \frac{\sin SC'' \cos C''S\,s}{R^2}.$$

Et si l'on veut employer les formules du n° 20, il n'y aura qu'à faire

$$\Pi' = \Pi'' = \Pi, \quad \Sigma' = \Sigma'' = \Sigma,$$

et ensuite différentier comme dans le numéro précédent.

33. Enfin, pour ne rien laisser à désirer sur la manière de se servir des équations du n° 30, nous remarquerons encore que, puisque la moyenne distance du Soleil est prise pour l'unité, on aura dans les formules du n° 9, en changeant r en R,

$$a = 1, \quad b = 1 - E^2,$$

E étant l'excentricité de l'orbite du Soleil $= 0,0168$; donc

$$\frac{d(R\,dR)}{dt^2} = \frac{1}{R} - 1, \quad R^2 \frac{dR^2}{dt^2} = E^2 - (R-1)^2;$$

par conséquent (**28**)

$$Q = \frac{1-R}{R^3}, \quad P^2 = \frac{E^2 - (R-1)^2}{R^4}.$$

34. Les équations du n° 30 ont sur celles du n° 14 l'avantage de ne demander que le calcul d'un seul lieu du Soleil; de sorte qu'à cet égard elles fournissent, analytiquement parlant, une solution plus simple du Problème proposé; mais, d'un autre côté, elles paraissent moins commodes pour la pratique que ces dernières.

Quoi qu'il en soit, lorsqu'on voudra faire usage des formules de ce Mémoire, il sera peut-être à propos de prendre négativement l'intervalle θ' entre les deux premières observations, en sorte que les trois observations répondent aux temps $t - \theta'$, t, $t + \theta''$, et que les quantités sans traits se rapportent à l'observation du milieu, celles avec un trait à la première observation, et celles avec deux traits à la troisième. Par ce moyen les intervalles $θ'$ et $θ''$ pourront être pris peu différents l'un de l'autre ; de sorte que les séries qui expriment les quantités g', h' en puissances de $θ'$ et celles qui expriment les quantités g'', h'' en puissances de $θ''$ seront à peu près également convergentes. A l'égard de la série qui exprime la quantité l (21), elle deviendra un peu moins convergente dans le cas de $θ'$ négatif ; mais elle aura l'avantage que son troisième terme deviendra nul ou presque nul, lorsque les intervalles entre les trois observations seront égaux ou presque égaux, à cause que $θ' + θ''$ sera zéro ou à peu près.

35. Nous avons déjà vu dans les n°s 23 et suivants qu'en s'arrêtant aux troisièmes puissances de $θ'$ et $θ''$, la première équation ne contient que l'inconnue r, et que les deux autres contiennent les inconnues p et q sous une forme linéaire. Si l'on poussait la précision jusqu'aux quatrièmes dimensions de $θ'$ et $θ''$, la première équation contiendrait de plus l'inconnue p sous la forme linéaire, et les deux autres contiendraient p, q et p^2 ; de sorte qu'en éliminant p de la première, on aurait une équation en r qui monterait à un degré plus haut que le huitième, et ainsi de suite ; mais il suffira de résoudre cette équation par approximation, et, en général, ayant trouvé les premières valeurs de r, p, q, on pourra s'en servir pour en trouver d'autres de plus en plus exactes, sans résoudre des équations plus hautes que le premier degré.

Les quantités r, p, q donneront immédiatement le grand axe, le paramètre et le lieu du périhélie par les formules du n° 21 ; et le signe de p, selon qu'il sera positif ou négatif, fera connaître si la Comète a déjà passé le périhélie, ou non.

Il ne restera donc qu'à déterminer la position du plan de l'orbite ; ce qu'on pourra faire par les méthodes trigonométriques connues, en employant les valeurs des distances $ρ$ et $ρ'$ de la Comète à la Terre dans deux observations. Mais, si l'on voulait déterminer analytiquement l'inclinaison et le lieu du nœud, il n'y aurait qu'à faire usage des formules données dans le n° 9, lesquelles, en y substituant pour x, y, z et $\dfrac{dx}{dt}$, $\dfrac{dy}{dt}$, $\dfrac{dz}{dt}$

leurs valeurs déduites des six premières équations du n° 11, se réduisent à celles-ci

$$\tang \varpi \sin \psi = \frac{(\beta\rho - \mathrm{BR})(\gamma'\rho' - \mathrm{C'R'}) - (\gamma\rho - \mathrm{CR})(\beta'\rho' - \mathrm{B'R'})}{(\alpha\rho - \mathrm{AR})(\beta'\rho' - \mathrm{B'R'}) - (\beta\rho - \mathrm{BR})(\alpha'\rho' - \mathrm{A'R'})},$$

$$\tang \varpi \cos \psi = \frac{(\alpha\rho - \mathrm{AR})(\gamma'\rho' - \mathrm{C'R'}) - (\gamma\rho - \mathrm{CR})(\alpha'\rho' - \mathrm{A'R'})}{(\alpha\rho - \mathrm{AR})(\beta'\rho' - \mathrm{B'R'}) - (\beta\rho - \mathrm{BR})(\alpha'\rho' - \mathrm{A'R'})};$$

dans lesquelles les quantités α, β, γ, α', β',... sont données par les observations ou par la Théorie du Soleil (**20**).

Si l'on emploie dans ces formules les longitudes et les latitudes géocentriques de la Comète, alors ϖ sera l'inclinaison du plan de l'orbite sur l'écliptique, et ψ la longitude de la ligne des nœuds; mais si l'on y emploie les ascensions droites et les déclinaisons observées de la Comète, dans ce cas la quantité ϖ deviendra égale à l'inclinaison de l'orbite de la Comète par rapport à l'équateur, et ψ sera l'ascension droite des nœuds de cette orbite avec l'équateur.

Au reste, pour faciliter autant qu'il est possible l'usage de cette méthode à ceux qui voudront s'en servir dans la détermination des orbites des Comètes, je vais mettre ici sous les yeux les équations de ce Problème réduites à la forme la plus générale et la plus simple.

Équations pour déterminer les éléments de l'orbite d'une Comète ou d'une Planète, par trois observations peu distantes entre elles.

36. Supposons que la Comète dont il s'agit de déterminer l'orbite ait été observée trois fois dans un espace de temps peu considérable. Soient C, D, E (*fig.* 3) les trois lieux apparents de la Comète marqués sur la surface de la sphère dont on suppose le rayon $= 1$, et soient de même S, T, V les trois lieux correspondants du Soleil; en sorte que dans la première observation la Comète ait paru en C et le Soleil en S, que dans la seconde observation la Comète ait paru en D et le Soleil en T, et que dans la troisième la Comète ait été en E et le Soleil en V.

Qu'on joigne ces six points par les arcs de grands cercles CD, CE,

CS,..., on aura différents triangles sphériques CDE, CDS, CDT,... dont on pourra déterminer les côtés et les angles par le calcul, ou même mécaniquement par le moyen d'un bon globe céleste.

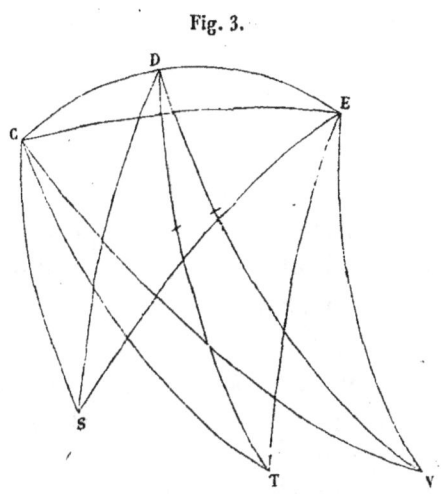

Fig. 3.

Soit maintenant θ le temps écoulé entre la première et la troisième observation; ce temps doit être représenté par le mouvement moyen du Soleil, c'est-à-dire par la différence entre les longitudes moyennes du Soleil en V et en S, réduite en parties du rayon, c'est-à-dire divisée par l'arc 57° 17′ 45″; de sorte que si le temps θ est de i jours, on aura

$$\theta = \frac{i}{58,1324}.$$

Soit de plus l'intervalle entre la première et la seconde observation, à l'intervalle entre la seconde et la troisième, comme 1 à n; en sorte que $\frac{\theta}{n+1}$ soit le premier de ces intervalles, et $\frac{n\theta}{n+1}$ le second.

Enfin soit la distance moyenne du Soleil à la Terre prise pour l'unité, et soient ε, δ, λ les véritables distances du Soleil à la Terre aux temps des trois observations, c'est-à-dire lorsque le Soleil était respectivement en S, T, V. Ces distances sont données par les *Ephémérides*, et, à cause de la petitesse de l'excentricité du Soleil, on pourra le plus souvent supposer $\varepsilon = \delta = \lambda = 1$.

IV.

37. Cela posé, soit

$$l = 1 - \frac{\theta^2}{6r^3} + \frac{(n-1)\theta^3}{4(n+1)r^3}p + \frac{(3n^2-4n+3)\theta^4}{8(n+1)^2 r^3}\left(\frac{q}{5}-p^2\right) + \frac{\theta^4}{3.5.8.r^3} + \ldots,$$

$$s = 1 - \frac{n^2\theta^2}{6(n+1)^2 r^3} + \frac{n^3\theta^3}{4(n+1)^3 r^3}p + \frac{n^4\theta^4}{8(n+1)^4 r^3}\left(\frac{3q}{5}-3p^2+\frac{1}{15r^3}\right) - \ldots,$$

$$u = 1 - \frac{\theta^2}{6(n+1)^2 r^3} - \frac{\theta^3}{4(n+1)^3 r^3}p + \frac{\theta^4}{8(n+1)^4 r^3}\left(\frac{3q}{5}-3p^2+\frac{1}{15r^3}\right) - \ldots.$$

Soit ensuite

$$x = n\theta s\left(\frac{\sin CS}{\sin CD}\right)\left(-\frac{\sin ECS}{\sin ECD}\right) - (n+1)\delta l\left(\frac{\sin CT}{\sin CD}\right)\left(-\frac{\sin ECT}{\sin ECD}\right)$$
$$+ \lambda u\left(\frac{\sin CV}{\sin CD}\right)\left(-\frac{\sin ECV}{\sin ECD}\right),$$

$$y = n\theta s\left(\frac{\sin DS}{\sin DC}\right)\left(\frac{\sin EDS}{\sin EDC}\right) - (n+1)\delta l\left(\frac{\sin DT}{\sin DC}\right)\left(\frac{\sin EDT}{\sin EDC}\right)$$
$$+ \lambda u\left(\frac{\sin DV}{\sin DC}\right)\left(\frac{\sin EDV}{\sin EDC}\right),$$

$$z = n\theta s\left(\frac{\sin DS}{\sin DE}\right)\left(\frac{\sin CDS}{\sin CDE}\right) - (n+1)\delta l\left(\frac{\sin DT}{\sin DE}\right)\left(\frac{\sin CDT}{\sin CDE}\right)$$
$$+ \lambda u\left(\frac{\sin DV}{\sin DE}\right)\left(\frac{\sin CDV}{\sin CDE}\right).$$

Enfin soit

$$\sigma^2 = r^2 - \frac{2r^2\theta}{n+1}p + \frac{r^2\theta^2}{(n+1)^2}q + \frac{\theta^3}{3(n+1)^3 r}p - \frac{\theta^4}{4(n+1)^4 r}\left(\frac{q}{3}-p^2\right)$$
$$- \frac{\theta^5}{4(n+1)^5 r}\left(\frac{3pq}{5}+\frac{p}{15r^3}-p^3\right) + \ldots,$$

$$\upsilon^2 = r^2 + \frac{2nr^2\theta}{n+1}p + \frac{n^2 r^2\theta^2}{(n+1)^2}q - \frac{n^3\theta^3}{3(n+1)^3 r}p - \frac{n^4\theta^4}{4(n+1)^4 r}\left(\frac{q}{3}-p^2\right)$$
$$+ \frac{n^5\theta^5}{4(n+1)^5 r}\left(\frac{3pq}{5}+\frac{p}{15r^3}-p^3\right) + \ldots.$$

38. On aura ces trois équations

$$x^2 + 2(n+1)\delta l x \cos DT + (n+1)^2(\delta^2 - r^2)l^2 = 0,$$
$$y^2 - 2n\theta s y \cos CS + n^2(\theta^2 - \sigma^2)s^2 = 0,$$
$$z^2 - 2\lambda u z \cos EV + (\lambda^2 - \upsilon^2)u^2 = 0,$$

par lesquelles il faudra déterminer les trois inconnues r, p, q.

De ces inconnues, la première r est le rayon vecteur de la Comète ou sa distance au Soleil au temps de la seconde observation, et les deux autres p et q servent à déterminer le grand axe $2a$ de l'orbite de la Comète et le paramètre $2b$ de cette orbite au moyen des formules

$$\frac{1}{a} = \frac{1}{r} - r^2 q, \quad b = r + r^4(q - p^2).$$

Ces quantités étant connues, on aura sur-le-champ la position du périhélie sur l'orbite par l'équation

$$\cos\varphi = \frac{r^3(q - p^2)}{\sqrt{1 - \frac{b}{a}}},$$

en nommant φ l'angle du rayon r avec la ligne du périhélie.

A l'égard des quantités s, t, u, x, y, z, σ, υ, elles serviront aussi à déterminer les distances de la Comète à la Terre et au Soleil; et l'on aura $\frac{x}{(n+1)t}$ pour la distance de la Comète à la Terre dans la seconde observation, $\frac{y}{ns}$ pour sa distance dans la première observation, et $\frac{z}{u}$ pour la distance dans la troisième observation, abstraction faite des signes de ces quantités; enfin σ sera la distance de la Comète au Soleil dans la première observation, et υ sa distance dans la troisième observation. Au moyen de ces distances on pourra déterminer facilement les autres éléments de l'orbite.

39. Pour ce qui est de la résolution des trois équations ci-dessus, elle n'aura point de difficulté, en donnant à θ une valeur moindre, ou du moins peu différente de l'unité, ce qui revient à supposer que l'intervalle de temps entre la première et la troisième observation n'aille guère au delà de deux mois; dans ce cas les séries qui expriment les quantités t, s, u, σ^2, υ^2 seront convergentes, et d'autant plus convergentes que θ sera une fraction plus petite. En négligeant les termes affectés de θ^4 et des puissances supérieures de θ, les trois équations dont il s'agit ne renfermeront les inconnues p et q que sous une forme linéaire; de sorte qu'il

sera très-facile d'éliminer ces inconnues, et l'on aura une équation en r seul, laquelle pourra monter à la vérité à un degré assez haut, mais qu'on pourra dans une première approximation réduire au huitième degré, en ne retenant d'abord que les termes affectés de θ^2, comme on l'a vu (**22**). En général, il faudra appliquer de nouveau à ces équations les mêmes remarques que nous avons déjà faites dans ce numéro et dans les suivants.

40. Au reste je ne dois pas manquer de faire observer relativement aux expressions des quantités x, y, z du n° 37, que les rapports des sinus des angles ECS, ECT, ECV au sinus ECD y ont le signe —, parce que dans la figure les trois premiers angles se trouvent placés d'un côté et l'angle ECD se trouve de l'autre côté de l'arc adjacent commun CE; au contraire, les rapports des sinus de EDS, EDT, EDV au sinus de EDC, ainsi que ceux des sinus CDS, CDT, CDV au sinus de CDE, sont pris positivement, parce que les quatre premiers angles sont tous du même côté de l'arc ED, et que les quatre derniers sont aussi tous du même côté de l'arc CD. La raison en est que ces rapports doivent devenir égaux à l'unité, lorsqu'on fait tomber successivement les points D, C, E en S, T, V; parce qu'alors les quantités Δ, Δ_1, Δ_2, Δ', Δ'_1,... deviennent égales à δ par la nature des expressions de ces quantités (**17**). En observant ces conditions, on n'aura jamais à craindre de se tromper dans les signes.

SUR LA

THÉORIE DES LUNETTES.

SUR LA

THÉORIE DES LUNETTES.

(*Nouveaux Mémoires de l'Académie royale des Sciences et Belles-Lettres de Berlin*, année 1778.)

Deux grands Géomètres, feu M. Cotes et M. Euler, ont entrepris de ramener la Théorie des lunettes à des formules générales. Le premier a donné le beau Théorème qu'on lit dans le Chapitre V du second Livre de l'*Optique* de Smith, et qui sert à déterminer la route d'un rayon qui traverse autant de lentilles que l'on veut, disposées sur le même axe. M. Cotes mourut peu de temps après avoir fait cette découverte, en sorte qu'il ne put en profiter pour perfectionner la Théorie des lunettes; et M. Smith rapporte que Newton dit à cette occasion : « Si M. Cotes avait vécu, nous saurions quelque chose. »

M. Euler s'est occupé après lui du même objet et a trouvé des formules très-belles et très-générales, qu'on peut voir dans différents Mémoires insérés parmi ceux de cette Académie pour les années 1757 et 1761, et parmi ceux de l'Académie des Sciences de Paris pour l'année 1765. Ce grand Géomètre a donné ensuite un Traité complet sur cette matière, lequel contient les mêmes formules exposées avec tout le détail qu'on peut désirer, et appliquées à un grand nombre de cas relatifs aux télescopes et aux microscopes.

Comme les formules de ces deux Auteurs sont présentées sous des formes différentes, j'ai été curieux de les rapprocher et de les comparer; et cette comparaison a donné lieu à quelques recherches qui m'ont paru pouvoir encore intéresser les Géomètres, et que, par cette raison, je vais présenter aujourd'hui à l'Académie.

1. J'appellerai dans la suite *foyer* d'une lentille, tout court, le point de l'axe de la lentille où se réunissent les rayons qui tombent sur la lentille parallèlement à l'axe et très-près de l'axe; et *distance focale* de la lentille, la distance de son foyer au centre de la lentille.

J'appellerai de plus *foyers conjugués* d'une lentille, les deux points de l'axe dans l'un desquels concourent les rayons qui partent de l'autre; et *distances des foyers conjugués*, les distances de ces points au centre de la lentille.

Enfin j'appellerai *foyers conjugués* d'une lunette, ou d'un système de plusieurs lentilles parallèles entre elles et placées sur un même axe à des distances quelconques, les deux points de l'axe dans l'un desquels vont se réunir les rayons qui étant partis de l'autre point traversent toutes les lentilles; et *distances des foyers conjugués*, les distances de ces points à la première et à la dernière lentille.

Au reste je prendrai toujours les distances des foyers conjugués affirmativement, lorsque ces foyers tombent des deux côtés opposés des lentilles; par conséquent, lorsqu'une des distances deviendra négative, ce sera une marque que les deux foyers conjugués tombent du même côté des lentilles.

2. Cela posé, soit d'abord une lentille quelconque pour laquelle la distance focale soit f, et les distances des foyers conjugués a et b; on aura, par les Théorèmes connus, l'équation

$$\frac{1}{a} + \frac{1}{b} = \frac{1}{f}.$$

Et cette équation a lieu aussi lorsqu'au lieu d'une lentille on a un miroir.

3. Supposons maintenant qu'on ait plusieurs lentilles disposées sur le même axe à des distances quelconques, lesquelles forment une lunette ou, en général, un instrument dioptrique quelconque, et considérons la

route d'un rayon qui traverserait toutes ces lentilles à peu de distance de l'axe et dans un plan passant par le même axe. Il est clair que si ce rayon n'est pas parallèle à l'axe avant d'entrer dans la première lentille, il doit couper l'axe dans quelque point, et l'on pourra alors regarder ce point comme celui d'où le rayon est censé partir; ce point sera par conséquent le premier foyer conjugué de la première lentille et de toute la lunette. Ce même rayon ensuite, après avoir été réfracté par la première lentille, coupera de nouveau l'axe, et ira tomber sur la seconde lentille, comme s'il partait de ce second point d'intersection; ainsi ce même point sera à la fois le second foyer conjugué de la première lentille et le premier foyer conjugué de la seconde lentille; et ainsi de suite, jusqu'à ce que le rayon, ayant été réfracté par toutes les lentilles, sorte de la lunette et coupe pour la dernière fois l'axe dans un point qui sera le second foyer conjugué de la dernière lentille et de toute la lunette.

4. Soient donc f', f'', f''',... les distances focales de ces différentes lentilles; a', b' les distances des deux foyers conjugués de la première lentille; a'', b'' celles des foyers conjugués de la seconde lentille; a''', b''' les distances des foyers conjugués de la troisième lentille, et ainsi des autres; a' sera en même temps la distance du premier foyer conjugué de la lunette, et la dernière des quantités b', b'', b''',... que je désignerai, en général, par $b^{\prime\prime\prime\cdots}$ sera la distance du second foyer conjugué de la lunette; enfin soient h', h'', h''',... les distances entre la première lentille et la seconde, entre la seconde et la troisième, etc.

Il est clair qu'on aura d'abord, par l'hypothèse,

(A) $\qquad h' = b' + a'', \quad h'' = b'' + a''', \quad h''' = b''' + a^{\text{iv}}, \ldots$

Ensuite, par le n° 1, on aura pour chaque lentille

(B) $\qquad \dfrac{1}{a'} + \dfrac{1}{b'} = \dfrac{1}{f'}, \quad \dfrac{1}{a''} + \dfrac{1}{b''} = \dfrac{1}{f''}, \quad \dfrac{1}{a'''} + \dfrac{1}{b'''} = \dfrac{1}{f'''}, \ldots$

Par le moyen de ces équations on pourra donc déterminer les distances de tous les foyers conjugués, et par conséquent la route entière du rayon.

Les lentilles et leur arrangement étant donnés, les distances focales f', f'', f''',... et les distances h', h'', h''',... seront aussi données ; il n'y aura donc d'inconnues que les quantités a', b', a'', b'', a''', b''',..., et tout se réduira à déterminer successivement ces différentes inconnues. Cette détermination n'a à proprement parler aucune difficulté ; mais en s'y prenant par les voies ordinaires, on tombe bientôt dans des formules assez compliquées et dans lesquelles il est difficile d'apercevoir la loi de la progression ; il est donc nécessaire d'y employer des méthodes particulières, et c'est en quoi consiste le principal mérite des Théories de Cotes et de M. Euler. Voici ce que j'ai trouvé de plus simple pour cet objet.

5. Je prends une suite de quantités inconnues

$$x,\ x',\ x'',\ x''',\ x^{\text{IV}},\ldots,$$

et je suppose

$$a' = \frac{x'}{x},\quad b' = \frac{x'}{x''},\quad a'' = \frac{x'''}{x''},\quad b'' = \frac{x'''}{x^{\text{IV}}},\quad a''' = \frac{x^{\text{V}}}{x^{\text{IV}}},\quad b''' = \frac{x^{\text{V}}}{x^{\text{VI}}},\ldots;$$

je substitue ces quantités dans les équations (A) et (B) du numéro précédent, et, chassant les dénominateurs, j'obtiens celles-ci

(C) $\quad h'x'' = x' + x''',\quad h''x^{\text{IV}} = x''' + x^{\text{V}},\quad h'''x^{\text{VI}} = x^{\text{V}} + x^{\text{VII}},\ldots,$

(D) $\quad x + x'' = \dfrac{x'}{f'},\quad x'' + x^{\text{IV}} = \dfrac{x'''}{f''},\quad x^{\text{IV}} + x^{\text{VI}} = \dfrac{x^{\text{V}}}{f'''},\ldots.$

Ces équations sont, comme l'on voit, toutes réduites à la même forme, et si pour les simplifier davantage on fait

$$\frac{1}{f'} = m',\quad h' = m'',\quad \frac{1}{f''} = m''',\quad h'' = m^{\text{IV}},\quad \frac{1}{f'''} = m^{\text{V}},\quad h''' = m^{\text{VI}},\ldots,$$

on aura celles-ci

(E) $\begin{cases} x\ -\ m'x'\ +\ x'' = 0,\\ x'\ -\ m''x''\ +\ x''' = 0,\\ x''\ -\ m'''x'''\ +\ x^{\text{IV}} = 0,\\ x'''\ -\ m^{\text{IV}}x^{\text{IV}}\ +\ x^{\text{V}} = 0,\\ \ldots\ldots\ldots\ldots\ldots\ldots\ldots\ldots \end{cases}$

DES LUNETTES.

D'où l'on voit que les inconnues x, x', x'',... forment une série récurrente du second ordre; de sorte que la question est réduite à trouver le terme général d'une série de ce genre.

6. Si les coefficients m', m'', m''',... étaient tous égaux, on aurait tout d'un coup le terme général dont il s'agit par les méthodes connues; mais lorsque ces coefficients sont inégaux, je ne connais point d'autre moyen, pour avoir les valeurs des différents termes de la série récurrente, que de les déterminer successivement l'un après l'autre.

Pour cela on remarquera que, quelque nombre d'équations qu'on prenne à résoudre, il y aura toujours deux inconnues de plus qu'il n'y a d'équations; ainsi les deux premiers termes x et x' doivent demeurer indéterminés, et comme les équations (E) sont linéaires et ne contiennent aucun terme sans x, il est facile de prévoir que l'expression d'une inconnue quelconque sera composée de deux parties, l'une toute multipliée par x, et l'autre toute multipliée par x', en sorte qu'on pourra chercher séparément chacune de ces parties en faisant, dans les équations (E), $x = 0$ ou $x' = 0$.

1° On aura donc

$$x = 0,$$

$$x' = x',$$

$$x'' = m'x',$$

$$x''' = (-1 + m'm'')x',$$

$$x^{\text{iv}} = (-m' - m''' + m'm''m''')x',$$

$$x^{\text{v}} = (1 - m'm'' - m'm^{\text{iv}} - m'''m^{\text{iv}} + m'm''m'''m^{\text{iv}})x',$$

$$x^{\text{vi}} = (m' + m''' + m^{\text{v}} - m'm''m''' - m'm''m^{\text{v}} - m'm^{\text{iv}}m^{\text{v}}$$
$$- m'''m^{\text{iv}}m^{\text{v}} + m'm''m'''m^{\text{iv}}m^{\text{v}})x',$$

....;

2° On aura de même

$$x = x,$$
$$x' = 0,$$
$$x'' = -x,$$
$$x''' = -m''x,$$
$$x^{IV} = (1 - m''m''')x,$$
$$x^{V} = (m'' + m^{IV} - m''m'''m^{IV})x,$$
$$x^{VI} = (-1 + m''m''' + m''m^{V} + m^{IV}m^{V} - m''m'''m^{IV}m^{V})x,$$
$$\dots\dots\dots\dots\dots\dots\dots\dots\dots\dots\dots\dots\dots\dots\dots\dots$$

Et pour avoir la valeur complète d'un x quelconque, il n'y aura qu'à ajouter ensemble les valeurs de la même quantité dans les deux cas.

7. Si dans les expressions précédentes on remet pour m', m'', m''',... leurs valeurs (5), qu'on ordonne ensuite les termes par rapport aux quantités f', f'', f''',..., et qu'on fasse, pour abréger,

$$P = 0,$$
$$P' = 1,$$
$$P'' = \frac{1}{f'},$$
$$P''' = -1 + \frac{h'}{f'},$$
$$P^{IV} = -\frac{1}{f'} - \frac{1}{f''} + \frac{h'}{f'f''},$$
$$P^{V} = 1 - \frac{h' + h''}{f'} - \frac{h''}{f''} + \frac{h'h''}{f'f''},$$
$$P^{VI} = \frac{1}{f'} + \frac{1}{f''} + \frac{1}{f'''} - \frac{h'}{f'f''} - \frac{h' + h''}{f'f'''} - \frac{h''}{f''f'''} + \frac{h'h''}{f'f''f'''},$$
$$P^{VII} = -1 + \frac{h' + h'' + h'''}{f'} + \frac{h' + h'''}{f''} + \frac{h'''}{f'''} - \frac{h'(h'' + h''')}{f'f''}$$
$$\quad - \frac{(h' + h'')h'''}{f'f'''} - \frac{h''h'''}{f''f'''} + \frac{h'h''h'''}{f'f''f'''},$$
$$\dots\dots\dots\dots\dots\dots\dots\dots\dots\dots\dots\dots,$$

$Q = 1,$

$Q' = 0,$

$Q'' = -1,$

$Q''' = -h',$

$Q^{\text{IV}} = 1 - \dfrac{h'}{f''},$

$Q^{\text{V}} = h' + h'' - \dfrac{h'h''}{f''},$

$Q^{\text{VI}} = -1 + \dfrac{h'}{f''} + \dfrac{h'+h''}{f'''} - \dfrac{h'h''}{f''f'''},$

$Q^{\text{VII}} = -h' - h'' - h''' + \dfrac{h'(h''+h''')}{f''} + \dfrac{(h'+h'')h'''}{f'''} + \dfrac{h'h''h'''}{f''f'''},$

....,

on aura

$$x = Px' + Qx,$$
$$x' = P'x' + Q'x,$$
$$x'' = P''x' + Q''x,$$
.....................,
$$x^{(\mu)} = P^{(\mu)}x' + Q^{(\mu)}x.$$

8. Comme $a' = \dfrac{x'}{x}$ (5), si l'on change a' en h pour mieux conserver l'analogie, en sorte que h représente la distance du premier foyer conjugué de la lunette à la première lentille, et qu'on substitue dans les formules précédentes hx à la place de x', on aura

$$x^{(\mu)} = [hP^{(\mu)} + Q^{(\mu)}]x;$$

et faisant, pour abréger,

$$hP^{(\mu)} + Q^{(\mu)} = R^{(\mu)},$$

on aura, en général,

$$x^{(\mu)} = R^{(\mu)}x.$$

Et, développant les expressions des quantités R, R', R'',..., on trouvera

$$R = 1,$$

$$R' = h,$$

$$R'' = -1 + \frac{h}{f'},$$

$$R''' = -h - h' + \frac{hh'}{f'},$$

$$R^{IV} = 1 - \frac{h}{f'} - \frac{h+h'}{f''} + \frac{hh'}{f'f''},$$

$$R^{V} = h + h' + h'' - \frac{h(h'+h'')}{f'} - \frac{(h+h')h''}{f''} + \frac{hh'h''}{f'f''},$$

$$R^{VI} = -1 + \frac{h}{f'} + \frac{h+h'}{f''} + \frac{h+h'+h''}{f'''} - \frac{hh'}{f'f''} - \frac{h(h'+h'')}{f'f'''} - \frac{(h+h')h''}{f''f'''} + \frac{hh'h''}{f'f''f'''},$$

$$R^{VII} = -h - h' - h'' - h''' + \frac{h(h'+h''+h''')}{f'} + \frac{(h+h')(h''+h''')}{f''}$$
$$+ \frac{(h+h'+h'')h'''}{f'''} - \frac{hh'(h''+h''')}{f'f''} - \frac{h(h'+h'')h'''}{f'f'''} - \frac{(h+h')h''h'''}{f''f'''} + \frac{hh'h''h'''}{f'f''f'''},$$

....

Il est facile d'apercevoir la loi de ces termes, si l'on considère séparément les termes qui occupent les places paires, et ceux qui occupent les places impaires.

9. Nous n'avons considéré jusqu'à présent que les points où le rayon qui passe au travers de toutes les lentilles coupe successivement l'axe de ces lentilles; considérons maintenant les angles sous lesquels ce rayon coupe l'axe, ainsi que les distances de l'axe aux différents points dans lesquels le rayon traverse les lentilles, distances qu'on nomme communément *demi-diamètres des ouvertures des lentilles*.

Il est facile de concevoir, même sans figures, que si l'on nomme ς', ς'', ς''',... les demi-diamètres des ouvertures de la première lentille, de la seconde, de la troisième, etc., et qu'on appelle φ', φ'', φ''',... les angles sous lesquels le rayon coupe l'axe aux premiers foyers conjugués de la première lentille, de la seconde, de la troisième, etc.; il est aisé de concevoir, dis-je, qu'on aura

$$\theta' = a' \tang\varphi', \quad \theta'' = a'' \tang\varphi'', \quad \theta''' = a''' \tang\varphi''', \ldots;$$

et comme le second foyer conjugué de la première lentille coïncide avec le premier foyer conjugué de la seconde lentille, et ainsi de suite, et que le rayon, en coupant l'axe dans ces foyers conjugués communs, fait avec lui des angles égaux de part et d'autre, il s'ensuit qu'on aura aussi

$$\theta' = b' \tang\varphi'', \quad \theta'' = b'' \tang\varphi''', \ldots.$$

Donc on aura

$$a' = \frac{\theta'}{\tang\varphi'}, \quad b' = \frac{\theta'}{\tang\varphi''}, \quad a'' = \frac{\theta''}{\tang\varphi''}, \quad b'' = \frac{\theta''}{\tang\varphi'''}, \quad a''' = \frac{\theta'''}{\tang\varphi'''}, \ldots.$$

Si l'on compare ces expressions avec celles du n° 5, on verra que les quantités θ', θ'', θ''',... sont proportionnelles aux quantités x', x''', x^v,..., et que les quantités $\tang\varphi'$, $\tang\varphi''$, $\tang\varphi'''$,... sont en même temps proportionnelles aux quantités x, x'', x^{IV},...; et comme les équations (E), qui doivent avoir lieu entre ces dernières quantités, ne déterminent pas leurs valeurs absolues, mais seulement leurs proportions mutuelles, il s'ensuit qu'on peut supposer

$$x = \tang\varphi',$$

et alors on aura

$$x' = \theta', \quad x'' = \tang\varphi'',$$
$$x''' = \theta'', \quad x^{\text{IV}} = \tang\varphi''',$$
$$x^v = \theta''', \quad x^{\text{VI}} = \tang\varphi^{\text{IV}},$$
$$\ldots\ldots\ldots\ldots\ldots\ldots$$

10. Ainsi les quantités x, x', x'',..., dont les valeurs ont été déterminées ci-dessus, ne servent pas seulement à déterminer les distances des foyers a', a'', a''',..., b', b'', b''',..., mais elles représentent elles-mêmes les tangentes des angles aux foyers et les demi-diamètres des ouvertures; les quantités x, x'', x^{IV},..., qui occupent les places paires, sont les tan-

gentes des angles aux différents foyers conjugués, et les quantités x', x''', x^{v},... sont les demi-diamètres des ouvertures des lentilles. D'où l'on voit que les quantités dont il s'agit donnent en même temps tous les éléments de la Théorie des lunettes, puisqu'elles déterminent toutes les circonstances de la route d'un rayon qui traverse autant de lentilles qu'on veut, dont on connaît les distances focales f', f'', f''',... et les distances respectives de l'une à l'autre h', h'', h''',....

Il faut seulement remarquer que, suivant les dénominations et les hypothèses précédentes, le rayon devant traverser l'axe dans tous les foyers, les angles aux foyers et les demi-diamètres des ouvertures doivent être alternativement au-dessus et au-dessous de l'axe, c'est-à-dire alternativement positifs et négatifs; donc, en général, on aura pour les tangentes des angles aux foyers les quantités x, $-x''$, x^{IV}, $-x^{VI}$,..., et pour les demi-diamètres des ouvertures x', $-x'''$, x^{v}, $-x^{VII}$,....

11. Comme il est indifférent dans quel sens on suppose que le rayon traverse les lentilles, on peut imaginer que l'œil soit placé au point de l'axe que nous avons nommé le *premier foyer conjugué de la lunette*, et qu'il reçoive le rayon qui concourt dans ce point après avoir traversé toutes les lentilles. Dans cette hypothèse la quantité a' ou h sera la distance de l'œil au premier oculaire, et φ' sera l'angle sous lequel le rayon entre dans l'œil. De plus on peut regarder le demi-diamètre de l'ouverture $\theta'''\cdots$ de la dernière lentille comme un objet de l'extrémité duquel part le rayon dont il s'agit. Ainsi cet objet sera vu à travers les autres lentilles sous un angle égal à φ'; mais si cet objet était vu avec l'œil nu, il est clair qu'il faudrait qu'il fût placé à la distance $\dfrac{\theta'''\cdots}{\tang \varphi'}$ de l'œil pour qu'il fût vu sous le même angle φ'; donc $\dfrac{\theta'''\cdots}{\tang \varphi'}$ sera la distance apparente de l'objet vu à travers toutes les lentilles.

Or $\tang \varphi'$ est égal à x et $\theta'''\cdots$ est égal au dernier terme de la série x', $-x'''$, x^{v}, $-x^{VII}$,..., dont le quantième doit être égal au nombre des lentilles augmenté de l'unité, à cause que la dernière lentille n'entre plus ici en considération.

Donc, si un objet est vu par un nombre μ de lentilles, sa distance apparente sera (8)
$$\pm \frac{x^{(2\mu+1)}}{x} = \pm R^{(2\mu+1)},$$

le signe supérieur étant pour le cas où μ est pair, et l'inférieur pour celui où μ est impair.

Le Théorème de Cotes, dont on a parlé au commencement de ce Mémoire, donne précisément la distance apparente d'un objet vu à travers un nombre quelconque de lentilles, et la valeur de cette distance, suivant ce Théorème, s'accorde parfaitement avec l'expression précédente.

12. Reprenons les équations (E), ou plutôt les équations (C) et (D) du n° 5, et, éliminant premièrement les quantités x', x''', x^{v},..., on aura celles-ci entre les quantités x, x'', x^{iv}, ...

$$-x' + f'x + f'x'' = 0,$$
$$f'x + (f' + f'' - h')x'' + f''x^{\text{iv}} = 0,$$
$$f''x'' + (f'' + f''' - h'')x^{\text{iv}} + f^{\text{iv}}x^{\text{vi}} = 0,$$
$$f'''x^{\text{iv}} + (f''' + f^{\text{iv}} - h''')x^{\text{vi}} + f^{\text{vi}}x^{\text{viii}} = 0,$$
$$\dots\dots\dots\dots\dots\dots\dots\dots\dots\dots\dots\dots$$

Mais, si l'on élimine les quantités x'', x^{iv}, x^{vi},..., on aura ces autres-ci entre les quantités x, x', x''', x^{v},...

$$x + \left(\frac{1}{h'} - \frac{1}{f'}\right)x' + \frac{x'''}{h'} = 0,$$
$$\frac{x'}{h'} + \left(\frac{1}{h'} + \frac{1}{h''} - \frac{1}{f''}\right)x''' + \frac{x^{v}}{h''} = 0,$$
$$\frac{x'''}{h''} + \left(\frac{1}{h''} + \frac{1}{h'''} - \frac{1}{f'''}\right)x^{v} + \frac{x^{\text{vii}}}{h'''} = 0,$$
$$\frac{x^{v}}{h'''} + \left(\frac{1}{h'''} + \frac{1}{h^{\text{iv}}} - \frac{1}{f^{\text{iv}}}\right)x^{\text{vii}} + \frac{x^{\text{ix}}}{h^{\text{iv}}} = 0,$$
$$\dots\dots\dots\dots\dots\dots\dots\dots\dots\dots\dots\dots,$$

par lesquelles on pourra déterminer séparément les quantités qui occupent les places paires et celles qui occupent les places impaires dans la série $x, x', x'', x''', \ldots$.

13. Soit
$$x'' = \alpha' x, \quad x^{IV} = \alpha'' x'', \quad x^{VI} = \alpha''' x^{IV}, \ldots,$$

et par conséquent
$$x^{IV} = \alpha' \alpha'' x, \quad x^{VI} = \alpha' \alpha'' \alpha''' x, \ldots;$$

substituant ces valeurs dans la première suite d'équations, on aura celles-ci

$$-x' + (1 + \alpha')f'x = 0,$$
$$f' + (f' + f'' - h')\alpha' + f''\alpha'\alpha'' = 0,$$
$$f'' + (f'' + f''' - h'')\alpha'' + f'''\alpha''\alpha''' = 0,$$
$$f''' + (f''' + f^{IV} - h''')\alpha''' + f^{IV}\alpha'''\alpha^{IV} = 0,$$
$$\ldots\ldots\ldots\ldots\ldots\ldots\ldots\ldots\ldots,$$

d'où l'on tire
$$x' = (1 + \alpha')f'x,$$

ensuite
$$h' = \frac{\alpha' + 1}{\alpha'} f' + (\alpha'' + 1)f'',$$
$$h'' = \frac{\alpha'' + 1}{\alpha''} f'' + (\alpha''' + 1)f''',$$
$$h''' = \frac{\alpha''' + 1}{\alpha'''} f''' + (\alpha^{IV} + 1)f^{IV},$$
$$\ldots\ldots\ldots\ldots\ldots\ldots\ldots,$$

et, à cause de $a' = \dfrac{x'}{x}$ (5), si l'on change a' en h, comme dans le n° 8, la première équation deviendra

$$h = (\alpha' + 1)f'.$$

Ensuite, si l'on fait
$$x' = f'\varpi', \quad x''' = f''\varpi'', \quad x^V = f'''\varpi''', \ldots,$$

DES LUNETTES.

et qu'on substitue ces valeurs dans la seconde série d'équations du numéro précédent, on aura, en ordonnant les termes par rapport aux lettres h', h'', ...,

$$\frac{f'\varpi' + f''\varpi''}{h'} = \varpi' - x,$$

$$\frac{f'\varpi' + f''\varpi''}{h'} + \frac{f''\varpi'' + f'''\varpi'''}{h''} = \varpi'',$$

$$\frac{f''\varpi'' + f'''\varpi'''}{h''} + \frac{f'''\varpi''' + f^{IV}\varpi^{IV}}{h'''} = \varpi''',$$

$$\dots\dots\dots\dots\dots\dots\dots\dots\dots,$$

et, soustrayant ces équations successivement les unes des autres,

$$\frac{f'\varpi' + f''\varpi''}{h'} = \varpi' - x,$$

$$\frac{f''\varpi'' + f'''\varpi'''}{h''} = \varpi'' - \varpi' + x,$$

$$\frac{f'''\varpi''' + f^{IV}\varpi^{IV}}{h'''} = \varpi''' - \varpi'' + \varpi' - x,$$

$$\dots\dots\dots\dots\dots\dots\dots\dots\dots$$

Donc, substituant ici les valeurs trouvées ci-dessus de h', h'', h''', ..., on en tirera les valeurs de f'', f''', ...

On aura ainsi

$$\frac{f''}{f'} = -\frac{\varpi' - (\varpi' - x)\left(1 + \frac{1}{\alpha'}\right)}{\varpi'' - (\varpi' - x)(1 + \alpha'')},$$

$$\frac{f'''}{f''} = -\frac{\varpi'' - (\varpi'' - \varpi' + x)\left(1 + \frac{1}{\alpha''}\right)}{\varpi''' - (\varpi'' - \varpi' + x)(1 + \alpha''')},$$

$$\frac{f^{IV}}{f'''} = -\frac{\varpi''' - (\varpi''' - \varpi'' + \varpi' - x)\left(1 + \frac{1}{\alpha'''}\right)}{\varpi^{IV} - (\varpi''' - \varpi'' + \varpi' - x)(1 + \alpha^{IV})},$$

$$\dots\dots\dots\dots\dots\dots\dots\dots\dots,$$

c'est-à-dire, en réduisant,

$$\frac{f''}{f'} = \frac{1}{\alpha'} \frac{\varpi' - x(1+\alpha')}{\varpi'' - (\varpi'-x)(1+\alpha'')},$$

$$\frac{f'''}{f''} = \frac{1}{\alpha''} \frac{\varpi' - (\varpi'-x)(1+\alpha'')}{\varpi''' - (\varpi''-\varpi'+x)(1+\alpha''')},$$

$$\frac{f^{IV}}{f'''} = \frac{1}{\alpha'''} \cdot \frac{\varpi''' - (\varpi''-\varpi'+x)(1+\alpha''')}{\varpi^{IV} - (\varpi'''-\varpi''+\varpi'-x)(1+\alpha^{IV})},$$

....

Donc, à cause de $f' = \dfrac{h}{1+\alpha'}$, on aura, en substituant successivement les valeurs de $f', f'', \ldots$,

$$f' = \frac{h}{1+\alpha'} \frac{\varpi' - x(1+\alpha')}{\varpi' - x(1+\alpha')},$$

$$f'' = \frac{h}{\alpha'(1+\alpha')} \frac{\varpi' - x(1+\alpha')}{\varpi'' - (\varpi'-x)(1+\alpha'')},$$

$$f''' = \frac{h}{\alpha'\alpha''(1+\alpha')} \frac{\varpi' - x(1+\alpha')}{\varpi''' - (\varpi''-\varpi'+x)(1+\alpha''')},$$

$$f^{IV} = \frac{h}{\alpha'\alpha''\alpha'''(1+\alpha')} \frac{\varpi' - x(1+\alpha')}{\varpi^{IV} - (\varpi'''-\varpi''+\varpi'-x)(1+\alpha^{IV})},$$

....

Substituant enfin ces valeurs dans les expressions de h', h'',... et réduisant, on aura

$$h' = \frac{h}{\alpha'(1+\alpha')} \frac{[\varpi' - x(1+\alpha')][(1+\alpha')\varpi'' - \alpha'(1+\alpha'')\varpi']}{[\varpi' - x(1+\alpha')][\varpi'' - (\varpi'-x)(1+\alpha'')]},$$

$$h'' = \frac{h}{\alpha'\alpha''(1+\alpha')} \frac{[\varpi' - x(1+\alpha')][(1+\alpha'')\varpi''' - \alpha''(1+\alpha''')\varpi'']}{[\varpi'' - (\varpi'-x)(1+\alpha'')][\varpi''' - (\varpi''-\varpi'+x)(1+\alpha''')]},$$

$$h''' = \frac{h}{\alpha'\alpha''\alpha'''(1+\alpha')} \frac{[\varpi' - x(1+\alpha')][(1+\alpha''')\varpi^{IV} - \alpha'''(1+\alpha^{IV})\varpi''']}{[\varpi''' - (\varpi''-\varpi'+x)(1+\alpha''')][\varpi^{IV} - (\varpi'''-\varpi''+\varpi'-x)(1+\alpha^{IV})]},$$

....

Ainsi les distances focales f', f'',... et les intervalles entre les lentilles h', h'',... sont exprimés par les quantités α', α'', α''',..., ϖ', ϖ'', ϖ''',..., et comme on a supposé

$$x'=f'\varpi', \quad x''=\alpha'x, \quad x'''=f''\varpi'', \quad x^{\text{IV}}=\alpha'\alpha''x, \quad x^{\text{V}}=f'''\varpi''', \quad x^{\text{VI}}=\alpha'\alpha''\alpha'''x,\ldots,$$

on aura aussi les quantités x', x'', x''',... exprimées par les mêmes quantités α', α'',..., ϖ', ϖ'',....

14. Les quantités ϖ', ϖ'',... sont égales aux demi-diamètres des ouvertures des lentilles divisés par les distances focales des mêmes lentilles; ce sont par conséquent les mêmes quantités que M. Euler nomme *raisons des ouvertures*, et qui dans ses formules sont désignées aussi par ces mêmes lettres.

A l'égard des quantités α', α'',..., elles sont égales à $\frac{x''}{x}$, $\frac{x^{\text{IV}}}{x''}$,..., et par conséquent à $\frac{a'}{b'}$, $\frac{a''}{b''}$,... (5); or M. Euler désigne par les lettres majuscules A, B, C,... les quantités $\frac{b'}{a'}$, $\frac{b''}{a''}$,...; ainsi l'on aura

$$\alpha' = \frac{1}{A}, \quad \alpha'' = \frac{1}{B}, \quad \alpha''' = \frac{1}{C}, \ldots$$

Enfin M. Euler suppose que l'ouverture de la première lentille est nulle, pour ne considérer que la route du rayon qui passe par le centre de cette lentille; ainsi, suivant lui, ϖ' doit être nul.

Si l'on fait ces différentes substitutions dans les formules trouvées ci-dessus, on en verra naître celles de M. Euler, dont on a parlé au commencement de ce Mémoire.

15. Après avoir fait voir comment le Théorème de Cotes et les formules de M. Euler se déduisent directement de nos formules primitives, nous allons revenir sur celles-ci et les considérer plus particulièrement.

Et d'abord, puisque nous avons déjà vu que les équations récurrentes (E) donnent, en général (7),

$$x^{(\mu)} = P^{(\mu)} x' + Q^{(\mu)} x,$$

il est bon d'examiner de plus près la loi qu'observent les quantités P, P′, P″,..., Q, Q′, Q″,....

Par la formation de ces quantités il est visible qu'il y a entre elles les mêmes rapports qu'entre les quantités correspondantes x, x', x'',..., de sorte qu'on aura aussi, en général, en vertu des équations (E),

$$P^{(\lambda+1)} - m^{(\lambda)} P^{(\lambda)} + P^{(\lambda-1)} = 0,$$
$$Q^{(\lambda+1)} - m^{(\lambda)} Q^{(\lambda)} + Q^{(\lambda-1)} = 0;$$

donc, on aura

$$P^{(\lambda+1)} Q^{(\lambda)} - Q^{(\lambda+1)} P^{(\lambda)} = Q^{(\lambda)} P^{(\lambda-1)} - P^{(\lambda)} Q^{(\lambda-1)};$$

mais, lorsque $\lambda = 1$, on a

$$P'Q - Q'P = 1;$$

donc

$$P''Q' - Q''P' = -1, \quad P'''Q'' - Q'''P'' = 1, \ldots;$$

donc, en général,

$$P^{(\lambda+1)} Q^{(\lambda)} - Q^{(\lambda+1)} P^{(\lambda)} = \pm 1,$$

le signe supérieur étant pour le cas où λ est pair, et l'inférieur pour celui où λ est impair.

16. Or on voit par les formules du n° 7 que les expressions des quantités Q, Q′, Q″,... ne contiennent point la quantité f'; donc, si dans l'équation précédente on fait varier f', les quantités $Q^{(\lambda)}$ et $Q^{(\lambda+1)}$ doivent demeurer constantes; et l'on aura en divisant par df'

$$Q^{(\lambda)} \frac{dP^{(\lambda+1)}}{df'} - Q^{(\lambda+1)} \frac{dP^{(\lambda)}}{df'} = 0;$$

d'où il s'ensuit que les quantités $Q^{(\lambda)}$ sont proportionnelles aux quantités $\frac{dP^{(\lambda)}}{df'}$; de sorte qu'on aura, en général,

$$Q^{(\lambda)} = k \frac{dP^{(\lambda)}}{df'},$$

k étant un coefficient constant. Pour le déterminer, on fera, par exemple,

$\lambda = 2$, auquel cas on a (**7**)

$$Q'' = -1, \quad P'' = \frac{1}{f'};$$

donc

$$\frac{dP''}{df'} = -\frac{1}{f'^2};$$

par conséquent $k = f'^2$.

Donc enfin on aura, en général,

$$Q^{(\lambda)} = f'^2 \frac{dP^{(\lambda)}}{df'}.$$

Ainsi, dès qu'on connaîtra les quantités P, P′, P″,..., on en pourra déduire immédiatement par une simple différentiation les quantités correspondantes Q, Q′, Q″,....

17. Maintenant, si l'on considère les expressions des quantités P, P′,... du n° 7, on voit d'abord que les termes P′, P‴,..., qui occupent les places paires, forment une série dont la loi est assez claire et dont le terme général peut être représenté de cette manière

$$\pm P^{(2\nu+1)} = 1 - \frac{h'+h''+h'''+\ldots+h^{(\nu)}}{f'} - \frac{h''+h'''+\ldots+h^{(\nu)}}{f''} - \frac{h'''+\ldots+h^{(\nu)}}{f'''} - \ldots$$
$$+ \frac{h'[h''+h'''+\ldots+h^{(\nu)}]}{f'f''} + \frac{(h'+h'')[h'''+\ldots+h^{(\nu)}]}{f'f'''} + \frac{h''[h'''+\ldots+h^{(\nu)}]}{f''f'''} + \ldots$$
$$- \frac{h'h''[h'''+\ldots+h^{(\nu)}]}{f'f''f'''} - \frac{(h'+h'')h'''[h^{\text{iv}}+\ldots+h^{(\nu)}]}{f'f'''f^{\text{iv}}} - \ldots$$
$$\ldots\ldots\ldots\ldots\ldots\ldots\ldots\ldots\ldots\ldots\ldots\ldots\ldots\ldots,$$

le signe supérieur de $P^{(2\nu+1)}$ étant pour le cas où ν est un nombre pair, et l'inférieur pour celui où ν est un nombre impair.

Il ne reste donc plus qu'à trouver les termes intermédiaires P″, P^{iv},...; or la formule générale donne, en mettant $h^{(\nu)}$ à la place de $m^{(2\nu)}$,

$$P^{(2\nu)} = \frac{P^{(2\nu+1)} + P^{(2\nu-1)}}{h^{(\nu)}}.$$

On peut encore simplifier cette expression en faisant attention que les valeurs de $P^{(2\nu)}$ et de $P^{(2\nu-1)}$ ne dépendent point de la quantité $h^{(\nu)}$, ainsi qu'on le voit par les formules du n° 7; d'où il s'ensuit que l'équation précédente étant multipliée par $h^{(\nu)}$, et ensuite différentiée en regardant $h^{(\nu)}$ comme la seule variable, on aura

$$P^{(2\nu)} dh^{(\nu)} = dP^{(2\nu+1)}.$$

Donc

$$P^{(2\nu)} = \frac{dP^{(2\nu+1)}}{dh^{(\nu)}}.$$

18. Soit maintenant une lunette composée d'un nombre quelconque ν de lentilles; un rayon, qui coupant l'axe sous l'angle x entrera dans la première lentille à la distance x' de l'axe, coupera successivement l'axe sous les angles x'', x^{IV}, ..., $x^{(2\nu)}$, et traversera les autres lentilles aux distances $-x'''$, x^{v}, ..., $\pm x^{(2\nu-1)}$ de l'axe; le signe supérieur étant pour le cas où ν est impair, et l'inférieur pour celui où ν est pair.

L'angle x est donc changé par l'effet des lentilles dans l'angle $x^{(2\nu)}$, et la distance ou ouverture x' est changée en $\pm x^{(2\nu-1)}$; du premier changement dépend l'amplification ou la force de la lunette, laquelle est par conséquent exprimée par $\frac{x^{(2\nu)}}{x}$; et du second dépend la clarté apparente qui étant en raison inverse de la densité des rayons sera exprimée par $\frac{x'}{\pm x^{(2\nu-1)}}$, pourvu qu'on suppose $x = 0$ dans l'expression de $x^{(2\nu-1)}$, pour que les rayons entrent parallèles à l'axe dans la lunette; car alors il est visible que tous les rayons, qui tombent sur l'ouverture x', doivent sortir par l'ouverture $x^{(2\nu-1)}$; par conséquent leurs densités en entrant et en sortant de la lunette seront en raison réciproque de ces ouvertures.

De plus, le signe de la quantité $\frac{x'}{\pm x^{(2\nu-1)}}$ indiquera la situation apparente de l'objet; si cette quantité est positive, l'objet paraîtra droit, et si elle est négative, l'objet paraîtra renversé.

19. Comme dans les lunettes il faut que les rayons qui entrent parallèles en sortent aussi parallèles, la valeur de $x^{(2\nu)}$ doit demeurer la même

tant que x demeure le même, quelque variation que x' subisse. Or

$$x^{(2\nu)} = P^{(2\nu)} x' + Q^{(2\nu)} x;$$

donc il faudra que $P^{(2\nu)} = 0$; c'est la condition fondamentale de toute lunette.

On aura donc simplement

$$x^{(2\nu)} = Q^{(2\nu)} x;$$

donc l'amplification sera représentée par $Q^{(2\nu)}$.

De plus on a

$$x^{(2\nu-1)} = P^{(2\nu-1)} x' + Q^{(2\nu-1)} x;$$

donc, dans le cas de $x = 0$, on aura simplement

$$x^{(2\nu-1)} = P^{(2\nu-1)} x';$$

par conséquent la clarté apparente sera représentée par $\frac{1}{\pm P^{(2\nu-1)}}$.

Je remarque maintenant qu'on a, en général (15), l'équation

$$P^{(2\nu)} Q^{(2\nu-1)} - Q^{(2\nu)} P^{(2\nu-1)} = -1;$$

donc, à cause de $P^{(2\nu)} = 0$, on aura

$$\frac{1}{P^{(2\nu-1)}} = Q^{(2\nu)}.$$

Donc la clarté apparente est proportionnelle à l'amplification; d'où il résulte que, si tous les rayons qui entrent dans l'objectif sont transmis à l'œil, l'objet paraîtra à travers les verres aussi brillant qu'à l'œil nu, mais jamais plus brillant, de quelque largeur que soit l'objectif.

Enfin on jugera de la situation apparente de l'objet par le signe de la quantité $\pm Q^{(2\nu)}$, en y prenant le signe supérieur lorsque ν est impair, et l'inférieur lorsque ν est pair.

20. Le champ apparent est évidemment égal à l'angle x, pourvu que l'œil soit placé dans le second foyer conjugué de la lunette lequel tombe

dans l'axe à la distance
$$b^{(\nu)} = \frac{x^{(2\nu-1)}}{x^{(2\nu)}}$$

de l'oculaire (4 et 5). Cette distance est donc exprimée [à cause de $P^{(2\nu)} = 0$] par
$$\frac{P^{(2\nu-1)}\dfrac{x'}{x} + Q^{(2\nu-1)}}{Q^{(2\nu)}};$$

et elle détermine le lieu de l'œil pour qu'il puisse découvrir par la lunette le champ apparent x. Il faut donc que cette distance soit positive, pour qu'elle tombe hors de la lunette; car si elle devient négative, alors le lieu de l'œil tombant dans la lunette même, il sera impossible d'y placer l'œil, et par conséquent aussi d'embrasser le champ x.

Si l'on fait $x' = 0$, alors la distance de l'œil est exprimée simplement par $\dfrac{Q^{(2\nu-1)}}{Q^{(2\nu)}}$; donc, si cette quantité est positive, l'œil placé à cette distance de la lunette embrassera le champ apparent x, en supposant même l'ouverture de l'objectif réduite à un point; par conséquent dans ce cas l'ouverture de l'objectif n'influera point sur la grandeur du champ; c'est le cas des lunettes à verres convexes.

Mais si la quantité $\dfrac{Q^{(2\nu-1)}}{Q^{(2\nu)}}$ est négative, alors on ne pourra supposer $x' = 0$, mais il faudra prendre x' tel que
$$\frac{P^{(2\nu-1)}\dfrac{x'}{x} + Q^{(2\nu-1)}}{Q^{(2\nu)}} > 0 \text{ ou } = 0.$$

Dans ce cas donc, quelque part que l'on place l'œil, le champ apparent x dépendra de l'ouverture de l'objectif x'.

Si la quantité $\dfrac{P^{(2\nu-1)}}{Q^{(2\nu)}}$ est en même temps négative, alors la distance de l'œil serait toujours négative; par conséquent on ne pourrait découvrir par la lunette aucun champ apparent, parce qu'aucun des rayons qui entreraient par l'objectif ne ressortirait par l'oculaire.

Ainsi c'est aussi une condition essentielle des lunettes que $\frac{P^{(2\nu-1)}}{Q^{(2\nu)}}$ soit > 0, lorsque $\frac{Q^{(2\nu-1)}}{Q^{(2\nu)}} < 0$. Or en supposant la première de ces quantités A et la seconde $-B$, on aura $A\frac{x'}{x} - B$ pour la distance de l'œil à la lunette, nécessaire pour embrasser le champ apparent x; et l'on voit que cette distance diminue à mesure que x augmente; de sorte que pour embrasser le plus grand champ apparent, il faudra faire la distance dont il s'agit nulle, et par conséquent appliquer l'œil tout contre l'oculaire. On aura donc dans ce cas

$$A\frac{x'}{x} - B = 0,$$

d'où l'on tire

$$x = \frac{A x'}{B};$$

ce qui montre que le champ apparent est proportionnel à l'ouverture de l'objectif. C'est le cas des lunettes de Galilée à deux lentilles, l'une convexe, l'autre concave.

SUR

UNE MANIÈRE PARTICULIÈRE

D'EXPRIMER LE TEMPS DANS LES SECTIONS CONIQUES,

DÉCRITES PAR DES FORCES TENDANTES AU FOYER ET RÉCIPROQUEMENT PROPORTIONNELLES AUX CARRÉS DES DISTANCES.

SUR

UNE MANIÈRE PARTICULIÈRE

D'EXPRIMER LE TEMPS DANS LES SECTIONS CONIQUES,

DÉCRITES PAR DES FORCES TENDANTES AU FOYER ET RÉCIPROQUEMENT PROPORTIONNELLES AUX CARRÉS DES DISTANCES.

(*Nouveaux Mémoires de l'Académie royale des Sciences et Belles-Lettres de Berlin*, année 1778.)

1. Feu M. Lambert, dans son excellent *Traité sur les Propriétés des Orbites des Comètes*, a démontré ce beau Théorème, que dans les ellipses décrites par des forces tendantes vers l'un des foyers, et agissantes en raison inverse du carré des distances, le temps employé à parcourir un arc quelconque ne dépend que du grand axe, de la corde qui sous-tend l'arc parcouru, et de la somme des rayons vecteurs qui joignent les deux extrémités de cet arc ; en sorte que ces trois éléments étant supposés les mêmes, le temps sera aussi le même, quelle que soit d'ailleurs la forme de l'ellipse.

La démonstration qu'il en donne est purement synthétique, et dépend d'une transformation ingénieuse des secteurs elliptiques de laquelle il résulte que si, dans différentes ellipses qui aient le même grand axe, on prend des secteurs tels que les cordes et les sommes des deux rayons vecteurs soient les mêmes, ces secteurs sont proportionnels aux racines carrées des paramètres respectifs ; d'où il s'ensuit que les temps employés à parcourir les arcs de ces secteurs doivent être les mêmes, puisqu'en général le temps est comme l'aire du secteur divisée par la racine carrée du paramètre.

Ce Théorème offre, comme l'on voit, un moyen de ramener la détermination du temps par un arc d'une ellipse donnée à celle du temps par un arc d'une autre ellipse quelconque qui ait le même grand axe, et même au temps par une partie de ce grand axe, en supposant que l'ellipse se confonde avec l'axe par l'évanouissement de l'axe conjugué, et qu'un corps tombe par le même axe en partant d'une de ses extrémités, et étant continuellement attiré vers l'autre par la même force centrale par laquelle il circulerait dans l'ellipse; et comme dans ce dernier cas l'arc se confond avec sa corde, qui devient égale à la différence des deux rayons vecteurs, il s'ensuit que si l'on nomme a le grand axe de l'ellipse proposée, b la somme des deux rayons vecteurs qui répondent aux deux bouts de l'arc parcouru, c la corde sous-tendue par cet arc, le temps employé à parcourir ce même arc sera égal au temps qu'un corps, qui parcourrait l'axe a de la manière que nous avons dite, mettrait à s'approcher de l'extrémité inférieure de cet axe, depuis la distance $\dfrac{b+c}{2}$ jusqu'à la distance $\dfrac{b-c}{2}$. Or en considérant la chute rectiligne d'un corps poussé vers un point fixe par une force $\dfrac{F}{z^2}$, z étant la distance du corps à ce point, on trouve aisément que si ce corps part du repos à la distance a, le temps employé à arriver à la distance z sera exprimé par

$$\frac{1}{\sqrt{2F}} \int \frac{z\,dz}{\sqrt{z - \dfrac{z^2}{a}}};$$

donc, si l'on fait

$$\frac{b+c}{2} = p, \quad \frac{b-c}{2} = q,$$

on aura, pour le temps employé à décrire l'arc d'ellipse qui sous-tend la corde c, la différence de ces deux intégrales

$$\frac{1}{\sqrt{2F}} \int \frac{p\,dp}{\sqrt{p - \dfrac{p^2}{a}}} - \frac{1}{\sqrt{2F}} \int \frac{q\,dq}{\sqrt{q - \dfrac{q^2}{a}}};$$

expression qui est surtout remarquable en ce qu'elle ne dépend que du grand axe de l'ellipse proposée et nullement de son excentricité, et qui fournit par conséquent un moyen facile de réduire en Table la détermination du temps employé à parcourir un arc d'une orbite elliptique quelconque; car si l'on fait

$$\frac{b+c}{2a} = r, \quad \frac{b-c}{2a} = s,$$

en sorte que

$$p = ar, \quad q = as,$$

le temps répondant à la corde c dans l'ellipse dont le grand axe est a sera exprimé par

$$\frac{a^{\frac{3}{2}}}{\sqrt{2F}} \left(\int \frac{r\,dr}{\sqrt{r-r^2}} - \int \frac{s\,ds}{\sqrt{s-s^2}} \right);$$

or lorsque $c = a$, auquel cas on a aussi $b = a$, r devient $= 1$ et $s = 0$, et l'on a le temps depuis une apside à l'autre, c'est-à-dire le temps de la demi-révolution; donc, si l'on construit une Table qui, pour chaque valeur de y, depuis $y = 0$ jusqu'à $y = 1$, donne la valeur correspondante de

$$\int \frac{y\,dy}{\sqrt{y-y^2}}$$

divisée par le double de la valeur qui répond à $y = 1$, on n'aura qu'à prendre dans cette Table la différence des nombres qui répondent à

$$y = \frac{b+c}{2a} \quad \text{et} \quad y = \frac{b-c}{2a}$$

et multiplier ensuite cette différence par le temps de la révolution entière dans l'ellipse proposée, pour avoir sur-le-champ le temps répondant à l'arc sous-tendu par la corde c.

Dans le troisième Volume des *Tables Astronomiques de l'Académie*, page 25, on trouve une pareille Table sous le nom de *Chute elliptique des Comètes*, dans laquelle la première colonne, intitulée *Distances*, représente les valeurs de y en millièmes parties, et la seconde colonne, intitulée *Temps*, donne les nombres correspondants en parties millionièmes.

Ce que je viens de dire suffit pour faire sentir l'utilité du Théorème dont il s'agit; mais ce Théorème mérite particulièrement l'attention des Géomètres par lui-même, et parce qu'il paraît difficile d'y parvenir par le calcul; en sorte qu'on pourrait le mettre dans le petit nombre de ceux pour lesquels l'Analyse géométrique semble avoir de l'avantage sur l'Analyse algébrique. Il est vrai que dans mes Recherches sur le mouvement d'un corps attiré à la fois vers deux centres fixes par des forces en raison inverse des carrés des distances [*voyez* le tome IV des *Mémoires de Turin* (*)], j'ai été conduit à ce même Théorème, en supposant que la force qui agit vers l'un des centres s'évanouisse, et que ce même centre soit placé sur la circonférence de la section conique que le corps décrit alors; mais cette méthode est indirecte et demande des calculs assez compliqués; elle est par conséquent peu convenable pour démontrer un Théorème qui se distingue surtout par sa simplicité. J'ai donc cru qu'il serait avantageux aux progrès de l'Analyse d'avoir une voie plus simple et plus naturelle pour parvenir à ce but, et je me flatte que celle que je vais proposer ne laissera rien à désirer sur ce sujet et pourra même être utile dans plusieurs autres occasions.

2. Soient a le demi-grand axe de l'ellipse proposée, e son excentricité, φ l'anomalie excentrique qui répond à une anomalie vraie quelconque u, t le temps employé à décrire l'angle u; on sait que

$$t = a^{\frac{3}{2}}(\varphi + e \sin \varphi),$$

le rapport entre φ et u étant donné par l'équation

$$\tang \frac{\varphi}{2} = \sqrt{\frac{1+e}{1-e}} \tang \frac{u}{2},$$

et le rayon vecteur r étant exprimé ainsi par φ

$$r = a(1 + e \cos \varphi).$$

Ces propositions sont démontrées dans tous les livres d'Astronomie.

(*) *OEuvres de Lagrange*, t. II, p. 84.

Par le Théorème de M. Lambert, le temps par un arc quelconque de cette ellipse est réduit à la différence des temps par deux arcs d'une autre ellipse qui ait le même grand axe $2a$, mais dont l'excentricité e soit égale à 1, ce qui réduit l'ellipse au grand axe en y faisant évanouir l'axe conjugué dont la valeur est $a\sqrt{1-e^2}$, et par conséquent zéro lorsque $e=1$.

Soit α la valeur de φ qui répond au commencement de l'arc pour lequel on demande le temps, on aura

$$a^{\frac{3}{2}}[\varphi - \alpha + e(\sin\varphi - \sin\alpha)]$$

pour le temps par l'arc dont le commencement répond à l'anomalie excentrique α, et dont la fin répond à l'anomalie excentrique φ. Il faut donc réduire cette expression à la différence de deux expressions de la forme

$$a^{\frac{3}{2}}(\varphi + \sin\varphi);$$

donc, si l'on dénote par x et y les deux anomalies excentriques dans l'ellipse où $e=1$, on aura

$$a^{\frac{3}{2}}[\varphi - \alpha + e(\sin\varphi - \sin\alpha)] = a^{\frac{3}{2}}(x + \sin x) - a^{\frac{3}{2}}(y + \sin y).$$

Donc, comparant ensemble les parties algébriques et les parties transcendantes, on aura ces deux équations

$$\varphi - \alpha = x - y,$$
$$e(\sin\varphi - \sin\alpha) = \sin x - \sin y;$$

d'où l'on tirera x et y en φ, ce qui n'a point de difficulté.

En effet, si l'on met la deuxième sous cette forme

$$e(\sin\varphi - \sin\alpha) = 2\cos\frac{x+y}{2}\sin\frac{x-y}{2},$$

qu'ensuite on y substitue pour $\frac{x-y}{2}$ sa valeur $\frac{\varphi-\alpha}{2}$ tirée de la première équation, on aura

$$e(\sin\varphi - \sin\alpha) = 2\sin\frac{\varphi-\alpha}{2}\cos\frac{x+y}{2};$$

mais
$$\sin\varphi - \sin\alpha = 2\cos\frac{\varphi+\alpha}{2}\sin\frac{\varphi-\alpha}{2};$$

donc, divisant de part et d'autre par $2\sin\frac{\varphi-\alpha}{2}$, on aura

$$\cos\frac{x+y}{2} = e\cos\frac{\varphi+\alpha}{2};$$

d'où l'on tire

$$\sin\frac{x+y}{2} = \sqrt{1-e^2\cos^2\frac{\varphi+\alpha}{2}};$$

de là, et de ce que

$$\sin\frac{x-y}{2} = \sin\frac{\varphi-\alpha}{2}, \quad \cos\frac{x-y}{2} = \cos\frac{\varphi-\alpha}{2},$$

on tirera sur-le-champ

$$\sin x = \cos\frac{\varphi-\alpha}{2}\sqrt{1-e^2\cos^2\frac{\varphi+\alpha}{2}} + e\sin\frac{\varphi-\alpha}{2}\cos\frac{\varphi+\alpha}{2},$$

$$\sin y = \cos\frac{\varphi-\alpha}{2}\sqrt{1-e^2\cos^2\frac{\varphi+\alpha}{2}} - e\sin\frac{\varphi-\alpha}{2}\cos\frac{\varphi+\alpha}{2},$$

$$\cos x = e\cos\frac{\varphi+\alpha}{2}\cos\frac{\varphi-\alpha}{2} - \sin\frac{\varphi-\alpha}{2}\sqrt{1-e^2\cos^2\frac{\varphi+\alpha}{2}},$$

$$\cos y = e\cos\frac{\varphi+\alpha}{2}\cos\frac{\varphi-\alpha}{2} + \sin\frac{\varphi-\alpha}{2}\sqrt{1-e^2\cos^2\frac{\varphi+\alpha}{2}}.$$

Ainsi l'on connaitra par ces formules les arcs cherchés x et y en φ et α.

3. Je remarque maintenant que r étant le rayon vecteur qui répond à l'anomalie excentrique φ dans l'ellipse proposée, si l'on nomme pareillement ρ le rayon vecteur qui répond à l'anomalie excentrique α dans la même ellipse, on aura

$$r = a(1+e\cos\varphi), \quad \rho = a(1+e\cos\alpha),$$

d'où l'on tire

$$e\cos\frac{\varphi+\alpha}{2}\cos\frac{\varphi-\alpha}{2} = e\frac{\cos\varphi+\cos\alpha}{2} = \frac{r+\rho}{2a} - 1.$$

De plus, u étant l'anomalie vraie qui répond à l'anomalie excentrique φ, si l'on nomme aussi v l'anomalie vraie qui répond à l'anomalie excentrique α, on aura

$$\tang\frac{u}{2} = \sqrt{\frac{1-e}{1+e}}\tang\frac{\varphi}{2}, \quad \tang\frac{v}{2} = \sqrt{\frac{1-e}{1+e}}\tang\frac{\alpha}{2},$$

et il est clair que $u - v$ sera l'angle intercepté entre les rayons r et ρ; de sorte que, si l'on nomme encore δ la corde qui joint les extrémités des rayons r et ρ, on aura, par la Trigonométrie,

$$\delta^2 = r^2 + \rho^2 - 2r\rho\cos(u-v).$$

Qu'on substitue dans cette expression à la place de r, ρ et de u, v leurs valeurs en φ et α; et pour cela on remarquera que les expressions ci-dessus de $\tang\frac{u}{2}$ et $\tang\frac{v}{2}$ donnent

$$\sin u = \frac{a\sqrt{1-e^2}\sin\varphi}{r}, \quad \cos u = a\frac{e+\cos\varphi}{r},$$

et de même

$$\sin v = \frac{a\sqrt{1-e^2}\sin\alpha}{\rho}, \quad \cos v = a\frac{e+\cos\alpha}{\rho},$$

de sorte que, comme

$$\cos(u-v) = \cos u\cos v + \sin u\sin v,$$

on trouvera

$$r\rho\cos(u-v) = a^2[(e+\cos\varphi)(e+\cos\alpha) + (1-e^2)\sin\varphi\sin\alpha]$$
$$= a^2[\cos(\varphi-\alpha) + e(\cos\varphi+\cos\alpha) + e^2(1-\sin\varphi\sin\alpha)];$$
$$r^2 + \rho^2 = a^2[(1+e\cos\varphi)^2 + (1+e\cos\alpha)^2]$$
$$= a^2[2 + 2e(\cos\varphi+\cos\alpha) + e^2(\cos^2\varphi+\cos^2\alpha)];$$

donc enfin, on aura

$$\delta^2 = a^2[2 - 2\cos(\varphi-\alpha) + e^2(\cos^2\varphi + \cos^2\alpha - 2 + 2\sin\varphi\sin\alpha)]$$
$$= a^2[2 - 2\cos(\varphi-\alpha) - e^2(\sin\varphi - \sin\alpha)^2]$$
$$= 4a^2\left(\sin^2\frac{\varphi-\alpha}{2} - e^2\sin^2\frac{\varphi-\alpha}{2}\cos^2\frac{\varphi+\alpha}{2}\right),$$

et, tirant la racine carrée,

$$\delta = 2a \sin \frac{\varphi - \alpha}{2} \sqrt{1 - e^2 \cos^2 \frac{\varphi + \alpha}{2}}.$$

Faisant donc ces substitutions dans les expressions ci-dessus de $\cos x$ et $\cos y$, on aura

$$\cos x = \frac{r + \rho - \delta}{2a} - 1,$$

$$\cos y = \frac{r + \rho + \delta}{2a} - 1,$$

et de là

$$a(1 + \cos x) = \frac{r + \rho - \delta}{2},$$

$$a(1 + \cos y) = \frac{r + \rho + \delta}{2}.$$

Or x et y étant deux anomalies excentriques dans l'ellipse où $e = 1$, si l'on nomme p et q les rayons vecteurs correspondants, on aura

$$p = a(1 + \cos x), \quad q = a(1 + \cos y),$$

donc

$$p = \frac{r + \rho - \delta}{2}, \quad q = \frac{r + \rho + \delta}{2},$$

et le temps employé à parcourir l'arc sous-tendu par la corde δ dans l'ellipse dont l'excentricité est e sera égal à la différence des temps qui répondent aux rayons vecteurs p et q dans l'ellipse où $e = 1$; mais nous avons déjà vu que cette ellipse se confond avec l'axe, et que ses deux foyers tombent aux extrémités de l'axe $2a$; donc le temps dont il s'agit sera égal au temps employé à parcourir dans cet axe la partie interceptée entre les abscisses p et q; ce qui est le Théorème de M. Lambert.

4. Quoique la démonstration précédente soit assez simple, il semble qu'on pourrait la simplifier encore, en employant immédiatement le rayon vecteur à la place de l'anomalie excentrique; nous allons donc envisager la question de cette manière, et sans faire usage des propriétés connues de l'anomalie excentrique.

Pour cela nous remarquerons que le temps employé à décrire un arc quelconque d'une section conique, par un corps attiré vers l'un des foyers de cette section en vertu d'une force en raison inverse du carré de la distance, est toujours proportionnel à l'aire du secteur compris par l'arc dont il s'agit et les deux rayons vecteurs menés du foyer aux extrémités de cet arc, divisée par la racine carrée du paramètre de la section conique ; c'est ce que Newton a démontré le premier, et une foule d'Auteurs après lui.

Or, si l'on nomme r le rayon vecteur, φ l'angle de ce rayon avec le grand axe, p le demi-paramètre de l'orbite, e son excentricité, on a par la nature de l'ellipse

$$r = \frac{p}{1 + e \cos \varphi};$$

donc, comme l'élément du secteur décrit par le rayon r est exprimé par $\frac{r^2 d\varphi}{2}$, si l'on substitue dans cette expression la valeur de $d\varphi$ en r tirée de l'équation précédente, et qu'on la divise par $\frac{\sqrt{p}}{2}$, on aura l'élément du temps employé à parcourir l'arc $d\varphi$ égal à la quantité

$$\frac{\sqrt{p}\, dr}{\sqrt{e^2 - 1 + \frac{2p}{r} - \frac{p^2}{r^2}}}.$$

Mais, en nommant a le demi-grand axe de l'ellipse, on a

$$p = a(1 - e^2);$$

substituant donc $\frac{p}{a}$ à la place de $1 - e^2$, et multipliant le haut et le bas de la fraction par $\frac{r}{\sqrt{p}}$, on aura, pour l'élément dont il s'agit,

$$\frac{r\, dr}{\sqrt{-p + 2r - \frac{r^2}{a}}}.$$

Donc, si l'on fait

$$r = az,$$

et qu'on remette $1-e^2$ à la place de $\frac{p}{a}$, on aura cette formule différentielle

$$\frac{a^{\frac{3}{2}} z\, dz}{\sqrt{e^2-1+2z-z^2}},$$

dont l'intégrale prise, par exemple, depuis $z=m$ jusqu'à $z=n$, donnera le temps employé à parcourir l'angle compris entre les rayons vecteurs ma et na.

5. Soit
$$z = 1-u,$$
la formule précédente deviendra

$$\frac{a^{\frac{3}{2}}(u\, du - du)}{\sqrt{e^2-u^2}},$$

dont l'intégrale est évidemment

$$a^{\frac{3}{2}}\left(\arccos\frac{u}{e} - \sqrt{e^2-u^2}\right);$$

et la question se réduira à faire en sorte que la différence de deux intégrales de cette espèce pour deux différentes valeurs de u soit égale à la différence de deux autres intégrales semblables, mais dans lesquelles la constante e soit $= 1$. Ainsi il faudra satisfaire à l'équation

$$\arccos\frac{u}{e} - \sqrt{e^2-u^2} - \arccos\frac{s}{e} + \sqrt{e^2-s^2}$$
$$= \arccos x - \sqrt{1-x^2} - \arccos y + \sqrt{1-y^2},$$

laquelle, en comparant la partie algébrique avec la partie algébrique et la transcendante avec la transcendante, se partage en ces deux-ci

$$\sqrt{e^2-u^2} - \sqrt{e^2-s^2} = \sqrt{1-x^2} - \sqrt{1-y^2},$$
$$\arccos\frac{u}{e} - \arccos\frac{s}{e} = \arccos x - \arccos y,$$

dont la seconde donne par les Théorèmes connus

$$\frac{us + \sqrt{e^2 - u^2}\sqrt{e^2 - s^2}}{e^2} = xy + \sqrt{1-x^2}\sqrt{1-y^2};$$

et ces deux équations serviront à déterminer x et y en s et u.

6. Faisons, pour abréger,

$$\sqrt{e^2 - u^2} - \sqrt{e^2 - s^2} = m,$$

$$\frac{us + \sqrt{e^2 - u^2}\sqrt{e^2 - s^2}}{e^2} = n,$$

et les équations dont il s'agit deviendront

(1) $\quad\sqrt{1-x^2} - \sqrt{1-y^2} = m,$

(2) $\quad xy + \sqrt{1-x^2}\sqrt{1-y^2} = n.$

Or l'équation (1) étant carrée et ensuite ajoutée à l'équation (2) multipliée par 2, on aura

$$2 - x^2 - y^2 + 2xy = m^2 + 2n;$$

d'où l'on tire sur-le-champ

$$x - y = \sqrt{2 - 2n - m^2}.$$

Ensuite l'équation (1) étant multipliée par $\sqrt{1-x^2} + \sqrt{1-y^2}$ et divisée par m donne

$$\sqrt{1-x^2} + \sqrt{1-y^2} = \frac{y^2 - x^2}{m};$$

cette équation étant carrée et ensuite retranchée de l'équation (2) multipliée par 2, on a

$$2xy - 2 + x^2 + y^2 = 2n - \frac{(y^2 - x^2)^2}{m^2},$$

savoir

$$(x+y)^2 = 2 + 2n - \frac{(x+y)^2(x-y)^2}{m^2},$$

et, substituant pour $(x-y)^2$ sa valeur ci-dessus,

$$(x+y)^2 = 2 + 2n - (x+y)^2 \frac{2-2n-m^2}{m^2},$$

d'où l'on tire immédiatement

$$x+y = m\sqrt{\frac{1+n}{1-n}}.$$

Ainsi, connaissant la somme et la différence de x et y, on aura chacune de ces deux quantités.

Donc le temps employé à parcourir l'arc compris entre les rayons vecteurs $a(1-u)$, $a(1-s)$, dans une ellipse dont le demi-grand axe serait a et l'excentricité e, sera égal au temps employé à parcourir l'arc compris entre les rayons vecteurs $a(1-x)$, $a(1-y)$, dans une autre ellipse qui aurait le même grand axe et où l'excentricité serait 1, c'est-à-dire égale au temps employé à parcourir dans le grand axe même la différence de ces rayons.

7. Il reste encore à prouver qu'en nommant aq la corde qui joint les deux rayons vecteurs $a(1-u)$ et $a(1-s)$, on aura

$$a(1-x) = \frac{a(1-u)+a(1-s)-aq}{2}, \quad a(1-y) = \frac{a(1-u)+a(1-s)+aq}{2},$$

savoir

$$x = \frac{u+s+q}{2}, \quad y = \frac{u+s-q}{2}.$$

Pour cela je remarque d'abord que l'on a entre $\frac{u}{e}$, $\frac{s}{e}$, $\frac{m}{e}$, n les mêmes équations qu'entre x, y, m, n, ce qui est visible par les premières formules du numéro précédent; donc, en changeant ces dernières quantités en celles-là dans les formules finales du même numéro, on aura aussi

$$\frac{u-s}{e} = \sqrt{2-2n-\frac{m^2}{e^2}}, \quad \frac{u+s}{e} = \frac{m}{e}\sqrt{\frac{1+n}{1-n}},$$

savoir

$$u-s = \sqrt{(2-2n)e^2 - m^2}, \quad u+s = m\sqrt{\frac{1+n}{1-n}};$$

mais on a
$$x - y = \sqrt{2 - 2n - m^2}, \quad x + y = m\sqrt{\frac{1+n}{1-n}};$$
donc
$$x + y = u + s, \quad x - y = \frac{\sqrt{(u-s)^2 + (1-e^2)m^2}}{e}.$$

Pour introduire maintenant la corde aq, je remarque que si l'on nomme ξ et η les coordonnées rectangles de l'ellipse prises depuis le foyer et dont l'une ξ soit dans le grand axe, on aura
$$\xi^2 + \eta^2 = r^2, \quad \xi = r\cos\varphi;$$
de sorte que, par l'équation de l'ellipse
$$p = r(1 + e\cos\varphi),$$
on aura
$$p = r + e\xi;$$
donc
$$\xi = \frac{p-r}{e}, \quad \eta = \sqrt{r^2 - \left(\frac{p-r}{e}\right)^2};$$
mettant $a(1-e^2)$ à la place de p et $az = a(1-u)$ à la place de r, on aura
$$\xi = \frac{a}{e}(u - e^2), \quad \eta = \frac{a\sqrt{1-e^2}}{e}\sqrt{e^2 - u^2};$$
nommant de même ξ', η' les coordonnées qui répondent au rayon vecteur $a(1-s)$, on aura
$$\xi' = \frac{a}{e}(s - e^2), \quad \eta' = \frac{a\sqrt{1-e^2}}{e}\sqrt{e^2 - s^2};$$
or il est évident que la corde qui joint les extrémités des deux rayons est
$$\sqrt{(\xi - \xi')^2 + (\eta - \eta')^2};$$
donc, ayant déjà nommé cette corde aq, on aura
$$q = \frac{\sqrt{(u-s)^2 + (1-e^2)(\sqrt{e^2 - u^2} - \sqrt{e^2 - s^2})^2}}{e},$$

et par conséquent
$$q = x - y.$$
Ayant donc
$$x + y = u + s, \quad x - y = q,$$
on aura
$$x = \frac{u+s+q}{2}, \quad y = \frac{u+s-q}{2}.$$

Cette démonstration du Théorème dont il s'agit a, ce me semble, toute la simplicité qu'on y peut désirer.

8. De là résulte donc ce Théorème analytique assez remarquable,
$$\frac{r\,dr}{\sqrt{-p+2r-\dfrac{r^2}{a}}} - \frac{\rho\,d\rho}{\sqrt{-p+2\rho-\dfrac{\rho^2}{a}}} = \frac{z\,dz}{\sqrt{2z-\dfrac{z^2}{a}}} - \frac{\zeta\,d\zeta}{\sqrt{2\zeta-\dfrac{\zeta^2}{a}}},$$
en supposant
$$r = a(1-u), \quad \rho = a(1-s), \quad z = a(1-x), \quad \zeta = a(1-y),$$
$$x = \frac{u+s+q}{2}, \quad y = \frac{u+s-q}{2}$$
et
$$q = \frac{1}{e}\sqrt{(u-s)^2 + (1-e^2)\left(\sqrt{e^2-u^2} - \sqrt{e^2-s^2}\right)^2},$$
ce qui donne
$$u = 1 - \frac{r}{a}, \quad s = 1 - \frac{\rho}{a}, \quad x = 1 - \frac{r+\rho+aq}{2a}, \quad y = 1 - \frac{r+\rho-aq}{2a};$$
donc
$$z = \frac{r+\rho+aq}{2}, \quad \zeta = \frac{r+\rho-aq}{2}$$
et
$$aq = \frac{1}{e}\sqrt{(r-\rho)^2 + p\left(\sqrt{-p+2r-\dfrac{r^2}{a}} - \sqrt{-p+2\rho-\dfrac{\rho^2}{a}}\right)^2}.$$

9. Voyons maintenant comment on peut généraliser ce Théorème, et,

considérant pour cela la formule différentielle

$$\frac{r\,dr}{\sqrt{H + Mr + Nr^2}},$$

cherchons à la réduire à la somme ou à la différence d'autres formules semblables qui contiennent des coefficients arbitraires. Pour y parvenir de la manière la plus générale et la plus simple, je suppose

$$\sqrt{H + Mr + Nr^2} = A + Br + Cs,$$

s étant une nouvelle variable, et A, B, C des coefficients constants quelconques; il est clair qu'en ôtant l'irrationalité, on aura une équation du second degré entre r et s. De cette manière la différentielle proposée se changera d'abord en celle-ci

$$\frac{r\,dr}{A + Br + Cs}.$$

Maintenant je prends deux autres variables x et y et je suppose

$$r = x + y, \quad s = xy,$$

en sorte que les quantités r et s demeurent les mêmes en échangeant x et y entre elles; on aura ainsi

$$s = rx - x^2 = ry - y^2.$$

Or l'équation entre r et s étant carrée et ensuite différentiée donne

$$[M + 2Nr - 2B(A + Br + Cs)]\,dr - 2C(A + Br + Cs)\,ds = 0;$$

mais

$$ds = x\,dr + (r - 2x)\,dx = x\,dr + (y - x)\,dx;$$

donc, substituant,

$$[M + 2Nr - 2(B + Cx)(A + Br + Cs)]\,dr - 2C(y - x)(A + Br + Cs)\,dx = 0;$$

donc, à cause de

$$r = x + y,$$

on aura

$$\frac{r\,dr}{A+Br+Cs} = \frac{2C(y^2-x^2)\,dx}{M+2Nr-2(B+Cx)(A+Br+Cs)}.$$

Changeant x en y, on aura donc aussi

$$\frac{r\,dr}{A+Br+Cs} = \frac{2C(x^2-y^2)\,dy}{M+2Nr-2(B+Cy)(A+Br+Cs)},$$

par conséquent

$$0 = \frac{dx}{M+2Nr-2(B+Cx)(A+Br+Cs)} + \frac{dy}{M+2Nr-2(B+Cy)(A+Br+Cs)};$$

donc, en prenant une quantité quelconque h, on aura, en général,

$$\frac{r\,dr}{A+Br+Cs} = \frac{r\,dr}{\sqrt{H+Mr+Nr^2}}$$
$$= -\frac{2C(x^2+h)\,dx}{M+2Nr-2(B+Cx)(A+Br+Cs)} - \frac{2C(y^2+h)\,dy}{M+2Nr-2(B+Cy)(A+Br+Cs)}.$$

Maintenant j'ai, à cause de $s = rx - x^2$,

$$\sqrt{H+Mr+Nr^2} = A+(B+Cx)r-Cx^2,$$

d'où l'on tirera r en x.

Pour cela je carre cette équation et je l'ordonne par rapport à r; j'ai

$$[N-(B+Cx)^2]\,r^2 + [M-2(B+Cx)(A-Cx^2)]\,r + H-(A-Cx^2)^2 = 0;$$

d'où je tire, en multipliant par $4N - 4(B+Cx)^2$, complétant le carré et extrayant la racine,

$$2[N-(B+Cx)^2]\,r + M - 2(B+Cx)(A-Cx^2) = \sqrt{X},$$

en faisant, pour abréger,

$$X = [M-2(B+Cx)(A-Cx^2)]^2 - 4[N-(B+Cx)^2][H-(A-Cx^2)^2];$$

or le premier membre de l'équation précédente se réduit à

$$M + 2Nr - 2(B + Cx)(Br + Crx + A - Cx^2),$$

savoir à

$$M + 2Nr - 2(B + Cx)(A + Br + Cs).$$

Ainsi l'on a

$$M + 2Nr - 2(B + Cx)(A + Br + Cs) = \sqrt{X},$$

et, changeant x en y, on aura pareillement

$$M + 2Nr - 2(B + Cy)(A + Br + Cs) = \sqrt{Y},$$

où Y sera une fonction de y semblable à la fonction X de x, en sorte que l'on aura

$$Y = [M - 2(B + Cy)(A - Cy^2)]^2 - 4[N - (B + Cy)^2][H - (A - Cy^2)^2],$$

et l'on remarquera que l'on peut prendre dans les équations précédentes les radicaux en $+$ ou en $-$ à volonté.

Faisant donc ces substitutions dans l'équation ci-dessus, et prenant le radical $\sqrt{X}$ en $-$ et le radical $\sqrt{Y}$ en $+$, on aura enfin

$$\frac{r\,dr}{\sqrt{H + Mr + Nr^2}} = \frac{2C(x^2 + h)\,dx}{\sqrt{X}} - \frac{2C(y^2 + h)\,dy}{\sqrt{Y}};$$

h étant une quantité quelconque; où l'on voit qu'en supposant h constante, la différentielle proposée est réduite à la différence de deux autres différentielles analogues, mais beaucoup plus générales.

10. Si l'on développe la quantité X, et qu'on fasse, pour plus de simplicité,

$$a = \frac{\left(\frac{M}{2}\right)^2 - HN - ABM - A^2N - HB^2}{C^2},$$

$$b = -\frac{MA + 2HB}{C},$$

$$c = \frac{MB - 2NA}{C} - 4H,$$

on aura
$$X = 4C^2(a + bx + cx^2 + Mx^3 + Nx^4),$$
et pareillement
$$Y = 4C^2(a + by + cy^2 + My^3 + Ny^4);$$

donc, substituant dans la formule du numéro précédent, on aura

$$\frac{r\,dr}{\sqrt{H + Mr + Nr^2}} = \frac{(x^2 + h)\,dx}{\sqrt{a + bx + cx^2 + Mx^3 + Nx^4}} - \frac{(y^2 + h)\,dy}{\sqrt{a + by + cy^2 + My^3 + Ny^4}};$$

et, comme les quantités a, b, c renferment les trois constantes arbitraires A, B, C, on pourra regarder ces quantités elles-mêmes comme des constantes arbitraires; et la constante h sera pareillement arbitraire.

11. En regardant les quantités a, b, c comme données, on aura par les formules ci-dessus

$$\frac{A}{C} = -\frac{Mb + 2H(c + 4H)}{M^2 + 4HN}, \quad \frac{B}{C} = \frac{M(c + 4H) - 2Nb}{M^2 + 4HN},$$

ensuite

$$C = \frac{\sqrt{\left(\frac{M}{2}\right)^2 - HN}}{\sqrt{a + M\frac{A}{C}\frac{B}{C} + N\frac{A^2}{C^2} + H\frac{B^2}{C^2}}};$$

ainsi l'on connaîtra les trois quantités A, B, C en a, b, c, M, N, H.

Ensuite, pour la détermination de x et y en r, on aura d'abord

$$s = \frac{\sqrt{H + Mr + Nr^2} - A - Br}{C};$$

mais
$$x + y = r, \quad xy = s;$$
donc
$$x = \frac{r + \sqrt{r^2 - 4s}}{2}, \quad y = \frac{r - \sqrt{r^2 - 4s}}{2}.$$

Si donc on fait
$$\sqrt{r^2 - 4s} = u,$$

on aura
$$x = \frac{r+u}{2}, \quad y = \frac{r-u}{2},$$
et la quantité u sera
$$u = \sqrt{\frac{4A + 4Br + Cr^2 - 4\sqrt{H + Mr + Nr^2}}{C}}.$$

12. Comme les constantes a, b, c, h sont arbitraires, on peut les supposer nulles; on aura alors
$$\frac{r\,dr}{\sqrt{H + Mr + Nr^2}} = \frac{x\,dx}{\sqrt{Mx + Nx^2}} - \frac{y\,dy}{\sqrt{My + Ny^2}}.$$

Ainsi la différentielle proposée est réduite à la différence de deux autres différentielles semblables dans lesquelles $H = 0$; ce qui revient au cas du Théorème de M. Lambert.

Mais on peut faire cette même réduction d'une manière plus générale en supposant
$$h = -k^2,$$
$$a + bx + cx^2 + Mx^3 + Nx^4 = (x-k)^2[l + M(x+k) + N(x+k)^2];$$
ce qui donne (*)
$$a + bx + cx^2 = l(x-k)^2 + M(-kx^2 - k^2x + k^3) + N(-2k^2x^2 + k^4),$$
et par conséquent
$$a = lk^2 + Mk^3 + Nk^4, \quad b = -2lk - Mk^2, \quad c = l - Mk - 2Nk^2;$$
de cette manière, si l'on fait, pour abréger,
$$x + k = x', \quad y + k = y',$$
on aura
$$\frac{r\,dr}{\sqrt{H + Mr + Nr^2}} = \frac{x'\,dx'}{\sqrt{l + Mx' + Nx'^2}} - \frac{y'\,dy'}{\sqrt{l + My' + Ny'^2}};$$
et supposant $l = 0$, ce qui donne
$$a = Mk^3 + Nk^4, \quad b = 0, \quad c = -Mk - 2Nk^2,$$

(*) Dans le texte primitif les formules qui suivent sont affectées d'erreurs légères que nous avons cru devoir faire disparaître. *(Note de l'Éditeur.)*

on aura les mêmes formules que ci-dessus, mais avec cette différence que les variables x' et y' contiendront encore la constante arbitraire k.

13. Je vais faire voir maintenant que l'équation entre u et r du n° 11 est celle d'une ellipse dans laquelle r serait le rayon vecteur partant d'un des foyers, et où u serait un autre rayon vecteur partant d'un autre point fixe quelconque placé dans le plan de l'ellipse ou non.

En nommant, comme plus haut, p le paramètre, e l'excentricité, r le rayon vecteur, ξ et η les coordonnées rectangles, on a, comme on sait, cette équation à l'ellipse
$$r + e\xi = p;$$
d'où l'on tire, à cause de $r^2 = \xi^2 + \eta^2$,
$$\xi = \frac{p-r}{e}, \quad \eta = \frac{\sqrt{-p^2 + 2pr - (1-e^2)r^2}}{e}.$$

Soient maintenant α, β, γ les coordonnées rectangles qui déterminent la position du centre des rayons vecteurs u, on aura évidemment
$$u^2 = (\xi - \alpha)^2 + (\eta - \beta)^2 + \gamma^2, \quad \text{savoir} \quad u^2 = r^2 - 2\alpha\xi - 2\beta\eta + \delta^2;$$
en faisant, pour abréger,
$$\delta = \sqrt{\alpha^2 + \beta^2 + \gamma^2},$$
et substituant pour ξ et η leurs valeurs en r,
$$u^2 = r^2 + \frac{2\alpha}{e} r - \frac{2\alpha p}{e} + \delta^2 - \frac{2\beta}{e} \sqrt{-p^2 + 2pr - (1-e^2)r^2}.$$

Cette expression de u^2 en r est, comme on voit, tout à fait semblable à celle du n° 11, et, comparant les termes homologues, on aura
$$\frac{2\alpha}{e} = \frac{4B}{C}, \quad -\frac{2\alpha p}{e} + \delta^2 = \frac{4A}{C}, \quad \frac{-\beta^2 p^2}{e^2} = \frac{4H}{C^2}, \quad \frac{\beta^2 p}{e^2} = \frac{2M}{C^2}, \quad \frac{-\beta^2(1-e^2)}{e^2} = \frac{4N}{C^2};$$
et ces cinq équations serviront à déterminer les cinq quantités $p, e, \alpha, \beta, \gamma$, dont les deux premières déterminent l'ellipse, et dont les trois dernières déterminent la position du centre des rayons u par rapport au plan de l'ellipse et au foyer des rayons r.

Dans ce cas le radical $\sqrt{H + Mr + Nr^2}$ devient

$$\frac{C\beta}{2e}\sqrt{-p^2 + 2pr - (1-e^2)r^2},$$

ou, nommant le demi-grand axe ϖ, et mettant $\frac{p}{\varpi}$ à la place de $1-e^2$,

$$\frac{C\beta\sqrt{p}}{2e}\sqrt{-p + 2r - \frac{r^2}{\varpi}};$$

de sorte que la différentielle

$$\frac{r\,dr}{\sqrt{H + Mr + Nr^2}}$$

deviendra

$$\frac{2e}{C\beta\sqrt{p}} \frac{r\,dr}{\sqrt{-p + 2r - \frac{r^2}{\varpi}}},$$

c'est-à-dire proportionnelle à l'élément du temps dans la même ellipse (4).

Donc on peut représenter ce temps par la différence de deux expressions de la forme

$$\int \frac{(z^2 + h)\,dz}{\sqrt{a + bz + cz^2 + 2z^3 - \frac{z^4}{\varpi}}},$$

les quantités a, b, c, h étant des constantes arbitraires, et la variable z étant dans l'une des deux expressions la somme, et dans l'autre la différence de deux rayons vecteurs de l'ellipse, dont l'un parte à l'ordinaire du foyer, et dont l'autre parte d'un autre point fixe quelconque dépendant des constantes a, b, c.

14. Si l'on suppose que le centre des rayons u tombe sur la circonférence même de l'ellipse, alors on aura $\gamma = 0$ et entre α, β la même équation qu'entre ξ et η; ainsi il faudra substituer $\frac{p-\delta}{e}$ à la place de α, et $\sqrt{\delta^2 - \left(\frac{p-\delta}{e}\right)^2}$ à la place de β dans les formules du n° 13; mais comme

ces substitutions mènent à des formules un peu compliquées, voici une manière plus simple et plus directe d'analyser le cas dont il s'agit.

Je remarque qu'en faisant $r = \eth$ ($\eth$ étant $= \sqrt{\alpha^2 + \beta^2 + \gamma^2}$ par le n° 13, et par conséquent égale à la distance du centre des rayons u au foyer des rayons r) on doit avoir $u = 0$, et par conséquent $x = y$ (11).

Je reprends maintenant les deux formules du n° 9,

$$M + 2Nr - 2(B + Cx)(A + Br + Cs) = -\sqrt{X},$$
$$M + 2Nr - 2(B + Cy)(A + Br + Cs) = \sqrt{Y};$$

dans la première desquelles je donne le signe $-$ au radical $\sqrt{X}$, conformément à ce que j'ai dit dans le même numéro. Soustrayant la première de la seconde, j'ai celle-ci

$$-2C(y - x)(A + Br + Cs) = \sqrt{Y} + \sqrt{X};$$

et il faudra qu'en faisant $r = \eth$ on ait $x = y$; par conséquent, à cause de $r = x + y$,

$$x = \frac{\eth}{2}, \quad y = \frac{\eth}{2}$$

sont deux valeurs de x et de y qui doivent satisfaire à l'équation précédente. Or par ces suppositions le premier membre devient nul, et le second devient $4C\sqrt{\Delta}$ en supposant

$$\Delta = a + b\frac{\eth}{2} + c\left(\frac{\eth}{2}\right)^2 + M\left(\frac{\eth}{2}\right)^3 + N\left(\frac{\eth}{2}\right)^4;$$

donc on doit avoir $\Delta = 0$; par conséquent $\frac{\eth}{2}$ doit être une racine des équations semblables $X = 0$, $Y = 0$. Mais cela ne suffit pas encore pour satisfaire à l'équation ci-dessus; il faut encore qu'en supposant x et y très-peu différent de $\frac{\eth}{2}$, l'équation puisse subsister et donne une relation possible entre x et y; donc il faudra qu'en faisant

$$x = \frac{\eth}{2} + \mu, \quad y = \frac{\eth}{2} + \nu,$$

et regardant μ et ν comme très-petites, on ait une équation possible entre μ et ν.

Or, faisant ces substitutions et rejetant les termes du second ordre, on a, en supposant $\Delta' = \dfrac{d\Delta}{d\frac{\delta}{2}}$,

$$-\left(A + B\delta + \frac{C\delta^2}{4}\right)(\nu - \mu) = \sqrt{\Delta + \Delta'\nu} + \sqrt{\Delta + \Delta'\mu};$$

mais $\Delta = 0$, donc l'équation devient

$$-\left(A + B\delta + \frac{C\delta^2}{4}\right)(\nu - \mu) = \sqrt{\Delta'}(\sqrt{\nu} + \sqrt{\mu}),$$

laquelle, étant divisée par $\sqrt{\nu} + \sqrt{\mu}$, donne

$$-\left(A + B\delta + C\frac{\delta^2}{4}\right)(\sqrt{\nu} - \sqrt{\mu}) = \sqrt{\Delta'};$$

donc la quantité $\sqrt{\Delta'}$ doit être infiniment petite de l'ordre $\sqrt{\nu}$; donc Δ' doit être $= 0$.

De là il est aisé de conclure, par la théorie connue, que $\dfrac{\delta}{2}$ doit être une racine double de l'équation $X = 0$, ainsi que de l'équation $Y = 0$.

De sorte que les quantités X et Y seront de la forme

$$X = \left(x - \frac{\delta}{2}\right)^2 (l + mx + nx^2),$$

$$Y = \left(y - \frac{\delta}{2}\right)^2 (l + my + ny^2),$$

ou, ce qui revient au même, de la forme

$$X = 4C^2 \left(x - \frac{\delta}{2}\right)^2 \left[l + m\left(x + \frac{\delta}{2}\right) + n\left(x + \frac{\delta}{2}\right)^2\right],$$

$$Y = 4C^2 \left(y - \frac{\delta}{2}\right)^2 \left[l + m\left(y + \frac{\delta}{2}\right) + n\left(y + \frac{\delta}{2}\right)^2\right];$$

et comparant cette forme avec la forme générale des quantités X et Y du n° 10, on trouvera

$$n = N, \quad m = M, \quad l = c + N\frac{\delta}{2} + M\frac{\delta^2}{2},$$

de sorte que la constante l demeurera arbitraire, à cause qu'elle contient l'arbitraire c.

On aura donc précisément le cas du n° 12 en prenant $k = \dfrac{\delta}{2}$; de sorte qu'en supposant de plus $l = 0$, on aura

$$\frac{r\,dr}{\sqrt{H + Mr + Nr^2}} = \frac{x'\,dx'}{\sqrt{Mx' + Nx'^2}} - \frac{y'\,dy'}{\sqrt{My' + Ny'^2}},$$

savoir (13)

$$\frac{r\,dr}{\sqrt{-p + 2r - \dfrac{r^2}{\varpi}}} = \frac{x'\,dx'}{\sqrt{2x' - \dfrac{x'^2}{\varpi}}} - \frac{y'\,dy'}{\sqrt{2y' - \dfrac{y'^2}{\varpi}}},$$

où (11)

$$x' = x + \frac{\delta}{2} = \frac{r + \delta + u}{2}, \quad y' = y + \frac{\delta}{2} = \frac{r + \delta - u}{2}.$$

Or il est visible que r et δ sont deux rayons vecteurs, et que u est alors la corde qui joint ces rayons; donc, puisque $x' = y'$, lorsque $u = 0$, auquel cas $r = \delta$, il s'ensuit que la différence des intégrales de

$$\frac{x'\,dx'}{\sqrt{2x' - \dfrac{x'^2}{\varpi}}} \quad \text{et} \quad \frac{y'\,dy'}{\sqrt{2y' - \dfrac{y'^2}{\varpi}}}$$

exprimera justement le temps employé à parcourir l'angle compris entre les deux rayons vecteurs δ et r, c'est-à-dire l'arc sous-tendu par la corde u; ce qui est le Théorème de M. Lambert.

SUR

DIFFÉRENTES QUESTIONS D'ANALYSE

RELATIVES A LA

THÉORIE DES INTÉGRALES PARTICULIÈRES.

SUR
DIFFÉRENTES QUESTIONS D'ANALYSE
RELATIVES A LA
THÉORIE DES INTÉGRALES PARTICULIÈRES.

(*Nouveaux Mémoires de l'Académie royale des Sciences et Belles-Lettres de Berlin*, année 1779.)

La Théorie des intégrales particulières est une branche aussi importante que féconde du Calcul intégral; et je crois être le premier qui ait donné les vrais principes de cette Théorie. On entend par intégrales particulières ces intégrales qui satisfont à des équations différentielles sans être pour cela des cas particuliers de leurs intégrales complètes, et qui échappent par conséquent aux règles générales du Calcul intégral. De très-grands Géomètres avaient depuis longtemps remarqué cette singularité et cette espèce de défaut de l'Analyse ordinaire, et avaient cherché des moyens d'y suppléer; on était même déjà parvenu à trouver des règles plus ou moins générales, non-seulement pour reconnaître *à priori* si une intégrale donnée d'une équation différentielle en est une intégrale particulière, ou seulement un cas de son intégrale complète, mais aussi pour découvrir toutes les intégrales particulières dont une équation différentielle est susceptible; mais personne, que je sache, n'avait encore expliqué la nature et l'origine de ces sortes d'intégrales, ni fait voir que, loin de former une exception à la Théorie générale du Calcul intégral, elles sont une conséquence immédiate et naturelle des premiers principes de ce Calcul. C'est ce que je crois avoir démontré et développé avec tout le détail nécessaire dans mon Ouvrage sur les *intégrales particulières,* imprimé parmi les *Mémoires* de l'année 1774 (*).

Je vais maintenant appliquer la Théorie des intégrales particulières à la solution de différentes questions d'Analyse qui n'avaient pas encore été traitées, ou du moins qui ne l'avaient pas été sous le point de vue sous lequel on les considère dans ce Mémoire. Cette application donnera en même temps le dénoûment de quelques paradoxes qui se présentent naturellement dans la solution de ces mêmes questions, et servira de plus en plus à montrer l'utilité et la nécessité de la Théorie dont il s'agit dans le Calcul intégral.

Article Ier. — *Sur les développées.*

1. On sait que la développée d'une courbe est le lieu des centres de tous les cercles osculateurs de cette courbe; on sait aussi que le cercle osculateur est celui qui coupe la courbe proposée dans trois points infiniment proches. Or soient x l'abscisse, y l'ordonnée rectangle, et p, q, r des constantes; on a pour l'équation générale au cercle

$$(x-p)^2 + (y-q)^2 = r^2,$$

dans laquelle r est le rayon, et p, q sont l'abscisse et l'ordonnée qui déterminent la position du centre.

Soit maintenant une courbe quelconque rapportée aux mêmes coordonnées x, y, et qui ait pour cercle osculateur celui dont nous venons de donner l'équation; comme ce cercle doit couper la courbe dont il s'agit dans trois points infiniment proches, il faudra que non-seulement l'équation

$$(x-p)^2 + (y-q)^2 = r^2,$$

(*) *OEuvres de Lagrange,* t. IV, p. 5.

mais encore que les différences premières et secondes de cette équation aient lieu par rapport à la même courbe, c'est-à-dire en supposant que les valeurs de x, y et de leurs différences soient les mêmes pour le cercle et pour la courbe. Alors r deviendra le rayon du cercle osculateur de la courbe proposée au point qui répond aux coordonnées x, y; et p, q seront les coordonnées qui déterminent le lieu du centre de cercle; ce seront par conséquent les coordonnées de la développée de la même courbe.

On aura donc ces trois équations

$$(x-p)^2 + (y-q)^2 = r^2,$$

$$x - p + (y-q)\frac{dy}{dx} = 0,$$

$$1 + \left(\frac{dy}{dx}\right)^2 + (y-q)\frac{d^2y}{dx^2} = 0,$$

au moyen desquelles on déterminera p, q, r en x, y, et ses différences; et l'on trouvera successivement

$$q = y + \frac{1 + \left(\frac{dy}{dx}\right)^2}{\frac{d^2y}{dx^2}}, \quad p = x - \frac{1 + \left(\frac{dy}{dx}\right)^2}{\frac{d^2y}{dx^2}}\frac{dy}{dx}, \quad r = \frac{\left[1 + \left(\frac{dy}{dx}\right)^2\right]^{\frac{3}{2}}}{\frac{d^2y}{dx^2}}.$$

Ces valeurs sont les mêmes que celles que l'on trouve par d'autres voies; mais la méthode précédente est plus appropriée au but de ces recherches.

2. On voit par les expressions précédentes de p et q que le Problème de trouver la développée d'une courbe se résout par le seul Calcul différentiel, et demande une double différentiation de l'équation de la courbe proposée; d'où il s'ensuit que lorsque cette courbe est algébrique, sa développée ne saurait manquer de l'être aussi; c'est ce qui est connu depuis longtemps.

Réciproquement donc il paraît naturel d'en conclure que lorsque la développée est donnée et qu'on demande la courbe qui résulterait de son développement, c'est-à-dire dont elle serait la développée, le Problème doit dépendre du Calcul intégral et exiger une double intégration. En effet, la méthode la plus naturelle de résoudre ce dernier Problème est de substituer dans l'équation de la développée entre p et q les valeurs précédentes de ces quantités; ce qui donnera, si l'équation entre p et q est algébrique, une équation différentielle du second ordre entre x et y, et qui sera celle de la courbe cherchée; en sorte qu'il faudra une double intégration pour avoir l'équation finie de cette courbe. Mais voici une difficulté à laquelle il ne me paraît pas que personne ait encore pensé.

3. Comme chaque intégration peut introduire une constante arbitraire, il s'ensuit que l'équation finie entre x et y doit renfermer deux constantes arbitraires; cependant il est facile de voir par la Théorie des développées que la courbe engendrée par le développement d'une courbe donnée ne peut renfermer qu'une seule constante arbitraire, laquelle dépend du point où le développement commence. Car il est visible qu'on ne peut faire passer la développante (ou courbe formée par le développement de celle qu'on nomme la *développée*) que par un seul point arbitraire. En effet, un point étant donné par lequel la développante doive passer, on tirera par ce point une tangente à la développée, et, regardant cette tangente comme une partie de la courbe déjà développée, on continuera le développement suivant la loi connue; moyennant quoi la développante sera entièrement déterminée.

Il s'ensuit de ce raisonnement que lorsque l'équation de la développée est algébrique, celle de la développante doit être différentielle du premier ordre seulement, au lieu que la méthode précédente la donne du second ordre. C'est aussi ce que l'on trouve directement en considérant le Problème sous un autre point de vue que voici.

4. Comme les quantités p, q, r sont variables d'un point à l'autre de la développée, on peut aussi les considérer comme telles dans les équations du n° 1. Or la seconde et la troisième de ces équations n'étant que les différentielles respectives de la première et de la seconde, en n'y re-

gardant que x et y comme variables, il est visible que la supposition de la variabilité de p, q, r donnera ces deux autres équations différentielles

$$-(x-p)\,dp - (y-q)\,dq = r\,dr,$$

$$-dp - \frac{dy}{dx}\,dq = 0,$$

lesquelles devront avoir lieu en même temps que celles du numéro cité.

5. On aura donc de cette manière ces quatre équations

$$(x-p)^2 + (y-q)^2 = r^2,$$

$$x - p + (y-q)\frac{dy}{dx} = 0,$$

$$(x-p)\,dp + (y-q)\,dq + r\,dr = 0,$$

$$dp + \frac{dy}{dx}\,dq = 0,$$

au moyen desquelles, en éliminant x, y, $\frac{dy}{dx}$, on aura une équation différentielle du premier ordre entre p, q, r; ensuite on aura x, y exprimées algébriquement en p, q, r et leurs différences premières. Ainsi, q étant donnée en p par l'équation de la développée, il ne faudra qu'une seule intégration pour trouver r et de là x et y.

A l'égard de la troisième équation du n° 1, elle devient inutile puisqu'elle est renfermée dans la seconde et dans la quatrième des précédentes; en effet, en différentiant la seconde et en effaçant, en vertu de la quatrième, les termes qui contiendront dp et dq, on aura l'équation dont il s'agit.

6. Éliminant d'abord la quantité $\frac{dy}{dx}$ de la seconde et de la quatrième des équations précédentes, on aura celle-ci

$$(y-q)\,dp - (x-p)\,dq = 0,$$

laquelle étant combinée avec la troisième servira à déterminer x et y, de manière que l'on aura

$$x = p - \frac{r\,dr\,dp}{dp^2 + dq^2}, \quad y = q - \frac{r\,dr\,dq}{dp^2 + dq^2}.$$

Substituant maintenant ces valeurs dans la première équation, on aura

$$\frac{r^2\,dr^2(dp^2+dq^2)}{(dp^2+dq^2)^2} = r^2,$$

savoir

$$dr^2 = dp^2 + dq^2,$$

et, tirant la racine carrée,

$$dr = \pm\sqrt{dp^2+dq^2}.$$

Cette dernière formule fait voir que le rayon osculateur r varie par des différences égales à celles de l'arc de la développée dont l'élément est $\sqrt{dp^2+dq^2}$. Désignant donc cet élément par ds, on aura

$$dr = \pm\,ds,$$

et, intégrant,

$$r = k \pm s,$$

k étant une constante arbitraire qui dépend du point où est supposé commencer le développement. Cela s'accorde avec la Théorie connue des développées, et l'on voit en même temps que le signe supérieur répond au cas où le fil qui par son extrémité décrit la développante se développe en effet de la courbe qu'on nomme la *développée*, et que le signe inférieur répond au cas contraire dans lequel le fil est supposé s'envelopper à la même courbe.

7. L'analyse précédente donne, comme on voit, les mêmes résultats qui se déduisent de la considération synthétique du développement des courbes; mais ne pourrait-on pas y parvenir aussi par la première méthode, qui est d'ailleurs la plus directe et la plus naturelle? Voici comment.

L'équation de la développée étant donnée entre ses coordonnées rectangles p et q, on aura q égale à une fonction donnée de p, que je dénoterai, en général, par $f(p)$; donc, puisque

$$q = f(p),$$

on aura, en différentiant,

$$dq = f'(p)\,dp.$$

Or je remarque que les valeurs de p et q du n° 1 sont telles, que

$$dp + \frac{dy}{dx}\,dq = 0,$$

comme on le voit par la quatrième équation du n° 5; et l'on peut aussi s'en assurer directement par la différentiation actuelle de ces valeurs; car on aura

$$dq = dy + d\,\frac{1+\left(\frac{dy}{dx}\right)^2}{\frac{d^2y}{dx^2}}, \quad dp = -\frac{dy^2}{dx} - \frac{dy}{dx}\,d\,\frac{1+\left(\frac{dy}{dx}\right)^2}{\frac{d^2y}{dx^2}};$$

donc

$$dq\,dy + dp\,dx = 0.$$

Donc, substituant dans l'équation différentielle

$$dq = f'(p)\,dp$$

à la place de dq sa valeur $-\dfrac{dp\,dx}{dy}$, on aura

$$\left[\frac{dx}{dy} + f'(p)\right]dp = 0,$$

équation qui se décompose d'elle-même en ces deux-ci

$$dp = 0, \quad \frac{dx}{dy} + f'(p) = 0.$$

8. Considérons ces deux équations séparément; et d'abord l'équation

$$dp = 0$$

étant intégrée donnera

$$p = \text{une constante arbitraire};$$

ainsi $q = f(p)$ sera aussi une constante. Or, chassant des expressions de p et q du n° 1 la quantité $\dfrac{1+\left(\dfrac{dy}{dx}\right)^2}{\dfrac{d^2y}{dx^2}}$, on a

$$(x-p) + (y-q)\frac{dy}{dx} = 0;$$

donc, multipliant par dx et intégrant, on aura

$$(x-p)^2 + (y-q)^2 = r^2,$$

r étant une nouvelle constante arbitraire.

C'est, comme on voit, la même équation d'où nous sommes partis d'abord (1); en sorte que cette solution ne donne autre chose qu'un cercle quelconque ayant le centre placé sur la circonférence de la courbe donnée. Il est clair en effet que le cercle résout la question, considérée sous le point de vue où nous l'avons d'abord envisagée; et il est visible aussi que l'on peut faire passer le cercle dont il s'agit par deux points arbitraires; car en joignant ces deux points par une droite et élevant sur le point du milieu de cette droite une perpendiculaire, il suffira que le centre du cercle soit dans le point où cette perpendiculaire coupera la développée donnée. D'où l'on doit conclure que cette solution a toute la généralité que la question peut comporter (2).

9. Venons maintenant à l'autre équation

$$\frac{dx}{dy} + f'(p) = 0;$$

cette équation étant combinée avec l'équation

$$(x-p) + (y-q)\frac{dy}{dx} = 0,$$

laquelle résulte de l'élimination de la seconde différence d^2y des expressions de p et q, donnera, à cause de $q = f(p)$, celle-ci

$$(x-p)f'(p) = y - f(p);$$

A LA THÉORIE DES INTÉGRALES PARTICULIÈRES.

d'où, éliminant p au moyen de l'équation

$$\frac{dx}{dy} + f'(p) = 0,$$

on aura une équation du premier ordre entre x et y, et qui étant intégrée ne contiendra par conséquent qu'une constante arbitraire.

Au lieu d'éliminer p, il sera plus simple d'éliminer y; pour cela il n'y aura qu'à différentier l'équation

$$y = f(p) + (x-p)f'(p),$$

ce qui donnera

$$dy = dx f'(p) + (x-p) f''(p) dp,$$

et, substituant pour dy sa valeur $-\dfrac{dx}{f'(p)}$, il viendra l'équation

$$[1 + f'^2(p)] dx = -(x-p) f'(p) f''(p) dp,$$

dont l'intégration est facile par les méthodes connues. Cette solution revient à celle que l'on a déjà trouvée (**5**).

Pour s'en convaincre on n'a qu'à supposer, ce qui est permis,

$$(x-p)^2 + (y-q)^2 = r^2,$$

r étant ici une variable indéterminée, et combiner cette équation avec les deux équations

$$(x-p) + (y-q)\frac{dy}{dx} = 0,$$

$$\frac{dx}{dy} + f'(p) = 0, \quad \text{ou bien} \quad \frac{dx}{dy} + \frac{dq}{dp} = 0;$$

car, en différentiant l'équation dont il s'agit, on aura, à cause de

$$(x-p) dx + (y-q) dy = 0,$$

celle-ci

$$-(x-p) dp - (y-q) dq = r\, dr.$$

En sorte qu'on aura les mêmes quatre équations du n° 5, et par conséquent aussi les mêmes résultats.

10. Quoique la méthode que nous venons d'exposer ne laisse rien à désirer relativement à la solution du Problème proposé, il faut avouer néanmoins que cette méthode, considérée analytiquement et indépendamment de toute considération géométrique, n'est pas aussi directe qu'on pourrait le désirer; car elle demande qu'on commence par différentier l'équation qu'il s'agit d'intégrer, ce qui est peu naturel et peu conforme à la marche ordinaire du Calcul intégral. En effet, supposons qu'il soit proposé d'intégrer l'équation du second ordre

$$y + \frac{1+\left(\frac{dy}{dx}\right)^2}{\frac{d^2y}{dx^2}} = \varphi\left[x - \frac{1+\left(\frac{dy}{dx}\right)^2}{\frac{d^2y}{dx^2}} \frac{dy}{dx}\right],$$

qui n'est autre chose, comme on voit, que l'équation de la développée

$$q = \varphi(p),$$

sans qu'on sache comment on est parvenu à cette équation, il ne serait pas facile de prévoir que l'intégration d'une telle équation peut être facilitée beaucoup par une différentiation préliminaire. Voyons donc comment on pourrait parvenir au but en ne faisant usage que des artifices ordinaires du Calcul intégral. Un des artifices les plus ordinaires de ce Calcul est celui des substitutions, et il est clair que la substitution qui paraît la plus naturelle dans l'équation proposée est celle de supposer la quantité affectée du signe φ, lequel dénote une fonction arbitraire égale à une nouvelle variable p, ce qui donnera ces deux équations

$$x - \frac{1+\left(\frac{dy}{dx}\right)^2}{\frac{d^2y}{dx^2}} \cdot \frac{dy}{dx} = p, \quad y + \frac{1+\left(\frac{dy}{dx}\right)^2}{\frac{d^2y}{dx^2}} = \varphi(p),$$

au moyen desquelles on pourra éliminer par exemple la variable y, et

A LA THÉORIE DES INTÉGRALES PARTICULIÈRES.

obtenir une équation entre x et p qui aura l'avantage que le signe φ n'affectera plus que la seule variable finie p.

11. Faisons, pour plus de simplicité,

$$\frac{dy}{dx} = z;$$

les deux équations précédentes deviendront

$$x - \frac{(1+z^2)z\,dx}{dz} = p, \quad y + \frac{(1+z^2)\,dx}{dz} = \varphi(p);$$

la première donne

$$\frac{(1+z^2)\,dx}{dz} = \frac{x-p}{z};$$

ce qui étant substitué dans la seconde donne celle-ci

$$y + \frac{x-p}{z} = \varphi(p);$$

laquelle étant différentiée, pour en chasser la variable finie y, donne

$$z\,dx - \frac{x-p}{z^2}\,dz + \frac{dx-dp}{z} = \varphi'(p)\,dp;$$

équation d'où l'on chassera z au moyen de la précédente

$$\frac{x-p}{z} = \frac{(1+z^2)\,dx}{dz}.$$

Substituons-y d'abord la valeur de dz tirée de cette dernière, savoir

$$dz = \frac{(1+z^2)z\,dx}{x-p},$$

elle deviendra

$$z\,dx - \frac{1+z^2}{z}\,dx + \frac{dx-dp}{z} = \varphi'(p)\,dp,$$

savoir

$$-\frac{dp}{z} = \varphi'(p)\,dp;$$

laquelle donne immédiatement

$$\text{ou} \quad dp = 0, \quad \text{ou} \quad -\frac{1}{z} = \varphi'(p).$$

L'équation
$$dp = 0$$
donne
$$p = \text{une constante arbitraire},$$

et z restera indéterminée. On reprendra donc dans ce cas l'équation

$$y + \frac{x-p}{z} = \varphi(p),$$

et l'on y substituera pour z sa valeur primitive $\frac{dy}{dx}$; on aura une équation entre x et y dont l'intégrale sera

$$(x-p)^2 + [y - \varphi(p)]^2 = r^2.$$

C'est la même équation au cercle trouvée (8).

L'autre équation

$$-\frac{1}{z} = \varphi'(p)$$

donne

$$z = -\frac{1}{\varphi'(p)},$$

moyennant quoi on chassera z de l'équation

$$dz = \frac{(1+z^2) z \, dx}{x-p},$$

et l'on aura une équation du premier ordre entre x et p. Au lieu de chasser z, il est plus simple de chasser p; car, ayant

$$\varphi'(p) = -\frac{1}{z},$$

on aura p égal à une fonction donnée de z que nous dénoterons par Z;

alors on aura cette équation entre z et x

$$dx = \frac{x-Z}{(1+z^2)z} dz,$$

laquelle est intégrable par les méthodes connues; pour l'intégrer il n'y a qu'à la multiplier par $\frac{\sqrt{1+z^2}}{z}$, et l'on aura cette intégrale

$$\frac{x\sqrt{1+z^2}}{z} = -\int \frac{Z\,dz}{z^2\sqrt{1+z^2}} + \text{const.}$$

On aura ainsi x en z; ensuite on chassera z au moyen de l'équation

$$y + \frac{x-p}{z} = \varphi(p),$$

en y substituant pour p sa valeur Z. Cette dernière solution répond, comme on voit, à celle du n° 9.

12. On peut encore intégrer la même équation par une autre méthode que voici.

Ayant égalé la quantité sous le signe φ à une nouvelle variable p, ce qui donne

$$x - \frac{1+\left(\frac{dy}{dx}\right)^2}{\frac{d^2y}{dx^2}} \frac{dy}{dx} = p,$$

ou bien, en faisant $\frac{dy}{dx} = z$,

$$x - \frac{(1+z^2)\,z\,dx}{dz} = p,$$

comme dans le n° 11, j'intègre cette dernière équation en y regardant p comme une constante. Pour cela il n'y a qu'à la multiplier par $\frac{dz}{z^2\sqrt{1+z^2}}$, et intégrant on aura

$$\frac{(x-p)\sqrt{1+z^2}}{z} = r,$$

d'où l'on tire
$$z = \frac{dy}{dx} = \frac{x-p}{\sqrt{r^2-(x-p)^2}};$$

multipliant par dx et intégrant de nouveau, on aura
$$y = q - \sqrt{r^2 - (x-p)^2},$$

r et q étant deux nouvelles constantes arbitraires.

Cette expression de y serait la véritable si la quantité p était effectivement constante, comme nous l'avons supposée; mais, quelle que soit la quantité p, comme elle est indéterminée, on peut toujours supposer que l'expression précédente de y ait lieu, en y regardant p comme une nouvelle variable; on y peut de plus regarder aussi les quantités q et r comme variables, et, comme elles sont indéterminées, on pourra établir entre elles telles relations qu'on voudra; on pourra donc aussi faire en sorte que les valeurs de $\frac{dy}{dx}$ et de $\frac{d^2y}{dx^2}$ soient les mêmes que si les trois quantités p, q, r ne variaient point; et cela en égalant à zéro séparément la partie de chacune de ces valeurs qui résultera des variations de p, q, r; ce qui donnera deux équations différentielles du premier ordre entre $p, q, r,$ x et dp, dq, dr. On substituera maintenant les valeurs de y, $\frac{dy}{dx}$ et $\frac{d^2y}{dx^2}$ ou de y, z, $\frac{dz}{dx}$ exprimées en p, q, r, x dans l'équation proposée
$$y + \frac{(1+z^2)dx}{dz} = \varphi\left[x - \frac{(1+z^2)z\,dx}{dz}\right],$$

et l'on aura une équation finie entre p, q, r et x, au moyen de laquelle on pourra chasser une des variables des deux équations différentielles trouvées auparavant. En voici le calcul.

13. Puisque
$$y = q - \sqrt{r^2 - (x-p)^2},$$

on aura d'abord, en faisant varier p, q, r et en égalant la variation de y à zéro,
$$dq - \frac{r\,dr + (x-p)\,dp}{\sqrt{r^2-(x-p)^2}} = 0;$$

A LA THÉORIE DES INTÉGRALES PARTICULIÈRES.   599

alors la valeur de $\dfrac{dy}{dx}$ ou z sera

$$\frac{x-p}{\sqrt{r^2-(x-p)^2}},$$

comme dans le cas où p, q, r sont constantes.

Faisant varier de nouveau p, r dans cette expression de z, et égalant à zéro la variation résultante de z, on aura l'équation

$$\frac{r^2 dp + (x-p)r\, dr}{[r^2-(x-p)^2]^{\frac{3}{2}}} = 0,$$

et la valeur de $\dfrac{dz}{dx}$ sera

$$\frac{r^2}{[r^2-(x-p)^2]^{\frac{3}{2}}},$$

comme dans le cas de p et r constantes.

Qu'on substitue maintenant les valeurs précédentes de y, z, $\dfrac{dz}{dx}$ dans l'équation proposée ; il est d'abord visible que la partie

$$x - \frac{(1+z^2)z\, dx}{dz}$$

redeviendra égale à p, comme on peut aussi s'en assurer par les substitutions ; quant à l'autre partie

$$y + \frac{(1+z^2)\, dx}{dz},$$

elle deviendra par les mêmes substitutions égale à q.

De sorte que l'on aura cette équation entre les seules variables p et q ; savoir $q = \varphi(p)$, laquelle servira à déterminer q en p. Et il n'y aura plus qu'à déterminer p et r en x, au moyen des deux équations

$$dq - \frac{r\, dr + (x-p)\, dp}{\sqrt{r^2-(x-p)^2}} = 0,$$

$$r\, dp + (x-p)\, dr = 0.$$

Si l'on substitue dans la première la valeur de $x-p$ tirée de la seconde, elle deviendra

$$dq - \sqrt{dr^2 - dp^2} = 0;$$

d'où

$$dr = \sqrt{dp^2 + dq^2},$$

et, à cause de $dq = \varphi'(p)dp$,

$$dr = dp\sqrt{1 + [\varphi'(p)]^2};$$

d'où l'on tirera par l'intégration r en p. Cette même valeur de dr étant substituée dans la seconde équation ci-dessus, elle deviendra

$$\left[r + (x-p)\sqrt{1 + [\varphi'(p)]^2}\right]dp = 0,$$

laquelle donne, ou $dp = 0$, et par conséquent p égal à une constante arbitraire, auquel cas on aura immédiatement l'équation finie

$$y = q - \sqrt{r^2 - (x-p)^2}$$

où $q = \varphi(p)$, et r sera une autre constante arbitraire (**12**). Ou bien l'équation précédente donnera

$$r + (x-p)\sqrt{1 + [\varphi'(p)]^2} = 0,$$

d'où l'on tirera p en x, ou x en p à cause que r est déjà déterminé en p par l'équation

$$dr = \sqrt{1 + [\varphi'(p)]^2}\, dp.$$

On aura ainsi

$$x = p - \frac{r}{\sqrt{1 + [\varphi'(p)]^2}},$$

et, substituant cette valeur dans l'expression de y ci-dessus, on aura

$$y = \varphi(p) - \frac{r}{\sqrt{1 + [\varphi'(p)]^2}}.$$

Il est visible que cette dernière solution revient au même que celle du n° 6; aussi est-elle déduite de principes analogues. A l'égard de l'autre solution qui donne un cercle quelconque, on l'aurait trouvée également par les formules du numéro cité, si l'on y avait substitué $\varphi'(p)dp$ à la place de dq : car l'équation

$$dp + \frac{dy}{dx} dq = 0$$

aurait donné sur-le-champ,

$$\text{ou} \quad dp = 0, \quad \text{ou} \quad 1 + \frac{dy}{dx} \varphi'(p) = 0,$$

qui est la seule dont nous ayons fait usage dans ce numéro.

Article II. — *Sur les roulettes.*

1. J'appelle, en général, *roulette* toute courbe décrite par le roulement ou révolution d'une courbe quelconque donnée autour de la circonférence d'une autre courbe donnée, comme la roulette ou cycloïde ordinaire est formée par la révolution d'un cercle sur une ligne droite, et les épicycloïdes le sont par la révolution d'un cercle sur la circonférence d'un autre cercle.

Il est évident, par la génération de ces roulettes : 1° que les arcs révolus en même temps, soit de la courbe mobile, soit de la courbe immobile, doivent toujours être égaux; 2° que, si du point décrivant de la courbe mobile on mène au point d'attouchement des deux courbes une droite que nous appellerons le *rayon*, ce rayon sera nécessairement perpendiculaire à la roulette; en sorte que, si l'on décrit un cercle avec ce même rayon, ce cercle coïncidera avec l'arc de la roulette en deux points infiniment proches.

2. Cela posé, soient p, q l'abscisse et l'ordonnée de la courbe immobile, s l'arc correspondant de cette courbe, lequel doit être égal à l'arc révolu

en même temps de la courbe mobile, r le rayon de la courbe mobile, qui répond à cet arc, x et y l'abscisse et l'ordonnée de la roulette qui en résulte. En prenant ces mêmes coordonnées x et y pour celles du cercle décrit du rayon r, il est facile de voir qu'on aura pour l'équation de cercle

$$(x-p)^2 + (y-q)^2 = r^2.$$

Or ce cercle devant coïncider avec la roulette dans deux points infiniment proches, il faudra que tant l'équation précédente que sa différentielle première ait lieu par rapport à la courbe dont il s'agit, c'est-à-dire en regardant les coordonnées x et y comme appartenant à cette courbe.

On aura de cette manière, pour la roulette, les deux équations

$$(x-p)^2 + (y-q)^2 = r^2,$$

$$x - p + (y-q)\frac{dy}{dx} = 0.$$

Maintenant la courbe immobile étant donnée, on aura, par l'équation de cette courbe, l'ordonnée q et l'arc s donnés par l'abscisse p. De plus, par la nature de la courbe mobile, le rayon r sera aussi donné par l'arc révolu de la même courbe, lequel devant être égal à s, on aura donc aussi r donné en p.

Soit donc

$$q = \varphi(p), \quad r = f(p),$$

φ et f dénotant des fonctions données; on substituera ces valeurs dans les deux équations précédentes, et éliminant p, on aura une équation différentielle du premier ordre entre x et y, qui sera celle de la roulette cherchée.

3. Cette équation étant intégrée admettra donc une constante arbitraire; en sorte qu'il sera possible de faire passer la roulette par un point donné. Cependant, si l'on considère la génération de cette courbe, il n'est pas difficile de se convaincre que tout y est déterminé, dès que les deux courbes, la mobile et l'immobile, sont données, et que le point décrivant

est aussi donné dans le plan de la courbe mobile, ainsi que notre analyse le suppose. D'où il s'ensuit que l'équation de la roulette ne saurait renfermer aucune constante arbitraire, et que la courbe elle-même ne saurait être décrite de manière qu'elle passe par un point donné à volonté.

Il se présente donc ici une difficulté analogue à celle que nous avons rencontrée dans le Problème des développées, et qu'on pourra par conséquent résoudre d'une manière semblable. En effet, si l'on considère d'abord les quantités p, q, r comme variables, ainsi qu'elles le sont en effet, il est clair que la différentielle de l'équation

$$(x-p)^2 + (y-q)^2 = r^2,$$

prise en faisant varier seulement ces mêmes quantités p, q, r, devra avoir lieu aussi, puisque la différentielle de cette même équation, en faisant varier x et y, a déjà lieu d'elle-même en vertu de la seconde équation

$$x - p + (y-q)\frac{dy}{dx} = 0.$$

Ainsi l'on aura l'équation

$$-(x-p)dp - (y-q)dq = r\,dr,$$

laquelle, en mettant pour dq et dr leurs valeurs $\varphi'(p)dp$ et $f'(p)dp$, devient

$$[x - p + (y-q)\varphi'(p) + rf'(p)]dp = 0.$$

Cette équation se décompose, comme on voit, en ces deux-ci

$$dp = 0 \quad \text{et} \quad x - p + (y-q)\varphi'(p) + rf'(p) = 0.$$

La première $dp = 0$ étant intégrée donne

$$p = \text{une constante arbitraire.}$$

Ainsi $q = \varphi(p)$ et $r = f(p)$ seront aussi constantes; et l'on aura sur-le-champ pour la roulette l'équation finie

$$(x-p)^2 + (y-q)^2 = r^2,$$

qui n'exprime, comme on voit, qu'un cercle décrit du rayon r égal à la distance du point décrivant au point d'attouchement des deux courbes. Cette solution satisfait, comme il est aisé de le voir, au Problème envisagé analytiquement, et, de ce qu'elle renferme une constante arbitraire, il s'ensuit qu'elle a toute l'étendue que demande l'équation différentielle trouvée plus haut; mais il est visible en même temps qu'elle ne satisfait pas à la question envisagée mécaniquement et sous le point de vue où on l'a proposée.

Ce dernier objet se trouve rempli par l'autre équation, savoir

$$x - p + (y - q)\varphi'(p) + r f'(p) = 0,$$

laquelle, en éliminant p au moyen de l'équation finie

$$(x-p)^2 + (y-q)^2 = r^2$$

[q et r étant égaux à $\varphi(p)$ et $f(p)$], donnera une équation finie en x et y dans laquelle il n'y aura aucune constante arbitraire, et qui sera la véritable équation de la roulette décrite par la révolution d'une courbe donnée sur une autre courbe donnée.

4. En combinant les deux équations

$$(x-p)^2 + (y-q)^2 = r^2, \quad -(x-p)dp - (y-q)dq = r\,dr,$$

on en tire les valeurs de x et y, lesquelles, en mettant ds^2 à la place de sa valeur $dp^2 + dq^2$, se trouveront exprimées ainsi

$$x = p - \frac{r\,dr\,dp + r\,dq\sqrt{ds^2 - dr^2}}{ds^2},$$

$$y = q - \frac{r\,dr\,dq - r\,dp\sqrt{ds^2 - dr^2}}{ds^2}.$$

Pour faire usage de ces formules, il sera plus simple d'exprimer les coordonnées p et q de la courbe immobile, ainsi que le rayon r de la courbe mobile, par l'arc s qui est commun aux deux courbes. On trouvera

A LA THÉORIE DES INTÉGRALES PARTICULIÈRES.

de cette manière les valeurs de x et y exprimées en s, d'où, éliminant s, on aura l'équation de la roulette.

5. Pour donner quelques exemples de l'application des formules précédentes, considérons d'abord le cas de la roulette ou cycloïde ordinaire. Ici la courbe immobile n'est autre chose que l'axe même des abscisses p, en sorte qu'on aura

$$q = 0, \quad p = s.$$

Ensuite la courbe mobile est un cercle dont nous ferons le rayon égal à a; or, en prenant le point décrivant sur la circonférence de ce cercle, il est visible que r sera la corde de l'arc s, en sorte qu'on aura

$$r = 2a \sin \frac{s}{2a}, \quad \text{d'où} \quad dr = \cos \frac{s}{2a} ds;$$

substituant ces valeurs, il viendra

$$x = s - 2a \sin \frac{s}{2a} \cos \frac{s}{2a} = s - a \sin \frac{s}{a},$$

$$y = 2a \sin^2 \frac{s}{2a} = a \left(1 - \cos \frac{s}{a} \right).$$

Si le point décrivant n'était pas sur la circonférence du cercle, mais à la distance b du centre, alors il est facile de prouver qu'on aurait

$$r = \sqrt{\left(b - a \cos \frac{s}{a} \right)^2 + a^2 \sin^2 \frac{s}{a}},$$

ou bien

$$r = \sqrt{b^2 - 2ab \cos \frac{s}{a} + a^2},$$

d'où

$$r \, dr = b \sin \frac{s}{a} \, ds, \quad r^2 ds^2 - r^2 dr^2 = \left(a - b \cos \frac{s}{a} \right)^2 ds^2;$$

de sorte qu'après les substitutions on aura

$$x = s - b \sin \frac{s}{a}, \quad y = a - b \cos \frac{s}{a}.$$

Enfin, si dans ce dernier cas on voulait que la courbe immobile fût aussi un cercle dont le rayon $= h$, il est facile de voir qu'on aurait pour lors

$$p = h\left(1 - \cos\frac{s}{h}\right), \quad q = h\sin\frac{s}{h},$$

en supposant que l'axe des abscisses passe par le centre du cercle immobile. De là on trouvera, après les réductions,

$$x = h - (h+a)\cos\frac{s}{h} + b\cos\left[\left(\frac{1}{h} + \frac{1}{a}\right)s\right],$$

$$y = (h+a)\sin\frac{s}{h} - b\sin\left[\left(\frac{1}{h} + \frac{1}{a}\right)s\right];$$

d'où l'on voit que la roulette sera géométrique toutes les fois que h sera à a comme nombre à nombre.

6. Si la courbe immobile étant quelconque, la courbe mobile devenait une ligne droite, et que le point décrivant fût pris dans cette même droite, il est visible qu'on aurait alors $r = s$, ou plus généralement $r = k + s$, k étant une constante quelconque. Les formules de la roulette (4) deviendront alors

$$x = p - \frac{r\,dp}{dr}, \quad y = q - \frac{r\,dq}{dr},$$

lesquelles sont, comme l'on voit, identiques avec celles que nous avons trouvées dans le n° 6 de l'Article I pour la développante de la courbe dont p et q sont les coordonnées. Il est facile de concevoir en effet que dans ce cas la roulette ne saurait être autre chose que la développante de la courbe immobile; c'est ce que d'autres Géomètres ont déjà remarqué.

Article III. — *Des différents ordres de contact des courbes, et de la manière de trouver des courbes qui aient avec une infinité de courbes données des contacts d'un ordre donné.*

1. On sait que, dans le point d'attouchement de deux courbes, il y a une réunion de deux points d'intersection des mêmes courbes; on sait de plus que, dans le point où deux courbes se touchent en sorte qu'elles

A LA THÉORIE DES INTÉGRALES PARTICULIÈRES. 607

aient la même courbure, il y a une réunion de trois points d'intersection; et si outre cela la variation de la courbure est encore la même, alors il y aura une réunion de quatre points d'intersection; et ainsi de suite.

Nous appellerons, en général, *contact du premier ordre* tout attouchement de deux courbes où il y a réunion de deux intersections, *contact du second ordre* tout attouchement dans lequel il y aura réunion de trois points d'intersection, *contact du troisième ordre* celui où quatre points d'intersection seront réunis; et ainsi de suite.

De cette manière l'attouchement ordinaire sera un contact du premier ordre, l'osculation sera un contact du second ordre, etc.

2. Cela posé, soit proposée une courbe dont l'équation soit

$$V = 0,$$

V étant une fonction donnée des coordonnées x, y et de deux constantes arbitraires p et q; et qu'on demande les valeurs de ces arbitraires pour que la courbe proposée ait un contact du premier ordre avec une autre courbe quelconque. Il faudra que, dans ce contact, non-seulement les valeurs de x et y, mais aussi celles de dx et dy soient les mêmes pour les deux courbes; donc non-seulement l'équation $V = 0$, mais encore sa différentielle $dV = 0$, devra avoir lieu par rapport à la nouvelle courbe. Ainsi il n'y aura qu'à tirer de ces deux équations

$$V = 0, \quad dV = 0$$

les valeurs de p et q, lesquelles se trouveront exprimées en x, y et $\frac{dy}{dx}$.

Si V est une fonction de x, y et de trois constantes arbitraires p, q, r, on pourra déterminer les valeurs de p, q, r en sorte que la courbe proposée ait un contact du second ordre avec une autre courbe quelconque; car la nature de ce contact exigeant que non-seulement x et y, mais aussi $\frac{dy}{dx}$ et $\frac{d^2y}{dx^2}$, soient les mêmes pour les deux courbes, il n'y aura qu'à supposer que les trois équations

$$V = 0, \quad dV = 0, \quad d^2V = 0$$

aient lieu en même temps relativement à ces deux courbes, et l'on tirera de ces équations les valeurs de p, q, r, lesquelles seront exprimées en x, y, $\dfrac{dy}{dx}$ et $\dfrac{d^2y}{dx^2}$; et ainsi de suite.

Nous nommerons, en général, *courbe touchante* la courbe proposée par rapport à laquelle les quantités p, q, r,... sont constantes; et nous nommerons ensuite *courbe touchée* l'autre courbe par rapport à laquelle ces mêmes quantités sont variables, étant des fonctions de ses coordonnées x, y et de leurs différentielles $\dfrac{dy}{dx}$, $\dfrac{d^2y}{dx^2}$, ...

Enfin nous nommerons ces mêmes quantités p, q, r,... *éléments du contact*; de sorte qu'un contact du premier ordre n'aura que deux éléments, un contact du second ordre n'en aura que trois, etc.

3. Supposons que la courbe touchante soit un cercle quelconque, dont l'équation soit

$$(x-p)^2 + (y-q)^2 = r^2,$$

p et q étant les coordonnées qui déterminent le lieu du centre et r le rayon. Si l'on veut que ce cercle ait un contact du second ordre avec une courbe quelconque, c'est-à-dire qu'il en devienne le cercle osculateur, il faudra déterminer les trois éléments p, q, r du contact au moyen des trois équations

$$V = 0, \quad dV = 0, \quad d^2V = 0,$$

en faisant

$$V = (x-p)^2 + (y-q)^2 - r^2;$$

et l'on retrouvera les mêmes expressions de ces quantités que l'on a déjà trouvées dans l'Article Ier (1).

Si l'on fait tomber le centre du cercle dans l'axe des abscisses, on aura $q = 0$, et l'équation

$$(x-p)^2 + y^2 = r^2$$

ne renfermera plus que deux constantes p et r. Ce cercle ne pourra donc plus avoir qu'un contact du premier ordre avec une autre courbe quelconque; et il est clair que dans ce point de contact le rayon r deviendra la normale à la courbe touchée, et que la quantité p sera la partie de l'axe interceptée entre l'origine des abscisses et le concours de la normale, partie qu'on nomme quelquefois la *resecte*.

On déterminera donc ces deux éléments p et r au moyen des deux équations $V = 0$ et $dV = 0$, lesquelles donneront

$$p = x + \frac{y\,dy}{dx}, \quad r = \frac{y\sqrt{dx^2 + dy^2}}{dx}.$$

On peut supposer aussi que le centre du cercle tombe sur la circonférence d'une courbe donnée; alors r deviendra la partie de la normale interceptée par cette courbe. Dans ce cas on aura une équation entre p et q qui sera celle de la courbe donnée; et au moyen de cette équation et des deux équations $V = 0$ et $dV = 0$ on déterminera p, q, r. On en a un exemple dans le n° 2 de l'Article II.

L'équation générale de l'ellipse rapportée au foyer est

$$u + px + qy = r,$$

dans laquelle u est le rayon vecteur égal à $\sqrt{x^2 + y^2}$, r est le demi-paramètre du grand axe, $\sqrt{p^2 + q^2}$ est l'excentricité, et $\frac{q}{p}$ est la tangente de l'angle que le grand axe de l'ellipse fait avec l'axe des abscisses x dont l'origine est dans le foyer, et qui sont supposées positives en allant vers l'apside le plus proche.

Si donc on veut que cette ellipse ait un contact du second ordre avec une courbe quelconque, c'est-à-dire qu'elle devienne osculatrice de cette courbe, il n'y aura qu'à déterminer les éléments p, q, r au moyen des mêmes équations

$$V = 0, \quad dV = 0, \quad d^2V = 0,$$

mais en faisant

$$V = u + px + qy - r.$$

On trouvera ainsi

$$q = -\frac{d\frac{du}{dx}}{d\frac{dy}{dx}}, \quad p = -\frac{du}{dx} + \frac{d\frac{du}{dx}}{d\frac{dy}{dx}} \frac{dy}{dx},$$

$$r = u - x\frac{du}{dx} + \frac{d\frac{du}{dx}}{d\frac{dy}{dx}} \left(x\frac{dy}{dx} - y \right).$$

Si la position du foyer de l'ellipse osculatrice n'était pas donnée, nommant m, n l'abscisse et l'ordonnée qui répondent à ce foyer, on aura alors pour l'équation générale de l'ellipse

$$u + p(x - m) + q(y - n) = r,$$

dans laquelle

$$u = \sqrt{(x-m)^2 + (y-n)^2},$$

la signification des autres quantités p, q, r demeurant la même qu'auparavant.

Comme cette équation renferme cinq constantes arbitraires, il s'ensuit que l'ellipse dont il s'agit pourra avoir un contact du quatrième ordre avec une autre courbe quelconque, et pour cela on déterminera les cinq éléments de ce contact p, q, r, m, n au moyen des cinq équations

$$V = 0, \quad dV = 0, \quad d^2V = 0, \quad d^3V = 0, \quad d^4V = 0,$$

en faisant

$$V = u + p(x - m) + q(y - n) - r.$$

4. Imaginons maintenant qu'il y ait une relation donnée entre les éléments du contact p, q, r,..., et qu'on demande la courbe touchée dans laquelle cette relation aura lieu. Il n'y aura pour cela qu'à substituer dans l'équation donnée entre p, q, r,... les valeurs de ces quantités exprimées en x, y, $\frac{dy}{dx}$,... (2).

On aura ainsi, si le contact est du premier ordre, une équation différentielle du premier ordre entre les coordonnées x et y de la courbe cherchée; si le contact est du second ordre, on aura une équation différentielle du second ordre entre les mêmes coordonnées; et ainsi de suite. Il ne s'agira donc plus que d'intégrer ces différentes équations, et pour cela je remarquerai d'abord qu'on peut supposer que les quantités p, q, r,... soient constantes; car, comme l'équation donnée entre ces quantités est supposée ne renfermer que ces mêmes quantités sans les variables x, y, il est visible que cette équation pourra toujours subsister dans l'hypothèse que les quantités dont il s'agit soient constantes; et l'effet de cette équation consistera alors à déterminer une de ces constantes par toutes les autres, lesquelles demeureront par conséquent arbitraires. Ainsi le nombre des constantes arbitraires sera égal à celui des éléments du contact moins un, et par conséquent égal à l'exposant de l'ordre de ce contact (2); donc ce nombre sera aussi égal à celui de l'exposant de l'ordre de l'équation différentielle qu'il s'agit d'intégrer (3).

Cela posé, puisque les expressions des quantités p, q, r,... en x, y, $\frac{dy}{dx}$,... ont été déduites de l'équation $V = 0$ et de ses différentielles $dV = 0$, $d^2V = 0$,..., en y regardant ces quantités comme constantes (2), il est visible que la même équation finie $V = 0$ satisfera, dans l'hypothèse présente, à l'équation différentielle proposée; et comme parmi les constantes p, q, r,..., que l'équation $V = 0$ renferme, il en reste toujours autant d'arbitraires qu'il y a d'unités dans l'exposant de l'ordre de l'équation différentielle dont il s'agit, il s'ensuit que cette équation $V = 0$ sera l'intégrale finie et complète de la même équation différentielle. Or l'équation $V = 0$ est celle de la courbe touchante; donc l'intégrale complète de l'équation différentielle proposée ne donnera jamais autre chose que la même courbe touchante que l'on connaissait déjà, et ne donnera nullement la courbe touchée qu'il s'agit de trouver. Cependant il est facile de se convaincre que l'équation différentielle en question appartient également à la courbe touchée; donc, puisque cette courbe n'est pas renfermée dans l'intégrale complète de la même équation, il faudra nécessairement qu'elle le soit dans une intégrale particulière. C'est ce que nous allons examiner.

5. Nous commencerons par rappeler ici les principes de la Théorie des intégrales particulières que nous avons exposée en détail dans notre Mémoire sur cette matière [*Nouveaux Mémoires de l'Académie royale des Sciences de Berlin* pour 1774 (*)]; et nous les présenterons même d'une manière plus simple et plus générale à quelques égards que nous ne l'avons fait dans ce Mémoire.

Soit
$$Z = 0$$
une équation différentielle d'un ordre quelconque n entre deux ou plusieurs variables; et soit
$$V = 0$$
une équation différentielle d'un ordre inférieur m entre les mêmes variables, laquelle soit une intégrale complète de l'équation $Z = 0$. Par la Théorie connue du Calcul intégral on sait que l'équation $V = 0$ doit renfermer autant de constantes arbitraires qu'il y a d'unités dans la différence $n - m$ des exposants des ordres des deux équations, en sorte que si $m = 0$, de manière que l'intégrale complète $V = 0$ soit finie, le nombre des constantes arbitraires doit égaler le nombre n de l'ordre de l'équation différentielle $Z = 0$. On sait de plus que l'équation différentielle $Z = 0$ ne peut être autre chose que le résultat de l'élimination de toutes ces constantes arbitraires au moyen de l'équation $V = 0$ et de ses différences $dV = 0$, $d^2V = 0$,... jusqu'à $d^{n-m}V = 0$ inclusivement: en effet, ces équations étant au nombre de $n - m + 1$, et les constantes arbitraires n'étant qu'au nombre de $n - m$, on aura par l'élimination de ces constantes une équation finale de l'ordre de $n - m$, laquelle devra être identique, ou du moins équivalente à l'équation $Z = 0$.

Or, comme l'élimination dont il s'agit est indépendante de la valeur particulière des constantes arbitraires, il est clair qu'on aura toujours le même résultat, soit que ces quantités arbitraires soient constantes ou non, pourvu que l'on ait les mêmes équations

$$V = 0, \quad dV = 0, \quad d^2V = 0,\ldots, \quad d^{n-m}V = 0.$$

(*) *OEuvres de Lagrange*, t. IV, p. 5.

A LA THÉORIE DES INTÉGRALES PARTICULIÈRES.

D'où il s'ensuit que l'équation $V=0$ satisfera toujours à l'équation $Z=0$ d'un ordre supérieur, même en supposant que les constantes arbitraires qui entrent dans la fonction V deviennent variables, pourvu que les différences de cette fonction dV, d^2V,..., jusqu'à $d^{n-m}V$ restent les mêmes que dans le cas où ces arbitraires seraient constantes. Or c'est ce qui aura lieu si l'on fait disparaître dans chacune de ces différences la partie qui viendrait de la variation des arbitraires supposées variables.

Désignons, en général, par la caractéristique δ la différence prise en faisant varier uniquement les constantes arbitraires de la fonction V, et conservons la caractéristique d pour représenter les différences ordinaires, relatives aux variables de la même fonction V. Il est clair que, dans l'hypothèse où les constantes arbitraires deviendront variables, la différence totale de l'équation $V=0$ sera

$$dV + \delta V = 0;$$

donc, pour que l'on ait

$$dV = 0,$$

il faudra que l'on ait en même temps

$$\delta V = 0.$$

Par la même raison la différence totale de l'équation $dV = 0$ sera

$$d^2V + \delta\, dV = 0;$$

donc, pour que l'on ait

$$d^2V = 0,$$

il faudra que l'on ait en même temps

$$\delta\, dV = 0.$$

On continuera ce raisonnement pour les différences des ordres suivants, et l'on trouvera de la même manière

$$\delta\, d^2V = 0, \quad \delta\, d^3V = 0, \ldots$$

jusqu'à

$$\delta\, d^{n-m-1}V = 0$$

inclusivement.

Or par la Théorie connue des variations on sait que δdV est la même chose que $d\delta V$, que δd^2V est la même chose que $d^2\delta V$; et ainsi des autres.

Donc les équations de condition pour que l'équation $V=0$ satisfasse à l'équation $Z=0$ d'un ordre supérieur de $n-m$ unités, en y supposant variables les $n-m$ constantes arbitraires, seront

$$\delta V = 0, \quad d\delta V = 0, \quad d^2\delta V = 0, \ldots, \quad d^{n-m-1}\delta V = 0,$$

dont le nombre est, comme on voit, égal à $n-m$, et par conséquent égal à celui de ces mêmes quantités.

Il n'y aura donc qu'à déterminer les valeurs de ces quantités au moyen des équations de condition dont il s'agit, et à les substituer ensuite dans l'équation $V=0$; ou, ce qui revient au même, il n'y aura qu'à éliminer les mêmes quantités, au moyen de cette équation $V=0$ et des équations de condition

$$\delta V = 0, \quad d\delta V = 0, \ldots, \quad d^{n-m-1}\delta V = 0;$$

l'équation résultante satisfera également à l'équation différentielle proposée $Z=0$, et, comme elle sera toujours d'un ordre moins élevé d'une unité que cette dernière équation, elle en sera l'intégrale particulière.

6. Pour éclaircir davantage cette Théorie, soient $x, y, z, \ldots$ les différentes variables qui avec leurs différences jusqu'à l'ordre m entrent dans l'intégrale complète $V=0$, et soient $p, q, r, \ldots$ les constantes arbitraires au nombre de $n-m$ que cette intégrale renferme. En différentiant la fonction V dans la supposition que les quantités $p, q, r, \ldots$ varient seules, on aura

$$\delta V = P\,dp + Q\,dq + R\,dr + \ldots;$$

ensuite, faisant varier seulement les quantités $x, y, z, \ldots$, on aura

$$d\delta V = dP\,dp + dQ\,dq + dR\,dr + \ldots,$$
$$d^2\delta V = d^2P\,dp + d^2Q\,dq + d^2R\,dr + \ldots,$$
$$\ldots\ldots\ldots\ldots\ldots\ldots\ldots\ldots\ldots\ldots\ldots\ldots$$

A LA THÉORIE DES INTÉGRALES PARTICULIÈRES.

Ainsi les $n-m$ équations de condition seront

$$P\,dp + Q\,dq + R\,dr + \ldots = 0,$$
$$dP\,dp + dQ\,dq + dR\,dr + \ldots = 0,$$
$$d^2P\,dp + d^2Q\,dq + d^2R\,dr + \ldots = 0,$$

jusqu'à
$$d^{n-m-1}P\,dp + d^{n-m-1}Q\,dq + d^{n-m-1}R\,dr + \ldots = 0;$$

où l'on remarquera que les quantités P, Q, R,..., et leurs différences jusqu'à l'ordre $n-m-1$, ne renferment que les quantités finies p, q, r,... et les variables x, y, z,... avec leurs différences jusqu'à l'ordre $m+n-m-1$, ou $n-1$. Or comme ces différentes équations ne renferment aucun terme qui ne soit multiplié par dp, ou dq, ou, etc., il est visible qu'en éliminant ces différences dp, dq, dr,..., dont le nombre est le même que celui des équations, on aura une équation finale qui sera divisible par la dernière de ces inconnues, et qui ne renfermera plus que les quantités finies p, q, r,... et les variables x, y, z,... avec leurs différences jusqu'à l'ordre $n-1$.

Que l'on combine donc cette équation avec l'équation $V = 0$ et avec ses différentielles $dV = 0$, $d^2V = 0$,... jusqu'à $d^{n-m-1}V = 0$, lesquelles ne renferment aussi que les mêmes quantités finies p, q, r,... et les variables x, y, z,... avec leurs différences jusqu'à l'ordre $n-1$; on aura de cette manière $n-m+1$ équations, au moyen desquelles on pourra éliminer les $n-m$ inconnues p, q, r,...; et l'on obtiendra une équation finale entre les variables x, y, z et leurs différences jusqu'à l'ordre $n-1$, laquelle sera par conséquent d'un ordre moins élevé d'une unité que l'équation $Z = 0$, qu'on suppose de l'ordre n. Ce sera donc l'intégrale particulière de l'équation proposée $Z = 0$.

7. Qu'on applique maintenant cette méthode au Problème du n° 4, et qu'on cherche l'intégrale particulière de l'équation proposée, au moyen de son intégrale complète $V = 0$, en y faisant varier les constantes arbitraires p, q, r,..., on verra aisément que cette intégrale particulière représentera précisément la courbe touchée, puisqu'il est évident que dans

cette courbe les éléments du contact $p, q, r,...$ doivent être en effet variables; et c'est la raison qui empêche que cette courbe, quoique contenue dans la même équation différentielle, ne puisse être renfermée dans l'intégrale complète de cette équation dans laquelle les quantités $p, q, r,...$ sont constantes.

Les Problèmes que nous avons résolus dans les Articles I et II peuvent servir d'exemples au Problème général que nous traitons ici, et pour peu qu'on examine la manière dont nous avons intégré les équations différentielles des courbes développantes et des roulettes en regardant comme variables les éléments du contact $p, \dot{q}, r,...$, on s'apercevra aisément que nous n'avons fait autre chose que chercher l'intégrale particulière de cette équation suivant les principes établis plus haut.

8. De ce que nous venons de démontrer il s'ensuit, en général, que l'intégrale particulière d'une équation différentielle quelconque entre deux variables n'est autre chose que l'équation de la courbe touchée par toutes les courbes qui peuvent être représentées par les différentes intégrales complètes de la même équation différentielle, en faisant varier dans ces intégrales les constantes arbitraires qu'elles renferment; de manière que le contact sera toujours du même ordre que celui de l'équation différentielle proposée.

9. Nous avons supposé jusqu'ici que les courbes touchantes étaient connues et qu'on cherchait les courbes touchées; mais, si ces dernières étaient données et qu'on cherchât les premières, le Problème serait l'inverse du précédent et serait même en quelque sorte indéterminé. Pour en donner une solution aussi générale qu'il est possible, soit $T = o$ l'équation de la courbe touchée que nous supposerons d'abord finie, en sorte que T soit une fonction des deux coordonnées x et y. On prendra pour les courbes touchantes une équation quelconque $V = o$, entre les mêmes coordonnées x et y, et dans laquelle il entre deux constantes arbitraires p et q, si le contact ne doit être que du premier ordre, ou trois constantes arbitraires p, q, r, si le contact doit être du second ordre; et ainsi de suite.

A LA THÉORIE DES INTÉGRALES PARTICULIÈRES.

Dans le premier cas on combinera les deux équations

$$T = 0, \quad V = 0,$$

avec leurs différentielles

$$dT = 0, \quad dV = 0,$$

et chassant x, y et $\frac{dy}{dx}$, il viendra une équation entre p et q, qui servira à déterminer l'une de ces constantes par l'autre.

Dans le second cas on combinera les mêmes équations

$$T = 0, \quad V = 0$$

avec leurs différentielles premières

$$dT = 0, \quad dV = 0,$$

et avec leurs différentielles secondes

$$d^2T = 0, \quad d^2V = 0,$$

en éliminant par leur moyen les quantités x, y, $\frac{dy}{dx}$, $\frac{d^2y}{dx^2}$; il en résultera deux équations entre les trois constantes p, q, r, au moyen desquelles on déterminera deux de ces constantes par la troisième; et ainsi de suite.

Il restera donc toujours une constante arbitraire dans l'équation $V = 0$ de la courbe touchante; et, en donnant à cette constante arbitraire toutes les valeurs possibles, on aura la suite de toutes les courbes qui toucheront la courbe donnée dont l'équation est $T = 0$.

Supposons maintenant que l'équation $T = 0$ de la courbe touchée soit différentielle du premier ordre; on ne pourra considérer alors que les contacts du second ordre et des ordres supérieurs. On prendra donc pour la courbe touchante une équation finie quelconque $V = 0$, dans laquelle il y ait trois constantes indéterminées p, q, r pour les contacts du second ordre, quatre constantes arbitraires pour les contacts du troisième ordre; et ainsi de suite.

Dans le premier cas on combinera les deux équations

$$T = 0, \quad dT = 0$$

avec ces trois
$$V=0,\quad dV=0,\quad d^2V=0,$$
en éliminant par leur moyen les quatre quantités x, y, $\dfrac{dy}{dx}$, $\dfrac{d^2y}{dx^2}$; il restera une équation entre p, q, r par laquelle on déterminera, par exemple, r en p et q.

Dans le second cas on combinera les trois équations
$$T=0,\quad dT=0,\quad d^2T=0,$$
avec ces quatre-ci
$$V=0,\quad dV=0,\quad d^2V=0,\quad d^3V=0,$$
en éliminant les cinq quantités x, y, $\dfrac{dy}{dx}$, $\dfrac{d^2y}{dx^2}$, $\dfrac{d^3y}{dx^3}$; il viendra deux équations entre les quatre constantes arbitraires, par lesquelles on déterminera deux de ces constantes en fonction des deux autres; et ainsi de suite.

De cette manière il restera toujours deux constantes arbitraires dans l'équation de la courbe touchante $V=0$, et, en donnant toutes les valeurs possibles à ces constantes, on aura toute la famille des courbes qui toucheront la courbe donnée par l'équation $T=0$.

On traitera d'une manière analogue les cas où l'équation de la courbe touchée sera différentielle du second ordre ou des ordres suivants.

10. On peut par les mêmes principes résoudre cette question analytique : *Trouver toutes les équations différentielles qui ont pour intégrale particulière une équation donnée.* Il est visible en effet, par ce que nous avons démontré plus haut, que cette question revient à celle-ci : *Trouver l'équation différentielle de toutes les courbes touchantes lorsque la courbe touchée est donnée.*

Or nous avons donné la manière de trouver l'équation finie qui renferme toutes les courbes touchantes, à l'aide d'une ou de plusieurs constantes arbitraires; il n'y aura donc autre chose à faire qu'à éliminer ces constantes au moyen de la différentiation, et l'équation différentielle qui en résultera satisfera à la question.

ARTICLE IV. — *Sur les surfaces composées de lignes d'une nature donnée* (*).

1. Soit proposé de trouver l'équation des surfaces composées de lignes droites; il n'y aura qu'à chercher celle des surfaces formées par l'intersection d'une infinité de plans dont la position varie suivant une loi quelconque.

Or l'équation générale d'un plan est

$$z = ax + by + c,$$

a, b, c étant des constantes dépendantes de la position du plan. Qu'on suppose donc b et c des fonctions quelconques de a et qu'on fasse ensuite varier a seul dans cette équation, on aura

$$x + y \frac{db}{da} + \frac{dc}{da} = 0,$$

et, éliminant a au moyen de ces deux équations, la résultante sera l'équation cherchée.

2. Cette équation sera donc la même que nous avons trouvée dans le n° 49 du Mémoire *Sur les intégrales particulières des équations différentielles* (**), pour l'intégrale de l'équation aux différences partielles

$$z = x \frac{dz}{dx} + y \frac{dz}{dy} + f\left(\frac{dz}{dx}, \frac{dz}{dy}\right);$$

ainsi cette dernière équation appartiendra aussi aux surfaces dont il s'agit, en supposant que f dénote une fonction quelconque. Or cette équation admet de plus une intégrale particulière qu'on peut trouver par la diffé-

---

(*) Il n'est question, dans cet Article, que de la génération des surfaces par des lignes d'une nature donnée, *assujetties à la condition d'être tangentes à une même courbe*. C'est en se plaçant ainsi exclusivement au point de vue des surfaces enveloppes, que Lagrange regarde comme nécessaire, dans le n° 3, la rencontre de deux génératrices infiniment voisines d'une surface réglée. (*Note de l'Éditeur.*)

(**) *OEuvres de Lagrange*, t. IV, p. 75.

rentiation, suivant la méthode générale du n° 46 du Mémoire cité ; mais cette intégrale particulière ne donnera point les surfaces demandées, et ne représentera que les surfaces formées par l'intersection de celles-ci, comme on peut le conclure de la Théorie que nous avons donnée de ces sortes d'intégrales.

3. On peut parvenir encore d'une manière plus directe à la solution du Problème proposé, par la simple considération des lignes dont la surface cherchée doit être composée. On sait qu'une ligne droite est représentée, en général, par deux équations de cette forme

$$z = a + bx, \quad y = c + ex,$$

a, b, c, e étant des constantes arbitraires qui dépendent de la position de la ligne par rapport aux axes des coordonnées x, y, z. Faisant donc varier infiniment peu ces constantes, on aura les équations d'une autre ligne droite infiniment proche de celle-là, et pour que ces deux droites soient sur une même surface, il est clair qu'elles doivent nécessairement se couper dans un point quelconque, à moins qu'elles ne soient parallèles, auquel cas le point d'intersection est censé éloigné à l'infini.

D'où il s'ensuit que, pour que les équations

$$z = a + bx, \quad y = c + ex$$

puissent appartenir aussi à la surface cherchée, il faudra que les quantités a, b, c, e soient telles que les différentielles de ces équations, en faisant varier seulement ces quantités, puissent avoir lieu en même temps que les équations dont il s'agit. Or ces différentielles sont

$$da + x\,db = 0, \quad dc + x\,de = 0;$$

d'où, en chassant x, on aura l'équation de condition

$$\frac{db}{da} = \frac{de}{dc}.$$

Par cette équation on déterminera, par exemple, e en a, en supposant b

et c des fonctions quelconques de a; ensuite il n'y aura plus qu'à chasser a des deux équations

$$z = a + bx, \quad y = c + ex,$$

et la résultante sera l'équation de la surface cherchée, laquelle contiendra deux fonctions arbitraires comme celle du n° 1.

4. Si l'on fait

$$\frac{da}{dc} = \alpha,$$

on aura aussi

$$\frac{db}{de} = \alpha;$$

si l'on suppose de plus

$$c = \frac{d\beta}{d\alpha}, \quad e = \frac{d\gamma}{d\alpha},$$

β et γ étant des fonctions quelconques de α, on aura

$$da = \alpha\, d\frac{d\beta}{d\alpha}, \quad db = \alpha\, d\frac{d\gamma}{d\alpha},$$

et, intégrant,

$$a = \alpha \frac{d\beta}{d\alpha} - \beta, \quad b = \alpha \frac{d\gamma}{d\alpha} - \gamma.$$

Ainsi l'on aura la surface cherchée en éliminant α des deux équations

$$z = \alpha \frac{d\beta}{d\alpha} - \beta + \left(\alpha \frac{d\gamma}{d\alpha} - \gamma\right)x, \quad y = \frac{d\beta}{d\alpha} + \frac{d\gamma}{d\alpha} x,$$

ou bien

$$z = -\beta - \gamma x + \alpha y, \quad x - \frac{d\alpha}{d\gamma} y + \frac{d\beta}{d\gamma} = 0.$$

Or ces dernières équations sont de la même forme que celles qu'on a trouvées dans le n° 1; ainsi les deux solutions sont d'accord.

Le résultat de la seconde solution est conforme à celui que M. Euler a trouvé par des considérations géométriques dans le tome XVI des *Nouveaux Commentaires de Pétersbourg*, page 32, ce qui peut servir à confirmer la bonté de notre méthode.

5. Il est bon de remarquer que les deux équations

$$da + x\,db = 0, \quad dc + x\,de = 0,$$

d'où l'on a déduit la condition $\dfrac{db}{da} = \dfrac{de}{dc}$, donnent de plus une valeur de

$$x = -\dfrac{da}{db};$$

cette valeur servira à déterminer le lieu de tous les points d'intersection des lignes droites sur la surface; et pour cela il n'y aura qu'à combiner l'équation

$$x = -\dfrac{da}{db}$$

avec une des deux équations

$$z = a + bx, \quad y = c + ex,$$

en éliminant a; la résultante sera celle de la projection de la courbe qui sera le lieu de tous les points dont il s'agit.

6. Il est facile maintenant de généraliser cette Théorie, et de l'appliquer à la recherche des surfaces composées de lignes quelconques d'une nature donnée.

Soient

$$P = 0, \quad Q = 0$$

les deux équations qui expriment la nature des lignes dont la surface cherchée doit être composée, P et Q étant des fonctions données des coordonnées x, y, z et des constantes a, b, c,... qui déterminent la position et l'espèce des lignes dont il s'agit. On fera varier ces constantes dans les deux équations

$$P = 0, \quad Q = 0,$$

ce qui donnera ces deux-ci

$$\dfrac{dP}{da}\,da + \dfrac{dP}{db}\,db + \dfrac{dP}{dc}\,dc + \ldots = 0,$$

$$\dfrac{dQ}{da}\,da + \dfrac{dQ}{db}\,db + \dfrac{dQ}{dc}\,dc + \ldots = 0.$$

On éliminera au moyen de ces quatre équations les trois coordonnées x,

y, z; il restera une équation différentielle du premier ordre entre a, b, $c,\ldots,$ laquelle sera l'équation de condition qui doit avoir lieu entre ces quantités. S'il n'y a que deux quantités a et b, cette équation servira à déterminer a en b. S'il y a trois quantités a, b, c, on supposera

$$c = \varphi(b),$$

et l'on déterminera de même a en b. S'il y a quatre quantités a, b, c, e, on fera

$$c = \varphi(b), \quad e = \psi(b),$$

et l'on déterminera a en b; et ainsi de suite. On substituera maintenant ces expressions de a, c, $e,\ldots$ en b dans les deux équations $P = 0$, $Q = 0$, et, éliminant l'indéterminée b, on aura une équation en x, y, z qui sera celle de la surface cherchée, et dans laquelle les fonctions désignées par les caractéristiques φ, $\psi,\ldots$ demeureront arbitraires.

Si l'on fait les mêmes substitutions dans les deux équations

$$\frac{dP}{da} da + \frac{dP}{db} db + \ldots = 0, \quad \frac{dQ}{da} da + \frac{dQ}{db} db + \ldots = 0,$$

et qu'on élimine ensuite b, on aura une autre équation en x, y, z, laquelle étant combinée avec la précédente servira à déterminer le lieu de tous les points d'intersection des lignes représentées par les équations données $P = 0$, $Q = 0$.

7. Au reste parmi les différentes constantes qui peuvent entrer dans les équations $P = 0$, $Q = 0$, il est clair qu'il ne faudra prendre pour variables que celles qui par leur variation doivent donner les différentes lignes dont on veut que la surface soit composée.

Ainsi, par exemple, si la surface ne devait être composée que des mêmes lignes mais situées différemment, il ne faudrait prendre pour variables que les constantes qui déterminent la position de la ligne, et n'avoir aucun égard à celles qui déterminent la forme et l'espèce de cette ligne; et ainsi du reste.

On pourrait pousser cette Théorie plus loin, mais je me contente d'en avoir ici exposé les principes.

ARTICLE V. — *Sur l'intégration des équations aux différences partielles du premier ordre.*

1. Je me propose ici de généraliser la méthode que j'ai donnée dans le n° 52 du Mémoire *Sur les intégrales particulières des équations différentielles* [*Mémoires de* 1774, page 253 (*)] pour intégrer les équations aux différences partielles du premier ordre dans lesquelles ces différences ne paraissent que sous la forme linéaire.

Soit l'équation
$$\frac{dz}{dx} + P\frac{dz}{dy} + Q\frac{dz'}{dt} + \ldots = Z,$$
dans laquelle P, Q, ..., Z soient des fonctions quelconques données des variables $x, y, t, \ldots, z$, et où z soit une fonction inconnue de $x, y, t, \ldots$.

Pour intégrer cette équation, c'est-à-dire pour trouver une équation finie entre $x, y, z, t, \ldots$, je forme ces équations particulières
$$dy - P\,dx = 0,$$
$$dt - Q\,dx = 0,$$
$$\ldots\ldots\ldots\ldots,$$
$$dz - Z\,dx = 0,$$
dont le nombre sera, comme on voit, égal à celui de toutes les variables moins une.

Ces équations sont des équations ordinaires du premier ordre entre les variables $x, y, t, \ldots, z$, et peuvent par conséquent s'intégrer par les méthodes connues. Qu'on les intègre donc, en ajoutant dans chaque intégration une constante arbitraire; on aura, en nommant $\alpha, \beta, \gamma, \ldots$ ces constantes, autant d'équations finies entre $x, y, t, \ldots, z$ et $\alpha, \beta, \gamma, \ldots$ qu'il y aura de ces constantes arbitraires $\alpha, \beta, \gamma, \ldots$; en sorte qu'on pourra déterminer la valeur de chacune de ces constantes en fonction connue de x,

---

(*) *OEuvres de Lagrange*, t. IV, p. 82.

$y, t, \ldots, z$. Ces valeurs étant ainsi trouvées, il n'y aura qu'à les substituer dans l'équation
$$\alpha = \varphi(\beta, \gamma, \ldots),$$
la caractéristique φ dénotant une fonction arbitraire et indéterminée, et l'on aura l'intégrale cherchée de l'équation proposée; laquelle intégrale sera complète, puisqu'elle contient une fonction arbitraire.

2. Par cette méthode on peut donc intégrer, en général, toute équation aux différences partielles du premier ordre dans laquelle ces différences ne paraissent que sous la forme linéaire, quel que soit d'ailleurs le nombre des variables; du moins l'intégration de ces sortes d'équations est ramenée à celle de quelques équations aux différences ordinaires; mais on sait que l'art du Calcul intégral aux différences partielles ne consiste qu'à ramener ce Calcul à celui des différences ordinaires, et qu'on regarde une équation aux différences partielles comme intégrée lorsque son intégrale ne dépend plus que de celle d'une ou de plusieurs équations différentielles ordinaires.

Quant à la démonstration de la méthode précédente, on peut la déduire des mêmes principes du numéro cité, et nous ne nous y arrêterons pas; mais, pour ne laisser aucun doute sur la bonté de cette méthode, nous allons faire voir synthétiquement la justesse du résultat qu'elle donne.

3. Ne considérons, pour plus de simplicité, que l'équation entre trois variables
$$\frac{dz}{dx} + P\frac{dz}{dy} = Z;$$
on aura à intégrer ces deux équations entre x, y, z
$$dy - P\,dx = 0, \quad dz - Z\,dx = 0,$$
dont les intégrales contiendront deux constantes arbitraires α, β; regardant donc α et β comme des fonctions de x, y, z données par ces deux

équations, on aura, pour l'intégrale de l'équation proposée, celle-ci

$$\alpha = \varphi(\beta),$$

φ dénotant une fonction arbitraire.

Pour s'assurer maintenant si cette équation $\alpha = \varphi(\beta)$ est en effet l'intégrale de la proposée, il n'y a qu'à faire disparaître la fonction arbitraire au moyen de deux différentiations partielles. On aura ainsi, en faisant varier successivement x et y,

$$\frac{d\alpha}{dx} = \varphi'(\beta) \frac{d\beta}{dx}, \quad \frac{d\alpha}{dy} = \varphi'(\beta) \frac{d\beta}{dy},$$

d'où, en éliminant $\varphi'(\beta)$, on tire

$$\frac{d\alpha}{dx} \frac{d\beta}{dy} - \frac{d\alpha}{dy} \frac{d\beta}{dx} = 0.$$

Or, α et β étant des fonctions de x, y, z, on aura en différentiant

$$d\alpha = A\,dx + B\,dy + C\,dz, \quad d\beta = E\,dx + F\,dy + G\,dz,$$

d'où, en regardant z comme fonction de x et y, on tire

$$\frac{d\alpha}{dx} = A + C\frac{dz}{dx}, \quad \frac{d\alpha}{dy} = B + C\frac{dz}{dy},$$

$$\frac{d\beta}{dx} = E + G\frac{dz}{dx}, \quad \frac{d\beta}{dy} = F + G\frac{dz}{dy}.$$

Substituant ces valeurs dans l'équation précédente, on aura

$$\left(A + C\frac{dz}{dx}\right)\left(F + G\frac{dz}{dy}\right) - \left(B + C\frac{dz}{dy}\right)\left(E + G\frac{dz}{dx}\right) = 0,$$

laquelle se réduit à

$$(AF - BE) + (CF - BG)\frac{dz}{dx} + (AG - CE)\frac{dz}{dy} = 0.$$

Je considère maintenant que, puisque α et β sont les constantes arbitraires des intégrales des deux équations

$$dy - P\,dx = 0, \quad dz - Z\,dx = 0,$$

il faut que ces équations soient identiques avec celles qui résultent de la supposition de
$$d\alpha = 0, \quad d\beta = 0,$$
c'est-à-dire avec celles-ci
$$A\,dx + B\,dy + C\,dz = 0, \quad E\,dx + F\,dy + G\,dz = 0;$$
donc il faudra qu'en substituant dans ces dernières les valeurs de dy et de dz tirées des premières, savoir $P\,dx$ et $Z\,dx$, on ait des équations identiques, lesquelles seront, en divisant par dx,
$$A + BP + CZ = 0, \quad E + FP + GZ = 0;$$
ces équations donnent
$$A = -BP - CZ, \quad E = -FP - GZ,$$
donc
$$AF - BE = -(CF - BG)Z, \quad AG - CE = -(BG - CF)P;$$
ces valeurs étant substituées dans l'équation ci-dessus, elle devient, en divisant par $CF - BG$ qui en multiplie tous les termes,
$$-Z + \frac{dz}{dx} + P\frac{dz}{dy} = 0,$$
qui est l'équation proposée.

4. Pour donner un exemple de la méthode précédente, soit proposée l'équation entre quatre variables
$$(y + t + z)\frac{dz}{dx} + (x + t + z)\frac{dz}{dy} + (x + y + z)\frac{dz}{dt} = x + y + t;$$
on aura donc à intégrer ces trois équations particulières
$$dy - \frac{x + t + z}{y + t + z}\,dx = 0,$$
$$dt - \frac{x + y + z}{y + t + z}\,dx = 0,$$
$$dz - \frac{x + y + t}{y + t + z}\,dx = 0;$$

et, pour cet effet, j'en tire d'abord celles-ci

$$dy - dx = \frac{x-y}{y+t+z}\,dx,$$

$$dt - dx = \frac{x-t}{y+t+z}\,dx,$$

$$dz - dx = \frac{x-z}{y+t+z}\,dx,$$

$$dx + dy + dt + dz = \frac{3(x+y+t+z)\,dx}{y+t+z};$$

d'où, éliminant $\dfrac{dx}{y+t+z}$, j'ai trois équations intégrables, et dont les intégrales seront

$$(y-x)^3(x+y+t+z) = \alpha,$$
$$(t-x)^3(x+y+t+z) = \beta,$$
$$(z-x)^3(x+y+t+z) = \gamma;$$

de là on aura pour l'intégrale de la proposée

$$\alpha = \varphi(\beta, \gamma).$$

5. Pour montrer maintenant l'usage de cette méthode dans la solution d'un Problème géométrique, je suppose qu'on demande l'équation générale de toutes les surfaces qui peuvent couper à angles droits une infinité de surfaces données, lesquelles ne diffèrent entre elles que par un paramètre constant dans la même surface, mais variable d'une surface à l'autre. Ce Problème est par rapport aux surfaces ce que le Problème connu des trajectoires rectangles est pour les lignes; mais il est beaucoup plus difficile que ce dernier, à cause qu'il conduit à une équation aux différences partielles.

En effet soient x, y, z les coordonnées rectangles de chacune des surfaces à couper; on aura, par la nature de ces surfaces, une équation finie entre x, y, z et le paramètre a, laquelle étant différentiée, en faisant a constant et éliminant a, sera de la forme

$$dz = p\,dx + q\,dy.$$

A LA THÉORIE DES INTÉGRALES PARTICULIÈRES.

(p et q étant des fonctions finies et données de x, y, z), et appartiendra en cet état à toutes les surfaces à couper.

Maintenant, comme dans les points d'intersection des surfaces les coordonnées doivent être les mêmes, on aura aussi dans ces points x, y, z pour les coordonnées des surfaces coupantes; et si l'on représente, en général, par
$$dz = r\,dx + s\,dy$$
l'équation différentielle de chacune de ces surfaces, il n'est pas difficile de trouver par les méthodes connues que la condition du Problème, laquelle consiste en ce que les perpendiculaires aux deux surfaces représentées par les équations
$$dz = p\,dx + q\,dy, \quad dz = r\,dx + s\,dy$$
fassent entre elles un angle droit, il n'est pas difficile, dis-je, de trouver que cette condition donnera l'équation
$$1 + pr + qs = 0;$$
mais
$$r = \frac{dz}{dx}, \quad s = \frac{dz}{dy},$$
par conséquent l'équation à résoudre ou à intégrer sera
$$1 + p\frac{dz}{dx} + q\frac{dz}{dy} = 0,$$
p et q étant des fonctions données de x, y, z.

Cette équation est, comme on voit, intégrable par notre méthode, et la difficulté se réduira à intégrer ces deux équations particulières en x, y, z, savoir
$$dy - \frac{q}{p}dx = 0, \quad dz + \frac{dx}{p} = 0,$$
ou bien
$$dx + p\,dz = 0, \quad dy + q\,dz = 0.$$

Ces équations étant intégrées, et α, β étant les deux constantes arbitraires, on fera
$$\alpha = \varphi\,\beta,$$

630 SUR DIFFÉRENTES QUESTIONS D'ANALYSE RELATIVES

et il n'y aura plus qu'à éliminer α et β au moyen des intégrales trouvées; l'équation résultante sera celle de toutes les surfaces coupantes.

6. Supposons, par exemple, que les surfaces à couper soient sphériques, et qu'elles soient placées de manière qu'elles passent toutes par un même point, et que leurs centres soient placés sur une même ligne droite. Prenant ce point et cette ligne, l'un pour l'origine des coordonnées et l'autre pour l'axe des abscisses x, et le rayon de la sphère pour le paramètre a, on aura cette équation générale pour toutes les surfaces dont il s'agit

$$2ax = x^2 + y^2 + z^2;$$

laquelle, étant divisée par x et ensuite différentiée pour faire disparaître le paramètre a, donnera

$$(x^2 - y^2 - z^2)dx + 2xy\,dy + 2xz\,dz = 0;$$

en sorte qu'on aura

$$p = \frac{y^2 + z^2 - x^2}{2xz}, \quad q = -\frac{y}{z}.$$

Les équations particulières à intégrer seront donc

$$dx + \frac{y^2 + z^2 - x^2}{2xz}dz = 0, \quad dy - \frac{y}{z}dz = 0;$$

la seconde donne d'abord

$$y = \alpha z,$$

et, cette valeur étant substituée dans la première, on aura

$$2x\,dx + \frac{(\alpha^2 + 1)z^2 - x^2}{z}dz = 0,$$

équation intégrable, étant divisée par z, et dont l'intégrale sera

$$\frac{x^2}{z} + (\alpha^2 + 1)z = \beta.$$

Ayant donc trouvé

$$\alpha = \frac{y}{z}, \quad \beta = \frac{x^2}{z} + (\alpha^2 + 1)z = \frac{x^2 + y^2 + z^2}{z},$$

on aura, pour l'équation des surfaces coupantes,

$$\frac{y}{z} = \varphi\left(\frac{x^2+y^2+z^2}{z}\right),$$

ou, ce qui revient au même,

$$x^2 + y^2 + z^2 = z\,\varphi\left(\frac{y}{z}\right),$$

φ dénotant une fonction arbitraire.

7. Si l'on veut que les surfaces coupantes ne soient pas d'un ordre supérieur au second, il faudra supposer

$$\varphi\left(\frac{y}{z}\right) = 2b + 2c\frac{y}{z},$$

et l'on aura alors l'équation

$$x^2 + y^2 + z^2 = 2bz + 2cy,$$

laquelle appartient aussi à une surface sphérique passant par l'origine des coordonnées, mais dont le rayon sera $\sqrt{b^2 + c^2}$, et dont le centre sera placé sur une droite menée par l'origine des coordonnées dans le plan des y et z, et faisant avec l'axe des y un angle dont la tangente sera $\frac{b}{c}$.

Donc, puisque les constantes b et c sont arbitraires, toute surface sphérique, qui passera par l'origine des coordonnées et dont le centre sera placé dans le plan des y et z, coupera partout à angles droits toutes les sphères qui passeront par la même origine des coordonnées, et qui auront leurs centres placés dans l'axe des x perpendiculaire au plan dont il s'agit.

De là résulte ce Théorème général, que : *si par un point donné on mène deux droites perpendiculaires entre elles, et qu'on décrive deux sphères quelconques dont les surfaces passent par ce même point et dont les centres soient placés sur les deux lignes, ces surfaces se couperont partout à angles droits*; et, comme on peut mener par un même point trois droites perpendiculaires entre elles, il s'ensuit que si trois sphères quelconques ont leurs centres placés sur ces trois droites et que leurs surfaces passent par le point de concours de ces droites, ces surfaces se couperont partout mutuellement à angles droits.

Au reste ce Théorème n'est pas difficile à démontrer par la Géométrie, et l'on peut prouver de plus que, si les droites sur lesquelles sont placés les centres des sphères forment entre elles des angles quelconques, les surfaces de ces sphères se couperont partout sous les mêmes angles; ce qui suit évidemment de ce que deux sphères se coupent nécessairement dans tous les points de leurs surfaces sous le même angle.

8. On peut aussi généraliser et simplifier les méthodes des n°s 53 et 54 du même Mémoire.

Soit
$$\frac{dz}{dx} = p, \quad z - px = u;$$

on aura, en différentiant et en supposant toujours z fonction de $x, y, t, \ldots$,

$$du = -x\, dp + \frac{dz}{dy} dy + \frac{dz}{dt} dt + \ldots.$$

Mais, p étant aussi fonction de $x, y, t, \ldots$, il est clair qu'on peut regarder x et z, et par conséquent aussi u, comme fonctions de $p, y, t, \ldots$; et dans cette hypothèse on aura

$$\frac{du}{dp} = -x, \quad \frac{du}{dy} = \frac{dz}{dy}, \quad \frac{du}{dt} = \frac{dz}{dt}, \ldots.$$

Donc, si l'on a une équation de la forme

$$-x + P\frac{dz}{dy} + Q\frac{dz}{dt} + \ldots = Z,$$

dans laquelle P, Q, …, Z soient des fonctions quelconques données de $\frac{dz}{dx}$, $y, t, \ldots, z - x\frac{dz}{dx}$, on pourra par les substitutions précédentes lui

A LA THÉORIE DES INTÉGRALES PARTICULIÈRES.

donner cette autre forme

$$\frac{du}{dp} + P\frac{du}{dy} + Q\frac{du}{dt} + \ldots = Z,$$

dans laquelle P, Q,..., Z seront des fonctions données de $p, y, t, \ldots, u$.

Or cette dernière équation est intégrable par la méthode précédente, et l'on peut en conséquence trouver la valeur de u en fonction de $p, y, t, \ldots$; d'où, en différentiant par rapport à p, on tirera aussi celle de $\frac{du}{dp}$ en $p, y, t, \ldots$. On aura donc ainsi les valeurs de $z - px$ et de x en $p, y, t, \ldots$; d'où, éliminant p, on aura une équation en $z, x, y, t, \ldots$ qui sera l'intégrale de l'équation proposée.

9. Soit

$$\frac{dz}{dx} = p, \quad \frac{dz}{dy} = q, \quad z - px - qy = u;$$

on aura en différentiant

$$du = -x\,dp - y\,dq + \frac{dz}{dt}\,dt + \ldots;$$

donc, regardant x, y, z et u comme fonctions de $p, q, t, \ldots$, on aura

$$\frac{du}{dp} = -x, \quad \frac{du}{dq} = -y, \quad \frac{du}{dt} = \frac{dz}{dt}, \ldots.$$

Donc, si l'on a une équation de la forme

$$-x - Py + Q\frac{dz}{dt} + \ldots = Z,$$

dans laquelle P, Q, ..., Z soient des fonctions quelconques données de $\frac{dz}{dx}, \frac{dz}{dy}, t, \ldots, z - x\frac{dz}{dx} - y\frac{dz}{dy}$, on pourra par les substitutions précédentes la changer en une équation de la forme suivante

$$\frac{du}{dp} + P\frac{du}{dq} + Q\frac{du}{dt} + \ldots = Z,$$

dans laquelle P, Q, ..., Z seront des fonctions données de $p, q, t, \ldots, u$.

Cette équation étant intégrable par la méthode donnée ci-dessus, on aura la valeur de u en $p, q, t, \ldots$; et, différentiant successivement par rapport à p et q, on aura aussi les valeurs de $\dfrac{du}{dp}$ et de $\dfrac{du}{dq}$ en $p, q, t, \ldots$.

On aura ainsi les valeurs de $z - px - qy$, de x et de y en $p, q, t, \ldots$; d'où, chassant p et q, on aura une équation en $z, x, y, t, \ldots$ qui sera l'intégrale de la proposée.

On pourra intégrer de même les équations de la forme

$$-x - Py - Qt + \ldots = Z,$$

dans lesquelles P, Q, …, Z seraient des fonctions connues de $\dfrac{dz}{dx}$, $\dfrac{dz}{dy}$, $\dfrac{dz}{dt}, \cdots, z - x\dfrac{dz}{dx} - y\dfrac{dz}{dy} - t\dfrac{dz}{dt}$; et ainsi de suite.

SUR LA

CONSTRUCTION DES CARTES GÉOGRAPHIQUES.

SUR LA

CONSTRUCTION DES CARTES GÉOGRAPHIQUES.

(*Nouveaux Mémoires de l'Académie royale des Sciences et Belles-Lettres de Berlin*, année 1779.)

PREMIER MÉMOIRE.

Une Carte géographique n'est autre chose qu'une figure plane qui représente la surface de la Terre, ou une de ses parties. Cette représentation n'aurait aucune difficulté si la Terre était plate, ou si elle était un solide quelconque terminé par des surfaces planes; il en serait de même si la Terre avait une figure courbe telle qu'elle pût se développer sur un plan, ce qui a lieu à l'égard des cônes et d'une infinité d'autres surfaces courbes. Mais la Terre étant sphérique, ou plutôt sphéroïdique, il est impossible de représenter sur un plan une partie quelconque de sa surface sans altérer les positions et les distances respectives des différents lieux; et la plus grande perfection d'une Carte géographique doit consister dans la moindre altération de ces distances.

Dans l'impossibilité de construire des Cartes géographiques qui soient la représentation exacte des différents lieux de la Terre, les Géographes ont pensé à former des espèces de tableaux, où les mêmes lieux soient placés suivant les règles de la Perspective; c'est ce qui a donné naissance aux différentes espèces de projections géographiques, lesquelles ne diffèrent que dans la position de l'œil et dans celle du plan de projection par rapport à la surface du globe terrestre.

Comme la situation des différents lieux de la Terre se détermine par les cercles de longitude et de latitude qui passent par ces lieux, toute la difficulté consiste dans la projection de ces cercles, et il est facile de concevoir que la projection d'un cercle quelconque du globe ne peut être qu'une section conique, formée par l'intersection du plan de projection avec le cône qui aura ce même cercle pour base, et dont le sommet sera dans le lieu de l'œil.

Si l'œil est dans le centre du globe, la projection se nomme *centrale* et elle a la propriété que tous les grands cercles se trouvent représentés par des lignes droites; mais les petits cercles le sont par des cercles ou par des ellipses, suivant que leur plan est parallèle ou non au plan de projection. On se sert quelquefois de cette projection pour les Mappemondes, et l'on y suppose ordinairement que le plan de projection est parallèle à l'équateur, moyennant quoi tous les cercles de latitude deviennent aussi des cercles dans la Mappemonde; mais elle n'est guère usitée pour les Cartes particulières qui ne représentent qu'une partie de la surface de la Terre; elle l'est davantage pour les Cartes célestes, et c'est, en général, à cette projection que se réduit toute la Gnomonique, les lignes horaires d'un cadran quelconque n'étant autre chose que les projections centrales des cercles horaires de la sphère.

Au reste des Cartes géographiques construites d'après cette projection auraient le grand avantage que tous les lieux de la Terre, qui sont situés dans un même grand cercle du globe, se trouveraient placés en ligne droite dans la Carte; en sorte que, pour avoir le plus court chemin d'un lieu de la Terre à l'autre, il n'y aurait qu'à joindre ces deux lieux dans la Carte par une ligne droite.

En plaçant l'œil à la surface du globe, et en prenant le plan de projection perpendiculaire au rayon visuel mené de l'œil au centre, on a la projection connue sous le nom de *projection stéréographique*, imaginée d'abord par Ptolémée pour la construction des astrolabes ou planisphères célestes, et adoptée ensuite par la plupart des Géographes modernes pour la construction des Cartes terrestres. La principale propriété de cette projection consiste en ce que tous les cercles du globe y sont pareillement représentés par des cercles; en sorte qu'il suffit de déterminer la projection de trois points quelconques d'un méridien ou d'un parallèle, pour pouvoir tracer la projection entière du cercle. On trouve dans différents Traités de Géographie des règles pour tracer les méridiens et les parallèles, quelle que soit la position de l'œil sur la surface du globe. On peut aussi voir sur ce sujet un Mémoire de M. Kæstner dans le Recueil de ses *Dissertations physiques et mathématiques*.

Cette belle propriété de la projection stéréographique a été découverte par Ptolémée, et exposée dans son Traité intitulé *Sphæræ a planetis projectio in planum*, Ouvrage qui ne nous est parvenu qu'en arabe et dont Commandin a donné en 1558 une édition latine avec des Commentaires. Elle dépend, en général, de ce que la section du cône visuel est toujours antiparallèle à la base, en sorte que, celle-ci étant un cercle, la section ou projection de ce cercle doit en être un aussi.

Mais la même projection stéréographique a encore une autre propriété très-remarquable, qui ne paraît pas avoir été aperçue par Ptolémée; c'est que les cercles de la projection se coupent sous les mêmes angles que les cercles du globe, en sorte que tous les angles formés sur la surface du globe se trouvent les mêmes dans la projection; d'où il s'ensuit qu'une portion quelconque infiniment petite de cette surface conserve la même figure dans la projection et n'est altérée que dans la grandeur. Nous verrons dans la suite de ce Mémoire que cette propriété n'est pas particulière à la projection stéréographique, mais a lieu aussi dans les Cartes marines réduites, et dans une infinité d'autres espèces de Cartes qu'on pourrait construire.

Enfin, si l'on suppose l'œil à une distance infinie du globe, en sorte que tous les rayons visuels soient des droites parallèles entre elles, et qu'on prenne le plan de projection perpendiculaire à ces rayons, on a la *projection orthographique*, dans laquelle les cercles du globe sont des lignes droites, ou des cercles, ou des ellipses, suivant que leur plan est parallèle, ou perpendiculaire, ou oblique aux rayons visuels. Cette espèce de projection n'est guère employée dans la Géographie, mais elle l'est beaucoup dans l'Astronomie pour le calcul des éclipses, et dans la Gnomonique pour la construction des cadrans analemmatiques.

Telles sont les espèces principales de projections, et il est clair qu'on peut en imaginer une infinité d'autres en donnant différentes positions à l'œil et au plan de projection. Mais toutes ces projections ont le défaut d'altérer plus ou moins la grandeur et la figure des divers pays qu'on y représente; et M. de la Hire a trouvé que cette altération serait la moindre à quelques égards, si l'on plaçait l'œil hors du globe à une distance de sa surface égale au sinus de la huitième partie de la circonférence d'un grand cercle (*voyez* les *Mémoires de l'Académie des Sciences de Paris* pour 1701); mais cet avantage n'a peut-être pas paru assez grand aux Géographes pour leur faire adopter une projection qui a en même temps l'inconvénient de représenter la plupart des cercles du globe par des ellipses.

L'idée de tracer les Cartes géographiques comme des projections de la surface du globe sur un plan est très-simple et très-naturelle; mais rien n'oblige à la suivre sans exception. Aussi plusieurs savants Géographes s'en sont écartés, et ont employé différentes manières de représenter les cercles des longitudes et des latitudes terrestres, soit par des lignes droites ou par des cercles, ou même par des lignes mécaniques. On peut en effet regarder les Cartes géographiques sous un point de vue plus général et comme des représentations quelconques de la surface du globe; alors il n'y a qu'à tracer les méridiens et les parallèles suivant une loi quelconque donnée, et placer les divers lieux par rapport à ces lignes comme ils le sont sur la surface de la Terre par rapport aux cercles de longitude et de latitude. De cette manière la construction d'une Carte géographique devient un Problème entièrement indéterminé; mais on peut le déterminer en l'assujettissant à certaines conditions données, indépendantes de la considération des projections. On en a un exemple dans les Cartes marines réduites ou par latitudes croissantes, dans l'invention desquelles on n'a eu d'autre but que de faire en sorte que les différents rumbs de vent y soient représentés par des lignes droites qui fassent entre elles les mêmes angles que ces rumbs font dans la rose du compas; cette condition exige premièrement que tous les méridiens soient des lignes droites parallèles, et que tous les parallèles à l'équateur soient pareillement des lignes droites qui coupent les méridiens à angles droits; et ensuite que les degrés de latitude et de longitude dans la Carte conservent entre eux les mêmes proportions que ces degrés ont sur la surface du globe; de sorte que, comme les degrés de longitude sont supposés constants dans la Carte et que sur le globe ce sont les degrés de latitude qui sont constants, il faut que dans la Carte les degrés de latitude croissent dans la même raison que ceux de longitude décroissent sur le globe, c'est-à-dire en raison inverse du cosinus de la latitude, ou, ce qui revient au même, en raison directe des sécantes de la latitude; d'où l'on conclut ensuite par le Calcul intégral que la distance entre l'équateur et un parallèle quelconque doit être proportionnelle au logarithme de la tangente du demi-complément de la latitude de ce parallèle; ce qui est le fondement connu de la construction des Cartes réduites.

Feu M. Lambert est le premier qui ait envisagé la Théorie des Cartes géographiques sous le point de vue général que je viens d'exposer, et qui ait en conséquence eu l'idée de déterminer les lignes des méridiens et des parallèles par la seule condition que tous les angles faits dans le plan de la Carte soient égaux aux angles correspondants sur la surface du globe. Ce Problème, dont on trouve une solution générale dans le troisième Volume des *Beyträge zum Gebrauche der Mathematik*, etc., a depuis été résolu aussi par M. Euler dans le Volume qui vient de paraître des *Actes de l'Académie de Pétersbourg* pour l'année 1777; mais ces deux illustres Auteurs se sont contentés ensuite de faire voir que les Théories connues de la projection stéréographique et des Cartes réduites sont renfermées dans cette solution, et personne n'a encore entrepris de donner à ces Théories toute l'extension dont elles sont susceptibles, en déterminant tous les cas où la solution dont il s'agit peut donner des cercles pour les méridiens et les parallèles.

Cette recherche, également intéressante par les artifices analytiques qu'elle demande et par l'utilité dont elle peut être pour la perfection des Cartes géographiques, me paraît digne de l'attention des Géomètres et propre à fournir la matière d'un Mémoire. Je résoudrai d'abord le même Problème par une méthode différente de celle de MM. Lambert et Euler, et, si je ne me trompe, plus simple et plus générale à quelques égards ; j'appliquerai ensuite la solution générale au cas particulier dans lequel on suppose que les méridiens et les parallèles soient des cercles, qui sont les seules courbes qu'on puisse employer facilement dans la construction des Cartes géographiques ; et je résoudrai d'ailleurs quelques autres questions relatives à cet objet et d'où résultent plusieurs conséquences utiles.

1. Je suppose d'abord, pour plus de généralité, que la Terre est un sphéroïde quelconque engendré par la révolution d'une courbe donnée autour d'un axe fixe ; cette courbe sera celle de tous les méridiens de la Terre, et son axe sera en même temps l'axe de la Terre. Je rapporte la même courbe à son axe au moyen de deux coordonnées rectangles p et q, dont l'une p soit l'abscisse prise dans l'axe depuis le pôle de la Terre, et dont l'autre q soit l'ordonnée perpendiculaire à l'axe. Je nomme ensuite s l'arc correspondant, c'est-à-dire l'arc d'un méridien compté depuis le pôle, et t l'angle que le plan de ce méridien fait avec le premier méridien dont la position est arbitraire. Il est visible que la position d'un lieu quelconque sur la surface de la Terre sera déterminée par l'arc s du méridien, qui passe par ce lieu, et par l'angle t de ce méridien avec le premier méridien ; on voit en même temps que dans le cas de la Terre sphérique l'arc s sera (en prenant le rayon de la Terre pour unité) la distance au pôle, ou le complément de la latitude du lieu, et l'angle t la longitude de ce même lieu ; et l'on aura dans ce cas

$$p = \cos s, \quad q = \sin s.$$

En général, quelle que soit la figure de la Terre, pourvu qu'elle soit sphéroïdique, l'angle t sera toujours égal à la longitude, et l'arc s du méridien sera une fonction donnée de la latitude.

Cela posé, imaginons que le même lieu soit placé sur la Carte géographique de manière que sa position soit déterminée par deux coordonnées rectangles x et y, x étant l'abscisse prise sur un axe quelconque, et y l'ordonnée perpendiculaire à cet axe ; il est clair que ces deux quantités

DES CARTES GÉOGRAPHIQUES.

x, y doivent dépendre des quantités s, t, c'est-à-dire être des fonctions de ces deux dernières quantités; et il est visible que, si dans ces fonctions on fait la variable t constante, on aura les coordonnées de la courbe qui représente le méridien dont la longitude est t; au contraire, si l'on y fait s constante, on aura les coordonnées de la courbe qui représente le parallèle auquel répond l'arc du méridien s.

2. Considérons maintenant deux lieux infiniment proches, qui sur la surface de la Terre soient déterminés par les variables s, t et $s + ds$, $t + dt$, et qui le soient sur la Carte par les variables correspondantes x, y et $x + dx$, $y + dy$; et cherchons les distances de ces deux lieux sur la surface de la Terre et sur la Carte. Il est évident que la première de ces distances sera exprimée par $\sqrt{ds^2 + q^2 dt^2}$, puisque ds est la différence des deux arcs de méridien qui passent par les deux lieux, et que $q dt$ est l'arc du parallèle compris entre ces deux méridiens; et que la seconde le sera par la formule ordinaire $\sqrt{dx^2 + dy^2}$, puisque x et y sont des coordonnées rectilignes et rectangles.

Or la plus grande perfection d'une Carte géographique serait que ces distances fussent égales, car alors toutes les autres distances petites et grandes seraient aussi les mêmes sur la surface de la Terre que sur la Carte; mais, pour donner à nos recherches toute la généralité possible, nous supposerons que ces distances soient entre elles dans une proportion quelconque exprimée par $1 : m$, en sorte que l'on ait

$$\sqrt{ds^2 + q^2 dt^2} : \sqrt{dx^2 + dy^2} = 1 : m,$$

d'où l'on tire l'équation fondamentale

$$dx^2 + dy^2 = m^2 (ds^2 + q^2 dt^2),$$

qu'il s'agit maintenant de résoudre.

3. Pour cet effet, je remarque d'abord que l'ordonnée q de la courbe des méridiens est une fonction de l'arc s donnée par la nature de cette courbe; de sorte que $\dfrac{ds}{q}$ sera une quantité intégrable, ou du moins qui

peut être supposée telle, puisqu'elle ne contient qu'une variable. Faisant donc

$$\frac{ds}{q} = du, \quad mq = n,$$

l'équation proposée se change en celle-ci

$$dx^2 + dy^2 = n^2(du^2 + dt^2),$$

dans laquelle t et u sont deux variables indépendantes l'une de l'autre, et n est une quantité jusqu'ici indéterminée. Et la question se réduit à déterminer au moyen de cette équation les valeurs de x et y en fonction de t et u.

Comme l'équation dont il s'agit contient deux inconnues dx et dy, pour la résoudre de la manière la plus générale et la plus simple, je prends un angle indéterminé ω, et je la multiplie par celle-ci

$$1 = \sin^2\omega + \cos^2\omega,$$

en observant que le produit des deux carrés $\sin^2\omega + \cos^2\omega$ par les deux carrés $du^2 + dt^2$ peut de même se mettre sous la forme de deux carrés de cette manière

$$(\sin\omega\, du - \cos\omega\, dt)^2 + (\cos\omega\, du + \sin\omega\, dt)^2;$$

j'aurai donc ainsi la transformée

$$dx^2 + dy^2 = n^2(\sin\omega\, du - \cos\omega\, dt)^2 + n^2(\cos\omega\, du + \sin\omega\, dt)^2,$$

qui à cause de l'indéterminée ω peut se partager dans ces deux-ci

$$dx = n(\sin\omega\, du - \cos\omega\, dt),$$
$$dy = n(\cos\omega\, du + \sin\omega\, dt).$$

Et il ne restera plus qu'à faire en sorte que ces valeurs de dx et de dy soient des différentielles complètes; ce qui est possible au moyen des deux indéterminées n et ω.

En effet si l'on fait, pour abréger,

$$n\sin\omega = \alpha, \quad n\cos\omega = \beta,$$

on aura ces deux formules

$$dx = \alpha\,du - \beta\,dt, \quad dy = \beta\,du + \alpha\,dt,$$

qui doivent être intégrables et auxquelles on peut appliquer la méthode connue de M. d'Alembert.

Suivant cette méthode, on multipliera la seconde par $\sqrt{-1}$, ensuite on l'ajoutera à la première, et on l'en retranchera, ce qui donnera ces deux-ci

$$dx + dy\sqrt{-1} = (\alpha + \beta\sqrt{-1})(du + dt\sqrt{-1}),$$
$$dx - dy\sqrt{-1} = (\alpha - \beta\sqrt{-1})(du - dt\sqrt{-1}),$$

lesquelles devant être pareillement intégrables, il s'ensuit que $\alpha + \beta\sqrt{-1}$ ne peut être qu'une fonction de $u + t\sqrt{-1}$, et $\alpha - \beta\sqrt{-1}$ une fonction de $u - t\sqrt{-1}$; et ces deux fonctions étant intégrées donneront les valeurs de $x + y\sqrt{-1}$ et $x - y\sqrt{-1}$, d'où l'on tirera x et y.

Dénotons, en général, par les caractéristiques f et F deux fonctions indéterminées quelconques, en sorte que $f(z)$, $F(z)$ soient deux fonctions quelconques de z; dénotons de plus par $f'(z)$, $F'(z)$ les différentielles de ces fonctions, en sorte que

$$f'(z) = \frac{df(z)}{dz}, \quad F'(z) = \frac{dF(z)}{dz};$$

on fera

$$\alpha + \beta\sqrt{-1} = f'(u + t\sqrt{-1}),$$
$$\alpha - \beta\sqrt{-1} = F'(u - t\sqrt{-1}),$$

et l'on aura

$$x + y\sqrt{-1} = f(u + t\sqrt{-1}),$$
$$x - y\sqrt{-1} = F(u - t\sqrt{-1});$$

d'où l'on tire

$$x = \frac{f(u + t\sqrt{-1}) + F(u - t\sqrt{-1})}{2},$$

$$y = \frac{f(u + t\sqrt{-1}) - F(u - t\sqrt{-1})}{2\sqrt{-1}},$$

les fonctions désignées par f et F demeurant arbitraires.

4. Telles sont les expressions les plus générales des coordonnées x et y qui déterminent sur la Carte la position que doit avoir chaque lieu de la Terre, en vertu de la condition supposée, que la distance de deux lieux quelconques infiniment proches sur la surface de la Terre soit à la distance des mêmes lieux sur la Carte dans la proportion de 1 à m (2). Or, ayant supposé (3)

$$mq = n$$

et ensuite

$$n \sin \omega = \alpha, \quad n \cos \omega = \beta,$$

on aura

$$n = \sqrt{\alpha^2 + \beta^2},$$

et par conséquent

$$m = \frac{\sqrt{\alpha^2 + \beta^2}}{q};$$

mais

$$\alpha^2 + \beta^2 = (\alpha + \beta \sqrt{-1})(\alpha - \beta \sqrt{-1}) = f'(u + t\sqrt{-1}) F'(u - t\sqrt{-1});$$

donc on aura

$$m = \frac{\sqrt{f'(u + t\sqrt{-1}) F'(u - t\sqrt{-1})}}{q}.$$

On voit par cette formule que la valeur de m est une fonction des variables finies t et u, c'est-à-dire de t et s, à cause que u est une fonction de s. D'où il s'ensuit que la distance de deux lieux quelconques de la Terre infiniment proches entre eux, dont l'un répond à t et s et l'autre à $t + dt$ et $s + ds$, sera à la distance des mêmes lieux placés sur la Carte dans une proportion dépendant uniquement de t et s; par conséquent tous les lieux de la Terre situés autour d'un lieu donné, à des distances infiniment petites de ce lieu, se trouveront placés sur la Carte en sorte qu'ils formeront une figure semblable à celle qu'ils forment sur la surface de la Terre, les côtés homologues de ces deux figures étant dans la proportion de 1 à m, et l'étendue des mêmes figures étant dans la proportion de 1 à m^2. Ainsi une Carte construite d'après les expressions de x et y, que nous venons de trouver, aura la même propriété que nous avons déjà observé être commune aux Cartes stéréographiques et aux Cartes réduites, et qui consiste en ce que chaque portion infiniment pe-

DES CARTES GÉOGRAPHIQUES.   647

tite de la surface de la Terre conserve sa figure sur la Carte et n'est altérée que dans sa grandeur. Et il est facile de se convaincre par notre analyse que les expressions dont il s'agit renferment nécessairement la loi de la description de toutes les Cartes géographiques dans lesquelles la même condition pourra avoir lieu.

5. Pour déterminer maintenant les fonctions inconnues qui entrent dans les expressions de x et y, je remarque que si dans ces expressions on suppose $t = 0$, on a les valeurs de ces coordonnées pour la courbe qui représente le premier méridien. Ces valeurs seront donc

$$x = \frac{f(u) + F(u)}{2}, \quad y = \frac{f(u) - F(u)}{2\sqrt{-1}},$$

lesquelles, à cause des deux fonctions arbitraires $f(u)$ et $F(u)$, peuvent être, comme on voit, des fonctions quelconques de u. Ainsi l'on peut supposer que le premier méridien de la Carte soit une courbe quelconque, et que de plus les changements de latitude sur ce méridien suivent aussi une loi quelconque.

En effet supposons que pour ce méridien on ait

$$x = \varphi(u), \quad y = \Phi(u),$$

$\varphi(u)$ et $\Phi(u)$ représentant des fonctions quelconques données de u; on aura donc

$$\frac{f(u) + F(u)}{2} = \varphi(u), \quad \frac{f(u) - F(u)}{2\sqrt{-1}} = \Phi(u);$$

d'où l'on tire

$$f(u) = \varphi(u) + \Phi(u)\sqrt{-1}, \quad F(u) = \varphi(u) - \Phi(u)\sqrt{-1}.$$

Donc, mettant cette forme de fonction dans les expressions générales de x et y, on aura

$$x = \frac{\varphi(u + t\sqrt{-1}) + \varphi(u - t\sqrt{-1})}{2} + \frac{\Phi(u + t\sqrt{-1}) - \Phi(u - t\sqrt{-1})}{2}\sqrt{-1},$$

$$y = \frac{\Phi(u + t\sqrt{-1}) + \Phi(u - t\sqrt{-1})}{2} + \frac{\varphi(u + t\sqrt{-1}) - \varphi(u - t\sqrt{-1})}{2\sqrt{-1}};$$

et ces expressions ont l'avantage que les imaginaires s'y détruisent toujours d'elles-mêmes.

6. Mais cette manière de déterminer les fonctions arbitraires, quoique la plus naturelle et la plus simple, n'est pas néanmoins celle qui convient le mieux à notre objet. En effet, ce qu'il est à propos de prendre pour donné n'est pas la position des lieux qui doivent être placés sous le premier méridien, mais la figure même des méridiens et des parallèles, parce que ce sont les lignes qu'il faut tracer sur la Carte, pour pouvoir ensuite y placer les différents lieux de la Terre. Ainsi la question se réduit à déterminer la forme des fonctions inconnues de la solution générale en sorte qu'il en résulte pour les méridiens et pour les parallèles des lignes d'une nature donnée. Cette question n'a pas encore été résolue et est en elle-même très-difficile, peut-être même impossible à résoudre en général; mais pour les besoins de la Géographie il suffit de la résoudre dans le cas particulier où les méridiens et les parallèles doivent être des arcs de cercle, ce qui comprend à la fois les deux cas de la projection stéréographique et des Cartes réduites; car il est naturel que dans la construction des Cartes géographiques on préfère toujours le cercle à toutes les autres courbes, à cause de la facilité et de l'exactitude avec laquelle on peut le tracer par le moyen du compas.

7. Comme la principale propriété du cercle consiste en ce que le rayon de sa courbure est constant, nous allons d'abord chercher en général l'expression des rayons osculateurs des courbes qui doivent représenter les méridiens et les parallèles d'après les formules générales du n° 3. Or on sait que l'expression du rayon osculateur, dans les courbes rapportées aux coordonnées rectangles x, y est

$$\frac{(dx^2 + dy^2)^{\frac{3}{2}}}{dy\, d^2x - dx\, d^2y};$$

et il est facile de voir par la nature de nos formules que pour les méridiens il faudra faire varier uniquement s ou u dans les expressions de x

DES CARTES GÉOGRAPHIQUES.

et y, et que pour les parallèles il y faudra faire varier uniquement t; mais on a en général (numéro cité)

$$dx = \alpha\, du - \beta\, dt, \quad dy = \beta\, du + \alpha\, dt;$$

donc pour les méridiens on aura

$$dx = \alpha\, du, \quad dy = \beta\, du, \quad d^2x = \frac{d\alpha}{du} du^2, \quad d^2y = \frac{d\beta}{du} du^2;$$

par conséquent, si l'on nomme r le rayon osculateur d'un méridien quelconque, on aura

$$\frac{1}{r} = \frac{\beta \dfrac{d\alpha}{du} - \alpha \dfrac{d\beta}{du}}{(\alpha^2 + \beta^2)^{\frac{3}{2}}}.$$

Pour les parallèles on aura

$$dx = -\beta\, dt, \quad dy = \alpha\, dt, \quad d^2x = -\frac{d\beta}{dt} dt^2, \quad d^2y = \frac{d\alpha}{dt} dt^2;$$

donc, nommant ρ le rayon osculateur d'un parallèle quelconque, on aura

$$\frac{1}{\rho} = \frac{\beta \dfrac{d\alpha}{dt} - \alpha \dfrac{d\beta}{dt}}{(\alpha^2 + \beta^2)^{\frac{3}{2}}}.$$

Je remarque maintenant que, par la condition de l'intégrabilité des formules

$$\alpha\, du - \beta\, dt, \quad \beta\, du + \alpha\, dt,$$

on a

$$\frac{d\alpha}{dt} = -\frac{d\beta}{du}, \quad \frac{d\beta}{dt} = \frac{d\alpha}{du};$$

donc les expressions précédentes de $\dfrac{1}{r}$ et de $\dfrac{1}{\rho}$ peuvent se changer en celles-ci

$$\frac{1}{r} = \frac{\beta \dfrac{d\beta}{dt} + \alpha \dfrac{d\alpha}{dt}}{(\alpha^2 + \beta^2)^{\frac{3}{2}}}, \quad \frac{1}{\rho} = -\frac{\beta \dfrac{d\beta}{du} + \alpha \dfrac{d\alpha}{du}}{(\alpha^2 + \beta^2)^{\frac{3}{2}}},$$

IV.

savoir

$$\frac{1}{r} = -\frac{d\frac{1}{\sqrt{\alpha^2+\beta^2}}}{dt}, \quad \frac{1}{\rho} = \frac{d\frac{1}{\sqrt{\alpha^2+\beta^2}}}{du}.$$

Or nous avons trouvé plus haut (4) que

$$\alpha^2 + \beta^2 = f'(u + t\sqrt{-1})\, F'(u - t\sqrt{-1});$$

donc, substituant cette valeur et faisant pour plus de simplicité

$$\Omega = \frac{1}{\sqrt{f'(u + t\sqrt{-1})\, F'(u - t\sqrt{-1})}},$$

on aura ces expressions fort simples

$$\frac{1}{r} = -\frac{d\Omega}{dt}, \quad \frac{1}{\rho} = \frac{d\Omega}{du}.$$

8. Cette quantité Ω sert aussi à déterminer la valeur de m; car il est visible qu'on aura (4)

$$m = \frac{1}{q\Omega}.$$

Or, comme q est une fonction de l'arc s du méridien donnée par la figure de ce méridien et que

$$du = \frac{ds}{q},$$

il s'ensuit qu'on peut aussi regarder q comme une fonction de u.

Donc, si l'on voulait que la quantité m fût constante ou qu'elle fût une fonction quelconque de u seul, c'est-à-dire qu'elle demeurât la même dans tous les points d'un même parallèle, il faudrait que Ω fût une fonction de u seul sans t; par conséquent il faudrait que $\frac{d\Omega}{dt} = 0$; donc on aurait par le numéro précédent $\frac{1}{r} = 0$, savoir $r = \infty$; par conséquent il faudrait que tous les méridiens de la Carte fussent des lignes droites. Mais nous verrons plus bas que la condition de $\Omega = \frac{1}{mq}$, dans l'hypothèse de m fonction de u seul, demanderait que la Terre eût une figure donnée.

DES CARTES GÉOGRAPHIQUES.

9. Supposons maintenant, en général, que tous les méridiens de la Carte soient des cercles quelconques, ce qui renferme aussi le cas précédent où ces méridiens seraient des lignes droites. Il faudra donc que la valeur de r soit constante dans chaque méridien et ne varie que d'un méridien à l'autre; donc r et par conséquent $\frac{d\Omega}{dt}$ ne pourra être qu'une fonction de t seul; donc la différence de $\frac{d\Omega}{dt}$, en faisant varier u seul, devra être nulle; ainsi la condition pour que tous les méridiens soient des cercles sera

$$\frac{d^2\Omega}{dt\,du} = 0.$$

Qu'on multiplie cette équation par dt et qu'on l'intègre en faisant varier t seul, on aura

$$\frac{d\Omega}{du} = U,$$

U étant une fonction quelconque de u sans t; donc on aura

$$\frac{1}{\rho} = U;$$

ce qui fait voir que les parallèles sont aussi des cercles, puisque leur rayon osculateur étant une fonction de u seul doit demeurer le même dans toute l'étendue de chaque parallèle. On prouvera de la même manière qu'en supposant les parallèles circulaires les méridiens le seront aussi. Et la condition commune à la circularité des uns et des autres sera $\frac{d^2\Omega}{dt\,du} = 0$. Voyons donc quelle doit être la forme des fonctions f et F pour que cette condition soit remplie.

10. Pour faciliter cette recherche, je prends d'abord deux autres fonctions que je dénote par les caractéristiques φ et Φ, et que je suppose telles, que

$$\varphi(z) = \frac{1}{\sqrt{f'(z)}}, \quad \Phi(z) = \frac{1}{\sqrt{F'(z)}};$$

il est visible qu'on aura par ce moyen

$$\Omega = \varphi(u + t\sqrt{-1})\Phi(u - t\sqrt{-1});$$

je différentie maintenant cette quantité deux fois de suite, en y faisant varier d'abord u et ensuite t; j'aurai ainsi [en dénotant par φ', φ'', et par Φ', Φ'' les différences des fonctions φ et Φ, de manière que $\varphi'(z) = \frac{d\varphi(z)}{dz}$, $\varphi''(z) = \frac{d^2\varphi(z)}{dz^2}$, $\Phi'(z) = \frac{d\Phi(z)}{dz}$, $\Phi''(z) = \frac{d^2\Phi(z)}{dz^2}$]

$$\frac{d\Omega}{du} = \varphi'(u+t\sqrt{-1})\Phi(u-t\sqrt{-1}) + \Phi'(u-t\sqrt{-1})\varphi(u+t\sqrt{-1}),$$

$$\frac{d^2\Omega}{du\,dt} = [\varphi''(u+t\sqrt{-1})\Phi(u-t\sqrt{-1}) - \varphi'(u+t\sqrt{-1})\Phi'(u-t\sqrt{-1})$$
$$- \Phi''(u-t\sqrt{-1})\varphi(u+t\sqrt{-1}) + \Phi'(u-t\sqrt{-1})\varphi'(u+t\sqrt{-1})]\sqrt{-1};$$

donc la condition de $\frac{d^2\Omega}{du\,dt} = 0$ donnera cette équation

$$\varphi''(u+t\sqrt{-1})\Phi(u-t\sqrt{-1}) - \Phi''(u-t\sqrt{-1})\varphi(u+t\sqrt{-1}) = 0;$$

par conséquent on aura

$$\frac{\varphi''(u+t\sqrt{-1})}{\varphi(u+t\sqrt{-1})} = \frac{\Phi''(u-t\sqrt{-1})}{\Phi(u-t\sqrt{-1})};$$

ces quantités doivent non-seulement être égales, mais encore identiques, c'est-à-dire qu'elles doivent être la même quantité indépendamment d'aucune équation entre u et t; donc, comme l'une est fonction de $u + t\sqrt{-1}$ et que l'autre est fonction de $u - t\sqrt{-1}$, il s'ensuit qu'elles ne peuvent devenir identiques à moins d'être égales à une même constante quelconque.

Soit donc k une constante arbitraire; on aura ces deux équations

$$\frac{\varphi''(u+t\sqrt{-1})}{\varphi(u+t\sqrt{-1})} = k, \quad \frac{\Phi''(u-t\sqrt{-1})}{\Phi(u-t\sqrt{-1})} = k,$$

ou bien (étant indifférent quelle que soit la variable sous les signes des fonctions) on aura plus simplement ces deux-ci

$$\frac{\varphi''(z)}{\varphi(z)} = k, \quad \frac{\Phi''(z)}{\Phi(z)} = k,$$

savoir

$$\frac{d^2\varphi(z)}{\varphi(z)dz^2} = k, \quad \frac{d^2\Phi(z)}{\Phi(z)dz^2} = k,$$

qui sont intégrables par les règles connues.

On aura donc, en intégrant,

$$\varphi(z) = M e^{z\sqrt{k}} + N e^{-z\sqrt{k}}, \quad \Phi(z) = P e^{z\sqrt{k}} + Q e^{-z\sqrt{k}},$$

M, N, P, Q étant des coefficients quelconques positifs ou négatifs, réels ou imaginaires.

Or

$$\varphi(z) = \frac{1}{\sqrt{f'(z)}}, \quad \Phi(z) = \frac{1}{\sqrt{F'(z)}};$$

donc on aura

$$f'(z) = \frac{1}{(M e^{z\sqrt{k}} + N e^{-z\sqrt{k}})^2} = \frac{e^{2z\sqrt{k}}}{(M e^{2z\sqrt{k}} + N)^2},$$

$$F'(z) = \frac{1}{(P e^{z\sqrt{k}} + Q e^{-z\sqrt{k}})^2} = \frac{e^{2z\sqrt{k}}}{(P e^{2z\sqrt{k}} + Q)^2};$$

mais

$$f'(z) = \frac{df(z)}{dz}, \quad F'(z) = \frac{dF(z)}{dz};$$

donc, multipliant les équations précédentes par dz et intégrant, on aura

$$f(z) = -\frac{1}{2M(M e^{2z\sqrt{k}} + N)\sqrt{k}} + G,$$

$$F(z) = -\frac{1}{2P(P e^{2z\sqrt{k}} + Q)\sqrt{k}} + H,$$

G et H étant de nouvelles constantes arbitraires.

Ainsi la forme des fonctions arbitraires est déterminée, et mettant à la place de z, dans $f(z)$, $u + t\sqrt{-1}$, et dans $F(z)$, $u - t\sqrt{-1}$, on aura ces expressions

$$f(u + t\sqrt{-1}) = -\frac{1}{2M(Me^{2u\sqrt{k}+2t\sqrt{-k}} + N)\sqrt{k}} + G,$$

$$F(u - t\sqrt{-1}) = -\frac{1}{2P(Pe^{2u\sqrt{k}-2t\sqrt{-k}} + Q)\sqrt{k}} + H,$$

qu'il ne s'agira plus que de substituer dans les valeurs de x et y (3).

11. Mais, avant de faire cette substitution, j'observe que, la quantité k pouvant être également positive ou négative, on aura des formules différentes pour les deux cas, et que toute la différence consistera en ce que les quantités t et u se trouveront à la place l'une de l'autre; cela est évident à l'égard de la valeur de $f(u + t\sqrt{-1})$; pour le faire voir aussi par rapport à celle de $F(u - t\sqrt{-1})$, j'y mets à la place de la constante arbitraire H la quantité aussi arbitraire $\frac{1}{2PQ\sqrt{k}} + H$, et réduisant au même dénominateur les deux fractions, divisant ensuite le haut et le bas de la fraction résultante par $e^{2u\sqrt{k}-2t\sqrt{-k}}$, j'ai

$$F(u - t\sqrt{-1}) = -\frac{1}{2Q(Qe^{-2u\sqrt{k}+2t\sqrt{-k}} + P)} + H,$$

expression qui résulte évidemment de la précédente en y changeant le signe de k, et en y mettant t à la place de u et P à la place de Q, et réciproquement. De là je conclus donc qu'il suffit de considérer le cas où k est une quantité positive, et qu'il n'y aura ensuite qu'à échanger t en u pour avoir celui de k négative. Il est facile de voir en effet par l'équation fondamentale

$$dx^2 + dy^2 = n^2(du^2 + dt^2)$$

du n° 3 que les variables u et t sont permutables.

12. Je ferai donc pour plus de simplicité $k = c^2$, et j'aurai

$$x = -\frac{1}{4cM(Me^{2cu+2ct\sqrt{-1}} + N)} - \frac{1}{4cP(Pe^{2cu-2ct\sqrt{-1}} + Q)} + \frac{G+H}{2},$$

$$y = -\frac{1}{4cM(Me^{2cu+2ct\sqrt{-1}} + N)\sqrt{-1}} + \frac{1}{4cP(Pe^{2cu-2ct\sqrt{-1}} + Q)\sqrt{-1}} + \frac{G-H}{2\sqrt{-1}},$$

où il faut déterminer les constantes arbitraires G, H, M, N, P, Q en sorte que les imaginaires se détruisent.

On aura donc d'abord

$$\frac{G+H}{2} = A, \quad \frac{G-H}{2\sqrt{-1}} = B,$$

A et B étant des constantes réelles quelconques; ensuite il est visible qu'en faisant pour plus de généralité

$$M = C + D\sqrt{-1}, \quad N = E + I\sqrt{-1},$$

C, D, E, I étant aussi des quantités réelles quelconques, il faudra faire

$$P = C - D\sqrt{-1}, \quad Q = E - I\sqrt{-1},$$

et alors les imaginaires se détruiront d'elles-mêmes dans les expressions précédentes de x et y. Mais au lieu des suppositions précédentes, nous ferons, ce qui revient au même,

$$M = a(\cos g + \sin g \sqrt{-1}) = ae^{g\sqrt{-1}},$$
$$N = b(\cos h + \sin h \sqrt{-1}) = be^{h\sqrt{-1}},$$
$$P = a(\cos g - \sin g \sqrt{-1}) = ae^{-g\sqrt{-1}},$$
$$Q = b(\cos h - \sin h \sqrt{-1}) = be^{-h\sqrt{-1}},$$

a, b, g, h étant des constantes arbitraires réelles; ces substitutions faites, on aura, après les réductions usitées,

$$x = A - \frac{a\cos 2(ct+g) + b\cos(g+h).e^{-2cu}}{2ac[a^2 e^{2cu} + 2ab\cos(2ct+g-h) + b^2 e^{-2cu}]},$$
$$y = B + \frac{a\sin 2(ct+g) + b\sin(g+h).e^{-2cu}}{2ac[a^2 e^{2cu} + 2ab\cos(2ct+g-h) + b^2 e^{-2cu}]}.$$

13. Si maintenant on élimine de ces deux équations la variable u, on aura une équation en x, y et t, qui sera par conséquent celle de toutes les courbes qui représentent les différents méridiens correspondant aux différentes longitudes t; et réciproquement, si l'on en élimine la varia-

ble t, on aura une équation entre x, y et u, qui sera l'équation commune à toutes les courbes qui représentent les différents parallèles.

Pour rendre ces éliminations plus faciles, je commence par ajouter ensemble les valeurs de $(x-A)^2$ et de $(y-B)^2$; j'ai

$$(x-A)^2+(y-B)^2=\frac{e^{-2cu}}{4a^2c^2[a^2e^{2cu}+2ab\cos(2ct+g-h)+b^2e^{-2cu}]},$$

d'où je tire

$$a^2e^{2cu}+2ab\cos(2ct+g-h)+b^2e^{-2cu}=\frac{e^{-2cu}}{4a^2c^2[(x-A)^2+(y-B)^2]},$$

et, substituant dans les valeurs de x et y, j'aurai ces équations

$$\frac{x-A}{(x-A)^2+(y-B)^2}=-2ac[ae^{2cu}\cos 2(ct+g)+b\cos(g+h)],$$

$$\frac{y-B}{(x-A)^2+(y-B)^2}=2ac[ae^{2cu}\sin 2(ct+g)+b\sin(g+h)],$$

d'où il est maintenant facile d'éliminer u ou t.

14. En éliminant d'abord la quantité e^{2cu}, on aura cette équation

$$\frac{(x-A)\sin 2(ct+g)+(y-B)\cos 2(ct+g)}{(x-A)^2+(y-A)^2}=-2abc\sin(2ct+g-h),$$

laquelle se réduit à celle-ci

$$\left[x-A+\frac{\sin 2(ct+g)}{4abc\sin(2ct+g-h)}\right]^2+\left[y-B+\frac{\cos 2(ct+g)}{4abc\sin(2ct+g-h)}\right]^2=\frac{1}{[4abc\sin(2ct+g-h)]^2},$$

qu'on voit clairement être à un cercle; et si l'on nomme r le rayon de cercle, X l'abscisse et Y l'ordonnée qui déterminent la position de son centre, on aura

$$r=\frac{1}{4abc\sin(2ct+g-h)},$$

$$X=A-r\sin 2(ct+g), \quad Y=B-r\cos 2(ct+g).$$

En éliminant de plus l'angle t de ces deux dernières équations, on aura celle-ci

$$(X-A)\cos(g+h)-(Y-B)\sin(g+h)+\frac{1}{4abc}=0,$$

laquelle donnera le lieu de tous les centres dont il s'agit, c'est-à-dire de tous les centres des cercles qui représentent les méridiens; et l'on voit que ce lieu est une ligne droite qui fait avec l'axe des abscisses un angle dont la tangente sera

$$\frac{d\mathrm{Y}}{d\mathrm{X}} = \cot(g+h),$$

en sorte que cet angle sera égal à $90° - g - h$.

15. Éliminons maintenant l'angle t dans les formules du n° 13 pour avoir les courbes des parallèles, et l'on aura cette équation

$$\left[\frac{x-\mathrm{A}}{(x-\mathrm{A})^2+(y-\mathrm{B})^2} + 2abc\cos(g+h)\right]^2 + \left[\frac{y-\mathrm{B}}{(x-\mathrm{A})^2+(y-\mathrm{B})^2} - 2abc\sin(g+h)\right]^2 = 4a^4c^2e^{4cu},$$

savoir

$$\frac{1+4abc\cos(g+h).(x-\mathrm{A})-4abc\sin(g+h).(y-\mathrm{B})}{(x-\mathrm{A})^2+(y-\mathrm{B})^2} = 4a^2c^2(a^2e^{4cu}-b^2),$$

laquelle se change facilement en celle-ci

$$\left[x-\mathrm{A} - \frac{b\cos(g+h)}{2ac(a^2e^{4cu}-b^2)}\right]^2 + \left[y-\mathrm{B} + \frac{b\sin(g+h)}{2ac(a^2e^{4cu}-b^2)}\right]^2 = \frac{e^{4cu}}{4c^2(a^2e^{4cu}-b^2)^2},$$

qu'on voit aussi être à un cercle; et, si l'on nomme ρ le rayon de ce cercle, ξ l'abscisse et η l'ordonnée qui répondent au centre du même cercle, on aura

$$\rho = \frac{e^{2cu}}{2c(a^2e^{4cu}-b^2)},$$

$$\xi = \mathrm{A} + \frac{b}{a}\cos(g+h).\rho e^{-2cu},$$

$$\eta = \mathrm{B} - \frac{b}{a}\sin(g+h).\rho e^{-2cu}.$$

Et, si l'on élimine la variable u de ces dernières équations, on aura, pour le lieu de tous les centres des cercles qui représentent les parallèles, l'équation

$$(\xi-\mathrm{A})\sin(g+h) + (\eta-\mathrm{B})\cos(g+h) = 0,$$

laquelle est à une ligne droite inclinée à l'axe des abscisses d'un angle dont la tangente sera

$$\frac{d\eta}{d\xi} = -\tang(g+h);$$

en sorte que cet angle sera $180° - g - h$; par conséquent cette droite sera perpendiculaire à celle qui renferme tous les centres des méridiens (numéro precédent).

16. Cherchons aussi la valeur de la quantité m qui exprime la proportion, suivant laquelle chaque région de la Terre est augmentée ou diminuée dans la Carte, en gardant néanmoins sa figure naturelle.

Nous avons vu (8) que $m = \frac{1}{q\Omega}$; ainsi il n'y a qu'à chercher la valeur de la quantité Ω. Or, si dans l'expression de Ω du n° 10 on substitue à la place des fonctions marquées par φ et Φ leurs valeurs trouvées dans le même numéro, on a

$$\Omega = MP\,e^{2u\sqrt{k}} + NQ\,e^{-2u\sqrt{k}} + MQ\,e^{2t\sqrt{-k}} + NP\,e^{-2t\sqrt{-k}},$$

ce qui par les substitutions du n° 12 se réduit à cette forme

$$\Omega = a^2 e^{2cu} + 2ab\cos(2ct + g - h) + b^2 e^{-2cu};$$

en sorte qu'on aura

$$m = \frac{1}{q[a^2 e^{2cu} - 2ab\cos(2ct + g - h) + b^2 e^{-2cu}]}.$$

17. La valeur précédente de Ω peut fournir une preuve de l'exactitude de nos formules; car, ayant vu (7) que les rayons r et ρ des méridiens et des parallèles sont déterminés, en général, par les formules

$$\frac{1}{r} = -\frac{d\Omega}{dt}, \quad \frac{1}{\rho} = \frac{d\Omega}{du},$$

il faudra qu'en substituant pour Ω sa valeur, il en résulte les mêmes valeurs de r et ρ que nous avons trouvées plus haut d'après les équations mêmes des cercles qui représentent les méridiens et les parallèles. Or

DES CARTES GÉOGRAPHIQUES.

c'est ce qui se vérifie en effet, comme on peut s'en assurer par la différentiation de la quantité Ω.

18. C'est ici le lieu d'examiner les conditions nécessaires pour que la quantité m soit constante, ou au moins une fonction de u sans t. Nous avons déjà vu (8) que dans ce cas tous les méridiens de la Carte devraient être des lignes droites; ainsi les formules trouvées plus haut, pour le cas où les méridiens seraient des cercles quelconques, auront aussi lieu dans le cas présent. Il ne s'agira donc que de voir si l'expression de m du n° 16 peut devenir une fonction de u seul. Donc, comme q peut être censé une fonction de u, il faudra que le terme $2ab\cos(2ct+g-h)$, qui renferme t, disparaisse de lui-même; ce qui ne peut arriver que lorsque
$$a = 0 \quad \text{ou} \quad b = 0.$$

Dans le premier cas on aura
$$m = \frac{1}{q\, b^2 e^{-2cu}},$$

et dans l'autre
$$m = \frac{1}{q\, a^2 e^{2cu}};$$

donc on aura, en général,
$$q = \frac{A e^{Bu}}{m};$$

A et B étant des constantes quelconques; équation qui servira à déterminer la figure du méridien, aussitôt que m sera donné en u. En différentiant logarithmiquement, on aura
$$\frac{dq}{q} = B\, du - \frac{dm}{m};$$

mais $du = \dfrac{ds}{q}$; donc
$$dq + q\,\frac{dm}{m} = B\, ds;$$

et de là, en multipliant par m et intégrant,
$$mq = B \int m\, ds + C;$$

donc
$$q = \frac{B \int m\,ds + C}{m};$$

ce qui donnera q en s, si m est déjà donné en s.

Donc, si l'on voulait que m fût constante, on aurait
$$q = Bs + \frac{C}{m};$$

ce qui donne évidemment une ligne droite pour les méridiens de la Terre, et par conséquent un cône droit pour la figure de la Terre.

19. Jusqu'à présent nos formules sont indépendantes de la figure des méridiens de la Terre; mais, pour pouvoir appliquer ces formules à la construction des Cartes géographiques, il est nécessaire de connaître quelle fonction de la latitude est la variable u, que nous avons supposée telle que $du = \dfrac{ds}{q}$, s étant l'arc du méridien compté depuis le pôle et q l'ordonnée perpendiculaire à l'axe de la Terre (3).

Or, si l'on suppose la Terre sphérique, ainsi qu'on le fait communément dans les Cartes géographiques, et qu'on prenne, pour plus de simplicité, le rayon de la Terre pour l'unité, on aura évidemment
$$q = \sin s,$$

et l'arc s sera en même temps la distance au pôle ou le complément de la latitude. Donc on aura dans ce cas
$$du = \frac{ds}{\sin s},$$

dont l'intégrale est
$$u = \frac{1}{2} \log \frac{1 - \cos s}{1 + \cos s} = \log \tang \frac{s}{2};$$

de sorte qu'en ajoutant une constante arbitraire $\log k$, on aura en général
$$u = \log\left(k \tang \frac{s}{2}\right),$$

et de là
$$e^{cu} = \left(k \tang \frac{s}{2}\right)^c;$$

ainsi les exponentielles disparaîtront entièrement, et il n'y aura plus que des sinus et cosinus. Mais, pour donner à notre solution toute la généralité dont elle est susceptible, il est nécessaire de déterminer les valeurs de q et de u, sans s'astreindre à l'hypothèse de la Terre sphérique.

Nous supposerons donc que la Terre soit un sphéroïde elliptique, aplati par les pôles; et nous ferons le rayon de l'équateur ou le demi-grand axe de l'ellipse qui forme les méridiens égal à 1, et le demi-petit axe de cette ellipse, c'est-à-dire le demi-axe de la Terre, égal à γ. En prenant les abscisses p dans ce demi-axe depuis son sommet, conformément aux suppositions du n° 1, on aura pour l'équation à l'ellipse

$$(1-p)^2 + \gamma^2 q^2 = \gamma^2,$$

d'où l'on tire par la différentiation

$$\frac{dp}{dq} = \frac{\gamma^2 q}{1-p};$$

or il est visible que $\frac{dp}{dq}$ est égal à la tangente de l'angle que la perpendiculaire à l'ellipse fait avec l'axe des abscisses p; ainsi dans le cas présent, $\frac{dp}{dq}$ sera égal à la tangente de l'angle qui exprime la distance au pôle ou le complément de la latitude.

Nommant donc, en général, z la distance au pôle ou le complément de la latitude, on aura

$$\frac{dp}{dq} = \tang z;$$

donc

$$\frac{\gamma^2 q}{1-p} = \tang z;$$

donc

$$q = \frac{(1-p) \tang z}{\gamma^2};$$

substituant cette valeur de q dans l'équation à l'ellipse, on en tirera

$$1 - p = \frac{\gamma^2}{\sqrt{\gamma^2 + \tan^2 z}},$$

et de là

$$q = \frac{\tan z}{\sqrt{\gamma^2 + \tan^2 z}}.$$

Différentiant, on aura

$$dp = \frac{\gamma^2 \tan z\, d\tan z}{(\gamma^2 + \tan^2 z)^{\frac{3}{2}}}, \quad dq = \frac{\gamma^2 d\tan z}{(\gamma^2 + \tan^2 z)^{\frac{3}{2}};}$$

donc

$$ds = \sqrt{dp^2 + dq^2} = \frac{\gamma^2 \sqrt{1 + \tan^2 z}}{(\gamma^2 + \tan^2 z)^{\frac{3}{2}}} d\tan z;$$

mais on a (3) $du = \dfrac{ds}{q}$; donc

$$du = \frac{\gamma^2 \sqrt{1 + \tan^2 z}}{\tan z(\gamma^2 + \tan^2 z)} d\tan z = \frac{\gamma^2 dz}{\sin z(\gamma^2 \cos^2 z + \sin^2 z)}.$$

Soit

$$1 - \gamma^2 = \varepsilon^2,$$

en sorte que ε soit l'excentricité de l'ellipse qui forme les méridiens de la Terre; on aura

$$du = \frac{\gamma^2 dz}{\sin z(\gamma^2 + \varepsilon^2 \sin^2 z)} = \frac{dz}{\sin z} - \frac{\varepsilon^2 \sin z\, dz}{1 - \varepsilon^2 \cos^2 z};$$

l'intégrale de $\dfrac{dz}{\sin z}$ est

$$\frac{1}{2} \log \frac{1 - \cos z}{1 + \cos z} = \log \tan \frac{z}{2},$$

l'intégrale de $\dfrac{\varepsilon^2 \sin z\, dz}{1 - \varepsilon^2 \cos^2 z}$ est

$$\frac{\varepsilon}{2} \log \frac{1 - \varepsilon \cos z}{1 + \varepsilon \cos z};$$

donc on aura, en ajoutant une constante arbitraire $\log k$,

$$u = \log\left[k \tang\frac{z}{2} \left(\frac{1+\varepsilon\cos z}{1-\varepsilon\cos z}\right)^{\frac{\varepsilon}{2}} \right].$$

Et, si dans l'expression de q on substitue aussi $1-\varepsilon^2$ à la place de γ^2, on aura

$$q = \frac{\sin z}{\sqrt{1-\varepsilon^2\cos^2 z}}.$$

Dans le cas où la Terre est sphérique on a $\varepsilon = 0$; donc

$$u = \log\left(k \tang\frac{z}{2}\right),$$

ainsi qu'on l'a trouvé ci-dessus; or on peut rendre les deux expressions de u semblables en prenant un angle ζ tel que l'on ait

$$\tang\frac{\zeta}{2} = \tang\frac{z}{2}\left(\frac{1+\varepsilon\cos z}{1-\varepsilon\cos z}\right)^{\frac{\varepsilon}{2}},$$

car alors on aura pareillement

$$u = \log\left(k \tang\frac{\zeta}{2}\right);$$

en sorte qu'on pourra regarder l'angle ζ comme la distance au pôle corrigée en vertu de l'aplatissement de la Terre; et, comme l'excentricité ε est fort petite, on pourra trouver la correction dont il s'agit, c'est-à-dire la différence de ζ et de z, exprimée par une série fort convergente, au moyen des formules que j'ai données dans les *Nouveaux Mémoires de l'Académie royale de Berlin* de 1776 (*). On aura donc par ces formules

$$\zeta = z - 2\theta \sin z + \frac{2\theta^2}{2}\sin 2z - \frac{2\theta^3}{3}\sin 3z + \ldots,$$

en supposant

$$\theta = \frac{(1-\varepsilon\cos z)^{\frac{\varepsilon}{2}} - (1+\varepsilon\cos z)^{\frac{\varepsilon}{2}}}{(1-\varepsilon\cos z)^{\frac{\varepsilon}{2}} + (1+\varepsilon\cos z)^{\frac{\varepsilon}{2}}},$$

(*) *OEuvres de Lagrange*, t. IV, p. 275.

ou bien, en réduisant en série,

$$\theta = -\frac{\varepsilon^2 \cos z + \frac{\varepsilon^4(\varepsilon-2)(\varepsilon-4)}{4.6}\cos^3 z + \ldots}{2 + \frac{\varepsilon^3(\varepsilon-2)}{4}\cos^2 z + \ldots}.$$

En négligeant les quantités de l'ordre ε^4, on aura

$$\theta = -\frac{\varepsilon^2 \cos z}{2}, \quad \zeta = z - \frac{\varepsilon^2}{2}\sin 2z;$$

et cette approximation a toute l'exactitude qu'on peut désirer.

20. Nous avons donc résolu d'une manière générale le Problème géographique dont la projection stéréographique ne fournit qu'une solution particulière. Ce qui rend cette projection si utile pour la construction des Cartes géographiques, ce sont les deux propriétés dont nous avons fait mention au commencement de ce Mémoire, et qui consistent : 1° en ce que chaque partie de la surface de la Terre a sur la Carte une figure semblable à celle qu'elle a sur la Terre, et n'est altérée que dans sa grandeur; 2° en ce que tous les méridiens et les parallèles de la Terre se trouvent représentés sur la Carte par des cercles. Nous avons pris ces deux conditions pour les données du Problème, et nous sommes parvenus à une solution générale qui renferme nécessairement toutes les manières possibles de satisfaire à ces mêmes conditions. Comme il y a plusieurs conséquences à tirer de cette solution, nous les développerons dans la suite de ces Recherches, laquelle fera le sujet d'un second Mémoire.

SECOND MÉMOIRE.

Parmi les différentes méthodes qu'on a imaginées pour la construction des Cartes terrestres, il y en a deux qui méritent principalement l'attention des Géomètres; l'une est fondée sur les principes de la projection stéréographique de Ptolémée, et l'autre dépend de la Théorie des latitudes croissantes. La première est employée communément dans les Mappemondes et dans les Cartes géographiques proprement dites, et a l'avantage que tous les méridiens et les parallèles de la Terre, et, en général, tous les cercles du globe y sont aussi représentés par des cercles; la seconde est destinée uniquement aux Cartes marines, et diffère surtout de la précédente en ce que tous les méridiens et les parallèles de la Terre y sont représentés par des lignes droites. Mais elles ont l'une et l'autre cette propriété commune, qu'elles n'altèrent point la figure de chaque partie infiniment petite de la surface de la Terre; en sorte que tous les angles qu'on peut former sur la Terre demeurent les mêmes dans les Cartes construites par ces méthodes.

Cette propriété, considérée en elle-même et indépendamment de toute autre vue, donne lieu à une question analytique très-curieuse, qui consiste à déterminer la nature des courbes qu'on doit tracer sur un plan, pour représenter les méridiens et les parallèles de la Terre en sorte que la même propriété y ait toujours lieu. Il n'est pas difficile de trouver les formules générales qui résolvent ce Problème dans toute son étendue; mais comme ces formules renferment des fonctions arbitraires, il en naît une nouvelle question concernant la manière de déterminer la forme de ces fonctions en sorte que les lignes qui doivent représenter les méridiens et les parallèles soient d'une nature donnée. Cette question secondaire est en quelque façon beaucoup plus difficile que la question principale, et je ne sais même si elle ne surpasse pas les forces de l'Analyse connue; mais, pour l'utilité de la Géographie, il n'est pas nécessaire de la résoudre en général, pour des méridiens et des parallèles d'une figure quelconque; il suffit de la résoudre dans le cas particulier où les méridiens et les parallèles doivent être des arcs de cercles, ce qui comprend à la fois la projection stéréographique et les Cartes réduites; en effet toutes les autres solutions ne seraient que de pure curiosité, à cause de la difficulté qu'il y aurait toujours dans la pratique à tracer les courbes des méridiens et des parallèles, si elles étaient différentes du cercle.

Tel est le Problème qui a fait le principal objet du Mémoire précédent, et que personne, que je sache, n'avait encore tenté de résoudre. La solution que j'en ai donnée ne laisse, ce me semble, rien à désirer du côté de l'Analyse ; mais comme il y a beaucoup de conséquences et d'applications à déduire de cette solution, j'ai cru qu'il était à propos de l'examiner en détail ; c'est à quoi sont destinées les Recherches suivantes, dans lesquelles je conserverai pour la commodité des citations la suite des chiffres qui distinguent les numéros.

21. Je remarque d'abord que les formules trouvées dans le premier Mémoire (**12, 16**) renferment deux solutions différentes, puisqu'on a vu (**11**) qu'il est permis d'y changer t en u et u en t ; mais j'observe en même temps que la solution qui résulterait de cette permutation serait plus curieuse que commode pour la pratique, puisqu'elle renfermerait des exponentielles de l'angle t et des sinus et cosinus de la quantité u que nous avons trouvé être une quantité logarithmique (**19**) ; au lieu que la solution que donnent immédiatement les formules dont il s'agit ne renferme que des sinus et cosinus des angles t et z, à cause de

$$e^u = k \tang \frac{z}{2} \left(\frac{1 + \varepsilon \cos z}{1 - \varepsilon \cos z} \right)^{\frac{\varepsilon}{2}}.$$

C'est pourquoi nous nous contenterons d'examiner cette solution.

Elle renferme, comme on voit, plusieurs constantes arbitraires, dont les unes contribuent à sa généralité, mais dont les autres ne donnent qu'une généralité apparente, puisqu'elles dépendent de la position arbitraire des axes des coordonnées ; on peut donc, en déterminant ces dernières d'une manière convenable, gagner une plus grande simplicité, sans rien perdre du côté de la généralité.

Pour cela j'observe que, comme les deux lignes droites qui sont les lieux des centres de tous les méridiens et de tous les parallèles de la Carte sont perpendiculaires l'une à l'autre, on peut prendre ces lignes mêmes pour les axes des coordonnées.

Nous supposerons donc que la ligne des centres de tous les méridiens soit l'axe des coordonnées y, et que la ligne des centres de tous les parallèles soit l'axe des abscisses x ; il faudra pour cela (**14, 15**) : 1° que l'angle $90°-g-h$ soit droit, ce qui donne $g+h=0$, et par conséquent $h=-g$; 2° que l'on ait, en général, $X=0$, ce qui donne $A=\frac{1}{4abc}$; 3° que l'on ait aussi, en général, $\eta=0$, ce qui donnera $B=0$. Si donc on fait ces substitutions, et qu'on mette à la place de u et de q leurs valeurs en z du n° 19; que de plus on change a en $\frac{a}{k^c}$, b en bk^c, $2c$ en c, et $2g$ en $-cg$, ce qui est évidemment permis, puisque a, b, c, g, k sont des constantes arbitraires; et qu'on fasse, pour abréger,

$$\theta = \tan\frac{\zeta}{2} = \tan\frac{z}{2}\left(\frac{1+\varepsilon\cos z}{1-\varepsilon\cos z}\right)^{\frac{\varepsilon}{2}},$$

on aura

$$x = \frac{a^2\theta^c - b^2\theta^{-c}}{2abc\left[a^2\theta^c + 2ab\cos[c(t-g)] + b^2\theta^{-c}\right]},$$

$$y = \frac{\sin[c(t-g)]}{c\left[a^2\theta^c + 2ab\cos[c(t-g)] + b^2\theta^{-c}\right]},$$

$$\frac{1}{r} = 2abc\sin[c(t-g)], \quad Y = -\frac{\cot[c(t-g)]}{2abc},$$

$$\frac{1}{\rho} = c(a^2\theta^c - b^2\theta^{-c}), \quad \xi = \frac{a^2\theta^c + b^2\theta^{-c}}{2abc(a^2\theta^c - b^2\theta^{-c})},$$

$$m = \frac{\sqrt{1-\varepsilon^2\cos^2 z}}{\sin z\left[a^2\theta^c + 2ab\cos[c(t-g)] + b^2\theta^{-c}\right]}.$$

Dans ces formules t est la longitude d'un méridien quelconque, z le complément de la latitude d'un parallèle quelconque sur la surface de la Terre, ε l'excentricité des méridiens de la Terre; a, b, c, g sont quatre constantes arbitraires; x, y sont l'abscisse et l'ordonnée qui déterminent sur la Carte la position d'un lieu quelconque dont la longitude est t et dont le complément de la latitude est z; r est le rayon du cercle qui représente un méridien quelconque et dont le centre doit être placé dans l'axe des ordonnées à la distance Y de celui des abscisses; ρ est le rayon du cercle qui représente un parallèle quelconque, et dont le centre doit être placé dans l'axe des abscisses à la distance ξ de celui des ordonnées; enfin $1:m$ est la proportion suivant laquelle la grandeur de chaque région de la Terre est augmentée ou diminuée sur la Carte, en supposant le rayon de l'équateur égal à 1.

22. En considérant les formules précédentes, il est aisé de voir qu'il en naîtra différentes espèces de projections géographiques, suivant qu'on donnera des valeurs différentes à la constante c, que nous nommerons pour cela l'*exposant de la projection*.

Et d'abord, si l'on fait $c = 0$, on aura

$$\frac{1}{r} = 0, \quad \frac{1}{\rho} = 0;$$

par conséquent

$$r = \infty, \quad \rho = \infty;$$

ce qui donne des lignes droites pour les méridiens et les parallèles; c'est le cas des Cartes réduites.

Pour déterminer donc dans ce cas la position des différents méridiens et des différents parallèles, on fera $c = 0$ dans les expressions de x et y, ou plutôt on y supposera seulement c infiniment petit, en observant que l'on a

$$\theta^c = 1 + c\log\theta, \quad \theta^{-c} = 1 - c\log\theta;$$

et l'on trouvera

$$x = \frac{a-b}{2abc(a+b)} + \frac{a^2+b^2}{2ab(a+b)^2}\log\theta, \quad y = \frac{t-g}{(a+b)^2};$$

or c étant nul, pour que x ne soit pas infini, il faut que $a - b$ soit nul en même temps que c; donc

$$a - b = ch, \quad b = a - ch,$$

h étant une constante quelconque; substituant cette valeur et faisant $c = 0$, on aura donc

$$x = \frac{h}{4a^3} + \frac{\log\theta}{4a^2}, \quad y = \frac{t-g}{4a^2},$$

ou plus simplement

$$x = A + B\log\theta, \quad y = C + Bt,$$

A, B, C étant des constantes arbitraires.

Comme t est la longitude et que θ dépend de la latitude seule, il est clair que
$$y = C + Bt$$
est l'équation commune à tous les méridiens, et que
$$x = A + B \log \theta$$
est l'équation commune à tous les parallèles. Ainsi les premiers sont des droites parallèles à l'axe des abscisses, et dont la distance à cet axe croit proportionnellement à la longitude t; et les derniers sont des droites parallèles à l'axe des ordonnées et dont la distance à cet axe croit proportionnellement aux logarithmes de θ.

Dans les Cartes réduites ordinaires on suppose la Terre sphérique, ce qui donne $\varepsilon = 0$, et par conséquent
$$\theta = \tang \frac{z}{2};$$
ce qui s'accorde avec la Théorie connue de ces sortes de Cartes. Mais en tenant compte de l'aplatissement de la Terre, on aura
$$\theta = \tang \frac{\zeta}{2};$$
ainsi il n'y aura pour lors qu'à employer la distance au pôle corrigée ζ (19) à la place de z.

A l'égard de la valeur de m, elle sera, en mettant B à la place de $\frac{1}{(a+b)^2}$,
$$m = \frac{B \sqrt{1 - \varepsilon^2 \cos^2 z}}{\sin z}.$$

23. Après avoir examiné le cas où la quantité c est nulle, nous supposerons que cette quantité ait une valeur réelle quelconque; et nous observerons d'abord, en général, qu'en faisant c négatif dans les formules du n° 21, on a le même résultat que si l'on y changeait seulement a en b. D'où il s'ensuit que, pour avoir tous les cas possibles, il suffit de donner à c des valeurs positives.

Voyons d'abord s'il y a des méridiens et des parallèles qui soient représentés sur la Carte par des lignes droites.

Il faut chercher pour cela les valeurs de t et de θ qui donnent $r = \infty$ et $\rho = \infty$; et il est visible que la supposition de $r = \infty$ donnera

$$\sin[c(t-g)] = 0,$$

et par conséquent

$$t = g \quad \text{ou} \quad t = 180° + g;$$

et que celle de $\rho = 0$ donnera

$$a^2 \theta^c - b^2 \theta^{-c} = 0,$$

d'où l'on tire

$$\theta^c = \pm \frac{b}{a}.$$

En faisant ces substitutions dans les expressions de x et y, elles deviennent l'une et l'autre nulles. D'où l'on conclura d'abord que l'axe des abscisses est lui-même un méridien qui répond à la longitude $t = g$, et que l'axe des coordonnées est lui-même un parallèle qui répond à une distance au pôle corrigée ζ, telle que

$$\left(\tang \frac{\zeta}{2}\right)^c = \pm \frac{b}{a}.$$

Nous nommerons, en général, *centre de la Carte* le point dans lequel se coupent à angles droits le méridien et le parallèle qui doivent être représentés par des lignes droites; ce point sera l'origine des coordonnées x, y; le méridien rectiligne sera l'axe des x, et le parallèle rectiligne sera l'axe des y.

Comme les quantités a, b, g sont arbitraires, on pourra prendre un lieu quelconque de la Terre à volonté pour le centre de la Carte. On fera la longitude de ce lieu égale à g, et, la latitude étant nommée $90° - h$, on aura

$$\frac{b}{a} = \pm \left(\tang \frac{h}{2}\right)^c.$$

24. Maintenant comme tous les méridiens doivent se couper dans les

pôles, il s'ensuit que les pôles de la Carte seront placés dans l'axe des abscisses. Pour les déterminer il n'y aura qu'à faire $z=0$ et $z=180°$; en comptant à l'ordinaire les distances au pôle depuis le pôle boréal de la Terre, la supposition de $z=0$ donnera le pôle boréal de la Carte, et la supposition de $z=180°$ donnera le pôle austral. Or $z=0$ donne $\theta=0$, et $z=180°$ donne $\theta=\infty$; faisant donc ces suppositions dans les expressions de x et y, on aura pour le pôle boréal

$$x = -\frac{1}{2\,abc}, \quad y = 0,$$

et pour le pôle austral

$$x = \frac{1}{2\,abc}, \quad y = 0;$$

d'où l'on voit que les deux pôles sont placés de part et d'autre du centre à distances égales.

Nous nommerons la partie de l'axe des abscisses, laquelle est entre les deux pôles et qui est divisée en deux également par le centre de la Carte, l'*axe de la Carte*, et nous désignerons cet axe par la quantité 2δ. On aura donc $\delta = \frac{1}{2\,abc}$, et de là

$$ab = \frac{1}{2\,\delta c};$$

cette équation, étant combinée avec la précédente

$$\frac{a}{b} = \pm \left(\tang\frac{h}{2}\right)^c,$$

servira à déterminer les deux constantes a et b. D'où l'on voit que l'axe de la Carte est aussi arbitraire, et peut par conséquent être déterminé à volonté suivant la grandeur qu'on veut assigner à la Carte même.

25. Voyons maintenant comment on doit s'y prendre pour tracer les méridiens et les parallèles d'une Carte dont le centre et l'axe sont donnés.

Soit C le centre de la Carte (*fig.* 1), B son pôle boréal, en sorte que BC = δ; du centre C et du rayon BC soit décrit le cercle BDAE, et soient tirés les deux diamètres BCA, DCE perpendiculaires entre eux; le point A sera le pôle austral de la Carte; le point C sera l'origine des coordon-

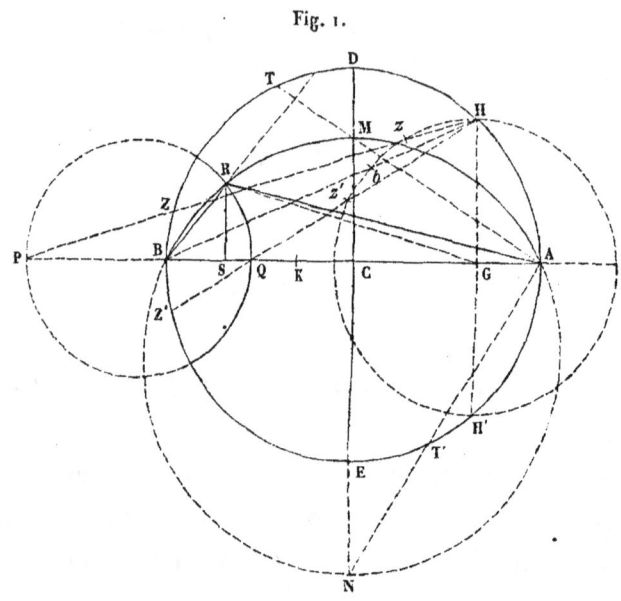

Fig. 1.

nées x, y; la ligne AB sera l'axe de la Carte et en même temps l'axe des abscisses x, lesquelles seront positives en allant de C vers A, et négatives en allant de C vers B; et la ligne DE sera l'axe des ordonnées y, lesquelles seront positives en allant de C vers D, et négatives en allant de C vers E. Les centres des cercles qui représenteront les différents méridiens de la Carte seront placés sur la ligne DE (prolongée de part et d'autre s'il est nécessaire) à la distance Y du point C, et leurs rayons seront égaux à r; et les centres des cercles qui représenteront les parallèles seront placés sur la ligne BA à la distance ξ du point C, et leurs rayons seront égaux à ρ. Ainsi l'on pourra décrire ces différents cercles au moyen des formules du n° 21, aussitôt qu'on aura déterminé les constantes a, b, g ainsi que nous l'avons enseigné dans le numéro précédent. Mais, pour faciliter ces opérations autant qu'il est possible, nous allons les ramener à des constructions très-simples et très-commodes pour la pratique.

26. Et d'abord, pour ce qui regarde les méridiens, je vais déterminer les points où chaque méridien coupe l'axe DE prolongé s'il est nécessaire. Pour cela il n'y a qu'à chercher les valeurs de y qui répondent à $x = 0$ dans les formules du n° **21**. Or, faisant $x = 0$, on a

$$a^2 \theta^c - b^2 \theta^{-c} = 0;$$

donc, en prenant le carré, on aura aussi

$$a^4 \theta^{2c} - 2a^2 b^2 + b^4 \theta^{-2c} = 0;$$

ajoutant de part et d'autre la quantité $4a^2 b^2$ et tirant la racine carrée, on aura

$$a^2 \theta^c + b^2 \theta^{-c} = \pm 2ab;$$

cette valeur étant substituée dans l'expression de y, elle deviendra

$$y = \frac{\sin[c(t-g)]}{2abc \left[\cos[c(t-g)] \pm 1\right]},$$

ou bien, par les formules trigonométriques connues, et à cause de $\frac{1}{2abc} = \delta$,

$$y = \delta \tang \frac{c(t-g)}{2} \quad \text{ou} \quad = -\delta \cot \frac{c(t-g)}{2}.$$

On prendra donc les arcs BT et AT′ d'un nombre de degrés égal à l'angle $c(t-g)$, $t-g$ étant la différence de longitude entre le méridien qu'il s'agit de tracer et le méridien qui passe par le lieu qu'on suppose être au centre de la Carte; et ayant tiré du point A les cordes AT, AT′, les points M, N, où ces cordes coupent la ligne DE prolongée s'il le faut, seront les deux extrémités du diamètre MN du cercle qui représentera le méridien cherché; en sorte qu'il n'y aura plus qu'à décrire ce cercle du centre placé au milieu de la ligne MN; et il est facile de démontrer par la Géométrie que ce cercle passera en même temps par les points A et B qui sont les pôles de la Carte. Cette construction suit évidemment de ce que l'angle BAT est égal à $\frac{c(t-g)}{2}$, et l'angle BET′

égal à $\frac{180° - c(t-g)}{2} = 90° - \frac{c(t-g)}{2}$; de sorte que CA étant égal à $\eth$, on aura

$$CM = \eth \tang \frac{c(t-g)}{2}, \quad CN = -\eth \cot \frac{c(t-g)}{2}.$$

27. Venons maintenant aux parallèles, et cherchons de même les points où chaque parallèle doit couper l'axe BA. On supposera donc $y = 0$, ce qui donnera

$$\sin[c(t-g)] = 0,$$

et par conséquent

$$c(t-g) = 0 \quad \text{ou} \quad = 180°;$$

on fera cette substitution dans l'expression de x et l'on aura

$$x = \frac{a^2 \theta^c - b^2 \theta^{-c}}{2abc(a^2\theta^c \pm 2ab + b^2\theta^{-c})},$$

ce qui se réduit à

$$x = \frac{a^2 \theta^{\frac{c}{2}} \mp b\theta^{-\frac{c}{2}}}{2abc\left(a\theta^{\frac{c}{2}} \pm b\theta^{-\frac{c}{2}}\right)} = \frac{\theta^c \mp \frac{b}{a}}{2abc\left(\theta^c \pm \frac{b}{a}\right)}.$$

Or

$$\theta = \tang \zeta,$$

ζ étant la distance au pôle corrigée du parallèle, et

$$\frac{b}{a} = \pm \left(\tang \frac{h}{2}\right)^c,$$

h étant la distance au pôle corrigée du lieu qui répond au centre de la Carte, laquelle est supposée donnée, les signes ambigus étant d'ailleurs à volonté; donc, puisque $\frac{1}{2abc} = \eth$, on aura

$$x = -\eth \frac{\left(\tang \frac{h}{2}\right)^c \mp \left(\tang \frac{\zeta}{2}\right)^c}{\left(\tang \frac{h}{2}\right)^c \pm \left(\tang \frac{\zeta}{2}\right)^c}.$$

En prenant les signes supérieurs on aura la distance CQ, et en prenant les signes inférieurs on aura la distance CP; et le cercle décrit sur le diamètre PQ sera le parallèle cherché.

28. Si l'on suppose $c = 1$, alors la formule précédente devient

$$x = -\delta \frac{\tang\frac{h}{2} \mp \tang\frac{\zeta}{2}}{\tang\frac{h}{2} \pm \tang\frac{\zeta}{2}} = -\delta \frac{\sin\frac{h \mp \zeta}{2}}{\sin\frac{h \pm \zeta}{2}},$$

laquelle est très-commode pour le calcul logarithmique. Pour la construire, on changera $\sin\frac{h \mp \zeta}{2}$ en son équivalent

$$\sin\left(h - \frac{h \pm \zeta}{2}\right) = \sin h \cos\frac{h \pm \zeta}{2} - \cos h \sin\frac{h \pm \zeta}{2};$$

et substituant on aura

$$x = \delta \cos h - \delta \sin h \cot\frac{h \pm \zeta}{2}.$$

Qu'on prenne l'arc AH d'un nombre de degrés égal à l'angle h, et les arcs BZ, BZ' d'un nombre de degrés égal à l'angle ζ; et que du point H on tire les sécantes HZP, HQZ', qui coupent l'axe AB en P et en Q; ces deux points seront ceux par lesquels devra passer le cercle du parallèle dont il s'agit.

En effet il est clair qu'on aura (en menant la corde HGH' perpendiculaire à l'axe BA)

$$CG = \delta \cos h, \quad GH = \delta \sin h;$$

de plus l'angle Z'HH' sera $\frac{180° - h - \zeta}{2}$, et l'angle ZHH' sera $\frac{180° - h + \zeta}{2}$; donc

$$GQ = \delta \sin h \cot\frac{h + \zeta}{2}, \quad GP = \delta \sin h \cot\frac{h - \zeta}{2};$$

par conséquent

$$CQ = \delta \sin h \cot\frac{h + \zeta}{2} - \delta \cos h,$$

et
$$CP = \delta \sin h \cot \frac{h-\zeta}{2} - \delta \cos h;$$
donc
$$x = -CQ \quad \text{ou} \quad = -CP;$$
donc, etc.

29. Si du centre G et du rayon GH on décrit le cercle $Hzbz'H'$, et qu'on prenne sur la circonférence l'arc Hb d'un nombre de degrés égal à h, et les arcs bz, bz' d'un nombre de degrés égal à ζ; qu'ensuite on tire les sécantes Hz, Hb, Hz' prolongées jusqu'à l'axe AB, elles couperont cet axe dans les points P, B, Q. Car on aura

l'angle $bHG = \dfrac{180°-h}{2}$, l'angle $z'HG = \dfrac{180°-h-\zeta}{2}$, l'angle $zHG = \dfrac{180°-h+\zeta}{2}$:

donc
$$GP = \delta \sin h \cot \frac{h-\zeta}{2}, \quad GQ = \delta \sin h \cot \frac{h+\zeta}{2},$$
$$GB = \delta \sin h \cot \frac{h}{2} = 2\delta \cos^2 \frac{h}{2} = \delta + \delta \cos h;$$

ce qui s'accorde avec les résultats ci-dessus.

Cette dernière construction sera utile lorsque la position du point G de la Carte sera donnée, à la place de celle du centre C; et nous verrons plus bas que ce point G a la propriété, que la quantité m y est un minimum dans l'hypothèse de la Terre sphérique (36).

D'ailleurs, pour peu qu'on examine cette construction, il est aisé d'en voir la conformité avec celle qui résulte des principes de la projection stéréographique ordinaire; la longitude g et la distance au pôle h seront celles qui répondent au lieu de l'œil sur la surface du globe; et le point G de la Carte, qui répond à la même longitude g et à la distance au pôle $180° - h$, sera le centre de la projection, c'est-à-dire le point du plan de projection par lequel passe le diamètre du globe qui aboutit au lieu de l'œil; enfin la ligne GH sera égale à la distance de l'œil à ce même plan.

De là on conclura donc que le cas de $c = 1$ donne la projection stéréographique connue; et qu'ainsi nos formules générales renferment à la fois les deux espèces les plus usitées de Cartes géographiques. De plus

DES CARTES GÉOGRAPHIQUES. 677

on voit par ces formules avec combien de facilité on peut tenir compte de l'aplatissement de la Terre dans la même projection, puisqu'il ne s'agit que d'y prendre, à la place de la vraie distance au pôle z, la distance corrigée ζ, que nous avons vu (19) être à très-peu près égale à

$$z - \frac{\varepsilon^2}{2} \sin 2z.$$

30. Sur la surface de la Terre la circonférence de chaque parallèle est divisée par les méridiens en parties proportionnelles aux différences de longitude; voyons donc comment la circonférence des parallèles de la Carte sera divisée par les méridiens.

Qu'on mène du pôle B au point R la droite BR, et qu'on abaisse du point R la perpendiculaire RS sur l'axe AB; il est visible que la tangente de l'angle RBA sera égale à $\frac{RS}{BS}$. Or

$$RS = y, \quad BC = \delta, \quad CS = -x;$$

donc
$$BS = \delta + x,$$

et par conséquent
$$\tang RBA = \frac{y}{\delta + x}.$$

Qu'on substitue pour x et y leurs valeurs données par les formules générales du n° 21, et l'on trouvera, à cause de $\delta = \frac{1}{2abc}$,

$$\tang RBA = \frac{b \sin[c(t-g)]}{a\theta^c + b \cos[c(t-g)]}.$$

Or on a dans les formules du n° 27 (en prenant les signes supérieurs)

$$CQ = -x = \frac{b - a\theta^c}{2abc(a\theta^c + b)};$$

donc
$$BQ = \delta - CQ = \frac{\theta^c}{bc(a\theta^c + b)}, \quad AQ = \delta + CQ = \frac{1}{ac(a\theta^c + b)};$$

donc
$$\frac{BQ}{AQ} = \frac{a\theta^c}{b};$$

cette valeur étant substituée dans l'expression précédente de tang RBA, on aura

$$\tan \mathrm{RBA} = \frac{\mathrm{AQ} \sin[c(t-g)]}{\mathrm{BQ} + \mathrm{AQ} \cos[c(t-g)]};$$

ce qui fournit la construction suivante pour trouver l'angle RBA.

Qu'on décrive du centre Q et du rayon QA un cercle, et qu'on divise la circonférence de ce cercle à commencer du pôle A en parties qui répondent aux angles $c(t-g)$; qu'on mène ensuite de l'autre pôle B à chacune de ces divisions des lignes droites BR prolongées s'il est nécessaire; ces lignes diviseront le parallèle PRQ en parties QR correspondantes à la différence de longitude $g-t$ entre les méridiens BA et BRA.

Le cercle dont il s'agit s'appelle, à cause de cette propriété, un *cercle diviseur*; et dans la projection stéréographique pour laquelle on a $c=1$, les arcs de ce cercle exprimeront précisément les différences de longitude.

31. Qu'on mène aussi du pôle A au même point R la droite AR, et qu'on nomme λ la droite BR, μ la droite AR, il est visible qu'on aura

$$\lambda = \sqrt{(\delta+x)^2 + y^2}, \quad \mu = \sqrt{(\delta-x)^2 + y^2};$$

qu'on substitue pour x et y leurs valeurs (21) en se rappelant que $\delta = \frac{1}{2abc}$, il viendra

$$\lambda^2 = \frac{a^2\theta^{2c} + 2ab\,\theta^c \cos[c(t-g)] + b^2}{b^2c^2\left[a^2\theta^c + 2ab\cos[c(t-g)] + b^2\theta^{-c}\right]^2} = \frac{\theta^c}{b^2c^2\left[a^2\theta^c + 2ab\cos[c(t-g)] + b^2\theta^{-c}\right]},$$

$$\mu^2 = \frac{b^2\theta^{-2c} + 2ab\,\theta^{-c} \cos[c(t-g)] + a^2}{a^2c^2\left[a^2\theta^c + 2ab\cos[c(t-g)] + b^2\theta^{-c}\right]^2} = \frac{\theta^{-c}}{a^2c^2\left[a^2\theta^c + 2ab\cos[c(t-g)] + b^2\theta^{-c}\right]};$$

d'où l'on tire

1° $$\frac{\lambda^2}{\mu^2} = \frac{a^2\theta^{2c}}{b^2}, \quad \frac{\lambda}{\mu} = \frac{a\theta^c}{b},$$

2° $$\frac{1}{\lambda^2\mu^2} = a^2b^2c^4\left[a^2\theta^c + 2ab\cos[c(t-g)] + b^2\theta^{-c}\right]^2;$$

et de là
$$\frac{1}{\lambda\mu} = abc^2\left[a^2\theta^c + 2ab\cos[c(t-g)] + b^2\theta^{-c}\right].$$

Qu'on substitue dans cette dernière équation pour θ^c sa valeur $\frac{b\lambda}{a\mu}$ tirée de la première, on aura

$$\frac{1}{\lambda\mu} = a^2b^2c^2\left[\frac{\lambda}{\mu} + 2\cos[c(t-g)] + \frac{\mu}{\lambda}\right],$$

savoir, en multipliant par $\lambda\mu$ et substituant pour abc sa valeur $\frac{1}{2\delta}$,

$$4\delta^2 = \lambda^2 + 2\lambda\mu\cos[c(t-g)] + \mu^2.$$

Or, en considérant le triangle BRA, dans lequel

$$BA = 2\delta, \quad BR = \lambda, \quad AR = \mu,$$

on a, comme on sait,

$$(2\delta)^2 = \lambda^2 - 2\lambda\mu\cos BRA + \mu^2.$$

Donc, en comparant cette équation à la précédente, on aura

$$-\cos BRA = \cos[c(t-g)],$$

et par conséquent

$$BRA = 180° - c(t-g).$$

De sorte qu'on aura $t-g$, c'est-à-dire la différence de longitude des méridiens BA et BRA, égale à $\frac{180° - BRA}{c}$.

A l'égard de la première équation

$$\frac{\lambda}{\mu} = \frac{a\theta^c}{b},$$

si l'on y substitue pour θ et pour $\frac{b}{a}$ leurs valeurs $\tang\frac{z}{2}$ et $\left(\tang\frac{h}{2}\right)^c$, et qu'on en tire la racine $c^{\text{ième}}$, elle donnera

$$\frac{\tang\frac{\zeta}{2}}{\tang\frac{h}{2}} = \left(\frac{\lambda}{\mu}\right)^{\frac{1}{c}} = \left(\frac{RB}{RA}\right)^{\frac{1}{c}},$$

équation par laquelle on connaîtra la distance au pôle ζ du parallèle RQ, en supposant connue la distance au pôle h du parallèle DCE.

32. En général on voit par les formules précédentes que, les lieux des pôles A et B d'une Carte étant connus, et sachant de plus la longitude t et la distance au pôle ζ d'un lieu quelconque R, on pourra connaître

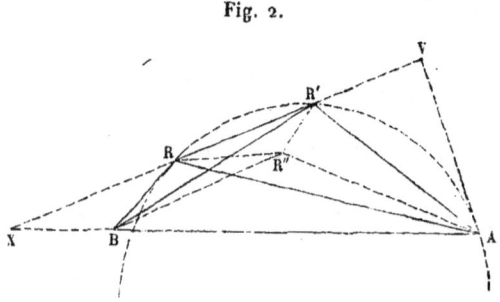

Fig. 2.

aisément la longitude t' et la distance au pôle ζ' d'un autre lieu quelconque R' (*fig.* 2). Car ayant joint les droites RB, RA, R'B, R'A, on aura pour le lieu R

$$t - g = \frac{180° - \mathrm{BRA}}{c}, \quad \frac{\tang \frac{\zeta}{2}}{\tang \frac{h}{2}} = \left(\frac{\mathrm{RB}}{\mathrm{RA}}\right)^{\frac{1}{c}},$$

et de même pour l'autre lieu R'

$$t' - g = \frac{180° - \mathrm{BR'A}}{c}, \quad \frac{\tang \frac{\zeta'}{2}}{\tang \frac{h}{2}} = \left(\frac{\mathrm{R'B}}{\mathrm{R'A}}\right)^{\frac{1}{c}};$$

donc

$$t' - t = \frac{\mathrm{BRA} - \mathrm{BR'A}}{c} = \frac{\mathrm{R'AR} - \mathrm{R'BR}}{c},$$

et

$$\frac{\tang \frac{\zeta'}{2}}{\tang \frac{\zeta}{2}} = \left(\frac{\mathrm{R'B}}{\mathrm{RB}} \cdot \frac{\mathrm{RA}}{\mathrm{R'A}}\right)^{\frac{1}{c}},$$

ou bien

$$\tang \frac{\zeta'}{2} : \tang \frac{\zeta}{2} = \left(\frac{\mathrm{R'B}}{\mathrm{R'A}}\right)^{\frac{1}{c}} : \left(\frac{\mathrm{RB}}{\mathrm{RA}}\right)^{\frac{1}{c}}.$$

33. S'il n'y avait que le lieu d'un des pôles B de donné, mais que l'on connût les longitudes t, t' et les distances au pôle ζ, ζ' de deux lieux quelconques R, R', on pourrait par leur moyen trouver la longitude et la distance au pôle d'un autre lieu quelconque. Toute la difficulté se réduit, comme on voit, à trouver le lieu de l'autre pôle A.

Ayant joint les trois lignes BR, BR', RR', il est clair que le triangle BRR' est donné de grandeur et de position; soit A le lieu cherché de l'autre pôle, et qu'on mène aussi les droites RA, R'A; on aura d'abord par le numéro précédent

$$R'AR = R'BR + c(t' - t),$$

de sorte que l'angle au pôle R'AR sera connu. Qu'on décrive donc sur la corde RR' un cercle RR'A capable de l'angle RAR', et le pôle cherché A se trouvera nécessairement sur la circonférence de ce cercle.

On aura ensuite (**32**)

$$\frac{RA}{R'A} = \frac{RB}{R'B}\left(\frac{\tang\frac{\zeta'}{2}}{\tang\frac{\zeta}{2}}\right)^c,$$

en sorte que le rapport des lignes RA, R'A sera aussi connu.

Qu'on tire au point A la tangente AV au cercle, laquelle rencontre en V la corde RR' prolongée; on sait que l'angle R'AV est égal à l'angle VRA, et qu'ainsi les triangles ARV, R'AV sont semblables; ce qui donne

$$RA : R'A = RV : VA = VA : R'V,$$

et par conséquent

$$\overline{RA}^2 : \overline{R'A}^2 = RV : R'V; \quad \text{donc} \quad \overline{RA}^2 - \overline{R'A}^2 : \overline{R'A}^2 = RR' : R'V.$$

Ainsi l'on trouvera le point V sur la sécante RR'V, duquel tirant ensuite une tangente au cercle, le point de contact A sera le lieu du pôle cherché.

34. Enfin, si l'on ne connaissait que les longitudes t, t', t'' et les distances au pôle ζ, ζ', ζ'' de trois lieux quelconques R, R', R'' donnés de position sur la Carte, on pourrait déterminer les lieux des pôles B et A;

et par leur moyen les longitudes et les latitudes de tous les autres lieux de la même Carte. Car ayant mené des trois lieux donnés R, R′, R″ aux deux pôles cherchés A et B les six droites RA, R′A, R″A, RB, R′B, R″B, on aura (32)

$$BR'A - BRA = c(t - t'), \quad BR''A - BR'A = c(t' - t''),$$

$$\frac{RB}{RA} : \frac{R'B}{R'A} : \frac{R''B}{R''A} = \left(\tang\frac{\zeta}{2}\right)^c : \left(\tang\frac{\zeta'}{2}\right)^c : \left(\tang\frac{\zeta''}{2}\right)^c;$$

ce qui fournit comme on voit quatre équations, lesquelles suffiront pour la détermination des deux points A et B.

Le Problème dont il s'agit se réduit, en général, à celui-ci : *Trois points* R, R′, R″ *étant donnés, construire sur une même base* AB *trois triangles, dont les sommets soient aux points donnés, et qui soient tels :* 1° *que les différences des angles au sommet* BRA, BR′A, BR″A *soient données ;* 2° *que les raisons des côtés qui comprennent ces angles, c'est-à-dire* $\frac{RB}{RA}, \frac{R'B}{R'A}, \frac{R''B}{R''A}$, *soient entre elles dans des rapports donnés.*

Or ce Problème me paraît assez difficile à résoudre par la Géométrie ; et quant à la solution algébrique, je ne l'ai pas tentée, soit pour ne pas trop m'écarter de mon sujet, soit aussi parce qu'il me semble qu'elle ne serait d'aucun usage, à moins qu'on ne pût la ramener ensuite à une construction aisée.

Au reste, si l'on voulait entreprendre cette solution, on pourrait aussi se servir des formules générales du n° 21. Car en supposant que les coordonnées x, y répondent au point R, et désignant par x', y' les coordonnées pour le point R′, et par x'', y'' les coordonnées pour le point R″, on aura ces trois équations

$$(x' - x)^2 + (y' - y)^2 = \overline{RR'}^2,$$
$$(x'' - x)^2 + (y'' - y)^2 = \overline{RR''}^2,$$
$$(x'' - x')^2 + (y'' - y')^2 = \overline{R'R''}^2.$$

Substituant donc pour x, y, x', y', x'', y'' leurs valeurs, dans lesquelles les quantités t, t', t'', ainsi que $\theta, \theta', \theta''$ sont données, on aura trois équations qui serviront à déterminer les trois constantes a, b, g; et le Problème sera résolu dès que les valeurs de ces constantes seront connues.

Par le moyen de ce Problème on pourra donc construire une Carte géographique dans laquelle trois lieux quelconques seront placés à volonté; ce qui peut être utile dans quelques occasions.

35. Considérons présentement l'altération causée par la projection dans la grandeur des différents lieux de la surface de la Terre, et voyons les moyens de la diminuer. Nous avons déjà vu (21) que le rayon de l'équateur de la Terre étant supposé égal à 1, la grandeur naturelle de chaque lieu est augmentée ou diminuée dans la Carte suivant la proportion de $1:m$, la quantité m étant déterminée par cette formule

$$m = \frac{\sqrt{1-\varepsilon^2\cos^2 z}}{\sin z \left[a^2 \theta^c + 2ab \cos[c(t-g)] + b^2 \theta^{-c}\right]},$$

laquelle, en mettant $\frac{1}{2\delta}$ à la place de abc, $\tang\frac{\zeta}{2}$ à la place de θ et $\left(\tang\frac{h}{2}\right)^c$ à la place de $\frac{b}{a}$, se change en celle-ci

$$m = \frac{2c\delta\sqrt{1-\varepsilon^2\cos^2 z}}{\sin z \left[\left(\dfrac{\tang\dfrac{\zeta}{2}}{\tang\dfrac{h}{2}}\right)^c + 2\cos[c(t-g)] + \left(\dfrac{\tang\dfrac{h}{2}}{\tang\dfrac{\zeta}{2}}\right)^c\right]}.$$

Il est d'abord évident que, par rapport à la variable t, la valeur de m sera la plus petite lorsque $t=g$, auquel cas la variation de m sera nulle: car en faisant $t = g + \alpha$, on aura, tant que α sera très-petite,

$$\cos[c(t-g)] = 1 - \frac{c^2\alpha^2}{2} + \frac{c^4\alpha^4}{2.3.4} - \cdots,$$

où l'on voit que le terme qui contient la première puissance de α ne se trouve pas; quant au terme qui contient α^2, il sera impossible de le détruire, à moins de supposer $c = 0$, ce qui donne le cas des Cartes réduites (22).

Or, g étant la longitude du méridien rectiligne BA de la Carte, il s'ensuit que les lieux placés sous ce méridien sont ceux dont la grandeur est la moins altérée en longitude par la projection; reste donc à chercher la latitude du lieu qui sera en même temps sujet à la moindre altération en latitude. Pour cela il n'y a qu'à différentier la valeur de m, en y faisant varier z seul, et faire ensuite la différentielle nulle. Ce calcul n'a aucune difficulté, mais pour le simplifier davantage il sera à propos de faire abstraction de l'excentricité ε de la Terre, laquelle étant en effet très-petite peut être négligée sans erreur sensible, surtout dans la recherche présente.

36. Nous allons auparavant mettre la valeur de m sous une forme un peu différente et plus commode pour le calcul, en y introduisant à la place des variables ϑ et t les distances λ et μ. Pour cela on substituera d'abord à la place de

$$a^2\theta^c + 2ab\cos[c(t-g)] + b^2\theta^{-c}$$

sa valeur trouvée (31) $\dfrac{1}{abc^2\lambda\mu}$, ou bien $\dfrac{2\delta}{c\lambda\mu}$; ce qui donnera

$$m = \frac{c\lambda\mu.\sqrt{1-\varepsilon^2\cos^2 z}}{2\delta\sin z}.$$

Ensuite on aura, par le même numéro,

$$\tang\frac{\zeta}{2} = \tang\frac{h}{2}\left(\frac{\lambda}{\mu}\right)^{\frac{1}{c}} = \tang\frac{z}{2}\left(\frac{1+\varepsilon\cos z}{1-\varepsilon\cos z}\right)^{\frac{\varepsilon}{2}} (21);$$

moyennant quoi on pourra éliminer l'angle z.

Négligeons les termes affectés du carré ε^2 de l'excentricité des méridiens; on aura

$$m = \frac{c\lambda\mu}{2\delta\sin z}, \quad \tang\frac{z}{2} = \tang\frac{h}{2}\left(\frac{\lambda}{\mu}\right)^{\frac{1}{c}};$$

or, comme on sait,

$$\sin z = \frac{2\tang\dfrac{z}{2}}{1+\tang^2\dfrac{z}{2}};$$

donc, substituant la valeur précédente, on aura

$$\sin z = \cfrac{1}{\mu^{\frac{1}{c}} \lambda^{-\frac{1}{c}} \cot\frac{h}{2} + \lambda^{\frac{1}{c}} \mu^{-\frac{1}{c}} \tang\frac{h}{2}},$$

et par conséquent

$$m = \frac{c}{2\delta} \left(\lambda^{1+\frac{1}{c}} \mu^{1-\frac{1}{c}} \tang\frac{h}{2} + \lambda^{1-\frac{1}{c}} \mu^{1+\frac{1}{c}} \cot\frac{h}{2} \right),$$

expression générale de la valeur de m pour un point quelconque R de la Carte, laquelle ne dépend que des deux distances $\lambda = $ RB, $\mu = $ RA de ce point aux deux pôles.

37. Si l'on fait $c = 1$ pour avoir le cas de la projection stéréographique (29), on aura

$$m = \frac{\lambda^2 \tang\frac{h}{2} + \mu^2 \cot\frac{h}{2}}{2\delta} = \frac{\lambda^2 + \mu^2 - (\lambda^2 - \mu^2)\cos h}{2\delta \sin h}.$$

Or on a (*fig.* 1, page 672)

$$\lambda^2 = \overline{RB}^2 = \overline{RS}^2 + \overline{BS}^2 = \overline{RS}^2 + \overline{CB - CS}^2,$$

$$\mu^2 = \overline{RA}^2 = \overline{RS}^2 + \overline{SA}^2 = \overline{RS}^2 + \overline{CA + CS}^2;$$

donc (à cause de CA = CB) on aura

$$\lambda^2 + \mu^2 = 2\overline{RS}^2 + 2\overline{CA}^2 + 2\overline{CS}^2,$$

$$\lambda^2 - \mu^2 = -4 CA \times CS;$$

de plus on a
$$CA \cos h = CG, \quad \delta \sin h = CA \sin h = GH;$$

donc
$$m = \frac{\overline{RS}^2 + \overline{CA}^2 + \overline{CS}^2 + 2 CS \times CG}{GH};$$

or
$$\overline{CA}^2 = \overline{CG}^2 + \overline{GH}^2;$$

et, joignant les points G, R par la droite GR, on a aussi

$$\overline{GR}^2 = \overline{RS}^2 + \overline{SG}^2 = \overline{RS}^2 + \overline{CS}^2 + 2 CS \times CG + \overline{CG}^2;$$

donc enfin on aura
$$m = \frac{\overline{GR}^2 + \overline{GH}^2}{GH}.$$

On voit par cette formule que la valeur de m sera la plus petite dans le point G, qui répond à une distance au pôle $z = BH' = 180° - h$, et qui est, ainsi que nous l'avons dit dans le n° 29, le centre de la projection stéréographique; ce qui est d'ailleurs évident par la nature de cette projection.

38. Comme l'exposant c de la projection est à volonté, voyons si par son moyen on peut diminuer davantage les variations de la quantité m. Nous avons déjà remarqué plus haut (35) que les minimums de cette quantité doivent tomber nécessairement dans des lieux placés sur le méridien rectiligne AB. Or lorsque le point R tombe sur AB, on a évidemment
$$\lambda + \mu = AB = 2\delta;$$
de sorte que, si la quantité λ varie par exemple d'une quantité quelconque β, la quantité μ devra varier en même temps de la quantité $-\beta$.

Substituons donc, dans l'expression générale de m (36), $\lambda + \beta$ à la place de λ, et $\mu - \beta$ à la place de μ; et, regardant la quantité β comme très-petite, poussons la précision jusqu'aux β^2; nous aurons la formule suivante

$$m = \frac{c}{2\delta}\left(\lambda^{1+\frac{1}{c}}\mu^{1-\frac{1}{c}}\tang\frac{h}{2} + \lambda^{1-\frac{1}{c}}\mu^{1+\frac{1}{c}}\cot\frac{h}{2}\right)$$
$$+ \frac{c\beta}{2\delta}\left[\left(\frac{c+1}{c}\lambda^{\frac{1}{c}}\mu^{1-\frac{1}{c}} - \frac{c-1}{c}\lambda^{1+\frac{1}{c}}\mu^{-\frac{1}{c}}\right)\tang\frac{h}{2}\right.$$
$$\left. + \left(\frac{c-1}{c}\lambda^{-\frac{1}{c}}\mu^{1+\frac{1}{c}} - \frac{c+1}{c}\lambda^{1-\frac{1}{c}}\mu^{\frac{1}{c}}\right)\cot\frac{h}{2}\right]$$
$$+ \frac{c\beta^2}{2\delta}\left[\left(\frac{c+1}{2c^2}\lambda^{\frac{1}{c}-1}\mu^{1-\frac{1}{c}} - \frac{c^2-1}{c^2}\lambda^{\frac{1}{c}}\mu^{-\frac{1}{c}} - \frac{c-1}{c^2}\lambda^{1+\frac{1}{c}}\mu^{-1-\frac{1}{c}}\right)\tang\frac{h}{2}\right.$$
$$\left. + \left(-\frac{c-1}{2c^2}\lambda^{-\frac{1}{c}-1}\mu^{1+\frac{1}{c}} - \frac{c^2-1}{c^2}\lambda^{-\frac{1}{c}}\mu^{\frac{1}{c}} + \frac{c+1}{c^2}\lambda^{1-\frac{1}{c}}\mu^{-1+\frac{1}{c}}\right)\cot\frac{h}{2}\right]$$

. . . .

Pour faire évanouir dans cette expression de m les termes affectés de la première dimension de β, on aura l'équation suivante

$$\left[(c+1)\lambda^{\frac{1}{c}}\mu^{1-\frac{1}{c}}-(c-1)\lambda^{1+\frac{1}{c}}\mu^{-\frac{1}{c}}\right]\tang\frac{h}{2}+\left[(c-1)\lambda^{-\frac{1}{c}}\mu^{1+\frac{1}{c}}-(c+1)\lambda^{1-\frac{1}{c}}\mu^{\frac{1}{c}}\right]\cot\frac{h}{2}=0,$$

savoir, en faisant $\dfrac{\lambda}{\mu}=n$ et réduisant,

$$n^{\frac{1}{c}}[c+1-(c-1)n]\tang\frac{h}{2}+n^{-\frac{1}{c}}[c-1-(c+1)n]\cot\frac{h}{2}=0,$$

équation qui donnera le minimum de la quantité m, quelle que soit la valeur de c.

Si l'on veut détruire aussi les termes affectés du carré β^2, on aura cette autre équation

$$n^{\frac{1}{c}}[c+1-2(c^2-1)n-(c-1)n^2]\tang\frac{h}{2}-n^{-\frac{1}{c}}[c-1+2(c^2-1)n-(c+1)n^2]\cot\frac{h}{2}=0;$$

et l'on pourra satisfaire à la fois à ces deux équations au moyen des quantités c et n regardées comme inconnues.

39. Or si l'on nomme ϖ la distance au pôle élevé, ou le complément de la latitude du lieu situé sur le méridien rectiligne BA, pour lequel les deux équations dont il s'agit seront observées, on aura, en substituant dans la formule du n° 36

$$\tang\frac{z}{2}=\tang\frac{h}{2}\left(\frac{\lambda}{\mu}\right)^{\frac{1}{c}}$$

ϖ à la place de z et n à la place de $\dfrac{\lambda}{\mu}$, on aura, dis-je,

$$\tang\frac{\varpi}{2}=n^{\frac{1}{c}}\tang\frac{h}{2};$$

donc, à cause de

$$\cot\frac{h}{2}=\frac{1}{\tang\dfrac{h}{2}},$$

les deux équations du numéro précédent, étant multipliées par $n^{\frac{1}{2}}\tang\frac{h}{2}$, deviendront

$$[c+1-(c-1)n]\tang^2\frac{\varpi}{2}+c-1-(c+1)n=0,$$

$$[c+1-2(c^2-1)n-(c-1)n^2]\tang^2\frac{\varpi}{2}-c+1-2(c^2-1)n+(c+1)n^2=0.$$

La première donne

$$n=\frac{(c+1)\tang^2\frac{\varpi}{2}+c-1}{(c-1)\tang^2\frac{\varpi}{2}+c+1},$$

et, cette valeur étant substituée dans la seconde, elle deviendra, après avoir fait évanouir les fractions,

$$\left[(c+1)(c-1)^2-(c-1)(c+1)^2-2(c^2-1)^2\right]\left(1+\tang^6\frac{\varpi}{2}\right)$$
$$+\left[2(c-1)(c+1)^2-2(c+1)(c-1)^2-2(c^2-1)(c-1)^2\right.$$
$$\left.-2(c^2-1)(c+1)^2+(c+1)^3-(c-1)^3-2(c^2-1)^2\right]\left(\tang^2\frac{\varpi}{2}+\tang^4\frac{\varpi}{2}\right)=0,$$

laquelle se réduit à celle-ci

$$(c^2-1)\left(1+\tang^6\frac{\varpi}{2}\right)+(3c^2-7)\left(\tang^2\frac{\varpi}{2}+\tang^4\frac{\varpi}{2}\right)=0;$$

d'où l'on tire

$$c^2=\frac{1+7\tang^2\frac{\varpi}{2}+7\tang^4\frac{\varpi}{2}+\tang^6\frac{\varpi}{2}}{\left(1+\tang^2\frac{\varpi}{2}\right)^3},$$

savoir

$$c^2=1+\frac{4\tang^2\frac{\varpi}{2}}{\left(1+\tang^2\frac{\varpi}{2}\right)^2}=1+4\sin^2\frac{\varpi}{2}\cos^2\frac{\varpi}{2},$$

ou plus simplement

$$c^2=1+\sin^2\varpi \quad \text{et} \quad c=\sqrt{1+\sin^2\varpi}.$$

Ayant c, on aura n par la formule ci-dessus, laquelle peut se mettre sous cette forme plus simple

$$n = \frac{c - \cos\varpi}{c + \cos\varpi}.$$

La valeur de c sera l'exposant de la projection (**22**), et la valeur de n donnera le rapport $\frac{BK}{AK}$ des parties de l'axe BA de la Carte pour le point K dans lequel les conditions proposées auront lieu, et dont la longitude sera g et la latitude $90° - \varpi$.

40. Le lieu dont il s'agit aura donc la propriété, que la quantité m sera à peu près constante dans tous les lieux circonvoisins; en sorte que les régions circonvoisines seront le moins altérées qu'il est possible dans leur grandeur, et conserveront par conséquent à très-peu près leur forme naturelle, puisque d'ailleurs chaque partie infiniment petite de la projection est déjà par elle-même semblable à la partie correspondante de la figure de la Terre, en vertu de la nature de la projection (**4**). Ainsi il sera à propos, lorsqu'on aura une Carte quelconque à construire, de faire en sorte que ce même lieu occupe à peu près le milieu de la Carte, parce qu'alors les pays représentés dans la Carte seront le moins déformés qu'il sera possible, et toujours d'autant moins qu'ils seront plus près du milieu.

On choisira donc, dans l'étendue de pays que l'on se propose de projeter sur une Carte, un des principaux lieux, pour être placé à peu près au milieu de la Carte, et l'on fera la longitude de ce lieu égale à g, et sa latitude, ou la hauteur du pôle égale à $90° - \varpi$; on aura d'abord l'exposant de la projection

$$c = \sqrt{1 + \sin^2\varpi}.$$

Ensuite, pour construire la Carte, il n'y aura qu'à placer ce même lieu dans un point quelconque K qui soit vers le milieu de la Carte, et ayant mené une droite BA, on prendra de part et d'autre du point K les parties BK et AK telles que

$$BK : AK = c - \cos\varpi : c + \cos\varpi;$$

le point B sera le pôle boréal de la Carte et le point A en sera le pôle austral; la distance BA sera l'axe même de la Carte, dont la longueur est arbitraire, et dépend de la grandeur ou de l'échelle qu'on veut donner à la Carte.

On cherchera de plus l'angle h qui représente la distance au pôle, ou le complément de la latitude du lieu qui doit occuper le centre C de la Carte, par la formule

$$\tang\frac{\varpi}{2} = n^{\frac{1}{c}} \tang\frac{h}{2}$$

du n° 39, dans laquelle $n = \dfrac{KB}{KA}$, en sorte qu'on aura

$$\tang\frac{h}{2} = \left(\frac{KA}{KB}\right)^{\frac{1}{c}} \tang\frac{\varpi}{2};$$

et l'on aura tous les éléments nécessaires pour la construction de la Carte proposée.

41. Lorsque l'exposant c de la projection est donné, comme dans la projection stéréographique où $c = 1$ (**29**), on ne peut faire disparaître dans l'expression de m que les termes affectés de la première dimension de β, en prenant (**39**)

$$n = \frac{KB}{KA} = \frac{c - \cos\varpi}{c + \cos\varpi};$$

et il est visible que la variation de m et par conséquent la difformité de la Carte sera toujours plus grande dans ce cas que dans le cas précédent, où l'on donne à c une valeur convenable pour faire disparaître aussi les secondes dimensions de β.

En faisant $c = 1$ pour la projection stéréographique, on a

$$n = \frac{1 - \cos\varpi}{1 + \cos\varpi} = \tang^2\frac{\varpi}{2};$$

mais on a, en général, lorsque $c = 1$,

$$\tang\frac{\varpi}{2} = n^{\frac{1}{c}} \tang\frac{h}{2} = n \tang\frac{h}{2};$$

DES CARTES GÉOGRAPHIQUES.

donc
$$n = n^2 \tang^2 \frac{h}{2} \quad \text{et} \quad n = \cot^2 \frac{h}{2} = \frac{1+\cos h}{1-\cos h} = \frac{GB}{GA};$$

mais $n = \dfrac{KB}{KA}$; donc le point K tombe en G, ce qui s'accorde avec ce que nous avons vu plus haut (37).

Or, par l'expression générale de m donnée dans ce numéro, il est aisé de voir que la valeur de m pour les lieux placés sur l'axe BA à une distance quelconque β du point G sera

$$\frac{\overline{GH}^2 + \beta^2}{GH};$$

d'où il s'ensuit que, quelque valeur que puisse avoir la quantité GH, jamais la seconde dimension de β ne pourra disparaître de la valeur de m, à moins de supposer $GH = \infty$, ce qui serait absurde, puisqu'on aurait alors aussi $m = \infty$. Donc elle ne disparaîtra pas non plus dans le cas du n° 39, lorsque la valeur de ϖ sera telle que $c = 1$, ce qui arrive en faisant $\sin \varpi = 0$, et par conséquent $\varpi = 0$ ou $= 180°$, c'est-à-dire quand l'un ou l'autre pôle doit occuper le milieu de la Carte, auquel cas on aurait la projection stéréographique polaire; c'est aussi de quoi l'on peut se convaincre par les formules mêmes des n°ˢ 38, 39.

En effet si l'on suppose, ce qui revient au même, $\sin \varpi$ infiniment petit et égal à i, on aura

$$c = 1 + \frac{i^2}{2}, \quad \cos \varpi = 1 - \frac{i^2}{2},$$

donc
$$n = \frac{i^2}{2}, \quad \tang \frac{\varpi}{2} = \sqrt{\frac{1-\cos \varpi}{1+\cos \varpi}} = \frac{i}{2},$$

donc $\left(\text{à cause de } \tang \dfrac{\varpi}{2} = n^{\frac{1}{c}} \tang \dfrac{h}{2}\right)$ on aura

$$\tang \frac{h}{2} = \frac{1}{i}, \quad \cot \frac{h}{2} = i.$$

Or
$$\frac{\lambda}{\mu} = n, \quad \lambda + \mu = 2\delta;$$

on aura donc
$$\lambda = \delta i^2, \quad \mu = 2\delta.$$

Substituant ces différentes valeurs dans l'expression générale de m du n° 38 et négligeant ce qu'on doit négliger à cause de i infiniment petit, on aura
$$m = 2\delta i - \beta i + \frac{\beta^2}{2\delta i},$$

où l'on voit que le terme affecté de β disparait en faisant $i = 0$, mais non pas celui qui contient β^2. C'est le seul cas où les résultats généraux du n° 39 soient en défaut; ce qui vient de ce que l'équation provenant de la destruction du coefficient de β^2 a été multipliée par la quantité $n^{1+\frac{1}{c}} \tang\frac{h}{2}$, laquelle dans le cas présent devient $\frac{i^3}{4}$. J'ai cru devoir entrer dans ce petit détail pour lever la contradiction apparente qu'on aurait pu remarquer entre les résultats des n°s 37, 39.

42. Supposons qu'il s'agisse de construire une Carte dont le milieu doive être occupé par la ville de Berlin; on aura donc
$$g = 31° 2'\tfrac{1}{2}, \quad 90° - \varpi = 52° 31'\tfrac{1}{2},$$
par conséquent
$$\varpi = 37° 28'\tfrac{1}{2};$$
de là on trouvera
$$c = \sqrt{1 + \sin^2(37° 28'\tfrac{1}{2})} = 1,1706,$$
et
$$n = \frac{0,3770}{1,9642} = 0,19194.$$

On prendra donc pour l'exposant c de la projection le nombre $1,17$, lequel diffère peu, comme on voit, de l'unité; en sorte que la projection ne s'éloignera pas beaucoup de la projection stéréographique; ensuite, en supposant que Berlin soit au point K, on déterminera les pôles B et A en sorte que $\frac{KB}{KA} = 0,192$, c'est-à-dire qu'on prendra KB : KA comme 19 à 100 à très-peu près.

MÉMOIRE

sur la

THÉORIE DU MOUVEMENT DES FLUIDES.

MÉMOIRE

SUR LA

THÉORIE DU MOUVEMENT DES FLUIDES (*).

(*Nouveaux Mémoires de l'Académie royale des Sciences et Belles-Lettres de Berlin*, année 1781.)

Depuis que M. d'Alembert a réduit à des équations analytiques les vraies lois du mouvement des fluides, cette matière est devenue l'objet d'un grand nombre de recherches qui se trouvent répandues dans les *Opuscules* de M. d'Alembert, et dans les Recueils de cette Académie et de celle de Pétersbourg. La Théorie générale a été beaucoup perfectionnée dans ces différentes recherches; mais il n'en est pas de même de la partie de cette Théorie qui concerne la manière de l'appliquer aux questions particulières. M. d'Alembert parait même porté à croire que cette application est impossible dans la plupart des cas, surtout lorsqu'il s'agit du mouvement des fluides qui coulent dans des vases.

Après avoir soigneusement étudié tout ce qui a déjà été écrit sur la Théorie rigoureuse du mouvement des fluides, je me suis appliqué à lever, ou du moins à diminuer les difficultés qui ont retardé les progrès de cette Théorie, et ont obligé les Géomètres à se contenter, pour la solution des Problèmes les plus simples, de méthodes indirectes, ou fon-

(*) Lu le 22 novembre 1781.

dées sur des suppositions précaires. C'est ce qui a occasionné les Recherches dont je vais donner le résultat dans ce Mémoire.

SECTION PREMIÈRE.
CONSIDÉRATIONS GÉNÉRALES SUR LES ÉQUATIONS FONDAMENTALES DU MOUVEMENT DES FLUIDES.

1. Soit une masse quelconque de fluide que l'on considérera comme composée d'une infinité de particules dm; et soient x, y, z les coordonnées rectangles de chaque particule dm; p, q, r les vitesses de cette particule parallèlement aux mêmes coordonnées et dans le sens dans lequel ces coordonnées augmentent; et enfin t le temps écoulé depuis le commencement du mouvement. Ces quantités p, q, r, devant appartenir, en général, à chaque particule et à chaque instant du mouvement, ne peuvent être que des fonctions des variables x, y, z, t; et c'est de la détermination de ces fonctions que dépend celle du mouvement du fluide.

Ces fonctions étant connues, on aura, pour le mouvement de chaque particule, les équations

$$dx = p\,dt, \quad dy = q\,dt, \quad dz = r\,dt;$$

lesquelles, étant intégrées, donneront les valeurs de x, y, z exprimées en t et en trois constantes arbitraires a, b, c, dépendantes du lieu initial de la particule; ainsi l'on connaîtra le lieu de chaque particule du fluide après un temps quelconque.

Si l'on chasse dt de ces équations, on aura ces deux-ci

$$p\,dy = q\,dx, \quad p\,dz = r\,dx,$$

lesquelles expriment la nature des différentes courbes dans lesquelles tout le fluide se meut à chaque instant, courbes qui changent de place et de forme d'un instant à l'autre.

2. Maintenant, à cause de la continuité du fluide, on peut imaginer que chaque particule dm ait la figure d'un parallélépipède rectangle, et

DU MOUVEMENT DES FLUIDES.

que son volume soit par conséquent exprimé par $\delta x\, \delta y\, \delta z$, en supposant que δx, δy, δz soient les côtés du parallélépipède et représentent les variations des coordonnées x, y, z, pour les particules adjacentes, dans la direction de ces coordonnées.

Si donc on nomme Δ la densité de chaque particule dm, on aura

$$dm = \Delta\, \delta x\, \delta y\, \delta z,$$

et la quantité Δ devra être pareillement une fonction de x, y, z, t.

3. Dans l'instant suivant, le parallélépipède changera à la fois de place et de forme, mais la masse dm demeurera la même. Pour voir ce que devient le volume, ou l'espace $\delta x\, \delta y\, \delta z$, on remarquera que les coordonnées x, y, z de la particule dm deviennent, par le mouvement de cette particule, $x + p\, dt$, $y + q\, dt$, $z + r\, dt$ (1); donc, faisant varier successivement dans ces dernières expressions les variables x, y, z de δx, δy, δz, les coordonnées

$$x + \delta x,\quad y,\quad z$$

de la particule adjacente dans la direction de la ligne x deviendront

$$x + p\, dt + \left(1 + \frac{dp}{dx} dt\right) \delta x,\quad y + q\, dt + \frac{dq}{dx} dt\, \delta x,\quad z + r\, dt + \frac{dr}{dx} dt\, \delta x;$$

ainsi le côté δx, lequel joint les angles du parallélépipède relatifs aux coordonnées x, y, z et $x + \delta x$, y, z, deviendra évidemment

$$\delta x \sqrt{\left(1 + \frac{dp}{dx} dt\right)^2 + \left(\frac{dq}{dx} dt\right)^2 + \left(\frac{dr}{dx} dt\right)^2} = \delta x \left(1 + \frac{dp}{dx} dt\right),$$

en négligeant les quantités infiniment petites du troisième ordre. A l'égard des deux autres côtés égaux et parallèles à δx, dont l'un joint les angles relatifs aux coordonnées

$$x,\ y + \delta y,\ z,\quad \text{et}\quad x + \delta x,\ y + \delta y,\ z,$$

et l'autre joint les angles relatifs aux coordonnées

$$x,\ y,\ z + \delta z,\quad \text{et}\quad x + \delta x,\ y,\ z + \delta z,$$

il est visible que, pour savoir ce que deviennent ces côtés, il n'y aura qu'à augmenter, dans l'expression précédente, y de δy et ensuite z de δz ; ainsi ces côtés deviendront

$$\delta x\left(1 + \frac{dp}{dx}\,dt\right) + \frac{d^2p}{dx\,dy}\,dt\,\delta x\,\delta y, \quad \delta x\left(1 + \frac{dp}{dx}\,dt\right) + \frac{d^2p}{dx\,dz}\,dt\,\delta x\,\delta z,$$

valeurs qui se réduisent à

$$\delta x\left(1 + \frac{dp}{dx}\,dt\right)$$

en négligeant les infiniment petits du troisième ordre.

Il s'ensuit de là que les trois côtés parallèles et égaux à δx du parallélépipède rectangle $\delta x\,\delta y\,\delta z$ deviendront dans l'instant suivant

$$\delta x\left(1 + \frac{dp}{dx}\,dt\right),$$

et seront par conséquent encore égaux entre eux. On trouvera par une analyse semblable que les trois côtés parallèles et égaux à δy se changeront en

$$\delta y\left(1 + \frac{dq}{dy}\,dt\right),$$

et que les trois côtés parallèles et égaux à δz se changeront en

$$\delta z\left(1 + \frac{dr}{dz}\,dt\right);$$

de sorte que le parallélépipède rectangle $\delta x\,\delta y\,\delta z$ se trouvera changé en un autre parallélépipède dont les côtés seront

$$\delta x\left(1 + \frac{dp}{dx}\,dt\right), \quad \delta y\left(1 + \frac{dq}{dy}\,dt\right), \quad \delta z\left(1 + \frac{dr}{dz}\,dt\right).$$

Or, si ces côtés étaient encore dans la direction des lignes x, y, z, il n'y aurait qu'à les multiplier ensemble pour avoir la capacité du parallélépipède ; laquelle serait donc, en négligeant ce qu'on doit négliger,

$$\delta x\,\delta y\,\delta z\left(1 + \frac{dp}{dx}\,dt + \frac{dq}{dy}\,dt + \frac{dr}{dz}\,dt\right).$$

Mais, quelle que puisse être leur déviation, il est certain qu'elle ne peut être qu'infiniment petite; en effet le côté δx, en devenant

$$\delta x \sqrt{\left(1+\frac{dp}{dx}dt\right)^2+\left(\frac{dq}{dx}dt\right)^2+\left(\frac{dr}{dx}dt\right)^2},$$

fera avec la ligne des x un angle dont la tangente sera égale à

$$\delta x \sqrt{\left(\frac{dq}{dx}dt\right)^2+\left(\frac{dr}{dx}dt\right)^2} \quad \text{divisé par} \quad \delta x \left(1+\frac{dp}{dx}dt\right);$$

de sorte qu'en négligeant les infiniment petits du second ordre on aura

$$dt\sqrt{\left(\frac{dq}{dx}\right)^2+\left(\frac{dr}{dx}\right)^2}$$

pour l'expression de cet angle; et ainsi des autres angles de déviation. D'ailleurs, de ce que le parallélépipède rectangle est celui qui a la plus grande capacité parmi tous ceux qui ont les mêmes côtés, il s'ensuit qu'en faisant varier infiniment peu les angles d'un parallélépipède rectangle, sa capacité ne saurait varier que dans une proportion qui ne différera de l'unité que par des quantités infiniment petites du second ordre, celles du premier devant disparaître par la propriété du maximum. Donc la quantité

$$1+\frac{dp}{dx}dt+\frac{dq}{dy}dt+\frac{dr}{dz}dt,$$

que nous avons trouvée pour le rapport entre la capacité du nouveau parallélépipède et celle du parallélépipède primitif $\delta x\,\delta y\,\delta z$, ne pourra varier, en conséquence de la déviation infiniment petite de ses côtés, que de quantités infiniment petites du second ordre, lesquelles devront par conséquent être négligées vis-à-vis des termes du premier ordre

$$\frac{dp}{dx}dt+\frac{dq}{dy}dt+\frac{dr}{dz}dt.$$

4. Ainsi la quantité $\delta x\,\delta y\,\delta z$ deviendra simplement dans l'instant suivant

$$\delta x\,\delta y\,\delta z\left(1+\frac{dp}{dx}dt+\frac{dq}{dy}dt+\frac{dr}{dz}dt\right).$$

Mais la densité Δ devient en même temps (en y faisant varier t, x, y, z de dt, $p\,dt$, $q\,dt$, $r\,dt$)

$$\Delta + \frac{d\Delta}{dt}dt + \frac{d\Delta}{dx}p\,dt + \frac{d\Delta}{dy}q\,dt + \frac{d\Delta}{dz}r\,dt.$$

Par conséquent la quantité

$$\Delta\,\delta x\,\delta y\,\delta z$$

deviendra

$$\Delta\,\delta x\,\delta y\,\delta z\left(1 + \frac{dp}{dx}dt + \frac{dq}{dy}dt + \frac{dr}{dz}dt\right)$$
$$+ \delta x\,\delta y\,\delta z\left(\frac{d\Delta}{dt}dt + \frac{d\Delta}{dx}p\,dt + \frac{d\Delta}{dy}q\,dt + \frac{d\Delta}{dz}r\,dt\right);$$

laquelle devant toujours être égale à

$$dm = \Delta\,\delta x\,\delta y\,\delta z,$$

on aura, en divisant par $\delta x\,\delta y\,\delta z\,dt$, l'équation

$$\Delta\left(\frac{dp}{dx} + \frac{dq}{dy} + \frac{dr}{dz}\right) + \frac{d\Delta}{dx}p + \frac{d\Delta}{dy}q + \frac{d\Delta}{dz}r + \frac{d\Delta}{dt} = 0,$$

ou

$$\frac{d(\Delta p)}{dx} + \frac{d(\Delta q)}{dy} + \frac{d(\Delta r)}{dz} + \frac{d\Delta}{dt} = 0.$$

C'est la première équation fondamentale de la Théorie du mouvement des fluides; et comme elle est relative à la densité du fluide, elle peut être nommée en général l'*équation de la densité*.

5. Lorsque le fluide est incompressible, la densité de chaque particule dm ne varie point d'un instant à l'autre; ainsi il faudra que l'on ait dans ce cas

$$\frac{d\Delta}{dt} + \frac{d\Delta}{dx}p + \frac{d\Delta}{dy}q + \frac{d\Delta}{dz}r = 0;$$

et l'équation précédente se réduira alors à celle-ci

$$\frac{dp}{dx} + \frac{dq}{dy} + \frac{dr}{dz} = 0.$$

Donc pour les fluides incompressibles l'équation de la densité se décompose en deux de cette forme

$$\frac{d\Delta}{dt} + \frac{d\Delta}{dx} p + \frac{d\Delta}{dy} q + \frac{d\Delta}{dz} r = 0,$$

$$\frac{dp}{dx} + \frac{dq}{dy} + \frac{dr}{dz} = 0,$$

dont la première sert à déterminer la densité en fonction de x, y, z, t, et la seconde renferme la condition de l'incompressibilité du fluide, et peut être nommée en conséquence *équation de l'incompressibilité*.

6. Considérons présentement l'effet des forces accélératrices qui agissent sur le fluide.

Soient P, Q, R les forces par lesquelles chaque point du fluide est sollicité parallèlement aux coordonnées x, y, z, et dans le sens suivant lequel ces coordonnées augmentent. Si l'on suppose d'abord le fluide en repos et en équilibre en vertu de ces forces, il faudra, par les principes connus de l'équilibre des fluides, que la quantité

$$\Delta(P\,dx + Q\,dy + R\,dz)$$

soit une différentielle exacte par rapport à x, y, z; et son intégrale exprimera la pression du fluide sur le point qui répond aux coordonnées x, y, z, pression qui sera ainsi représentée par une fonction finie de ces mêmes variables.

Si donc on nomme en général Π cette pression produite par les forces P, Q, R, on aura, dans le cas où le fluide doit être en équilibre en vertu de ces forces,

$$d\Pi = \Delta(P\,dx + Q\,dy + R\,dz),$$

équation qui doit être intégrable d'elle-même, et dont les conditions de l'intégrabilité donneront celles auxquelles doivent être soumises les forces données pour l'existence de l'équilibre.

A la surface extérieure la pression Π doit être nulle, lorsque le fluide est libre; mais si le fluide est pressé par une force quelconque donnée, il faut que cette force soit balancée par la même pression Π. Ainsi la valeur de la fonction Π sera donnée à la surface du fluide, ce qui fournira une équation entre les variables x, y, z, laquelle déterminera la figure de cette surface dans l'état d'équilibre.

7. Supposons maintenant que le fluide animé des mêmes forces P, Q, R soit en mouvement, et que chaque particule dm ait les vitesses p, q, r fonctions de x, y, z, t (1). Dans l'instant suivant le temps t devient $t+dt$, et les coordonnées x, y, z de la particule dm deviennent $x+p\,dt$, $y+q\,dt$, $z+r\,dt$ à cause du mouvement de cette particule. Donc les variations des quantités p, q, r seront

$$\left(\frac{dp}{dt} + p\frac{dp}{dx} + q\frac{dp}{dy} + r\frac{dp}{dz}\right) dt,$$

$$\left(\frac{dq}{dt} + p\frac{dq}{dx} + q\frac{dq}{dy} + r\frac{dq}{dz}\right) dt,$$

$$\left(\frac{dr}{dt} + p\frac{dr}{dx} + q\frac{dr}{dy} + r\frac{dr}{dz}\right) dt.$$

Or, par les principes de la Mécanique, ces variations étant divisées par l'élément dt du temps donnent les forces accélératrices capables de les produire, lesquelles doivent être par conséquent équivalentes aux forces P, Q, R qui agissent réellement sur le fluide. Donc les premières dirigées en sens contraire doivent faire équilibre à ces dernières; d'où il s'ensuit que le fluide étant animé dans chaque point par les forces accélératrices

$$P - \frac{dp}{dt} - p\frac{dp}{dx} - q\frac{dp}{dy} - r\frac{dp}{dz},$$

$$Q - \frac{dq}{dt} - p\frac{dq}{dx} - q\frac{dq}{dy} - r\frac{dq}{dz},$$

$$R - \frac{dr}{dt} - p\frac{dr}{dx} - q\frac{dr}{dy} - r\frac{dr}{dz},$$

dirigées suivant les lignes x, y, z dans le sens où ces lignes augmentent, devra être en équilibre de lui-même.

Ainsi, en nommant Π la pression qui nait de toutes ces forces dans chaque point du fluide, on aura (6)

$$d\Pi = \Delta\left(P - \frac{dp}{dt} - p\frac{dp}{dx} - q\frac{dp}{dy} - r\frac{dp}{dz}\right)dx$$
$$+ \Delta\left(Q - \frac{dq}{dt} - p\frac{dq}{dx} - q\frac{dq}{dy} - r\frac{dq}{dz}\right)dy$$
$$+ \Delta\left(R - \frac{dr}{dt} - p\frac{dr}{dx} - q\frac{dr}{dy} - r\frac{dr}{dz}\right)dz,$$

équation qui devra pareillement être intégrable par rapport aux variables x, y, z, le temps t étant regardé comme constant.

C'est la seconde équation fondamentale du mouvement des fluides, et qui peut être nommée *équation de la pression*.

8. L'intégrabilité de cette équation donne (en regardant Π comme une fonction finie de x, y, z) ces trois équations partielles

$$\frac{d\Pi}{dx} = \Delta\left(P - \frac{dp}{dt} - p\frac{dp}{dx} - q\frac{dp}{dy} - r\frac{dp}{dz}\right),$$
$$\frac{d\Pi}{dy} = \Delta\left(Q - \frac{dq}{dt} - p\frac{dq}{dx} - q\frac{dq}{dy} - r\frac{dq}{dz}\right),$$
$$\frac{d\Pi}{dz} = \Delta\left(R - \frac{dr}{dt} - p\frac{dr}{dx} - q\frac{dr}{dy} - r\frac{dr}{dz}\right).$$

Or dans les fluides compressibles la densité Δ est toujours donnée par une fonction connue de Π, x, y, z, t, dépendante de la loi de l'élasticité du fluide et de celle de la chaleur qui est supposée régner à chaque instant dans tous les points de l'espace. Ainsi, combinant les trois équations précédentes avec l'équation générale de la densité (4), on aura quatre équations aux différences partielles entre les quatre inconnues p, q, r, Δ et les variables x, y, z, t, lesquelles équations contiendront toute la Théorie du mouvement des fluides compressibles et élastiques.

9. Pour les fluides incompressibles nous avons vu (5) que l'on a deux équations, l'une relative à la loi de la densité, l'autre relative à la condition de l'incompressibilité.

Or, éliminant la quantité Π des trois équations du numéro précédent, on a ces deux-ci

$$\frac{d\left[\Delta\left(\mathrm{P}-\frac{dp}{dt}-p\frac{dp}{dx}-q\frac{dp}{dy}-r\frac{dp}{dz}\right)\right]}{dy} = \frac{d\left[\Delta\left(\mathrm{Q}-\frac{dq}{dt}-p\frac{dq}{dx}-q\frac{dq}{dy}-r\frac{dq}{dz}\right)\right]}{dx},$$

$$\frac{d\left[\Delta\left(\mathrm{P}-\frac{dp}{dt}-p\frac{dp}{dx}-q\frac{dp}{dy}-r\frac{dp}{dz}\right)\right]}{dz} = \frac{d\left[\Delta\left(\mathrm{R}-\frac{dr}{dt}-p\frac{dr}{dx}-q\frac{dr}{dy}-r\frac{dr}{dz}\right)\right]}{dx},$$

lesquelles étant combinées avec les deux dont nous venons de parler, on aura de nouveau quatre équations aux différences partielles entre les inconnues p, q, r, Δ et les variables x, y, z, t; et ces équations contiendront toute la Théorie du mouvement des fluides incompressibles.

10. Les équations que nous venons de donner étant aux différences partielles, leurs intégrales renfermeront nécessairement des fonctions arbitraires des variables x, y, z, t; et la détermination de ces fonctions dépendra de l'état initial du fluide, c'est-à-dire des valeurs de p, q, r, Δ lorsque $t = 0$, et des conditions particulières auxquelles la surface même du fluide devra être assujettie pendant le mouvement.

On suppose tacitement dans la Théorie du mouvement des fluides que les particules, qui sont une fois à la surface du fluide, y restent toujours pendant tout le mouvement. Cette condition paraît en effet nécessaire pour que le fluide ne se divise pas, mais forme toujours une masse continue; cependant nous verrons qu'il y a des cas où elle ne doit pas avoir lieu.

Soit, en général,

$$A = 0$$

l'équation de la surface du fluide, A étant une fonction de x, y, z, t. Puisque par le mouvement du fluide les coordonnées x, y, z d'une particule quelconque deviennent $x + p\,dt, y + q\,dt, z + r\,dt$, tandis que le temps t devient $t + dt$ (1), pour que les mêmes particules se trouvent encore à la surface après l'instant dt, il faudra que l'équation $A = 0$ ait lieu également en y mettant $x + p\,dt, y + q\,dt, z + r\,dt, t + dt$ à la place de x, y, z, t. Mais par ces substitutions il est visible que A devient

$$A + \frac{dA}{dt} dt + \frac{dA}{dx} p\, dt + \frac{dA}{dy} q\, dt + \frac{dA}{dz} r\, dt;$$

donc on aura, pour la condition dont il s'agit, l'équation

$$\frac{dA}{dt} + p \frac{dA}{dx} + q \frac{dA}{dy} + r \frac{dA}{dz} = 0,$$

laquelle devra par conséquent avoir lieu en même temps que l'équation $A = 0$ de la surface.

Si le fluide est contenu par des parois d'une figure donnée, il est clair que la partie de la surface du fluide, laquelle sera contiguë à ces parois, devra avoir la même figure que les parois; ainsi l'équation $A = 0$ devra être celle de la figure donnée des parois.

Mais, dans les endroits où la surface du fluide sera libre, il faudra que la pression Π y soit nulle; et si le fluide y était comprimé à l'extérieur par des forces quelconques données F, il faudrait que ces forces fussent égales et de direction contraire aux pressions Π. Ainsi on aura dans le premier cas $\Pi = 0$, et dans le second $\Pi = F$, pour l'équation de la surface libre du fluide.

Désignant donc, en général, ces équations par

$$B = 0,$$

on prendra B à la place de A, et l'on aura, pour la condition que les mêmes particules du fluide soient toujours à la surface, l'équation

$$\frac{dB}{dt} + p \frac{dB}{dx} + q \frac{dB}{dy} + r \frac{dB}{dz} = 0,$$

laquelle devra subsister en même temps que l'équation $B = 0$, et par conséquent appartenir à la même surface courbe.

11. L'équation

$$\frac{dA}{dt} + p \frac{dA}{dx} + q \frac{dA}{dy} + r \frac{dA}{dz} = 0$$

est intégrable par la méthode générale que j'ai donnée pour ces sortes d'é-

quations dans les *Nouveaux Mémoires de l'Académie de Berlin* de 1779 (*).
Suivant cette méthode il faut intégrer les quatre équations

$$dx = p\,dt, \quad dy = q\,dt, \quad dz = r\,dt, \quad d\mathrm{A} = 0,$$

et, nommant a, b, c, h les quatre constantes arbitraires, on aura

$$h = f(a, b, c)$$

pour l'intégrale de la proposée, dans laquelle il faudra mettre pour h, a, b, c leurs valeurs en x, y, z, t, A, la caractéristique f dénotant une fonction quelconque de a, b, c. L'équation $d\mathrm{A} = 0$ donne d'abord $\mathrm{A} = h$; ainsi l'on aura

$$\mathrm{A} = f(a, b, c),$$

les quantités a, b, c étant les trois constantes arbitraires qui entreront dans les intégrales des équations

$$dx = p\,dt, \quad dy = q\,dt, \quad dz = r\,dt,$$

ou plutôt les valeurs de ces constantes en x, y, z, t, déduites de ces intégrales. Or nous avons vu dans le n° 1 que ces intégrales servent à déterminer les valeurs des coordonnées x, y, z de chaque particule pour un temps quelconque t, et que les constantes arbitraires a, b, c dépendent du lieu initial de la particule. Ainsi l'équation

$$\mathrm{A} = f(a, b, c)$$

indique que la quantité A, regardée comme une fonction de x, y, z, t, doit être telle, que si l'on y substitue pour x, y, z leurs valeurs en t et en a, b, c, elle devienne une fonction de a, b, c, sans t, c'est-à-dire que t s'évanouisse. C'est aussi ce qu'on peut démontrer *à priori* par le raisonnement suivant.

Puisque $\mathrm{A} = 0$ est l'équation de la surface du fluide, A étant une fonction des coordonnées x, y, z et du temps t qui est comme le paramètre variable de cette surface; il s'ensuit que, si l'on y substitue pour x, y, z leurs valeurs en t et a, b, c, et qu'on suppose pour plus de simplicité

(*) *OEuvres de Lagrange*, t. IV, p. 624.

que a, b, c soient les valeurs de x, y, z, lorsque $t=0$, c'est-à-dire les coordonnées initiales de chaque particule, il s'ensuit, dis-je, que l'équation $A=0$ sera entre ces coordonnées a, b, c et le temps t, et représentera par conséquent la surface que formaient dans l'état initial les mêmes particules, qui après le temps t forment la surface représentée par l'équation donnée $A=0$ entre x, y, z, t. Donc, pour que les particules qui sont une fois à la surface y demeurent toujours, il faudra que l'équation $A=0$ entre a, b, c représente la surface initiale du fluide, et ne contienne par conséquent point le temps t. Par conséquent, si la surface initiale est connue, en sorte que pour cette surface on ait c exprimé par une fonction donnée de a et b, et qu'on substitue cette valeur de c dans l'équation $A=0$, l'équation résultante devra subsister d'elle-même, c'est-à-dire indépendamment d'aucune relation entre a, b, t; donc

$$\frac{dA}{da}=0, \quad \frac{dA}{db}=0.$$

Ce que nous venons de démontrer à l'égard des équations

$$A=0, \quad \frac{dA}{dt}+\ldots=0,$$

doit s'appliquer également aux équations

$$B=0, \quad \frac{dB}{dt}+\ldots=0.$$

12. Tels sont les principes et les formules générales de la Théorie des fluides. La difficulté ne consiste que dans leur application; mais cette difficulté est si grande, que jusqu'à présent, même dans la solution des questions les plus simples, on s'est contenté d'employer des méthodes particulières et fondées sur des hypothèses très-limitées. Pour diminuer autant qu'il est possible cette difficulté, nous allons examiner maintenant comment et dans quel cas les formules générales peuvent être simplifiées; nous en ferons ensuite l'application au mouvement des fluides dans des vases ou des canaux de figure quelconque.

13. Considérons d'abord l'équation de la densité trouvée dans le n° 4 pour les fluides compressibles, et supposons

$$\Delta p = \frac{d\alpha}{dt}, \quad \Delta q = \frac{d\beta}{dt}, \quad \Delta r = \frac{d\gamma}{dt},$$

en regardant les quantités α, β, γ comme des fonctions inconnues de x, y, z, t. Cette équation deviendra par ces substitutions

$$\frac{d\Delta}{dt} + \frac{d^2\alpha}{dt\,dx} + \frac{d^2\beta}{dt\,dy} + \frac{d^2\gamma}{dt\,dz} = 0,$$

laquelle est intégrable relativement à t, et dont l'intégrale donnera

$$\Delta = D - \frac{d\alpha}{dx} - \frac{d\beta}{dy} - \frac{d\gamma}{dz},$$

D étant une fonction arbitraire de x, y, z sans t, dépendante de la densité initiale du fluide.

Ensuite on aura

$$p = \frac{\frac{d\alpha}{dt}}{D - \frac{d\alpha}{dx} - \frac{d\beta}{dy} - \frac{d\gamma}{dz}}, \quad q = \frac{\frac{d\beta}{dt}}{D - \frac{d\alpha}{dx} - \frac{d\beta}{dy} - \frac{d\gamma}{dz}}, \quad r = \frac{\frac{d\gamma}{dt}}{D - \frac{d\alpha}{dx} - \frac{d\beta}{dy} - \frac{d\gamma}{dz}}.$$

Donc, faisant ces substitutions dans les trois équations du n° 8, et mettant pour Π sa valeur donnée en Δ, x, y, z, t, on n'aura plus à intégrer que trois équations entre les inconnues α, β, γ et les variables x, y, z, t; mais cette intégration surpassera les forces de l'analyse connue.

Si le fluide est incompressible, on considérera l'équation de l'incompressibilité (5)

$$\frac{dp}{dx} + \frac{dq}{dy} + \frac{dr}{dz} = 0,$$

et l'on y fera

$$p = \frac{d\alpha}{dz}, \quad q = \frac{d\beta}{dz},$$

ce qui la réduira à la forme

$$\frac{d^2\alpha}{dx\,dz} + \frac{d^2\beta}{dy\,dz} + \frac{dr}{dz} = 0,$$

DU MOUVEMENT DES FLUIDES.

laquelle est intégrable relativement à z et donne

$$r = -\frac{d\alpha}{dx} - \frac{d\beta}{dy};$$

n'étant point nécessaire d'ajouter ici aucune fonction arbitraire, à cause des valeurs indéterminées de α et β.

Ainsi l'équation dont il s'agit sera satisfaite par ces valeurs

$$p = \frac{d\alpha}{dz}, \quad q = \frac{d\beta}{dz}, \quad r = -\frac{d\alpha}{dx} - \frac{d\beta}{dy},$$

lesquelles étant ensuite substituées dans l'équation de la densité du même n° 5, ainsi que dans les deux équations du n° 9, on aura de nouveau trois équations entre les inconnues α, β, Δ et les variables x, y, z, t; et la Théorie du mouvement des fluides incompressibles sera réduite à l'intégration de ces équations; mais cette intégration surpasse aussi les forces de l'analyse.

14. Considérons présentement l'équation générale de la pression trouvée dans le n° 7, et voyons si cette équation n'est pas susceptible en elle-même de quelque simplification.

Nous supposerons ici que la densité Δ soit ou constante, ou simplement proportionnelle à une fonction quelconque de la pression Π; ce qui est le cas de tous les fluides connus, tant qu'on y fait abstraction de la chaleur.

Nous supposerons de plus que les forces accélératrices P, Q, R du fluide soient telles, que

$$P\,dx + Q\,dy + R\,dz$$

soit une différentielle complète; ce qui a lieu, en général, lorsque ces forces viennent d'une ou de plusieurs attractions proportionnelles à des fonctions quelconques des distances.

De cette manière, si l'on fait

$$dV = P\,dx + Q\,dy + R\,dz,$$

l'équation proposée étant divisée par Δ se réduira à cette forme

$$\left(\frac{dp}{dt}+p\frac{dp}{dx}+q\frac{dp}{dy}+r\frac{dp}{dz}\right)dx+\left(\frac{dq}{dt}+p\frac{dq}{dx}+q\frac{dq}{dy}+r\frac{dq}{dz}\right)dy+\left(\frac{dr}{dt}+p\frac{dr}{dx}+q\frac{dr}{dy}+r\frac{dr}{dz}\right)dz$$
$$=dV-\frac{d\Pi}{\Delta}.$$

Ainsi le premier membre de cette équation devra être en particulier une différentielle complète relativement à x, y, z, puisque le second en est une.

Qu'on retranche de part et d'autre la différentielle de

$$\frac{p^2+q^2+r^2}{2}$$

prise relativement à x, y, z, laquelle est

$$\left(p\frac{dp}{dx}+q\frac{dq}{dx}+r\frac{dr}{dx}\right)dx+\left(p\frac{dp}{dy}+q\frac{dq}{dy}+r\frac{dr}{dy}\right)dy+\left(p\frac{dp}{dz}+q\frac{dq}{dz}+r\frac{dr}{dz}\right)dz;$$

on aura, en ordonnant les termes, cette transformée

$$\frac{dp}{dt}dx+\frac{dq}{dt}dy+\frac{dr}{dt}dz$$
$$+\left(\frac{dp}{dy}-\frac{dq}{dx}\right)(q\,dx-p\,dy)+\left(\frac{dp}{dz}-\frac{dr}{dx}\right)(r\,dx-p\,dz)+\left(\frac{dq}{dz}-\frac{dr}{dy}\right)(r\,dy-q\,dz)$$
$$=dV-\frac{d\Pi}{\Delta}-\frac{d(p^2+q^2+r^2)}{2}.$$

Donc le premier membre de cette équation devra être pareillement une différentielle exacte.

15. Il est visible que, si l'on suppose que la quantité

$$p\,dx+q\,dy+r\,dz$$

soit elle-même la différentielle exacte d'une fonction quelconque φ composée de x, y, z et t, on aura

$$p=\frac{d\varphi}{dx}, \quad q=\frac{d\varphi}{dy}, \quad r=\frac{d\varphi}{dz}.$$

Donc

$$\frac{dp}{dt} = \frac{d^2\varphi}{dt\,dx}, \quad \frac{dq}{dt} = \frac{d^2\varphi}{dt\,dy}, \quad \frac{dr}{dt} = \frac{d^2\varphi}{dt\,dz},$$

$$\frac{dp}{dy} = \frac{d^2\varphi}{dx\,dy}, \quad \frac{dq}{dx} = \frac{d^2\varphi}{dx\,dy}, \ldots$$

Ainsi l'équation précédente deviendra par ces substitutions

$$\frac{d^2\varphi}{dt\,dx}dx + \frac{d^2\varphi}{dt\,dy}dy + \frac{d^2\varphi}{dt\,dz}dz = d\mathrm{V} - \frac{d\Pi}{\Delta} - \frac{d(p^2+q^2+r^2)}{2},$$

laquelle est évidemment intégrable par rapport à x, y, z; de sorte qu'en intégrant, on aura

$$\frac{d\varphi}{dt} = \mathrm{V} - \int \frac{d\Pi}{\Delta} - \frac{p^2+q^2+r^2}{2}.$$

On pourrait ajouter à l'un des membres de cette équation intégrale une fonction arbitraire de t, puisque la variable t a été regardée dans l'intégration comme constante. Mais j'observe que cette fonction arbitraire peut être censée renfermée dans la valeur de φ; en effet, si l'on augmente φ d'une fonction quelconque T de t, le premier membre de l'équation précédente se trouvera augmenté de la fonction arbitraire $\frac{d\mathrm{T}}{dt}$, et les valeurs des quantités p, q, r demeureront les mêmes qu'auparavant. Ainsi on peut sans déroger à la généralité de l'équation se dispenser d'y ajouter aucune fonction arbitraire de t.

On aura donc, dans la supposition dont il s'agit, l'équation

$$\int \frac{d\Pi}{\Delta} = \mathrm{V} - \frac{d\varphi}{dt} - \frac{1}{2}\left(\frac{d\varphi}{dx}\right)^2 - \frac{1}{2}\left(\frac{d\varphi}{dy}\right)^2 - \frac{1}{2}\left(\frac{d\varphi}{dz}\right)^2,$$

par laquelle on connaîtra la pression Π, Δ étant supposée une fonction donnée de Π.

Et il ne restera plus qu'à satisfaire à la première équation fondamentale du n° 4, laquelle, en y mettant aussi pour p, q, r leurs valeurs $\frac{d\varphi}{dx}$,

$\frac{d\varphi}{dy}$, $\frac{d\varphi}{dz}$, deviendra

$$\frac{d\left(\Delta \frac{d\varphi}{dx}\right)}{dx} + \frac{d\left(\Delta \frac{d\varphi}{dy}\right)}{dy} + \frac{d\left(\Delta \frac{d\varphi}{dz}\right)}{dz} + \frac{d\Delta}{dt} = 0.$$

Ainsi, en substituant à Δ sa valeur donnée par l'équation précédente, on aura une seule équation finale en φ, de l'intégration de laquelle dépendra la détermination du mouvement du fluide.

16. Dans les fluides élastiques connus la densité est toujours proportionnelle à la pression; de sorte qu'on a pour ces fluides $\Pi = k\Delta$, k étant un coefficient constant qu'on déterminera en connaissant la valeur de la pression pour une densité donnée.

Ainsi pour l'air, la pression étant déterminée par la pesanteur de la colonne de mercure dans le baromètre, il est clair que, si l'on nomme g la force accélératrice de la gravité (force qui doit être exprimée, comme on sait, par le double de l'espace qu'un corps grave abandonné à lui-même parcourt dans le vide pendant le temps qu'on prend pour l'unité des temps), h la hauteur du baromètre pour une certaine densité de l'air qu'on prendra pour l'unité des densités, ρ le rapport numérique de la densité du mercure à celle de l'air, rapport qui est le même que celui des gravités spécifiques de ces deux fluides, il est clair, dis-je, qu'on aura pour cet état de l'air

$$\Pi = \rho g h, \quad \Delta = 1;$$

donc
$$k = \rho g h.$$

Faisant donc
$$\Pi = k\Delta,$$

on aura
$$\int \frac{d\Pi}{\Delta} = k \log \Delta;$$

par conséquent la première équation du numéro précédent sera

$$k \log \Delta = V - \frac{d\varphi}{dt} - \frac{1}{2}\left(\frac{d\varphi}{dx}\right)^2 - \frac{1}{2}\left(\frac{d\varphi}{dy}\right)^2 - \frac{1}{2}\left(\frac{d\varphi}{dz}\right)^2.$$

Or la seconde équation du même numéro se réduit à cette forme

$$\frac{d^2\varphi}{dx^2} + \frac{d^2\varphi}{dy^2} + \frac{d^2\varphi}{dz^2} + \frac{d\varphi}{dx}\frac{d\log\Delta}{dx} + \frac{d\varphi}{dy}\frac{d\log\Delta}{dy} + \frac{d\varphi}{dz}\frac{d\log\Delta}{dz} + \frac{d\log\Delta}{dt} = 0.$$

Donc, substituant pour $\log\Delta$ sa valeur donnée par la première, on aura après avoir ordonné les termes

$$k\left(\frac{d^2\varphi}{dx^2} + \frac{d^2\varphi}{dy^2} + \frac{d^2\varphi}{dz^2}\right) - \frac{d^2\varphi}{dt^2} + \frac{d\varphi}{dx}\frac{dV}{dx} + \frac{d\varphi}{dy}\frac{dV}{dy} + \frac{d\varphi}{dz}\frac{dV}{dz}$$

$$- 2\frac{d\varphi}{dx}\frac{d^2\varphi}{dx\,dt} - 2\frac{d\varphi}{dy}\frac{d^2\varphi}{dy\,dt} - 2\frac{d\varphi}{dz}\frac{d^2\varphi}{dz\,dt}$$

$$- \left(\frac{d\varphi}{dx}\right)^2\frac{d^2\varphi}{dx^2} - \left(\frac{d\varphi}{dy}\right)^2\frac{d^2\varphi}{dy^2} - \left(\frac{d\varphi}{dz}\right)^2\frac{d^2\varphi}{dz^2}$$

$$- 2\frac{d\varphi}{dx}\frac{d\varphi}{dy}\frac{d^2\varphi}{dx\,dy} - 2\frac{d\varphi}{dx}\frac{d\varphi}{dz}\frac{d^2\varphi}{dx\,dz} - 2\frac{d\varphi}{dy}\frac{d\varphi}{dz}\frac{d^2\varphi}{dy\,dz} = 0,$$

équation qui contient seule la Théorie du mouvement des fluides élastiques dans l'hypothèse dont il s'agit.

Si le fluide est incompressible et la densité Δ constante, alors la pression sera donnée par l'équation

$$\frac{\Pi}{\Delta} = V - \frac{d\varphi}{dt} - \frac{1}{2}\left(\frac{d\varphi}{dx}\right)^2 - \frac{1}{2}\left(\frac{d\varphi}{dy}\right)^2 - \frac{1}{2}\left(\frac{d\varphi}{dz}\right)^2,$$

et l'équation de l'incompressibilité (5) deviendra $\left(\text{par la substitution de } \frac{d\varphi}{dx}, \frac{d\varphi}{dy}, \frac{d\varphi}{dz} \text{ au lieu de } p, q, r\right)$

$$\frac{d^2\varphi}{dx^2} + \frac{d^2\varphi}{dy^2} + \frac{d^2\varphi}{dz^2} = 0,$$

laquelle servira à déterminer la quantité φ.

17. On voit donc que la supposition que

$$p\,dx + q\,dy + r\,dz$$

soit une différentielle exacte d'une fonction de x, y, z simplifie beaucoup la Théorie du mouvement des fluides élastiques ou non; ainsi il est important d'examiner dans quels cas cette supposition peut et doit avoir lieu.

Soit, pour abréger,

$$\alpha = \frac{dp}{dy} - \frac{dq}{dx}, \quad \beta = \frac{dp}{dz} - \frac{dr}{dx}, \quad \gamma = \frac{dq}{dz} - \frac{dr}{dy};$$

le premier membre de l'équation du n° 14 deviendra de cette forme

$$\frac{dp}{dt} dx + \frac{dq}{dt} dy + \frac{dr}{dt} dz + \alpha(q\,dx - p\,dy) + \beta(r\,dx - p\,dz) + \gamma(r\,dy - q\,dz);$$

et la question se réduit à faire en sorte que cette quantité soit une différentielle exacte, p, q, r étant des fonctions de x, y, z, t.

Supposons que t soit une quantité fort petite, il est visible qu'on pourra donner à p, q, r les formes suivantes

$$p = p' + p''t + p'''t^2 + p^{\text{iv}}t^3 + \ldots,$$
$$q = q' + q''t + q'''t^2 + q^{\text{iv}}t^3 + \ldots,$$
$$r = r' + r''t + r'''t^2 + r^{\text{iv}}t^3 + \ldots,$$

dans lesquelles p', p'', p''',..., q', q'', q''',..., r', r'', r''',... seront des fonctions de x, y, z sans t.

Ces valeurs étant substituées dans les trois quantités α, β, γ, elles deviendront

$$\alpha = \alpha' + \alpha''t + \alpha'''t^2 + \alpha^{\text{iv}}t^3 + \ldots,$$
$$\beta = \beta' + \beta''t + \beta'''t^2 + \beta^{\text{iv}}t^3 + \ldots,$$
$$\gamma = \gamma' + \gamma''t + \gamma'''t^2 + \gamma^{\text{iv}}t^3 + \ldots,$$

en supposant

$$\alpha' = \frac{dp'}{dy} - \frac{dq'}{dx}, \quad \alpha'' = \frac{dp''}{dy} - \frac{dq''}{dx}, \quad \alpha''' = \frac{dp'''}{dy} - \frac{dq'''}{dx}, \ldots,$$

$$\beta' = \frac{dp'}{dz} - \frac{dr'}{dx}, \quad \beta'' = \frac{dp''}{dz} - \frac{dr''}{dx}, \quad \beta''' = \frac{dp'''}{dz} - \frac{dr'''}{dx}, \ldots,$$

$$\gamma' = \frac{dq'}{dz} - \frac{dr'}{dy}, \quad \gamma'' = \frac{dq''}{dz} - \frac{dr''}{dy}, \quad \gamma''' = \frac{dq'''}{dz} - \frac{dr'''}{dy}, \ldots.$$

DU MOUVEMENT DES FLUIDES.

Ainsi la quantité

$$\frac{dp}{dt}dx + \frac{dq}{dt}dy + \frac{dr}{dt}dz + \alpha(qdx - pdy) + \beta(rdx - pdz) + \gamma(rdy - qdz)$$

deviendra après ces différentes substitutions, et en ordonnant les termes par rapport aux puissances de t,

$$p''dx + q''dy + r''dz + \alpha'(q'dx - p'dy) + \beta'(r'dx - p'dz) + \gamma'(r'dy - q'dz)$$
$$+ t\big[2(p'''dx + q'''dy + r'''dz)$$
$$+ \alpha'(q''dx - p''dy) + \beta'(r''dx - p''dz) + \gamma'(r''dy - q''dz)$$
$$+ \alpha''(q'dx - p'dy) + \beta''(r'dx - p'dz) + \gamma''(r'dy - q'dz)\big]$$
$$+ t^2\big[3(p^{IV}dx + q^{IV}dy + r^{IV}dz)$$
$$+ \alpha'(q'''dx - p'''dy) + \beta'(r'''dx - p'''dz) + \gamma'(r'''dy - q'''dz)$$
$$+ \alpha''(q''dx - p''dy) + \beta''(r''dx - p''dz) + \gamma''(r''dy - q''dz)$$
$$+ \alpha'''(q'dx - p'dy) + \beta'''(r'dx - p'dz) + \gamma'''(r'dy - q'dz)\big]$$
$$\dots\dots\dots\dots\dots\dots\dots\dots\dots\dots\dots\dots\dots,$$

et, comme cette quantité doit être une différentielle exacte indépendamment de la valeur de t, il faudra que les quantités qui multiplient chaque puissance de t soient chacune en particulier une différentielle exacte.

18. Cela posé, supposons que

$$p'dx + q'dy + r'dz$$

soit une différentielle exacte, on aura par les Théorèmes connus

$$\frac{dp'}{dy} = \frac{dq'}{dx}, \quad \frac{dp'}{dz} = \frac{dr'}{dx}, \quad \frac{dq'}{dz} = \frac{dr'}{dy};$$

donc

$$\alpha' = 0, \quad \beta' = 0, \quad \gamma' = 0;$$

donc la première quantité qui doit être une différentielle exacte sera

$$p''dx + q''dy + r''dz.$$

Il faudra donc que cette quantité soit aussi une différentielle exacte, ce qui donnera les conditions

$$\alpha'' = 0, \quad \beta'' = 0, \quad \gamma'' = 0;$$

et alors la seconde quantité qui doit être une différentielle exacte se réduira à

$$2(p''dx + q''dy + r''dz).$$

Ainsi il faudra que l'on ait aussi

$$\alpha''' = 0, \quad \beta''' = 0, \quad \gamma''' = 0;$$

de sorte que la troisième quantité qui doit être une différentielle exacte sera

$$3(p^{IV}dx + q^{IV}dy + r^{IV}dz).$$

On aura donc de même

$$\alpha^{IV} = 0, \quad \beta^{IV} = 0, \quad \gamma^{IV} = 0;$$

et ainsi de suite.

Donc, si

$$p'dx + q'dy + r'dz$$

est une différentielle exacte, il faudra que

$$p''dx + q''dy + r''dz,$$
$$p'''dx + q'''dy + r'''dz,$$
$$p^{IV}dx + q^{IV}dy + r^{IV}dz,$$
$$\dots\dots\dots\dots\dots\dots$$

soient aussi chacune en particulier des différentielles complètes. Par conséquent la quantité

$$p\,dx + q\,dy + r\,dz$$

sera elle-même une différentielle complète, le temps t étant supposé fort petit.

19. Il s'ensuit de là que, si la quantité

$$p\,dx + q\,dy + r\,dz$$

est une différentielle exacte lorsque $t=0$, elle devra l'être aussi lorsque t aura une valeur quelconque très-petite; d'où l'on peut conclure, en général, que cette quantité devra être toujours une différentielle exacte, quelle que soit la valeur de t. Car puisqu'elle doit l'être depuis $t=0$ jusqu'à $t=\theta$ (θ étant une quantité quelconque donnée très-petite), si l'on y substitue partout $\theta+t'$ à la place de t, on prouvera de même qu'elle devra être une différentielle exacte depuis $t'=0$ jusqu'à $t'=\theta$; par conséquent elle le sera depuis $t=0$ jusqu'à $t=2\theta$; et ainsi de suite.

Donc, en général, comme l'origine des t est arbitraire, et qu'on peut prendre également t positif ou négatif, il s'ensuit que si la quantité

$$p\,dx + q\,dy + r\,dz$$

est une différentielle exacte dans un instant quelconque, elle devra l'être pour tous les autres instants. Par conséquent, s'il y a un seul instant dans lequel elle ne soit pas une différentielle exacte, elle ne pourra jamais l'être pendant tout le mouvement; car si elle l'était dans un autre instant quelconque, elle devrait l'être aussi dans le premier.

20. Lorsque le mouvement commence du repos, on a alors

$$p=0,\quad q=0,\quad r=0$$

lorsque $t=0$; donc

$$p\,dx + q\,dy + r\,dz$$

sera intégrable pour ce moment, et par conséquent devra l'être toujours pendant toute la durée du mouvement.

Mais, s'il y a des vitesses imprimées au fluide au commencement du mouvement, tout dépend de la nature de ces vitesses, selon qu'elles seront telles, que

$$p\,dx + q\,dy + r\,dz$$

soit une quantité intégrable ou non; dans le premier cas la quantité

$$p\,dx + q\,dy + r\,dz$$

sera toujours intégrable, et dans le second elle ne le sera jamais.

Lorsque les vitesses initiales sont produites par une impulsion quelconque sur la surface du fluide, on peut démontrer que

$$p\,dx + q\,dy + r\,dz$$

doit être intégrable dans le premier instant. Car il faut que les vitesses p, q, r, que chaque point du fluide reçoit en vertu de l'impulsion donnée à la surface, soient telles, que si l'on détruisait ces vitesses en imprimant en même temps à chaque point du fluide des vitesses égales et en sens contraire, toute la masse du fluide demeurât en repos ou en équilibre. Donc il faudra qu'il y ait équilibre dans cette masse en vertu de l'impulsion appliquée à la surface, et des vitesses ou forces $-p$, $-q$, $-r$ appliquées à chacun des points de son intérieur; par conséquent, suivant la loi connue de l'équilibre des fluides, les quantités p, q, r devront être telles, que

$$p\,dx + q\,dy + r\,dz$$

soit une différentielle exacte. Ainsi dans ce cas la même quantité devra toujours être une différentielle exacte dans chaque instant du mouvement.

21. On pourrait peut-être douter s'il y a des mouvements possibles dans un fluide, pour lesquels

$$p\,dx + q\,dy + r\,dz$$

ne soit pas une différentielle exacte.

Pour lever ce doute par un exemple très-simple, il n'y a qu'à considérer le cas où l'on aurait

$$p = gy, \quad q = -gx, \quad r = 0,$$

g étant une constante quelconque. On voit d'abord que dans ce cas

$$p\,dx + q\,dy + r\,dz$$

ne sera pas complète, puisqu'elle devient

$$g(y\,dx - x\,dy)$$

qui n'est pas intégrable; cependant la quantité

$$\frac{dp}{dt}dx + \frac{dq}{dt}dy + \frac{dr}{dt}dz + \alpha(q\,dx - p\,dy) + \beta(r\,dx - p\,dz) + \gamma(r\,dy - q\,dz)$$

du n° 16 est intégrable; car on aura

$$\frac{dp}{dt} = 0, \quad \frac{dq}{dt} = 0, \quad \frac{dr}{dt} = 0,$$

$$\alpha = \frac{dp}{dy} - \frac{dq}{dx} = 2g, \quad \beta = \frac{dp}{dz} - \frac{dr}{dx} = 0, \quad \gamma = \frac{dq}{dz} - \frac{dr}{dy} = 0;$$

de sorte que la quantité dont il s'agit sera

$$-2g^2(x\,dx + y\,dy),$$

dont l'intégrale est
$$-g^2(x^2 + y^2).$$

A l'égard de l'équation dépendante de l'incompressibilité du fluide, savoir (5)
$$\frac{dp}{dx} + \frac{dq}{dy} + \frac{dr}{dz} = 0$$

elle est aussi satisfaite, puisque

$$\frac{dp}{dx} = 0, \quad \frac{dq}{dy} = 0, \quad \frac{dr}{dz} = 0.$$

Au reste il est visible que la supposition précédente de

$$p = gy, \quad q = -gx$$

représente le mouvement d'un fluide qui tourne autour de l'axe fixe des coordonnées z avec une vitesse angulaire constante et égale à g; et l'on sait qu'un pareil mouvement peut toujours avoir lieu dans un fluide.

Il s'ensuit de là que dans le calcul des oscillations de la mer en vertu de l'attraction du Soleil et de la Lune, on ne peut pas supposer que la quantité
$$p\,dx + q\,dy + r\,dz$$

soit intégrable, puisqu'elle ne l'est pas lorsque le fluide est en repos par rapport à la Terre, et qu'il n'a que le mouvement de rotation qui lui est commun avec elle.

En général, si l'on suppose p et q fonctions de x et y sans z ni t, et r constante, on aura

$$\frac{dp}{dt}=0, \quad \frac{dq}{dt}=0, \quad \frac{dr}{dt}=0,$$

$$\alpha = \frac{dp}{dy} - \frac{dq}{dx}, \quad \beta = 0, \quad \gamma = 0;$$

et la quantité qui doit être intégrable (17) sera

$$\left(\frac{dp}{dy} - \frac{dq}{dx}\right)(q\,dx - p\,dy).$$

Or par l'incompressibilité du fluide on aura

$$\frac{dp}{dx} + \frac{dq}{dy} = 0,$$

$\frac{dr}{dx}$ étant nul; donc $p\,dy - q\,dx$ devra être intégrable. Soit donc

$$p\,dy - q\,dx = d\omega;$$

on aura

$$p = \frac{d\omega}{dy}, \quad q = -\frac{d\omega}{dx},$$

et la quantité

$$\left(\frac{dp}{dy} - \frac{dq}{dx}\right)(q\,dx - p\,dy)$$

deviendra

$$-\left(\frac{d^2\omega}{dx^2} + \frac{d^2\omega}{dy^2}\right)d\omega,$$

laquelle devant être elle-même intégrable, il faudra que l'on ait

$$\frac{d^2\omega}{dx^2} + \frac{d^2\omega}{dy^2} = \text{fonct.}\,\omega.$$

Ainsi, pourvu que ω soit une fonction de x, y, sans z ni t, laquelle satisfasse à cette équation, on aura un mouvement possible dans le fluide en prenant

$$p = \frac{d\omega}{dy}, \quad q = -\frac{d\omega}{dx}, \quad r = \text{const.},$$

sans qu'il soit nécessaire que $p\,dx + q\,dy$ soit intégrable.

Si l'on fait

$$\omega = \frac{g(x^2 + y^2)}{2},$$

on aura

$$\text{fonct.}\,\omega = g, \quad \text{et} \quad p = gy, \quad q = -gx,$$

comme dans l'Exemple précédent.

22. Il y a encore un cas très-étendu dans lequel la quantité

$$p\,dx + q\,dy + r\,dz$$

doit être une différentielle exacte. C'est celui où l'on suppose que les vitesses p, q, r soient très-petites et qu'on néglige les quantités très-petites du second ordre et des ordres suivants. Car alors l'équation du n° 14 se réduit à celle-ci

$$\frac{dp}{dt}\,dx + \frac{dq}{dt}\,dy + \frac{dr}{dt}\,dz = dV - \frac{d\Pi}{\Delta};$$

de sorte que

$$\frac{dp}{dt}\,dx + \frac{dq}{dt}\,dy + \frac{dr}{dt}\,dz$$

doit être intégrable par rapport à x, y, z, et par conséquent aussi la quantité

$$p\,dx + q\,dy + r\,dz,$$

laquelle étant représentée par $d\varphi$, en supposant φ une fonction très-petite de x, y, z, t, on aura les mêmes formules que dans les n°° 15 et 16, en y négligeant seulement les secondes et les ultérieures dimensions de φ.

On pourra de plus dans ce cas déterminer les valeurs mêmes des coordonnées x, y, z pour un temps quelconque. Car il n'y aura pour cela qu'à intégrer les équations (1)

$$dx = p\,dt, \quad dy = q\,dt, \quad dz = r\,dt$$

dans lesquelles, à cause que p, q, r sont supposées très-petites et que par conséquent dx, dy, dz sont très-petites vis-à-vis de dt, on pourra regarder x, y, z comme constantes vis-à-vis de t. De sorte qu'en traitant t seule comme variable dans p, q, r, et ajoutant les constantes arbitraires a, b, c, on aura sur-le-champ

$$x = a + \int p\,dt, \quad y = b + \int q\,dt, \quad z = c + \int r\,dt.$$

Donc si l'on fait, pour abréger,

$$\Phi = \int \varphi\,dt,$$

et qu'on y change x, y, z en a, b, c, on aura

$$x = a + \frac{d\Phi}{da}, \quad y = b + \frac{d\Phi}{db}, \quad z = c + \frac{d\Phi}{dc};$$

et les quantités a, b, c seront les valeurs initiales de x, y, z pour chaque particule du fluide, si l'on prend la fonction Φ de manière qu'elle soit nulle lorsque $t = 0$.

23. Le cas dont nous venons de traiter a lieu surtout dans la Théorie de la propagation du son. En supposant, comme dans le n° 16, $\Pi = k\Delta$. et ne conservant que les premières dimensions de la quantité φ supposée très-petite, on aura

$$k \log \Delta = V - \frac{d\varphi}{dt},$$

et l'équation en φ sera

$$k\left(\frac{d^2\varphi}{dx^2} + \frac{d^2\varphi}{dy^2} + \frac{d^2\varphi}{dz^2}\right) - \frac{d^2\varphi}{dt^2} + \frac{d\varphi}{dx}\frac{dV}{dx} + \frac{d\varphi}{dy}\frac{dV}{dy} + \frac{d\varphi}{dz}\frac{dV}{dz} = 0.$$

Or dans l'état de repos ou d'équilibre on a $\varphi = 0$, donc

$$k \log \Delta = V,$$

et par conséquent

$$\Delta = e^{\frac{V}{k}}.$$

Supposons donc que la densité naturelle de l'air soit augmentée, lorsque l'air est en vibration, en raison de $1 + s$ à 1, s étant une quantité fort petite, on aura

$$\Delta = e^{\frac{V}{k}}(1 + s),$$

et de là, en négligeant les carrés de s,

$$\log \Delta = \frac{V}{k} + s;$$

donc

$$s = -\frac{1}{k}\frac{d\varphi}{dt}.$$

Comme (14)
$$dV = P\,dx + Q\,dy + R\,dz,$$

il est clair qu'on aura

$$\frac{dV}{dx} = P, \quad \frac{dV}{dy} = Q, \quad \frac{dV}{dz} = R,$$

P, Q, R étant les forces accélératrices de chaque particule suivant les lignes x, y, z (6). Donc si l'on prend les ordonnées z verticales et dirigées de haut en bas, et qu'on nomme, comme dans le n° 16, g la force accélératrice de la gravité, on aura

$$P = 0, \quad Q = 0, \quad R = g,$$

et la Théorie de la propagation du son sera renfermée dans l'équation

$$k\left(\frac{d^2\varphi}{dx^2} + \frac{d^2\varphi}{dy^2} + \frac{d^2\varphi}{dz^2}\right) + g\frac{d\varphi}{dz} = \frac{d^2\varphi}{dt^2}.$$

Ayant déterminé φ par cette équation, on aura les vitesses p, q, r et la condensation s de l'air par les formules

$$p = \frac{d\varphi}{dx}, \quad q = \frac{d\varphi}{dy}, \quad r = \frac{d\varphi}{dz}, \quad s = -\frac{1}{k}\frac{d\varphi}{dt}.$$

Le coefficient k est égal à $\rho g h$, en nommant h la hauteur du baromètre et ρ le rapport de la gravité spécifique du mercure à celle de l'air (16).

24. Au reste, si la masse du fluide était telle, que l'une de ses dimensions fût considérablement plus petite que chacune des deux autres, en

sorte que les coordonnées z, par exemple, fussent très-petites vis-à-vis de x et y, cette circonstance pourrait servir aussi à faciliter et simplifier l'intégration des équations principales.

Car il est clair qu'on pourrait alors donner aux inconnues p, q, r, Δ la forme suivante

$$p = p' + p''z + p'''z^2 + \ldots,$$
$$q = q' + q''z + q'''z^2 + \ldots,$$
$$r = r' + r''z + r'''z^2 + \ldots,$$
$$\Delta = \Delta' + \Delta''z + \Delta'''z^2 + \ldots,$$

dans laquelle
$$p', p'', \ldots, q', q'', \ldots, r', r'', \ldots, \Delta', \Delta'', \ldots$$

seraient des fonctions de x, y, t sans z. De sorte qu'en faisant ces substitutions on aurait des équations en séries, lesquelles ne contiendraient que des différences partielles relatives à x, y, t.

Pour donner là-dessus un essai de calcul, nous supposerons, pour plus de simplicité, qu'il ne s'agisse que d'un fluide incompressible et homogène dont la densité Δ soit égale à 1.

Substituant premièrement les valeurs précédentes dans l'équation de l'incompressibilité

$$\frac{dp}{dx} + \frac{dq}{dy} + \frac{dr}{dz} = 0,$$

et ordonnant les termes par rapport à z, on aura

$$\frac{dp'}{dx} + \frac{dq'}{dy} + r'' + z\left(\frac{dp''}{dx} + \frac{dq''}{dy} + 2r'''\right) + z^2\left(\frac{dp'''}{dx} + \frac{dq'''}{dy} + 3r^{IV}\right) + \ldots = 0.$$

De sorte que, comme p', p'', ..., q', q'', ... ne doivent point contenir z, on aura ces équations particulières

$$\frac{dp'}{dx} + \frac{dq'}{dy} + r'' = 0,$$

$$\frac{dp''}{dx} + \frac{dq''}{dy} + 2r''' = 0,$$

$$\frac{dp'''}{dx} + \frac{dq'''}{dy} + 3r^{IV} = 0,$$

$$\ldots\ldots\ldots\ldots\ldots\ldots,$$

DU MOUVEMENT DES FLUIDES.

par lesquelles on déterminera d'abord les quantités r'', r''', r^{IV}, ...; et les quantités r', p', p'', p''', ..., q', q'', q''', ... demeureront encore indéterminées.

On fera ensuite les mêmes substitutions dans l'équation de la pression (14), et il est visible qu'elle se réduira à cette forme

$$\alpha\, dx + \beta\, dy + \gamma\, dz + z(\alpha'\, dx + \beta'\, dy + \gamma'\, dz) + z^2(\alpha''\, dx + \beta''\, dy + \gamma''\, dz) + \ldots$$
$$= d\mathrm{V} - d\Pi;$$

en faisant, pour abréger,

$$\alpha = \frac{dp'}{dt} + p'\frac{dp'}{dx} + q'\frac{dp'}{dy} + r'p'',$$

$$\beta = \frac{dq'}{dt} + p'\frac{dq'}{dx} + q'\frac{dq'}{dy} + r'q'',$$

$$\gamma = \frac{dr'}{dt} + p'\frac{dr'}{dx} + q'\frac{dr'}{dy} + r'r'',$$

$$\alpha' = \frac{dp''}{dt} + p'\frac{dp''}{dx} + p''\frac{dp'}{dx} + q'\frac{dp''}{dy} + q''\frac{dp'}{dy} + 2r'p''' + r''p'',$$

$$\beta' = \frac{dq''}{dt} + p'\frac{dq''}{dx} + p''\frac{dq'}{dx} + q'\frac{dq''}{dy} + q''\frac{dq'}{dy} + 2r'q''' + r''q'',$$

$$\gamma' = \frac{dr''}{dt} + p'\frac{dr''}{dx} + p''\frac{dr'}{dx} + q'\frac{dr''}{dy} + q''\frac{dr'}{dy} + 2r'r''' + r''r'',$$

et ainsi de suite.

Donc, pour que le premier membre de cette équation soit intégrable, il faudra que les quantités

$$\alpha\, dx + \beta\, dy, \quad \gamma\, dz + z(\alpha'\, dx + \beta'\, dy), \quad \gamma'z\, dz + z^2(\alpha''\, dx + \beta''\, dy), \ldots,$$

soient chacune intégrable en particulier.

Si donc on dénote par ω une fonction de x, y, t sans z, on aura ces conditions

$$\alpha = \frac{d\omega}{dx}, \quad \beta = \frac{d\omega}{dy}, \quad \alpha' = \frac{d\gamma}{dx}, \quad \beta' = \frac{d\gamma}{dy}, \quad \alpha'' = \frac{1}{2}\frac{d\gamma'}{dx}, \quad \beta'' = \frac{1}{2}\frac{d\gamma'}{dy}, \ldots$$

Alors l'équation intégrée sera

$$\omega + \gamma z + \frac{1}{2}\gamma' z^2 + \ldots = V - \Pi,$$

et il ne s'agira plus que de satisfaire aux conditions précédentes par le moyen des fonctions indéterminées $\omega, r', p', p'', \ldots, q', q'', \ldots$

25. Le calcul deviendrait encore plus facile si les deux variables y et z étaient très-petites vis-à-vis de x; car alors on pourrait supposer

$$p = p' + p''y + p'''z + p^{\text{iv}}y^2 + p^{\text{v}}yz + \ldots,$$
$$q = q' + q''y + q'''z + q^{\text{iv}}y^2 + q^{\text{v}}yz + \ldots,$$
$$r = r' + r''y + r'''z + r^{\text{iv}}y^2 + r^{\text{v}}yz + \ldots,$$

et les quantités $p', p'', \ldots, q', q'', \ldots, r', r'', \ldots$ seraient simplement des fonctions de x et t.

Ainsi l'équation de l'incompressibilité donnerait d'abord

$$\frac{dp'}{dx} + q'' + r''' = 0, \quad \frac{dp''}{dx} + 2q^{\text{iv}} + r^{\text{v}} = 0, \ldots$$

Ensuite l'équation de la pression deviendrait

$$\alpha\,dx + \beta\,dy + \gamma\,dz + y(\alpha'\,dx + \beta'\,dy + \gamma'\,dz) + z(\alpha''\,dx + \beta''\,dy + \gamma''\,dz) + \ldots$$
$$= dV - d\Pi,$$

dans laquelle

$$\alpha = \frac{dp'}{dt} + p'\frac{dp'}{dx} + q'p'' + r'p''',$$

$$\beta = \frac{dq'}{dt} + p'\frac{dq'}{dx} + q'q'' + r'q''',$$

$$\gamma = \frac{dr'}{dt} + p'\frac{dr'}{dx} + q'r'' + r'r''',$$

$$\alpha' = \frac{dp''}{dt} + p'\frac{dp''}{dx} + p''\frac{dp'}{dx} + 2q'p^{\text{iv}} + q''p'' + r'p^{\text{v}} + r''p''',$$

$$\ldots\ldots\ldots\ldots\ldots\ldots\ldots\ldots\ldots\ldots\ldots\ldots\ldots\ldots\ldots$$

DU MOUVEMENT DES FLUIDES.

Et il faudra, pour que l'équation soit intégrable, que l'on ait ces conditions

$$\alpha' = \frac{d\beta}{dx}, \quad \alpha'' = \frac{d\gamma}{dx}, \ldots,$$

moyennant quoi l'équation intégrée sera

$$\int (\alpha\, dx + \beta y + \gamma z + \ldots) = V - \Pi.$$

26. Enfin on pourra aussi quelquefois simplifier le calcul par le moyen des substitutions, en introduisant à la place des coordonnées x, y, z d'autres variables ξ, η, ζ, lesquelles soient des fonctions données de x, y, z.

Supposons qu'on ait différentié ces fonctions et qu'on en ait tiré les valeurs $d\xi$, $d\eta$, $d\zeta$, lesquelles seront de cette forme

$$d\xi = \lambda\, dx + \mu\, dy + \nu\, dz,$$
$$d\eta = \lambda'\, dx + \mu'\, dy + \nu'\, dz,$$
$$d\zeta = \lambda''\, dx + \mu''\, dy + \nu''\, dz,$$

λ, μ, ν, λ', μ', ... étant des fonctions données de ξ, η, ζ.

En regardant la quantité p, d'abord comme fonction de x, y, z, et ensuite comme fonction de ξ, η, ζ, on aura

$$dp = \frac{dp}{dx}\, dx + \frac{dp}{dy}\, dy + \frac{dp}{dz}\, dz = \frac{dp}{d\xi}\, d\xi + \frac{dp}{d\eta}\, d\eta + \frac{dp}{d\zeta}\, d\zeta.$$

Donc, substituant à la place de $d\xi$, $d\eta$, $d\zeta$ les valeurs précédentes, et comparant les termes affectés de dx, dy, dz, on aura

$$\frac{dp}{dx} = \lambda \frac{dp}{d\xi} + \lambda' \frac{dp}{d\eta} + \lambda'' \frac{dp}{d\zeta},$$

$$\frac{dp}{dy} = \mu \frac{dp}{d\xi} + \mu' \frac{dp}{d\eta} + \mu'' \frac{dp}{d\zeta},$$

$$\frac{dp}{dz} = \nu \frac{dp}{d\xi} + \nu' \frac{dp}{d\eta} + \nu'' \frac{dp}{d\zeta},$$

et l'on aura de pareilles formules pour les valeurs de $\frac{dq}{dx}$, $\frac{dq}{dy}$, ...

Faisant ces substitutions dans les équations fondamentales, elles ne contiendront plus que des différences partielles relatives à ξ, η, ζ et t; et si par la nature de la question proposée la variable ζ, par exemple, ou les deux variables η et ζ, sont très-petites vis-à-vis de ξ, on pourra employer des réductions analogues à celles que nous avons développées dans le numéro précédent.

27. Telles sont les méthodes et les formules principales par lesquelles on peut déterminer rigoureusement les lois du mouvement des fluides. Nous allons maintenant en montrer l'application à quelques cas particuliers.

SECTION SECONDE.

DU MOUVEMENT DES FLUIDES PESANTS ET HOMOGÈNES DANS DES VASES OU DES CANAUX DE FIGURE QUELCONQUE.

28. Nous supposerons d'abord que le fluide parte du repos, ou qu'il soit mis en mouvement par l'impulsion d'un piston appliqué à la surface, moyennant quoi les vitesses p, q, r de chaque particule devront être telles, que

$$p\,dx + q\,dy + r\,dz$$

soit une différentielle exacte (**20**); de sorte qu'on pourra employer les formules données dans le n° **16**.

29. Soit donc φ une fonction de x, y, z, t, dépendante de l'équation

$$\frac{d^2\varphi}{dx^2} + \frac{d^2\varphi}{dy^2} + \frac{d^2\varphi}{dz^2} = 0;$$

on aura d'abord pour les vitesses p, q, r de chaque particule, suivant les directions des coordonnées x, y, z, ces expressions

$$p = \frac{d\varphi}{dx}, \quad q = \frac{d\varphi}{dy}, \quad r = \frac{d\varphi}{dz}.$$

Ensuite la pression Π dans chaque point du fluide sera (en supposant la densité $\Delta = 1$)

$$\Pi = V - \frac{d\varphi}{dt} - \frac{1}{2}\left(\frac{d\varphi}{dx}\right)^2 - \frac{1}{2}\left(\frac{d\varphi}{dy}\right)^2 - \frac{1}{2}\left(\frac{d\varphi}{dz}\right)^2.$$

La quantité V est égale à

$$\int (P\,dx + Q\,dy + R\,dz),$$

en nommant P, Q, R les forces accélératrices tendantes à augmenter les coordonnées x, y, z. Or nous supposons ici que le fluide n'est animé que par sa gravité naturelle. Donc, prenant g pour exprimer la force accélératrice de la gravité, ainsi que nous l'avons déjà fait plus haut (16), et nommant ξ, η, ζ les angles que la verticale fait avec les axes des coordonnées x, y, z, on aura

$$P = g\cos\xi, \quad Q = g\cos\eta, \quad R = g\cos\zeta,$$

et par conséquent

$$V = gx\cos\xi + gy\cos\eta + gz\cos\zeta.$$

30. Maintenant soit $z = \alpha$ l'équation d'une des parois du vase ou du canal, α étant une fonction donnée de x, y sans z ni t. On aura donc, suivant les formules du n° 10,

$$A = z - \alpha;$$

et les deux équations

$$A = 0, \quad \frac{dA}{dt} + p\frac{dA}{dx} + q\frac{dA}{dy} + r\frac{dA}{dz} = 0$$

se réduiront à

$$z - \alpha = 0, \quad -\frac{d\varphi}{dx}\frac{d\alpha}{dx} - \frac{d\varphi}{dy}\frac{d\alpha}{dy} + \frac{d\varphi}{dz} = 0.$$

Ces deux équations devant avoir lieu à la fois, il faudra qu'elles donnent l'une et l'autre la même valeur de z; donc, en substituant dans la seconde à la place de z sa valeur α donnée par la première, il faudra que l'équation résultante ait lieu d'elle-même.

Ainsi l'équation

$$\frac{d\varphi}{dz} - \frac{d\varphi}{dx}\frac{d\alpha}{dx} - \frac{d\varphi}{dy}\frac{d\alpha}{dy} = 0$$

devra être satisfaite en faisant $z = \alpha$. Et chaque paroi fournira une condition semblable à remplir.

31. A la surface extérieure du fluide la pression Π doit être nulle, lorsque le fluide est libre; mais si le fluide est pressé par une force donnée, alors la valeur de Π doit être égale à cette force.

Nous supposerons, pour plus de simplicité, que le fluide se meuve uniquement en vertu de sa gravité; ainsi la quantité Π devra être nulle à sa surface extérieure; par conséquent $\Pi = 0$ sera l'équation de cette surface.

On fera donc dans les formules du n° 10 $B = \Pi$, et l'on aura ces deux équations

$$\Pi = 0, \quad \frac{d\Pi}{dt} + \frac{d\varphi}{dx}\frac{d\Pi}{dx} + \frac{d\varphi}{dy}\frac{d\Pi}{dy} + \frac{d\varphi}{dz}\frac{d\Pi}{dz} = 0,$$

lesquelles devant avoir lieu en même temps, il s'ensuit que, si l'on élimine une des variables comme z, l'équation résultante devra subsister d'elle-même.

Au reste, comme la seconde de ces équations résulte de la condition, que les particules du fluide qui sont une fois à la surface y demeurent toujours, elle ne sera pas nécessaire lorsque cette condition cessera d'avoir lieu (numéro cité).

32. Cela posé, il faut commencer par déterminer la fonction φ au moyen de l'équation

$$\frac{d^2\varphi}{dx^2} + \frac{d^2\varphi}{dy^2} + \frac{d^2\varphi}{dz^2} = 0.$$

Mais cette équation n'étant intégrable, en général, par aucune des méthodes connues, nous supposerons que l'une des dimensions de la masse fluide soit fort petite à l'égard des deux autres, en sorte que les coordonnées z, par exemple, soient très-petites vis-à-vis des coordonnées x et y.

DU MOUVEMENT DES FLUIDES.

Par le moyen de cette supposition, il est visible qu'on pourra représenter la fonction φ par une série de cette forme

$$\varphi = \varphi' + z\varphi'' + z^2\varphi''' + z^3\varphi^{\text{IV}} + \dots,$$

dans laquelle φ', φ'', φ''', ... seront des fonctions de x, y, t sans z.

Faisant cette substitution dans l'équation précédente, elle deviendra

$$\left(\frac{d^2\varphi'}{dx^2} + \frac{d^2\varphi'}{dy^2} + 2\varphi'''\right) + z\left(\frac{d^2\varphi''}{dx^2} + \frac{d^2\varphi''}{dy^2} + 2.3.\varphi^{\text{IV}}\right) + z^2\left(\frac{d^2\varphi'''}{dx^2} + \frac{d^2\varphi'''}{dy^2} + 3.4.\varphi^{\text{V}}\right) + \dots = 0.$$

De sorte qu'en égalant séparément à zéro les termes affectés des différentes puissances de z, on aura

$$\varphi''' = -\frac{1}{2}\frac{d^2\varphi'}{dx^2} - \frac{1}{2}\frac{d^2\varphi'}{dy^2},$$

$$\varphi^{\text{IV}} = -\frac{1}{2.3}\frac{d^2\varphi''}{dx^2} - \frac{1}{2.3}\frac{d^2\varphi''}{dy^2},$$

$$\varphi^{\text{V}} = -\frac{1}{3.4}\frac{d^2\varphi'''}{dx^2} - \frac{1}{3.4}\frac{d^2\varphi'''}{dy^2} = \frac{1}{2.3.4}\frac{d^4\varphi'}{dx^4} + \frac{1}{3.4}\frac{d^4\varphi'}{dx^2 dy^2} + \frac{1}{2.3.4}\frac{d^4\varphi'}{dy^4},$$

. . . .

Ainsi l'expression de φ deviendra

$$\varphi = \varphi' + z\varphi'' - \frac{z^2}{2}\left(\frac{d^2\varphi'}{dx^2} + \frac{d^2\varphi'}{dy^2}\right) - \frac{z^3}{2.3}\left(\frac{d^2\varphi''}{dx^2} + \frac{d^2\varphi''}{dy^2}\right)$$
$$+ \frac{z^4}{2.3.4}\left(\frac{d^4\varphi'}{dx^4} + 2\frac{d^4\varphi'}{dx^2 dy^2} + \frac{d^4\varphi'}{dy^4}\right) + \dots,$$

dans laquelle les fonctions φ' et φ'' sont indéterminées, ce qui fait voir que cette expression est intégrale complète de l'équation proposée.

33. Ayant ainsi l'expression de φ, nous aurons en différentiant

$$p = \frac{d\varphi}{dx} = \frac{d\varphi'}{dx} + z\frac{d\varphi''}{dx} - \frac{z^2}{2}\left(\frac{d^3\varphi'}{dx^3} + \frac{d^3\varphi'}{dx dy^2}\right) - \frac{z^3}{2.3}\left(\frac{d^3\varphi''}{dx^3} + \frac{d^3\varphi''}{dx dy^2}\right) + \dots,$$

$$q = \frac{d\varphi}{dy} = \frac{d\varphi'}{dy} + z\frac{d\varphi''}{dy} - \frac{z^2}{2}\left(\frac{d^3\varphi'}{dx^2 dy} + \frac{d^3\varphi'}{dy^3}\right) - \frac{z^3}{2.3}\left(\frac{d^3\varphi''}{dx^2 dy} + \frac{d^3\varphi''}{dy^3}\right) + \dots,$$

$$r = \frac{d\varphi}{dz} = \varphi'' - z\left(\frac{d^2\varphi'}{dx^2} + \frac{d^2\varphi'}{dy^2}\right) - \frac{z^2}{2}\left(\frac{d^2\varphi''}{dx^2} + \frac{d^2\varphi''}{dy^2}\right) + \frac{z^3}{2.3}\left(\frac{d^4\varphi'}{dx^4} + 2\frac{d^4\varphi'}{dx^2 dy^2} + \frac{d^4\varphi'}{dy^4}\right) + \dots.$$

Et, substituant ces valeurs dans l'expression de Π du n° 29, elle deviendra de cette forme

$$\Pi = \Pi' + z\Pi'' + z^2\Pi''' + z^3\Pi^{\text{IV}} + \ldots,$$

dans laquelle

$$\Pi' = g(x\cos\xi + y\cos\eta) - \frac{d\varphi'}{dt} - \frac{1}{2}\left(\frac{d\varphi'}{dx}\right)^2 - \frac{1}{2}\left(\frac{d\varphi'}{dy}\right)^2 - \frac{1}{2}\varphi''^2,$$

$$\Pi'' = g\cos\zeta - \frac{d\varphi''}{dt} - \frac{d\varphi'}{dx}\frac{d\varphi''}{dx} - \frac{d\varphi'}{dy}\frac{d\varphi''}{dy} + \varphi''\left(\frac{d^2\varphi'}{dx^2} + \frac{d^2\varphi'}{dy^2}\right),$$

$$\Pi''' = \frac{1}{2}\left(\frac{d^3\varphi'}{dt\,dx^2} + \frac{d^3\varphi'}{dt\,dy^2}\right) - \frac{1}{2}\left(\frac{d\varphi''}{dx}\right)^2 + \frac{1}{2}\frac{d\varphi'}{dx}\left(\frac{d^3\varphi'}{dx^3} + \frac{d^3\varphi'}{dx\,dy^2}\right)$$

$$- \frac{1}{2}\left(\frac{d\varphi''}{dy}\right)^2 + \frac{1}{2}\frac{d\varphi'}{dy}\left(\frac{d^3\varphi'}{dx^2\,dy} + \frac{d^3\varphi'}{dy^3}\right) - \frac{1}{2}\left(\frac{d^2\varphi'}{dx^2} + \frac{d^2\varphi'}{dy^2}\right)^2 + \frac{1}{2}\varphi''\left(\frac{d^2\varphi''}{dx^2} + \frac{d^2\varphi''}{dy^2}\right),$$

et ainsi de suite.

34. Maintenant, si $z = \alpha$ est l'équation des parois, α étant une fonction fort petite de x, y sans z, l'équation de condition pour que les mêmes particules du fluide soient toujours contiguës aux parois sera (30)

$$\varphi'' - \frac{d\varphi'}{dx}\frac{d\alpha}{dx} - \frac{d\varphi'}{dy}\frac{d\alpha}{dy} - z\left(\frac{d^2\varphi'}{dx^2} + \frac{d^2\varphi'}{dy^2} + \frac{d\varphi''}{dx}\frac{d\alpha}{dx} + \frac{d\varphi''}{dy}\frac{d\alpha}{dy}\right)$$

$$- \frac{z^2}{2}\left[\frac{d^2\varphi''}{dx^2} + \frac{d^2\varphi''}{dy^2} - \left(\frac{d^3\varphi'}{dx^3} + \frac{d^3\varphi'}{dx\,dy^2}\right)\frac{d\alpha}{dx} - \left(\frac{d^3\varphi'}{dx^2\,dy} + \frac{d^3\varphi'}{dy^3}\right)\frac{d\alpha}{dy}\right] + \ldots = 0,$$

laquelle devant avoir lieu en même temps que l'équation $z = \alpha$, il faudra qu'elle soit vraie en y mettant α à la place de z.

Ainsi l'équation de condition dont il s'agit se réduira à cette forme plus simple

$$\varphi'' - \frac{d\left(\alpha\frac{d\varphi'}{dx}\right)}{dx} - \frac{d\left(\alpha\frac{d\varphi'}{dy}\right)}{dy} - \frac{1}{2}\frac{d\left(\alpha^2\frac{d\varphi''}{dx}\right)}{dx} - \frac{1}{2}\frac{d\left(\alpha^2\frac{d\varphi''}{dy}\right)}{dy}$$

$$+ \frac{1}{2.3}\frac{d\left[\alpha^3\left(\frac{d^3\varphi'}{dx^3} + \frac{d^3\varphi'}{dx\,dy^2}\right)\right]}{dx} + \frac{1}{2.3}\frac{d\left[\alpha^3\left(\frac{d^3\varphi'}{dx^2\,dy} + \frac{d^3\varphi'}{dy^3}\right)\right]}{dy} + \ldots = 0,$$

laquelle devra avoir lieu pour tous les points de la paroi donnée.

DU MOUVEMENT DES FLUIDES.

35. Enfin l'équation de la surface extérieure du fluide sera $\Pi = 0$, savoir

$$\Pi' + z\Pi'' + z^2\Pi''' + z^3\Pi^{\text{iv}} + \ldots = 0.$$

Et l'équation de condition pour que les mêmes particules demeurent toujours à la surface sera après les substitutions et les réductions (31 et 33)

$$\frac{d\Pi'}{dt} + \frac{d\varphi'}{dx}\frac{d\Pi'}{dx} + \frac{d\varphi'}{dy}\frac{d\Pi'}{dy} + \varphi''\Pi''$$

$$+ z\left[\frac{d\Pi''}{dt} + \frac{d\varphi''}{dx}\frac{d\Pi'}{dx} + \frac{d\varphi'}{dx}\frac{d\Pi''}{dx}\right.$$

$$\left. + \frac{d\varphi''}{dy}\frac{d\Pi'}{dy} + \frac{d\varphi'}{dy}\frac{d\Pi''}{dy} + 2\varphi''\Pi''' - \left(\frac{d^2\varphi'}{dx^2} + \frac{d^2\varphi'}{dy^2}\right)\Pi''\right]$$

$$+ z^2\left[\frac{d\Pi'''}{dt} + \frac{d\varphi''}{dx}\frac{d\Pi''}{dx} + \frac{d\varphi'}{dx}\frac{d\Pi'''}{dx} - \frac{1}{2}\left(\frac{d^3\varphi'}{dx^3} + \frac{d^3\varphi'}{dxdy^2}\right)\frac{d\Pi'}{dx}\right.$$

$$+ \frac{d\varphi''}{dy}\frac{d\Pi''}{dy} + \frac{d\varphi'}{dy}\frac{d\Pi'''}{dy} - \frac{1}{2}\left(\frac{d^3\varphi'}{dx^2dy} + \frac{d^3\varphi'}{dy^3}\right)\frac{d\Pi'}{dy}$$

$$\left. - 2\left(\frac{d^2\varphi'}{dx^2} + \frac{d^2\varphi'}{dy^2}\right)\Pi''' + 3\varphi''\Pi^{\text{iv}} - \frac{1}{2}\left(\frac{d^2\varphi''}{dx^2} + \frac{d^2\varphi''}{dy^2}\right)\Pi''\right]$$

$$\ldots\ldots\ldots\ldots\ldots\ldots\ldots\ldots\ldots\ldots\ldots\ldots\ldots\ldots = 0.$$

Ainsi, chassant z de ces deux équations, on aura une équation sans z qui devra subsister d'elle-même pour tous les points de la surface dont il s'agit.

Du mouvement d'un fluide qui coule dans un vase étroit et presque vertical.

36. Imaginons maintenant que le fluide coule dans un vase étroit et à peu près vertical, et supposons que les abscisses x soient verticales et dirigées de haut en bas; on aura (29)

$$\xi = 0, \quad \eta = 90°, \quad \zeta = 90°;$$

donc

$$\cos\xi = 1, \quad \cos\eta = 0, \quad \cos\zeta = 0.$$

Supposons de plus, pour simplifier la question autant qu'il est possible, que le vase soit plan, en sorte que, des deux ordonnées y et z, les premières y soient nulles et les secondes z soient fort petites.

Enfin soient
$$z = \alpha, \quad z = \beta$$
les équations des deux parois du vase, α et β étant des fonctions de x connues et très-petites. On aura relativement à ces parois les deux équations (34)

$$\varphi'' - \frac{d\left(\alpha \dfrac{d\varphi'}{dx}\right)}{dx} - \frac{1}{2}\frac{d\left(\alpha^2 \dfrac{d\varphi''}{dx}\right)}{dx} + \ldots = 0,$$

$$\varphi'' - \frac{d\left(\beta \dfrac{d\varphi'}{dx}\right)}{dx} - \frac{1}{2}\frac{d\left(\beta^2 \dfrac{d\varphi''}{dx}\right)}{dx} + \ldots = 0,$$

lesquelles serviront à déterminer les fonctions φ' et φ''.

37. Nous regarderons les quantités z, α, β, comme très-petites du premier ordre, et nous négligerons, du moins dans la première approximation, les quantités du second ordre et des ordres suivants. Ainsi les deux équations précédentes se réduiront à celles-ci

$$\varphi'' - \frac{d\left(\alpha \dfrac{d\varphi'}{dx}\right)}{dx} = 0, \quad \varphi'' - \frac{d\left(\beta \dfrac{d\varphi'}{dx}\right)}{dx} = 0,$$

lesquelles étant retranchées l'une de l'autre donnent celle-ci

$$\frac{d\left[(\alpha - \beta)\dfrac{d\varphi'}{dx}\right]}{dx} = 0,$$

dont l'intégrale est
$$(\alpha - \beta)\frac{d\varphi'}{dx} = \theta,$$

θ étant une fonction arbitraire de t, laquelle doit être très-petite du premier ordre.

Or il est visible que $\alpha - \beta$ est la largeur horizontale du vase, que nous représenterons par λ. Ainsi l'on aura

$$\frac{d\varphi'}{dx} = \frac{\theta}{\lambda},$$

et, intégrant de nouveau par rapport à x,

$$\varphi' = \theta \int \frac{dx}{\lambda} + \vartheta,$$

en désignant par ϑ une nouvelle fonction arbitraire de t.

Si l'on ajoute ensemble les mêmes équations et qu'on fasse

$$\frac{\alpha + \beta}{2} = \mu,$$

on en tirera

$$\varphi'' = \frac{d\left(\mu \cdot \dfrac{d\varphi'}{dx}\right)}{dx},$$

ou, en substituant la valeur de $\dfrac{d\varphi'}{dx}$,

$$\varphi'' = \theta \frac{d\frac{\mu}{\lambda}}{dx}.$$

D'où l'on voit que, puisque λ, μ, θ sont des quantités très-petites du premier ordre, φ'' sera aussi très-petite du même ordre.

38. Donc, en négligeant toujours les quantités du second ordre, on aura, par les formules du n° 33, la vitesse verticale

$$p = \frac{d\varphi'}{dx} = \frac{\theta}{\lambda},$$

la vitesse horizontale

$$r = \varphi'' - z \frac{d^2\varphi'}{dx^2} = \theta \left(\frac{d\frac{\mu}{\lambda}}{dx} - z \frac{d\frac{1}{\lambda}}{dx} \right),$$

ou bien

$$r = \frac{\theta}{\lambda}\left[\frac{d\mu}{dx} + (z - \mu)\frac{1}{\lambda}\frac{d\lambda}{dx} \right].$$

Ensuite, à cause de $\cos\zeta = 0$, la quantité Π'' sera aussi très-petite du premier ordre. Par conséquent la valeur de la pression Π se réduira à

$$\Pi' = gx - \frac{d\theta}{dt}\int \frac{dx}{\lambda} - \frac{d\vartheta}{dt} - \frac{\theta^2}{2\lambda^2}.$$

Et cette quantité étant égalée à zéro donnera la figure de la surface du fluide. De sorte que, comme la même quantité ne renferme point l'ordonnée z, mais seulement l'abscisse x et le temps t, il s'ensuit que la surface du fluide devra être à chaque instant plane et horizontale.

Enfin l'équation de condition pour que les mêmes particules du fluide soient toujours à la surface se réduira pareillement à celle-ci (**35**)

$$\frac{d\Pi'}{dt} + \frac{d\varphi'}{dx}\frac{d\Pi'}{dx} = 0,$$

savoir

$$\frac{d\Pi}{dt} + \frac{\theta}{\lambda}\frac{d\Pi}{dx} = 0,$$

laquelle ne contient pas non plus z, mais seulement x et t.

39. Pour distinguer les quantités qui se rapportent à la surface supérieure du fluide de celles qui se rapportent à sa surface inférieure, nous marquerons les premières par un trait et les autres par deux traits. Ainsi x', λ',... seront l'abscisse, la largeur du vase, etc., pour la surface supérieure, et x'', λ'',... seront de même l'abscisse, la largeur du vase, etc., à la surface inférieure. De même Π', Π'' dénoteront dans la suite les valeurs de Π pour les deux surfaces; de sorte qu'on aura pour la surface supérieure l'équation

$$\Pi' = gx' - \frac{d\theta}{dt}\int \frac{dx'}{\lambda'} - \frac{d\vartheta}{dt} - \frac{\theta^2}{2\lambda'^2} = 0,$$

et, pour la surface inférieure, l'équation semblable

$$\Pi'' = gx'' - \frac{d\theta}{dt}\int \frac{dx''}{\lambda''} - \frac{d\vartheta}{dt} - \frac{\theta^2}{2\lambda''^2} = 0.$$

Enfin

$$\frac{d\Pi'}{dt} + \frac{\theta}{\lambda'}\frac{d\Pi'}{dx'} = 0$$

sera l'équation de condition pour que les mêmes particules qui sont une fois à la surface supérieure y restent toujours ; et

$$\frac{d\Pi''}{dt} + \frac{\theta}{\lambda''}\frac{d\Pi''}{dx''} = 0$$

sera l'équation de condition pour que la surface inférieure contienne toujours les mêmes particules du fluide.

Cela posé, il faut distinguer quatre cas dans la manière dont un fluide peut couler dans un vase, et chacun de ces cas demande une solution particulière.

40. Le premier cas est celui où une quantité donnée de fluide coule dans un vase indéfini. Dans ce cas il est visible que l'une et l'autre surface doit toujours contenir les mêmes particules, et qu'ainsi l'on aura pour ces deux surfaces les équations

$$\Pi' = 0, \quad \Pi'' = 0,$$

et de plus les deux équations de condition

$$\frac{d\Pi'}{dt} + \frac{\theta}{\lambda'}\frac{d\Pi'}{dx'} = 0, \quad \frac{d\Pi''}{dt} + \frac{\theta}{\lambda''}\frac{d\Pi''}{dx''} = 0;$$

et ces quatre équations serviront à déterminer x', x'', θ et ϑ en t ; moyennant quoi le mouvement du fluide sera connu.

L'équation $\Pi' = 0$ étant différentiée donne

$$\frac{d\Pi'}{dx'} dx' + \frac{d\Pi'}{dt} dt = 0;$$

donc

$$\frac{d\Pi'}{dt} = -\frac{d\Pi'}{dx'}\frac{dx'}{dt};$$

substituant cette valeur dans la première équation de condition et divisant par $\frac{d\Pi'}{dx'}$, on aura

$$\frac{dx'}{dt} = \frac{\theta}{\lambda'}.$$

On trouvera de même, en combinant l'autre équation $\Pi'' = 0$ avec la seconde équation de condition, celle-ci

$$\frac{dx''}{dt} = \frac{\theta}{\lambda''}.$$

De sorte qu'on aura

$$\theta\, dt = \lambda'\, dx' = \lambda''\, dx'',$$

équations séparées.

On aura donc en intégrant

$$\int \lambda''\, dx'' - \int \lambda'\, dx' = m,$$

m étant une constante, laquelle exprime évidemment la quantité donnée du fluide qui coule dans le vase. Ainsi cette équation donnera d'abord x'' en x'.

Maintenant si l'on substitue, dans la première équation $\Pi' = 0$, pour dt sa valeur $\frac{\lambda'\, dx'}{\theta}$, elle devient

$$g x' - \frac{\theta}{\lambda'}\frac{d\theta}{dx'}\int \frac{dx'}{\lambda'} - \frac{\theta}{\lambda'}\frac{d\vartheta}{dx'} - \frac{\theta^2}{2\lambda'^2} = 0,$$

laquelle étant multipliée par $\lambda'\, dx'$ donne celle-ci

$$g\lambda' x'\, dx' - \theta\, d\theta \int \frac{dx'}{\lambda'} - \theta\, d\vartheta - \frac{\theta^2\, dx'}{2\lambda'} = 0,$$

qu'on voit bien être intégrable, et dont l'intégrale sera

$$g\int \lambda' x'\, dx' - \frac{\theta^2}{2}\int \frac{dx'}{\lambda'} - \int \theta\, d\vartheta = \text{const.}$$

On trouvera de même, en substituant $\frac{\lambda''\, dx''}{\theta}$ à la place de dt dans l'équation $\Pi'' = 0$, et multipliant par $\lambda''\, dx''$, une nouvelle équation intégrable, et dont l'intégrale sera

$$g\int \lambda'' x''\, dx'' - \frac{\theta^2}{2}\int \frac{dx''}{\lambda''} - \int \theta\, d\vartheta = \text{const.}$$

DU MOUVEMENT DES FLUIDES.

Donc, retranchant ces deux équations l'une de l'autre pour en éliminer le terme $\int \theta \, ds$, on aura celle-ci

$$g\left(\int \lambda'' x'' dx'' - \int \lambda' x' dx'\right) - \frac{\theta^2}{2}\left(\int \frac{dx''}{\lambda''} - \int \frac{dx'}{\lambda'}\right) = L,$$

dans laquelle les quantités

$$\int \lambda'' x'' dx'' - \int \lambda' x' dx' \quad \text{et} \quad \int \frac{dx''}{\lambda''} - \int \frac{dx'}{\lambda'}$$

expriment les intégrales de $\lambda x \, dx$ et de $\frac{dx}{\lambda}$ prises depuis $x = x'$ jusqu'à $x = x''$, et où L est une constante arbitraire.

Cette équation donnera θ en x', puisque x'' est déjà connue en x' par l'équation trouvée plus haut. Ayant ainsi θ en x', on trouvera aussi t en x' par l'équation

$$dt = \frac{\lambda' dx'}{\theta},$$

dont l'intégrale est

$$t = \int \frac{\lambda' dx'}{\theta} + H,$$

H étant une constante arbitraire.

A l'égard des deux constantes L et H, on les déterminera par l'état initial du fluide. Car, lorsque $t = 0$, la valeur de x' sera donnée par la position initiale du fluide dans le vase; et, si l'on suppose que les vitesses initiales du fluide soient nulles, il faudra qu'on ait $\theta = 0$ lorsque $t = 0$ (38). Mais si le fluide avait été mis d'abord en mouvement par des impulsions quelconques, alors les valeurs des pressions Π' et Π'' seraient données lorsque $t = 0$. Or on a (39)

$$\Pi'' - \Pi' = g(x'' - x') - \frac{d\theta}{dt}\left(\int \frac{dx''}{\lambda''} - \int \frac{dx'}{\lambda'}\right) - \frac{\theta^2}{2}\left(\frac{1}{\lambda''^2} - \frac{1}{\lambda'^2}\right);$$

donc on aura (en faisant $t = 0$) une équation qui servira à déterminer la valeur initiale de θ.

Ainsi le Problème est résolu et le mouvement du fluide est entièrement déterminé.

41. Le second cas a lieu lorsque le vase est d'une longueur déterminée et que le fluide s'écoule par le fond du vase. Dans ce cas on aura, comme dans le précédent, pour la surface supérieure les deux équations

$$\Pi' = 0, \quad \frac{d\Pi'}{dt} + \frac{\theta}{\lambda'} \frac{d\Pi'}{dx'} = 0;$$

mais pour la surface inférieure on aura simplement l'équation $\Pi'' = 0$, puisqu'à cause de l'écoulement du fluide il doit y avoir à chaque instant de nouvelles particules à cette surface. Mais d'un autre côté l'abscisse x'' pour cette même surface sera donnée et constante; de sorte qu'il n'y aura plus que trois inconnues à déterminer, x', θ et ϑ.

Les deux premières équations donneront d'abord, comme dans le Problème précédent, celles-ci

$$dt = \frac{\lambda' dx'}{\theta}, \quad g\lambda' x' dx' - \theta \, d\theta \int \frac{dx'}{\lambda'} - \theta \, d\vartheta - \frac{\theta^2 dx'}{2\lambda'} = 0.$$

Ensuite l'équation $\Pi'' = 0$ donnera (39)

$$gx'' - \frac{d\theta}{dt} \int \frac{dx''}{\lambda''} - \frac{d\vartheta}{dt} - \frac{\theta^2}{2\lambda''^2} = 0,$$

où l'on remarquera que x'', λ'' et $\int \frac{dx''}{\lambda''}$ sont des constantes que nous dénoterons pour plus de simplicité par f, h, n. Ainsi, en substituant à dt sa valeur $\frac{\lambda' dx'}{\theta}$, multipliant ensuite par $\lambda' dx'$, on aura l'équation

$$gf\lambda' dx' - n\theta \, d\theta - \theta \, d\vartheta - \frac{\theta^2 \lambda' dx'}{2h^2} = 0 \; (*).$$

(*) Lagrange a écrit ici, par inadvertance, $-\frac{\theta^2 dx'}{2h}$ au lieu de $-\frac{\theta^2 \lambda' dx'}{2h^2}$. Cette faute qui rejaillit sur l'équation suivante se retrouve dans les deux dernières éditions de la *Mécanique analytique*, où l'illustre Auteur a reproduit le présent Mémoire. Nous avons cru devoir rétablir l'exactitude des formules.   (*Note de l'Éditeur.*)

Donc, retranchant de celle-ci l'équation précédente pour en éliminer le terme $\theta\, d\theta$, on aura

$$g(f - x')\lambda' dx' - \left(n - \int \frac{dx'}{\lambda'}\right)\theta\, d\theta - \left(\frac{\lambda'}{2h^2} - \frac{1}{2\lambda'}\right)\theta^2 dx' = 0,$$

équation qui ne contient que les deux variables x' et θ, et par laquelle on pourra donc déterminer une de ces variables en fonction de l'autre.

Ensuite on aura t exprimé par la même variable en intégrant l'équation

$$dt = \frac{\lambda' dx'}{\theta}.$$

Et l'on déterminera les constantes par l'état initial du fluide, comme dans le Problème précédent.

42. Le troisième cas a lieu lorsqu'un fluide coule dans un vase indéfini, mais qui est entretenu toujours plein à la même hauteur par de nouveau fluide qu'on y verse continuellement. Ce cas est l'inverse du précédent; car on aura ici pour la surface inférieure les deux équations

$$\Pi'' = 0, \quad \frac{d\Pi''}{dt} + \frac{\theta}{\lambda''}\frac{d\Pi''}{dx''} = 0,$$

et pour la surface supérieure on aura la simple équation $\Pi' = 0$, à cause du changement continuel des particules de cette surface. Ainsi il n'y aura qu'à changer dans les équations du numéro précédent les quantités x', λ' en x'', λ'', et prendre pour f, h, n les valeurs données de x', λ', $\int \frac{dx'}{\lambda'}$.

Au reste nous supposons ici que l'addition du nouveau fluide se fait de manière que chaque couche nouvelle prend d'abord la vitesse de celle qui la suit immédiatement, et qu'ainsi l'augmentation ou la diminution de vitesse de cette couche pendant le premier instant est la même que si le vase n'était pas entretenu plein à la même hauteur durant cet instant.

43. Enfin le dernier cas est celui où le fluide sort d'un vase de longueur déterminée, et qui est entretenu toujours plein à la même hau-

teur. Ici les particules des surfaces supérieure et inférieure se renouvellent continuellement; par conséquent on aura simplement pour ces deux surfaces les équations

$$\Pi' = 0, \quad \Pi'' = 0;$$

mais en même temps les deux abscisses x' et x'' seront données et constantes, en sorte qu'il n'y aura que les deux inconnues θ et ϑ à déterminer en t.

Soient donc

$$x' = f, \quad \lambda' = h, \quad \int \frac{dx'}{\lambda'} = n, \quad x'' = \mathrm{F}, \quad \lambda'' = \mathrm{H}, \quad \int \frac{dx''}{\lambda''} = \mathrm{N};$$

les deux équations $\Pi' = 0$, $\Pi'' = 0$ deviendront

$$gf - \frac{d\theta}{dt} n - \frac{d\vartheta}{dt} - \frac{\theta^2}{2h^2} = 0,$$

$$g\mathrm{F} - \frac{d\theta}{dt} \mathrm{N} - \frac{d\vartheta}{dt} - \frac{\theta^2}{2\mathrm{H}^2} = 0,$$

d'où chassant $\frac{d\vartheta}{dt}$, on aura

$$g(\mathrm{F} - f) - (\mathrm{N} - n)\frac{d\theta}{dt} - \left(\frac{1}{2\mathrm{H}^2} - \frac{1}{2h^2}\right)\theta^2 = 0,$$

d'où l'on tire

$$dt = \frac{(\mathrm{N} - n)\,d\theta}{g(\mathrm{F} - f) - \left(\dfrac{1}{2\mathrm{H}^2} - \dfrac{1}{2h^2}\right)\theta^2},$$

équation séparée et qui est intégrable par des arcs de cercle ou des logarithmes.

44. Les solutions précédentes sont conformes à celles que les premiers Auteurs, qui ont écrit sur le mouvement des fluides dans des vases, ont trouvées d'après la supposition que les différentes tranches du fluide conservent exactement leur parallélisme en descendant dans le vase. (*Voyez* l'*Hydrodynamique* de M. Daniel Bernoulli, l'*Hydraulique* de Jean Bernoulli, et le *Traité des fluides* de M. d'Alembert.) Notre Théorie fait voir que cette supposition n'est exacte et rigoureuse que lorsque la largeur du vase est infiniment petite, mais qu'elle peut être employée dans

tous les cas pour une première approximation, et que les solutions qui en résultent sont exactes aux quantités du second ordre près, en regardant les largeurs du vase comme des quantités du premier ordre.

Mais le grand avantage de cette Théorie est qu'on peut par son moyen approcher de plus en plus du vrai mouvement des fluides dans des vases de figure quelconque. Car ayant trouvé, ainsi que nous venons de le faire, les premières valeurs des inconnues, en négligeant les secondes dimensions des largeurs du vase, il sera facile de pousser l'approximation plus loin en ayant égard successivement aux termes négligés. Comme ceci n'est qu'un essai, nous n'entrerons maintenant dans aucun détail sur cet objet, mais nous pourrons y revenir dans une autre occasion.

Du mouvement d'un fluide contenu dans un canal peu profond et presque horizontal, et en particulier du mouvement des ondes.

45. Puisqu'on suppose la hauteur du fluide fort petite, il faudra prendre les ordonnées z verticales et dirigées de haut en bas; les abscisses x et les autres ordonnées y deviendront donc horizontales, et l'on aura (29)
$$\cos\xi = 0, \quad \cos\eta = 0, \quad \cos\zeta = 1.$$

En prenant les axes des x et y dans le plan horizontal formé par la surface supérieure du fluide dans l'état d'équilibre, soit
$$z = \alpha$$
l'équation du fond du canal, α étant une fonction donnée de x et y. Nous regarderons les quantités z et α comme très-petites du premier ordre, et nous négligerons les quantités du second ordre et des ordres suivants, c'est-à-dire celles qui contiendront les carrés et les produits de z et α.

L'équation de condition relative au fond du canal donnera d'abord (34)
$$\varphi'' = \frac{d\left(\alpha \frac{d\varphi'}{dx}\right)}{dx} + \frac{d\left(\alpha \frac{d\varphi'}{dy}\right)}{dy},$$

d'où l'on voit que φ'' est une quantité du premier ordre.

Ensuite la valeur de la pression Π se réduira à $\Pi' + \Pi''z$ (33); et il faudra négliger dans l'expression de Π' les quantités du second ordre et dans celle de Π'' les quantités du premier. Ainsi, à cause de

$$\cos\xi = 0, \quad \cos\eta = 0, \quad \cos\zeta = 1,$$

on aura par les formules du même numéro

$$\Pi' = -\frac{d\varphi'}{dt} - \frac{1}{2}\left(\frac{d\varphi'}{dx}\right)^2 - \frac{1}{2}\left(\frac{d\varphi'}{dy}\right)^2, \quad \Pi'' = g.$$

On aura donc (35) pour la surface supérieure du fluide l'équation

$$\Pi' + gz = 0.$$

et ensuite cette équation de condition

$$\frac{d\Pi'}{dt} + \frac{d\varphi'}{dx}\frac{d\Pi'}{dx} + \frac{d\varphi'}{dy}\frac{d\Pi'}{dy} + g\varphi'' - gz\left(\frac{d^2\varphi'}{dx^2} + \frac{d^2\varphi'}{dy^2}\right) = 0.$$

46. L'équation $\Pi' + gz = 0$ donne sur-le-champ

$$z = -\frac{\Pi'}{g}$$

pour la figure de la surface supérieure du fluide à chaque instant; et comme l'équation de condition doit avoir lieu relativement à la même surface, il faudra qu'elle soit vraie en y substituant à z cette même valeur $-\frac{\Pi'}{g}$. Cette équation deviendra donc par là de cette forme

$$\frac{d\Pi'}{dt} + \frac{d\left(\Pi'\frac{d\varphi'}{dx}\right)}{dx} + \frac{d\left(\Pi'\frac{d\varphi'}{dy}\right)}{dy} + g\varphi'' = 0,$$

et substituant encore pour φ'' sa valeur trouvée ci-dessus, elle se réduira à celle-ci

$$\frac{d\Pi'}{dt} + \frac{d\left[(\Pi' + g\alpha)\frac{d\varphi'}{dx}\right]}{dx} + \frac{d\left[(\Pi' + g\alpha)\frac{d\varphi'}{dy}\right]}{dy} = 0,$$

dans laquelle il n'y aura plus qu'à mettre à la place de Π' sa valeur

$$-\frac{d\varphi'}{dt} - \frac{1}{2}\left(\frac{d\varphi'}{dx}\right)^2 - \frac{1}{2}\left(\frac{d\varphi'}{dy}\right)^2;$$

DU MOUVEMENT DES FLUIDES.

et l'on aura une équation aux différences partielles du second ordre, qui servira à déterminer la quantité φ' en fonction de t, x, y.

Après quoi on connaitra la figure de la surface supérieure du fluide par l'équation

$$z = \frac{1}{g}\frac{d\varphi'}{dt} + \frac{1}{g}\left(\frac{d\varphi'}{dx}\right)^2 + \frac{1}{g}\left(\frac{d\varphi'}{dy}\right)^2,$$

et si l'on voulait connaître aussi les vitesses horizontales p, q de chaque particule du fluide, on les aurait (33) par les formules

$$p = \frac{d\varphi'}{dx}, \quad q = \frac{d\varphi'}{dy},$$

47. Le Calcul intégral des équations aux différences partielles est encore bien éloigné de la perfection nécessaire pour l'intégration d'équations aussi compliquées que celle dont il s'agit; et il ne nous reste d'autre ressource que de tâcher de simplifier cette équation par quelque limitation.

Nous supposerons pour cela que le fluide dans son mouvement ne s'élève ni ne s'abaisse au-dessus ou au-dessous de son niveau qu'infiniment peu, en sorte que les ordonnées z de la surface supérieure soient toujours très-petites, et qu'outre cela les vitesses horizontales p et q soient aussi infiniment petites. Il faudra donc que les quantités $\frac{d\varphi'}{dt}, \frac{d\varphi'}{dx}, \frac{d\varphi'}{dy}$ soient infiniment petites, et qu'ainsi la quantité φ' elle-même soit infiniment petite.

Ainsi, négligeant dans l'équation proposée les quantités infiniment petites du second ordre et des ordres ultérieurs, elle se réduira à cette forme linéaire

$$-\frac{d^2\varphi'}{dt^2} + g\frac{d\left(\alpha\frac{d\varphi'}{dx}\right)}{dx} + g\frac{d\left(\alpha\frac{d\varphi'}{dy}\right)}{dy} = 0,$$

et l'on aura

$$z = \frac{1}{g}\frac{d\varphi'}{dt}, \quad p = \frac{d\varphi'}{dx}, \quad q = \frac{d\varphi'}{dy}.$$

Cette équation contiendra donc la Théorie générale des petites agitations d'un fluide peu profond, et par conséquent la vraie Théorie des ondes formées par les élévations et les abaissements successifs et infiniment petits d'une eau stagnante et contenue dans un canal ou bassin peu profond. La Théorie des ondes que Newton a donnée dans la Proposition 46 du second Livre étant fondée sur la supposition précaire et peu naturelle que les oscillations verticales des ondes soient analogues à celles de l'eau dans un tuyau recourbé, doit être regardée comme absolument insuffisante pour expliquer ce phénomène.

48. Si l'on suppose que le canal ou bassin ait un fond horizontal, alors la quantité α sera constante et égale à la profondeur de l'eau, et l'équation pour le mouvement des ondes deviendra

$$g\alpha\left(\frac{d^2\varphi'}{dx^2} + \frac{d^2\varphi'}{dy^2}\right) = \frac{d^2\varphi'}{dt^2}.$$

Cette équation est entièrement semblable à celle qui détermine les petites agitations de l'air dans la formation du son, en n'ayant égard qu'aux mouvements des particules parallèlement à l'horizon. En effet, si dans les formules du n° 23 on suppose les vitesses verticales $r = \frac{d\varphi}{dz}$ nulles, et par conséquent φ une fonction de x, y, t sans z, on a l'équation

$$k\left(\frac{d^2\varphi}{dx^2} + \frac{d^2\varphi}{dy^2}\right) = \frac{d^2\varphi}{dt^2},$$

qui est, comme on voit, tout à fait semblable à la précédente.

Et comme pour les ondes formées à la surface de l'eau, les élévations z au-dessus du niveau et les vitesses horizontales p, q de chaque particule sont données par les formules

$$z = \frac{1}{g}\frac{d\varphi'}{dt}, \quad p = \frac{d\varphi'}{dx}, \quad q = \frac{d\varphi'}{dy};$$

ainsi, dans les agitations de l'air ou ondes sonores, les condensations s et les vitesses horizontales p, q sont données par les formules semblables

$$-s = \frac{1}{k}\frac{d\varphi}{dt}, \quad p = \frac{d\varphi}{dx}, \quad q = \frac{d\varphi}{dy}.$$

Il y a donc une parfaite analogie entre les ondes formées à la surface d'une eau tranquille par les élévations et les abaissements successifs de l'eau, et les ondes formées dans l'air par les condensations et raréfactions successives de l'air; analogie que plusieurs Auteurs avaient déjà supposée, mais que personne jusqu'ici n'avait encore rigoureusement démontrée.

49. On pourra donc aussi traiter l'équation des ondes par les méthodes que l'on a déjà employées dans la Théorie de la propagation du son, et l'on expliquera par ces mêmes méthodes les phénomènes singuliers de la propagation uniforme des ondes, de son indépendance des ébranlements primitifs de l'eau, du mélange et de la réflexion des ondes, etc., ainsi que je l'ai fait autrefois à l'égard des ondes sonores dans les deux premiers tomes des *Mémoires de l'Académie des Sciences de Turin* (*). Sur quoi *voyez* aussi les *Mémoires* de cette Académie pour les années 1759 et 1765, ainsi que les *Nouveaux Commentaires de Pétersbourg*, t. XVI.

A l'égard de la vitesse des ondes, elle sera exprimée par la racine carrée du coefficient $g\alpha$, comme celle du son l'est par la racine carrée du coefficient $k = \rho g h$ (**23**). Or, par ce même numéro, g est égal au double de l'espace qu'un corps grave parcourt librement dans le temps qui est pris pour l'unité des temps; ainsi, en exprimant le temps en secondes et les espaces en pieds de Paris, on aura, comme on sait par l'expérience, $g = 30,196$. Donc, si la profondeur α de l'eau est de 1 pied, la vitesse des ondes sera de 5,495 pieds par seconde. Et, si la profondeur de l'eau est plus ou moins grande, la vitesse des ondes variera en raison sous-doublée des profondeurs, pourvu qu'elles ne soient pas trop considérables.

50. Au reste, quelles que puissent être la profondeur de l'eau et la figure de son fond, on pourra toujours employer la Théorie précédente, si l'on suppose que dans la formation des ondes l'eau n'est ébranlée et

---

(*) *OEuvres de Lagrange*, t. I, p. 39 et 151.

remuée qu'à une profondeur très-petite, supposition qui est très-plausible en elle-même à cause de la ténacité et de l'adhérence mutuelle des particules de l'eau, et qui se trouve d'ailleurs confirmée par l'expérience, même à l'égard des grandes ondes de la mer.

De cette manière donc la vitesse des ondes déterminera elle-même la profondeur z à laquelle l'eau est agitée dans leur formation ; car, si cette vitesse est de n pieds par seconde, on aura

$$\alpha = \frac{n^2}{g} = \frac{n^2}{30,196} \text{ pieds.}$$

On trouve dans le tome X des anciens *Mémoires de l'Académie des Sciences de Paris* des expériences sur la vitesse des ondes, faites par M. de la Hire, et qui ont donné environ 1 pied et demi par seconde pour cette vitesse, ou plus exactement $1,412$ pieds par seconde. Faisant donc $n = 1,412$, on aura la profondeur de $\frac{66}{1000}$ de pied, ou de $\frac{8}{10}$ de pouce, ou 10 lignes à peu près.

FIN DU TOME QUATRIÈME.

TABLE DES MATIÈRES

DU TOME QUATRIÈME.

SECTION DEUXIÈME.

(SUITE.)

MÉMOIRES EXTRAITS DES RECUEILS DE L'ACADÉMIE ROYALE DES SCIENCES ET BELLES-LETTRES DE BERLIN.

		Pages.
XXIII.	Sur les intégrales particulières des équations différentielles.	5
XXIV.	Sur le mouvement des nœuds des orbites planétaires.	111
XXV.	Recherches sur les suites récurrentes dont les termes varient de plusieurs manières différentes, ou sur l'Intégration des équations linéaires aux différences finies et partielles; et sur l'usage de ces équations dans la théorie des hasards.	151
XXVI.	Sur l'altération des moyens mouvements des planètes.	255
XXVII.	Solutions de quelques Problèmes d'Astronomie sphérique par le moyen des séries.	275
XXVIII.	Sur l'usage des fractions continues dans le Calcul intégral.	301
XXIX.	Solution algébrique d'un Problème de Géométrie.	335
XXX.	Recherches sur la détermination du nombre des racines imaginaires dans les équations littérales.	343
XXXI.	Sur quelques Problèmes de l'Analyse de Diophante.	377
XXXII.	Remarques générales sur le mouvement de plusieurs corps qui s'attirent mutuellement en raison inverse des carrés des distances.	401
XXXIII.	Réflexions sur l'échappement.	421
XXXIV.	Sur le Problème de la détermination des orbites des comètes d'après trois observations. (Premier, deuxième et troisième Mémoire.)	439
XXXV.	Sur la Théorie des lunettes.	535

		Pages.
XXXVI.	Sur une manière particulière d'exprimer le temps dans les sections coniques, décrites par des forces tendantes au foyer et réciproquement proportionnelles aux carrés des distances...	559
XXXVII.	Sur différentes questions d'Analyse relatives à la Théorie des intégrales particulières..	585
XXXVIII.	Sur la construction des Cartes géographiques. (Premier et second Mémoire.).	637
XXXIX.	Mémoire sur la Théorie du mouvement des fluides...........................	695

www.ingramcontent.com/pod-product-compliance
Lightning Source LLC
Chambersburg PA
CBHW060904300426
44112CB00011B/1331